序

1863年，SFの父とされるジュール・ヴェルヌは，100年後の世の中を予測した「20世紀のパリ」を執筆しました．その中でヴェルヌは，蒸気機関車や馬車に代わってエンジンで走る「自動車」が主流となることや，遠くの人と会話ができる「電話」が当たり前になること等を予測していました．それらの予測は高い精度で的中し，現代社会の基盤となっています．

ではなぜ，ヴェルヌは，未来を的確に言い当てることができたのでしょう．それはきっと，彼の思考が単なる予測ではなく，希望や願いだったからではないかと思います．ヴェルヌは，当時，産声を上げたばかりの技術に未来を見出し「20世紀のパリ」を執筆しました．研究者や技術者は，そうした未来を実現するべく研究・開発に邁進しました．そこに共通するのは，より安心で豊かな世の中を実現したいという「夢」だったのではないでしょうか．

ヴェルヌの夢見た未来は，世の中を便利にする一方，安全，環境，エネルギーといった新たな課題を生みだしました．そしていま，私たちは，ICTやAIなどを駆使し，これらの課題克服のみならず，自動運転などに代表される新しい価値創造を目指し，邁進しています．それは，150年前と同じように，より安心で豊かな世の中を実現したいという「夢」があるからです．

自動車技術会は，今年，創立70周年を迎えました．これを機に，本会の共同研究センターが，「社会・交通システム委員会」，「将来自動車用動力システム委員会」を中心に，専門家や有識者のメンバーとともに，将来あるべきモビリティ社会を想定した本誌「2050年自動車はこうなる」を発刊しました．本誌が，皆様にとってより良き世の中を描くヒントとなり，さらには，「夢」の実現や「喜び」の獲得の一助となることができれば，なんと素晴らしいことでしょうか．

ヴェルヌは，「人間が想像できることは，人間が必ず実現できる」という言葉を残しています．課題の多いいまだからこそ，夢を描き実現への道を切り拓いていきましょう．

2017年5月

創立70周年記念事業実行委員会
委員長　竹 村　　宏

発刊にあたり(1)

今回発行の『2050年自動車はこうなる』は，自動車技術会70周年にあたり記念誌として発行されるものである．発行に至った背景について説明する．

本書は，自動車技術会共同研究センターの「社会・交通システム委員会」および「将来自動車用動力システム委員会」との共同執筆によるものである．両委員会の源流は，「次世代燃料・潤滑油委員会」から発展した「次世代自動車・エネルギー委員会」にさかのぼる．次世代自動車・エネルギーと次世代動力の重要性に鑑み，自動車技術会共同研究センターに「次世代自動車・エネルギー委員会」と「内燃機関共同研究推進委員会」が設立された．「次世代自動車・エネルギー委員会」には，化石燃料分科会，新エネルギー分科会，電力分科会，次世代自動車分科会，社会・交通システム分科会の5分科会が設置された．その後「社会・交通システム分科会」については「社会・交通システム委員会」となり本委員会活動につながった．また「将来自動車用動力システム委員会」については，「内燃機関共同研究推進委員会」の下に，「自動車長期戦略策定分科会」が発展して「将来自動車用動力システム委員会」となったものである．したがい，今回の発行については二つの委員会の共同執筆として，「第1部　社会・交通システム」(社会・交通システム委員会編)，「第2部　将来自動車用動力システム」(将来自動車用動力システム委員会編)の2部構成でまとめられている．

このように自動車の歴史の中で振り返ると，両委員会活動は自動車技術の発展における時代の流れに沿ったものとなっている．特に経済や燃料・エネルギー等社会・交通システムの視点，将来自動車用動力技術の視点は重要であり，それを踏まえた活動であった．自動車技術会として時代のニーズに応えた足跡であるといえよう．

自動車は社会の中で重要な移動手段としての役割を担っており，社会・交通システムからのアプローチは意義が大きい．自動車技術会が，自動車を社会の中でのモビリティの視点から捉える取組みは，時宜を得ている．このような観点から『2050年自動車はこうなる』が取りまとめられた．

今回の発行についての社会・交通システムの視点からの意義について下記にまとめる．

(1) 自動車技術会70周年のマイルストーン

創設以来70年経過し，日本の自動車技術は世界の自動車と渡り合えるまでに成長した．加えて近年では日本の技術力を生かして，半導体技術，制御技術等の組込み技術も進化している．さらにITS，情報通信技術(ICT)，IT，IoT，人工知能(AI)等自動車を取り巻く技術が多様化する中で，今後は自動車単独ではなく，自動車の将来について社会とのつながりで考えることが重要となっている．社会は，経済，エネルギー，物流，都市構造，ITS，ICT，IT，IoT，AI等多様な要素があり，自動車が身近な移動手段となった現在では，これらの影響を大きく受けている．社会は絶えず変化しており，この変化に対応していくことが重要である．自動車技術会が70年経過し時代が大きく変化する中で，将来の自動車の姿を考えることは自動車技術会として必須のことであり，今回の取組みはそのマイルストーンになると考えている．

(2) 自動車技術会として2050年という将来を見通した検討

2050年の社会・交通システムの検討には，二つの重要な視点がある．一つは，近年2050年の予測の検討が散見される中で，自動車技術会の取組みは，自動車関係の専門家が論議，検討，熟慮して取りまとめた成果であること，二つ目は，2050年という誰も経験したことのない将来を見通してまとめたことである．2050年には今とまったく違う自動車価値観の社会になっていると予想され，2050年という確定できない将来社会を今から考えることにより，何を準備しなくてはいけないかについて考える糸口となった．

(3) 自動車を社会の視点から考える重要性

自動車は，個人のモビリティ向上を目指して発達したが，日本の多くの地域では自動車がなくては成り立たない社会となっている．特に超高齢社会に突入する日本では，自動車は高齢者の移動者手段としての役割が大きい．また，物流，公共交通においても自動車の果たす役割は大きい．自動車が将来の社会構築にどのような役割を果たすべきか，社会の中の自動車を考えることが必要である．

このような観点から2050年における社会・交通システムについて委員会にて検討してきたが，まだ自動車との関係で考えなくてはならない視点も多く残っている．たとえば，次のようなものである．

・交通系としては，自動車以外に歩行者，自転車，モーターサイクル，三輪車，鉄道，船舶，航空等，陸海空を対象とした多くの移動手段がある．海外ではこれらの多様な視点から考えられている．

・自動車については，安全・安心技術の視点が重要ということが指摘されており，この領域については今回の社会・交通システムという視点の中では十分に検討されていない．自動運転などがイノベーションになる中で，制御技術と安全運転支援技術や人間心理の視点からの検討も必要である．

・都市構造，モビリティの視点からの検討が必要である．特にモビリティとは何か，人はどのようなモビリティ行動(交通行動，移動行動)をとるのかという視点の検討は日本では成熟していない．今後，都市構造の視点からの検討も必要である．

このように，まだ検討が必要な領域が残っているが，2050年の社会・交通システムについて考えるという所期の目的については，概略ながら一定の成果をまとめることができた．自動車だけの狭い領域だけではなく，変化する社会の広い視野について関心を継続することが必要である．

自動車技術会としてこのような視点から取り組んだことは画期的なことであり，検討に参加していただいた方々の努力に感謝致したい．会社や組織において，2050年について検討するということにハードルが高い中で，自動車技術会の場で検討できたことは意義あることであった．どのような形であれ自動車は人類が生み出した文明の利器であり，2050年あるいはそれ以降も人々のモビリティとして必要な移動手段である．自動車が人々に愛され，人々に生きがいや豊かさを提供するモビリティ手段であり続けることを自動車に関わる者として願いたい．

2017年5月

社会・交通システム委員会
委員長　石　　太郎

発刊にあたり(2)

自動車技術会共同研究センターに設置されている「将来自動車用動力システム委員会」の発足と活動の経緯については，発刊にあたり(1)(「社会・交通システム委員会」石 太郎委員長)において詳しく説明されている．そこでここでは繰り返さないが，要すれば，今後2030年から2050年にわたって変化するであろう社会・経済状況，生活様式や人口の減少と大都市への集中，さらには海外要因を背景に，自動車を含む社会・交通システムは変革を迫られるものと予想される．それに応えて，どのような特性をもった動力システムが自動車用動力源としてふさわしいかを技術的に検討するのが本委員会の活動の趣旨である．その際，大気環境や地球環境の保全やエネルギー・資源の有効利用と節減が厳しく求められ，それらの視点を踏まえて各種の動力システムについて検討した結果を第2部でまとめることとした．

ここでは，将来の動力システムを搭載した自動車として，現在市場で主要な地位を占めている内燃機関車(ICEV)，すなわちガソリン車やディーゼル車はもとより，バッテリーとモーターを利用する電気自動車(BEV)，充電が可能なプラグインシステム(PHEV)を含むハイブリッド車(HEV)，さらには燃料電池自動車(FCV)に注目している．2050年においても，これら4種類以外の動力システムが登場することはまずないものと予想される．

これら4種類の動力システムは，それぞれ異なる燃料・エネルギーを利用するが，それらの製造から供給にわたって，供給安定性，安全性，利便性，経済性を有し，さらに排気浄化，燃費向上，地球温暖化の抑制の面で有効なことが，普及に関わる重要な条件となる．そこで，まず内燃機関用燃料として最適な石油については，産油国の政情にも影響されながら，中長期にわたって供給量が漸次減少しコストが増大するものと予想される．したがって，燃費の改善を最重要課題として，積極的に取り組むことが必要不可欠である．それには，一段と高効率の内燃機関を開発すると同時に，その限界を超える一層の高効率化のため，ハイブリッド化が必要であり，多様なタイプが開発されるものと予想される．

一方，ここ十年来本格的に市場に登場してきているBEVは，中長期的には多様化する低炭素な電力が利用できる点で好ましい特徴を備えている．当面バッテリー容量の制約を考慮して短中距離の移動手段を中心に使われるであろうが，本格的な普及には，夜間の普通充電を基本としながら，電力需要に対応したオープン利用が可能な急速充電ステーションの適切な配置が必要となる．また，2030年を超えてリチウムイオンバッテリーを凌駕する高性能で低コストのバッテリーの開発が課題とされている．PHEVについては，ICEVからBEVへの移行期をつなぐ存在として重要な役割を担う可能性がある．さらに，FCVでは，車両コストの大幅低減とともに水素の供給体制を整備拡大し，2040年を目途に水素の生産から輸送，利用にわたる炭素フリー化が必要であろう．

いずれにしても，これらの技術は非競争領域における多種多様な工学的側面を持っている．換言すれば，企業がそれぞれのコンセプトを活かして製品化する以前に，産学が協力して推進し得る共通課題が多く含まれていると言えよう．具体的には，産学の研究者間で情報を共有して重複を避けた上でテーマを絞り込み，協力してそれに取り組む方がはるかに効率的であり，成果を分かち合うことで人材の交流と育成にも繋がるメリットがある．その際，自動車技術会が中心となって幅広い分野を対象に産学の会員の英知を結集し，国の理解と支援を得て継続的な産学官の連携体制を構築することが望まれる．そのような体制のもと，将来の社会・交通システムからのニーズを想定して動力システムに関わる戦略的な研究課題を絞り込み，それに挑戦することが期待されるところである．

2017年5月

将来自動車用動力システム委員会

委員長　大聖　泰弘

「2050年自動車はこうなる」執筆者

要旨

第1部
序章
中田　雅彦（元サステナブル・エンジン・リサーチセンター）
第1章
岩井　信夫（元新エネルギー・産業技術総合開発機構）
第2章
中田　雅彦（元サステナブル・エンジン・リサーチセンター）
第3章
小林　伸治（国立環境研究所）
第4章
前田　義男（本田技術研究所）
第5章
通阪　久貴（日野自動車）
第6章
石　　太郎（早稲田大学）
第7章
津川　定之（産業技術総合研究所）
石　　太郎（早稲田大学）
第8章
吉松　昭夫（トヨタ自動車）
第9章
樋口世喜夫（早稲田大学）
第10章
石　　太郎（早稲田大学）
第2部
中田　雅彦（元サステナブル・エンジン・リサーチセンター）
大聖　泰弘（早稲田大学）

本文

第1部
序章
中田　雅彦（元サステナブル・エンジン・リサーチセンター）
第1章　今後の社会と自動車
岩井　信夫（元新エネルギー・産業技術総合開発機構）
第2章　エネルギーと経済
2.1〜2.5
中田　雅彦（元サステナブル・エンジン・リサーチセンター）
2.6
古関　惠一（JXTGエネルギー）
星野　優子（JXTGエネルギー）
宇賀神拓也（JXTGエネルギー）
第3章　自動車と環境
小林　伸治（国立環境研究所）
久保田　泉（国立環境研究所）
第4章　都市構造と自動車
前田　義男（本田技術研究所）
牧村　和彦（計量計画研究所）
廣田　壽男（早稲田大学）
蓮池　　宏（エネルギー総合工学研究所）
高木　雅昭（電力中央研究所）
第5章　物流と公共交通
通阪　久貴（日野自動車）
石森　　崇（日野自動車）
北條　　英（日本ロジスティクスシステム協会）
森　　一俊（帝京大学）
佐藤　　進（東京工業大学）
第6章　ITS・ICT
石　　太郎（早稲田大学）
津川　定之（産業技術総合研究所）
河崎　　澄（滋賀県立大学）
國弘　由比（日本自動車研究所）
第7章　自動運転
石　　太郎（早稲田大学）
津川　定之（産業技術総合研究所）
國弘　由比（日本自動車研究所）
第8章　自動車技術と自動車利用技術の現状と将来
吉松　昭夫（トヨタ自動車）
廣田　壽男（早稲田大学）
小川　　博（日野自動車）
第9章　自動車産業としての自動車の将来
樋口世喜夫（早稲田大学）
第10章　結言
石　　太郎（早稲田大学）
補遺1　社会交通システム委員会がたどってきた経緯
石　　太郎（早稲田大学）
補遺2　将来予測分析
前田　義男（本田技術研究所）
第2部
序章
大聖　泰弘（早稲田大学）
第1章　内燃機関と石油の相互依存
中田　雅彦（元サステナブル・エンジン・リサーチセンター）
第2章　内燃機関と石油代替燃料
中田　雅彦（元サステナブル・エンジン・リサーチセンター）
第3章　新動力と新エネルギー
中田　雅彦（元サステナブル・エンジン・リサーチセンター）
第4章　PHEVの役割と研究課題
中田　雅彦（元サステナブル・エンジン・リサーチセンター）
第5章　結　言
大聖　泰弘（早稲田大学）

「2050年自動車はこうなる」企画委員会

社会・交通システム委員会

委員長
石　　太郎（早稲田大学）
副委員長
前田　義男（本田技術研究所）
幹事
岩井　信夫（元新エネルギー・産業技術総合開発機構）
加藤　　晋（産業技術総合研究所）
河崎　　澄（滋賀県立大学）
河原　伸幸（岡山大学）
小酒　英範（東京工業大学）
古関　惠一（JXTGエネルギー）
佐藤　　進（東京工業大学）
中田　雅彦（元サステナブル・エンジン・リサーチセンター）
吉松　昭夫（トヨタ自動車）
委員
梶野　　勉（豊田中央研究所）
國弘　由比（日本自動車研究所）
小林　伸治（国立環境研究所）
高木　雅昭（電力中央研究所）
高橋あゆみ（昭和シェル石油）
津川　定之（産業技術総合研究所）
通阪　久貴（日野自動車）
時津　直樹（インターネットITS協議会）
蓮池　　宏（エネルギー総合工学研究所）
樋口世喜夫（早稲田大学）
平井　　洋（日本自動車研究所）
廣田　寿男（早稲田大学）
北條　　英（日本ロジスティクスシステム協会）
牧村　和彦（計量計画研究所）
森　　一俊（帝京大学）
オブザーバ
久下　敦子（テクノバ）
中村　達生（VALUENEXコンサルティング）

将来自動車用動力システム委員会

委員長
大聖　泰弘（早稲田大学）
幹事
岩井　信夫（元新エネルギー産業技術総合開発機構）
河原　伸幸（岡山大学）
中田　雅彦（元サステナブル・エンジン・リサーチセンター）
水嶋　教文（交通安全環境研究所）

委員
新井　雅隆（東京電機大学）
小川　　博（日野自動車）
小熊　光晴（産業技術総合研究所）
神本　武征（東京工業大学）
岸本　　岳（トヨタ自動車）
小酒　英範（東京工業大学）
斉藤　　弘（スズキ）
酒井伊知郎（本田技術研究所）
酒井　孝之（東京電機大学）
鈴木　伸行（スズキ）
土屋　賢次（日本自動車研究所）
露木　正彦（日産自動車）
難波　篤史（SUBARU）
東　　博文（三菱自動車工業）
細井　啓次（スズキ）
細谷　英生（マツダ）
溝口　　賢（トヨタ自動車）
和田　　耕（ダイハツ工業）

オブザーバ
紙屋　雄史（早稲田大学）
後藤　雄一（元交通安全環境研究所）

目　次

第１部　社会・交通システム

第2部　自動車用動力システム

社会・交通システム 要旨

第1部

社会・交通システム委員会では，『2050年自動車はこうなる』の「第1部　社会・交通システム」として，第1章から第9章までを要旨としてまとめた．ここでは“2050年はこんな社会”をイメージし，本要旨にて概要を理解した上で各章を読んでいただくことにより，具体的な内容の理解が深まることを期待している．今回の活動の総集編であり，2050年に向けて社会・交通システムを理解する基盤になると考えている．

▶序章　社会・交通システム委員会の活動経過と今後とるべき方策の提案

本章では，2012年に設定された本委員会の活動目標の確認と活動経過を紹介する．次いで，この目標を念頭において2050年の社会を展望し，それに基づく自動車技術の方向を模索した結果を示す．

まず，本委員会の活動経緯と活動目標について述べる．

2012年に内燃機関共同研究推進委員会の下部組織である自動車長期戦略策定分科会において，「気候変動という環境問題」と「原油の供給制約というエネルギー問題」の二つの視点から，将来の自動車技術の達成すべき目標を，「2030年，2050年には現状から自動車の石油消費量(あるいはCO_2)をそれぞれ50%，80%削減する」と決めた．社会・交通システム委員会は次世代燃料・潤滑油委員会と自動車長期戦略策定分科会の流れを汲む活動であるので，本委員会が活動を開始した当初は前記の自動車長期戦略策定分科会の目標を受け継いだ．その後，IPCCの第5次報告書が2014年9月に発行され，COP21のパリ協定が2015年12月に採択された．これを受けて国内では，2016年5月13日には「地球温暖化対策計画」として，温室効果ガスの排出を「中期目標：2030年度に2013年度比で26%削減，長期的目標：2050年までに80%の削減」を目指すことが閣議決定された．この長期目標は，本委員会の当初の2050年目標に一致した．本委員会の当初の活動目標は適切であったと確認された．

この目標を達成することは自動車技術としては容易なことではない．なぜならば，後述するように，現在は地球上でお互いに関連し合うさまざまな歪みや限界が生じていて，それらの現象の一つが気候変動という課題として顕在化し，それが世界の政治問題として取り上げられているからである．気候変動あるいはCO_2という問題だけに注目していては，この目標を達成することはできない．

次に，上記の目標を達成するために本委員会が検討したこと，今後実行すべきことを以下に示す．

現在われわれが抱える問題のほとんどが，「地球の有限性」と，利潤と利便性を追求する「人間の欲望」から発生していると考えられる．人間の欲望が肥大化して，今やその種々の有限性の限界に近づいているといってよいであろう．①「環境の限界」が温暖化問題を引き起こしているといわれている．さらに，②「低コスト原油資源の供給限界」が発生して経済発展を阻害し，将来の石油供給の陰りを増幅している．また，成熟を超えて行き詰まり感すら感じられる③「資本主義経済の限界」も経済成長を今後抑え込んでいくであろう．これらの三つの限界より，2050年は低経済成長であり，かつ低エネルギー消費社会になることは避けがたい．これらの限界のためにすでに世界全体に経済の不透明感が広がっている．

これに加えて，中国経済の失速懸念，中東の紛争の拡大懸念，サウジアラビアの原油輸出能力の低下懸念，中国の強引な領海政策懸念，日本を含む多くの国の国家財政の破綻懸念，さらに日本固有ではあるが大地震災害の懸念なども想定される．これらの懸念事項が2050年までに一つも発生しないと考えるのは楽観的すぎるであろう．そして，これらの懸念が一つでも現実化すれば，それが他の懸念事項に波及し世界全体が混乱するであろう．

上記の「三つの限界」と「懸念事項」により，われわれは今までに経験していない重大な局面に直面していることになる．

上記の「三つの限界」と「懸念事項」に対して，国政の方向を誤れば，また技術開発の方向を誤れば，独立した国としての存続さえ怪しくなる．世界の国々は生き残りをかけて今後の国が進むべき道を必死で模索しているに違いない．上記の「限界」や「懸念事項」はおおむね世界共通である．しかし，日本は他国に比べて不利な条件が多く加わる．まず日本は過去の 10 年余の間でも，先進諸国の中で先頭を切って経済停滞に陥っていた．また，日本は先進諸国の中では，石油をはじめとする種々のエネルギー・鉱物資源をほとんどもっていない稀な国の一つである．老齢化，少子化，その結果としての労働人口の急激な減少も世界の先頭を走っている．

したがって，他国に先駆けてこの大きな社会問題の解決策を考え，実行しないと，日本という国の存続が怪しくなる．日本の経済停滞が今後も進行すると，日本の産業が衰退していく．後れをとった企業や国は他の国や他国企業の支配下に置かれる可能性がある．ますます厳しい環境になる．他国に隷属させられる事態も生じかねない．日本がそうならないための対策を考え，直ちに実行しなければならない．

日本が生き残るためには，国力の維持・増強，食料の確保，経済力の確保，2050 年の産業を支える技術力の強化，国民と産業が必要とするエネルギーの確保などが必要であろう．自動車産業への制約条件への対応としては，自動車の脱石油化がまず必要になる．これを進めるにあたっては，交通システムによる効率向上も並行して進める必要がある．今後導入される技術は，LCA の観点からエネルギー消費を減少させるものでなくてはならない．脱化石燃料を進めるための生活スタイルの見直しも重要な視点である．これらの方策の具体化と実行が今後の課題である．

2050 年の自動車技術は上述のような社会展望を踏まえて開発しなければならないであろう．日本の国力の源泉である産業を衰退させないためにも，自動車に関わる技術開発の推進は重要である．困難で多くの課題を乗り越えていくには，産学官の強力な連携が必要となる．

▶第 1 章　今後の社会と自動車

（1）モビリティに影響する世界の経済

世界に経済恐慌が発生せずに BAU(Business as Usual)が続くならば，新興国の成長が続いて世界人口の半分が中間層になる．中間層は，最も重要な経済的・社会的グループとなり，世界経済を成長させる原動力となる．新中間層は生活の質の向上を目指し，教育，娯楽などの活動を通して情報技術をベースとする商品やサービスの産業を発展させる．さらに，バイオテクノロジー，通信，運輸，エネルギーなどの科学技術分野のイノベーションを後押しするとともに，自動車マーケットのメインユーザーとなる．

20 世紀以降は急激な人口爆発が起きている．2050 年を見通した予想ではアフリカやアジア等の発展途上国で人口が急増し，大都市への人口集中と都市化が進むが，非都市部に残る住民も増加する．これらの地域では，貧困と合わせて食糧・エネルギー・衛生等の問題が解決され，かつモータリゼーションが進んでいるとは限らない．

国別の人口動向をみると，一部の先進国では今後人口減となる．日本は最も顕著な例で，今後少子高齢化，生産年齢人口の減少，それによる消費および経済の低迷，高額な予算を必要とする社会保障制度，石油など一次エネルギーの高騰と入手性の困難化や老朽化した社会インフラなどの課題に直面することになると思われる．

自動車産業はもとより，わが国経済は世界が平和で経済成長することを前提としてビジネスモデルを描き成長してきた．わが国が直接紛争に巻き込まれることは少ないとしても，日本だけが独立して平和であり経済活動が行えるはずはない．資源が止まる，生産材が売れないなどのリスクを想定し，それらを最少化するモデルを構築して，被害を最小限にとどめるワークあるいはワーカの育成が必要と考える．

（2）モビリティの動向

交通を中心とする「目指すべき都市」の論点は，先進諸国の大都市部ではすでに公共交通や道路インフラが整備されて効率的な運用が図られており，より効率的で環境にやさしい交通手段を提供する革新的なテクノロジーや社会システムの視点が中心となる．発展途上国は増え続ける人口に対応する交通インフラの整備が急務と考える．

非都市化部については，日本などの先進諸国では，むしろ人口減少や過疎がもたらす交通弱者救済の課題のほうが深刻である．

自動車産業はグローバル化が進み，世界経済が人・物・金を介して一体化している．自動車の世界全体の販売台数および販売額は今後とも拡大していくが，日本国内の販売台数および販売額は縮小し，加えてその世界シェアはさらに縮小し，世界のトレンドを語るには小さい市場といえる．自動車および自動車用燃料の需要予測では，世界経済が順調に伸展して BAU が続くならば，自動車の保有・販売台数は OECD 諸国では定常化し，新興国が主な拡大マーケットとなって，自動車産業の注力は新興国となる．特に中国，インドは 2050 年には大幅な需要増となる．

（3）期待される将来の交通システム

IEA では気候変動による温度上昇を抑えるため，約 30 年強先の 2050 年のシナリオを作成している．乗用車分野の石油代替燃料で主要な位置を占めるのは，電気，第二世代のバイオ燃料，貨物分野で大型トラックのそれは第二世代のバイオ燃料としているが，先進国と発展途上国の経済事情，エネルギーの地産地消などで各国ごとの対応は異なってくる．特に日本の自動車産業は先進的な技術で世界をリードしており，日本国内では電動システムの普及など次世代自動車の普及割合が多くなることが期待される．

将来の公共交通を展望するにあたっては，従来の中量輸送機関の延長であるバスの位置付けではなく，IT 技術などを利用して「個」のニーズに応え，即時性などの利便性を改善した公共交通の手段としての変革が望まれる．東京・大阪などの大都市圏では，公共交通機関が高度に発達し，必ずしも「個」の移動を必要としないが，その他の中小都市では，不充分な公共交通機関の発達であり，「個」の移動を必須とする．（その修補として自動運転の）カーシェアリングやライドシェアがあり，公共交通機関の代替となる可能性がある．一定の人口密度があり，ビジネスの環境が成立するところは民間事業者を主体とする ICT/カーシェアリングがモビリティの一端を担うことになり，乗合バス事業者やタクシー事業者の事業展開が期待される．人口密度が希薄な地域では，民間での運営が経営的に困難なおそれがあり，地方行政が住民サービスである公共交通機関の代替としてこの事業をタクシー会社等と共同して運営することを提案したい．

クルマは所有から利用へとライフスタイルが変わる．上記のように自動運転デマンドビークルを社会で共有し，所有から共有もしくは利用へシフトする文化や社会システムである．貧困層や交通弱者（子供・老人・障害者など）でもオーナーやユーザーになり得る可能性がある．シェアリングカーをストックする駐車場は必要であるが，住宅地，商業地域，ビジネス地域などには駐車場不要の都市構造とクルマの総数の減少につながるものと考えられる．これらのクルマに関するライフスタイルの変化は，自動車産業に大きな影響をもたらすはずであり，シミュレーションなどにより保有台数，燃料消費量，CO_2 排出量への影響を見積もることが必要と考える．

アジアのメガシティ等の大都市では，渋滞の解消と便利なモビリティを実現する大量輸送機関である鉄道，中量輸送機関である新交通システム，さらに（自動運転や IT 技術と組み合わせた）バスラピッドトランジットなどのさまざまな選択肢が期待されている．まずは都市の規模や可能な資本投下などの財政状況を勘案し，かつ渋滞などの改善効果をシミュレートするコンサルタント業務のアジアマーケットへの展開が期待される．

(4) 層別化した都市群の将来モビリティ

人々は，富裕・貧困などの経済状態や人口集中度などが異なる地域や都市および国で暮らし，かつ，これまで社会インフラとして築いてきたモビリティの環境も異なっている．将来のモビリティは，人口や経済動向，考えられるリスク，都市化と残された非都市化部の課題，モビリティの動向などのそれぞれ異なる背景や環境などを考慮する必要がある．

先進国では上記に示した通りである．発展途上国では都市部のみは発展したが，地方などの非都市部では劣悪な環境が依然として残され，最貧困層が多く占めて格差が拡大している．個人はもとより中央および地方政府とも経済的に貧しく，社会資本への投資ができない状況は今後も続くと思われる．貧困と合わせて食糧・エネルギー・衛生等の問題が解決され，かつモータリゼーションが進んでいるとは限らない．交通事故の死亡率である死亡者数/人口/自動車保有台数は日本と比較して3〜4桁多い国もある．モータリゼーションはバスやトラックから始まるが，これらの地域を発展させるためには巨額なインフラの建設や産業の創出・進出が必要であり，経済に投資し，経済成長へとつなげていくことが期待される．

(5) 2050年に向けたショーケース

これまで述べてきたように，日本は今後，少子高齢化，生産年齢人口の減少，それによる消費および経済の低迷，石油など一次エネルギーの高騰と入手性の困難化などの課題に直面することになると思われる．この課題は日本のみが直面するものではなく，同様に世界の国々でも避けられない潮流である．この状況に屈することなく，テクノロジーや知恵を利用して，他国に先駆けて，① 個を尊重する生活や価値観の多様化，② 脱炭素を基軸とする燃料・エネルギーの多様化，③「つながる」のテクノロジーなどをキーワードに，④ 社会環境や経済的条件に合わせて多くの人が利用可能な技術をベースとした，効率的で質の高い交通社会やモビリティを実現し，国土を生活の質(Quality of Life：QOL)の向上が図れる実証実験のショーケース化して世界をリードできる好機にすべきと考える．

▶第2章　エネルギーと経済

本章では原油を中心に論じることとする．自動車技術に関しては，いうまでもなく原油の動向が支配的であり，石炭や天然ガスの将来動向は，将来の自動車技術にあまり影響しないからである．また，電力は将来の自動車に利用される可能性が高いので，国の電力政策と再生可能エネルギーについて現状の課題を簡単に紹介する．本章末には製造・供給者サイドからみたエネルギーの視点についても紹介した．

原油から作られた燃料を使う自動車が世界中に広まったために，原油の消費量は増大し，今後いつまで原油を使い続けることが可能かを懸念しなければならなくなった．かつては地面を掘れば原油(この場合は在来型原油)が自噴したのに，今では海水面から数千mの超深海の海底から危険を冒して採掘するしかない状態になった．また，粘度が高く不純物が多い非在来型原油も利用せざるを得ない状態になっている．この結果，原油の生産コストが上昇している．後述するように，原油はその資源量からも，生産コストからも近い将来に利用できる限界に達すると考えられるので，石油系燃料を使う内燃機関を利用できる限界も近い将来に来ることになる．

種々の原油関連の統計や報告を参照して，将来の原油生産の限界について調査を行った．可採埋蔵量から得られる可採年数予測は，OPEC諸国の可採埋蔵量データに疑義があるので，将来の原油生産予測には適さない．世界で広く引用されているBPエネルギー統計やExxonMobil社の原油生産予測は，経済発展に必要な原油量を予測しているのであって，生産可能量を予測しているわけではないので，これらを利用することはできない．一方，IEA(国際エネルギー機関)は，在来型原油は2005年に生産はピークに達したことを宣言し，その後は減少すると予測している．また，IEA は経済を発展させるためには，新規の油田発見／開発と非在来型原油の増産とに頼らざるを得ないということを IEA の年次報告書で述べている．

さらに，IEA は原油増産のためには巨額の投資が必要であるが，この投資は十分には行われていないということも警告している．非公式なインタビューなどで，IEA 関係者は 2020 年までに石油生産はピークに達するという発言もしている．米国統合軍，ドイツ国軍，カナダ国軍も原油供給問題を取り上げて，2010～2015 年頃に原油供給不足が発生し，石油をめぐる紛争が発生する可能性を警告している．やはり，原油の生産限界が近づいていると考えるべきであろう．

従来は，原油生産量の将来予測は資源量に基づいていた．この予測には大きな欠点があることがわれわれの調査の結果判明した．原油生産が経済に影響し，経済が原油生産に影響するからである．これについて，以下に説明する．

世界の経済は，安価で豊富なエネルギー源である原油に支えられて発展してきた．逆の表現をすれば，原油の価格が上昇するか供給量が減少すれば，経済発展は持続しないことになる．これは過去に発生した石油危機を思い起こせば明らかである．原油価格があるレベル(たとえば＄80～＄100/バレル)以上になると経済は悪化した．すなわち市民の経済からみて，受容できる原油価格には上限があることになる．

一方で，原油の市場価格が低すぎると，石油開発会社は利潤が得られないので，原油開発を縮小したり，撤退したりする．これは将来の原油生産を減少させることになる．石油会社にとっては，原油生産コストが市場の原油価格の下限となる．原油の市場価格がこの上限と下限の間にあることが，石油消費者である市民にとっても石油生産者である石油会社にとっても好都合である．経済も良好な状態になる．ところが，2014 年にサウジアラビアが政略によって作為的に原油価格を低下させ，現在に至っている．世界情勢が不安定な状態の原因の一つとなっている．この状態は，いずれは解消させなければならない．

カナダのオイルサンド，ベネズエラのオリノコ原油，米国のシェール(タイト)オイルなどの非在来型原油は，生産コストが高く，原油市場価格が $80/バレル以上でないと採算がとれないといわれている．原油の市場価格が現状(2016 年中頃)の $40～$50 程度では，これらの非在来型原油ビジネスは成り立たない．2012 年頃から急増したシェールオイルは，原油生産の限界問題を解消したかのような報道が一時あふれた．確かに多くの石油専門家が見落としていたシェール資源利用であった．しかし，特別に採算性の良い油井を除いて大半のシェール会社は赤字経営であったこともあり，最近の原油価格の低迷で，多くの会社は経営を縮小したり廃業を強いられている．従来から懸念されていた原油の供給制約問題はシェール騒ぎで数年先送りされただけで，厳然としてわれわれの前に立ちはだかっている．

すでに述べたように，在来型原油の生産量は現在減少し続けている．世界の経済のために石油の総生産量を増加させようとすれば，コストの高い非在来型原油を増産しなければならない．すると，石油の市場価格は上昇して経済は悪化する．期待した経済的効果は得られないことになる．一方では，非在来型原油を生産している石油会社は，現状のように原油の市場価格が低ければ，採算が悪いので今後の開発に投資しなくなり，今後の原油生産量が低下することになる．資源が地下に存在しても，経済性の理由で資源開発を行わなくなるのである．これらの結果として，今まで安い原油資源に依存して経済発展してきた先進国の構図が崩れつつある．安い原油生産の減少が今後も進めば，原油に依存してきた現代文明の終わりが近づくことになる．

なお，世界の経済を停滞させている理由には，原油の価格だけでなく，資本主義経済の限界もある．地球上には新しい商品を売る市場が見つけにくくなり，新しく売る商品が見つけにくくなっている．資本主義経済が成熟し過ぎて，利潤を得にくくなったためである．世界の経済停滞は原油問題とこの資本主義の問題が組み合わされているために，経済の立て直しが一層困難になっている．

IEAによれば，在来型原油の生産は年々減少していく．2030年では現在のほぼ半分になる．さらにこの予測を外挿すると，2050年にはほとんどゼロになる．この在来型原油は$60/バレル以下で販売できると推定される．この価格であれば経済を大きく悪化させることはないであろう．中東のOPEC諸国のほとんどは原油生産コストが$60以下である．このコストが安い中東原油だけを使いながら2050年に向けて世界が脱石油に向かう計画を立案し実行すれば(現実には大変困難な課題ではあるが)，経済を大きく悪化させずに原油に依存しない社会を構築できるのではないだろうか？ 序章と第3章で述べられているように，2050年には環境制約からも化石燃料の消費は現状から80%減少させなければならない．脱石油は必達の課題である．そして，このような脱石油社会で使われる交通システムを想定し，そこで利用される自動車と動力を提案し，開発していくことがわれわれの世代の最も重要な責務といえる．

2050年頃には，自動車を駆動するエネルギーは石油から電気に移行させなければならない．最新のエネルギー基本計画には2050年時点での電力構成は明確には想定されていないが，COP21の制約を考慮すると，再生可能電力は全体の半分ほどまでに増加させなければならないであろう．再生可能エネルギーの中で太陽光発電への期待は大きいが，その発電量が増加するに従い，間欠的な発電量を調整するために発生する費用が増大する問題をどのように解決するのかが今後の重要な課題になろう．

本章のほとんどは自動車技術の視点から記述されているが，製造・供給者サイドからみたエネルギーの視点から，エネルギーの基本的考え方，一次エネルギー・二次エネルギーの見通し，自動車用エネルギー等についても紹介した．

2050年までの二次エネルギーとしての自動車用燃料・エネルギーを考えるにあたっては，大変化が予想され，電力を含めた幅広い検討が続けられるはずである．

そのときに，国民のエネルギー選択のものさしに関する基本的な考え方として，供給側が最も重要と考えているものさしは「S+3E」である．安全確保「Safety」を大前提としつつ，安定供給「Energy Security」，経済性「Economy」，環境保全「Environment」からなる三つのEの重要性・その切り口からの検討を示した．当面，Environmentの議論が重要な議論であるが，エネルギーの経済性，需要・供給の観点を含めたS+3Eの同時検討が2050年までの中心的な議論と考えられる．ユーザーからの目線とともに，エネルギー供給の視点がさらに重要な時代になったと考えている．

既存のエネルギーの量的変化については，経済の成熟化と省エネの進展で需要が鈍化する先進国では，引き続き高い経済成長のもとで効率の良い利用による量の抑制がさらに検討される．少子高齢化の進む日本では，自動車用の石油系燃料の需要減少に加え，継続的な燃費向上と非石油系燃料車の普及によって消費量は大幅に減少することが見込まれる．特に連産品である石油製品の国内需給と安定供給のバランスを考える転換期にある．原油の処理量を減少させる方向で供給は変化する．途上国でも時間遅れはあるものの，技術移転などを行い省エネは進展する．

質的変化では，気候変動対応などでの代替エネルギー利用の観点が重要とされ，バイオマス利用燃料，水素燃料，天然ガス，電気自動車が候補に挙げられる．経済性に劣る再生可能エネルギーの利用をいかに行うかについては，コスト低減の技術革新と現実的な利用検討が継続してなされるだろう．自動車燃料・エネルギーについても，今後は，モビリティの将来像そのものにも目を向けることで，将来の自動車燃料とエネルギー利用の観点で質が変化する．ガソリンと軽油の液体燃料としての優位性はあるものの，電化が進展することは確実とみられる大きな変化が待ち受けているだろう．

▶第3章　自動車と環境

自動車は多くの地域で経済の発展とともに普及してきたが，その利便性と引き換えに，さまざまな環境問題を引き起こしてきた．自動車に起因する環境問題は，大気汚染や地球温暖化等の燃料の燃焼により生成される大気汚染物質や温室効果ガスの排出に起因するものから，製造過程における環境負荷や役目を終えた自動車の廃棄物処理，さらには，レアメタル等の新素材の採掘や精錬に起因する問題など，広範囲に及んでいる．

いずれも重要な課題であるが，本章では，2050年の自動車社会を展望する上で避けることのできない課題として，大気環境と地球温暖化の問題を取り上げ，これまでの状況や今後の動向を中心に述べる．特に地球環境問題については，今後の温室効果ガス削減対策に大きな影響を及ぼすと考えられるパリ協定を中心に，国際動向やわが国への影響について紹介する．

（1）大気環境

わが国の大気環境は，長らく，自動車排出ガスの影響が大きい都市部で，国が定めた環境基準を達成できない状況が続いてきたが，ディーゼル車に対する厳しい排出ガス規制の導入等により，近年では，光化学反応由来の汚染物質などに課題は残されているものの，都市の大気環境は大きく改善されてきた．しかしながら，実路走行時における規制値を超える汚染物質の排出や，燃費対策として市場導入された直噴ガソリン車からの粒子排出など，新しい課題も指摘されている．

海外に目を移せば，厳しい排出ガス規制が導入されている日米欧の先進諸国以外では，自動車排出ガスに起因する大気汚染問題は深刻な状況が続いており，その対策は急務の課題である．

（2）地球温暖化

気候変動枠組条約第21回締約国会議(COP21，2015年，フランス・パリ)において，パリ協定が採択された．同協定は，2020年以降，世界全体で長期的に地球温暖化に対処していくための包括的な国際枠組みである．

パリ協定の合意を促した要因としては，第一に，気候変動の科学的知見の進展・精緻化，第二に，世界中で起こった異常な気象現象の頻発による，気候変動問題に対する人々の危機感の高まり，第三に，各国の今回合意しようという意思，第四に，議長国フランスの采配のうまさ，第五に，各国，都市レベル，産業界，市民社会での気候変動問題への意欲的な取組みが現実のものとなっていること，が挙げられる．

パリ協定の採択及び発効により，すべての国による排出削減を実現するという重要な一歩を踏み出した．ただし，パリ協定は，あくまでも今後の国際レベルの温暖化対策の枠組みを示したにすぎない．パリ協定を真に価値ある合意にするには，これから各国がいかに意欲的に温暖化対策をとっていくかにかかっている．

パリ協定の発効は，世界全体の温暖化対策が新たな段階に移ったことを意味する．今後，日本がこの分野で「主導的な役割」を果たすためには，パリ協定の詳細ルール交渉への貢献とともに，パリ協定の目的の実現に向けて，より一層の貢献を実現するため，2030年の日本の目標の改善および長期戦略について，日本国内のすべてのステークホルダーが参加して議論することが必要である．

▶第4章　都市構造と自動車

日本では2050年には人口は1億人を割り込み，65歳以上の高齢者割合が4割近くになり，大都市圏への人口集中と地方での過疎化が進むと予想されている．一方，地球全体の人口は90億人を超え，その7割が都市に集中すると予想されている．

本章ではまず前半で，2050年に向かって環境意識が高まり，車に依存しないライフスタイルも浸透して，さまざまな価値観をもつ欧米の都市ビジョンの特徴と日本の状況を比較検討する．次に急激に発展しているアジアの都市の特徴と課題を解説し，次にモーダルシフト，シェアリングを含む交通システム改善によるCO_2削減に関しての検討，そして欧米，中国で検討が進むスマートシティへの取組みの経緯を概観し，都市と交通の課題を掘り下げた．

後半では，今後，都市の大気質環境を維持改善するためにもBEV・PHEVを大量普及させる際に懸案となる電力エネルギーに関して，まず再生可能エネルギー発電の増加に対してBEV・PHEVの利用と系統連系の課題に対して検討を行った．次に次世代自動車の自動運転も支援する移動体通信を支える電気エネルギー消費量の推移を紹介し，電力エネルギー削減の取組みを紹介する．さらに，都市のモビリティとの親和性が高い電動車両のさまざまな実施例を示し，最後に全体を通して今後の日本へ都市と自動車に関連した提言を検討した．

（1）日本と欧州，北米の都市のモビリティの関係

現在，欧米諸国では，環境問題への意識の高まり，自動車に依存しないライフスタイルの浸透，社会構造の変化を背景に，欧州では街づくりの手段としてLRTやBRTが都市政策の一部と位置づけられ，公共交通ネットワークへの投資を積極的に進めている．加えて，イギリスから始まった自転車専用道路はオランダ，ドイツ等で都市交通の一機能となっている．一方，北米でも，都市が策定している将来交通マスタープランにはLRTやBRT等の公共交通の計画が描かれており，米国の複数の州で，2050年までにガソリン車およびディーゼル車の販売を禁止する方針のエネルギー政策と都市政策が一体でパラダイムシフトが進んでいる．また，いくつかの都市では，2050年ビジョンでオンデマンド型ライドシェアリングのモビリティサービスを描いている．

（2）アジアのメガシティ

現在，世界で人口1,000万人以上のメガシティが34都市あり，その6割が東アジアに存在している．アジアの大都市では急激な都市化にインフラの投資が追いつかず，鉄道，地下鉄，LRT，BRT等，公共交通機関の導入が遅れて道路混雑が激しく，二輪車が普及している．さらに，アジアの主要各国のほとんどは欧州排出ガス規制導入を決定しているが，製油所の脱硫化プラント投資が進まず，低硫黄含有燃料の供給が遅れて，新規制対応の新型車普及を阻害しており，二輪車からのVOC，および，大型ディーゼル車からのNO_xとPMの排出量増加と併せてアジア地域の大気質環境の大きな課題となっている．また，今後の電力需要の増加に対し，多くの国が石炭火力発電に依存しており，発電効率が高く有害物質の排出も少ない最新石炭火発への更新の長期戦略立案や，地域の特性に合わせた再生可能エネルギー発電の導入，加えて，電力安定供給を支える送配電網の整備が必要となり，これら分野への投資が重要となる．

また，都市部への急激な人口集中による交通問題，水の問題，エネルギーの問題，ヘルスケアの問題で社会的な損失が増加しており，スマート行政やスマートヘルスケアなど，さまざまなスマートシティ機能で解決していく検討が進んでいる．しかし，スマートシティを構成する技術要素は日本の各産業がそれぞれ世界的にも競争力をもつ技術であるが，日本においては，それら技術をICTで連携し有機的に組み合わせて，スマートシティの機能へまとめてスマート行政にまで反映していくほどのビジネスモデル論議は進んでいない．

（3）スマートシティに対する取組みの経緯

米国では，2009年にスマートグリッドに約1兆6千億円，再生可能エネルギー融資に約2兆円の予算を付与し，米国にスマートメーターを普及し，需用家側の電力消費状況を把握し，その後の再生可能エネルギー導入やさまざまな施策検討を行う計画を推進した．

欧州では2007年にICT研究開発に約1兆2千億円の予算を付与し，その後，電力グリッドイニシアティブに約6,000億円，グリーンカーイニシアティブに約6,400億円の予算をつけて産学官の共同研究を推進した．また，規格制定に向けて，電気だけでなくガス・水道・暖房用熱供給のスマートメーター規格，さらには日本が推進していたEV・PHEVの急速充電を含む規格に対抗し，充電メーター，スマートグリッドサービス導入の規格制定をした．さらに，2014年Horizon 2020の中でスマートシティや交通，エネルギーといった社会課題の領域に4兆円の予算を付与した．

中国では，2006年から2010年の第11次5カ年計画で省エネ・環境保護関係へ2兆7千億円，2011年から2015年の第12次5カ年計画ではスマートシティプロジェクトへ3兆7千億円の投資を行い，中国全土で400以上のスマートシティプロジェクトが推進中である．さらに，エネルギー供給網の最適化を図るため2020年までに総額52兆円の投資を行い，スマートグリッドの整備を推進する．加えて最近では国際標準化にも積極的に参画し，ISO，ICE 等の幹事国を引き受けて国際提案を拡大している．

日本では経済産業省エネルギー庁が情報収集や国際標準化に対して戦略的に取り組んでいる．また，日本の 4 地域でさまざまな企業，地方自治体，研究機関が協力しスマートコミュニティ実証実験に取り組んできたが，活動がスタートした直後に東日本大震災が発生し，震災復興支援に国家予算が振り分けられて，前述の海外の取組みに比べると，国内 4 地域の実証実験の総予算が 1,300 億以下とはるかに少ない．

(4) 電力システムと自動車

日本のガソリン車がすべて EV に置き換わった場合を想定した電力需要は 1,230 億 kWh＝1 日平均 3.36 億 kWh で，6 時間で充電を行うと，需要電力としては 5,600 万 kW となる．昼夜間の電力需要の差は 6,000 万 kW 以上あるので，EV 充電需要が深夜に生じるのであれば電力供給力の点でも問題はない．しかし，充電需要の発生タイミングや，需要の立ち上がりの急峻度によっては，需給バランスに問題が生じる可能性がある．

本節では，前半で将来の再生可能エネルギー発電比率が増加し，EV が普及する際の系統の課題および EV・PHEV の電池を系統接続することでの対策の考え方を述べ，後半では PHEV・EV が大量普及し充電のために系統接続をする際の電力品質を担保する具体的な技術対応の検討に関して述べた．

(5) 通信のエネルギー

次世代自動車では ICT を駆使して V2X のさまざまなデータのやり取りが必要になってくる．現在はスマートフォンの普及で移動体の通信量は年々増加し，データセンターの事業規模も拡大しデータセンターの電力消費も増加している．また，通信カバーエリアの拡大および都市部での通信量増加に伴い基地局数も増加している．ICT 関連ではさらにネットワーク接続サービス機器，他に，家庭や事業所での PC やプリンタ，ATM や自動改札など金融端末など各種機器を合わせると，全体でデータセンターの 3 倍ほどの電力消費になると推定されている．

最新の基地局では，風力，太陽光と二次電池を合わせて電力消費を 1/2 近く減らしたものもある．データセンターでも電力消費の 45% を占める空調の電力消費を抑えるため，寒冷地に設置し外気空調を行い，加えて，CPU や機器類への電源供給の AC/DC，DC/AC 変換損失を低減するため直流給電方式を採用し，電力消費を半減した例などが報告されている．ICT で増加するエネルギー消費以上に，ICT を有効に活用して，運輸セクターからのエネルギー消費を効率良く削減することが望まれる．

(6) 今後の日本への提言

スマートシティに関しては，2010 年以降世界で動きが活発化しており，欧州，米国で政府機関が多額の資金を投入して，規格化やビジネスモデルの確立に動いている．中国も 2010 年以降 2015 年までの 5 カ年計画でスマートシティ領域に巨額の資金をつけて，都市の大気質改善，水質改善，エネルギー消費削減，交通システム，新エネ車普及の政策を推進中である．

このようなダイナミックなビジネスの世界の動きに対して，日本だけが企業サイドの狭い範囲での参入にとどまっており，日本の産学官が連携し，世界の競争相手をリードしていける日本のスマートシティのビジネスモデル構築を行う関係官庁および業界を横断する積極的なプロジェクトの設立を提言したい．

▶ 第 5 章　物流と公共交通

本章では，将来の環境変化が「物流」と「公共交通」に対しどのような影響を及ぼすかを予測し，環境負荷を低減しつつ「物流」と「公共交通」の利便性をいかに向上していくかの提案を行う．

運送する対象がモノである輸送を貨物輸送，人である輸送を旅客輸送と呼び，輸送機関が鉄道やトラックなど陸上の貨車での輸送を陸運，航空機での輸送を空運，船舶での輸送を海運または水運と呼

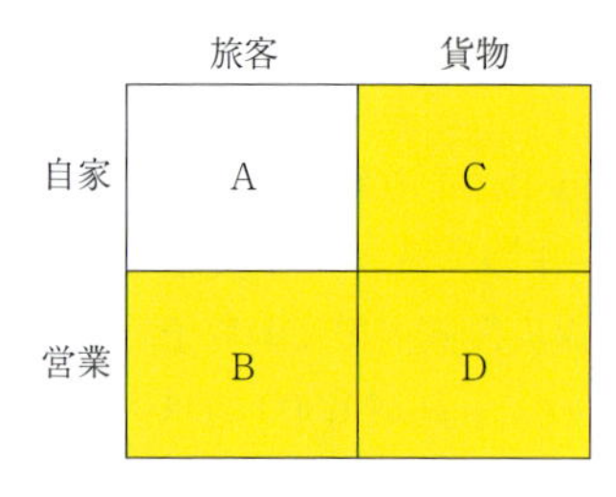

図 5-1　運送の分類

ぶ．運送を大きく分類すると図 5-1 となる．

旅客を運ぶ自家の領域 A は，主に自家用自動車を示し，旅客を運ぶ営業の領域 B が公共交通を示す．貨物の領域 C，D が物流を示しており，本章で扱う物流と公共交通は，モノや人の流れを支える，経済や国民生活に欠くことのできないライフラインである．

日本経済はリーマンショック，東日本大震災による一時的な落ち込みを乗り越えて，2012 年秋以降の株高の進行等を背景に，家計や企業のマインドが改善しつつある．一方で，少子高齢化に伴う人口減少，グローバル化による産業競争の激化など，雇用を取り巻く社会や経済は構造変化の中にある．

近年，物流分野における労働力不足が顕在化しており，少子化に伴う労働力人口の減少により，中長期的には人材の確保がより困難になっていく可能性がある．特に，中高年層への依存が強いトラック運転者や内航船員については，これら中高年層の退職に伴い，今後，深刻な人手不足に陥るおそれもある．また，過疎地や離島等の条件不利地域においては，人口減少により人口が薄く分散する状況が拡がると，これらの地域における宅配便の配送効率が大幅に低下し，日用品の入手にも支障を来す可能性がある．今後，過疎化や高齢化のさらなる進行が見込まれることを踏まえると，地域に必要な物流サービスを持続的に確保していくためには，個々の物流事業者による取組みだけでは不十分であり，自治体の主体的な関与のもと，地域の関係者が連携し，必要な施策を講じることが求められている．

インターネット販売(B2C や C2C)の増加から，貨物の小口化がさらに進行するとともに，件数ベースでの物流量が増加している．本来急ぐ必要のない貨物を含め，当日・翌日配送等荷主から短い納期が設定されたり，一定の時間帯に配送時間指定が集中したりといったことがさらに増加し，ドライバー不足に拍車をかけているかもしれない．この場合，物流事業者がコストに見合う運賃料金を適正に収受し，健全な市場環境の中で，各々の創意工夫により，事業運営を改善し，収益性を高め，物流全体の生産性向上につなげることが重要である．

少子高齢化による深刻な人手不足に対応するには，物流事業者同士が連携協力することはもとより，荷主や自治体，インフラ管理者等との連携・協力関係を確立し，省力化された効率的な物流を標準化することが必要である．具体的には，ICT，IoT，ITS，ビッグデータ，鮮度保持技術，自動走行システム，パワーアシストスーツ，小型無人機，人工知能等の最新技術を活用し改良を重ねる中で，さらなる物流の効率化，高度化につなげていくことが重要となろう．

地域公共交通は，地域住民の通学・通勤などの足として重要な役割を担うとともに，地域の経済活動の基盤であり，移動手段の確保，少子高齢化や地球環境問題への対応，まちづくりと連動した地域経済の自立・活性化等の観点から，その活性化が求められている重要な社会インフラである．しかしながら，地域公共交通を取り巻く環境は，少子高齢化やモータリゼーションの進展等に伴って極めて厳しい状況が続いており，近年，交通事業者の不採算路線からの撤退等により，地域の公共交通ネットワークは大幅に縮小している．超高齢化社会を迎えようとしている中で，地域公共交通サービスの衰退は，自ら自動車を運転できない高齢者の生活の足に大きな影響を与えることになる．特に地方圏では大都市圏に比べて高齢化率が高く，このような地域で公共交通サービスの撤退が起きやすい状況となっていることが問題をより深刻にしている．

公共交通では，すでに無人運転が実現しているモノレールと同様，人間が運転しない自律走行バスやタクシーも含め，至る所で自動運転化が進み，地下鉄やモノレールに LRT，およびバスやタクシー等のすべてを集中制御した形での公共交通システムの構築が望まれる．渋滞が少なく事故がない安全で環境にやさしい公共交通システムが究極の目標となる．

課題は，一車線の一般道に，路線バスや車や自動二輪，さらにはトラックと自転車等，多様なモビリティが混走する現在の交通形態の最適性への回答である．自律走行車は容易に渋滞や混雑を回避し，

表 5-5　公共交通に対する現在と将来

公共交通		大都市	中都市	田舎
現状 (2015)	状態	・過密化・渋滞・駐車スペース不足・高コスト・効率化 ・事故・定時性困難(バス) ・路線複雑・経営難	通勤／通学時渋滞・利用客減少・便数削減・路線廃止・移動／乗り継ぎ不便・経営難	・利用客減少・便数削減 ・路線廃止・移動／乗り継ぎ不便・事業撤退
	モビリティ	・公共：地下鉄・路線バス・タクシー ・個人：車・自動二輪・自転車・徒歩	・公共：モノレール／LRT・路面電車・路線バス・タクシー ・個人：車・自動二輪・自転車・徒歩	・公共：路線／コミュニティバス・デマンドバス／タクシー ・個人：車・自動二輪・自転車・徒歩
	解決課題	過密化抑制・定時性確保・コスト低減・利用客確保・経営維持向上	便数／路線確保・高効率／低コスト乗換え・利便性確保・利用客増大・経営維持改善	モビリティ維持・利便性確保・利用客増大・事業参入
将来 (2050)	状態	IT・自律運転化・インフラ整備等による高効率化・過密化緩和・定時性確保・環境／安全性向上・無事故	独自性のある公共交通システムの創出と利用に伴う利便性向上・利用客増大・地域活性化・経営改善	自然を活かす里山と観光ビジョンに適合させ乗って楽しい公共交通システム構築・収益性改善・事業参入
	モビリティ	・公共：地下鉄・路線バス・自律走行タクシー ・個人：カーシェア・レンタカー・パーソナルモビリティ・徒歩	・公共：モノレール・LRT・路線バス・自律走行タクシー ・個人：カーシェア・レンタカー・パーソナルモビリティ・徒歩	・公共：路線／デマンドコミュニティバス・自律走行タクシー ・個人：車・自動二輪・パーソナルモビリティ・徒歩
	ポイント	・都市の電化と AI & TI の進化に伴う自律運転化 ・モビリティ間乗り継ぎの高効率化＆低コスト化	独自の歴史／文化に根づく公共交通システム構築と利用・自律運転化・乗り継ぎの高効率化＆低コスト化	里山／観光客誘致も狙う公共交通システムと個人モビリティ融合と利用・自律運転化・高効率化＆付加価値創出

迂回路走行を選択可能なため，渋滞緩和等に貢献は出来るが，やはり都市や街および道路づくりと一体となったシステム構築をしっかり考える必要があろう．経済状態や人口集中度などが異なる地域や都市でモビリティの姿は変わるため，大都市，中都市および田舎の切り口で公共交通に対する現在と将来の予測をまとめる(表 5-5)．

大都市は地下鉄を中心に，路線バスとタクシーで構成されるであろうが，それに個人所有の車や自動二輪に自転車およびパーソナルモビリティが組み合わされ，自家用車の所有と走行を制限し，公共交通システムとファースト＆ラストワンマイル用パーソナルモビリティの組合せシステムがベターとなろう．車の使用はレンタカーやカーシェアが都市としての効率化にもつながる．中都市は，土地の有効利用や費用的にも地下鉄より LRT やモノレールを軸にし，それに路線バスを組み合わせた公共交通システムが望ましい．田舎は，コミュニティバスに自律運転のデマンドタクシーを組み合わせた公共交通システムを構築し，すそ野が広く人口密度が少ない枝葉の部分は，個人所有のパーソナルモビリティを利用する交通・移動システムを考慮すべきと考えられる．

2050 年は，日々の暮らし，働き方，都市構造などさまざまな分野で変化をみせるであろうが，モビリティやロジスティクス含め，ICT がわれわれの暮らしを大きく変えていることは間違いないであろう．たとえば，バーチャルリアリティ(仮想現実)により「距離」が制約とならない社会を作り出しているかもしれない．その場合，会社や仕事ばかりではなく家族や友人ともコミュニケーションのあり方が変わり，都市から地方，海外へといった移住が進むなど，ライフスタイルの変化には無限の可能性があろう．一方，交通インフラ等のストックに急激な変化は想像しにくく，暮らしや社会の変化に応じて集約化や構成の変化など従来の延長線上で形を変えていくのではなかろうか．

バーチャル化の進展により，家庭内で仕事や旅行などを済ませられるようになることで，われわれの移動量自体は減少しているかもしれないが，日々の生活には物資が必要であり，きめ細かな物流サービスへの要求は増すばかりであろう．移動量は減少しても利便性や質への欲望には限りがなく，パーソナルモビリティやドローンなどの普及により，人・モノの移動もパーソナル化が進むのではないか.

最後に，これら実現のために大量の資源やエネルギーを消費し，地球環境に危機をもたらすこれまでのような大量消費のライフスタイルではないことを願う．2050年は，より豊かに生きたいという願いを実現する持続可能な社会であってほしい.

▶第6章　ITS・ICT

ITSは，東西冷戦終了後，米国のIVHS，欧州のテレマティクスが主導して始まった．日本においてはこのような動きに呼応し，1995年のITS世界会議横浜以降，ITS全体構想が策定され本格的にITSが推進されることとなった．当時のITS関係5省庁が主導し，ITS全体構想に定められたITSに関する開発9分野に基づき推進された．カーナビ，VICS，ETCはその代表的なものである．ITSは，ITS世界会議やITS太平洋地域フォーラムとともに発展した．ITS全体構想の設定期間はすでに終了し，現在では次世代ITSとしてさらなる発展をしている.

ITSは情報通信技術(ICT)により自動車が外界とつながり，人や物の移動を快適，効率的にし，安全・安心で豊かな社会を構築する概念である．近年では，ICT，IoT，AI等の発展により，“つながる車(Connected Vehicle)”として新たな自動車社会に貢献している．近年では自動運転の開発が進み，ITSの代名詞として語られることも多い.

このようにITSの歴史を振り返ると，始まりは個別の技術開発中心に発達してきたが，近年では自動車技術，ICTが発達し，これらの技術を使ってどのようなサービスを生み出すかというフェーズに入っている．このため今後は，生活の現場に着目してITSが社会実装されることが重要となっている．日本においては地域ITSとして，地域がITS技術を使ってどのような社会構築を目指す取組みが広がっている．2050年の社会・交通システムを考える場合に必要な概念である.

なお，ICTについては，ITSの中に含まれるという考え方がふさわしいという観点から，新たに章を立てずに本第6章に含めて論じている．2050年の社会を見据えた第6章について要点を下記にまとめる.

(1) ITSと自動車の関係

自動車は，人や物の安全・安心で環境にやさしく快適なモビリティを提供し，豊かな社会を構築する役割を担っている．ITSは，交通渋滞，交通事故，排出ガス等の自動車社会の負の遺産を克服し，豊かな社会を構築する切り札として発達した．2050年の社会を見据えると，自動車社会が今のままで残るとは考えられず，自動車とITSが連携して，どのような社会を形成するかについて考える必要がある．このような観点からITSの役割は大きい.

(2) 社会実装に向かうITS

日本は，2050年に向けて超高齢社会となり，また経済成長が鈍化，石油エネルギーの逼迫等，多くの課題を抱えている．このような状況において，ITS・ICTが社会に実装されて総合的観点からモビリティに貢献することが期待されている．ITSの用語が使われる機会が少なくなっているが，今まで積み上げてきたITSの歴史を踏まえて，今後の社会へ貢献するための努力が期待されている.

(3) 自動運転とITS

近年では自動運転開発が加速し，自動運転がITSの代名詞になっている状況である．自動運転は，半導体技術，制御技術，画像処理技術，コンピューター技術，情報通信技術等の多様な技術が発達し，自動車の技術開発の発達と相まって実現するものである．自動運転はITSのすべてではなく，自動運転技術を使ってどのようなモビリティ社会を構築するかという上位概念がなくてはならない．自動運転には，精密な地図情報提供と位置特定技術，サイバーセキュリティ，人間と機械の役割分担，社会的受容性，標準化等，解決すべき課題も抱えている．第7章で自動運転について詳細を論じている．

(4) 情報通信技術(ICT)の発達と ITS

ITS は ICT の発達とともに発展してきた．しかし，ITS を構成する自動車，道路や交通信号等の交通インフラ等のライフサイクルに比べて，ICT の発達は著しく速い．このように発展スピードやハードとソフト技術概念が違う分野が連携して社会・交通システムを構築することが重要である．このような異分野交流が今後の鍵となる．

(5) 国際化の進展と ITS

ITS は交通問題を解決しモビリティ社会を構築する切り札であり，欧米をはじめ東南アジア等，世界で ITS を取り入れた取組みが進められている．交通に関しても近年では，歩行者，自転車，2 輪／3 輪車，公共交通，さらには陸海空の視点から幅広く取組みが進められている．このような海外の事例を参考にするとともに，日本の ITS が世界の ITS，特に東南アジアの ITS に貢献するように取り組むことが必要である．

(6) ITS と人材育成

ITS・ICT が，2050 年の社会・交通システム構築に果たす役割は大きい．しかし，ITS は社会貢献の要素が大きいので，収益追求する企業からは受け入れられにくい宿命をもつ．近年では ITS 世界会議において，ITS により若手育成を志向する動きも顕著である．2050 年に向けて自動車技術会や ITS Japan 等を通じて，将来への準備として ITS・ICT の概念を習得し今後の活動に活かせることができる人材発掘および人材育成が必要である．

▶第 7 章　自動運転

自動車の自動運転システムは，自動車交通へのオートメーションの導入である．自動車の自動運転システムに関する研究は 1950 年代に米国で，1960 年代には欧州や日本でも開始された．しかしその後の進展は必ずしも順調ではなく，何回かの中止と再開が繰り返されており，20 世紀の間は自動運転については必ずしも肯定的ではなかった．21 世紀になって様相は大きく変わり，現在では自動運転システムの販売が予告されるに至っている．

運転支援システムを含めて自動運転システムの特長は，遅れの少ない認知，判断，操作と，ヒューマンエラーの排除にある．この特長によって，自動車交通の事故防止と渋滞解消，省エネルギー化，ドライバーへの快適性と利便性の提供，ヒューマンドライバーでは困難な，または不可能な環境下での運転，移動困難者への移動手段の提供などが可能になる．

しかしながら，自動運転システムの導入にはいくつかの課題を解決する必要がある．まず，自動運転用の機器，ソフトウェア，システムには極めて高い信頼性や極めて長い平均故障間隔が要求される．次に運転支援や自動運転では，システムとヒューマンドライバーの関係が課題となる．ハイテク旅客機では自動操縦から手動操縦への遷移時に事故を起こした例がある．さらに，自動運転車両が実交通流に入ってくると，手動運転車両との混在が問題となる．すべての車両が自動運転車両になると，すべての車両の走行制御アルゴリズムを同一にし，すべての車両の特性や性能を同一にする必要がある．車両の特性が異なると，同じ交通状況に対する判断や挙動が異なり，その違いが渋滞や事故の原因となるからである．

近い将来に導入される可能性が高い自動運転システムは，高速道路上のトラックのプラトゥーン(先頭車はヒューマンドライバーが運転し，無人の後続車が前車に追従する)と移動困難者のための小型低速車両であろう．前者は省エネルギー効果だけでなく人件費の抑制の効果がある．後者は低速であるために安全基準を緩和できる．また，高速道路を走行するバスやトラックで CACC(協調型 ACC)が早期に導入される可能性がある．さらに，除雪車や工事車の運転支援や自動運転も近い将来導入されよう．乗用車については，専用駐車場におけるバレー駐車は早期に導入される可能性があり，高速道路など限定された道路での自動運転は近い将来の導入が可能であろう．近年自動運転について話題が多くなっており，上記の状況を踏まえて注意すべき要点についてまとめる．

（1）システムとヒューマンドライバーの関係について

自動運転は自動車の技術検討が先行して開発が進められているが，ヒューマンドライバーとの関係において，システムが人間の限界を超えてしまい，人間がシステムの状況を理解できない等，人間がシステムに追いついていけない危惧がある．現状は安全運転支援領域での商品化が主流であるが，完全自動運転の領域になった場合，ヒューマンドライバーはシステムから運転責任を返還されたときにすぐに運転状態に復帰できるのか等の課題がある．また，システムに人工知能(AI)の適用が検討されているが，人間を支援するAIを目指すことが必要である．その前提として，人間がどのような思考をするのか，ヒューマンドライバーとしての認知機能そのもののさらなる検討が深められなければならない．

（2）技術的課題について

自動運転は上記のようにさまざまな課題があるが，特に自車位置検出精度の向上，認知機能の向上があり，システム構築の鍵となる．このために現在，高精度地図の検討，カメラによる認知機能の向上等，自動運転の基盤技術の研究開発が進められている．また，システムによるサイバーセキュリティの問題も課題となっている．

（3）自動運転とITSの関係について

自動運転がITSの代名詞のように論議される場合が多いが，自動運転はITSのすべてではない．ITSの視点から自動運転を捉えると，自動車の使い方と自動運転の関係が重要となる．自動運転をどのようなシーンで利用するのか，ニーズは何か，それが技術的に可能か，社会的受容性はあるのか等の検討が必要である．ITSは自動運転を含めて街づくり等交通社会全体を俯瞰する広義の概念として捉えなくてはならない．

（4）自動運転研究開発の国際協調について

自動運転は欧米日で積極的な開発が行われている．日本では内閣府が主導するSIP(戦略的イノベーション創造プログラム)で研究開発が行われている．また，2016年9月の主要7カ国(G7)交通相会議でも自動運転が取り上げられている．日本の自動車メーカーの多くは海外でも生産しており，欧米の標準化動向等を踏まえて，今後の自動運転研究開発を積極的に進め，日本が生き残るために必要なことを考えた対応が重要となっている．

自動運転は2020年以降実現するという論調が多くなっているが，自動運転のどのレベル段階で考えているかを見極めた「自動運転」の理解が必要である．2050年は今とは違った自動車社会になっていることが予想され，自動運転が当たり前になっていると思われるが，実混流交通下で現在ヒューマンドライバーが運転するあらゆる環境，すなわち道路環境，交通環境，気象環境などのもとでの完全自動運転は2050年より先のことであろうといわれている．

▶第８章　自動車技術と自動車利用技術の現状と将来

（1）自動車技術の改良

（a）従来自動車の燃費改善

従来車の燃費を向上するためには，パワートレインの効率向上と車両の走行抵抗低減に加え，ハイブリッドシステム等のエネルギーマネジメント技術が必要である．

車両の走行抵抗低減については，軽量化，空気抵抗の低減およびタイヤの転がり抵抗低減が主に取り組む課題であり，CO_2排出量低減に対する寄与度は軽量化が最も大きい．

パワートレインの効率向上と車両の走行抵抗低減に加え，減速エネルギー回収・利用やアイドル時のエンジン停止ができるハイブリッドシステムとの組合せにより，CO_2排出量を50％程度削減可能である．

(b) 低炭素エネルギーの活用

代替エネルギーとして，電力，水素，バイオ燃料，天然ガスなどが注目されている．特に，電動化への動きが積極的に進められている．しかし，BEV(Battery Electric Vehicle)は現状では車両性能などの点から既存車に対し競争力が十分とはいえず，市場に普及拡大するためには，三つの課題，一充電走行距離の拡大，車両価格の低減，さらに充電インフラの拡充についての対策を進める必要がある．

電気の CO_2 排出原単位 0.35 kg/kWh における BEV の CO_2 排出量(WTW)は，ガソリン車(20 km/L)の 1/3 以下となる．今後，再生可能電力に変えていくことにより，CO_2 排出量を従来車の 1/10 以下に削減することが可能となる．

水素の利用については燃料電池車(FCV)が有力であるが，FC システムや水素タンクのコストおよび水素供給ステーションの整備などの課題があり，市場への普及には BEV より時間がかかるものと考えられる．

FCV からの CO_2 排出量は，現状の水素製造方法では大幅な CO_2 削減効果は期待できない．再生可能電力から水電解で水素を製造する技術が実用化されると，CO_2 排出量を大幅に低減できる可能性がある．

バイオ燃料については，今後，国内における導入量の大幅な増加は期待できないが，内燃機関にとってエネルギー密度の高い液体燃料は使い勝手の良い燃料であり，各種のバイオ燃料製造の技術開発が進んでいる．いずれも低コスト化が課題であり，今後の技術開発に期待したい．

天然ガスは，燃焼時の CO_2 排出量が石油に比べ 25％程度少なく，天然ガス生産国を中心に普及が進んでいるが，国内での普及率は低い．天然ガスの普及については，自動車用燃料として使うか発電用として使うかの議論が必要である．

(c) 重量車の改良と技術動向

重量車からの CO_2 排出量低減には，小型車と同様にエンジン単体の熱効率改善に加え，車両の走行抵抗を低減する車両技術の向上とその使われ方から，ICT(情報通信技術)の活用による実車率・積載率(ロードファクター)の向上を目指した運行効率の向上の三位一体の取組みが不可欠である．

エンジン出力/車両総重量比(パワーウェイトレシオ)が極端に低いトラックは，ディーゼルエンジンを搭載するケースがほとんどであり，電動化は難しい．2050 年頃までは大型トラックを中心にディーゼルエンジンが搭載されるものとの見方が有力である．

ディーゼルエンジンの熱効率向上に関しては，正味熱効率が 48％を超える研究結果が得られている．国内でも主に大型各社と燃料噴射装置メーカーが共同出資している㈱新エィシーイー(つくば市)において，排熱エネルギーを動力として回生するシステムを用いないで，エンジン単体として正味熱効率 55％を目指すプロジェクトが進行中である．

電動化については，走行時の適用範囲を制限したトラック用途で 15％程度の燃費向上を狙った HEV のコンセプトが各社より発表されている．さらに，路線バス等ではワイヤレス給電や，将来的には充電インフラ(超急速充電)との兼ね合いはあるものの BEV や PHEV 等も考えられる．一回の走行距離が短く必ず定点に戻る小型バスやトラックではすでに BEV が実用化されている．今後，電動車のアプリケーションの範囲を拡大していく必要がある．

燃料電池(FC)を重量車に適用する場合，課題は FC スタックの低コスト化と耐久性である．加えて，重量車では燃料供給の利便性が重要であり，特に水素スタンドにおいては長距離大型トラックが不自由なく利用できるインフラ整備は 2040 年以降といわれている．

(2) 輸送効率の向上(第 5 章，第 6 章参照)

輸送効率を向上することは，乗用車の乗車率，および貨物車の積載率および実車率の向上や，より効率の良い輸送手段へのモーダルシフトにより，人キロおよびトンキロ当たりの CO_2 排出量を減らすことである．さらに，エコドライブ等の車の運転の仕方による燃費向上や交通流の改善による平均車速の向上に取り組むことも重要である．

乗用車の平均乗車率は1.3人程度だが，将来，ライドシェアに関するさまざまなサービスの普及により，乗車率が向上し，CO_2削減が進むと思われる．

貨物輸送における輸送効率の向上には，積載率および実車率の向上が重要であり，種々の物流形態の改善が行われている．さらに，ICTの活用による実車率の改善も検討されており，輸送効率の改善により30％程度CO_2排出量を削減できるという試算結果(8-25)もある．

自家用車から公共交通機関へ，トラックから鉄道・船舶へのモーダルシフトにより大幅にCO_2排出量を低減することが可能である．たとえば，自家用車の人キロ当たりのCO_2排出量は鉄道の約7倍であり，自家用車から公共交通機関へのモーダルシフトによるCO_2排出量削減効果は大きいことがわかる．公共交通機関の利用を促進するためには，パーソナルな乗り物と公共交通機関の組合せやストレスなく乗り継ぎ可能なシームレスな運送サービス等の利用者の利便性の向上が不可欠である．

エコドライブの普及も重要である．運転者の違いによるCO_2排出量は1.3倍程度の差があることがわかっており(8-27)，今後，エコドライブ実践者を増やしていくための仕組みづくりが必要である．

ITS技術の発達による先進交通システムの活用により渋滞緩和が進めば，CO_2の排出量を大幅に低減できる可能性がある．たとえば，平均車速が20 km/hから40 km/hに向上できれば，CO_2排出量を約40％低減することが可能である．特に渋滞の激しい都市部においては，早期のシステム導入が望まれる．

(3) 輸送量の低減(第4章，第5章，第6章参照)

輸送量を低減するためには，移動する距離を減らすことと移動の機会を減らすことが重要である．

地方都市でコンパクトシティ化が推進されている．コンパクトシティ内における公共交通機関の集約化と輸送効率の向上を図ることで，地域からのCO_2排出量が削減可能である．

物流については，将来，ICT技術の活用が進み，輸配送の効率が改善されると同時に無駄な輸配送が削減されると予想される．

カーシェアリングの導入により車両の総数が減り，総走行距離も減ることからCO_2排出量が低減できるといわれている．年間の燃料消費量が約45％削減できたとのアンケート結果(8-29)もあり，カーシェアリングによるCO_2排出量低減効果が大きいことを示している．

(4) 電動化の推進

将来，自動車からのCO_2排出量を80％以上削減するためには，電動化の推進が必要なことは明らかである．

現時点では，電動車両はバッテリーや燃料電池のコストが高く，車両のイニシャルコストがガソリン車に比べて高価となっている．バッテリーのコストは急速に低下しており，2万円/kWhは実現可能と考えられるが，1万円/kWhを達成するためには，さらなるコスト低減の努力が必要である．今後，コスト低減が進むことが期待されるが，BEVは一充電走行距離の点からバッテリー搭載量を増加する傾向にあり，バッテリーコスト低減がそのまま車両価格の低下につながるわけではない．

一方，BEVのランニングコストはガソリン車に比べ低い．BEV電費117 Wh/kmの場合，電気代を12円/kWhとすると，走行費は1.4円/kmとなる．ガソリン車では，ガソリン1L当たり120円，燃費20 km/Lとした場合，燃料費は約6円/kmとなり，年間1万km走行の場合，5年間で20万円安くなることがわかる．

BEVの一充電走行距離は，テスラモデルSを除き200 km前後(JC08モード)であり，BEVの普及拡大を妨げる大きな要因となっている．テスラモーターズは，2017年から発売を予定しているモデル3で一充電走行距離344 kmを達成すると発表した．またGMは，新型EV「BOLT」は383 kmと発表した．ダイムラーとBYDも新型BEVで400 kmとしている．従来車と比べ遜色ないレベルになる．

日本国内の充電設備はここ数年で急速に増加し，充電スタンド数は普通充電13,733カ所，急速充電6,956カ所(2016年9月20日現在)までになった．東京近郊の都市では数kmごとに急速充電スタンドが設置されており，充電スタンド探しに苦労することが少なくなった．

電力供給への影響について述べる．経済産業省の次世代自動車の普及目標の2030年新車販売に占めるBEV，PHEVの割合20～30%をもとに，日本の乗用車(軽自動車を含む)保有台数6,000万台の10%がBEVに替わると仮定すると，年間消費電力は90億kWh/年となり，日本の年間発電電力量の0.9%を占めることになる．BEVの市場への普及拡大の速度を考慮すると，BEVによる電力供給への影響は極めて小さいといえる．

▶第9章　自動車産業としての自動車の将来

35年以前に存在していなかった，たとえば，スマートフォンやインターネットなどの技術とこれらを活用したビジネスが，現在の社会と文化を形成してきている．35年後の2050年は，デジタル社会が一層進展し，保有から使用の価値観が普及し，現在芽が出ているか，あるいは今後登場する技術・ビジネスが社会を担う．自動車技術は電動化，自動化，知能化，つながる化を進め，新技術の芽を育て利用システムを開発して，社会を幸せにする多様なビジネスが登場する．

(1) 2050年までに外部環境が変わる(課題解決はビジネスになる)

日本は人口が減少し，少子高齢化が進み，若者の車離れと高齢者の運転免許証返納で需要の減少が予想される．一方，労働年齢人口の減少はドライバー不足を来たし，交通弱者が利用する公共交通の運営が困難になるため，公共交通の自動化・自律化が促進される．需要を確保し多くの人々のモビリティ要望を満たすために，新たな車カテゴリ(超小型モビリティなど)とサービスが登場し多様化する．

厳しい環境規制のために内燃機関だけで走る自動車に代わり次世代自動車が普及し，ガソリンスタンドが減り，充電や水素の充填設備が充実する．合わせてCO_2フリー工場が普及する．

人的ミスが96%の悲惨な交通事故死者のゼロ化には，自動緊急ブレーキやアクセルペダルとブレーキペダルのふみ間違い防止装置を装着したぶつからない・ぶつけない車，そして，自動化・知能化技術による自動運転車，さらに自律運転車を促す．

(2) 2050年までに価値観が変わる(変化は新ビジネス登場の源泉となる)

2050年には現在の10代のデジタルネイティブが社会を担い，車のfun to driveにこだわらず，保有から使用の価値観をもつ人々が増える．そして，一億総活躍社会の移動のために，自助・共助・公助可能な多様なモビリティビジネスが進む．たとえば，シェアエコノミー，シームレス，カスタマイズ，デマンド，配車サービス，自動運転・自律運転など．そして，自律運転のデマンドミニバスや個客サービスの超小型モビリティなど，多様な新しいモビリティが登場する．

(3) 2050年までに産業のベースが変わる(ビジネスの土俵が変わる)

社会への負荷のゼロ化に向かう(排ガス・CO_2ゼロ化，交通事故死者ゼロ化，高齢者を含む交通弱者ゼロ化，3K労働ゼロ化，在庫ゼロ化，廃棄物ゼロ化など)．

人とモノとコトがつながるIoTやビッグデータで価値を生むバリューチェーンが構築され，移動通信は5G，産業は個別大量生産のIndustry 4.0が定着する．超小型スパコンが現れ，AIと自動化が進み，2045年のシンギュラリティを迎える社会(第5次)が予想されている．

マーケティング3.0が進み，社会を幸せにする視点から現在の既成概念を打ち破るイノベーションが，また市場にあると便利という発想からのオープンマインドビジネスが発展する．

(4) 2050年までに社会とビジネスの視点が変わる(技術イノベーションが社会を幸せにする)

ビジネスの基盤はオープンイノベーションとネットビジネスが進み，ビジネスの視点は自動化・知能化・IT化であり，提供するサービスはロボット化・遠隔操作化・無人化にある．

大都市ではバリアフリーの公共交通が活用され，地方都市は集約した必要機能の周りで生活するコンパクトシティとなる．公共交通と目的地間のFirst/Last One Mileは超小型モビリティやパーソナルモビリティが分担する．高齢者には無人デマンドコミュニティバスが有効となる．

環境，安全，渋滞，高齢化など先行する課題の解決策を，パッケージで新興国に技術移転するグローカルビジネスやグローバル出稼ぎが展開される．

課題をビジネスチャンスと捉え，既成概念を破り，産業界，大学，学会，政府がそれぞれの役割を果たし，社会の幸せ構築に対応してゆくことが求められている．

- 産業界は，異業種と連携を図り，自らを社会の変化や顧客の要望に合わせる．特に，環境保全や安全確保のための新しい技術システムの普及には，企業は協調と競争の分野を明確にし，まず協調分野で連携し産業を興して競争するような企業行動が求められる．
- 大学は，スピードの速い技術進歩に合わせた人材育成とスタートアップ企業へ果敢に挑戦する．
- 学会は，新技術の社会からの受容性を含めた環境・安全アセスメント実施，種々課題に対する産学官フォーラム設定，および国際的標準化への積極的な活動を行う．
- 政府は，大きな変化に対して産学へのイニシアティブを発揮し，新技術システムの未知のリスクに対する産学の専門家と当局との一体となった取組みを推進する．

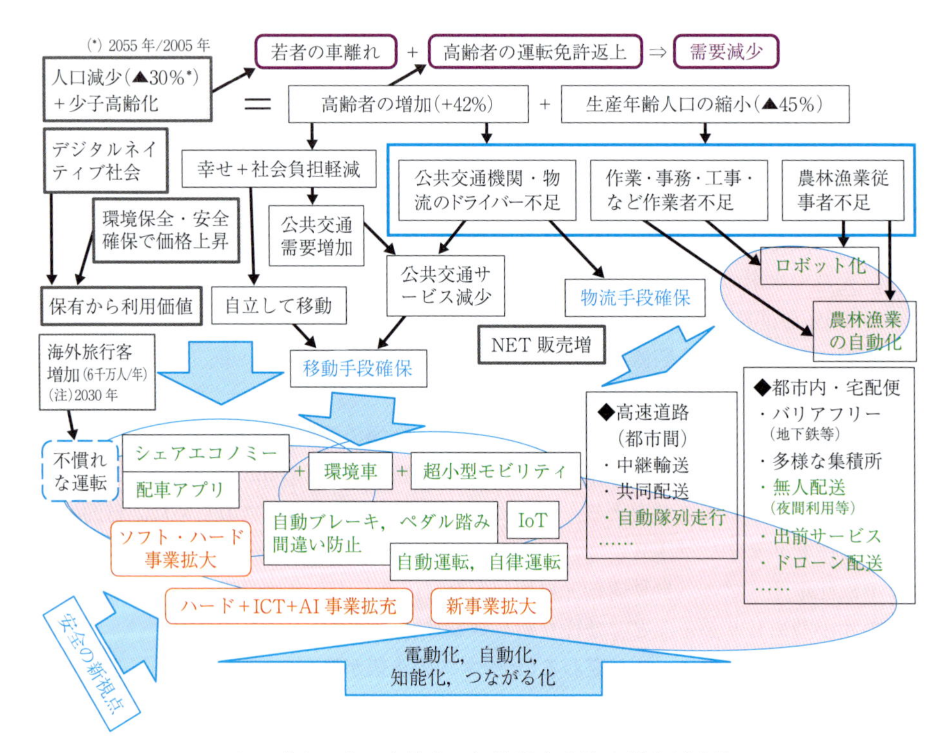

人口減少と少子高齢化，価値観変化等の将来対応策

自動車用動力システム 要旨

第2部

自動車は，人の移動や物資の輸送の役割を果たし，われわれの生活を豊かなものにしている．また，わが国において自動車産業は，基幹的な産業の一翼を担い，極めて幅広い分野にわたって新技術を実用化しながら成長を続け，国の経済発展にも貢献してきた．その反面，自動車は大量の石油を消費し，大気汚染や地球温室効果ガスであるCO_2の主要な排出源とされている．そこで本委員会では，中長期的観点，すなわち2030年から2050年に向けて必要とされる自動車用の動力システム技術について検討することとした．

先進諸国では，今後ほぼ10年以内に乗用車から重量車にわたる最終的な排出ガス規制が実施され，大気汚染問題はおおむね解消されるものと予想される．また，中長期的には，省エネルギーと温暖化抑制の両面から，より重要な政策課題として燃費基準の一層の強化が行われ，これに対応した新たな技術開発が厳しく求められることになろう．その一方で，モータリゼーションの進展が著しい新興国では，石油の需要が大幅に拡大しており，大都市では深刻な交通渋滞と大気汚染を招き，それらの対策が急務とされている．

わが国は，京都議定書による，1990年比で温暖化効果ガスを6%削減する5年間の目標を2012年度に達成している．その後の取組みとして，2015年12月にパリで開催されたCOP21では「パリ協定」が合意され，わが国の2030年度の温暖化対策としては，温暖化効果ガスを2013年度比で26%削減する目標値が提示され，これが2016年5月に閣議決定されている．その達成に向けて，わが国の温室効果ガス排出量の9割を占めるエネルギー起源二酸化炭素の排出量については，2013年度比▲25.0%(2005年度比▲24.0%)の水準であり，各部門における2030年度の排出量の目安は，運輸部門でも30%近いCO_2排出量の削減が必要とされている．

また，全世界で2050年までに温暖化効果ガスを現状から半減するため，先進国はCO_2を80%低減することを義務とすることがパリ協定で確認されており，同程度の低減が運輸部門にも求められよう．このような長期的な目標達成のためには，自動車の動力システムとそれに用いられる燃料・エネルギーの組合せを大幅に変革する必要があることはいうまでもない．

将来自動車用動力システム委員会では，このような自動車の環境・エネルギーに関わる長期的な課題を見据え，2030年から2050年にわたる動力システムのあり方を探ることを目的として調査活動を行った．その結果は以下の通りである．

(1) 内燃機関と石油代替燃料の組合せの可能性

自動車用エンジンにとっては，石油系燃料は高いエネルギー密度と利便性の面で最も適性のある燃料であり，内燃機関の存在価値は将来の石油系燃料の供給可能性に大きく依存している．それらの将来の賦存・供給量の減少と価格の上昇は避けられず，それを利用する自動車用動力システムにとっても技術的対応が必要となる．

一方，非石油系の燃料としては，バイオ燃料や合成燃料(それぞれ，石炭，天然ガス，バイオマスを原料とするCTL：Coal to Liquid，GTL：Gas to Liquid，BTL：Biomass to Liquid)，水素，アンモニア等が挙げられる．しかしながら，いずれも自動車用内燃機関用の燃料としての利用は，供給量，コスト，温暖化の抑制効果の面で限定的になるものと予想される．また，これらの燃料のうち，WTW(Well to Wheel)によるCO_2排出量が原料を直接燃焼した場合よりもかえって増大する可能性があり，いずれも適正な定量的評価が必要である．

(2) 新しい原動機と非石油燃料(エネルギー)の組合せの可能性

2050年までは，水素燃料電池自動車(FCV)の普及はある程度進むであろうが，水素供給インフラを広範囲に設置することは難しく，全体としての普及は限定的になるものと予想される．その場合，水素の生成には再生可能エネルギーを利用して低炭素化することが必要であり，さらには，国際市場での共通のニーズを醸成することも求められよう．

一方，電源の多様性と充電インフラの設置の容易さから，バッテリー電気自動車(BEV)は有力である．その場合，バッテリーのエネルギー密度の向上とコスト低減が不可欠であり，現状のリチウムイオンバッテリーを超える高性能バッテリーの開発・実用化が期待される．しかしながら，バッテリー性能は，2050年頃においても，なお内燃機関の性能・コストに匹敵する水準にまで向上することは技術的に困難と予想され，BEVは主に短中距離走行用に使われることになるものと予想される．このようなBEVの利用拡大のためには，適性に配慮した利用しやすい交通システムを構築することが重要な将来課題であろう．

なお，BEVの充電は数kW程度の普通充電を基本とすべきであろうが，BEV台数の増加や1台当たりのバッテリー容量の増大は，変動を伴う急速充電の需要の増大を伴うことも想定される．その場合，再生可能エネルギーによる電力の利用も含めて，電力の需給を適切にマネージするシステムの実用化と運用が必要となる．

(3) 今後の動力技術の方向

自動車用エネルギーとして，石油から電気への長期にわたる円滑な分担・移行を進める方策として，両方を使い長距離走行が可能なプラグインハイブリッド車(PHEV)は有力な候補であり，その性能向上は，動力システムの重要な課題となるものと予想される．自動車は15年程度使用されることから，他の動力システムに移行するためには，その間の共存状況に配慮する必要があり，このような観点からもPHEVの普及の可能性があるものと予想される．その際にも，バッテリー性能の向上，コスト低減，充電システムの適正な設置と情報化が求められる．

ガソリン車とディーゼル車は，日米欧において2010年代に予定されている最終的な排出ガス規制に適合した上で，中長期的には一層の性能と燃費の向上を目指して発展・進化を続け，さらに，PHEVを含むハイブリッド化への転換も図り，今後少なくとも20数年は主要な地位を保ち続けるものと予想される．これらのエンジン開発にあたっては，国際市場の動向を踏まえて，燃料性状の改善・維持を前提に，燃焼と後処理に関わる要素技術を複合・最適化することが不可欠であろう．

さらに，エンジンシステム技術に加えて，バッテリーやパワーエレクトロニクスを含む電動化，車両の軽量化，低炭素な燃料・エネルギーの利用等を同時に進めるべきである．

また，第1部でも言及したように，今後の進展が予想される高度道路交通システム(ITS)やICTを活用して，移動の利便性の向上や交通流の円滑化，貨物輸送の高効率化，公共交通機関の利用促進，適正なモーダルシフト，さらには自動車に依存した商習慣や地域の特性に対応したモビリティのあり方の見直しを進める必要がある．

これらを総合的に推進すれば，自動車交通分野のCO_2の削減ポテンシャルとして，現状から2030年で30%，2050年で80%程度可能になるものと予想される．それには，産学官の連携体制を構築し，資源の確保や省エネルギー，CO_2削減に関わる中長期的な展望を共有して研究開発やそれを促す施策を推進しなければならない．

付言すれば，その手始めとして，2014年度から5年にわたって，内閣府の所轄による「戦略的イノベーション創造プラグラム」の11課題の一つとして「革新的燃焼技術」が取り組まれ，乗用車用エンジンを対象に正味熱効率50%を目指す研究開発計画がスタートしている．これによって，産学の連携体制が構築され，新技術の創出と人材の育成・交流が進展することが期待されている．

なお本報告では，主に乗用車用の動力システムを対象に検討してきた結果について示した．しかしながら，今後はトラック・バスを含む重量車用動力システムについてもさらに並行して検討を進めることが必要である．これらの車種は物資輸送システムと公共交通機関の役割を担っており，経済・産業活動やわれわれの生活を広範囲に支えており，内外を問わず今後重要性を増すものと予想される．その動力源は高い熱効率と出力特性を有するディーゼルエンジンが当面主要な座を占めるであろうが，今後の中長期的な省エネルギーと低炭素化の要求に応えて一層の高効率化が求められよう．それには，エンジンシステム自体の一層の高効率化やハイブリッド化を含む電動システムに関わる技術開発に取り組むことが必要不可欠である．

将来の個人の移動手段としての乗用車をはじめ，物資輸送や公共交通を担うトラック・バスの利用のあり方は，第1部で述べた将来の社会交通システムの要請によって支配される側面があることはいうまでもない．その動向については，社会・交通システム委員会とも継続的に情報を交換しながら，社会や経済，環境・資源面からの制約を想定して今後の技術の方向性を見極め，それを踏まえた上で将来の動力システムに関わる研究開発課題を提示していく必要がある．

さらに，モータリゼーションが進展している新興国では，大気汚染の改善対策や温暖化対策の取組みが遅れている状況にある一方，燃料の需要拡大に対応した脱石油の取組みがより重要な課題となりつつある．わが国を含め先進国が開発した先進技術や政策的な手法については，これらの新興国に対して積極的に提供することが大いに期待される．わが国の自動車が排出する CO_2 は世界全体の約1%にも満たず，これをさらに抑制する努力は必要であろうが，このような新興国への支援によってもたらされる地球規模の貢献はそれをはるかに上回るからである．

このような観点から，将来の自動車用動力システムについては，本研究で示した成果をもとに，自動車技術会内において継続的に検討が行われることが期待される．

第1部　社会・交通システム

序章

社会・交通システム委員会の活動経過と今後とるべき方策の提案

社会・交通システム委員会は，将来自動車用動力システム委員会と連携しながら，2050年の自動車技術を展望することを目的としている．将来自動車用動力システム委員会は，内燃機関共同推進委員会の下部組織である自動車長期戦略策定分科会が2014年に委員会として独立して活動を継続してきた(詳細は「発刊にあたり(1)」を参照)．このような活動経緯を踏まえて，社会・交通システム委員会は自動車長期戦略策定分科会の「環境と石油資源の視点に基づく活動目標」を継承してきた．本章では，2012年に設定されたこの活動目標を最近の情勢変化を考慮して再確認することと，次にこの目標に向けて2050年を討議するにあたり，われわれが考慮すべきことを検討した結果を記す．

1. 社会・交通システム委員会の活動の目標

(1) 自動車長期戦略策定分科会の目標

日本の内燃機関技術の優位性を確立し維持することを目標として，2012年に自動車技術会内に内燃機関共同研究推進委員会が設置された．内燃機関の中短期の研究課題に取り組む産学官の連携研究体制作りがこの推進委員会の当面する主たる目的であった．一方で，この中短期課題に加えて，自動車の長期的な研究課題を明確にすることも重要な課題であるとして，推進委員会の下部組織として自動車長期戦略策定分科会が設置された．この分科会は，2050年の自動車用動力はどうあるべきかという技術課題を模索し研究課題を提言することを目的として活動が開始された．この2050年の技術を検討するにあたって，その動力あるいはその動力を搭載する自動車の達成すべき目標値がまず討議された．その活動における技術達成目標は下記のように決められた．

『2030年，2050年には現状からそれぞれ自動車の石油消費量を50%，80%削減する』

この「石油消費量の削減」は，自動車においては「CO_2発生量の削減」とほぼ同義となる．なお，ここでは自動車の製造に関わる石油消費量あるいはCO_2発生量は対象としないこととする．また，石油は「原油(ほぼ90%)と他の液体燃料の合計」を示す(詳細は第2章参照)．

この目標値を採用するにあたって，以下に示す当時の環境およびエネルギー諸情報を参考にした．

(i) 2005年に発表された「新国家エネルギー戦略」に基づき，自動車技術会の当時の次世代燃料・潤滑油委員会が2007年発刊した「日本における自動車用燃料」においては，2030年までに石油消費量をほぼ半減(56%削減)することが必要であるとした．

(ii) EUは2020年までのCO_2削減量をすでに25%削減する目標を発表していた．

(iii) 鳩山政権時代に鳩山首相は2020年までにCO_2を20%削減すべきであると公表した．

(iv) IEAは2012年9月19日に下記の2件のReportを発行している．

- Technology Roadmap: Fuel Economy of Road Vehicles
- Policy Pathway: Improving the Fuel Economy of Road Vehicles

エネルギー効率化のために2008年にG8政府間で合意された決議に基づき，これらの報告書が発行された．エネルギー効率化は，“energy security, climate change mitigation, economic growth and quality of life”を保証する鍵であると述べられている．

適切な政策が実施されれば，自動車の燃料消費は2030年までに半減の可能性があると報告されている．これらの報告書より，欧州はすでに2030年に運輸部門の燃料消費半減を視野に入れていると考えられた．

(v) 米国National Research Council(NRC)は，2013年3月に以下の報告書を提出していた．

“Transitions to Alternative Vehicles and Fuels”

2010年度の国会決議に基づき，NRCが調査のための委員会を設置した．報告書の概要は以下の通りである．

「今までの自動車は，「内燃機関＋石油」であった．エネルギーセキュリティと GHG 抑制の視点から，「代替原動機＋代替燃料(エネルギー)」の可能性を調査した．2030 年時点で石油消費を 50％削減することは時間的制約から困難である．良くて 40％程度であろう．2050 年時点で石油消費を 80％削減できる可能性はある．新技術の開発を進展させるため，また新技術を市場に普及させるためには，政府の支援政策が極めて重要である．」

前述の活動目標値は，世界全体での石油消費(あるいは石油消費から発生する CO_2)の削減目標である．自動車長期戦略策定分科会は，世界の自動車部門としても，さらに日本の運輸部門あるいは乗用車部門においても同じ目標として考えることとした．すべての部門で同じ目標値を負担するという考えである．当面は上記分科会は乗用車を対象に検討し，次いで将来に，重量車も含めた検討をすることとした．

この目標値と前述の種々の情報との関係を図 1 に示す．

以上の諸情報の主張する目標に関しては，まずエネルギーセキュリティのためという表現が先に出されて，追加的に環境(あるいは CO_2)のためという表現が出てくるところが興味深い．かつては，環境面からの CO_2 削減という表現のみが強調されていたが，2012～13 年頃の諸情報では，このように主たる目標がエネルギーセキュリティに重点が置かれるように変化していることが読み取れる．2008 年に発生した石油供給危機とその結果としての石油価格の高騰が OECD 諸国の経済に与えた大きな影響が，G8 の見解に明確に反映されている．

第 2 章において詳述するように，経済を支える生産コストの安い原油資源は 2050 年頃にはほとんど枯渇する可能性があり，また，サウジアラビアをはじめとする OPEC 諸国では，国内の原油消費が増加していて，2030 年頃には原油の輸出能力が減少することが予測されている．したがって，環境からの石油利用に対する制約以外にも，利用できる原油の供給限界という制約を従来以上にわれわれは強く認識しなければならない．これらの環境からの制約と原油資源からの制約のいずれが早く発生するかは現時点では情報不足で明確にはできない．今後の原油供給に関する情報を注意深く見守る必要がある．当面は COP21 として世界の政治的課題として位置づけされ，時期が明確になっている環境からの制約を認識しながら当委員会の活動を進めることになる．

(2) 社会・交通システム委員会としての活動目標の確認

本委員会は次世代燃料・潤滑油委員会と自動車長期戦略策定分科会の流れを汲む活動であるので，活動を開始した当初は前記の自動車長期戦略策定分科会の目標を受け継ぐことを基本とした．

その後，日本国内では 2011 年の東日本大震災によって原子力発電への依存度の見直しが必要となり，その結果として今後のエネルギー政策の見直しも行われ，新しいエネルギー基本計画が 2014 年 4 月に閣議決定した．この基本計画は今後の国内の電力供

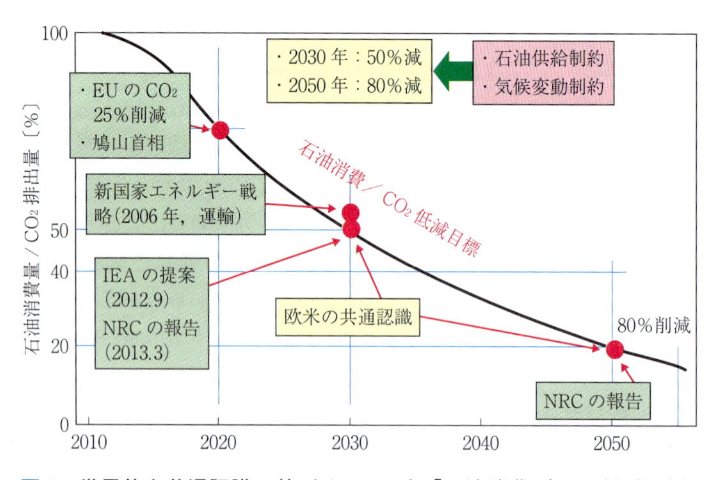

図 1　世界的な共通認識に基づく 2050 年「石油消費／CO_2 低減目標」

給において，原子力発電を漸減し，再生可能電力を増加させる方向が読み取れる．しかしながら，この基本計画は，本委員会の目標には直接的には影響しないと判断された．

また，IPCC の第 5 次報告書が 2014 年 9 月に発行され，COP21 のパリ協定が 2015 年 12 月に採択された．これを受けて国内では，2016 年 5 月 13 日には，「地球温暖化対策計画」として，温室効果ガスの排出を，

・中期目標：2030 年度に 2013 年度比で 26％削減

・長期的目標として 2050 年までに 80％の削減

を目指すことが閣議決定された．この経緯については第 3 章に詳しく紹介されている．COP21 で決定された長期目標は，当委員会の当初の 2050 年目標に一致した．

自動車長期戦略策定分科会の目標はもともと種々の情報に基づく自主的な技術開発の大まかな目標であったが，COP21 に基づく国内の政策方針と一致することとなった．今後世界(特に先進諸国)の環境問題対策や技術開発の大きな流れは，この 2050 年 80％削減に向けて動いていくと考えられる．結果論ではあるが，当委員会の当初の活動目標は適切であったと確認された．なお，本委員会においては，技術論の場合には「CO_2 総量での目標レベルとする」こととした．

2. 自動車技術への影響因子と今後の活動の方向

前節で述べたように，2050 年時点で自動車の消費する石油(あるいは排出する CO_2)を現状から 80％削減するという目標が今後の自動車技術に明確に課せられたことになる．これを達成することは自動車技術としては容易なことではない．なぜならば，後述するように，現在は地球上でお互いに関連しあうさまざまな歪みや限界が生じていて，それらの現象の一つが気候変動という課題として顕在化し，それが世界の政治問題として取り上げられているからである．気候変動あるいは CO_2 という問題だけに注目していてはこの課題は解決できない．このさまざまな現象や問題を俯瞰し分析して，2050 年の自動車技術のあるべき姿を考えていかねばならないからである．

今後の自動車技術の方向を探るために，社会と交通システムの将来を想定することが本委員会の目的の一つである．このためには，地球上で発生している種々の問題や現象とそれらの間の関係を把握しなければならない．そこで，対象とする種々の現象や問題間の関係を図式化して，理解を助けることができないかをまず検討した．

図 2 は，問題点の整理の一例である．この図は，本稿の第 1 章～第 3 章の内容に，本章末に示す種々の情報を加えて整理したものである．この図によれば，現在われわれが抱える問題のほとんどが，「地球の有限性」と，利潤と利便性を追求する「人間の欲望」から発生していることを示している．今やその種々の有限性の限界に近づいているといってよいであろう．すなわち，気候変動が世界の政治問題として顕在化したのは，①「環境問題の限界」が発生していると世界が認めたからである．また，第 2 章に示すように，②「低コスト原油資源の限界」が現在の世界的経済停滞を引き起こしている．さらに，③「資本主義経済の限界」は経済成長を鈍化させ，産業の経営を困難にし，これ自身が経済を停滞させ，格差社会を助長させている．

社会現象としての問題については第 1 章で，また低コスト原油資源の限界，資本主義経済の限界などについては第 2 章で詳しく説明する．もしこの図 2 が現在の諸問題とその原因をおおむね正しく示していて，今までの自動車技術あるいは自動車利用の方法がこれらの問題を悪化させてきた原因の一つであるとすると，将来の自動車技術はこの流れを食い止めるものでなくてはならない．また，この図が示しているように，将来の自動車技術を検討するにあたっては，経済の動向や社会現象も考慮しなければならない．また，「人間の欲望」も重要な因子であり，人々の「価値観」も考慮しなければならないであろう．資源，とりわけ原油資源の使いすぎが経済問題を引き起こし，その結果としての経済不況が原油開発を遅延させていることも指摘されている．この原油と経済がこの図の中で，最も大きな支配因子であると判断してよさそうである．最上位にある制約条件であると考えなければならない．

また，利便性を過大に追求した結果がエネルギーの大量消費を引き起こしてきたといえる．今後の新技術を検討する場合は，LCA(ライフサイクルアセスメント)からみて，エネルギー消費を低減できるものでなければならないはずである．便利な新しい

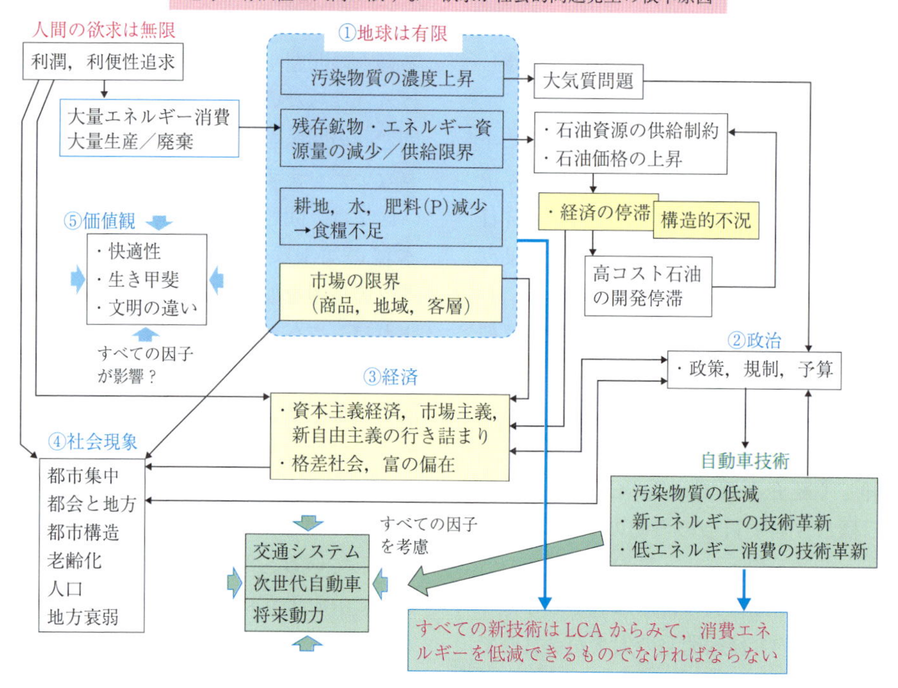

図2　現在の社会の問題点に関わる諸因子とそれらの相関

技術の中には，エネルギーや鉱物資源を多く消費させるものも時にはある．表面的には効率化が図られているようにみえても，製造過程やその技術を利用し維持するためにエネルギーを水面下で多量に消費している場合もある．今後の技術のあり方を考える上で重要な視点である．また，わずかな生活スタイルの変更で，エネルギー消費を削減できる場合もあり，技術によりすべてを解決するという考え方に距離を置くことも必要であることが示唆される．

なお，図2に示した「行きすぎた人間の欲望が現在の問題点を引き起こしている」という考えに対して，若年層からは反論もある．たとえば，「現在のつつましい生活を将来も維持できれば，それでよい」という考え方が広がっているという見解もある．日本の経済問題や社会の仕組みとしての格差問題により，若年層は恵まれていない可能性が高く，「あきらめ感」によりそのような状態になっているといわれている．しかし，今の若年層も今後，経営者，管理監督者，政治家の立場になれば，貪欲な活動をする可能性がある．若年層が「あきらめ感」ではなく，今の社会が「行きすぎた人間の欲望」の結果であること認識して，低経済成長と低エネルギー社会を自ら構築していこうという気概をもつことを期待したい．

3. 厳しい制約の中での今後の取組み

今まで述べてきたように，環境(CO_2)および原油資源量の制約により，原油(あるいは石油)の利用量は2050年には80%を削減しなければならない．近代社会は安価で豊富な原油のエネルギーに支えられ経済発展してきた．産業も，社会構造も，さらには政治の仕組みでさえも安い原油を前提に組み立てられてきた．この状態から2050年までにほとんど脱石油の状態に移行させていかねばならない．さらに，図2に示した種々の課題にも注目していかねばならない．このような制約の中で，日本として進めていく方向の案を以下に述べる．

(1) 世界が直面している課題

今までに経験していないまったく新しい「限界」にわれわれは現在直面している．それらの主たるものは，前節で示した通り次の3点である．

① 気候変動という環境の限界

今まで述べてきたように，世界はほぼ脱石油に向かわざるを得ない．この結果として，今後利用できる石油からのエネルギー利用量が大幅に減少する．

② 低コスト原油資源の限界(詳細は第2章参照)

経済発展に必要な低コスト石油資源量が減少しつつあり，その結果，経済成長の停滞が今後も一層厳しくなる．

③ 資本主義経済の限界(詳細は第2章参照)

資本主義経済が成熟して市場が限界に達した．産業の利潤が得にくくなり，今後の経済成長は期待できない．

上記の三つの限界が制約になり，2050年は低経済成長であり，かつ低エネルギー消費社会になることは避けがたい．このような社会構造の変化は重大な問題ではあるが，緩やかに進むので当初は人々は気づきにくい．また，このような問題は次世代の課題として先送りされがちである．

上述の三つの限界が引き起こす制約のために，すでに世界全体に経済の先行きが不透明になっている．これに加えて，中国経済の失速懸念，中東の紛争の拡大懸念，サウジアラビアの原油輸出能力の低下懸念，中国の強引な領海政策懸念，日本を含む多くの国の国家財政の破綻懸念，さらに日本固有ではあるが大地震災害の懸念なども想定される．これらの懸念事項が2050年までに一つも発生しないと考えるのは楽観的すぎるであろう．そして，これらの懸念が一つでも現実化すれば，それが他の懸念事項に波及し世界全体が混乱するであろう．

前述の「三つの限界」と上記の「懸念事項」に対して，国政の方向を誤れば，また技術開発の方向を誤れば，独立した国としての存続さえ怪しくなる．世界の国々は生き残りをかけて今後の国が進むべき道を必死で模索しているに違いない．

上記の「限界」や「懸念事項」はおおむね世界共通である．しかし，日本は他国に比べて不利な条件が多い．まず日本は過去の10年余の間でも先進諸国の中で先頭を切って経済停滞に陥っていた．また，日本は先進諸国の中では，原油をはじめとする種々のエネルギー・鉱物資源をほとんどもっていない稀な国の一つである．老齢化，少子化，その結果としての労働人口の急激な減少なども世界の先頭を走っている(第1章参照)．したがって，他国に先駆けてこの大きな社会問題の解決策を考え，実行しないと，日本という国の存続が怪しくなる．

日本の経済停滞が今後も進行すると，日本の産業が衰退していく．今までに日本を牽引してきた企業が，経済停滞を乗り切れずに破綻している例が最近散見される．このまま放置すれば，このような産業崩壊が進み，技術レベルの高い企業が海外に買収される例が増加する懸念がある．これを狙っている海外投資家もいるであろう．現在直面している世界共通の難題に対して，後れをとった企業や国は他の国や企業の支配下に置かれる可能性がある．ますます厳しい環境になる．他国に隷属させられる事態も生じかねない．日本がそうならないための対策を考え，直ちに実行しなければならない．

以上を踏まえて，今後の進むべき方向を模索した結果を以下に述べる．

(2) 日本の生き残り

2050年の自動車技術や自動車産業の姿を討議する前提として，2050年の世界に日本という国が生き残っていなければならない．すなわち，日本が国家として自立できる国力を備えていなければならない．これについて考える．

当然のことながら，まず国力の維持，増強が必須である．「現在の国力」の維持ではなくて，前述の「低経済成長・低エネルギー社会を前提とした新しい国力」を考えなければならない．この国力の維持，増強のためには，最低限，以下が必要と考えられる．

- 「国土＋自衛力＋政治力」
- 食料の確保(現在の日本の自給率は40％程度である．これを可能な限り上昇させることが必要)
- 経済力の確保(自給できない必需品を輸入するための外貨を確保できる経済力が必要．このためには2050年でも利潤を生み出せる産業を保持することが必要)
- 技術力の維持向上(2050年の産業を支える技術力が必要)
- エネルギーの確保(国民と産業が必要とするエネルギーの確保が必要．自給率は現在数％程度である．これを可能な限り上昇させることが必要)

以上に述べた国力の維持，向上のための具体策としては，以下のような方策が必要になろう．なお，ここで「国土＋自衛力＋政治力」を論じるのは本委員会の守備範囲を超えるので，これ以外を以下では述べることとする．

食料自給率を向上させるためには，一次産業の再興がなされなければならない．他の産業で外貨を得て，それにより安価な一次産業品を輸入するという図式が今までの日本の一次産業を沈滞させてきた．休耕田や放置された山林など，工夫すれば利用可能な資源はまだ日本にはある．農林水産業の抜本的見直しが必要である．たとえば，大規模農業工場，労働集約型農業の併存，健康志向農業，養殖漁業拡大(筆者の勉強不足で間違ったものを挙げている可能性はある)など，すでに試行されつつある．これらの推進・拡大が必要である．

すでに述べたように，2050年には低エネルギー消費の社会になることは避けがたい．特に化石燃料の利用は大きく制約される．したがって，2050年には再生可能エネルギーの増強が進んでいなければならない．しかし，今までの調査によれば，日本の再生可能エネルギー，特に太陽光発電や風力発電は海外に比較して普及の進展が遅いといわれている．この原因には，日本の天候と狭小な国土，さらには再生可能エネルギーに関わる労働者の高賃金などがあるといわれている．解決しにくい問題である．

小水力発電，地熱発電，海流発電，山林バイオマス資源の活用，木材生産／廃材利用発電などにも期待されるが，まだそれらの実現性は検討段階であったり，その効果は限定的であったりする．したがって，原子力発電への期待は大きいが，その将来に関しては不透明であり，論議をしにくい．やはり日本では，エネルギーに関しては他国より不利な条件下にあると考えざるを得ない．解決策としては，エネルギーの消費量が他国より少なくて済む仕組みを工夫するしかないであろう．生活スタイルの変更と技術開発の組合せが必須となろう．

経済力は産業に支えられているといってよいであろう．そして産業力は技術力に支えられている．かつては日本の技術力に支えられた家電製品産業と自動車産業が日本の産業を支え，日本の経済発展を牽引してきた．しかし，すでに家電製品産業には今までの勢いはない．

2050年においては，経済は停滞し，消費できるエネルギーが大幅に減少すると先に述べた．したがって，人や物の移動に使われる自動車も，交通システムも，燃料(エネルギー)も，利用する人も，その利用の仕方も，大幅に見直さなければならないであろう．一言でいえば，現在使われているようなエネルギー消費の多い自動車はできるだけ使わなくて済むような社会へ移行せざるを得ないであろう．したがって，自動車単体ではビジネスモデルが成り立ちにくく，このままでは日本の産業を支える基幹産業の役割を継続することは困難になる可能性が高い．低エネルギー消費と低経済成長のもとで成り立つ新しい産業形態とそれを支える技術力が日本の生き残りに必要になる．

(3) 自動車産業が受ける制約条件への対応

現在すでに顕在化しつつある前述の「三つの限界」は「低エネルギー社会」と「経済成長の停滞」を引き起こすと述べた．この「低エネルギー社会」と「経済成長の停滞」とが2050年に向けた自動車産業への新しい制約条件といえる．これらに加えて，「社会的条件の変化」や「既述の世界政治情勢に関わる諸懸念事項」が制約条件に加わる．いまだかつてない厳しい2050年になる．自動車と自動車技術の視点から，これに対する対応方法について以下に述べる．

(a) 低エネルギー社会(すなわち脱石油)への対応

現在の自動車は石油系燃料を利用している．この石油はCO_2削減要求からも，コストの安い原油資源の供給限界からも，2050年時点では大幅な消費量低減が必要になる．このためには以下が必要になる．

・自動車の脱石油化

石油に代わる適切な燃料がないために，内燃機関の利用は大幅に減少させなければならない(第2部に詳しく説明されている)．電動化が進展するであろう．自動車を駆動するエネルギーが石油系燃料から電気に移っていくにあたって，石油系燃料でも電気でも駆動できるPHEVがHEVの代わりに普及拡大していくであろう．電動化としてはまずBEVコミュータが短距離移動用として徐々に増加していくであろう．たとえば，屋根と風よけ付きの電動二輪車・三輪車のような自転車の代替ともいえる超小型の自動車も普及が進むであろう．これらを利用しやすい法制度やインフラの充実が必要となる．蓄電池の性能向上と低コスト化が進むにつれ，BEVの普及は拡大するであろう．

・交通システムによる効率向上

カーシェア，Park & Rideの増加，限定された地域のOn-Demand Taxi/Busの自動配車，自動運行などが拡大するであろう．情報技術を活用した公共交通機関の利便性向上が進むであろう．結果として個人所有の「現在広く利用されている乗用車」は激減することになるであろう．

・新しく導入される新技術に対する制約条件

新しい技術は多くの場合エネルギー消費を増加させる．将来の低エネルギー消費の社会に備えるためには，今後導入される技術はLCAの観点からエネルギー消費を減少させるものでなくてはならない．技術開発にあたっては重要な留意点である．

・脱化石燃料を進めるための生活スタイルの見直し

技術がすべてを解決できるとは限らない．また，生活スタイルの見直しによるエネルギーの節約は意外と効果が大きいこともある．エネルギーや諸物資の消費の節約，自然の力の活用なども今後は重要になる．

(b) 低経済成長社会への対応

資本主義経済は「市場の限界」により行き詰まっている．今後の経済成長はほとんどないと考えざるを得ない．このような社会を前提とした自動車を考えていかねばならない．

経済成長がなければ，賃金は上昇しない．この結果として，個人の可処分所得が減少するために不急不要品の購入意欲は大幅に減少するであろう．このような生活態度の変化は一層経済を停滞させ，経済不況への悪循環に突入することになる．外食や娯楽産業は衰退し，失業者が増加するであろう．したがって自動車の買い替えは大幅に減少するであろう．自動車は小型でより低価格，低維持費のものが買い替え対象となるであろう．このような変化を先取りした自動車の開発が必要になる．

(c) 社会的条件の変化への対応

少子高齢化，格差社会，都市，農村問題等については第1章に譲り，ここでは省略する．

(d) 種々の懸念事項への対応

いくつかの懸念事項を本節の冒頭で述べた．これらの中で最も現実的でかなり近い将来発生する可能性が高く，かつ日本への影響の大きいものは，サウジアラビアの輸出能力の低下と国家財政の困窮化である．種々の情報が示すように，2030年以前にサウジアラビアの原油輸出能力は減少する可能性が高い．その前に原油輸出収入の減少によりサウジアラビアの国家財政が困窮化して国として健全に存続できなくなる可能性が高い．これが世界に与える影響は大きい．日本は原油輸入の多くをサウジアラビアに頼っている．日本の原油輸入量の確保が困難になるだけでなく，世界に大きな経済的影響を与えるであろう．2050年より前に，石油利用量の制約が発生する可能性に留意しておくことが必要である．環境問題からの石油消費削減要求よりも早い時期に石油の利用が制限される可能性もある．今後の中東情勢，特にサウジアラビアの動向に注目し，経済や原油供給の急変に備えることが重要である．サウジアラビア以外の懸念事項に関しては，ここでは省略する．

(4) おわりにあたって

・化石エネルギーをもたない日本は世界に先駆けて低エネルギー社会を構築しなければならない．先進諸国と足並みをそろえていては，資源，食物の不足する日本は生き残り競争で最初に落伍する．

・効率化技術に加えて，エネルギー節約，すなわち生活スタイルや社会構造の改革が必須である．この結果として「低エネルギー社会構築技術」を開発し，ビジネス化して海外に売り込むことが外貨獲得の観点から重要になる．

・低エネルギー社会はエネルギー供給の低下に対しては耐性の強い国になる．しかし，低産業力は外貨獲得の減少により国力の低下になりかねない．低国力の国，競争力の低下した企業は海外の餌食になる．したがって，国内では低エネルギー社会の構築のための準備を着々と進めつつ，低エネルギー消費の新しい産業の育成を進める．一方では，国力維持のために，可能な限り従来型の産業で特に進展国との交易を続け外貨を稼ぐことが必要である．「今後の新しい産業」の具体化は今後の重要課題である．

・上記の新しい産業の開発や育成を進める人材の育成が今後必須となる．特に，地球問題(エネルギー，環境，自然活用など)を総合的に考える教育分野の人材育成が必要であろう．このような分野とITや情報通信の最先端技術との融合も重要である．自動車技術会において，このような活動が進められることを期待する．

・この節の冒頭に述べた「三つの限界」の発生は，利便性や利潤を追求する人間の欲望が肥大化し，地球の限界を超えたためといえる．限界のある物質的，金銭的豊かさから離れて，今こそ限界のない心の豊かさを求める新しい生活スタイルを取り入れていかねばならない．たとえば，地方に分散し，自然とともに生き，伝統的な文化を継承し発展させながら，エネルギーをうまく生かしていくというような生活スタイルへ．

【今後の社会を考える上で参考になる諸情報とその概要】

(1)　大塚陸毅 JR 東日本相談役：日経記事(2015. 7. 6)，資料 p. 89

- 日本には種々の負の要因あり：少子高齢，財政問題，地方衰退等々．
- 2060 年には日本の GDP は 2011 年の 1/2 へ減少の予測あり．

(2)　ローマ法王の回勅(Time, June 18, 2015，東京新聞 7 月 5 日など)，資料 p. 87，88

- 地球の環境汚染，気候変動等々．
- 人類による地球の搾取はすでに限界を超えている．
- 事態の改善には個人の努力も必要だが，政策が重要．
- 生活スタイルの変更，物の生産／消費モデルの改善，社会を支配する力の構造の改善などが必要．

　(ローマ法王の発言は世界への影響力が大きいので，今後の CO_2 規制などに影響することも考えられる)

(3)　負の要因が多い中で，プラス要因として：今井賢一，一橋大学名誉教授，日経 2015. 8. 7

- 「日本は自然資本に恵まれている．これを活用すべき」
- 自然資本＝森林資源，農地，水産資源(これらは生活の質を向上させる資本)

(4)　「低炭素社会実現に向けたライフスタイルの変革」，小池康郎，法政大学自然科学センター教授

- 「地方に分散する」「自然とともに生きる」「伝統的な文化の継承と発展」の中でエネルギーをうまく生かしていく．
- 単なる省エネに努力するだけではその効果は薄く，まさにライフスタイルの大きな変革を実現することが，低炭素社会構築に欠かせない．

(5)　「「成長神話からの脱却」を考える」，川口真理子，経営戦略研究，2010 年新年号，Vol. 24

　リーマンショック以降の新たなる成長の牽引役として，グリーンニューディールに代表されるエコビジネスが期待されている．「成長することが善」が今の時代常識になっている．しかし，地球環境危機を生み出した元凶が，経済成長に伴う人間活動拡大の弊害だとすると，グリーンでの成長とは矛盾する概念ではないか．地球の環境制約を考えると，従来型成長が不可能なことは明白である．

(6)　「環境制約下における豊かな暮らしの創造」，古川柳蔵，東北大学大学院環境科学研究科

　本委員会における講演資料(2015 年 11 月 11 日)の「まとめ」

①　なぜライフスタイルか：将来の環境制約を踏まえると，このまま今のライフスタイルを維持できない．無駄の削減のみの対策は部分最適であり，心の豊かさが失われてしまう．考える足場を変える必要がある．

②　戦前の暮らしに学んだこと：制約と心の豊かさは表裏一体．心の豊かさの創り出し方．利便性の坂．地域らしさとは何か．

③　新手法の導入：未来の制約を前提とした地域らしい豊かな暮らしの創出(バックキャスト思考)．失ってはならない価値をバックキャスト思考で検討(90 歳ヒアリング)．段階的変革(ネイチャーテクノロジー創出システム)．

④　今，求められていること：地域の自治体における「未来の暮らし方を育む泉」の構築．ライフスタイルの見直しの意識醸成，制約を心の豊かさに変えるテクノロジーの開発．心豊かなライフスタイルを提供するビジネスの展開．

(7)　「さらば，資本主義」，佐伯啓思，新潮新書

「資本」を金融市場にバラまいて成長を目指すという「資本主義」はもう限界．

(8)　「技術大国幻想の終わり　これが日本の生きる道」，畑村陽太郎，講談社現代新書

- 日本：技術大国のおごり．自信過剰．ムラを作り，「ムラ」に安住する．
- ディジタル化により誰でも同じものが作れるようになった．
- 新技術を「もの」で売れば，すぐにイミテーションを作られる．システムを売り指導料をとる．
- 「ものつくり」，高品質だけでは売れない．「物」は「価値」を売る．

(9)　「超マクロ展望，世界経済の真実」，水野和夫，萱野稔人，集英社新書

- 新興国の台頭によって，エネルギーをタダ同然で手に入れることを前提に成り立っていた近代

社会の根底が揺さぶられている．

・地理的に物を売れる市場がなくなっている．物が溢れ物を買う人がいなくなっている．資本主義経済は終わりつつある．

(10)「資本主義の終焉と歴史の危機」，水野和夫，集英社新書

・金利がゼロになりつつある．資本を投資しても利潤が得られない社会になっている．

(11)「あなたがもし残酷な 100 人の村の村人だと知ったら」，江上治，株式会社経済界

日本の経済や社会環境の貧困さや劣悪さに関わる統計をおとぎ話的に紹介している．統計値が参考になる．

第1章

今後の社会と自動車

1.1 は じ め に

人の活動にとって必須である食糧・エネルギーなどと同様に，モビリティも重要なリソースである．自動車産業は食糧・エネルギー産業などと同様に世界の人類を支え，かつ経済のボーダーレス化によりグローバル産業となっている．また，日本に本社機能が存在しても顧客の大半は海外であり，自動車技術会としては，日本のみならずグローバルな視点を取り入れざるを得ない．

昨今の状況には，ISIS(自称イスラム国)の台頭や難民問題による国際情勢の不安定化，EU諸国内の経済破綻，中国経済の低迷，シェールガスおよびシェールオイルとの競合に端を発した政策的な価格操作と，これに伴うOPECの弱体化，IT技術の進展や高度な自動化による労働環境の変化，人件費の固定費から変動費への変化，ひいては所得の変化がもたらす消費構造の変化等，不透明で不安定な要素が含まれている．加えて気候変動による気温の上昇が顕在化し，それによる生態系や自然界に及ぼす影響を回避する社会システムなどの構築が人類共通の目標となる．

これらの複雑な社会動向を踏まえて，将来を見通すことは極めて困難で不確定要素も多いが，図1-1の本章の全体構成に示す概念で2050年の社会や経済を論じた．すなわち，1.2節では，モビリティに影響する世界各国の人口や経済動向，特に経済に影響されると考えられるリスクや課題，1.3節では，発展途上国も含めたモビリティの動向，1.4節では，技術な内容を加えて，期待される将来の社会・交通システムについて述べた．1.5節では，世界の代表的都市群を人口密度と経済力の関係で層別化し，1.2～1.4節の中から関係する経済状態や人口集中度およびこれまで社会インフラとして築いてきたモビリティの環境などの要素を抽出して将来のモビリティを論じ提案した．1.6節では，日本は今後，少子高齢化，石油など一次エネルギーの高騰と合わせて入手性の困難化などの課題に直面することになると思われるが，他国に先駆けてその対策を打つべく，本章の中で言及したテクノロジーを抽出し，国土を2050年に向けた実証実験のショーケースとする例を示した．

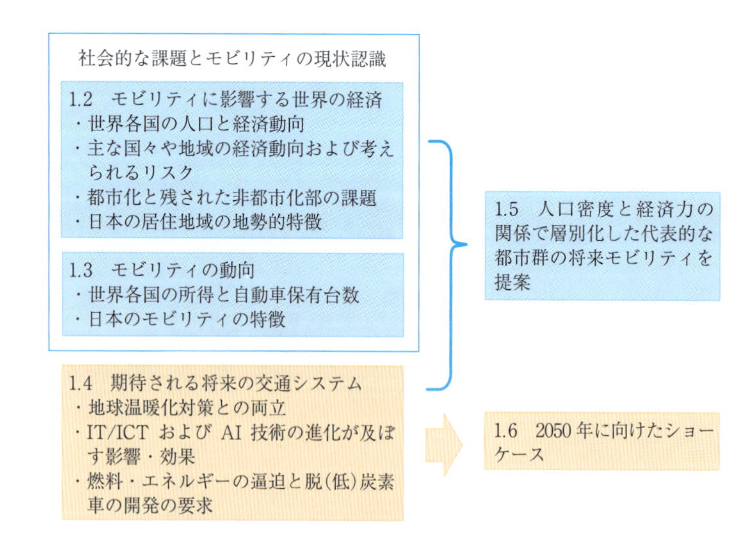

図1-1 本章の全体構成

1.2 モビリティに影響する世界の経済

1.2.1 世界の自動車マーケットと日本の自動車産業の位置付け

自動車は，図 1-2 の世界，主要地域および国の自動車生産台数と販売台数(2014 年)(1-1)に示すように，世界の 48 カ国で年間 9,131 万台が生産され，そのうち 2,682 万台を日系が占めている．日系自動車メーカーの世界の生産シェアは 29.4％で，世界の 85 カ国で販売されている．また，貿易黒字額の約 5 割を占める外貨を稼ぎ，関連産業を含めて 500 万人を超える雇用を支える基幹作業となっている．

販売台数が 1,000 万台を超える主な地域および国は下記の通りである．

- 中国 2,349 万台，うち日系 328 万台，日系シェア 14％
- 米国 1,693 万台，うち日系 662 万台，日系シェア 37％
- EU 1,408 万台，うち日系 164 万台，日系シェア 12％

販売台数が 100 万台以上，1,000 万台未満の国は下記の通りである．

- 日本 556 万台，うち日系 514 万台，日系シェア 92％
- ブラジル 350 万台，うち日系 47 万台，日系シェア 13％
- インド 322 万台，うち日系 152 万台，日系シェア 47％
- ロシア 269 万台，うち日系 55 万台，日系シェア 20％
- カナダ 189 万台，うち日系 63 万台，日系シェア 33％
- インドネシア 120 万台，うち日系 108 万台，日系シェア 89％
- メキシコ 114 万台，うち日系 46 万台，日系シェア 43％
- オーストラリア 111 万台，うち日系 46 万台，日系シェア 41％

上記のインドネシアを除く東南アジア諸国の販売台数は 100 万台以下で下記の通りである．

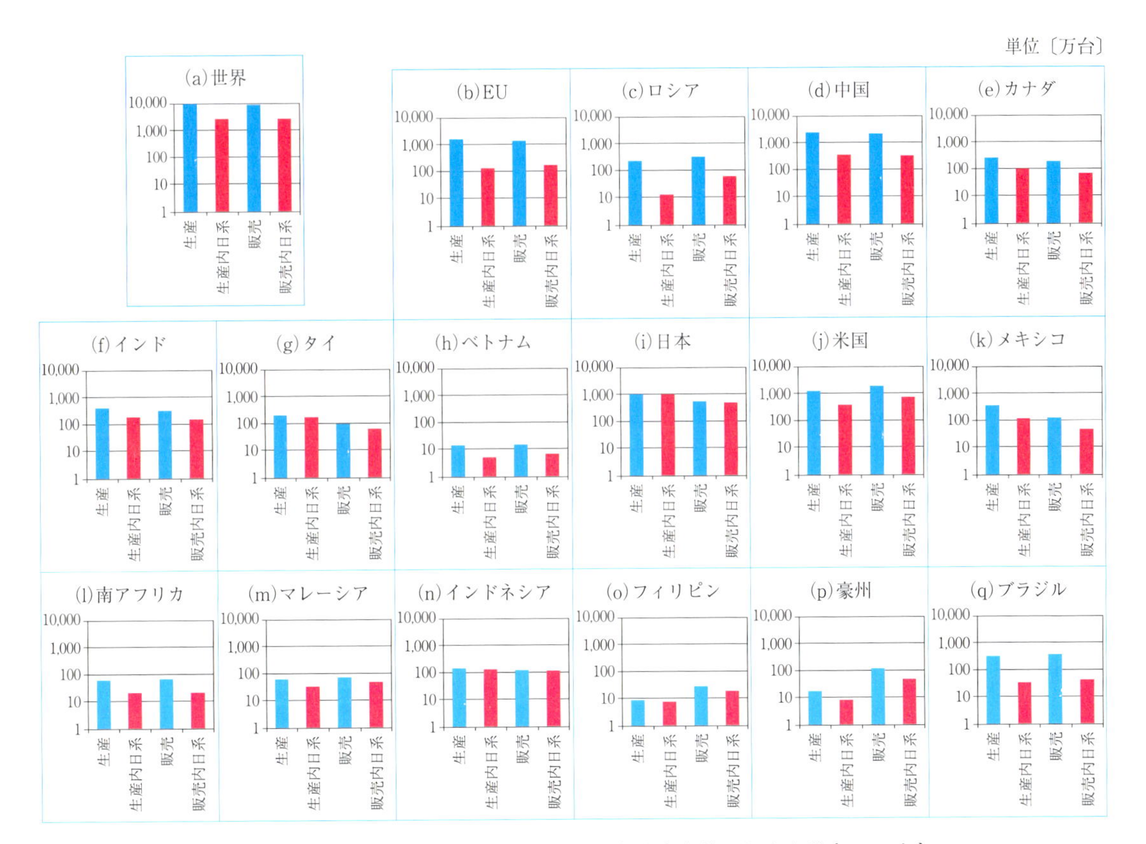

図 1-2 世界，主要地域および国の自動車生産台数と販売台数(2014 年)
(自動車産業を巡る構造変化とその対応について，平成 27 年 7 月 22 日，経済産業省 製造産業局 自動車課(1-1)を基に作図)

		トヨタ(ダイハツ含む)	日産	ホンダ	スズキ	三菱	マツダ	スバル	いすゞ	日野	三菱ふそう	UDトラックス
北米	米国	○	○	○		○		○	○	○		
	カナダ	○		○						○		
	メキシコ	○	○	○			○		○	○		
南米	ブラジル	○	○	○		○						
	アルゼンチン	○		○								
	ベネズエラ	○										
	コロンビア									○		
欧州	イギリス	○	○	○								
	フランス	○										
	ポルトガル	○									○	
	スペイン		○									
	チェコ	○										
	ハンガリー				○							
	トルコ	○		○					○			
	ロシア	○	○			○	○		○			
アジア	中国	○	○	○	○	○	○		○	○		
	台湾	○	○	○		○	○			○	○	
	タイ	○	○	○	○	○	○		○	○		
	インドネシア	○	○	○	○	○			○	○	○	○
	マレーシア	○	○	○	○		○		○	○		
	フィリピン	○	○	○		○			○	○		
	ベトナム	○		○	○				○	○		
	ミャンマー				○							
	インド	○	○	○	○							
	パキスタン	○		○	○					○		
大洋州	豪州	○										
アフリカ	エジプト	○	○		○							
	南アフリカ	○	○						○			

図 1-3　日系自動車メーカーの世界の生産拠点(2014 年時点)
(自動車産業を巡る構造変化とその対応について，平成 27 年 7 月 22 日，経済産業省 製造産業局 自動車課[1-1]を基に作図)

・タイ 88 万台，うち日系 62 万台，日系シェア 70%
・マレーシア 67 万台，うち日系 46 万台，日系シェア 69%
・フィリピン 27 万台，うち日系 19 万台，日系シェア 70%
・ベトナム 13 万台，うち日系 6.8 万台，日系シェア 51%

また，日本の自動車産業は図 1-3 に示す日系自動車メーカーの世界の生産拠点(2014 年時点)[1-1]をもち，上記の販売台数を支えている．

これらの資料よりわかるように，日本の自動車産業はグローバル産業として成長し，世界の人々のモビリティと経済を支える重要な役割を果たしている．また，マーケットの大半は海外であり，次節からのモビリティに影響する世界の経済に関する内容は，日本のみならずグローバルな視点を取り入れて述べることにする．

1.2.2　世界各国の人口と経済の総括

自動車はモビリティを支える重要な要素であり，そのマーケットの規模は世界に遍在する顧客の経済力と人口との関係である程度決定される．2050 年のモビリティを論じるにあたり，まず人口と経済に関する動向を見通した．

(1) 日本の人口動向

人口の統計データは，① 総務省統計局[1-2]，② 国際連合(UN)World Population Prospects[1-3]，③ 一般社団法人日本経済団体連合会，21 世紀政策研究所グローバル JAPAN 特別委員会[1-4]の資料などがある．まず，日本の人口を対象として，上記①，②，③のデータを図 1-4 に併記し，以降に述べる論旨のもととなるデータの信頼性を検討する．なお②では，将来推計に高位，低位などさまざまな結果があるが，

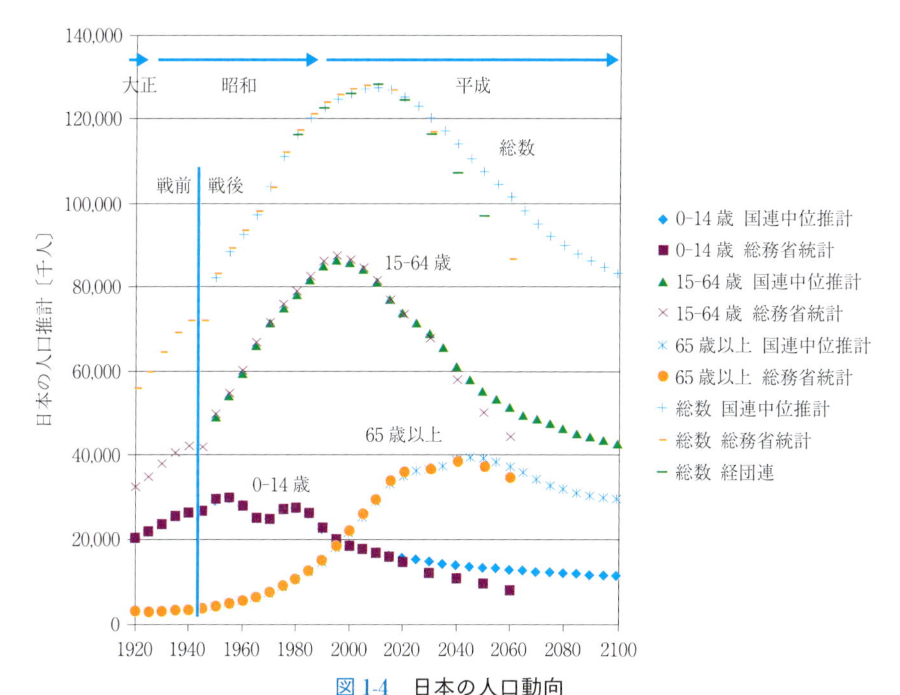

図 1-4　日本の人口動向
（総務省統計局[2]，国際連合(UN)World Population Prospects[1-3]，一般社団法人日本経済団体連合会 21 世紀政策研究グローバル JAPAN 特別委員会[1-4]の資料を基に作成）

ここでは中位推計の値を採用している．同図では，約 100 年前の 1920 年から 2100 年までの 180 年間にわたり，0-14 歳，15-64 歳，65 歳以上の年齢層および総数について示している．①，②，③のすべてにおいて全範囲のデータがあるわけではないが，いずれも 2015 年までの実勢値はほぼ同一である．将来推計である 2020 年以降では，①総務省統計局と③経団連資料のデータはほぼ同一である．②国連のデータはそれらよりも若干高めの推計結果であるが，将来動向を論じるための定性的傾向は同一とみなすことができる．

日本は総数に示した通り，大正末期の 1925 年の約 6,000 万人から約 85 年間で倍増して現在の人口約 1 億 2,700 万人となったが，その後激減する見込みである．合わせて 0-14 歳の人口が減少し，65 歳以上の人口が増加して少子高齢化が進む．

都道府県別の人口は，総務省の 2015 年国勢調査確定結果(2016 年 10 月 26 日発表)によると，5 年前の 2010 年調査と比較して増加しているのは，沖縄 2.9%，東京 2.7%，埼玉 1.0%，愛知 1.0%，神奈川 0.9%，福岡 0.6%，滋賀 0.2%，千葉 0.1%で，他はすべて減少している．減少が多い 10 県は，秋田 5.8%，福島 5.7%，青森 4.7%，山形 3.9%，和歌山 3.9%，岩手 3.8%，徳島 3.8%，長崎 3.5%，鹿児島 3.4%，山梨 3.3%で，宮城を除く東北 5 県が半数を占めている．5 年間で東京都は 2.7%増加して一極集中を，秋田県の 5.8%をはじめとする地方は人口減少をと今後の日本社会の態様を数値で表している．

(2) 世界各国の人口と GDP の展望

図 1-5 は③の資料をもとに，アジア，ヨーロッパ，オセアニア・北中南米，ロシア・中東・アフリカに分け，各国の人口と 1 人当たり GDP の実績と予測を 1980～2050 年を 10 年間隔で示したものである．

人口が 10 億人を超える国は中国とインドである．中国は 2030 年頃から人口が減少し，インドは 2050 年まで人口が増加している．2050 年の 1 人当たり GDP の予測では，中国は 3 万 US$ を超えて中間層が増加し，モータリゼーションが進展して巨大なマーケットに，インドは 1.5 万 US$ 未満で，モータリゼーションは道半ばであるが，巨大なマーケットのポテンシャルをもっている．

中国，インドを除き，人口 1 億人オーダー以上の国は米国，インドネシア，パキスタン，ブラジル，ロシア，エチオピア，バングラデシュ，フィリピン，日本などである．日本は今後人口減少となるが，他の国では人口増を続けている．1980 年の 1 人当たり GDP では，アジアでは日本が最高位であったが，

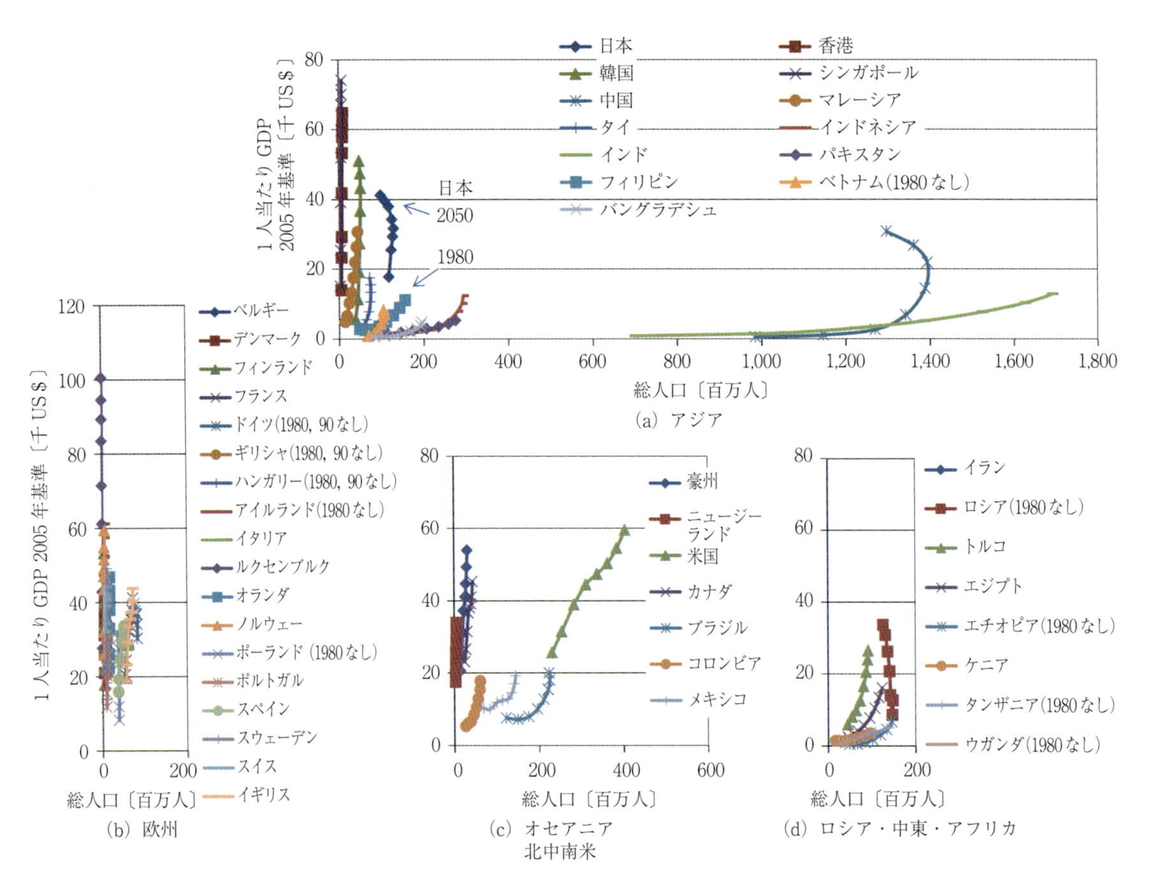

図 1-5 1980～2050 年の各国の人口と 1 人当たり GDP の実績と予測(10 年間隔)
(経団連，21 世紀政策研究，グローバル JAPAN 特別委員会の資料[1-4]を基に作成)

2050 年の 1 人当たり GDP の予測ではシンガポール，香港，韓国に追い抜かれている．また，シンガポール，香港，韓国，日本，マレーシア，中国の 1 人当たりの GDP は 3 万 US$ を超えるが，人口の関係から中国，日本，韓国，マレーシアが大きいマーケットになる．その他の国は 2050 年といえども 1 人当たり GDP が 2 万 US$ 以下はもとより 1 万 US$ 以下の最貧国も残り，世界全体でモータリゼーションが進むとは限らない．

2050 年の 1 人当たり GDP が 6 万 US$ を超える富裕国は，ルクセンブルク，シンガポール，香港，アイルランド，ノルウェーであるが，人口規模が少なく，巨大なマーケットにはならない．

図 1-5 に示した各プロットの横座標(総人口)と縦座標(1 人当たりの GDP)の積が各国の GDP である．この積を 2010 年(実績)と 2050(予測)について求め，図 1-6 に示す．2050 年は，上位より，① 中国，米国，インドの 3 強に，② 上記 3 強とは大きく差があるが，ブラジル，ロシア，日本，インドネシア，イギリス，ドイツ，フランスなどが次のグループに，③ 2010 年と比較して高成長は米国，中国，インド，ロシア，ブラジル，インドネシアなどの国になると予測される．同様に主要グローバル企業によって構成される，「持続可能な開発のための経済人会議」Word Business Council for Sustainable Development, Vision 2050[1-5]の予測では，上位より，中国，米国，インドの 3 強に続いて，ブラジル，メキシコ，ロシア，インドネシア，日本，イギリス，ドイツの順位である．

総括的には，世界に経済恐慌，石油危機や水不足による食料危機が発生せずに BAU が続くならば，新興国の成長が続いて世界人口の半分が中間層になる．中間層は，最も重要な経済的・社会的グループとなり，世界経済を成長させる原動力となる．新中間層は生活の質の向上を目指し，教育，娯楽，情報技術をベースとする商品やサービスの産業を発展させる．さらに，バイオテクノロジー，通信，運輸，エネルギーなどの科学技術分野のイノベーションを後押しするとともに，自動車マーケットのメインユーザーとなる．

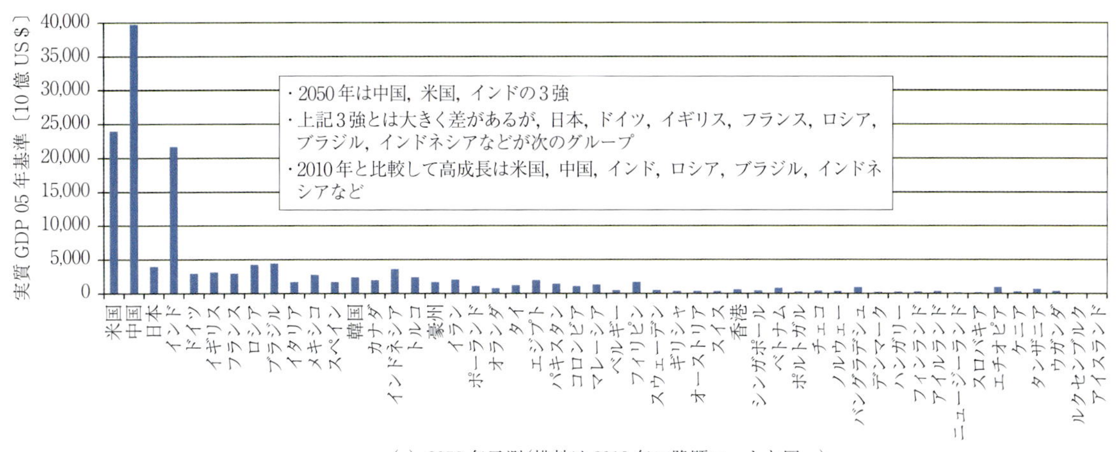

(a) 2050 年予測(横軸は 2010 年の降順ソートと同一)

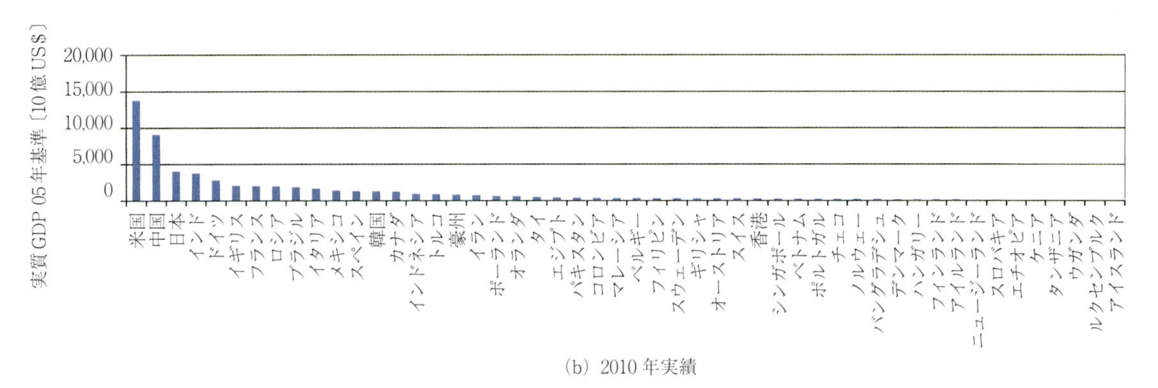

(b) 2010 年実績

図 1-6　各国 GDP の 2010 年実績と 2050 年予測
(経団連，21 世紀政策研究，グローバル JAPAN 特別委員会の資料(1-4)を基に作成)

1.2.3　人口ボーナス

上記の要素である人口についてみると，20 世紀以降は急激な人口爆発が起きている．2050 年を見通した予想では，アフリカやアジア等の発展途上国で人口が急増し，大都市への人口集中と都市化が進むが，非都市部に残る住民も増加する．これらの地域では，貧困と合わせて食糧・エネルギー・衛生等の問題が解決され，かつモータリゼーションが進んでいるとは限らない．

国別の人口動向をみると，一部の先進国では今後人口減となる．日本は最も顕著な例で，図 1-4 に示した通り，総数の減少とあわせて少子高齢化が進み，社会環境，経済環境や労働環境に大きく影響を及ぼす．

少子高齢化が進むことは，働く世代である生産年齢人口の割合が減少することを意味する．生産年齢人口の割合を表す人口ボーナス指数は 15–64 歳の生産年齢人口と，それ以外の従属人口(0–14 歳および 65 歳以上の人口)の比である．

人口ボーナス指数＝15–64 歳の生産年齢人口/(0–14 歳＋65 歳以上の人口)

人口ボーナスは 2 種の指標で論じられている．

人口ボーナス A は，人口ボーナス指数の年間変化率が正(前年度よりも大きい)，いわゆる右肩上がりである期間で，経済成長率との関係を論じる際に適する．

人口ボーナス B は，人口ボーナス指数の絶対値が 2.0 よりも大きい期間を指す．この指標は 1 人当たりの GDP や国民所得との関係を論じる際に適する．

図 1-7 は，① 総務省統計局(1-2)および，② 国際連合(UN)World Population Prospects(1-3)のデータをもとに日本の人口ボーナス指数を求めたもので，両者はほぼ同一の値が得られている．そのため，②のデータを用いて，後述する主な国および地域の人口ボーナス指数を求めた．

日本の人口ボーナス A は，太平洋戦争が終了した 1945 年から始まり 1990 年代初頭まで続いた．

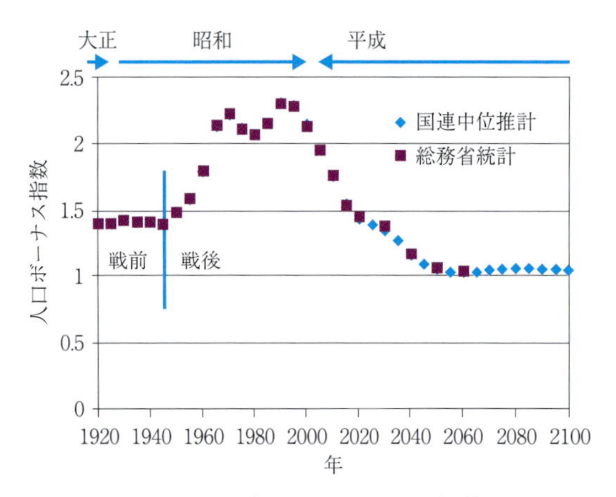

図 1-7　日本の人口ボーナス指数
（総務省統計局[1-2]及び国際連合(UN)World Population Prospects[1-3]の資料より計算して作成）

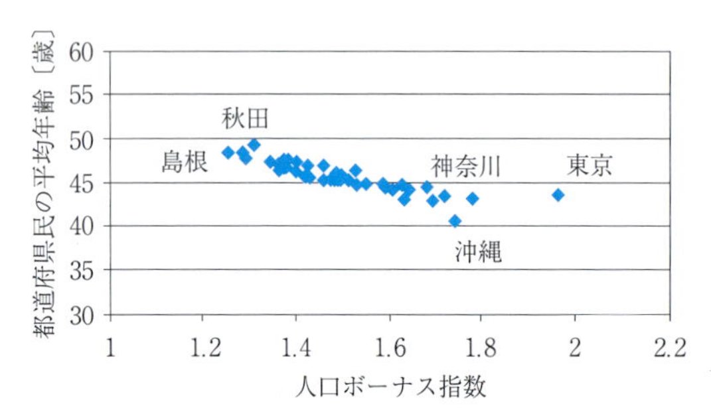

図 1-8　都道府県民の平均年齢と人口ボーナス指数との関係
（総務省統計局[1-2]の資料を基に作成）

この間，生産年齢人口が毎年増加し，高い経済成長率を牽引してきた．人口ボーナスBでは，1960年代から2000年代初頭までで，生産年齢人口が多い期間に当たる．この間，急速な工業化と高度経済成長を成し遂げた．人口ボーナスの対になる語は人口オーナスで，人口オーナス期にある国では従属人口の比率が上昇し，「年老いた国」へと変貌していく．日本は2000年代初頭から人口オーナス期に入り，将来とも続く見込みである．

人口ボーナスは経済の活性化に影響を及ぼす要素であるが，日本の都道府県のデータ[1-2]でそれを確認する．都道府県民の平均年齢と人口ボーナス指数との関係を図 1-8 に示す．東京都のみの人口ボーナス指数が人口ボーナスBの人口ボーナス期である2.0に近く，東京都は他の府県と比較して別格であるといえる．各都道府県民の平均年齢は沖縄県の40.75歳から秋田県の49.3歳の範囲にあり，人口ボーナス指数が大きくなるに従い平均年齢が若年化している傾向がある．図 1-9 に示す都道府県民1人当たりの所得[1-2]は，人口ボーナス指数が大きくなるに従いおおむね増加する傾向にあるともいえるが，ばらつきが大きい．人口ボーナス指数すなわち平均年齢は都道府県民1人当たりの所得の支配的な要素ではなく，産業構造なども関連しているとみなすべきである．なお，これも東京都は別格で所得が高い．地方の活性化のため，若者を呼ぶ，あるいは呼び戻す施策がとられているが，産業構造も合わせて考慮する必要があることを示している．

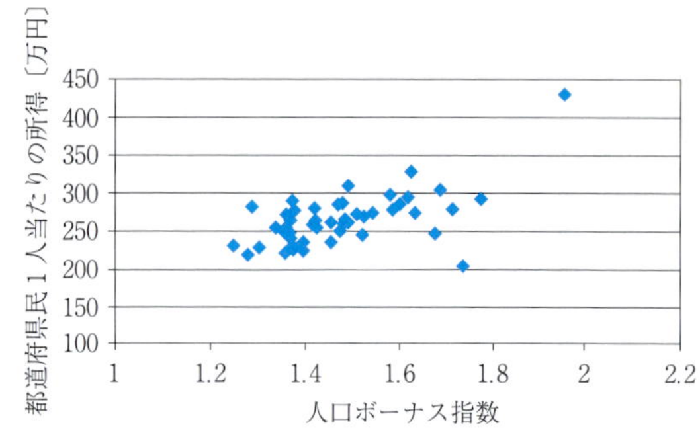

図 1-9　都道府県民1人当たりの所得と人口ボーナス指数との関係
（総務省統計局[1-2]の資料を基に作成）

主な国および地域の人口ボーナス指数を図 1-10 に示す．

(1) 東アジア

東アジアの人口ボーナス指数のピークは中国2.9(2010年)，韓国2.69(2015年)，香港3.0(2010年)であり，日本のピーク2.3(1990年)に比べて高く，人口ボーナスBの終了は日本の2005年よりも約30年遅れて2025～2030年頃になると見込まれる．

(2) ASEAN（東南アジア諸国連合）

ASEANの人口は2015年の6.28億人から増加が続き，2050年には7.67億人に増加する見込みで，日本の5～7倍の人口規模である．2014年の名目GDPは日本の46,015億US$に比較し，24,780億US$であり，日本の約1/2の経済規模である[1-6]．東南アジアに南アジアを加えた主な国の人口ボーナス指数のピークは，高位より，シンガポール2.79(2010年)，タイ2.56(2010年)，マレーシア2.34(2020年)，ベトナム2.35(2015年)，インドネシア2.13(2030年)，インド2.09(2030年)であり，人口ボーナスBの終了は長引く国より，インド2050～2055年，マレーシア2045～2050年，インドネシア2040～2045年，ベトナム2035～2040年，シンガポールおよびタイ2025～2030年である．

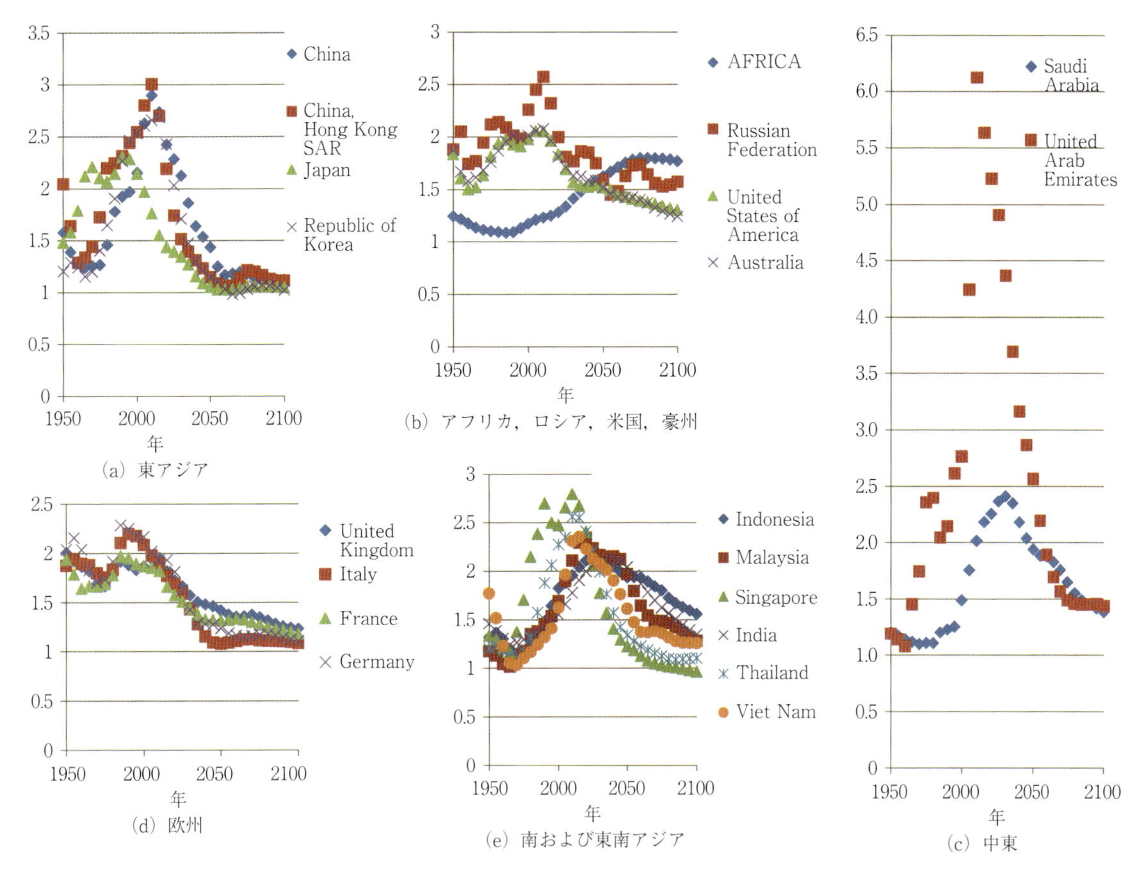

図 1-10　主な国および地域の人口ボーナス指数
（国際連合（UN）World Population Prospects[1-3]の資料より計算して作成）

(3) 中東

中東のうち日本が石油を輸入している上位2カ国のサウジアラビアとアラブ首長国連邦について着目すると，人口ボーナス指数のピークはアラブ首長国連邦6.12(2010年)，サウジアラビア2.41(2030年)である．人口ボーナスBの終了はアラブ首長国連邦2055～2060年，サウジアラビア2045～2050年と生産労働人口の多い期間が長引く．

(4) アフリカ

発展途上のアフリカ全土では人口ボーナス指数のピークは1.8(2075～2080年)と長期化し，また，すべての値が2.0以下であるため人口ボーナスBがない．

(5) 先進国

先進国では，フランスとイギリスの人口ボーナス指数のピークはそれぞれ1.95(1985年)，1.95(2010年)である．その値は2.0以下であるため人口ボーナスBは存在しない．その他の先進国では人口ボーナス指数のピークが，ロシア2.57(2010年)，ドイツ2.28(1985年)，イタリア2.2(1990年)，オーストラリア2.08(2010年)，米国2.05(2005～2010年)であり，日本のピーク2.3(1990年)と大差ない．人口ボーナスBの終了は，ロシア2020～2025年，オーストラリア2010～2015年，米国2010～2015年，ドイツ2005～2010年，イタリア2000～2005年で，日本の2005年のほうが早く終了を迎え，生産年齢人口の減少，すなわち少子高齢化の人口構成に移行している．加えて，一部の国では人口が減少してヨーロッパ全体の成長は鈍化すると見込まれる．ロシアは2030年までに人口が10%減少する見込みであるが，人口の総数はドイツの約1.5倍あり，ヨーロッパ諸国と比較すると大国である．引き続き大国の地位を維持し，影響力を及ぼす可能性が高い．

以上述べたように，先進国ではすでに少子高齢化が始まり，発展途上国でも遅れるが同様の避けられない潮流となる．上記は主として悲観論が中心であったが，逆に，日本は少子高齢化の先駆的な位置付けにあり，現状での豊かな資金とテクノロジーや知恵を利用し，他国に先駆けてその対策を打って，国土を実証実験のショールーム化して世界をリードできる好機にあると考えるべきである．

1.2.4　主な国々や地域の経済動向および考えられるリスク

自動車産業はもとより多くの産業がグローバル産業である．同じ駒を取り合うゼロサムゲームではなく，ウイン・ウインの関係を成立させて，進出した海外諸国の雇用を確保し，経済を発展させて生活を安定させ，その国に貢献するビジネスモデルを描いて成長してきた．日本のみならず世界経済の健全性は，他の国が平和で成長しているときこそ確保される．そこで，将来を展望するにあたり，経済や産業界に影響を与えると予想される特筆すべき国々や地域の経済動向，情勢および考えられるリスクについて考察したい．

(1) 日本の経済リスク

社会学者エズラ・ヴォーゲルが1979年の著書『Japan as Number One』で述べたように，日本は戦後の経済成長に成功し，人口ボーナス時期とも重なって1980年代には驚異的な発展を遂げた．しかし，1990年代から20年にわたり「失われた20年」と呼ばれる経済停滞に見舞われ，2016年の今日も年率でほぼ0パーセントの低成長が続いている．

三菱総合研究所の小宮山理事長によると，「先進国では物がゆきわたり人工物の飽和が起きている．スクラップした分だけ新しいものを作れば足りることになって省エネルギー社会となる」．この人工物の飽和は，先進国では消費経済が飽和することを合わせ持つものと思われる．そのため，日本経済は発展途上国に注力し，今後ともハイテク製品，高付加価値製品，情報化技術に重点を置いたグローバル産業として外貨を稼ぐと思われるが，次に述べるリスクが考えられる．

① 1.2.2(1)項で述べた人口減少と少子高齢化とによる経済規模の縮小

すでに述べたように，人口減少にあわせて少子高齢化が進む．少子高齢化が進むことは人口ボーナスが終了すること，すなわち生産年齢人口の縮小と同義で，これによる経済活動の縮小が考えられる．

② 財政危機

2016年8月10日，財務省発表によると国の借金残高は1,053兆円，国民1人当たり約830万円である．この巨額な負債を返還・縮小していくシナリオは示されておらず，経済破綻が起これぱギリシャのような財政危機となる．

③ 石油の入手性に係る懸念

これについては，第2章「エネルギーと経済」で詳しく述べられている．また，中東戦争のような紛争による石油供給の混迷や石油・エネルギーの獲得競争などのリスクなども考えられる．

経団連21世紀政策研究所では，日本に関する基本シナリオ1および2，悲観シナリオ，労働力率改善シナリオの4種のシナリオを想定して，図1-11に示す2050年のGDPランキングを予測している[1-4]．日本は少子高齢化の影響が大きく，すべてのシナリオで2030年代以降の成長率はマイナスとなる．GDPの額では，2050年には中国，米国，次いでインドが世界の超大国の座に位置すると予測されている．

基本シナリオでは，日本のGDPは2010年規模を下回り，世界第4位となって，中国および米国の1/6，インドの1/3以下の規模となり，存在感は著しく低下する．悲観論では，財政危機が生じ，GDPは2010年の3/4まで落ち込み，存在感は論外となっている．先に述べたように国の借金残高は1,053兆円，国民1人当たり約830万円であり，この可能性は否定できない．日本に財政危機が生じれば世界経済に影響を及ぼし，経済的に破綻する国も発生する可能性がある．

元米国財務長官，現ハーバード大学教授のローレンス・サマーズ氏は，「2008年の金融危機から8年が経過するが，景気の長期停滞が続いている．景気の長期停滞は社会を衰弱させて投資がなくなり，若者の失業とスキルの喪失につながる負の連鎖を生み出す．そして，社会全体で将来への悲観論が支配的になって，さらに景気が後退する」と世界経済全体の悲観論を述べている．また，経済が停滞すれば国家財源の一部である法人税が減少して，公共投資や社会福祉，将来のための基礎研究の財源が不足し，財政危機の引き金となることが考えられる．

(2) 中国経済の展望

中国は，2007年の年間14.2％，2010年の10.6％に代表される経済成長を続けていたが，2016年には6.5％に低下している．中国経済は先行きに不安があるとはいえ，約13億人を擁する巨大マーケッ

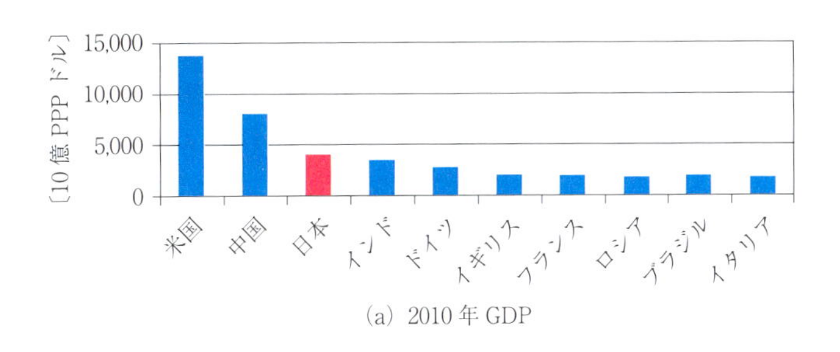

(a) 2010年GDP

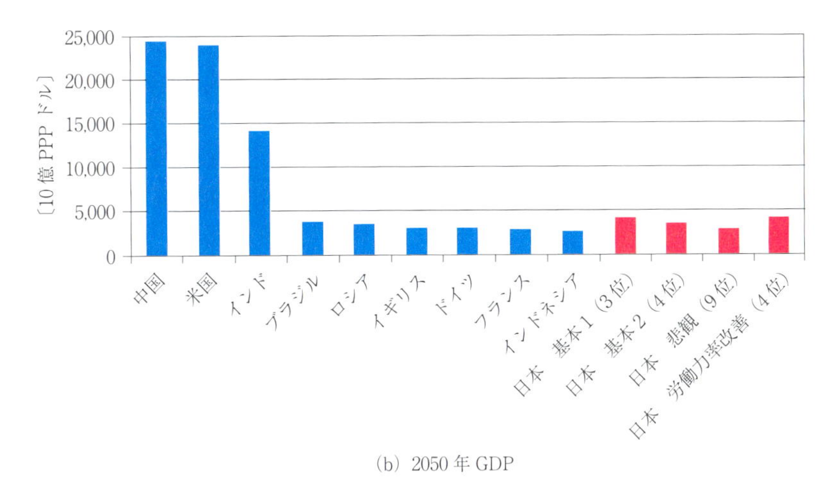

(b) 2050年GDP

図1-11　2050年のGDPランキング
(経団連21世紀政策研究のシナリオ[1-4]を基に作成)

トである．かつて「米国がくしゃみをすれば日本が風邪をひく」といわれたと同様に，中国経済の成長率の大小にかかわらず中国の世界経済に対する強い影響力は継続すると思われる．先に述べた通り，中国の人口ボーナスBの終了は日本よりも約30年遅れて2030年頃になると見込まれる．この間，豊富な人的資源を有し，古い体質からの制度改革，大規模な海外へのインフラ投資，国内のインフラ整備，教育の充実等により成長を後押し，このまま続けば，中国は現状の世界2位から2020年代には世界一の経済大国になると予想されている．中国政府は経済発展の要である科学技術を推進して高付加価値産業を育成し，高付加価値経済に移行しようとしている．世界の一流大学に学生を送り込むことも含めて，テクノロジーに大規模な投資しているのはその一環である．

中国のイノベーションが進んで，経済成長が続き，国民が豊かになって内需主導型の経済に転換すれば，巨大マーケットである東アジアはますます世界の貿易と投資の中心になると考えられる．中国政府は2016年1月に約1,000億米ドルを基金として中国主導のAIIB(アジアインフラ投資銀行)を発足させた．現在はドルが国際的な基軸通貨であるが，中国政府はAIIB発足以前から融資・決済に人民元を使用するよう呼びかけ，人民元を世界の基準通貨にして国際金融システムの脱米国化を図ろうとしている．

中国経済はグローバルの中で主要な位置を占めるまで成長し，日本も主要な貿易相手国となっている．中国経済の巨大化が続くと，中国経済が長期的な危機に見舞われた場合に，地域全体に影響を及ぼして，地域の経済が不安定化するおそれがある．

中国が経済大国になれば，国際社会で責任を担うことが要求される．中国の温室効果ガスの排出量は世界全体のほぼ30%[1-7]を占め，世界で最も多い排出国である．中国政府は，経済発展しつつも省エネルギーなどを推進し，地球環境保全，都市環境保全との調和を図ることの国民に対する責任はもとより，国際的にも責任を果たすべく舵を切った．2016年9月には，地球温暖化対策の新しい国際枠組みパリ協定に締結した．

中国の実質GDP当たりの一次エネルギー消費(2013年)は，日本の4.9倍である[1-8]．日本は巨大マーケットである東アジアの一部であり，域内の国々の経済成長と比例して顕在化する地球および都市環境分野で技術貢献できる機会が増すものと考える．

(3) シーレーンの安全保障

中国はかつて石油輸出国であったが，石油自給率は1985年の137%をピークに減少し，1994年以降は石油輸入国となって2014年では40.7%まで落ち込んでいる．中国の2014年の石油の輸入先は，中東52.1%，アフリカ22.1%，中南米10.8%，ロシア10.7%，その他4.3%である[1-8]．ちなみに，日本の輸入石油の中東依存度は81.8%[1-9]である．中国の石油輸入量は今後の経済発展に合わせて増大するものと思われる．中国は石油や天然ガスをペルシャ湾岸国などから自国まで運ぶシーレーンを守るべく外洋海軍力を強化し，また，東シナ海で日本と，南シナ海でフィリピン，ベトナム，マレーシアと領有権争いを繰り広げ，東アジアの緊張を高めている．中国は「9段線」の内側海域には中国の主権が及ぶとして，南シナ海における島嶼の領有権や海域の管轄権，すなわち内海であることを主張し続けている．東シナ海のガス田開発も日中の合意に至らず，また，わが国の巨大タンカーによる石油輸送は，安全確保のため，東シナ海を迂回するルートを選択せざるを得なくなっている．

中国は経済の躍進によって東アジア諸国への影響力を強化し，国際システムの一部を書き換えてアジアの覇権を握ろうとしていると見受けられる．アジアでは中国中心のシステムに傾いている国もあれば，逆に，中国の台頭が近隣諸国の安全保障上の脅威と受け止めている国も多い．日本は，東アジア地域の共存を図るべく，アジアにおける日本経済の相対的衰退に歯止めをかけて，影響力を衰えさせないことが重要である．日本の石油輸入にとってもシーレーンの安全保障はエネルギー安全保障と同義であり，公海の航行の自由を守ることが必要である．官民合わせて柔軟な発想をもち，平和と安定を維持・継続していくことが必須である．

(4) インド経済の展望

2015年のインドの人口は13.1億人であるが，今後も増加が続いて2050年には17億人になるものと予想されている．経済成長率は2016年度7.45%と高い値が続いているが，大規模な若年人口の雇用確保の課題がある．人口の約半数が24歳以下(平均年齢27.3歳，ちなみに日本は46.5歳)で，人口ボーナスBの終了は2050年頃になると見込まれる．今後15年間は毎年1,000万～1,200万人の若者が新たに労働市場に加わるといわれている．この間，豊富な人的資源を有し，制度改革，インフラ整備，教育の充実等により成長を後押しできれば，2030年頃にはEUを追い抜くとの見込みもあるが，製造業の自動化によって新規雇用数の増加を妨げられる可能性もある．

(5) ASEAN経済の展望

ASEAN(東南アジア諸国連合)は日本の貿易相手国として主要な位置を占め，今後も経済発展とともに協調関係が進展するものと思われる．日本の対ASEAN貿易額(輸出＋輸入)は約23兆円であり，対世界貿易(約159兆円)の14.7%を占めている．ちなみに主な相手先である中国は20.5%，米国は13.3%，中東は11.8%，EUは9.9%である．また，2013年の日本のODA支出総額合計は約196億米ドルで，そのうちASEANに対するODA支出純額は約92億米ドルであり，全体の47%を占めている[1-10]．

ASEANの加盟国はブルネイ，カンボジア，インドネシア，ラオス，マレーシア，ミャンマー，フィリピン，シンガポール，タイ，ベトナムの10カ国である．日本の対ASEAN直接投資のうち，シンガポール，タイ，インドネシアの3カ国で全体の約8割を占めている[1-10]．

加盟国の総面積は433万km^{2}で日本(36万km^2)の12倍である．2014年の総人口は6億2,329万人で日本(1億2,713万人)の4.9倍であるが，2030年には7.3億人に増加すると予想されている．ASEAN全体のGDPは2兆4,780億米ドルで日本(4兆6,015億米ドル)の53.9%，1人当たりのGDPは3,976米ドルで日本(36,194米ドル)の11.0%である．ASEAN全体の経済成長率は2015年が4.7%，2016年が4.5%の経済成長率になる見込みであり，また，労働生産性の上昇もあって，2030年時点でも4%程度の高い成長率を維持するとみられている．ASEAN全体の貿易額(輸出＋輸入)は2兆5,518億米ドルで，日本(1兆5,024億米ドル)の1.7倍である[1-10]．

ASEAN 10カ国の人口と経済力[1-10]は，図1-12に示すように大きく差がある．人口約2.5億人，GDP約9千億ドルのインドネシアから，ミャンマー，

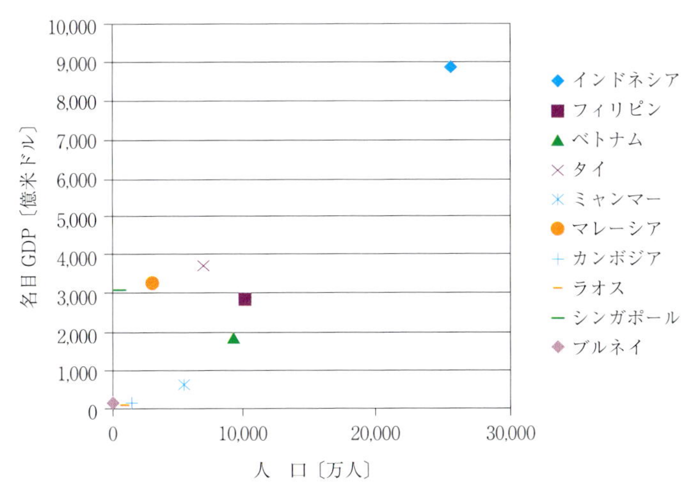

図 1-12　ASEAN 10 カ国の人口と経済力
（目で見る ASEAN—ASEAN 経済統計基本資料—平成 28 年 1 月，アジア多太平洋州局地域政策課[1-10]を基に作成）

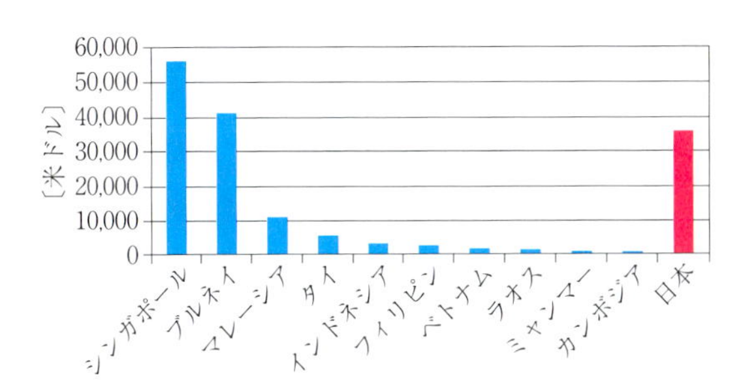

図 1-13　ASEAN 10 カ国の 1 人当たり名目 GDP（目で見る ASEAN—ASEAN 経済統計基本資料—平成 28 年 1 月，アジア多太平洋州局地域政策課[1-10]を基に作成）

ラオス，カンボジア，ブルネイの小国まで幅広い国が含まれている．図 1-13 に示す 1 人当たり名目 GDP では，日本の実績(約 36,000 米ドル)よりも高い金融立国のシンガポール(約 56,000 米ドル)および資源立国のブルネイ(約 41,000 米ドル)の富裕国から 2,000 米ドル以下の最貧国であるラオス，ミャンマー，カンボジアまで含まれている．2015 年度の経済成長率では，ミャンマー 7.031%，ラオス 7.010%，カンボジア 6.922%，ベトナム 6.679%，フィリピン 5.806%，マレーシア 4.952%，インドネシア 4.794%，タイ 2.820%，シンガポール 2.008%，ブルネイ 0.208%で，おおむね 1 人当たり名目 GDP の低い国ほど高い成長率である[1-10]．

ASEAN 各国の自動車生産台数および販売台数は図 1-2 に，生産拠点は図 1-3 に示した通りであるが，経済成長に合わせて二輪車から四輪車へとマーケットが拡大するものと思われる．また，東シナ海に面したベトナムからカンボジア，タイを経由してインド洋までを結ぶ南部経済回廊や東西回廊が建設されている．それにより，東南アジアの内陸部がハイウェイおよび港湾を経由して日本や欧州と結ばれる．また，2020 年までに ASEAN 経済共同体が発足することになっており，この地域の経済発展と同時にマーケットが拡大する．

(6) 石油輸入と中東経済

日本の原油の主な地域別輸入比率[1-9]はサウジアラビア 33.5%，アラブ首長国連邦 25.2%，ロシア 8.5%，カタール 8.2%，クウェート 7.4%，イラン 5%，インドネシア 2.2%，イラク 1.6%である．このうち，ロシアとインドネシアを除けば中東諸国である．中東諸国の経済は石油に支えられて成長し，石油，観光，不動産以外に魅力的な投資対象がほとんどない．なかでも日本の石油輸入比率の約 60%を占めるサウジアラビアとアラブ首長国連邦の安定は日本のエネルギー安全保障にとって重要であり，両国の経済に着目したい．

(a) サウジアラビアの経済

2011～2013 年には原油価格が 100 ドル/バレルを上回っていた関係から，サウジアラビアの歳入に占める石油収入は 9 割に達していた．原油価格が大幅に低下した 2015 年時点でも国家歳入に占める石油依存度は 73.1%と高い割合が継続している．近年は，原油価格の下落で急激に財政が悪化し，2015 年度の財政赤字は GDP 比 15%に達している．昨今では，社会保障支出が拡大し，財政的な予算均衡に必要な原油の販売価格は106ドル/バレルとされている．現在の状況(ETI原油先物の2015年からの最高62ドル/バレル(2015年5月)，最低26ドル/バレル(2016年2月)，現状47ドル/バレル(2016年8月))が続けば，財政はあと6年で破綻するとの論評もある．

サウジアラビアはテクノロジーの面で大幅に遅れている．国民の年齢構成は，25歳未満人口が44.2%(平均年齢26.8歳，ちなみに日本は46.5歳)と非常に若く，人口ボーナスBの終焉は2050年頃になると見込まれる．サウジアラビア版成長戦略ともいえる「Vision 2030」[1-11]を策定し，非石油部門を強化して雇用機会を生み出し，経済を成長させて上記の状況を打破しようとしている．

国営サウジアラムコは，民間で最大の米エクソンモービルと比較して，原油などの可採埋蔵量が10倍以上，生産量が約2.8倍の世界最大の石油会社であり，世界の石油経済に大きな影響力をもっている．ムハンマド副皇太子は「Vision 2030」の一環として，同社の株式を同国内で上場すると明らかにした．上場後の時価総額は世界首位の米アップルを大きく上回る2兆ドル(約220兆円)超が見込まれている．また，アラムコ株の「5%未満」を売り出すことが明言されており，外国からの投資を歓迎する意向が示されている(日本経済新聞 2016. 11. 7)．

(b) アラブ首長国連邦の経済

アラブ首長国連邦(UAE)の石油収入割合は国民経済の約3割を占め，サウジアラビアに比較して非石油部門の経済進出が進んでいる．原油価格の低迷が続くものの，2016年の実質GDP成長率は，原油の生産増により2.1%，非石油部門も3.6%と堅調に推移し，全体としては3.1%と見込まれている．イラン制裁解除による，貿易や不動産投資の拡大，来訪者の増加による経済効果も期待されている．

観光で有名なアラブ首長国連邦(UAE)のドバイは，富裕層相手の観光などに石油立国から脱皮しようとしている．一方で，ホテル業界は相次ぐ新規開業やドル高，ロシアや中国の経済悪化などの影響により総じて不振で，この傾向は今後も続くとみられている．これらを打破するため，官民双方で都市としての魅力を高める取組みが続いている．2010年の人口ボーナス指数は6.12で，生産年齢人口比率が極端に高い．この値は2010年をピークに減少するものの，人口ボーナスBが終了するのは2060年頃になると見込まれ，非常に多い生産年齢人口の活用施策が期待される．同国の経済振興策と合わせて経済進出できる高いポテンシャルがあると考える．

(7) アフリカの経済と投資

アフリカ諸国は1960年代に独立してから，都市部のみは発展したが，非都市部では劣悪な環境が依然として残され，格差が拡大している．アフリカの人口は2015年の11.9億人から2050年には24.8億人に達するものと見込まれているが，人口増加に対応できる経済成長に失敗すれば悲劇的な貧困が拡大し，人口増加も停滞する可能性がある．機能的な政府が欠如し，統治も脆弱な例が多いため，政情不安や内戦が起きている．

外務省の治安情報では，2016年8月現在で渡航を自粛すべき国は，世界全体21カ国のうち，アフリカ諸国が14カ国で67%を占める．自衛隊がPKO活動し，かつJICAが撤退した南スーダン，2015年のケニアの大学襲撃テロ，2011年のリビアのカダフィ政権の崩壊，2013年のアルジェリアの天然ガスプラント襲撃，ナイジェリアのテロなどが代表的な例である．

気候変動の脅威が高まれば，慢性的な淡水不足に拍車をかける．産業や農業を支える交通インフラや配水インフラが貧弱で，広大な大地があるにもかかわらず，農地としての環境が整っていない．約50カ国のうち39カ国が純食料輸入国であるなどの現実がある．

アフリカの経済成長やモビリティの進展は，1. 3. 2項「世界各国の所得と自動車保有台数」における，図1-26「購買力平価(PPPベース)の1人当たりの実質DGP」，図1-27「LDVの人口千人当たりの保有台数」，図1-28「地域別貨物活動量」および1. 4. 1項「地球温暖化対策との両立と脱(低)炭素車の開発の要求」における，図1-37「2050年の気温上昇を2℃に抑え込むための世界主要地域のエネルギーキャリア」に示す通り，緩やかと予想されている．今日まで経済成長が遅れ，「最後のフロンティア」や「最後の巨大市場」と呼ばれて，先進諸国により投資や支援が活発化している．

先進国は豊富に存在する化石燃料や鉱物の資源開発を中心にアフリカへ投資してきたが，今後は消費財の提供など民生部門へと投資の範囲が広がっていく．日本はアフリカ開発会議(TICAD)を主宰して今後3年間で約3兆円を，同様に中国は中国・アフリカ協力フォーラムを主宰して2016～2018年で約6兆円をインフラ開発や人材育成などに投資することを表明している．その他，インド，韓国，フランス，米国も含めてアフリカ経済に投資しようとしているが，経済成長へつなげていくことが期待される．一方，アフリカ経済が大きく成長するとエネルギー消費が増加し，世界全体のエネルギー不足の拡大につながることにもなる．

(8) 気候変動が経済に及ぼすリスク

気候変動による地球温暖化の影響は，海面上昇，台風やハリケーンの巨大化による災害の拡大，農作物の生育環境の変化，砂漠化などが顕著な例であるが，つまるところは，人類の暮らしや生活にどのように影響を及ぼすかである．先進諸国で工業に従事している技術者は，日頃この問題を地球温暖化物質排出の削減のみで捉え，遠く離れた地球のどこかに，どのような影響を及ぼしているかの加害者，もしくは被害者意識で捉えていない．

食料，水，エネルギー，土地の問題は人類の生活にとって切っても切れない関係であり，現状では世界の淡水資源の70％が農業によって使用されている．今後の降水量は多雨地域ではさらに増加し，少雨地域は日照りが増えて減少するといわれている．降水量の減少が目立つのは中東，北アフリカ，中南米である．OECDの推測[1-12]では，2030年には世界の人口の半数近くが深刻な水ストレスにさらされる．2100年の人口が110億人になれば，気候変動と重なり重大な影響を及ぼすと考えられる．

上記の国々では，人口の爆発的増加，機能的な政府の欠如，慢性的な淡水不足によって，気候変動の脅威が高まり，負の連鎖反応を生み出す可能性がある．それにより，紛争や難民の流出を生じさせ，その総人口の多さから世界全体に影響を及ぼす危険性がある．農業でも採算がとれる安価な海水の脱塩処理技術や，干ばつと塩分に強い遺伝子組換え作物が開発できれば危機を回避できる．加えて自動車はそれらのインフラ建設の資材や製品の輸送に必須であり，世界貢献できる重要な要素になり得る．

(9) 海外の政情不安に対するリスク

戦後70年を過ぎ，わが国のほとんどの国民が戦中以降に生まれ，中東に大きく依存する石油に支えられて豊かな人生を送ってきた．その間，主として欧米諸国のイデオロギーである自由主義・民主主義・資本主義の教育を受け，かつその国際社会船団の中で生活し，そのイデオロギーを是とすることを疑いもなく過ごしてきた．一方，中東・北アフリカ・東ヨーロッパの一部は，かつて巨大なイスラム教国でイスタンブールに首都を置くオスマン帝国(オスマントルコ帝国)に含まれていたが，第一次世界大戦等を経過して現在の国境および国家となった．過去の中東戦争や昨今の国際情勢を賑わしているトルコのクルド人問題，シリアの無政府化，イスラエルとパレスチナの問題，ISIS(自称イスラム国)およびアルカイダの国際テロ組織やそれに端を発する難民の問題は，土地を奪われ，国を追われたイスラム教民族の生存権確保や国境の問題といえ，容易に解決できそうもない．

場合によってはISISのように外国勢力を呼び込んで内戦の国際化が進む．ひとたび紛争が起きると，連鎖的に新たな紛争が起きやすくなり，国土の荒廃，人命の犠牲，経済的な困窮が拍車をかけ，民主的な統治の実現は難航するであろう．

また，政府主導のロシアとウクライナの領土問題，中国の南沙諸島や西沙諸島の埋立て・陸地化および国際金融システムの脱米国化を図る動きなども，日本を含めた欧米諸国の世界秩序の維持(極論すれば支配)に異を唱えるものであろう．

中東原油は海底油田，シェールオイル・ガス等と比較して安価に採掘できるが，その生産量は2050年を待つまでもなく，近い将来にピークを迎えて原油不足による価格の高騰が予想され，原油の獲得競争となる可能性がある．一方，資本主義経済が限界を迎えて世界経済が低迷し，原油を含むエネルギーの消費が減少するため，原油価格は高騰しないとの説もある．いずれにせよ，石油の中東依存は依然としてしばらく続くと思われるが，上記の国をまたがる紛争が火種となって国際秩序が変われば安定供給を受けられないリスクがある．1948年以降，第4次までの中東戦争や湾岸戦争が勃発しているが，2050年までの約35年間，国際紛争が起こらないと断言するには難があろう．

自動車産業はもとより，わが国経済は世界が平和で経済成長することを前提としてビジネスモデルを描き成長してきた．わが国が直接紛争に巻き込まれることは少ないとしても，日本だけが独立して平和であり経済活動が行えるはずはない．資源が止まる，生産材が売れないなどのリスクを想定し，それらを最少化するモデルを構築して被害を最小限に留める

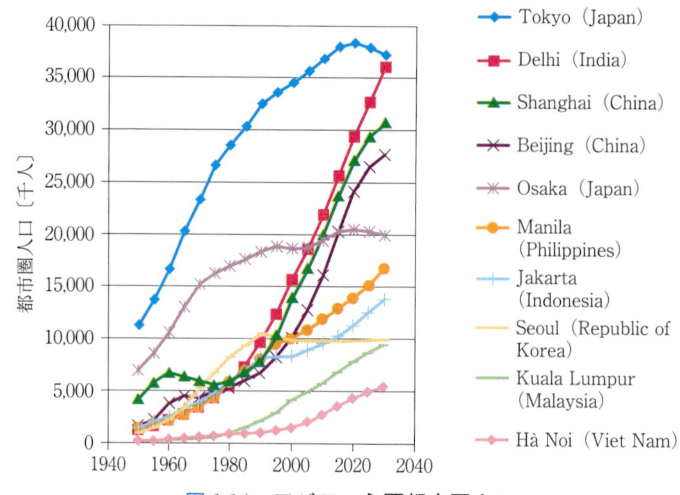

図 1-14　アジアの主要都市圏人口
（国際連合（UN）World Population Prospects[1-3]を基に作成）

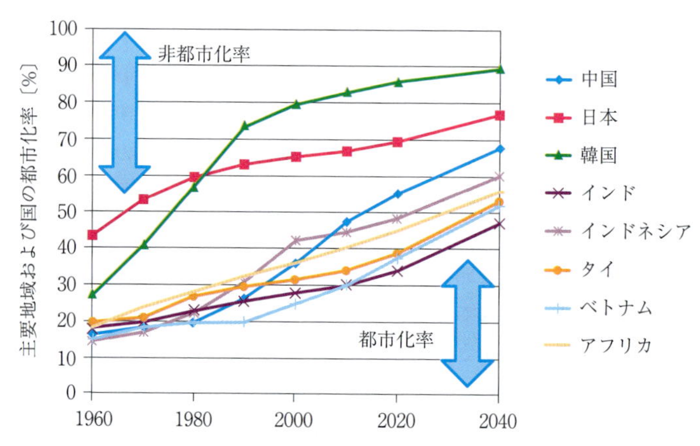

図 1-15　アジアの主な国およびアフリカの都市化率
（国際連合（UN）World Population Prospects[1-3]を基に作成）

ワークあるいはワーカの育成が必要と考える．

1.2.5　都市化の課題

図 1-14 に示すアジアの主要都市圏人口[1-3]からわかるように，東京および大阪圏は戦後まもない 1950 年からアジア有数の人口を抱える大都市圏であった．2015 年では，東京圏は世界最大の都市圏で約 3,800 万人が生活している．続いて 2 位のデリーが約 2,600 万人，3 位の上海が約 2,400 万人である．世界の上位 30 都市圏のうち 17 の都市圏がアジアにある．そのうち中国は上海(Shanghai)，北京(Beijing)，重慶(Chongqing)，広州(Guangzhou (Guangdong))，天津(Tianjin)，深圳(Shenzhen)の 6 都市圏が含まれている．2030 年には東京圏は頭打ちとなって約 3,700 万人に減少し，デリー，上海はそれぞれ約 3,600 万人，約 3,100 万と大きく増加する．大阪圏および韓国のソウル圏は 1990 年代から人口増加が鈍化し，都市化が成熟している都市といえる．他のアジアの大都市圏は 1990 年頃から著しい人口増加が認められ，アジアの経済に影響を及ぼしている．

都市化率の定義は各国で異なり，定性的な都市化の意味で捉える必要があるが，図 1-15 に示すアジアの主な国およびアフリカなどの発展途上国の都市化率は 1990 年代の後半より高くなり，今後は都市部に人口が集中して都市化が進む．これらの都市では，増え続ける人口に対応して住宅，交通インフラ，エネルギーインフラなどのライフラインや教育，医療などの公共サービスの分野を整備しなければならない課題に直面している．また，都市部の爆発的な拡大で自然環境破壊が進む．十分な就労，教育，社会参加の機会が与えられなければ貧困につながり，場合によってはスラム化して社会問題化するおそれがある．

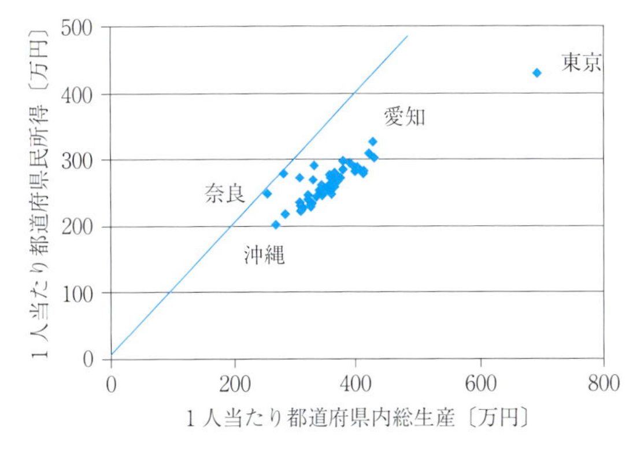

図 1-16　1 人当たりの都道府県内総生産と所得（内閣府，県民経済計算[1-13]を基に作成）

韓国と日本では都市化率が高いが，日本の東京，大阪などの先進諸国の大都市圏は，住宅整備，交通インフラ，エネルギーインフラなどのライフラインが充実し，安心して生活できる都市として成功した例である．具体的には，IT 利用の管理システムにより，交通機関，電力および水供給などのライフライン，資源分配，廃棄物管理，災害管理などの監視・制御を容易にして生産性を高め，資源消費量を最小限に抑えてきた．一方，生活の面では，核家族化，女性の職場進出，教育水準の高揚，出生率の低下などが起きているが，この潮流は将来とも続くと思われる．

経済的には，メガシティ東京都の都道府県内総生産は日本全体の 18% を占める．図 1-16 に示すように，東京は 1 人当たりの都道府県内総生産および所得[1-13]とも別格で経済や富の一極集中の態様を示

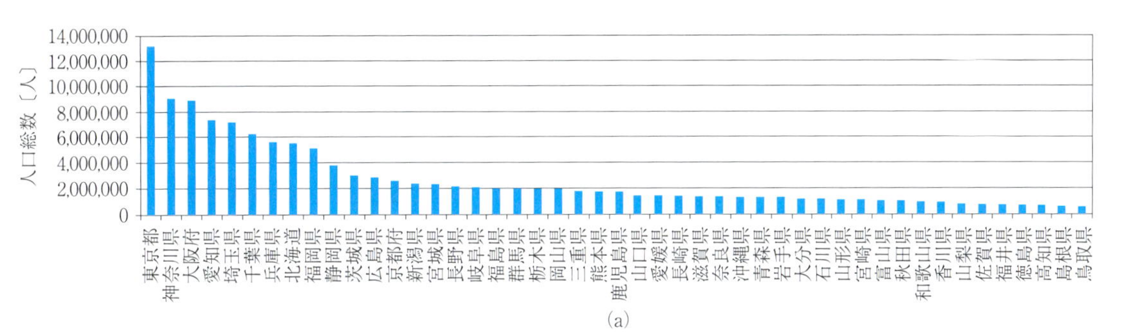

(a)

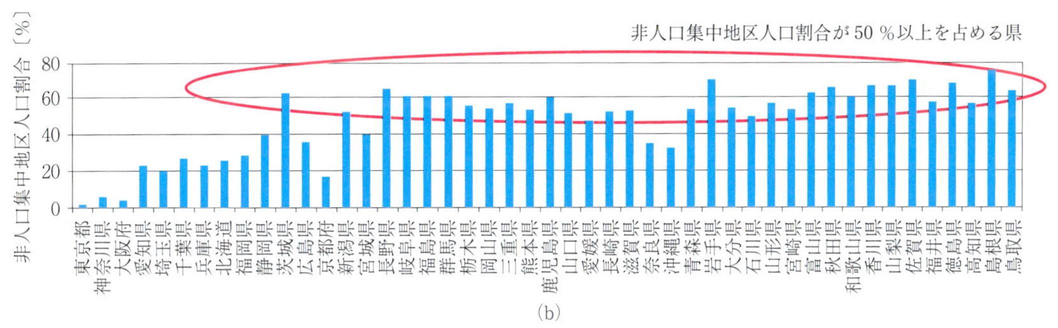

(b)

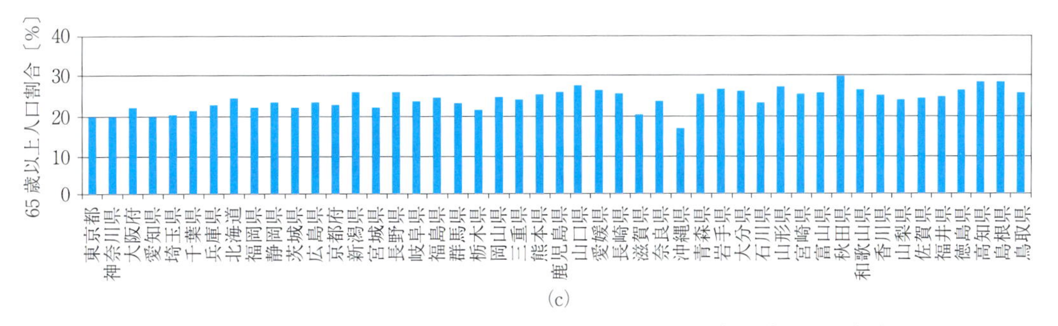

(c)

図 1-17　各都道府県の人口，非人口集中地区人口割合および 65 歳以上の割合（総務省統計局のデータ[1-15]を基に作成）

し，東京と最低位では2倍以上の差があることがわかる．

東京都の都民生活に関する世論調査(平成25年11月)の調査結果を集約した「目指すべき東京の将来像」(1-14)の上位5項目は，① 震災や豪雨対策が進んだ災害に強い安全な都市(49.5%)，② 高齢者施設や介護サービスが充実した高齢者にやさしい都市(33.5%)，③ 職と住のバランスのとれた生活しやすい都市(22.7%)，④ 再生可能エネルギーなどを有効に活用した環境先進都市(21.3%)，⑤ 水と緑あふれる美しい景観都市(17.8%)であり，東京直下型地震などを警戒した①を除けば「生活の質の向上」目指したソフト面の充実である．

1.2.6 日本の人口集中地区／非人口集中地区の実態

上記は都市化の課題であるが，非都市化部の課題もある．交通インフラや公共交通機関の整備における費用対効果の合理性や効率性の視点で，人口密度がある．日本では，1 km^2 当たり4,000人以上が隣接して居住する地域を人口集中地区と定義している．それに該当しない地域が非人口集中地区である．

図1-17(a)は都道府県別人口(1-15)の上位よりソートしたもので，図(b)および図(c)は図(a)と同一の順番に並べてある．図(b)では，非人口集中地区の人口割合が，① ごくわずかな東京都(1.8%)，神奈川県(5.8%)および大阪府(4.2%)，② 図中に赤く囲んだ50%以上を占める県，および，③ その中間に大別される．②の図中に赤く囲んだ50%以上を占める県の数は全体の約70%を占め，非人口集中地区に住む国民のモビリティの確保を含めた生活の質の向上は特定の地方県の課題ではなく，国民的な共通課題として取り組まなければならないことを示している．

また，図(c)の65歳以上の人口割合は各都道府県でおおむね20～30%の範囲で差がなく，高齢化も国民的な共通課題といえる．

図1-18は同様な視点を全国規模で論じるため，全国約1,900の区市町村(1-15)について整理したものである．図(a)は，全国の区市町村における人口集中地区の人口割合を上位よりソートし，それがゼロを含めて同数の場合は人口数が上位より並べてある．人口集中地区には約8,600万人が居住し，費用対効果などの面で公共交通機関の利用がしやすい環境に

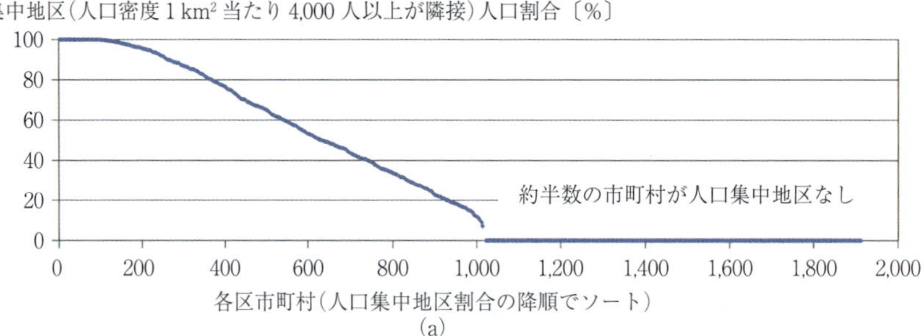

(a)

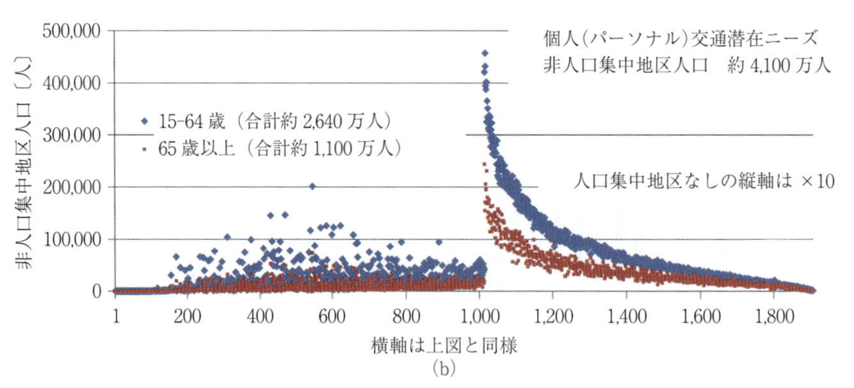

(b)

総務省統計局データより作成

図1-18 人口集中地区の人口割合(a)と非人口集中地区の人口(b)（総務省統計局のデータ(1-15)を基に作成）

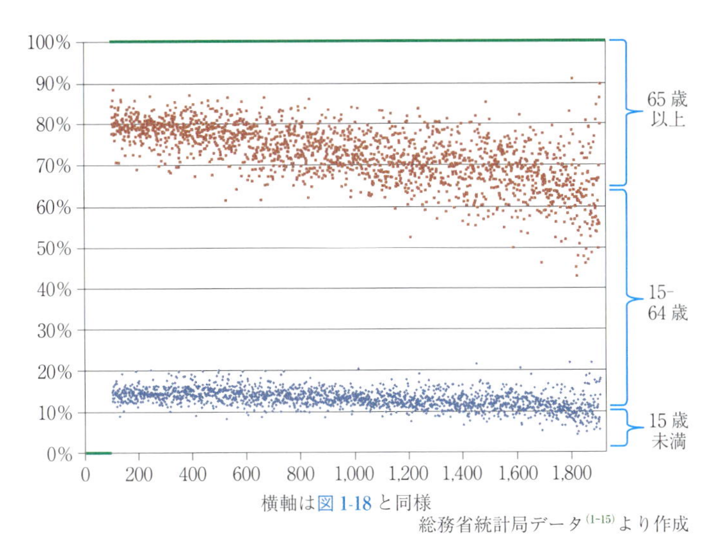

図 1-19　非人口集中地区の年齢構成割合
（総務省統計局のデータ(1-15)を基に作成）

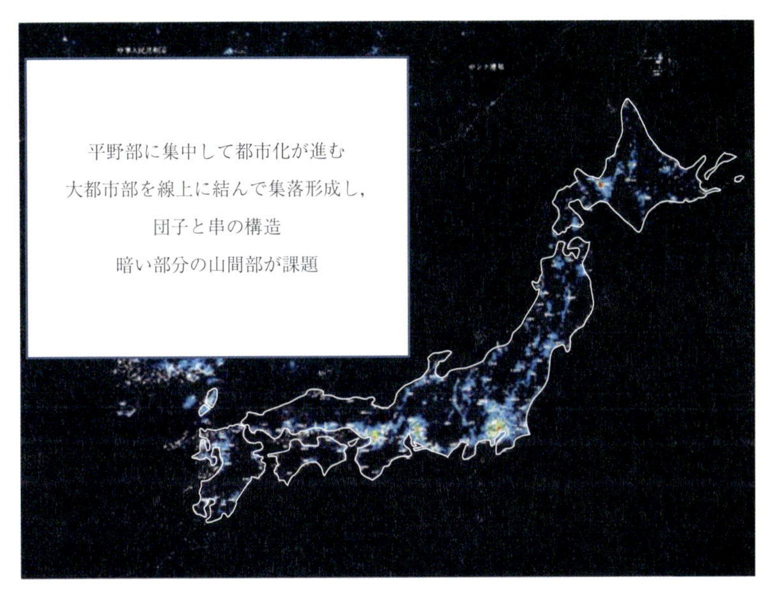

図 1-20　夜間，宇宙から見た日本列島
（http://blogs.yahoo.co.jp/konolopi225/11649792.htmi をアレンジ）

あり，場合によってはすでにクルマ離れとなっている．なお，日本の人口集中地区の人口 8,600 万人と総人口 1 億 2,700 万人の比が都市化率で 68% となり，国連の資料でまとめた図 1-15 の値とはほぼ一致している．

1 km² 当たり 4,000 人以上が隣接して居住しない非人口集中地区には約 4,100 万人が居住し，その約半数が人口集中地区のない市町村である．図 1-18 (b) は非人口集中地区で生産年齢である 15-64 歳と 65 歳以上の人口を示したものである．非人口集中地区のうち 15-64 歳が 2,640 万人，65 歳以上が約 1,100 万人である．

図 1-19 は，横軸を図 1-18 と同一として，年齢構成割合をプロットしたものである．人口の少ない市町村ほど少子高齢化の傾向が強くなり，65 歳以上の高齢化率が 50% を超える市町村も存在している．これらの市町村では，生産年齢人口の割合が減少して行政を運営する税収が少なくなり，上下水道などのライフライン，市・町・村道などの交通インフラ，教育，保育，医療，公共交通などの行政サービスが行き詰まることが懸念される．

夜間，宇宙から見た日本列島を図 1-20 に示す．

地勢的にみると，明るく見える大都市は平野で，かつ海に隣接し，残りは山間部が多く非人口集中地域である．大都市内は網目状に道路や交通インフラが広がり，大都市間は線状の幹線道路や鉄道で結ばれてその周辺に蟻の行列状に集落が存在している．すなわち，国土構造は面的に広がる大都市とそれを線で結ぶ団子と串の構造に近い特色をもっている．地方の非人口集中地域から中核都市へのアクセスに関しても，比較的長距離の線状移動を要しているのが実態である．

2050年には，人口規模が小さい市町村ほど人口の減少率が高くなり，特に現在10,000人未満の市町村ではおおよそ半分に減少すると予想されている．また，人口が増加する地点の割合は2%で，主に大都市圏に集中している．高齢者の絶対数は大都市圏において増加が著しい(1-16)．大都市周辺でも，高度成長期に建設された集合団地などでは，現在高齢化・貧困層の密度が高い地域となっているが，現在建設中の高層住宅群も同様の症候群の可能性を秘めている．また，高齢者の増加により，社会保障費が増加してその負担等も増加する．

1.2.7 モビリティを中心とする目指すべき都市の論点

交通を中心とする「目指すべき都市」の論点は，先進諸国の大都市部ではすでに公共交通や道路インフラが整備されて効率的な運用が図られており，より効率的で環境に優しい交通手段を提供する革新的なテクノロジーや社会システムの視点が中心となる．発展途上国は増え続ける人口に対応する交通インフラの整備が急務と考える．

一方，図1-15の上部ゾーンに示される非都市化部については，日本などの先進諸国では，むしろ人口減少や過疎がもたらす交通弱者救済の課題のほうが深刻である．

1.3 モビリティの動向

1.3.1 世界各地域の自動車保有台数

都市交通旅客部門を二輪車，三輪車，小型および中型乗用車，大型乗用車，ミニバス，バス，鉄道に分け，2015年における世界の主な地域におけるそれぞれのシェア(1-17)を図1-21に示す．

先進国は小型および中型乗用車のシェアが多いことがわかる．発展途上国のシェアを列挙すると下記の通りである．

中国は二輪車，小型および中型乗用車，ミニバス，三輪車が多い．二輪車のうち40%は電動である．

ASEANは二輪車，三輪車が多い．

インドは二輪車，バスが多い．

南アフリカは小型および中型乗用車，ミニバスが多い．

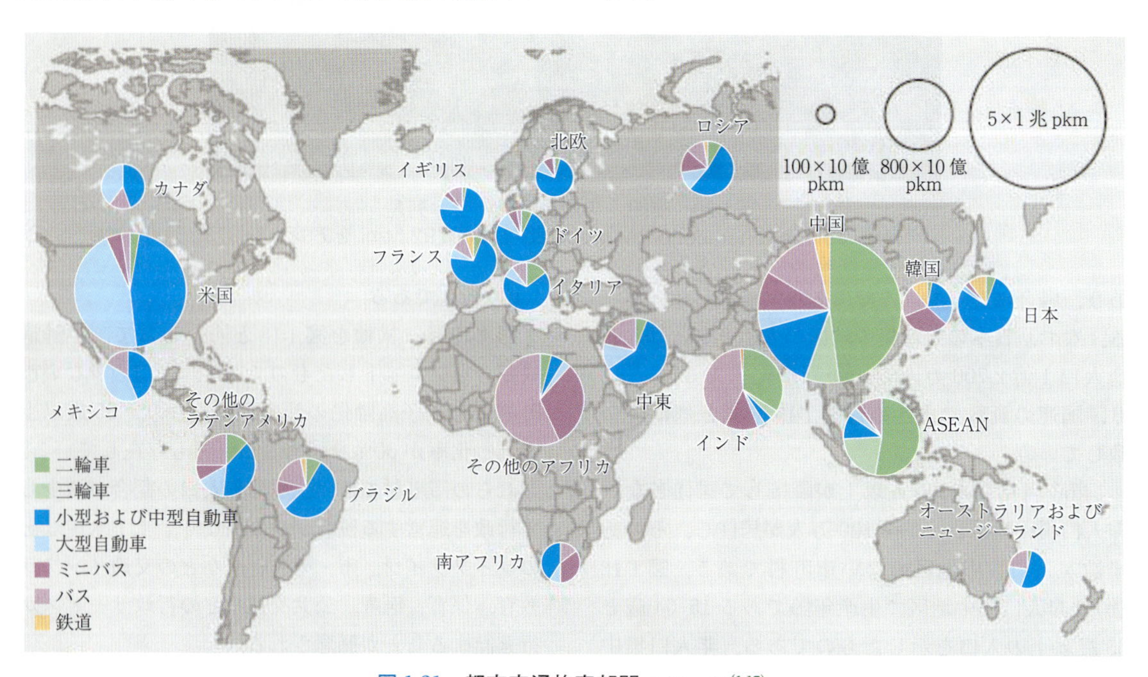

図1-21 都市交通旅客部門のシェア(1-17)

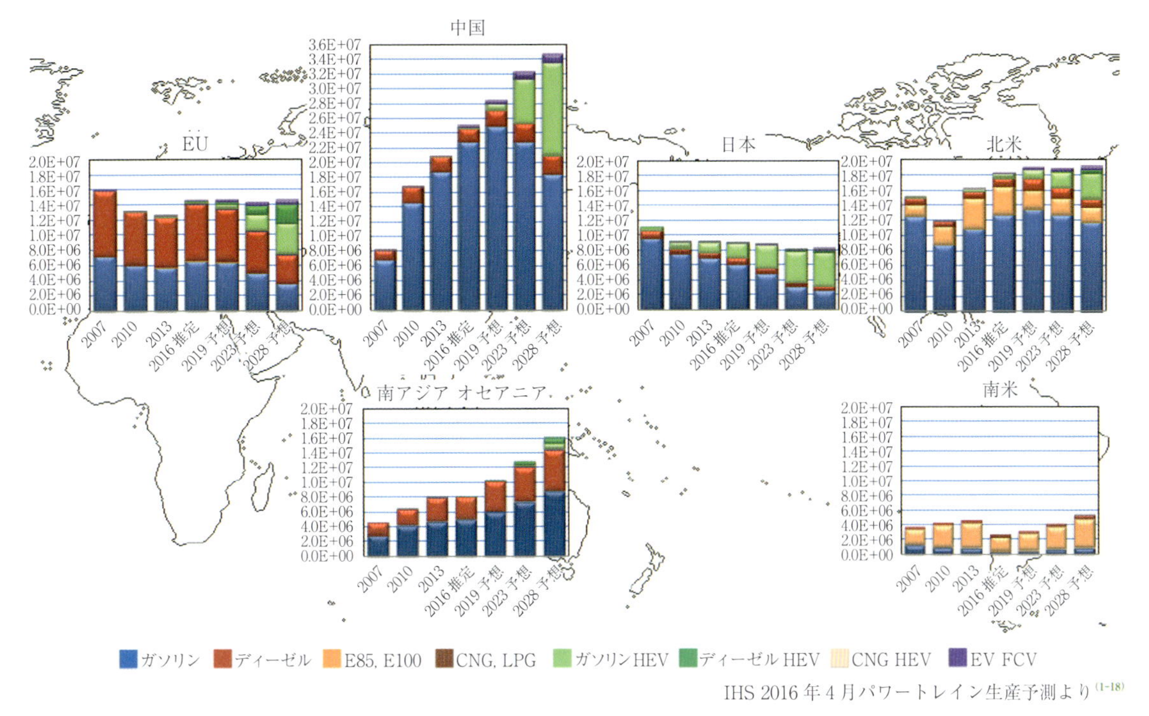

IHS 2016 年 4 月パワートレイン生産予測より[1-18]

図 1-22　世界各地域の LDV パワートレイン生産推移と予測

南アフリカを除くアフリカはバス，ミニバスが多い．

世界各地域の LDV（ライトデューティビークル）パワートレイン生産推移と約 10 年後の 2028 年までの予測[1-18]を図 1-22 に示す．同図における生産量の多い地域から今後 10 年間のトレンドを述べると以下の通りである．

中国では今後とも生産量が増加する．そのパワートレインは，ガソリン車の割合が減少して，ガソリン HEV の割合が増加し，EV/FCV もそれに上乗せされる．

北米では将来の生産量はわずかに増加する．ガソリン車とこれまで一定の割合を占めていた E85/E100 のエタノール系が減少し，ガソリン HEV の割合が増加し EV/FCV もそれに上乗せされる．

EU では将来の生産量はほぼ横ばいであり，そのパワートレインは，ガソリン車とディーゼル車の割合が減少し，ガソリンおよびディーゼル HEV の割合が増加して，EV/FCV もそれに上乗せされる．

南アジア・オセアニアではガソリン車とディーゼル車の生産量が増加し，ガソリンおよびディーゼル HEV も上乗せされる．

日本では将来の生産量が減少する．ガソリン HEV がガソリン車と入れ替わり，EV/FCV もそれに上乗せされる．

南米では E85/E100 のエタノール系が量および割合ともに増加する．

将来，パワートレインで HEV が多くの割合を占める地域は EU，中国，日本，北米である．

自動車用燃料価格は需要と供給のバランスで決定される．地球温暖化対策により，脱石油，電動化および省エネルギーなどが進めば，需要減により石油価格は高騰することなく抑えられる．脱石油などが進まなければ石油事情が逼迫し，自動車用燃料価格は今後高騰もしくは高止まりして，北米や南米などではバイオ燃料，天然ガスの産ガス国ではそれの地産地消が進むものと考えられる．イラン，中国，パキスタン，アルゼンチン，インド，ブラジルではすでに 100 万台以上の天然ガス自動車の保有台数であり[1-19]，発展途上国のモータリゼーションは二輪車とあわせて燃料の地産地消も一端を担うものと考えられる．

以上述べたように，世界が BAU（ビジネス アズ ユージュアル）で進めば自動車の世界全体の販売台数および販売額は今後とも拡大していくが，日本国内の販売台数および販売額は縮小し，加えてその世界シェアはさらに縮小し，世界のトレンドを語るには小さい市場といえる．自動車[1-1]および自動車用

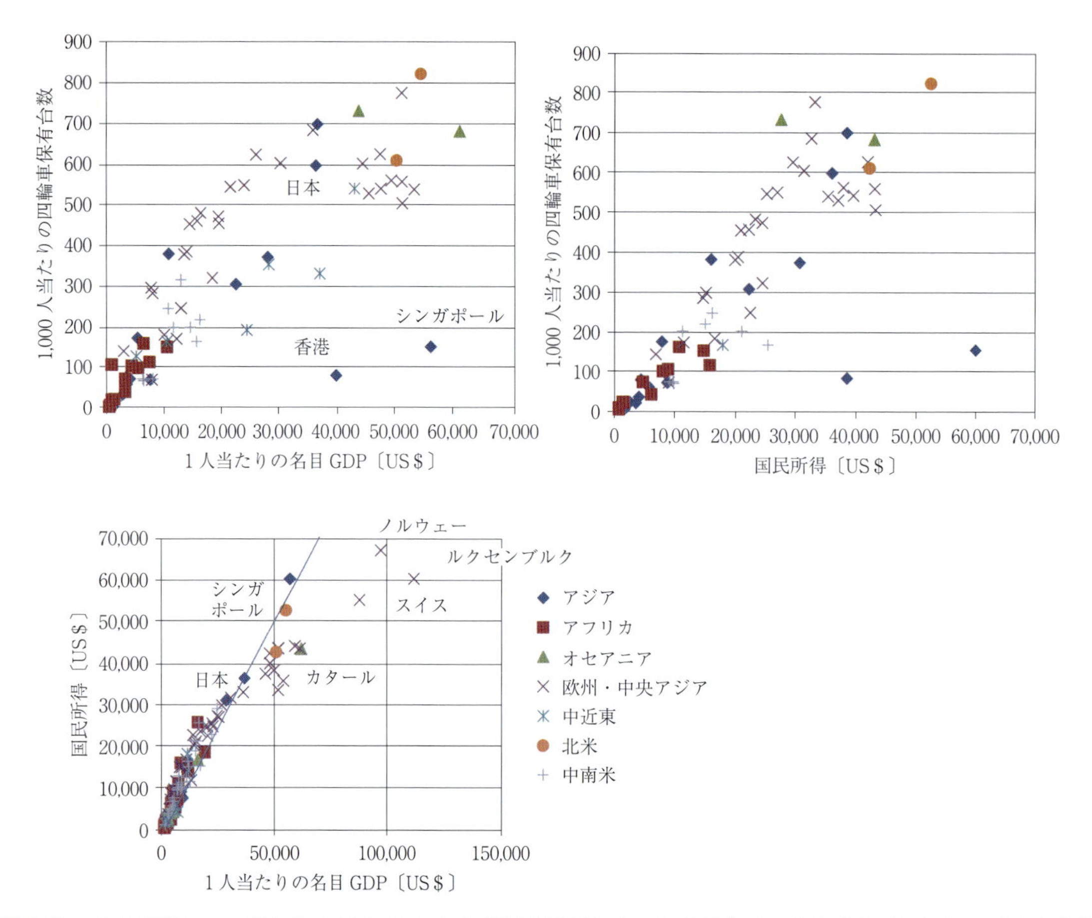

図 1-23　世界各国の1人当たりの名目GDPおよび国民所得と1,000人当たりの自動車(四輪車すべて)保有台数
（総務省統計局世界の統計2015[1-21]及びWHO世界保健統計2014年度[1-22]等を基に作成）

燃料[1-20]の需要予測では，世界経済が順調に伸展しBAUが続くならば，中国，インドは2050年には大幅な需要増となる．自動車産業はグローバル化が進み，世界経済が人・物・金を介して一体化している．自動車の保有・販売台数はOECD諸国では定常化して新興国が主な拡大マーケットとなり，自動車産業の注力は新興国となる．

特にアジアでは中国をはじめとしてこれから中間層が増加し，保有・販売台数が増加する．中国は，アジアハイウェイやユーラシア回廊と呼ばれるインフラプロジェクトを進めている．これにより，産業や商業の中心で現在発展している東シナ海に面した東部から中部，西部へと経済が発展し，それに合わせてモビリティも発展する．東南アジアでは東シナ海に面したベトナムからカンボジア，タイを経由してインド洋まで結ばれる南部経済回廊や東西回廊が建設される．それにより，東南アジアの内陸部がハイウェイおよび港湾を経由して日本や欧州と結ばれる．また，2020年までにASEAN経済共同体が発足することになっており，この地域の経済発展と同時にマーケットが拡大する．

1.3.2　世界各国の所得と自動車保有台数

自動車のマーケットは経済と強い関係があると考えられる．発展途上国の経済発展にあわせてモータリゼーションが進展することを検討するため，現状における世界各国の1,000人当たりの自動車(四輪車すべて)保有台数と1人当たり名目GDPとの関係および同じく国民所得との関係[1-21][1-22]を図 1-23に示す．同図に示すように1人当たりの名目GDPが多くなると国民所得との乖離が大きくなる傾向がある．自動車は個人消費によって支えられているため，国の経済指標であるGDPよりも国民所得のほうがマーケットとの関連が強いと考える．

同図より，アフリカ諸国では国民所得が1.5万US$以下で，1,000人当たりの自動車(四輪車すべ

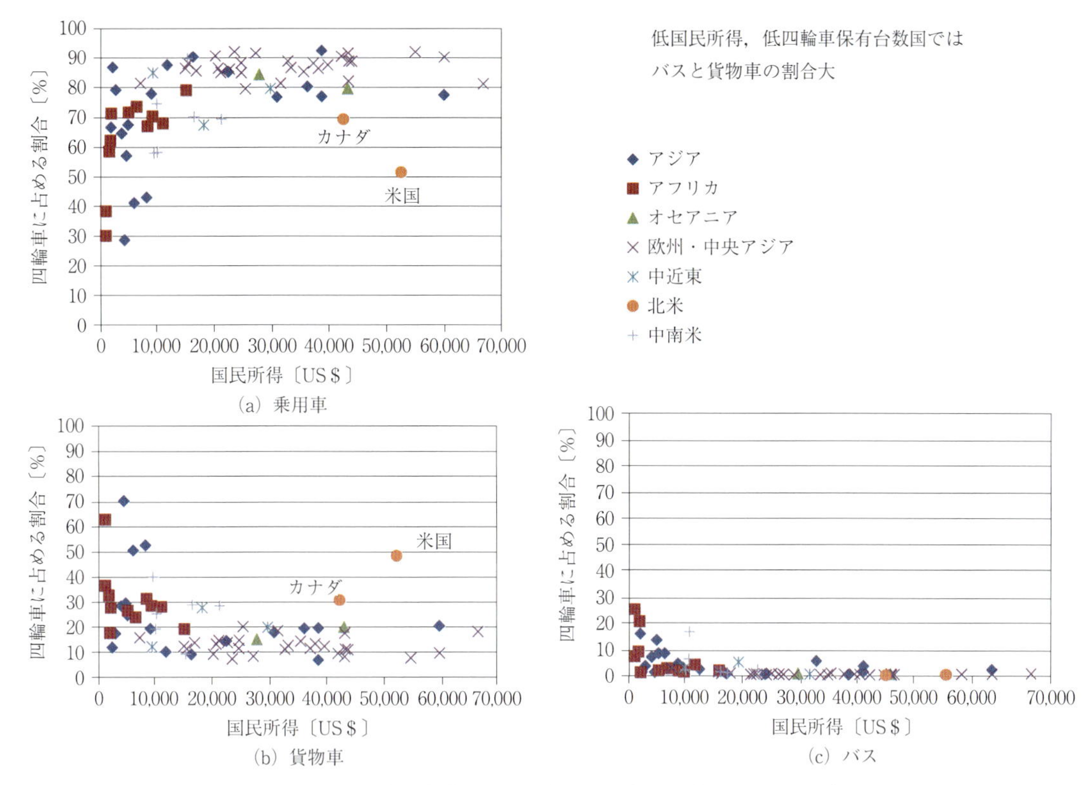

図 1-24　国民所得と乗用車，貨物車およびバスの自動車(四輪車すべて)に占める割合
(総務省統計局世界の統計 2015[1-21] 及び WHO 世界保健統計 2014 年度[1-22] 等を基に作成)

て)保有台数は 150 台以下である．国民所得が 3 万 US$ を超えると 1,000 人当たりの保有台数が 500 台を超え，モータリゼーションが進展する．都市国家である香港およびシンガポールは国民所得が高いにもかかわらず保有台数が少ないが，東京と同様に公共交通機関が発達していることや土地代が高いため駐車場に高額を要すこと，税制などが関連していると考えられる．なお，シンガポールでは車両価格 16,000 ドルの自動車を購入すると，諸費用込みで約 50,000 ドルを要す．

図 1-24 は乗用車，貨物車およびバスについて自動車(四輪車すべて)に占める割合と国民所得との関係を示したものである．アフリカやアジアの一部などの国民所得が少ない国では乗用車の割合が低く，貨物車およびバスの割合が高い．モータリゼーションは貨物車およびバスから始まることを示している．北米大陸に位置する米国およびカナダでは貨物車の割合が高いが，LDT(Light Duty Trucks)の分類に入る SUV，MiniVAN，大型 VAN および Pick Up も含まれている．

図 1-25(a)は世界各国の 1,000 人当たりの二輪車保有台数と国民所得との関係[1-21][1-22]を示したものである．同じく図 1-25(b)は日本の国民所得と 1,000 人当たりの二輪車および乗用車保有台数変遷[1-23]を示したものである．国民所得が 3 万 US$ を超えると二輪車離れとなり，四輪車へ移行する傾向がみられる．国民所得が 2 万 US$ 以下のアジアの大部分，アフリカ，中南米は国民所得の増加とともに二輪車の保有が増加している．

上記は現状分析であるが，WBCSD Mobility 2030[1-24]では世界各地域の所得と自動車保有台数との関係を 2050 年まで展望している．

図 1-26 は購買力平価(PPP ベース)の 1 人当たりの実質 DGP[1-24]を示したものである．実質 DGP の値は，OECD 太平洋(日本，オーストラリア，ニュージーランド，韓国)，同北米(米国，カナダ，メキシコ)，同欧州と他の東欧，中国，中南米，インド，その他アジア，中近東，アフリカとは二分化され，2050 年になっても差が縮まらないと見込まれている．東欧，中国，旧ソ連は成長率が高く，現状のおおむね世界平均から 2050 年には世界平均よりも大きく上回るとされている．一方，特にアフリ

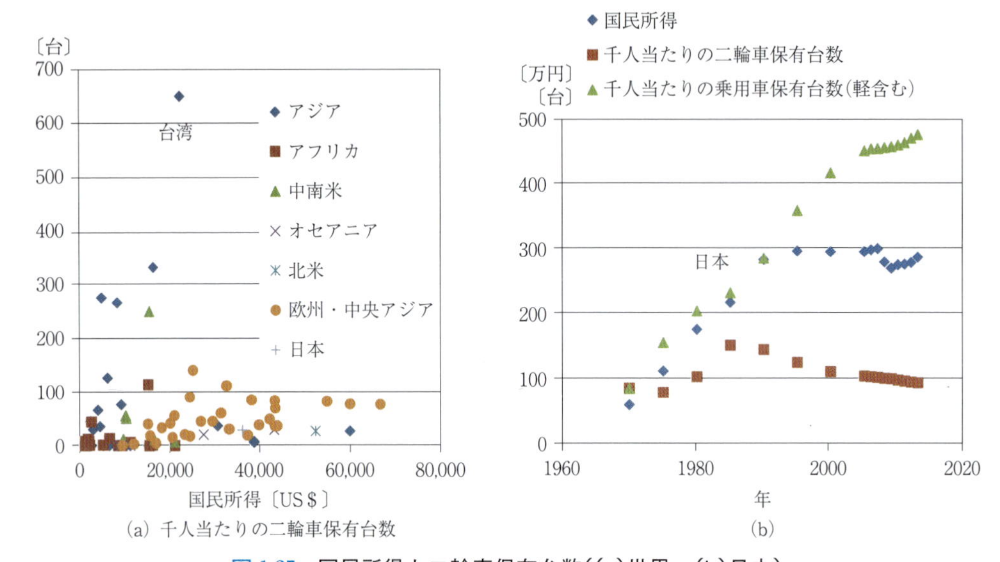

図 1-25　国民所得と二輪車保有台数((a)世界，(b)日本)
(総務省統計局世界の統計2015[1-21]・WHO世界保健統計2014年度[1-22]及び自工会資料[1-23]等を基に作成)

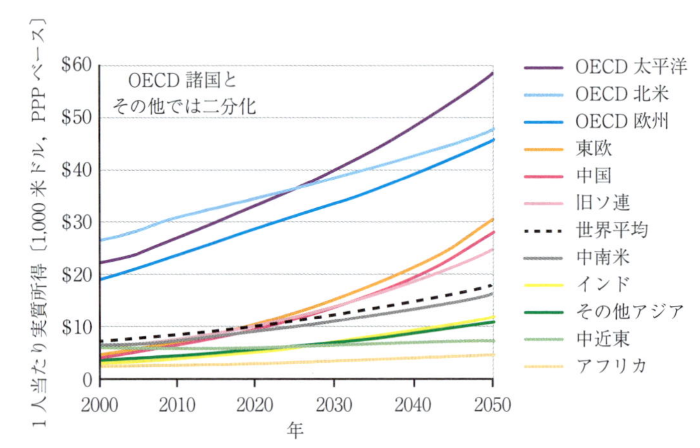

図 1-26　購買力平価(PPPベース)の1人当たりの実質DGP
(WBCSD Mobility 2030[24]をアレンジ)

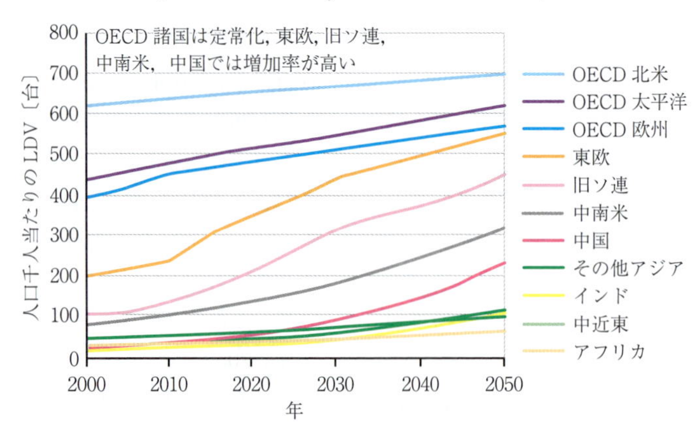

図 1-27　LDVの人口千人当たりの保有台数
(WBCSD Mobility 2030[24]をアレンジ)

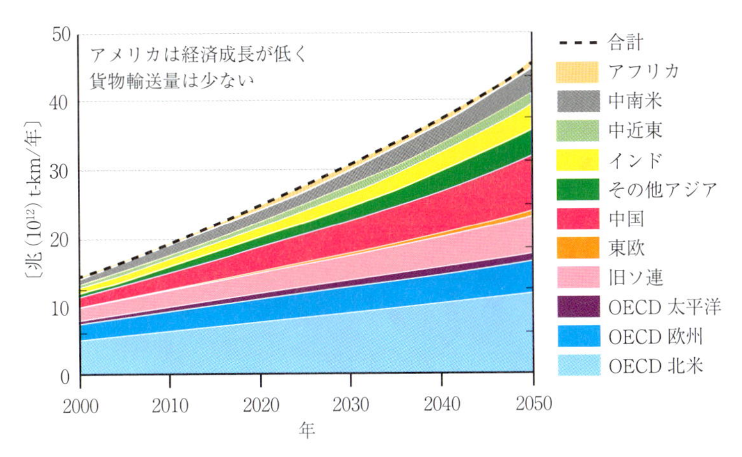

図 1-28　地域別貨物活動量(1-24)
（WBCSD Mobility 2030(1-24) をアレンジ）

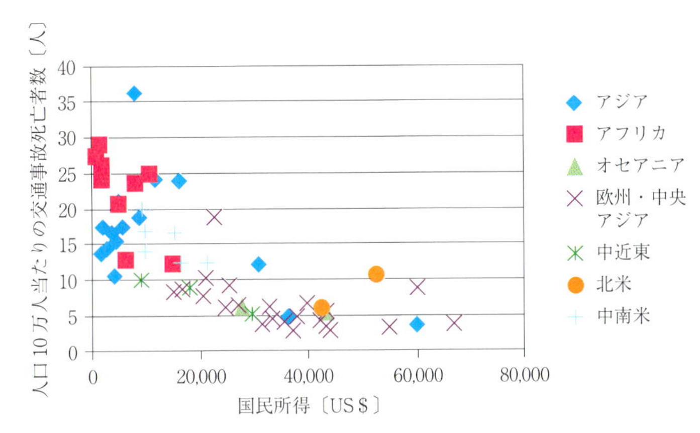

図 1-29　国民所得と人口 10 万人当たりの交通事故死亡者数
（WHO, Global Health Observatory（GHO）data, Road traffic deaths(1-25) 及び総務省統計局世界の統計 2015(1-21) を基に作成）

カでは成長が低く，他の地域に取り残されている．

図 1-27 は LDV の人口千人当たりの保有台数(1-24) を示したもので，OECD 太平洋，同北米，同欧州では，現状から 2050 年まで増加するものの，増加率は低く，成熟した市場であることを示している．一方，東欧，旧ソ連，中南米，中国では増加率が高く，成長市場といえる．2050 年の保有率では，東欧は OECD 欧州に近づくものの，他の地域はまだかけ離れた値で，特に中国は OECD 地域の約 1/3 の保有率である．インド，中近東，アフリカは保有率が低く，特にアフリカは OECD 地域の約 1/10 の保有率で，経済成長の条件を整えることが必要である．

図 1-28 は地域別貨物輸送活動量(1-24) を示したもので，2050 年時点で貨物輸送活動量の多い地域は OECD 米国，中国，旧ソ連，OECD 欧州，その他のアジアの順である．アフリカの人口は 2050 年には約 25 億人に増加するといわれているが，経済成長が低く貨物輸送量は少ないものと見込まれている．

1.3.3　自動車保有台数と交通事故死傷者数

自動車の交通事故により，世界全体で年間約 120 万人が死亡している．図 1-29 は人口 10 万人当たりの交通事故死亡者数〔人/10 万人〕(1-25) と国民所得(1-21) との関係を示したものである．国民所得が小さくなるアフリカ諸国やアジアの一部等で交通事故死亡者数が増加している傾向がみられる．一方，アフリカ諸国やアジアの一部等の国々では，図 1-23 および図 1-24 に示したように，自動車の保有台数が少なく，保有台数や走行距離を考慮して交通事故死亡率を評価する必要がある．図 1-30 の縦軸は人口百万人当たりの交通事故死亡者数〔人/百万人〕を四輪車

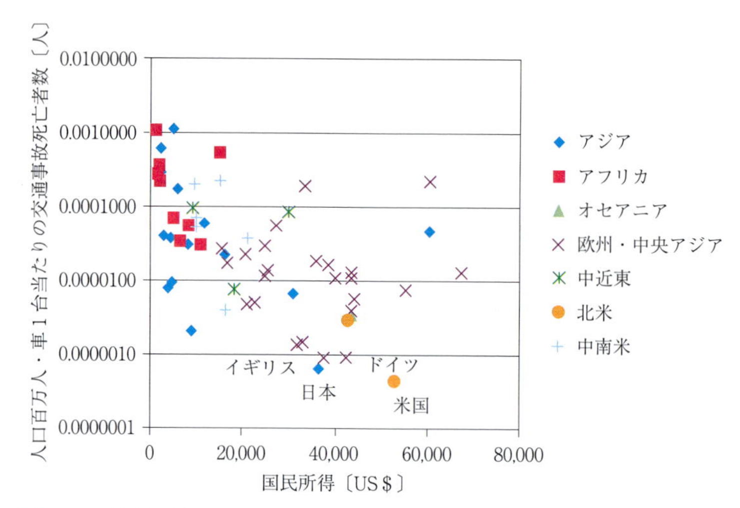

図 1-30　国民所得と人口 100 万人/四輪車の保有 1 台当たりの交通事故死亡者数
(WHO, Global Health Observatory (GHO) data, Road traffic deaths(1-25)及び総務省統計局世界の統計 2015(1-21)を基に作成)

(小型〜バス・トラックを含む大型)の保有台数〔台〕で除した値〔人/百万人/台〕である．逆に，この値と(総人口〔人〕/百万人×保有台数〔台〕)の積が年間の交通事故死亡者数となる．

同図より，最も死亡事故率が低い国は米国で 0.433×10^{-6}，次いで日本の 0.600×10^{-6}，ドイツ 0.895×10^{-6}，イギリスの 0.897×10^{-6}(いずれも単位は人/百万人/台)である．この値は国民所得が小さくなるに従って大きくなる傾向があり，アフリカとアジアの一部の国では，日本と比較してこの値が 3〜4 桁大きく，死亡事故の確率が高いといえる．自動車と衝突して死亡する事故は，発展途上国では対歩行者，対自転車もしくは対バイク，OECD 諸国は対自動車で多く発生している実績(1-24)がある．交通事故を削減する対策は，安全な道路インフラ，衝突安全，車の予防安全，高度運転支援，ぶつからない自動運転などさまざまなステージがある．われわれは，世界のモビリティに貢献することが使命であるが，先進国と発展途上国ではまず打つべき基本的な対策が異なっていることを認識して取り組むべきと考える．

1.3.4　日本のモビリティの特徴

(1) 都市間移動の交通インフラ

日本では明治以来鉄道が整備され，長距離移動に鉄道が貢献してきた．1964 年の東京オリンピックの頃からは，新幹線や高速道路の交通インフラが整備され，現状では社会資本ストックとして約 4 割を構成している．2050 年は約 35 年後であるが，35 年前の態様から想定すると，巨額の投資と工事期間を要す社会インフラやエネルギーインフラは現在着工中の関東・中部・関西をメガ経済・生活圏化するリニア新幹線を除き，35 年後も現在と大きくは変わらないとみるべきである．むしろ既存インフラの老朽化による保守整備に予算が食われて新規整備の期待がもてない．しかしながら，インフラ投資額の少ない情報インフラは世界的に設置されるであろう．

(2) 都市(地域)内移動

(a) 鉄道と乗用車

図 1-31(a)は都道府県別の旅客鉄道と乗用車の輸送能力について示したものである(1-25)(1-27)．鉄道輸送能力〔人・km/km^2〕は人口密度の増加とともに増加し，東京・大阪・神奈川と人口密度の小さい地方では 2〜3 桁の差があることがわかる．

地方のローカル鉄道は，地方経済の衰退や人口減によって撤退を余儀なくされているが，首都圏等メガ経済圏への通勤を可能とする鉄道は駅周辺の現役世代とその子弟の人口増をもたらしている．その一例が 2005 年に開通したつくばエクスプレスである．1 日平均 32 万 6,000 人の旅客実績であり，メガ経済圏の周辺を通勤圏に変え，合わせて経済発展させている実例である．なお，32 万 6,000 人は鳥取県の人口の約半数であり，同様な施策を地方に適用できるとは思われない．

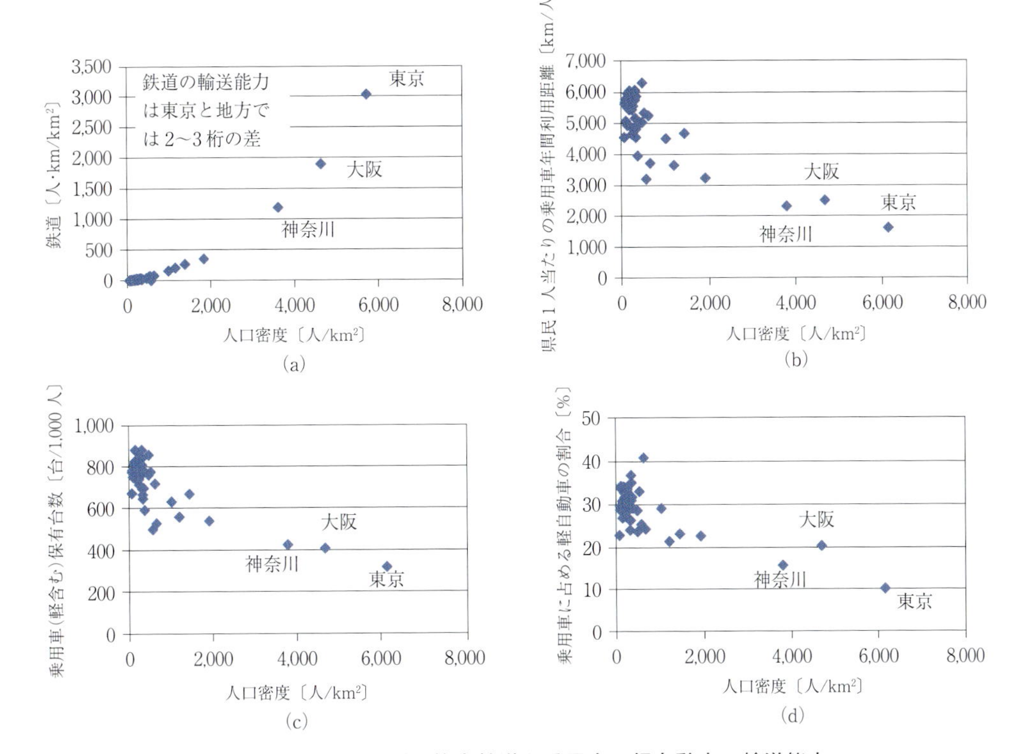

図 1-31　都道府県別の旅客鉄道と乗用車・軽自動車の輸送能力
(都道府県別データランキング[1-26]，一般社団法人 全国軽自動車協会連合会[1-26]総務省統計局，都道府県別主要統計表等[1-28]の資料を基に作成)

図 1-31(b)は都道府県別の1人当たりの乗用車年間利用距離を示したもので，多くの県が6,000 km/人程度であるが，大都市圏の東京，大阪，神奈川はおおむね2,000 km/人程度であり，乗用車を利用して移動する距離が少ないことがわかる.

図 1-31(c)は人口1,000人当たりの乗用車保有台数を示したもので，大阪，神奈川では1,000人当たり400台程度であるが，多くの県が1,000人当たり800台程度であり，地方県ほど乗用車の保有率が高いことがわかる.

これらより，自動車の移動分担は鉄道輸送能力の増加とともに減少する傾向を示しているといえる.

図 1-31(d)に示す乗用車に占める軽自動車の割合は，地方ほど高い傾向があり，軽自動車は地方の高齢者や女性も含めて重要な足となっていることを示している.

(b) バス

図 1-32 は都道府県別のバスの年間乗客数を県民人口で除したもので，県民1人当たりの平均利用回数に相当する．年間数回～70回強と値が分布し，神奈川，京都，東京，長崎，福岡の利用回数が多く，バスの利便性に格差があることを示している．図 1-33 は都道府県別のバスの年間走行距離を県民人口で除したもので，県民1人当たりの年間利用距離 km/年/人を示す．都道府県による差は少なく，15～30 km/年/人となっている．図 1-32 と合わせて総合的に解釈すれば，神奈川，京都，東京，長崎，福岡などの平均利用回数が多い地域では日常の足として短距離を数多く利用し，平均利用回数が少ない地域では行事や用件などで長距離を利用していることを示している．このことは，1. 2. 6 項「日本の人口集中地区／非人口集中地区の実態」で述べたように，線状に道路構造が構成されている地方部では病院等へのアクセスに長距離を要していることを示している.

また，図 1-31(b)に示した1人当たりの乗用車年間利用距離が2,000～6,000 km であることに対し，バスのそれは約1/100の15～30 km である．すなわち，国民の移動におけるバス利用の実績は，乗用車の1/100のオーダーであることを示している．バスは公共交通機関の役割を果たしてきたが，利便性の悪さや乗用車の普及などにより減少の途をたどっ

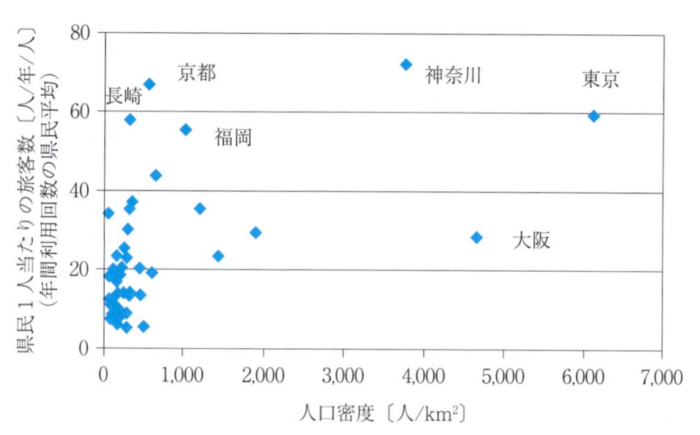

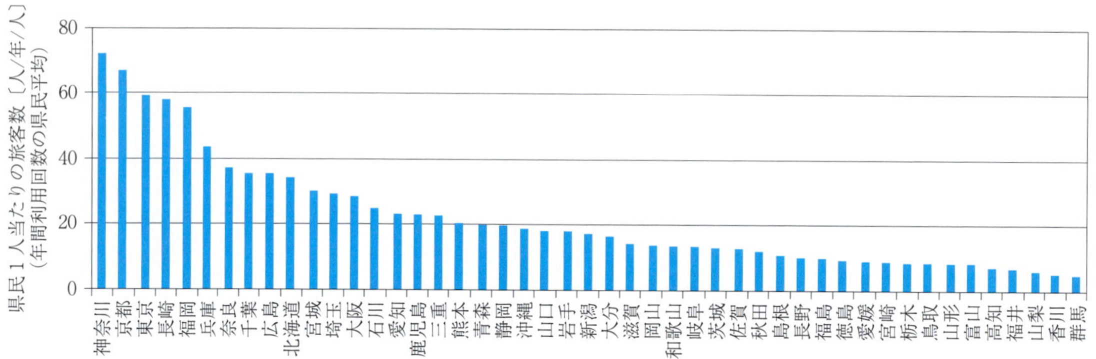

図 1-32　都道府県別の県民１人当たりのバス年間平均利用回数
（国土交通省，自動車燃料消費量統計年報[1-29]及び総務省統計局，都道府県別主要統計表等[1-28]を基に作成）

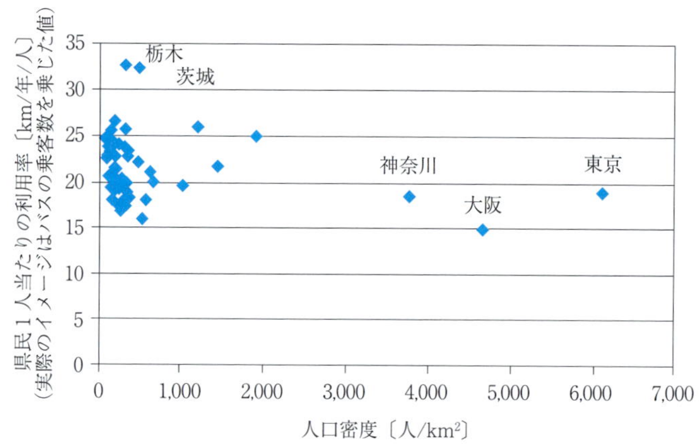

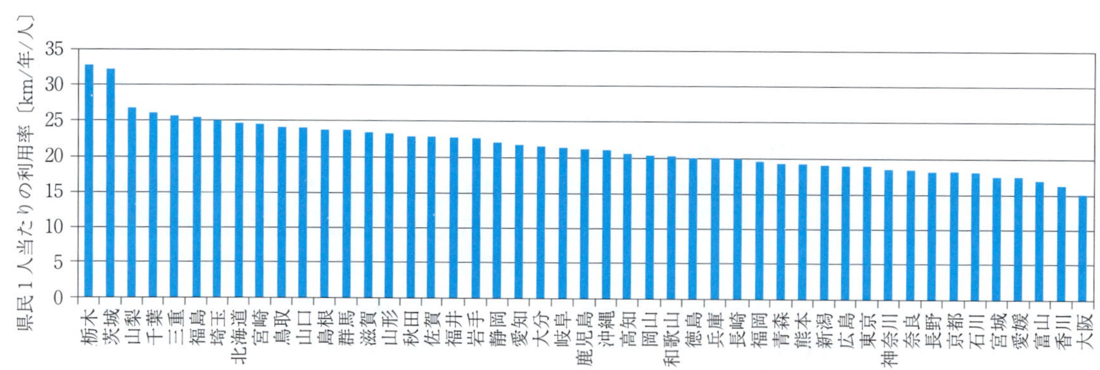

図 1-33　都道府県別のバスの県民１人当たりの年間利用距離
（国土交通省，自動車燃料消費量統計年報[1-29]及び総務省統計局，都道府県別主要統計表等[1-28]を基に作成）

てきた．その代替として，民間のバス事業者が撤退したエリアでは行政が中・小型のコミュニティバスなどを運行している例がある．そこでは，運行頻度が少ないなどの理由で，利用者がごく限られて，空気輸送車の実態が多く，増エネルギーとなっている場合もある．

将来の公共交通を展望するにあたっては，従来の中量輸送機関の延長であるバスの位置付けではなく，IT 技術などを利用して「個」のニーズに応え，即時性などの利便性を改善した公共交通の手段としての変革が望まれる．東京・大阪などの大都市圏では，公共交通機関が高度に発達し，必ずしも「個」の移動を必要としないが，その他の中小都市では，不充分な公共交通機関の発達であり，「個」の移動を必須とする．その候補として(自動運転の)カーシェアリングやライドシェアがあり，公共交通機関の代替となる可能性がある．一定の人口密度があり，ビジネスの環境が成立するところは民間事業者を主体とする ICT／カーシェアリングがモビリティの一端を担うことになり，乗合バス事業者やタクシー事業者の事業展開が期待される．人口密度が希薄な地域では，民間での運営が経営的に困難なおそれがあり，地方行政が住民サービスである公共交通機関の代替としてこの事業をタクシー会社等と共同して運営することを提案したい．

アジアのメガシティ等の大都市では，渋滞の解消と便利なモビリティを実現する大量輸送機関である鉄道，中量輸送機関である新交通システム，さらに自動運転や IT 技術と組み合わせたバスラピッドトランジットなどのさまざまな選択肢が期待されている．まずは都市の規模や可能な資本投下などの財政状況を勘案し，かつ渋滞などの改善効果をシミュレートするコンサルタント業務のアジアマーケットへの展開が期待される．

公共交通機関の各論に関しては，第 5 章「物流と公共交通」で述べている．

1.4　期待される将来の交通システム

交通システムは独立したものではなく，人々が暮らす地域や都市の機能の一部である．地域や都市は農林水産業・商業・工業・サービス業などの産業活動，エネルギー供給などのライフライン，人々が暮らす住居とそれを支える福祉・医療・教育・文化活動・行政などの機能をもっている．それらは人の活動を頂点とする独立した機能であるが，有機的・多重的につながらなければ成立せず，交通は情報と合わせてそれらをネットワークで結びシステム化する手段である．

これまで人々は，有史以来，多くの社会システムやインフラを作ってきたが，交通システムは，その財産の上に，あるいは一部として成立している．自動車を利用する社会が今日まで大発展したのは，ドアー・ツー・ドアの「個」の移動を快適に実現する手段であるからと考える．この原則は，人の本質から将来とも変わらないと思われるが，自動車は，① 道路交通インフラが貧弱であれば渋滞を引き起し，かえって不便である，② 住宅に次いで高価な民生品であり低所得者にとっては手が出しにくい，③ 交通事故および地球環境問題や都市環境問題の元凶であるなどにより，「集団もしくは共同」で効率的な移動を目指す公共交通機関も合わせて発達している．都市や社会システムは今後も進化・変革を続けるが，本節では，地球温暖化対策を含めて人類皆が共有できる技術的な視点と経済状態や人口集中度で階層化した都市群の視点で，将来を展望したい．

1.4.1　地球温暖化対策との両立と脱(低)炭素車の開発の要求

気候変動の影響を最小限に留め，地球温暖化を抑制するテクノロジーの開発とライフスタイルの見直しによって，持続ある未来に結び付ける指標を与えるのが本報告書の目的とする上位概念であり，かつ使命である．各章ではその各論について述べてある．気候変動に関しては，第 3 章「環境と自動車」，3. 2 節「パリ協定と今後の気候変動対策」で詳細に述べてある．

2015 年末に開催された国連気候変動会議(COP21)では，「すべての国が二酸化炭素などの温室効果ガスの排出を今世紀後半までに実質ゼロにすることを目指す」ことに合意した．

現状における，世界の二酸化炭素排出量の合計は約 329 億トンで，その内訳は中国 28.7%，米国 15.7%，インド 5.8%，ロシア 5.0%，日本 3.7% と，日本は世界で 5 番目の多排出国である[1-30]．

IEA では気候変動による温度上昇を抑えるため 2050 年のシナリオを作成している[1-17]．図 1-34 は世界の一次エネルギー需要について，現状の 2013

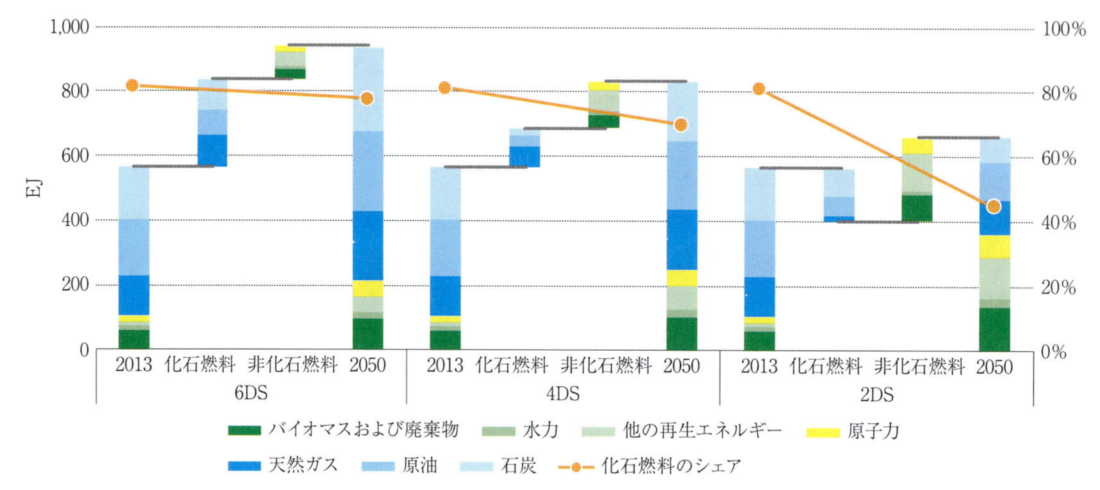

図 1-34　2050 年の気候変動を抑制する世界の一次エネルギー需要に関するシナリオ(1-17)

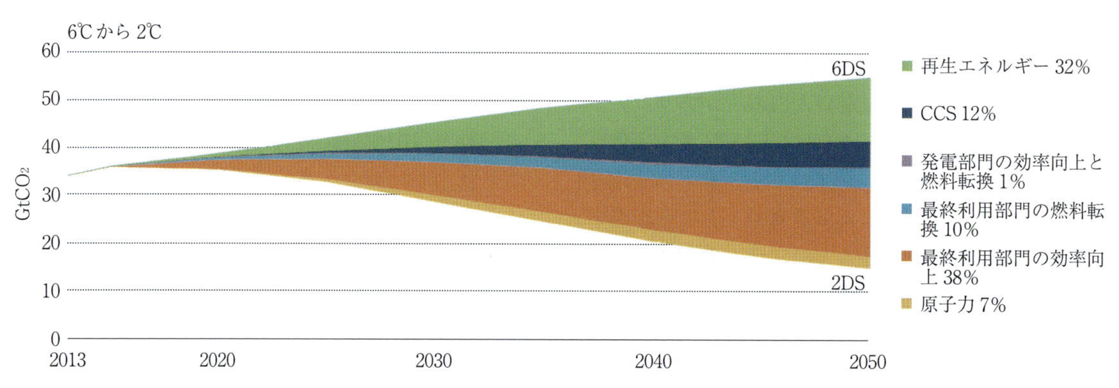

図 1-35　2050 年の気候変動を 6℃から 2℃に抑制する二酸化炭素の排出量削減のシナリオ(1-17)

年，産業革命以降からの気温上昇を 6℃とした 2050 6DS，同じく気温上昇を 4℃および 2℃に抑え込んだ 2050 4DS および 2050 2DS のシナリオについて示している．2050 6DS は現状のエネルギーシステムが継続する場合を想定したものである．2050 4DS および 2050 2DS はエネルギーシステムを持続可能なものとして，クリーンエネルギー技術の普及やライフスタイルを変えるなどのシナリオを反映させたものである．

2013 年の一次エネルギー需要は 517EJ であるが，2050 6DS では一次エネルギー需要が 940EJ に増加し，天然ガス，石油および石炭の化石燃料系のシェアは 77％を占めている．残りのシェアはバイオマスが 10％，他の再生エネルギーが 8％，原子力が 5％である．2050 2DS のシナリオでは，2050 年の一次エネルギー需要は 663EJ で 6DS よりも約 30％抑制されている．一次エネルギーのシェアは現状と異なり，再生エネルギーが 44％と大きく増加し，化石燃料系は 45％まで減少している．また，原子力は 11％を占めている．

図 1-35 に示す二酸化炭素の排出量は，2050 6DS のシナリオでは 2050 年には現状比の約 3/2 倍の 55 Gt まで増加している．2050 2DS のシナリオでは 2013 年比で約 1/2，2050 6DS 比で約 70％減少している．2050 6DS と 2050 2DS との間で二酸化炭素の排出量を削減するシナリオの構成比は再生エネルギーが 32％，CCS が 12％，発電部門の効率向上と燃料転換が 1％，最終利用(エンドユース)部門燃料転換が 10％，最終利用部門の効率向上(省エネルギー)が 38％，原子力が 7％である．

2050 6DS から 2050 2DS を実現する発電，産業，交通，建物およびエネルギー変換部門それぞれの二酸化炭素削減シナリオを図 1-36 に示す．航空，船舶，鉄道，自動車などを含む交通部門では，高効率化，電動化を含む燃料転換および再生エネルギーが候補である．

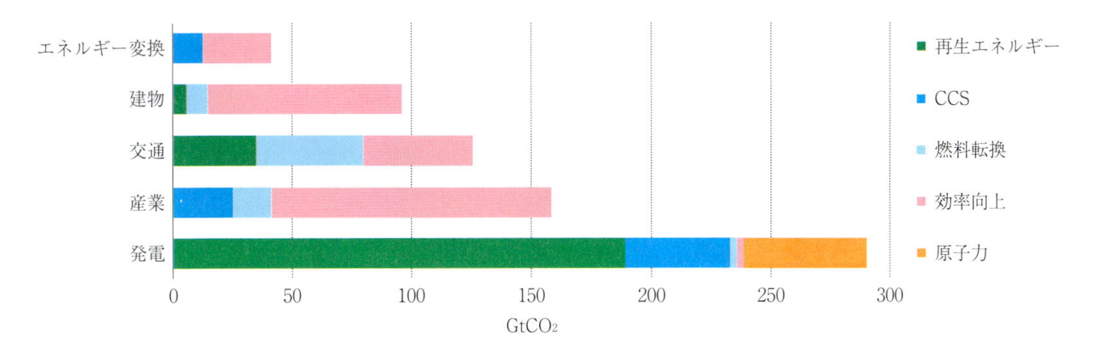

図 1-36　2050 年の気候変動を 6℃から 2℃に抑制する各部門の二酸化炭素削減シナリオ(1-17)

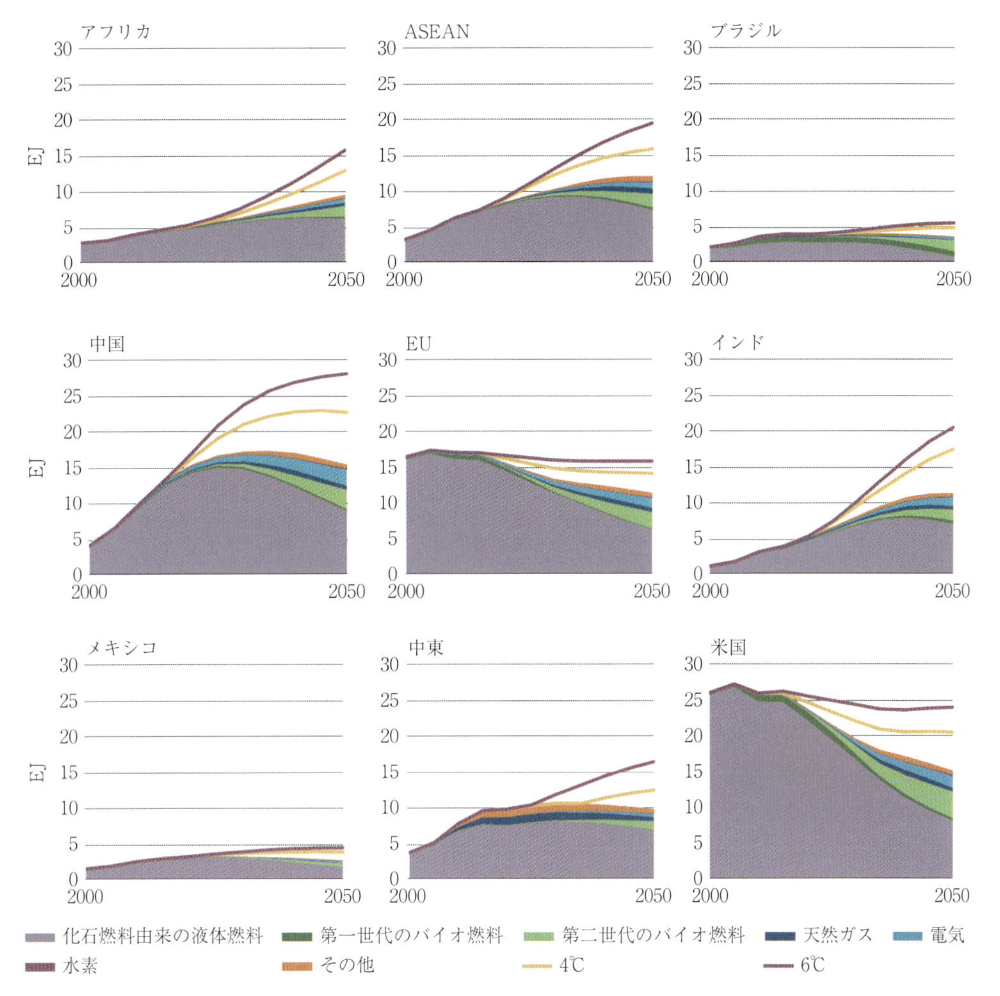

図 1-37　2050 年の気温上昇を 2℃に抑え込むための世界主要地域のエネルギーキャリア(1-17)

図 1-37 は 2050 年の気温上昇を 2℃に抑制する世界主要地域のエネルギーキャリアのシナリオを示したものである．

米国，欧州などの OECD 諸国ではエネルギーの需要総量の減少を最も主要な対策と位置づけ，加えて，化石燃料由来の液体燃料を大きく減少させる．中国は現状値に比べてエネルギーの総量が増加するもののピークアウトし，化石燃料由来の液体燃料の総量もピーク時に比較して半減させる．他の地域は，エネルギーの総量が増加するものの，化石燃料由来の液体燃料はピークアウトさせる．貨物輸送部門と航空部門では化石燃料由来の液体燃料からバイオ燃

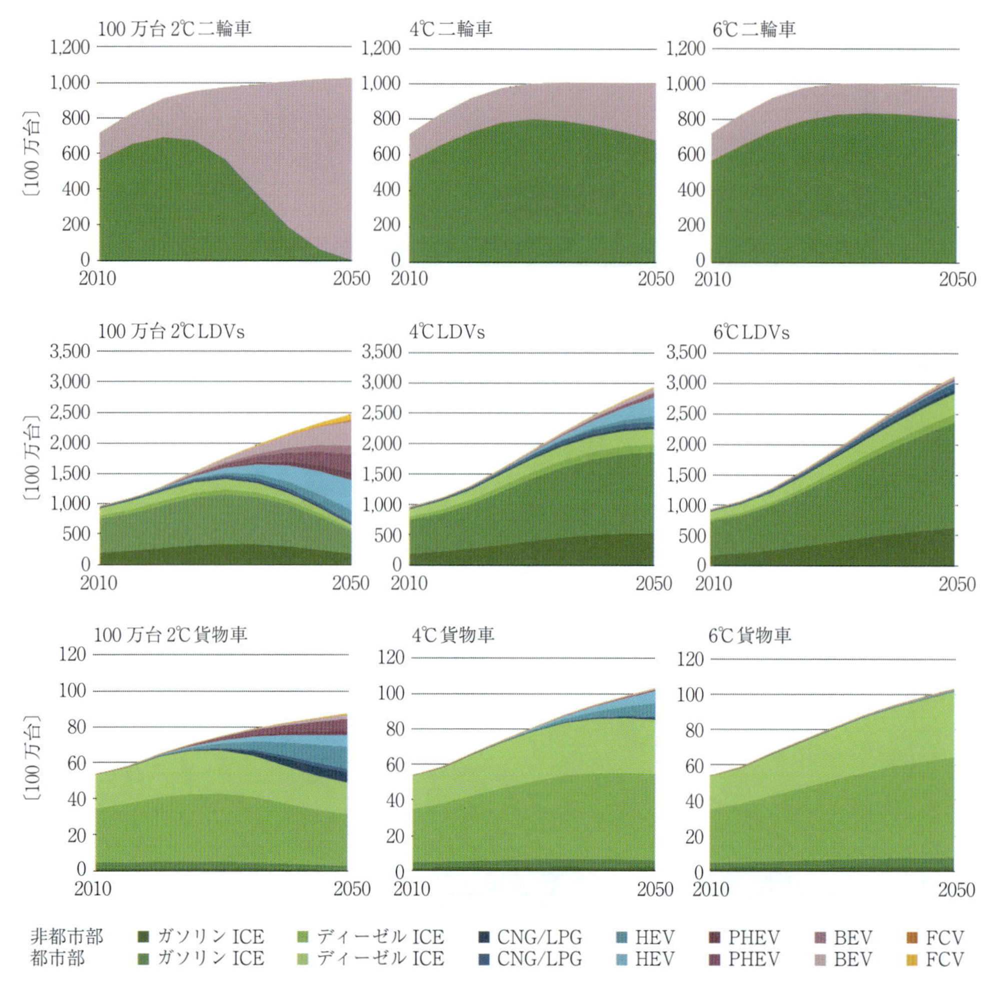

図 1-38　2050 年の気温上昇を 2℃，4℃および 6℃に抑制する自動車保有台数のシナリオ[1-17]

料に大きく代替させ，二輪，三輪，短距離集配用の商用車および小型車乗用車は電動化して，特にOECD 諸国，中国およびインドでその割合を多くさせる．化石燃料由来の液体燃料以外で主要な位置を占めるのは，第二世代のバイオ燃料と電動化とする，などのシナリオである．

図 1-38 は 2050 年の気温上昇を 2℃，4℃および6℃に抑制する自動車保有台数のシナリオを示したものである．

2℃に抑制するシナリオを特記すると，二輪車は電動化する．LDV(ライトデューティビークル)は，2050 年のシェアが高い順に，HEV，ガソリン ICE，BEV，PHEV とし，燃料電池車はまだ主要な位置を占めていない．同じく貨物車は，ディーゼル ICE，HEV，BEV，PHEV，CNG/LPG などの順番とするシナリオである．

上記のシナリオは国際エネルギー機関が作成したもので，開発および導入の実施主体である自動車業界が合意したものではないが，一定の影響力を与えるものと考える．また，先進国と発展途上国の経済事情，エネルギーの地産地消などで各国・地域ごとの対応が異なってくる．特に日本の自動車産業は先進的な技術で世界をリードしており，日本国内では電動システムの普及など次世代自動車の普及割合が多くなることが期待される．世界各地域におけるLDVs のパワートレイン生産推移と今後約 10 年間の 2028 年までの予測は図 1-22 に示した通りである．将来，パワートレインで HEV が多くの割合を占める地域は EU，中国，日本，北米であり，E85/E100のエタノール系が多くの割合を占める地域は北米と南米とされている．

地球温暖化ガス CO_2 の排出総量の概念は図 1-39に示すように，CO_2 の排出原単位(縦軸)× 輸送量(横軸(移動量，社会的活動量など))で決められる．

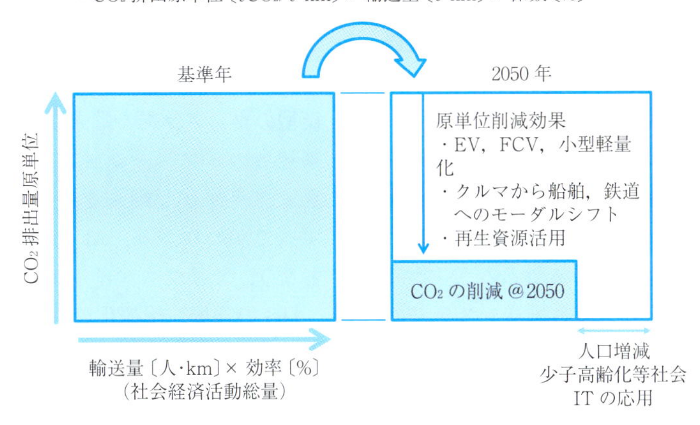

図1-39　地球温暖化ガスCO_2の排出総量の概念

CO_2の排出原単位(縦軸)は，次世代自動車の普及，燃費改善などに相当する．COP21で合意した温室効果ガスの排出を実質ゼロにすることは，脱石油(脱炭素)の新エネルギーや再生エネルギー等のエネルギーの多様化およびその利用の高効率化技術を普及させることが解となる．

ユーザーの受容性視点では，燃料・エネルギー価格が高騰しても経済的に受け入れられるモビリティが要求され，技術革新と小型・軽量化(二輪も含む)によりモビリティに対する家計支出額(割合)は現在と変わらないと思われる．小型・軽量のパーソナルモビリティが普及すれば，生活エリアではクルマ中心ではなく，人やパーソナルモビリティ中心の道路および交通環境(歩道，自転車道，低速車道など)の整備へとビジョンが変わるであろう．

パーソナルモビリティが電動システム化すると仮定すると，短距離移動用の小型コミュータは家電業界や情報・通信業界で製造・販売されて家電化する可能性がある．また，ユーザーの購買意欲や選択基準は，移動・乗車中に何をするかが重要となる．搭載されている情報機器や端末はもとより，ユーザーの趣向を把握したものがマーケットを制すことになるであろう．

これらの技術の詳細および課題の各論は第8章「自動車技術と自動車利用技術の現状と将来」および第2部に述べられている．

一方，富裕層やマニアを中心として，自ら運転して走る楽しさ，所有する喜びを求めるユーザーもいる．脱(低)炭素の社会的制約に応える，高性能のPHEV，BEVやFCVも一定のマーケットを占めるものと考えられる．

図1-39の輸送量(横軸)については，移動量の削減やライフスタイルの変化などに相当し，本章の1.4.2項で述べている．

自家用乗用車からバスや旅客鉄道に，貨物自動車から貨物海運や貨物鉄道に変更するなどのモーダルシフトは，エネルギー消費原単位の視点では図1-39に示した縦軸に相当し，エネルギー消費原単位が小さくなって省エネルギーになることを示しているが，1.3.4(2)項に述べたように，逆に増エネルギーとなる課題もある．今後の施策として，これらを重点化するには，乗車率や積載率および実車率の向上も含めた現実的な課題が多くある．

1.4.2　IT/ITCおよびAI技術の進化が及ぼす影響・効果

(1) 情報化とつながる社会

蒸気エンジンの開発に始まる産業革命はかつて人力および馬や牛などの家畜の力に頼っていた動力(パワー)を革新的に増加させて多くの産業を創造し，かつ飛躍的に経済を成長させて繁栄を築く基礎となった．そして今日の情報革命はIT(情報技術)，ICT(通信技術を使ったコミュニケーション)，IoT(モノをインターネットでつなげる技術)，そしてAI(人工知能)へと進化している．モノや都市に知能が宿り，スマートカー(自動走行)，スマート家電，スマートシティ，スマートグリッド，スマート物流などのイノベーションを生んでいる．

これらの技術の進化は，生活や流通に大きな変革をもたらしてライフスタイルを見直すことにつながると考えられる．IoT はビッグデータ化され，交通管理の最適化やエネルギーインフラ等のライフラインを制御し世界をよりスマートに，かつ便利にするであろう．モバイル機器は GPS などの高性能センサを搭載したプラットフォームとなり，誰でもクラウドに蓄積されたビッグデータを介して，効率的に生活を営むことができるようになるであろう．物流では，IoT により，物とそれを運ぶ輸送システムの位置情報が管理され，物流に革新的な影響を与えると考えられる．目的地と要求到着リミットが明確であれば，ICT/AI により，物流手段の最適な組合せ群を形成し，求車・配車・運行ルート等が指示されるであろう．

ビッグデータなどにより，交通のトレーサビリティやモニタリングがより一層進み，ケースごとの費用対効果(移動時間，到着時刻，移動コスト，燃料消費量および CO_2 排出量など)が「見える化」されて，公共の中での「個」を優先しつつ，全体最適と個別最適が選択できる社会システムになると考えられる．たとえば，費用の安価な全体最適と特別な課金を要す個別最適な社会システムである．

情報が管理され，多様化した目的に応じた効率的な社会になると考えられる．たとえば，移動することなく必要な業務をテレワーク(在宅勤務)でこなす，職住合体により子育てや介護世代も安心して働ける，ネット販売により個人の買い物移動を激減させるなどである．スマートフォンから注文を受け，1 時間以内で速達するビジネスが始まった．ジャスト・イン・タイムの民生利用である．IT 技術を巧みに利用し，求荷～配達までの一貫した工程を効率的にこなして実現している．ビールなどの消費材を家庭にストックする必要がなくなり，冷蔵庫が小型化して要求仕様が変わるものと思われる．衣服の分野では，旅行やパーティなどの着用しようとする背景を選び，数万点の候補中からからバーチャル試着して選定し，配達してもらうようになるであろう．家庭の中でのタンスやクローゼットを最小限にすることができると思われる．ショッピングモールは小売り場ではなく，メーカーが商品を陳列するショーケースとなり，下見を行う場所となるであろう．持つものから利用するものへのライフスタイルが変化して流通革命を起こし，顧客と接点のある小売業に大きな影響を及ぼすと思われる．

その他，仮想体験の分野では，2016 年に配信された「ポケモン GO」は現実空間に仮想画像を投影している．将来ディスプレイの候補の一種である眼鏡型のウェアラブル端末などの活用法を牽引し，未来社会のイノベーションのヒントになっている．ウェアラブルな端末を着用して人の IoT を含めてすべてがつながり，AI によりサポートされた社会となり，ライフスタイルが変わるものと考えられる．

ITS の発展，情報化の進展およびモビリティの多様化などの各論については第 6 章「ITS・ICT」で述べられている．また，これらの技術のビジネス化への動向は第 9 章「自動車産業としての自動車の将来」で述べられている．

(2) 自動運転

自動運転により公共交通機関の形態に新分野が加わるものと思われる．クルマは持つものではなく，自動運転デマンドビークルを社会で共有し，所有から共有もしくは利用へシフトする文化や社会システムである．貧困層や交通弱者(子供・老人・障害者など)でもオーナやユーザーになり得る可能性がある．

クルマを含めてさまざまなものに IoT が普及すると考えられる．大型車と衝突しても死亡事故を起こさない二輪車の開発を究極とすると，IoT によってそれぞれの走行中の位置情報がわかれば，衝突回避が可能となる．この技術によって二輪車が多い発展途上国の交通事故減少に貢献できるはずである．人はスクランブル交差点で衝突することなく横断しているが，IoT と AI の高度化により信号のない交差点が実現する可能性がある．停止することなく交差点を通過できれば，省エネルギー運転につながる．

自動運転は普及段階に入り，交通弱者の概念が変わる可能性がある．「ユニバーサルデザイン」の考え方がクルマに浸透し，寝たきりでない限り誰でもモビリティの恩恵に浴することができるようにすることが目標である．幼稚園・保育園等の送り迎えは保護者不要で画像等で本人を確認し，自動運転のクルマに任せることができるようになるであろう．

自動運転の利用フィールドは生活エリア，高速道路エリア，都市間エリア，観光地エリア，過疎地エリア等さまざまなエリアが考えられるが，それぞれのエリアのインフラや基準に合わせて運行・作動やON/OFFするシステムとなるかもしれない．限定されたエリアでは走行中非接触給電のインフラが整備され，充電不要なEVシステムが成立している可能性もある．同インフラに合わせて自動運転の誘導システムが併設され，EVと自動運転を組み合わせた社会システムも登場していると思われる．

一方，自動運転には開発や社会的課題が多く，高度運転支援から移行していく．都市間物流等では，運転手の不足と高齢化の労働市場を改善するため，自動運転・隊列走行に進化し，複数車両を一人の運転手で牽引走行するシステムが普及していると思われる．この技術はトラックのみならず都市間バスにも応用され，場合によってはバスとトラックを組み合わせた自動運転・隊列走行に進化するであろう．アジアハイウェイやユーラシア回廊と呼ばれる高速道路でアジアと欧州が結ばれるが，この技術は，それを利用する国際物流・人流で活用されるであろう．隊列走行は機械連結と電子連結があるがユーザーニーズや利用シーンで選択されるであろう．

自動運転は上記のクルマの使い方はもとより，都市の駐車場を含めた都市構造に劇的な変化をもたらすと考えられる．ホテルや空港などで，クルマのキーを渡して駐車および配車を任せるバレーパーキングのサービスがある．これの無人化・自動化で，大ショッピングモールなどの駐車場では無人・自動運転のバレーパーキングのサービスが登場するものと思われる．

その進化形では，都市のどこからでも自動運転・シェアリングカーのオンデマンド求車・配車に応じるシステムになり，クルマを所有から利用の文化に変えるものである．このシステムは，東京などの公共交通機関が発達した地域では駅から目的地までのラストワンマイルを，未発達の地域ではラストテンマイルをアクセスする社会インフラになっている可能性がある．都会と地方の交通施策の課題には差があり，日本の人口カバー率では前者のラストワンマイルが，面積カバー率では後者のラストテンマイルが重要な論点である．

シェアリングカーをストックする駐車場は必要であるが，住宅地，商業地域，ビジネス地域などには駐車場不要の都市構造とクルマの総数の減少につながるものと考えられる．これらのクルマに関するライフスタイルの変化は，自動車産業に大影響をもたらすはずであり，シミュレーションなどにより保有台数，燃料消費量，CO_2排出量への影響を見積もることが必要と考える．

ただし，自動運転が今後広く社会に認められ，普及するには，技術的な課題および社会的な課題が多く残されている．技術的な課題には，走行映像データベース，高精度の三次元デジタル地図，センサの低価格化，車車間および路車間通信による協調型自動運転，サイバー攻撃への対策とセキュリティ，機能安全と信頼性向上，進化する人工知能(AI)の利用，ドライバーへの情報伝達(HMI)などがあり，社会的課題には，法制度の変更と事故時の責任の所在の明確化，トロッコ問題への対応などがある．

自動運転の各論に関しては，課題も含めて第7章「自動運転」で述べられている．

(3) 雇用への影響

負の側面では，AIの登場は，雇用を創出する一方で，多くの仕事や業種が自動化され，コンピューターが人の仕事を奪うことになる．人間の雇用にとって大きな脅威は，高熟練労働者よりも早く正確に，安価に判断できることが挙げられる．訴訟，医学などでは，膨大なデータからふるいにかけられ判断を下すことがすでに始まっている．

製造業では人間の介入が不要になり，人的作業を途上国にアウトソーシングするよりも，業務を自動化するほうが安上がりになるであろう．そのため，途上国では労働者が職を奪われ，経済発展が停滞すると考えられる．日本では少子高齢化により生産年齢人口の減少が懸念されるが，製造部門の自動化の進展により，製造業への弊害は少ないものと考えられる．

AI等による自動化の進展は高度な経験や熟練を要す人材を不要にし，固定費に占める人件費の割合を減少させて，人件費の変動費化をより一層高くすると考えられる．すなわち，財産としての人材の割合は減少して労務費の経費化が進み，ひいては所得が変化して消費構造が変化することになる．

AI等の技術の経済的恩恵は公平に分配されず，失われる雇用のほうが大きいといわれている．一方，新しいテクノロジー分野で働く一握りのエリート労働者と経営者の所得は増えて資本家への富の集中が進み，大衆が貧困化すれば，消費が縮小して資本家も共倒れすると考えられる．このギャップを埋める教育，社会システム，富の配分のビジョンや社会理念を変革する必要がある．

2016年5月のG7倉敷教育大臣会合では，AI(人工知能)やインターネット・オブ・エブリシング(IoE)を含む技術的な進歩により生産性が増すこと，一部の仕事が自動化されて新たな仕事が創出される可能性があることを認識して倉敷宣言(1-31)として以下の内容を盛り込んでいる．

（教育と雇用・社会の接続）

技術革新の影響を受けた雇用とのつながりを改善するため，特に情報通信技術(ICT)や理工系分野における教育・訓練を適切に見直すことにより，すべてのバックグラウンドの人々が社会的・経済的変化に適応し，同化することができるような仕事に関連する汎用的スキルの習得を促進し，社会的包摂に貢献する．また，理工系分野のほかアートやデザインを含む他の分野も重視した総合的なアプローチが，柔軟な思考，挑戦，創造的な問題解決を促し，新たなイノベーション創出につながり得る可能性を認識する．また，労働に直結する特定の技能・技術だけでなく，一人ひとりが社会の構成員として社会経済の発展に貢献し，適切な報酬を得て，働くことに喜びを感じる勤労観・職業観を育成する重要性を認識する．

1.5　代表的な都市群の将来モビリティ

人々は，富裕・貧困などの経済状態や人口集中度などが異なる地域や都市および国で暮らし，かつ，これまで社会インフラとして築いてきたモビリティの環境も異なっている．将来のモビリティを論じ提案するにあたっては，これまで述べてきた，1.2節の世界の人口や経済動向，考えられるリスクおよび都市化と残された非都市化部の課題，1.3節の世界や日本のモビリティの動向のそれぞれ異なる背景や環境などを考慮する必要がある．

ここでは，図1-40に示す概念で人口密度と所得の関係により各都市群を層別化し，1.2節および1.3節で述べた背景や環境を考慮した上で，1.4節の期待される将来の交通システム中から，各都市群に適用できるものを抽出してモビリティを展望する．層別化した都市群とそのモビリティの姿の概要を表1-1に示す．

A：超密集・富裕都市(東京・大阪・ニューヨーク・パリなど)

世界や国の経済の中心都市で，東京・大阪・ニューヨーク・パリなどの都市である．経済活動や文化活動などのため世界中から多くの人々が集まっている．国際空港が付随する基本インフラであるが，空港と市街地(ダウンタウン)を最大でも1時間で

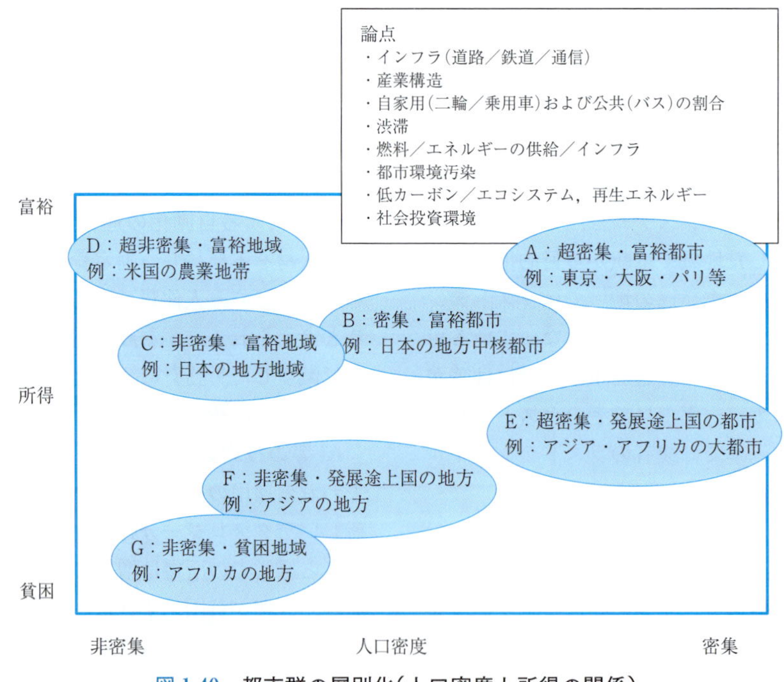

図1-40　都市群の層別化(人口密度と所得の関係)

表 1-1　人口密度と所得で層別化した都市群の将来モビリティ

(a) 共通：主要な将来技術とモビリティに及ぼす影響

IT/ITS および AI 技術の進化	・レベル 4 の完全自動運転デマンドビークルを社会で共有し，所有から利用にシフト．クルマを含めてさまざまなものに IoT が普及．交通弱者の概念が変わり「ユニバーサルデザイン」の考え方が車に浸透．
燃料・エネルギーの逼迫と脱(低)炭素社会の要求	・電動化が脱(低)炭素社会への主力になるものと考えられる．その移行期間として既存のシステムと電動化を両立するプラグインハイブリッド (PHEV) が主要技術になる． ・燃料・エネルギーが高騰しても経済的に受け入れられるモビリティが要求され，モビリティに対する家計支出額(割合)は現在と変わらない． ・生活エリアでは人やパーソナルモビリティ中心の道路および交通環境(歩道，自転車道，低速車道など)となる．

(b) 層別化した都市群と将来モビリティの姿

都市の層別化区分	例	将来モビリティの姿
A：超密集・富裕都市	東京・大阪・ニューヨーク・パリなど	・鉄道などの高頻度運行・大量公共交通機関と網目状のフィーダ交通を廉価で利用．必要に応じて ICT／カーシェアリングを利用． ・ビッグデータなどにより，交通のトレーサビリティやモニタリングが進み，交通流制御による渋滞の少ない都市構造．
B：密集・富裕都市	日本の地方都市など	・高頻度運行の公共交通機関は限定的で，乗用車の所有もしくは共有に頼る．一人一台のパーソナルビークルの特性が強くなって小型化し，ICT／カーシェアリングがモビリティの一端を担う． ・限定されたエリアでは走行中非接触給電，エリア外では二次電池のエネルギーによって走行する BEV システムが登場．自動運転のマスラピッドトランジットを導入．
C：非密集・富裕地域	日本の地方地域など	・利便性と運営コストが有利なデマンドカーシェアリングが主流．地方行政が公共交通機関の代替として ICT／カーシェアリング事業を運営．人流と物流が協業して効率化・省人化・省エネ化が図られる．
D：超非密集・富裕地域	米国・カナダ・オーストラリアの農業地帯など	・人口密度の関係でカーシェアリングが馴染まず，自動車を保有． ・富裕層は，移動距離が長いことに応え，自動車と航空機を組み合わせた「空飛ぶクルマ」のユーザーになる可能性．
E：超密集・発展途上都市	アジア・アフリカの大都市	・現状の国民の足である二輪車から，中間層の増加とともに低廉な四輪車が増加．豊かな都市の形成には，道路インフラや ITS による交通流制御などの整備が重要な要素．自動運転や IT 技術と組み合わせたマスラピッドトランジットを導入．
F：非密集・発展途上国の地方	アジアの地方	・現状ではモータリゼーションは始まったばかりで二輪車から普及しているが，経済発展とともに容易に四輪車へ移行できる低廉車の供給が望まれる．
G：非密集・貧困地域	アフリカの地方	・貧困と合わせて食糧・エネルギー・衛生等の問題が解決され，かつモータリゼーションが進んでいるとは限らない．モータリゼーションバスやトラックから始まるが，これらの地域を発展させるためには巨額な ODA や産業の創出・進出が必要．

結び，かつ快適な移動空間の手段をもつことが，今日の現実的な課題として残されている．たとえば，成田と都心は遠くて多くの時間を要す，羽田からのモノレールは狭い・混雑の悪例で，浜松町から JR に乗り換えれば，それに拍車をかけているなどである．キーワードは早い・快適の「おもてなし」であろう．空港とダウンタウンを結ぶランドマークを兼ねる高速鉄道などの設置が期待される．高速鉄道を利用できない地域への移動は，無人の自動運転タクシーの利用になるであろう．自動翻訳機能で世界中の顧客の言葉を理解し，告げられた目的地まで案内することになる．顧客の希望があれば観光案内やバックグラウンドミュージックを流すことはもとより，多くの案内を行うコンシェルジュの機能も果たして「おもてなし」をすることになるであろう．

この都市群では，すでに道路や鉄道などのインフラが整備され，鉄道などの高頻度運行・大量公共交通機関と網目状にフィーダーの役割をしているバス等を廉価で利用でき，恵まれたモビリティを謳歌できているが，課題は快適性と「個」の空間確保である．「個」の空間確保といっても，クルマを所有する意味ではない．1. 4. 2(2)項に述べたように，クルマは所有するものの文化が変わり，必要に応じて利用するもので，ICT/デマンド自動運転カーシェアリングが電車やバスに加えて公共交通機関の一部になっていると考えられる．経済的には一部の資本家ではなく，会員制でクルマなどの財産を共有するシェアリングエコノミーと呼ばれる新分野の経済が加わることになる．この文化はクルマ以外の民生品にも浸透し，誰もが資本家となり得る経済のイノベーションを産むとともに，ジャスト・イン・タイムの民生利用が進むであろう．ICT/デマンド自動運転カーシェアリングが普及すれば，各家庭や都市に駐車場が不要となり都市構造が変わると考えられる．

一方，次に述べる都市群Bなどと共通であるが，クルマを所有し，走る楽しさや所有する喜びを求める富裕層やマニアも存在し，脱(低)炭素の社会的制約に応えて，たとえば，高性能のPHEV，BEVやFCVも一定のマーケットを占めるものと考えられる．また，公共交通機関へ導入される電動系のバス等の最先端次世代車のマーケットでもあろう．加えて将来の姿は，ビッグデータなどにより，交通のトレーサビリティやモニタリングが進み，交通流制御によって渋滞の少ない都市構造となっていると考えられる．あわせて，情報技術により，首都集中の必要性が低下し，移動の必要性や労働環境が変化することも考えられる．

B：密集・富裕都市(日本の中核地方都市など)

日本の中核地方都市などであり，企業活動，行政サービス，教育，医療等で地域の中核となる機能をもっている．その周辺の地域からは，毎日通勤・通学などで人が集まっている．ほとんどの都市が数百年以上の歴史をもつが，人口および経済力とも今後右肩上がりになるとは考えがたい．そのため多くの公共投資が望めず，高頻度運行の公共交通機関は限定的で今後も乗用車の所有もしくは共有に頼らざるを得ない．次項の都市群Cを含めて，経営が成り立たないなどの理由で民間のバス事業者が撤退したエリアでは，行政が中・小型のコミュニティバス等を運行している例がある．そこでは，運行頻度が少ないなどの理由で，利用者がごく限られて，空気輸送車の実態が多く，増エネルギーとなっている場合がある．

大都市ではすでにクルマ離れが起きているが，本都市群BとCを含む大都市以外では，一人一台の利用形態が定着している．1日当たりのクルマの利用時間は1～2時間程度で，残りの22～23時間は利用されることなく眠っている．この時間をICT/デマンド自動運転カーシェアリングやライドシェアで有効利用するサービスができれば効率的な社会となる．前記の都市群Aでは，公共交通機関が高度に発達し，必ずしも「個」の移動を必要としないが，本項で述べる都市群Bでは，「個」の移動を必須とし，社会が求めるカーシェアリングやライドシェアの必然性および経済効果が異なっている．一定の人口密度があり，ビジネス環境が成立するところは民間事業者主体によるICT/カーシェアリングがモビリティの一端を担うことになるであろう．地方の乗合バス事業者やタクシー事業者が主体となる事業展開が期待される．

観光地，商業地，学園都市およびニュータウンなどの限定されたエリアでは走行中非接触給電のインフラが整備され，そのエリア内では走行中非接触給電により，エリア外では二次電池のエネルギーによって走行するBEVシステムが登場する可能性がある．同インフラに合わせて自動運転の誘導システムが併設され，BEVと自動運転を組み合わせた社会システムも考えられる．コミュニティバス等から始めて，社会実証実験を実施し，小型車への普及に移行するものと思われる．これらのエリアへの来訪者で，上記システムを利用したい者は，接続点に設置された，無人・自動バレーパーキングの駐車場などを利用し，乗り換えることも考えられる．鉄道来訪者の駅も含めてこれらが新しいターミナルの姿になる可能性を秘めている．

LRTに対する議論は，鉄道の廃線路面の再利用などを含めて継続して進められるが，中量公共交通機関であり，かつ費用対効果の面で優位である自動運転のバスラピッドトランジットが導入される可能性がある．

都市間の移動については，高速鉄道網が整備され，距離感が縮小して都市圏や通勤圏の概念が変わると考えられる．鉄道が脆弱な国にも高速鉄道が整備され，自動車，鉄道，航空機の移動の棲み分け概念が変わるであろう．国の内外にかかわらず高速道路を利用するトラック物流ではドライバーの不足に対応するため，1. 4. 2(2)項に述べた，先頭車有人・後続車無人の電子連結隊列走行が省人・高効率化を支えているであろう．この技術はトラックのみならず都市間バスにも応用され，場合によってはバスとトラックを組み合わせた自動運転・隊列走行に進化すると考えられる．

C：非密集・富裕地域(日本の地方地域など)

1. 2. 6 項で述べたように，日本全体で少子高齢化が進むが，人口の少ない市町村ほどその傾向が強くなり，65 歳以上の高齢化率が 50％を超える市町村も存在している．これらの地域ではいわゆる交通弱者およびその予備群を将来とも大量輩出し続ける．加えて，人口密度や地方自治体の財政状況から，現状の姿の延長である中量の公共交通機関等の整備には費用対効果等の視点で合理性を欠くと考えられる．

人の移動は人の数だけ出発点と到達点がある．人口密度が低い状況ではそれが地理的に分散し，「個」のニーズを満足することを困難にしている．公共交通機関の不便さから，高齢者などの交通弱者はタクシーを多く利用している実態もある．また，大都市では廉価な公共交通機関が高度に発達して，ワンコイン（500 円）以内の運賃で日常の移動をほぼ達成できる．しかしながら，地方ではこれが不可能であり，地方と大都市の移動サービスの格差となっている．

「個」のニーズを満足し，格差を是正する方法が無人・自動運転カーシェアリングである．人口密度が希薄な地域では，経営的に運営が困難なおそれがあり，地方行政が主体となり，住民サービスである公共交通機関の代替としてタクシー会社等の協力を得てこの事業を運営することを提案したい．自動運転の環境が整えられれば，今までモビリティの立場で差別を受けていた老人・子供・障害者等の交通弱者も大人・健常者と同様のサービスが受けられ，差別がなくなると考えられる．1 日数本のバス事業よりも，このサービスのほうが利便性と運営コストの面で有利である．タクシーのコスト分析では人件費が約 5〜7 割を占めており，無人の自動運転によって費用の目標をワンコイン（500 円）にできる可能性がある．同じく人口密度が希薄な地域では，商店やガソリンスタンドが撤退するであろう．電力インフラは最後までライフラインとして残り，かつ自然エネルギーを取り入れたスマートグリッドなどの普及も進むと予想され，BEV もしくは PHEV を家庭充電する方法が主流となっているものと思われる．

住民の生活物資の搬送はネット通販などが主流になると考えられる．貨客船や鉄道の客車に貨物車をつないだ例のように，人流と物流が協業して効率化・省人化・省エネ化が図られるであろう．1. 4. 2 (1)項で述べたようなジャスト・イン・タイムの速達は無理としても，情報化，つながるなどのキーワードを基軸として協業のビジネスモデルが増加すると考えられる．

D：超非密集・富裕地域（米国・カナダ・オーストラリアの農業地帯など）

米国・カナダ・オーストラリアは巨大な国土であり，鉄道網が発達していない．その地域で，農業や石油採掘業等を生業とする人々への自動車マーケットが存在するが，人口密度の関係でカーシェアリングが馴染まず，自家用自動車を保有せざるを得ない．また，移動距離が長く，低炭素の社会的制約に応え，かつ長距離走行が可能な，たとえば PHEV が一定のマーケットを占めるものと考える．

移動は目的ではなく手段である．可能であれば早く，快適に，かつドア・ツー・ドアで移動したい．富裕層は，移動距離が長いことに応え，自動車と航空機を組み合わせた「空飛ぶクルマ」のユーザーになる可能性がある．革新的な技術への挑戦で Aero Mobile 社などが実用化を目指している．わが国と異なる現場の事情を熟知したマーケット開発といえる．

物流に関しては，鉄道インフラの建設が不要で，道路を利用して省人で大量輸送する自動運転・隊列走行および貨物列車の自動車版であるオーストラリアのロードトレインなどが候補であろう．

E：超密集・発展途上都市（アジア・アフリカの大都市）

アジアの大都市などで，現状では公共交通機関や道路インフラの整備なども道半ばで，大渋滞が日常的に発生している．中国の PM2.5 が典型的な例であるが，都市環境問題も現存している．

鉄道などの公共交通機関は渋滞の解消と便利なモビリティを実現する大量輸送機関であるが，加えて，中量輸送機関である新交通システム，さらにバスラピッドトランジット（自動運転や IT 技術と組み合わせた）などのさまざまな選択肢がある．まずは都市の規模や可能な資本投下などの財政状況を勘案し，かつ渋滞などの改善効果をシミュレートするコンサルタント業務のアジアマーケットへの展開が期待される．

現状のアジア諸国では，高額税制も加わって富裕層のみ四輪車を保有し，二輪車が国民の足となっているが，中間層の増加とともに低廉な四輪車の供給が望まれる．その燃料は，石油価格の高騰により，地産地消のバイオ燃料や天然ガスの割合が増加するであろう．

今後一層，世界の工場の役割を果たし，経済の発展とともにクルマの保有率が増大するが，豊かな都市を形成するには，クルマのとの両輪である道路インフラやITSによる交通流制御などの整備が重要な要素である．わが国もODAなどの開発・援助を行っているが，都市高速道路やITSの整備環境等のハード・ソフトのインフラをデファクトスタンダード化することと合わせて，物流事業などの共同開発が期待される．

アジアの都市化に関しては，課題も含めて第4章「都市構造と自動車」で述べられている．

F：非密集・発展途上国の地方(アジアの地方)

アジアの地方などで，公共交通機関や道路インフラ整備などもこれからであり，その資金が課題である．ODAなどの援助で南シナ海と欧州あるいは南シナ海とインド洋を結ぶアジアハイウェイなどが建設されるが，その中継都市から経済が発展する．経済発展には産業の進出・創出が必要で，わが国産業界の役割が期待される．モータリゼーションは始まったばかりの地域が多く，二輪車から普及しているが，経済発展とともに容易に四輪車へ移行できる低廉車の供給が望まれる．

G：非密集・貧困地域(アフリカの地方)

アフリカは2. 3. 6項で述べたように，都市部のみは発展したが，地方などの非都市部では劣悪な環境が依然として残され，最貧困層が多く占めて格差が拡大している．個人はもとより中央および地方政府とも経済的に貧しく，社会資本への投資ができない状況は今後も続くと思われる．貧困と合わせて食糧・エネルギー・衛生等の問題が解決され，かつモータリゼーションが進んでいるとは限らない．1. 3. 3項で述べたように，交通事故の死亡率である死亡者数/人口/自動車保有台数は，日本と比較して3～4桁多い．モータリゼーションはバスやトラックから始まるが，これらの地域を発展させるためには巨額なインフラの建設や産業の創出・進出が必要であり，1. 2. 4(7)項で述べたように，アフリカ経済に投資し，経済成長へつなげていくことが期待される．

1. 6　2050年に向けたショーケース

日本国憲法第二十五条は「すべての国民は，健康で文化的な最低限度の生活を営む権利を有する」と制定されている．

健康で文化的な生活は環境や価値観に影響されると思うが，世界各国の相対的順位比較[1-32]により，日本のポジションを評価する指標になり得る．その代表的なものを下記に示す．

- 1人当たり名目GDP：26位(IMF)
- 1人当たりGNI(国民総所得)：34位
- 低所得者比率：20位
- 家計可処分所得：14位
- 大学進学率(四年制大学)：29位
- 1人当たり社会保障費(社会支出)：17位
- 社会保障費(社会支出)の対GDP比：15位
- 平均寿命(男女平均)：2位
- 健康寿命(男女平均)：1位
- 介護職員数の高齢者人口比率：9位
- 子供の貧困格差：OECD加盟など41カ国中34位(国連児童基金ユニセフ)
- 子供の学力格差の指標：OECD加盟など37カ国中27位(国連児童基金ユニセフ)
- 男女格差を測るジェンダー・ギャップ指数[1-33]：111位
- 国連人間開発指数[1-34]：20位
- 国連幸福度指数[1-35]：46位

われわれは，世界中の美味しいものを食べ，欲しいものを(ある程度)手に入れ，自由に移動や交信を行い，多様性に対する寛容さが認められて一人一人の個性が尊重され，快適で幸せな生活を営み，世界で最も幸せなグループに属していると錯誤している場合もあるが，上記の順位では必ずしもそうではない．

幸福感は精神的なもので個人によって特異例はあるが，富裕度(貧困度)すなわち国民所得との関係で国連幸福度指数および国連人間開発指数を整理し，図1-41に示す．国民所得がある一定以上になっても上記の指数が向上する傾向はみられない．また，幸福度指数が高い場合は人間開発指数も高い傾向がある．これらの報告がわれわれのイメージと合致し，納得できるか否かの議論はあるが，日本は国連人間開発指数が上位国，国連幸福度指数が中位国，男女格差のジェンダー・ギャップ指数や子供の貧困格差が下位国である．総じていえば，上位国のグループではあるが，最上位国の仲間入りをするには，まだ努力代，改善代が残されているといえる．国連人間開発指数と国連幸福度指数がandで5位までに

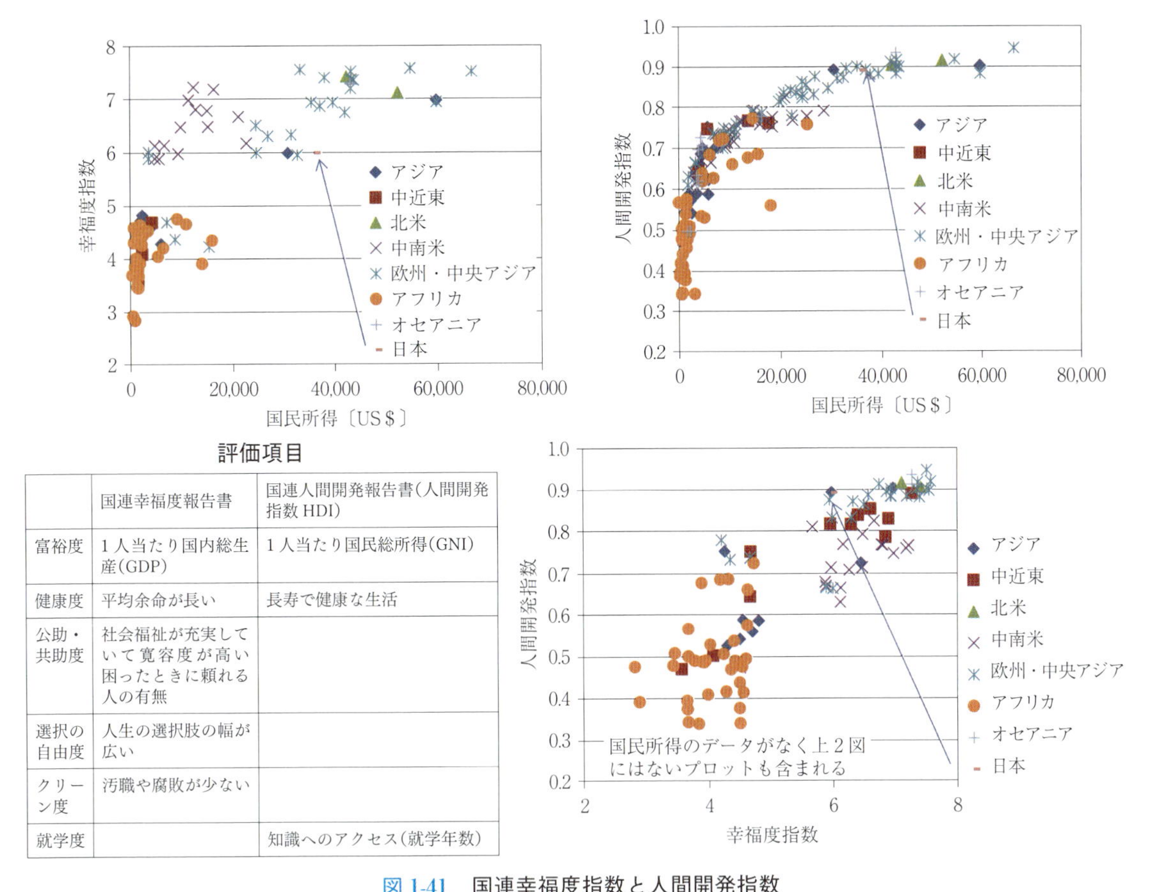

	国連幸福度報告書	国連人間開発報告書(人間開発指数 HDI)
富裕度	1人当たり国内総生産(GDP)	1人当たり国民総所得(GNI)
健康度	平均余命が長い	長寿で健康な生活
公助・共助度	社会福祉が充実していて寛容度が高い困ったときに頼れる人の有無	
選択の自由度	人生の選択肢の幅が広い	
クリーン度	汚職や腐敗が少ない	
就学度		知識へのアクセス(就学年数)

図 1-41　国連幸福度指数と人間開発指数
(国連，World Happiness 2015[1-34]及び国連，人間開発報告書(Human Development Report：HDR)[1-35]を基に作成)

入っている国がノルウェー，スイス，デンマークである．これらの国の税制，社会保障制度，教育制度などの社会制度は参考にすべきものかもしれない．

前述した，日本国憲法第二十五条の健康で文化的な生活に交通システムの技術で貢献するのがわれわれの役割であろう．

高度に発展した社会を維持し，だれもが自由に安価で便利に利用できる社会システムなどの充実は，万民に共通する幸福感の前提・基礎あるいはベースロードであろう．これは科学技術が発展したためで，ごく一部の特権階級や富裕層のみに限定されることなく，誰もその恩恵に浴することができるからである．

1.2節で述べてきたように，日本は今後，少子高齢化，生産年齢人口の減少，それによる消費および経済の低迷，高額な予算を必要とする社会保障制度，石油など一次エネルギーの高騰と入手性の困難化や老朽化した社会インフラなどの課題に直面することになると思われる．この課題は日本のみが直面するものではなく，同様に世界の国々でも避けられない潮流である．この状況に屈することなく，テクノロジーや知恵を利用して他国に先駆けてその対策を打ち，国土を生活の質(Quality of Life：QOL)の向上が図れる実証実験のショーケース化して世界をリードできる好機にあると考えるべきである．

これまで述べてきた本章の中から，① 個を尊重する生活や価値観の多様化，② 脱炭素を基軸とする燃料・エネルギーの多様化，③「つながる」のテクノロジーなどをキーワードに，④ 社会環境や経済的条件に合わせて多くの人が利用可能な技術をベースとして，効率的で質の高い将来のモビリティへとつないでいくショーケースの候補となり得そうなものを列挙すると次の通りとなる．

(1) 2014年の健康寿命は男性が71.19歳，女性が74.24歳である．遺伝子工学や医療技術などのテクノロジーの進化は，人工臓器やアクチェータで欠損した機能を補完し，人の寿命や健康寿命をさらに延ばすことになる．その結果，若者にはない多くの経験と知恵をもつ生産年齢人口を多く擁することになり，若者も熟年労働者も区別なく社会貢献しているユニバーサルな社会となる．

(2) IT技術などを利用して「個」のニーズに応え，即時性などの利便性を改善した自動運転のカーシェアリングやライドシェアを公共交通機関の一分野とし，貧困層や交通弱者(子供・老人・障害者など)でもオーナやユーザーになり得るユニバーサルデザインの交通社会である．

(3) 国際空港に到着した海外からのお客様は無人の自動運転タクシーを利用する．自動翻訳機能で世界中の顧客の言葉を理解し，告げられた目的地まで案内する．顧客の希望があれば観光案内やバックグラウンドミュージックを流すことはもとより，多くの案内を行うコンシェルジュの機能も果たす，「おもてなし」機能充実の無人タクシーである．

(4) 大ショッピングモールなどの駐車場では無人・自動運転のバレーパーキングのサービスが登場するものと思われる．その進化形では，都市のどこからでも自動運転・シェアリングカーのオンデマンド求車・配車に応じるシステムになり，クルマを所有から利用の文化に変えるものである．シェアリングカーをストックする駐車場は必要であるが，住宅地，商業地域，ビジネス地域などでは駐車場不要の都市構造とクルマの総数の減少につながっている．

(5) オンデマンド・自動運転・シェアリングカーシステムは，東京などの公共交通機関が発達した地域では駅から目的地までのラストワンマイルを，公共交通機関が未発達の地域ではラストテンマイルをアクセスする社会インフラになっている．

(6) ニュータウンや観光地などの限定されたエリアでは走行中非接触給電のインフラが整備され，充電不要なEVシステムが成立している．同インフラに合わせて自動運転の誘導システムが併設され，EVと自動運転を組み合わせた社会システムも登場している．これらのエリアへの来訪者で，上記システムを利用したい者は，接続点に設置された，無人・自動バレーパーキングの駐車場などを利用し，乗り換える．鉄道来訪者の駅も含めてこれらが新しいターミナルの姿になる．

(7) これらのエリアの電力は，高度に管理されたスマートグリッドから供給され，さらに都市や地域は，自然エネルギーで成り立つゼロエミッションのシティ，タウン，ヴィレッジ，ファーム，ファクトリー，ビル，ハウスなどの自然に優しい構造となっている．

(8) 自動運転・隊列走行の複数車両を一人の運転手で牽引走行するシステムが普及している．この技術はトラックのみならず都市間バスにも応用され，場合によってはバスとトラックを組み合わせた自動運転・隊列走行に進化している．

(9) 物流では，IoTにより，物(物流)とそれを運ぶ輸送システムの位置情報が管理される．目的地と要求到着リミットが明確であればICT/AIにより，物流手段の最適な組合せ群を形成する．求車・配車・運行ルート等が指示される．

(10) 中量輸送の公共交通機関が成り立つ地方の中核都市では，都市の規模や可能な資本投下などの財政状況を勘案し，かつ渋滞などの改善効果を評価されて，新交通システムやバスラピッドトランジット(自動運転やIT技術と組み合わせた)など社会インフラとなっている．

(11) 物流・人流にかかわらず，ビッグデータなどにより，交通のトレーサビリティやモニタリングが進み，ケースごとの費用対効果(移動時間，到着時刻，移動コスト，燃料消費量およびCO_2排出量など)が「見える化」されて，公共の中での「個」を優先しつつ，全体最適と個別最適が選択できる社会システムとなる．たとえば，費用の安価な全体最適と特別な課金を要す個別最適な社会システムである．

(12) 脱石油(脱炭素)の新エネルギーや再生エネルギー等のエネルギーの多様化およびその利用の高効率化技術を普及させる候補として，電動システムが主力となる．また，その普及の過渡期としてそれにスムーズに移行でき，既存システムと両立するプラグインハイブリッド車(PHEV)がある．これらの次世代車の走行とそれを実現するエネルギーインフラが整備されている．

(13) 生活エリアでは，クルマ中心ではなく，人やパーソナルモビリティ中心の道路および交通環境(歩道，自転車道，低速車道など)の整備へとビジョンが変わり，小型・軽量のパーソナルモビリティが普及している．

などである．

次章以降はそれらを含めた各論であり，本章はその導入部および全体を俯瞰する位置付けである．

参　考　文　献

(1-1)　自動車産業を巡る構造変化とその対応について，平成 27 年 7 月 22 日，経済産業省製造産業局自動車課

(1-2)　総務省統計局統計データ，http://www.stat.go.jp/data/jinsui/index.htm

(1-3)　国際連合(UN)World Population Prospects

(1-4)　一般社団法人日本経済団体連合会，21 世紀政策研究所グローバル JAPAN 特別委員会

(1-5)　Word Business Council for Sustainable Development, Vision 2050, The new agenda for business

(1-6)　World Bank, World Development Indicators database

(1-7)　EDMC/エネルギー・経済統計要覧，2016 年版

(1-8)　一般財団法人エネルギー経済研究所，張平，中国のエネルギー政策，(公社)自動車技術会関東支部講演会資料，2015 年 11 月 13 日

(1-9)　2015 年石油統計

(1-10)　目で見る ASEAN―ASEAN 経済統計基礎資料―，平成 28 年 1 月，アジア大洋州局地域政策課

(1-11)　サウジアラビア「Vision 2030」

(1-12)　OECD Environmental Outlook to 2050: The Consequences of Inaction - ISBN 978-92-64-122161 © OECD 2012

(1-13)　内閣府，県民経済計算

(1-14)　都民生活に関する世論調査(平成 25 年 11 月)「目指すべき東京の将来像」，東京都生活文化局

(1-15)　総務省統計局，都道府県・市区町村別主要統計表

(1-16)　国土交通省国土政策局資料

(1-17)　IEA Energy Technology Perspectives 2016

(1-18)　IHS 2016 年パワートレイン生産予測

(1-19)　The Gas Vehicles Report 2015

(1-20)　IEA World Energy Outlook 2014

(1-21)　総務省統計局：世界の統計 2015

(1-22)　WHO 世界保健統計 2014 年版

(1-23)　自工会資料

(1-24)　WBCSD Mobility 2030

(1-25)　WHO Global Health Observatory(GHO)data Road traffic deaths

(1-26)　都道府県別データランキング

(1-27)　一般社団法人全国軽自動車協会連合会の資料をもとに作成

(1-28)　総務省統計局，都道府県別主要統計表

(1-29)　国土交通省，自動車燃料消費量統計年報

(1-30)　EDMC/エネルギー・経済統計要覧，2016 年版

(1-31)　G7 倉敷教育大臣会合　倉敷宣言，平成 28 年 5 月 15 日

(1-32)　グローバルノート―国際統計・国別統計専門サイト

(1-33)　World Economic Forum, The Global Gender Gap Report 2016

(1-34)　国連，World Happiness Report 2015

(1-35)　国連，人間開発報告書(Human Development Report: HDR)

第2章
エネルギーと経済

世界経済は産業革命以降大きな発展を遂げた．この発展は動力機械の技術の進展と石炭や石油のような化石エネルギーが広く利用できるようになったことに支えられている．図2-1に示すように，世界のGDP(すなわち経済)はエネルギー消費とよい相関を示して増加してきた．1900年代からは特に原油の寄与度が大きい．1908年に登場したT型フォードは自動車大衆化の象徴であり，これを機に内燃機関の燃料として原油の消費が増加することとなったためである．

将来の世界の技術動向や経済を広く論じるにあたっては，当然エネルギー全般の将来見通しが必要である．しかし，本稿は2050年に向けた自動車技術を見通す手段として，まず2050年の社会や交通システム，さらにはそれに使われる動力とそのエネルギー(この部分は第2部にて詳述する)を想定することが目的である．自動車技術に関しては，いうまでもなく原油の動向が支配的である．現在の自動車のほとんどは燃料として石油系燃料(ガソリンと軽油)を用いており，車両には石油化学製品が広く使われている．石炭や天然ガスの将来動向は，将来の自動車技術にあまり影響しない．したがって，本章の以下では原油を中心に論じることとする．

また，化石燃料等の一次エネルギーとは異なるが，電力は将来の自動車に利用される可能性が高いので，本章末に，国の政策と再生可能エネルギーについて，簡単に現状の課題を紹介することとする．

本稿において，石油の問題を論議するにあたって，原油や石油の用語については，一般的に用いられている定義に準じる．一般的には原油(crude oil)は，在来型原油(conventional crude)と非在来型原油(unconventional crude)に分けられる．非在来型原油には，天然ガス液(Natural Gas Liquids：NGL)，米国のシェールオイル(タイトオイル)，カナダのオイルサンド，ベネズエラのオリノコ原油等がある．原油(Crude)と呼ぶ場合には，石油からNGLを除いたものを示す．英文でLiquid Fuelと表示される場合は原油にNGLとバイオ燃料を加えたものを示す．「石油」と「Liquid Fuel」を区別しないで用いられる場合がしばしばある．英文においては原油(crude)と石油(oil)を明確に区別しない表現もしばしば見かける．また統計によって，これらの使い方

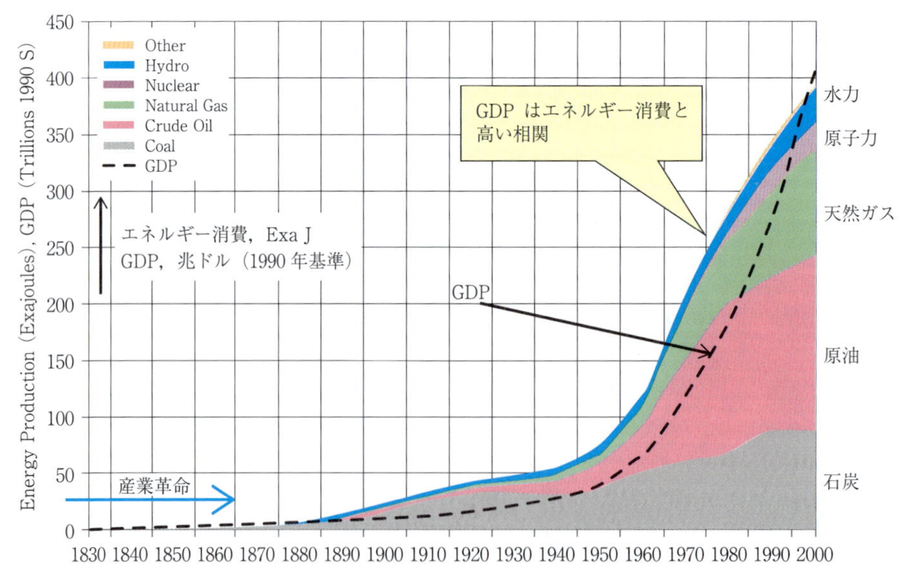

図2-1　エネルギー消費とGDPの相関(世界)

が異なる場合もある．

また，あまり認識されていないことであるが，世界の石油市場において，市場に出回っている種々の原油の最も高い価格が石油の市場価格となる．

石油統計では生産量は，日当たり容積で表示して，million barrel per day(mbd)の単位を使うことが多い．また，NGLとバイオ燃料は容積当たりの発熱量が他の原油類より40％程度低いことに留意する必要がある．

2.1　石油と内燃機関

2.1.1　石油と内燃機関の関わりの歴史

1859年に米国において世界で最初の機械掘りの油井から原油が生産されたといわれている．この頃の油井では，掘り当てれば地中にある原油は地圧により自噴した．流動性が良い高品質の在来型原油の典型的な特徴である．

ほぼ同じ頃の1862年に内燃機関の一つであるオットー機関が発明された．火花点火エンジン(ガソリンエンジン)の原型である．当初はオットー機関にはアルコールが燃料として用いられていたが，そのうちに原油から精製されたガソリンが使われるようになった．オットー機関(ガソリンエンジン)と原油から作られたガソリンは相性が良く，ガソリンエンジンからの要求に応えてガソリンの性状は改善され，これに伴いガソリンエンジンの諸性能も向上した．

ガソリンエンジンを搭載した自動車が世界中に普及し，ガソリンの消費量も増大してきた．ガソリン無くしては，ガソリンエンジンは今のようには普及しなかったであろうし，ガソリンエンジン無くしてガソリンは今のように大量に消費されなかったであろう．そして，ほとんど同じことがディーゼルエンジンと原油から精製された軽油に対してもいえる．

ガソリンと軽油(以下「石油系燃料」と記すことにする)が自動車用燃料として消費が増大するにつれて，世界の原油の生産が増大し，自噴する在来型原油の油田は次第に採掘し尽くされ，ポンプでくみ上げたり，油井の側方から水圧やガス圧をかけたりして原油を絞り取るような生産へと移行してきた．さらに原油の消費が増大すると，地上での新油田の発見が困難になり，現在では新しい油井の発見は多くが海底油田に移っている．この海底油田も当初の浅い近海における海底油田から，最近では深海さらには超深海油田に移っている．2,000〜3,000 mの海底からさらに2,000〜3,000 m地中深く採掘している例も多い．

海面に浮いている櫓上の油井の基地から，合計数千mの採掘作業であり，危険である上に，一旦問題が発生すれば石油の漏洩，その結果としての環境汚染などの懸念が発生する．地上油井とは比較にならない困難な開発となる．当然開発費用も高額となる．2010年に発生したメキシコ湾におけるBP社の原油流出事故はまだ記憶にあるであろう．5,500 mの掘削パイプが途中で折損したため大量の原油が流出し，掘削基地では火災が発生し多くの犠牲者が出た．最近ではこのような深海にしか新油田はないために，このような危険を冒し，多額の開発コストをかけざるを得ない状況である．

しかしながら，上述のような深海，超深海油田も今後10〜20年も生産を続けると生産量が低下してくるであろうと予測されている．そのために，北極海周辺の油田や非在来型原油であるカナダのオイルサンド，ベネズエラのオリノコ重質油などが今後の原油資源として注目されるに至っている．これらの非在来型原油の資源量は豊富にあるとされているが，流動性が低い(あるいはまったくない)ことや，不純物が多いために，採掘と輸送，精製のコストが高くなる．2000年初頭より，シェールオイル(最近はオイルシェールとの混同を避けるために「タイトオイル」と呼ばれることが多い)も話題になっている．主に米国やカナダで採掘されている．市場の原油価格が上昇するにつれて，生産コストの高いシェールオイルも採算がとれるようになってきたためである．

安い原油が減少して高価格の原油の時代に入りつつあるといえる．自動車用として最適であった石油系燃料を自動車が使いすぎて，地球にある安価な石油の大半を使い果たし，今後の自動車用燃料を確保するのが難しくなってきているということを，すでに薄々感づいている方々もいるであろう．もちろん，石油系燃料を燃焼させる内燃機関であるから，CO_2も発生する．残り少ない石油の節約あるいはCO_2の削減の観点から，自動車用燃料を考え直さなければならない時期に来ている．

2.1.2　石油と内燃機関の関わりの今後

本稿では内燃機関として，乗用車用のガソリンエンジンを対象として検討をすることとする．先進国はいうまでもなく，最近は新興国においても，自動車用燃料の国家規格を制定している．自動車のエンジンから排出される排気ガスは燃料性状により大きく影響を受けるので，排気ガス規制と燃料性状規制は組み合わせて規定されている．

石油業界は規格に合った石油系燃料を自らが保有する燃料供給インフラを用いて市場に提供する．石油系燃料の供給インフラは長い時間をかけて石油業界が構築してきた．現在では世界中に燃料インフラは存在する．

自動車業界は，その国の国家規格に合格する燃料が石油業界によって市場に提供されることを前提に，その燃料性状に合ったエンジンを設計し，自動車に搭載して市場に提供する．一旦その自動車が市場に提供されれば，その自動車の市場における寿命(乗用車の場合は10～15年程度，貨物自動車の場合は20～25年程度)の間は燃料性状を変えることはできない．この間，石油業界は同じ性状の燃料を市場に提供し続けなければならない．その間に，自動車業界は次から次へとその燃料性状に合った自動車を製造して市場に提供する．したがって，基本的には，よほどのことがない限り市場の燃料性状を変える機会は発生しないことになる．

以上に述べてきたように，石油系燃料と内燃機関の関係は強固であり，簡単にはなくならない．そして自動車業界と石油業界はお互いに相手の業界に依存する形でビジネスモデルを維持できている．しかしながら，石油はいうまでもなく有限な資源であり，先に述べたように，石油業界は新しい石油資源を探すのに苦労している時代になっている．石油の供給限界に近づいているようにみえる．いつかは石油系燃料から脱して新しい燃料あるいはエネルギーを用いた自動車に変えていかねばならない．その時期について以下に考察する．

2.2　今後の石油供給に関する従来の諸情報の整理

石油の供給の将来予測に関しては，石油に関わる種々の組織や団体，産業界から，いくつかの見解が発表されている．これらは，各々の立場に基づく発言や見解を強く反映していると思われるものが多く，これらの予測をそのまま受け入れるのは危険であろう．

一方，特に海外において，将来の石油の安定的供給に懸念を指摘する声が頻繁に聞かれるようになっている．日本においては，この石油供給懸念に関する情報がほとんど報道されていない．そのために，国内では将来の石油供給を，楽観的に理解している場合が多いように思われる．そこで，ここでは石油関連組織以外からも公表されている海外情報も含めて分析し，今後の石油供給に関して以下に検討を加える．

2.2.1　原油の可採埋蔵量に基づく将来予測

石油の統計値はBPエネルギー統計から引用されることが多い．BPエネルギー統計[2-1]によれば，原油の可採埋蔵量は1.6兆バレル，可採年数54年となっている．この数値からは，当分の間石油供給に心配がないと多くの人が理解するであろう．そのように信じてよいかを吟味する．

(1) OPEC諸国の埋蔵量の数値に対する疑念

可採埋蔵量の約70％はOPEC(石油輸出国機構)諸国が保有している．統計に採用される諸数値は，生産国の自己申告値であり，OPEC諸国の申請値は査察がされておらず，その数値の信頼度が低いことはIEA(International Energy Agency，国際エネルギー機関)でさえも言及している．1986年頃に各OPEC諸国が一斉に30～50％ほど埋蔵量を増加させた[2-2]ことはこの分野の専門家にはよく知られている(図2-2)．1～2年の短期間に数カ国の埋蔵量が急激に増加することは，一般的にはあり得ないことである．埋蔵量に比例してOPEC諸国の輸出量を定めるという方針がOPEC内で決められた直後の埋蔵量の急増である．この埋蔵量の急変の事実は，広く使われているBP石油統計の原油可採埋蔵量に大きな疑問を投げかける．

(2) 可採埋蔵量トップ3カ国の原油生産量の長期見込み

埋蔵量のトップ3カ国は，ベネズエラ，サウジアラビア，カナダであり，統計上は世界の埋蔵量の45％を占める．これらの中でベネズエラとカナダの埋蔵量は併せて30％弱に達するが，生産量はわずか世界の8％弱であり埋蔵量の割には生産量が少ない．これら2国の原油のほとんどはいわゆる非在来型であり，エネルギー収支比(詳細後述)が低く，採算性も低い．採掘技術の困難さのために2030年

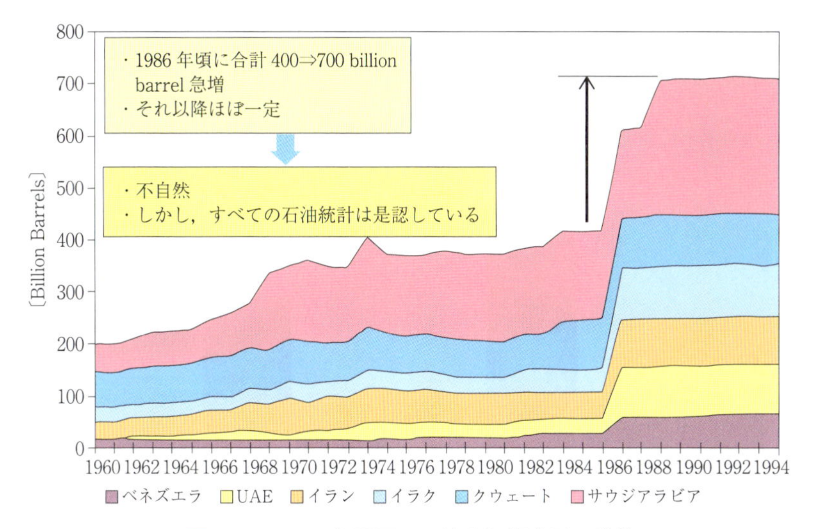

図 2-2　OPEC 主要国の原油確認埋蔵量の推移

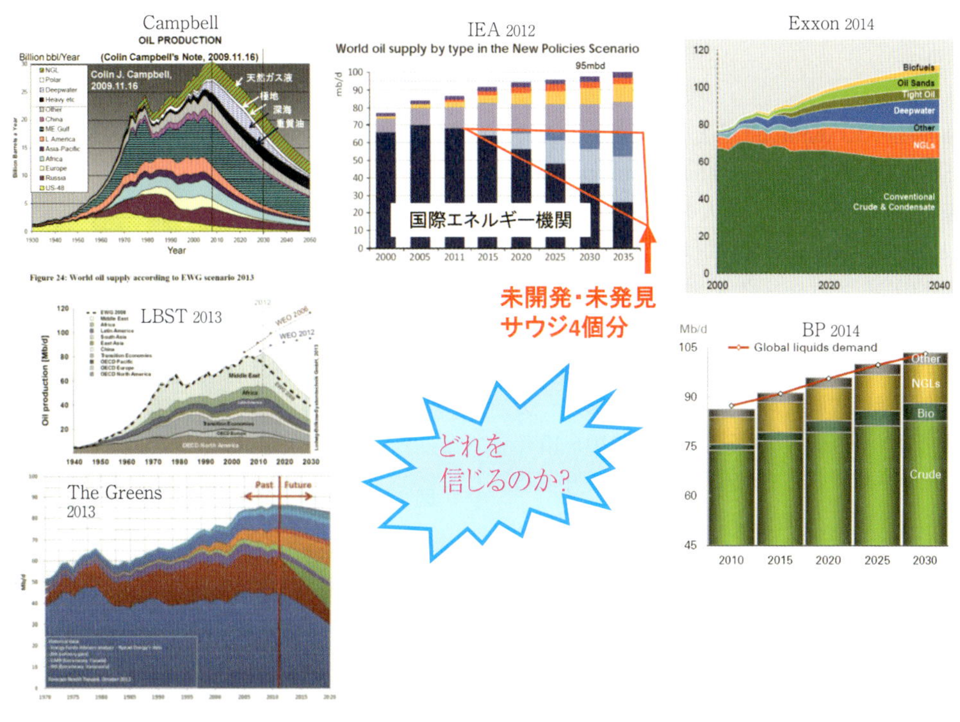

図 2-3　世界石油生産予測の例

までの生産量増加は両国合わせても高々 3 mbd(世界生産のほぼ3%)程度と予測されており(IEA World Energy Outlook データより)，今後も世界の石油供給への貢献は小さい．2014 年の原油価格暴落後は，カナダのオイルサンド事業からの撤退や縮小が増加しており，今後の生産が減少する可能性が高い．このように統計上では可採埋蔵量が多くても，それが今後順調に増産され市場に提供される可能性が低いことがある．資源が「ある」ことと，その資源が「生産される」ことは別であることの認識が重要である．

以上の検討結果から，石油統計にある可採埋蔵量あるいは可採年数は誤解を与えやすいものであり，この数値で将来の石油生産量を予測するのは適切でないと判断される．

(3) 種々の石油供給予測の検討

種々の組織から発表されている石油生産予測の代表的なものを図 2-3 にまとめて示す．この図におい

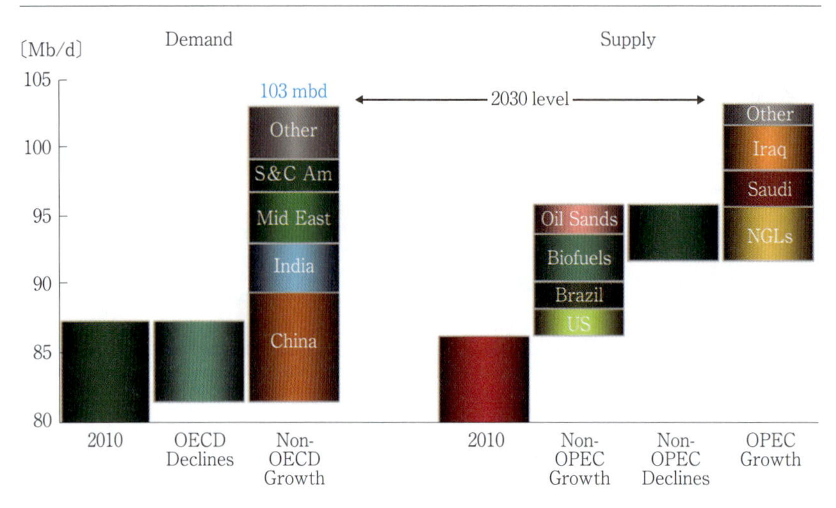

図 2-4　BP の石油需要予測と供給の関係

て，石油会社の ExxonMobil 社と BP 社，公的な中立組織と考えられる IEA(International Energy Agency，国際エネルギー機関)，個人あるいは私的な研究機関として，Colin Campbell(地質学者，元 BP 社)，LBST(ドイツのシンクタンク)，The Greens(欧州議会の政治会派)の将来予測を示した．石油会社の将来予測によれば，2030 年，2040 年に向けて石油生産は順調に右肩上がりで上昇している．一方，私的な研究者や機関からの予測では，2010〜15 年頃から生産が減少することが示されている．中立機関の IEA は未開発，未発見が順調に開発されれば，右肩上がりに増産されるとしている．一体われわれはどれを信ずればよいのであろうか？

2. 2. 2　各将来予測の吟味

図 2-4 に BP が 2030 年の石油供給予測をする過程を示す．まず，2030 年の生産量(実績値)をもとに世界の経済成長や効率化などを考慮して，2030 年時点の需要量を予測する．次に，この需要量を産油国に割り振る．これらの産油国の過去の実績などは考慮されているとは考えられるが，供給能力の検討結果は明示されていない．世界の需要を産油国が供給してくれるであろうという期待に基づいているのであって，供給が保証されているとは考えにくい．ExxonMobil の場合も BP と同じ手法である．図 2-3 の BP および ExxonMobil の予測は，世界が現状の

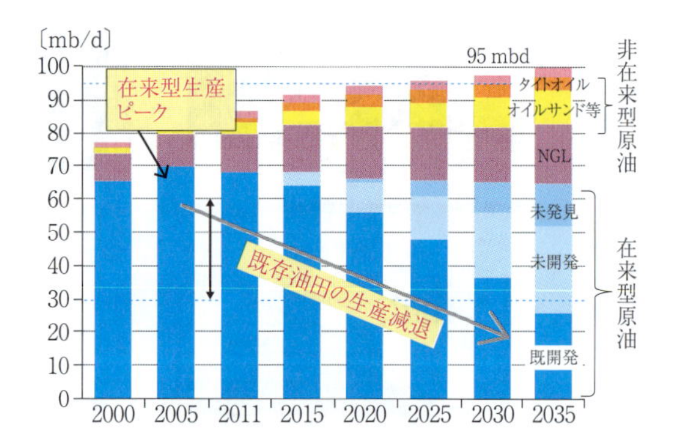

図 2-5　IEA の石油生産予測(IEA WEO 2012 より)

まま経済発展した場合(Business as Usual)の石油需要が予測されていると理解すべきであろう．

図 2-3 の中に示した IEA の予測の詳細図を図 2-5 に示す．この図において "New Policies Scenario" という政策に基づく予測と明記してあるから，この場合も BP や ExxonMobil と同様に需要の予測値であることは明らかである．2035 年時点では NGL(天然ガス液)やオイルサンドやタイトオイル(シェールオイル)などの非在来型原油の増産が期待されるが，これだけでは需要を満たすことはできず，在来型原油の新規の増産すなわち「未開発，未発見」と表現されている部分の増産が新たに必要であると主張されている．

IEA の予測が ExxonMobil や BP と異なる点は，図 2-5 中に示されているように，「未開発，未発見」

表 2-1　石油供給不足を懸念する情報例(世界の官公庁)

NO.	時期	発信者	報道内容
1	2011. 5. 4	EurActiv network	「直ちにピークオイルに対する行動をとらなければ，自動車が動かなくなる」とECが警告.
2	2011. 4. 9	Le Monde	フランス首相が石油の生産ピークは過ぎていると発言.
3	2011. 4. 17	Postmedia News	カナダ国軍が警告：「石油供給不足と環境悪化により世界は窮地に陥るであろう」
4	2010. 11. 10	The Reuters	EUエネルギーチーフが「世界の石油の入手性はピークを超えた」と発言.
5	2011. 4	IMF	2000年代の中頃から世界の石油生産は停滞している．石油依存の高い製品を生産する業種や石油を直接用いる業種は石油価格の強い影響を受ける.
6	2010. 9	シュピーゲル紙	ドイツ国軍の研究結果：2010年前後にピークオイルが発生．ピークオイル後の世界では市場取引が後退し，二国間取引が中心になる．民主主義が後退し，「全面的システム崩壊」，「紛争」などの劇的なシナリオが起こりうると警告している.
7	2010. 4	New Zealand Parliamentary	「2012年後まもなく，増加する需要と不十分な生産能力により，供給不足が発生する」と警告.
8	2010. 4	The JOE Report 2010 (米国統合軍)	「2010年までに余剰生産能力は完全に消え去り，2015年には深刻な供給不足に陥り，これが世界の政治経済に打撃を与える」と警告.
9	2010. 3	Guardian	企業グループの要請を受けて，イギリス政府は，石油供給の減少を討議する会議体を設置.
10	2009. 4	米国DOE内部資料	「投資がされなければ，2011～2015年の間に，石油生産は減退を始めるであろう」

という未確定の部分を明示している点である．IEAのこの表示は石油事情に疎い読者には親切であるといえる．IEAは2035年時点でこの「未開発，未発見」の量はサウジアラビアの現在の原油生産量(世界の約10%)のほぼ4倍に相当するといっている．石油会社が世界中で新しい油田開発事業を必死で探している現状から考えて，サウジ4個分の新規開発がなされる可能性はほとんどないといっているのに等しい．もし，この「未開発，未発見」が十分になされなかったとすると，IEAの予測は，図2-4の左側に示す私的な研究者や機関からの予測結果に近づくことになる．この中立機関であるIEAの予測とBPやExxonMobilの予測を比較するだけでも，BPやExxonMobilの予測をそのまま受け入れるべきでないことがわかる．

また，ExxonMobilやBPに次ぐ大手石油会社のTOTAL(フランス国営石油会社)は，「98 mbdが生産の最大値であり(つまり生産ピーク値)，このピークに達した後は徐々に生産は減退する」と発言(2-3)しており，私企業であるBPやExxonMobilとは一線を画した表現をしている．

Shell社は2030年時点での石油生産量については明確な数値は示していない．“Shell energy scenarios to 2050”においては「安い石油の時代は終わった」「今後は石油奪い合いの“Scramble Scenario”に突入するのは避け難い」と記している．ShellもBPやExxonMobilの右肩上がりの増産予測とは異なり慎重な見解を示している．

2.2.3　将来の石油供給に関する懸念発言の例

この数年間，海外においては将来の石油供給不安に関する政府関係者や公の国際組織からの発信，警告などが増加してきている．それらの一部を以下に紹介する．日本国内では，この種の報道はほとんどないために，この問題に対する認識レベルが低いおそれがある．

(1) IEA関係者の発言

IEAはそのレポートであるWEO(World Energy Outlook)において，あからさまに石油供給不足の懸念を明記はしていない．しかしながら，下記のように石油生産ピークの発生がまもないことをIEA関係者自身がWEOとは別の場で発信している．

- 「2015年後まもなく石油生産は減少する」，2012. 1. 5，元IEA職員Olivier Rech
- 「安い石油の時代は終わった」，2011. 4. 11，IEA(当時)田中事務局長
- 「おそらく2020年までに石油生産のピークが発生する」，2009. 8. 3，IEA Chief Economist, Fatih Birol

(2) 海外の官公庁からの発信

海外では官公庁からも石油供給懸念に関する発信が多い．その例を表2-1に示す．

- OECD内の主要国は，何らかの形で石油供給懸念に関する発信，発言などをしていることがわかる．そして，それらは2015年頃の供給不足あるいは生産ピークに関わる懸念である．
- 米国統合軍，ドイツ国軍，カナダ国軍が石油供

給問題を取り上げている．2010～2015年頃に石油供給不足が発生し，石油をめぐる紛争が発生することを警告している．現在の軍事的活動には石油が不可欠であることから，石油供給問題には敏感である．

・中国の情報は把握できていないが，石油供給問題を強く認識した政策をとっていることは最近の政治的活動からみて明らかである．

以上に，2012年頃までの石油供給諸情報や報告をまとめた．これらによれば2015～2020年頃には石油の供給限界が発生することが示唆されていた．

海外の専門家の間では，上述のように将来の石油供給問題に関心がもたれていた．そのような状況の中で，2014年秋には原油価格が急激に下落するという予期せぬ現象が発生した．この価格暴落の原因や背景を分析して，今後の社会情勢を展望することを以下に試みる．

2.3 原油価格の変動の歴史から学ぶ

2020年前後から世界の石油供給量は徐々に減少していく可能性があると前節において指摘した．世界の石油供給量が減少すると，当然のことながら，まず，自動車用燃料であるガソリンや軽油の入手性の問題が懸念される．この懸念としてはまず，燃料価格の上昇問題と，長期的には石油に替わる新しい燃料(代替燃料)をどうするかという問題として現れる．見落とされがちなもう一つの重要な問題として，石油が経済に与える影響がある．そして，経済が変化すれば，必要とされる技術も変わってくる可能性がある．また，後述するように経済の変化が石油生産にも影響してくる．そこで，将来を展望するにあたって，石油と経済の関わりについてまず検討を加える．次いで，今までの原油価格の変遷の背景や変化の原因を探る．これにより，今まで表面に出ていなかった石油に関わる知見が得られれば，将来をより精度を上げて展望できる．

2.3.1 原油価格が経済に与える影響

人類の歴史とエネルギー消費増大の様子はすでに図2-1に示した．動力機械と化石燃料の組合せから得られる労働力は人間の労働力よりはるかに強力であり，長時間持続でき，安価であるために，生産性が格段と向上した(筆者の概算例では約600倍)．このために産業の工業化が進み，GDPが急増した．経済発展には石油が欠かせないことが示されている．

2.3.2 原油価格の上限と下限

後述するように，2000年頃までは原油価格は$20/バレル以下という安価であった．したがって，今まで世界の経済は安価で豊富な原油エネルギーに頼って成長してきたといえる．裏を返せば，原油の供給が不足するか，原油の高価格が継続すれば，今後の経済成長が止まる可能性があることになる．では，どの程度価格が上昇すれば経済が影響を受けるのかという疑問が生じる．これについて，以下のような研究結果がある．

図2-6に示すように，米国の歴史において「原油支出/GDP＞4%」で経済不況が発生したと報告されている．この「原油支出/GDP＞4%」は2011年時点では「原油価格＞$100/バレル，Brent価格)」に相当した．米国経済が成り立つ(経済不況が起きない)ためには，これ以下の原油価格であることが必要になる．この限界の価格が上限価格となる．明瞭な限界値は定めにくいが，たとえば，「$120＝crisis，$85＝danger」という表現もある[2-4]．したがって，これらの研究結果に基づけば，$80～$100の範囲にこの上限値があると考えてよいであろう．

米国における原油価格と経済の関係はOECD諸国にもほぼ適用できると考えられる．しかしながら，新興国においてはこの上限値は米国あるいはOECD諸国より高めであると報告されている．また，石油利用の効率化が高いと上限値は高くなる．少ない石油消費で多くのGDPを得られるからである．年々この上限値は2%程度上昇してきたとの報告もある[2-4]．

なお，原油の高価格が経済不況を引き起こす理由は次のように説明される．

・産業の視点

原油価格の上昇に加えて，新興国の工業生産能力向上，新興国の低賃金等により，先進国の産業の収益性が低下し，経済停滞が発生する．先進国における従来のような産業立国，貿易立国が今後は成立しにくくなっているといえる．この現象は資本主義経済が限界に達したからであるという主張もある[2-5][2-6]．

・国民生活の視点

上述の産業の停滞のために個人の収入(賃金など)

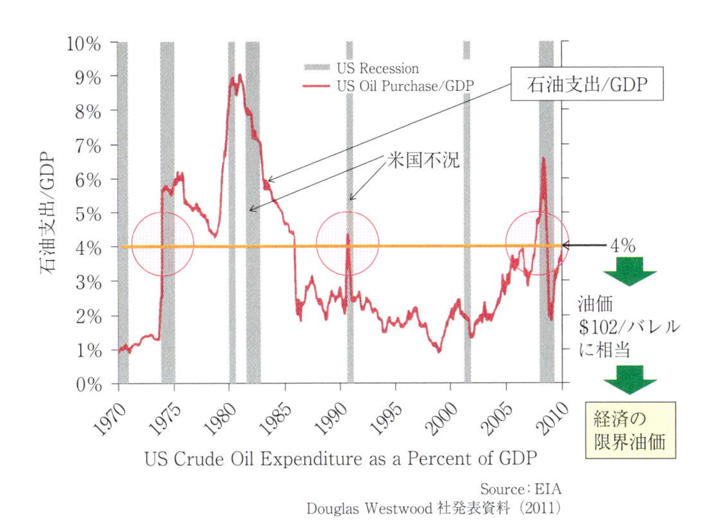

図 2-6　原油(石油)価格上昇と経済不況との関係(米国)

が減少する．これに加えて，原油価格の上昇はすべての製品(サービスも含む)のコスト上昇を引き起こし，国民の可処分所得を減少させ，購買意欲を低下させ，経済が停滞する．この状態が進めば，産業も一層停滞して失業者は増加し，社会においては治安が悪化することもある．欧州の中にはすでにこのような状態に達している国もある．

一方，石油は産油国あるいは石油会社が商品として販売するものであるから，原油採掘や販売に関わる必要経費を含んだ石油生産コスト以上で販売せざるを得ない．したがって，この石油生産コストが石油価格の下限と考えられる．

世界経済に大きな変動や事変がない状態であれば，石油価格は上述の石油価格の上限と下限の間に存在することになる．石油消費者側にとっても，生産者側にとっても好ましい状態といえる．

先に述べたように，安い石油が豊富に供給されなければ経済発展は望めなくなる．そうであるならば，石油に代わる新しいエネルギーの提案が仮にあっても，その価格が現在の石油価格より高ければ，経済発展は困難になる．現時点では，石油より安く入手できる可能性のある代替エネルギーは原子力発電以外には見当たらない．

2.3.3　原油価格の変遷の分析

図 2-7 に原油価格の推移と関連事象を示す．2004 年頃までは原油価格は $20/バレル(Brent)程度であったのが，徐々に価格が上昇して 2008 年に $140/バレルまでに達した．その後急転下落して $40 まで下がり，再び徐々に上昇し，その後 2011～2014 年の間はほぼ $100/バレルの高値で安定していた．ところが 2014 年 11 月には急下落が始まった．

この原油価格の乱高下現象の発生原因の分析を行うことにより，石油供給に関わる問題点を以下に明らかにする．

(1) 安価で豊富な時代

2000 年頃までは，安く，豊富で，扱いやすい石油により先進国の資本主義経済は発展してきた．しかし，徐々に商品を売る市場の縮小，売る商品種の縮小という商品市場の縮小が発生し始めていた．一方では資源ナショナリズムが資源国で台頭し始め，新興国の工業力も徐々に向上し始めていた．2000 年を過ぎる頃から，先進諸国における資本主義経済の発展に陰りが出始めていたといってよいであろう[(2-5) (2-6)]．

(2) 2004～2008 年の価格急騰の背景とその影響

2004～2008 年の価格急騰には二つの要因がある．開発コストの高い深海油田の増加と，余剰生産能力の低下である．

(a) 価格急騰の原因

2000 年を過ぎる頃から中国などの新興国の経済発展に伴い石油需要が増加していた．一方では，中東の大油田の安い在来型原油の生産が減退し始めていた．安価な在来型原油の大半を人類は消費してしまっていたからである．在来型原油の生産減少を補うために，生産コストの高い深海油田などに頼ることになる．図 2-8 に 1980 年代以降の原油の新規開

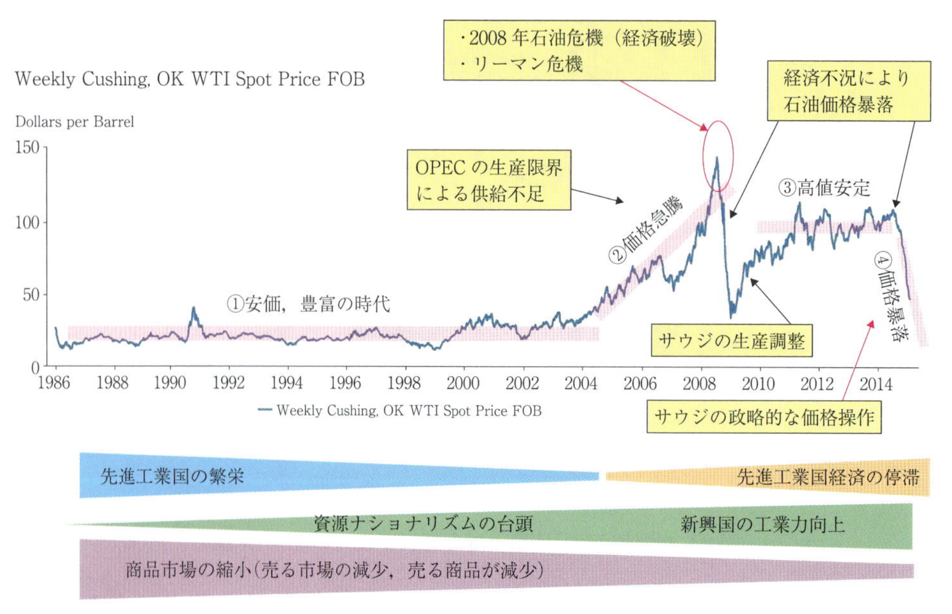

図 2-7　原油(石油)価格の変遷

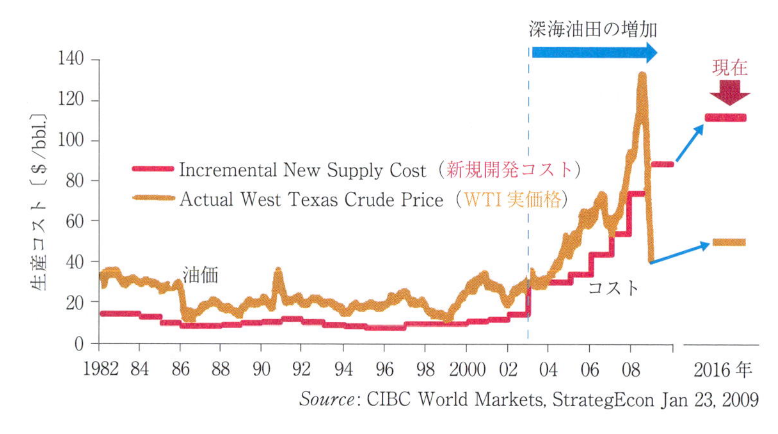

図 2-8　原油の新規開発コストと市場油価の変化

発コストと市場油価の変化を示す．2004年以降の新海油田の増加に伴い開発コストが上昇し，油価も並行して上昇していることがわかる．

なお，この図中には2016年時点でのコストと油価も記入してある．2008年までは油価はコストより少し高い値で安定していて，生産者と消費者はほぼ適切な状態といえた．ところが2016年にはこの状態が破壊された．このような異常な状態は経済を不安定化する一要因となっている．

(b) 余剰生産能力

2001～2014年の間の石油価格と原油生産量の変化を図 2-9 に示す．2005年から2008年までは原油価格が2倍に上昇していたのにもかかわらず，原油の生産量はほぼ一定である．産油国は増産して利益をあげられる好機であった．なぜ増産しなかったのか？ 報道はされなかったが，当時はサウジアラビア(OPECとしても)には増産能力がなかったからである．すなわち余剰生産能力がほとんどなくなっていたのである．

非OPEC諸国は当然であるが，サウジアラビア以外のOPEC諸国も，ほぼ常時フル稼働の状態で原油を生産しており，世界の需要変動に応じてサウジアラビアが生産量を調整するという方式がとられ，需給バランスをとってきていた．原油生産能力が高く，世界の原油の安定的な供給を保つことを役割として自認していたサウジアラビアでなければ，このような役割はできない．ところが2005年頃から，世界の急激な需要に応えられるような生産能力が失

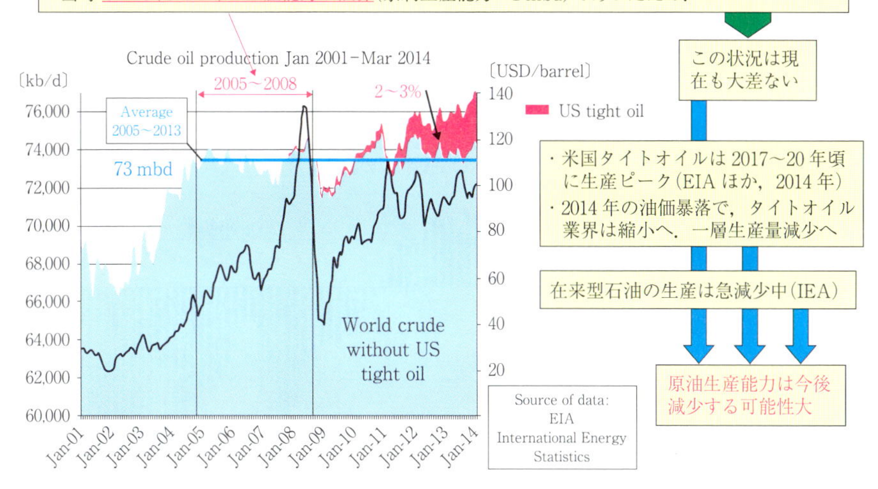

図 2-9　2001～2014 年の原油(石油)価格と生産量

われていたのである．

在来型原油の生産は 2005 年にピークに達したと IEA(国際エネルギー機関)がすでに 2010 年に見解を発表しているが，図 2-9 はこの見解が正しいことを示している．重要なことは，消費者側が今後も石油増産を希望するならば，生産コストの高い非在来型原油の増産に頼らなければならないことである．そして，市場の原油価格がこの生産コストを上回らないと，石油会社は非在来型原油を開発しないであろう．図 2-8 に示したように，2016 年時点では，コストより油価が低い．今後の新規の原油開発の大きな障害となっている．

図 2-9 には米国のシェールオイルの生産が 2010 年頃から徐々に増加していることも示されている．2014 年時点では世界の原油生産量の 2～3% までに増加している．この図からわかるように，世界の在来型原油の生産量は，2005 年以降はほぼ一定であり，非在来型原油である米国のシェールオイルだけが増産されていたのである．さらに興味あることは，この間の中国の石油消費量の増加分(この図には示してないが)とシェールオイルの増加分とはほぼ同じである．数値からみた結果論であるが，米国のシェールオイル増産が中国の経済発展を支えていたということができる．

上述のように，2005～2008 年頃には世界の石油生産能力は限界に達していた．その後の石油増産量はほぼ中国が消費しているのであるから，2015 年の時点でも世界の生産能力は限界状態のままであるといえる．余剰生産能力が 2004 年以降現在までほとんどない状態が続いていることになる．

・2004 年以降の原油価格上昇過程における経済停滞

鉱物資源，特に石油などのエネルギー資源をほとんどもたない日本は，加工産業と貿易立国で経済発展を遂げてきた．しかし，2004 年頃からの原油価格の上昇は，日本の経済に大きな打撃を加えた．輸入する原材料価格が上昇し，加工に必要なエネルギー価格が上昇した．さらに，新興国の工業生産力が向上し市場が縮小することとなった．これらの結果として，図 2-10 に示すように，日本の交易条件は 2004 年頃から急激に悪化した．この状態は現在まで続いている．

日本に引き続き OECD 諸国の多くも経済が停滞し，現在に至っている．

・2008 年原油価格急騰がもたらした経済停滞

既述のように需給の逼迫による高コスト原油の導入も加わり，油価の上昇は継続し，2008 年には $140/バレルを超えた．この原油価格は経済からみた原油価格の上限(2. 3. 2 項参照)を超えている．この $140 の価格では経済が耐えられなくなり，いわゆる 2008 年の石油危機となった．この石油危機に引き続きリーマン危機が発生した．世界は経済恐慌になり，経済活動が急減速して，石油消費は急減少し，油価は $40 へ暴落した．

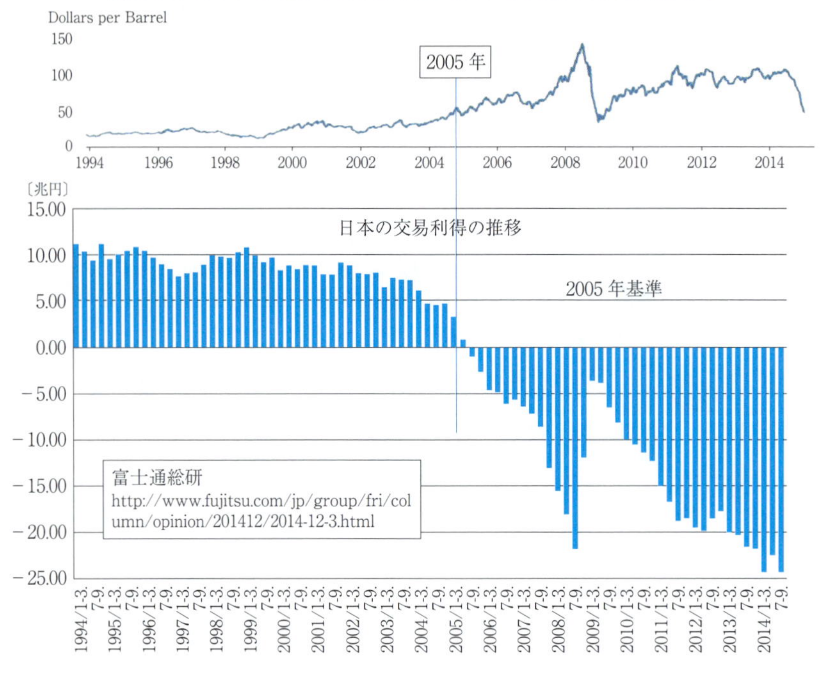

図 2-10　原油価格上昇による貿易収支の悪化

・2008年の石油危機／世界経済恐慌からの脱出

恐慌による経済活動の急下降は原油供給過剰状態を作り出し，原油価格は暴落した．これに対してサウジアラビアは迅速に原油生産量を減らして，原油価格の回復を図り世界の原油価格安定のための役割を果たした．併せて，米国と中国の金融対策により経済は回復基調になり，原油価格は上昇し，2011年には$100/バレル程度に上昇した．

(3) 2010〜2014年の原油価格の高値安定

前項で述べたように，石油価格は2009年以降上昇し始め，2011年には$100近くまで達した．その後，原油価格は2014年秋までおおよそ$100のレベルを安定維持した．このような高い価格が4年近く継続することは，原油価格の歴史の中では稀である．この高値安定の理由について以下に考察する．

2. 3. 2項で述べたように，正常な市場であれば，原油価格には上限と下限がある．下限値は石油生産コストである．

図 2-8にてすでに述べたように，原油生産コストは2004年頃から上昇し始めた．2004年には$30程度，2011年には$80に上昇したと報告されている[(2-4)]．2013年頃には産油国も世界のメジャー石油会社の多くも$100以上が必要であると主張している．これが下限値の変化である．

一方，2011年頃には，上限値は，「$120＝crisis, $85＝danger」を参考にすると，$85程度と考えられる．

これらの上下限を図示すると図 2-11のようになる．この図において，市場の石油価格は上限と下限の間に存在することが安定的であるといえる．図示されているように，2004年頃にはこの上下限の隙間は十分広かったが，2014年には上下限が接近し，市場原油価格が存在できる値は$100近辺になった．

2008年の石油危機およびその後のリーマン危機からの回復途上であった世界経済は，$100という高すぎる原油価格が4年近く継続したことにより，米国と中国を除いて再び停滞し始めた．産油国や石油会社にとっては，$100の販価では生産コストとほぼ同レベルであり，利益があがらず赤字経営になっていた．

上下限に挟まれて原油価格は動くことができず，高値安定が続くこととなった．石油消費側にとっては，経済発展は困難になり，石油生産者側も経営が困難な状態になった．このような原油価格が引き起こした経済は，構造的不況であり，容易には打ち破

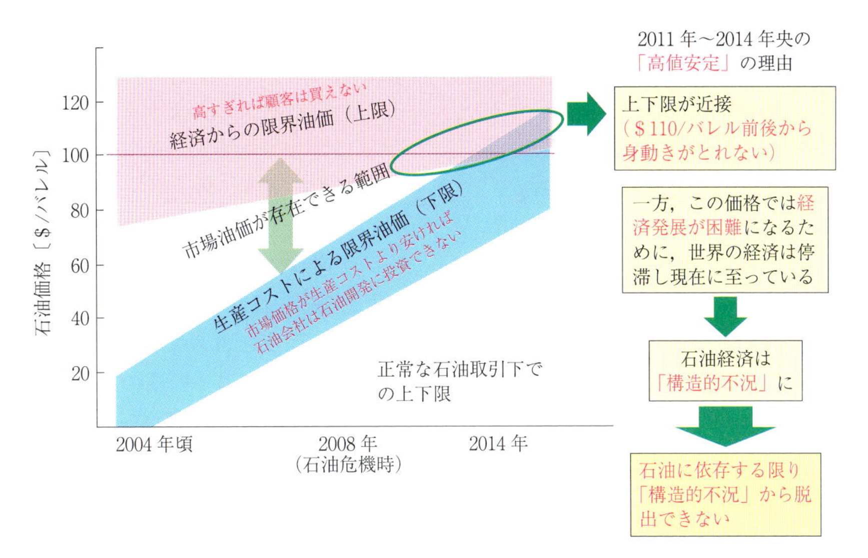

図 2-11　石油価格の上下限の変化

れない．石油消費側にとっても，生産者側にとっても好ましい状況ではない．この状態を打破する新しい世界が必要になっているといえる．

(4) 2014 年の原油価格の暴落

2014 年 7 月から原油価格は急下落した．この理由は以下のように説明されている．

2010～2014 年の $100 高値安定下で，世界の主要国の中で経済が成長して石油消費が増加していたのは中国だけであった．多くの国々が 2008 年の石油危機とリーマン危機による大不況から回復すべく努力をしている最中であった．しかし，$100 の原油価格の高値安定は，経済を上向かせるには大きな障害となっていた．

また，世界の主要国の自動車燃費規制が強化されて，自動車の石油消費が減少しつつあることも，世界の石油消費の増加を押さえている理由になっていた．

これらの結果として，世界の石油消費量の増加は鈍化していた．

このような状況の中で，米国のシェールオイルの無計画な増産が進んでおり，2014 年夏には世界の原油供給が過剰となり(あるいはその懸念が広がり)，原油価格は急激に低下に向かった．

既述のように，2008 年の油価暴落時には，サウジアラビアは原油価格の低下を食い止めるために，生産調整(減産)をした．しかし，2014 年の原油価格低下時にサウジアラビアは原油減産をしなかった．さらに，2014 年 11 月に行われた OPEC 総会においても，原油生産調整は棚上げにされた．この結果，低下し始めていた原油価格はさらに暴落し，これが油価暴落の原因といわれている．原油価格は現時点(2016 年夏)において $45 程度で低迷している．

2014 年秋になぜサウジアラビアは生産調整(減産)をしなかったか，種々の憶測がある．

もしサウジアラビアが減産をしたとすると，原油価格は大幅下落をしなかった可能性が高い．米国のシェールオイルは生産コストが高く，$80/バレル程度が平均の損益分岐点であるといわれている．この価格が市場の原油価格より高ければ，シェールオイル会社の大半は生産活動を続けることが可能となり，米国の石油市場におけるシェールオイルのシェアは維持される．サウジアラビアは減産により米国や世界の市場でのシェアを減らすこととなり，この状態が将来も続くことになる．このような好ましくない状態が発生するのを避けるために，サウジアラビアは減産をしなかったと考えるのが妥当であろう．2014 年以降はシェールオイル会社の倒産や廃業のニュースを頻繁に聞く．サウジアラビアの思惑通りの方向に向いつつある．

しかしながら，サウジアラビアをはじめ他の OPEC 産油国も当面の原油価格低迷により国家の収入は減少している．今までの原油高価格時代に蓄えた巨大な資産があるとしても，この状態を長く続けることはできない．この状況を踏まえて 2016 年末に OPEC 諸国はロシアも含めて生産調整に合意した．しかし産油国内と，対米国のシェールオイル業界との「当面の収益確保と長期的主導権争い」の板ばさみ状態がどのように結着するかは予測しがたい．

以上のように原油価格の変遷の分析を行ってきた．この結果からわかったことをもとにして次節の「今後の石油利用の展望」を検討することとする．

2.4　今後の石油利用の展望

今後の石油利用を展望するためには，まず，経済の状態を把握する必要がある．経済の状態が石油の需給に大きく影響するからである．

2.4.1　現在の社会の状態

すでに2.3.3(1)項で述べたように，2000年頃までは，先進諸国の資本主義という社会システムにより経済は発展してきた．そして，この発展は安く，豊富で，扱いやすい石油により支えられていた．しかしながら，先進諸国の経済発展は2000年以降徐々に陰りがみえてきた．

先進諸国の発展の結果として，地球上には新しい商品を売る市場が見つけにくくなり，新しく売る商品が見つけにくくなった．資本主義経済が成熟し，利潤を得にくくなった．原油価格が上昇してきたことも資本主義経済の足枷となった．石油資源をもたない日本では，他の先進諸国よりこの問題が早く顕在化した．他の先進諸国のほとんどが日本の後を追って経済が停滞した．

資本主義経済の枠組みの中では，このような経済停滞を打破するためのさまざまな景気刺激政策がとられてきたが，思わしい効果が出なくなっている．この資本主義経済の限界は容易には避けることができない．

そこで，世界経済は今後大幅な向上は望めないという前提で以下を論じることにする(注1)．

(注1) 経済に関しては，日本の国家経済の破綻，中国経済の破綻，中東紛争の拡大による世界の不安定化，これらが引き金となる世界大恐慌の発生などが懸念される．紙面の都合でこれらには触れない．しかし，これらのうち一つも発生しないとは考えにくい．リスク管理項目として留意しておかねばならない．

2.4.2　今後の石油供給能力

石油資源が有限であることはいうまでもない事実である．したがって，いつまで使えるかというのが自動車技術としては最大の関心事である．

2.2節にて示したように，2012年頃までの石油供給諸情報や報告によれば，2015～2020年頃には石油の供給限界が発生することが示唆されていた．

(1) 石油生産に関する最近の情報や報告データ

- 生産コストが低い既存の巨大油田から得られる在来型石油原油は，2015年時点で石油生産の72％程度を占めている．この安い原油の生産は毎年1.8 mbd程度の割合で低下している．IEAの将来予測図から外挿すれば，2050年代にはこの安価な石油はほぼ枯渇することになる(図2-12)．
- 2010年以降の世界の原油増産は米国のシェールオイルに頼ってきた．このシェールオイルは生産コストが高いために，今後の新規開発は困難になると予測される．すでに2015年初以降生産はピークを過ぎ下降に向かっている．
- 代表的な非在来型原油であるカナダのオイルサンドは生産コストや環境問題，石油配送インフラの限界などのいくつかの障害があり，今後の新規開発は困難になると予測される．すでに開発からの撤退や縮小が始まっている．将来の生産は近年，毎年下方修正されている．
- 今後の開発が期待されている「未開発，未発見の石油」のIEAによる将来生産予測も，毎年下方修正されている．さらに，最近の経済停滞による資金不足で，多くの石油会社や産油国が最新のIEA予測を下回る開発目標に修正している．

上記の最近の諸情報に基づけば，今後の新規の石油開発が世界の経済停滞により進展しない可能性が高く，その結果として今後の石油生産能力が減少することになる．

2.2節にて示した「2015～2020年頃には石油の供給限界が発生することが示唆されていた」という2012年の予測を補強する最近の情報である．

(2) 石油回収のエネルギー収支（EROI：Energy Return on Investment）

地下にはまだ高コストであるが原油資源は残っている(これを根拠に石油会社は将来の石油供給に問題はないと主張してきた)．図2-8からも明らかであるように，残っている原油の回収コストは今後上昇の一途である．高コスト原油では利益が得にくい

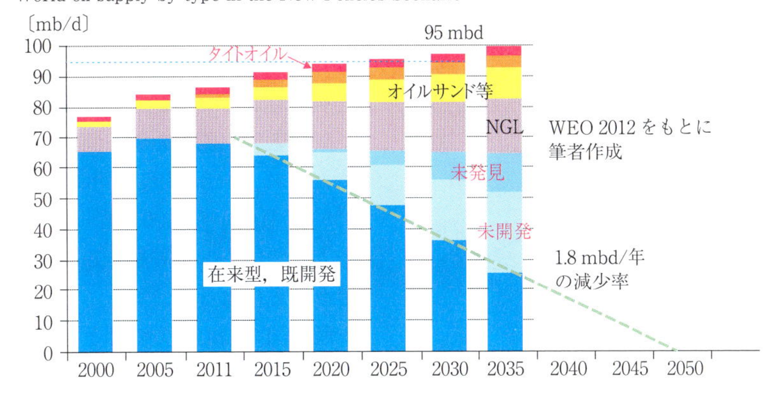

図 2-12　在来型既開発の石油の今後

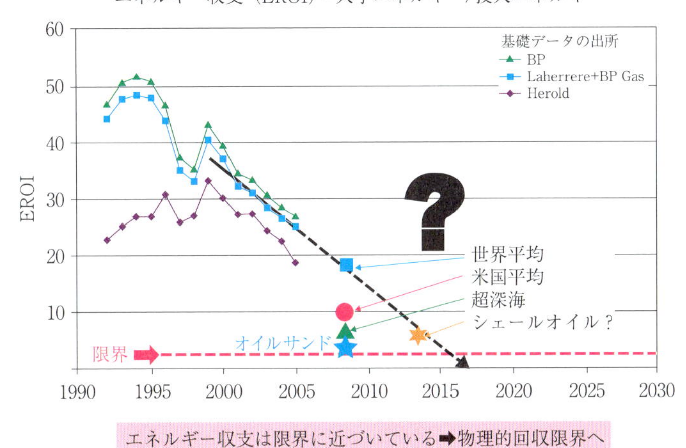

出所：Charles A.S. Hall, et al. :ASPO #5 (2010)＋The Oil Drum: Net Energy, 2010

図 2-13　原油のエネルギー収支比の歴史

ために石油会社はこのような原油の開発には消極的になる．高い油価で販売しても石油消費者には受け入れられない．経済的理由でこのような高コスト原油は今後開発されにくくなる．

さらに，この石油資源を回収するためには何らかのエネルギーを消費する．回収できたエネルギーが消費したエネルギーより多くなければ，社会には役に立たない．このエネルギー収支比(EROI)が，最近の非在来型原油では低下している(図 2-13)．EROI は 3 以上が望ましいといわれており図 2-13 から明らかなように，原油回収の EROI は限界値に近づいている．

(3) 石油輸出能力

サウジアラビアは世界最大級の石油埋蔵量，生産能力，輸出能力を保有している．日本の石油の約 30％はサウジアラビアから輸入している．このサウジアラビアの輸出能力を懸念する情報やデータがいくつか報告されている．それらの例を以下に示す．

・イギリスのシンクタンク Chatham House が 2011 年に発表した報告書に基づくと，2040 年には輸出能力がなくなるとされている(図 2-14)．

・世界外交専門誌 Foreign Affairs 2015 No. 4 は，米国元外交官の発言として，「……．この(国内消費)トレンドが続けば，2030 年までにサウジは 1 日当たり 600～700 万バレルの石油を国内消費するようになり，余剰輸出能力を失うことになる」と報告している．

・EIA(Energy Information Administration：米国エネルギー情報局)の各国石油情報報告(Countries/Saudi Arabia/Consumption, http://www.eia.gov/

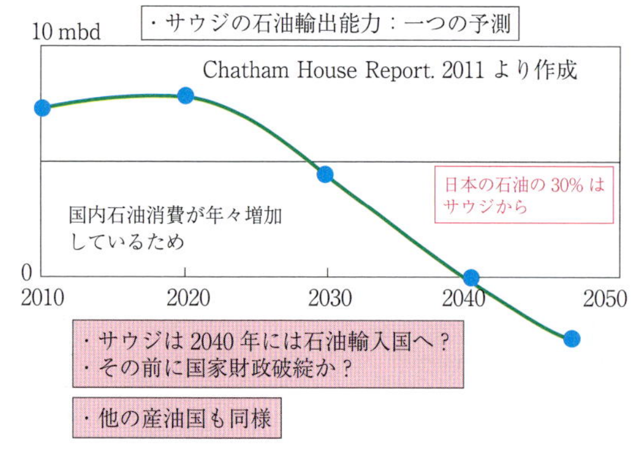

図 2-14　サウジアラビアの原油輸出能力

countries/cab.cfm?fips=SA)には，サウジアラムコ(サウジの国営石油会社)の社長 Khalid al-Falih の発言として下記が紹介されている．

「... Khalid al-Falih warned that domestic liquids demand was on a pace to reach over 8 million bbl/d (oil equivalent)by 2030 if there were no improvements in energy efficiency.」

すなわち，効率化がなされなければ，2030 年までに国内の石油消費は 8 mbd を超えると予測されている．サウジアラビアの石油生産能力は 10 mbd 程度であり，これが将来も低下しないとすれば，輸出能力は 2 mbd に減少する．現在は 7 mbd を輸出しており，1/3 以下まで輸出量が減少することになる．

以上にサウジアラビアの例を示したが，他の多くの OPEC 諸国が上記のような輸出能力の減少問題を抱えている．今後制裁解除により輸出量増加が期待されているイランでは，現時点で全生産量の 60% が国内で消費されている．そして，この国内消費量が 10 年間で 0.5 mbd の割合で増加し続けている．今後の 25 年間で制裁解除による増産量分は国内消費に回されることになる．

中東の産油国においては，人口増加や国民の生活レベル向上などの理由により，国内の石油消費が増加している．

サウジアラビアをはじめとする OPEC 諸国の石油輸出能力低下の問題は，輸出量の減少，その結果としての石油輸出による国家収入の減少となる．すでに原油価格が大幅に低下し歳入が減少しているために，国債を発行せざるを得ない状況になっている国がある．これに加えて原油輸出能力が減少すれば，国家財政が成り立たなくなるはずであり，この時期はかなり近いはずである．2030 年前に発生する可能性がある．

産油国の輸出能力の減少問題は，国内ではほとんど報道されていない．しかし，世界の生産能力の低下問題と輸出能力の低下問題はほぼ並行して発生するために，一層深刻な問題になってくる．日本は 83% を中東から，30% 程度をサウジアラビアから輸入している．まもなくこの中東原油を中国と奪い合うことになろう．

産油国の輸出能力の低下が引き起こす問題は，極めて深刻な問題であるが，当面は解決の糸口は見つかりそうにない．当事者以外は手を出せない問題である．

ここでは，この産油国の輸出能力の低下が引き起こす問題の警告に留めることとする．

2. 4. 3　今後の石油利用への提言

(1) 原油価格の上限の再検討

資本主義経済は安い原油により支えられて経済発展してきた．この資本主義経済が成熟した結果，市場が縮小して，これ以上の発展が困難な状態，すなわち資本主義経済の限界に来ているとすでに述べた．

2014 年 11 月から原油価格は急激に下落して，2016 年夏には $45 程度で低迷している．原油価格が低下したので経済は回復してもよいはずであるが，いまだに経済は上向かない．この理由として以下の二つが挙げられている．現在の社会は資本主義経済の体力が衰えてしまったので，原油価格が少しぐらい下がっても経済が回復することができないといわれている．また，世界経済が発展していた 2000 年頃の原油価格は $20 程度であり，$40 ではまだ経済が回復できないレベルであるという指摘もある．

世界の経済は，$45 あたりで不安定ながらも様子見の踊り場状態といえる．この状態でもし原油価格が急に上昇し始めると，経済は悪化する可能性が高い．現状で経済は停滞しているから，石油価格が上昇すれば，消費は落ち込むであろう．したがって，経済が悪化する上限は，2014 年以前は $80～$100 程度とみなされていたが，現在の原油価格の上限は $40～$50 程度になったといってもよいであろう．

(2) 原油価格の下限の再検討

石油生産者側が石油の生産を維持するための価格の下限は，2014 年以前は $100 程度であった．産業の観点からは，石油は今後も可能な限り安定して利用したいと考えるであろう(注2).

(注2) 石油という有用な資源をわれわれの世代で使い切ってよいのか，次世代のために残すべきである……という主張もある．もっともな主張である．しかしながら，われわれ自身が生き残れないならば，次世代というものがなくなってしまうという考えもある．ここでは「生き残る」ということを優先して考えることにする．

そのためには，石油生産者側が，当面は現在の石油生産を持続でき，将来の石油生産開発に投資できなければならない．原油価格は「下限」以上でないと石油生産は急速に減少することになる．

現在の原油価格は $45 程度であり，従来の下限値 $100 よりかなり低い．この価格では現在の生産量を今後も維持することはできないと生産者側は主張するであろう．

一方では，前項で述べたように，消費者側にとっては，$45 より原油価格を上げることは好ましくない．上下限の折り合い点を見つけなければならない．

(3) 今後の石油を安定的に利用するための試案と提言

以上に述べてきた生産者側と消費者側の食い違いを解消することが今後の課題となる．

生産者側と消費者側の原油価格の上下限は，従来の成り行きから出てきたものといえる．したがって，双方が努力すれば新しい価格帯の設定の目標値を設定する可能性はあろう．双方にとっても利益がある．

生産者側は生産のための効率化，経営の合理化を行い，消費者側は消費を減らすための効率化を行い新しい価格帯を作っていくことが，石油の今後の利用を維持するために必要である．

一つの例を挙げると，消費者側の石油消費量を10%減らせば世界の石油消費量に非在来型の原油を必要としなくなる．高価な非在来型原油が不要になれば，石油の上限価格は $20 程度は減少するはずである．自動車の燃費向上や，石油以外のエネルギーを自動車に利用すれば石油の消費量が減ることになる．このような動きは世界全体としてすでに見られる．

また，石油生産者側は生き残りのためにも合理化，効率化は進めざるを得ないであろう．石油業界の中で，企業の吸収，合併なども始まっている．

このように消費者側と生産者側の双方の努力は自然発生的に一部始まっているが，さらなる努力が今後の石油利用を進める上での課題である．双方が折り合える目標は $60/バレル程度であろうか？

ただし，仮に $60/バレル程度が適切であることがわかっても，$60 の原油が無尽蔵にあるわけではない．2. 4. 2(1)項で述べたように，2050 年代にはこの価格帯の原油は枯渇する可能性が高い．石油文明はこの頃には終わることになる．終わることを前提として，新しい社会の構築に向けて，今から徐々に脱石油を目指した一歩を踏み出さねばならない．

2. 5　今後の電力供給

本章の冒頭で述べたように，将来の自動車技術を論議するにあたっては，エネルギーの中では原油の動向が支配的であるので，今までは原油を中心に述べてきた．一方，第 2 部で報告するように，2050 年頃には，自動車を駆動するエネルギーは石油から電気に移行させなければならない．そこで本節では，今後の電力に関して，日本の将来の電力構成と再生可能電力に関して簡単に触れておくこととする．

2. 5. 1　将来の電力構成

2014 年 4 月に最新のエネルギー基本計画が閣議決定された．これをもとに想定された将来の電力構成を図 2-15 に示す(自動車技術会 2016 年フォーラム発表資料(2-7) より)．2030 年に向けて再生可能エネルギーが増加し，原子力は減少方向となっている．基本計画では 2050 年は想定されていないが，COP21 の制約を考慮すると，図に示すように，再

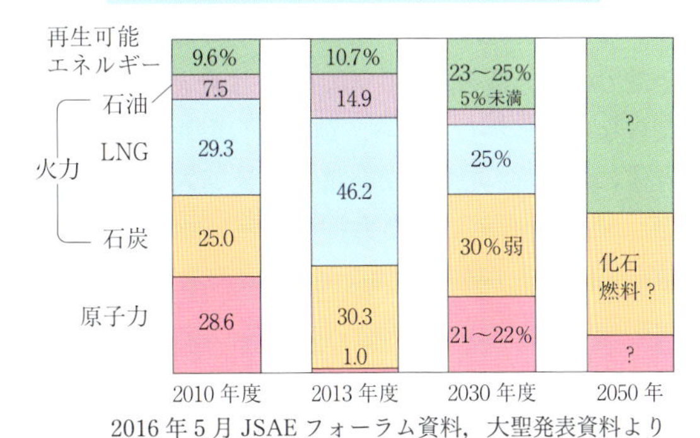

図 2-15　想定される将来の電力構成

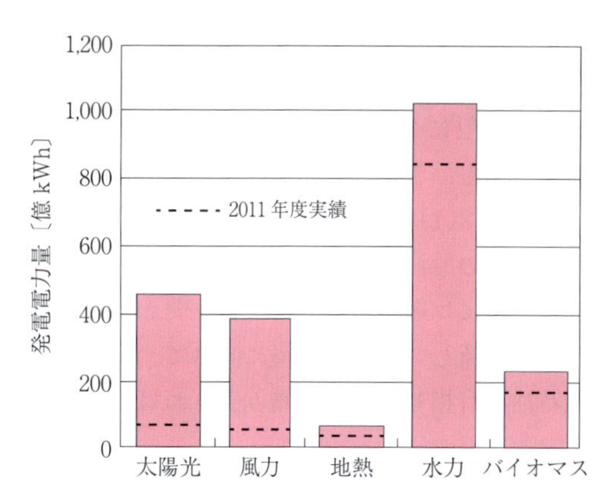

図 2-16　再生可能エネルギーの導入推定量（2030 年時点）

生可能電力は全体の半分ほどまでに増加させなければならないであろう．

2. 5. 2　将来の再生可能エネルギーの導入量と課題

2014 年初に想定した再生可能エネルギーの種類別の導入推定量を図 2-16 に示す(自動車技術会次世代自動車・エネルギー委員会報告書，2014. 3 発行)[2-8]．2030 年に向けて太陽光発電および風力発電が大きく伸びていくと予想されている．また 2030 年の発電量が，現時点(2011 年)と大きく変わらないと仮定すると，再生可能エネルギーによる発電電力量(約 2,200 億 kWh/年)は，日本全体の総発電量の約 20%程度に相当すると予想される．再生可能エネルギーを巡る環境は 2014 年以降大きな変化はないといえるので，現時点(2016 年)でもこの推定量は大きくは変わらないと考えてよいであろう．図 2-15 に示した基本エネルギー計画の再生可能エネルギー総量ともおおむね一致している．

図 2-15 に示したように，2050 年においてはほぼ全電力の半分ほどを再生可能電力に変えていかねばならない．しかしながら，前述の自動車技術会の報告書によれば，「太陽光発電を大量導入したケースでは，2030 年までに出力抑制，配電対策，需要家側蓄電池・揚水発電，火力発電による調整運転等にかかる累計金額は，5.39〜6.7 兆円に上ると経産省は試算している」と報告されている．太陽光発電が全電力の 20%を超えると，これらの付随する費用が急増するともいわれている．

再生可能エネルギー，とりわけ太陽光発電への期待は大きいが，その発電量が増加するに従い，付随する費用の増大をどのように解決するのかが今後問われることになるであろう．

2. 6　製造・供給者サイドからみたエネルギーの視点

2. 6. 1　エネルギーの基本的考え方

(1) S＋3E

石油と自動車の百年とは，エネルギーの最終ユーザーである国民とエネルギーの製造・供給者である石油会社，そしてモビリティを担う自動車を製造・販売する自動車会社，三者の百年の歴史である．自動車社会の歴史の重みを踏まえ，改めてエネルギー製造・供給者サイドからの視点からも，エネルギーの 2050 年を考えることは意義深い．

グローバルな市場でビジネスを行っている自動車の 2050 年を念頭において，世界と日本の両面で「エネルギーの将来動向のあり方」の見通しが重要になる．ここでは，続く 3 章で述べる「環境」の側面とともに，自動車の未来を左右する「エネルギーに関する動向」について，エネルギー製造供給サイドの目線から見つめる機会としたい．

初めに，エネルギーに関する基本的な考え方を整理する．エネルギーの使い方は，国レベルと地産地消レベルで分けられる．国レベルの検討ではマス(量)に注目する．石油会社と自動車会社の長い歴史で忘れてならないことは，日本全国で安価な製品としてのガソリン・軽油が大量に供給されていることを前提にビジネスモデルが成立していることである．重要な考え方に，エネルギーの「S＋3E」がある．図 2-17 に図を示す．エネルギーの選択にあたっては，安全確保(Safety)を大前提としつつ，安定供給(Energy Security)，経済性(Economy)，環境保全(Environmental Conservation)からなる三つの E を実現するものであることが求められる．これらは，エネルギー選択を左右する注目分野であり，かつ選択の尺度でもある．

エネルギーは，経済・産業活動，国民の日々の暮らしを支える最も基本的なインフラの一つである．将来のエネルギーシステムの選択にあたって拠り所となる基本的な考え方が S＋3E であり，国レベルではこれらの観点を満たせないエネルギーは選択されないと考えている．日本でも，「エネルギー基本計画」において，エネルギー政策の基本的視点として提示されている．たとえば，

図 2-17　エネルギーの S+3E

① エネルギー源の多層化：エネルギーは様々なリソースで構成される．各エネルギー源のサプライチェーンの強みが最大限発揮され，弱みが他のエネルギー源によって補完されるような，多層的な供給構造
② 事業主体の多様化：エネルギー源が多層化されるなかで，多様な事業主体が参加することで，多様な選択肢が用意される，より柔軟かつ効率的なエネルギー需給構造

が，政策の目指す方向性として挙げられている．

エネルギーを使って国民の諸活動は成立しており，日本の産業はエネルギーを使用して生産・サービス活動(ビジネス)を行っている．日本一国を人間の体でたとえるなら，このS+3Eを担うエネルギー製造はまさに心臓であり，エネルギーの供給・物流は血管系に相当する．日本の再生が人体の全体的健全化とするなら，欠くことのできないのが，この心臓，血管系の強靱化である(図 2-18)．

以下で，三つのEについて注目する論点を挙げる．

Economyすなわち経済性については，エネルギー供給事業者は，一般で考えられているより厳しい経済性の尺度をもつ．その理由は，大量製造大量消費が前提となるため影響が大きいこと，また民間企業ながらエネルギー供給は公益性が高いこと，さらに薄利多売のビジネスモデルであること，があるため，その事業に常に厳しい経済性が求められるからである．特に国レベルのエネルギー産業の特徴としては，インフラの大きさがある．製造・供給のために大規模な設備を維持する必要があることから，中長期で厳しい経済性の見極めが重要である．この点は供給の担い手にとって重要であるだけでなく，最終的にエネルギーを利用する産業界と国民にとって重要である．このEconomyが担保されて初めて，結果的に国民が安価なエネルギーを享受することが可能になる．

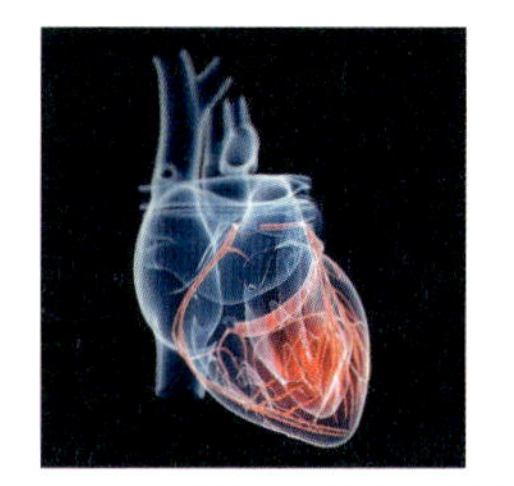

エネルギー製造は，日本の心臓

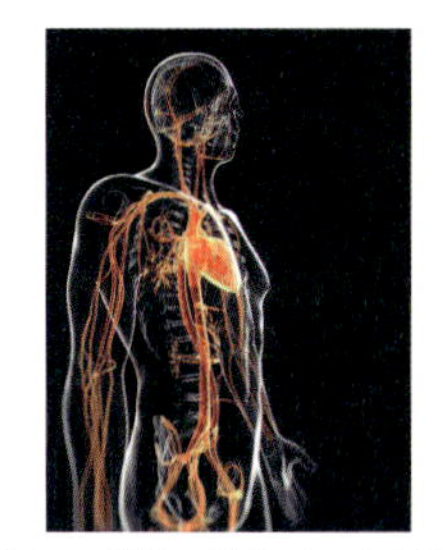

エネルギーの供給・物流は，血管系に相当

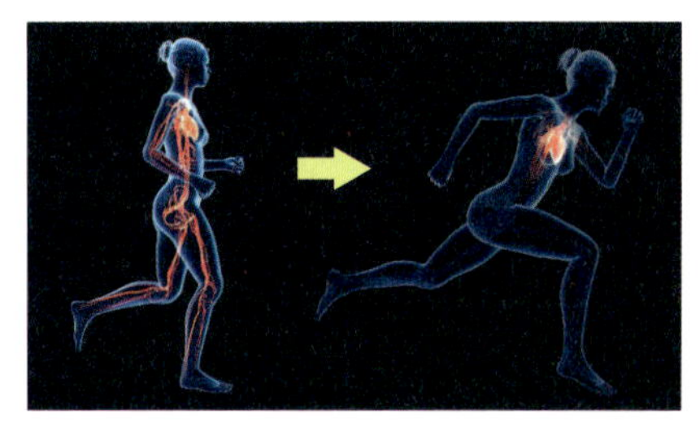

日本の再生：心臓・血管系の強靱化が必須

図 2-18　日本の再生とエネルギー供給の強靱化

Energy Securityについて，2010年版のエネルギー基本計画では，① 自給率の向上，② 省エネルギー，③ エネルギー構成や供給源の多様化，④ サプライチェーンの維持，⑤ 緊急時対応力の充実，の五つの要素から考えていた．続く2014年版のエネルギー基本計画においても，考え方は変わらない．極めて重要な考え方である．平常時の安定供給の維持と，非常時への対応の二つの場合に分けて考えてみる．

特に日本においては，普段の供給について，石油，ガス，電力など各エネルギー業界は安定供給の面で努力をしてきた．需要を生み出す側の消費者，すなわち国民の厳しい目による選択と，それに続く不断の使用による「需要」の創出が前提となり，平常時のエネルギー安定供給は実現してきたといえる．こうした中で，エネルギーが国民にとってのもうひとつの気がかり，大きな問題点になるのは，非常時となる．戦争や災害による供給途絶，大きな価格変動といった場面である．エネルギーの安全保障の重要性は，平常時においては一般には関心事として理解されにくい傾向にある(Knox-Hayes 他(2013)[2-9]の指摘がある)．非常時では，Energy Security は国民に特に意識されやすい．しかし，非常時の経済性も重要である．

Environmental Conservation については，気候変動が国際的にクローズアップされるようになった．ゲリラ豪雨，猛暑や山火事等が報じられる場面で，「CO_2 排出量の削減」がエネルギーの気がかり・問題点として取り上げられるようになった．NO_x，PM2.5 など大気質の改善についても関心事がある．これらをいかにS＋3E の観点をすべて満足する中で実現できるかが鍵である．この考え方は，製造・供給の目線に立たない限り見えてこない点であるし，その視点を持たない場合には、現実的な解決策が見えてこない．特に経済性と環境の二つのE のコントラストが強い現在，いかに意味のある議論の俎上に「言語化」して載せるのかが喫緊の課題と認識している．

結果としてであるが，S＋3E は，一般の想像を超えた重要性をもった考え方である．環境のみではなく，S(Safety)を土台として，経済性，安定供給性を確保できないエネルギー形態は淘汰されてきた現実がある．以下，S＋3E の枠組みを念頭に，国民の関心事を以下に検討する．

こと CO_2 低減の目標に関連して，「需給」のコントロールや低減を簡単に口にしがちであるが，需要を抑制する価値観は，極めて根本的な変革であるとともに政策としても大きな決断であり，簡単ではない．エネルギーの使い方とは，国民の権利の抑制ともみられる面があり，「哲学・思想」にまでも議論が及ぶような深い議論になるであろうし，実現は国民性にも深く関わる[注3]．

(注3) この点，たとえば，同じく環境の中の重要な軸である大気環境改善と気候変動について対比すると違いが判る．大気環境では国別の規制やホットスポットに関する自治体段階の規制が存在する．これは問題の所在とその解決が，まさに足元の問題だからである．一方，気候変動は地球規模の問題である．地球規模で考えられるべきものなのか，ローカルに取り組まれるべきものかによる違いがある．

(2) S＋3E の例

以下ではS＋3E の実例として，東日本大震災以降の原子力発電を取り上げる．2011 年3 月の東日本大震災による福島第一原子力発電所の事故は，最も基本となるSafety(安全)への信頼を大きく揺るがすものであった．また，直後の計画停電の実施だけでなく，夏には深刻な電力不足を招いた．これらは域内に拠点をもつ製造業だけでなく，サプライチェーンの連関を通じ日本全体の産業活動にも影響を与えた．Energy Security(エネルギー安定供給)の確保も同時に国民から脅威と受け取められた．一方，その後全国に拡がった原子力発電の停止は，原子力発電を代替することになった火力電源の焚きましによって，発電用燃料輸入の増加から貿易収支の悪化を招き，燃料コストの増加が電気料金の上昇をもたらした．これらはEconomy(経済性)の成立だけでなく，CO_2 排出量を増加させ，Environmental Conservation(環境保全)の目標達成を困難にしている．

石炭火力発電所については，経済性に優れる一方，CO_2 の観点からはどの程度にすべきか[注4]，また，再生可能エネルギーについてはその環境価値と増大する国民負担とのバランスをどう図っていくか[注5]，長期的な気候変動対策はどうあるべきか[注6]，などさまざまな論点がある．これらはいずれもS＋3E の大きな枠組みの中で考える順序も含み検討される「べき」であり，その議論はエネルギーミックスのポートフォリオの議論に帰着する．

(注4) 世界的に石炭火力発電の抑制議論が強まっている(Caldecott 他(2016)[2-10])が，これに対して有馬(2016)[2-11]は，安価な再エネや天然ガス資源をもつ欧米とは異なる日本としてのS＋3E の視点の重要性を指摘している．

(注5) 2012 年の再生可能エネルギー買い取り制度の開始以降，非住宅用太陽光発電を中心に導入が急拡大した．再エネの大量導入は，電力の買い取り，送電線投資や調整用電源投資の増大による国民負担の増加を招くことになる．

(注6) 2030 年以降の気候変動の議論においては，より長期的な技術開発の重要性が指摘されている(杉山(2016)[2-12]など)．

こうした例にみられる，さまざまなエネルギーを巡る状況が続く中で，2014 年4 月にエネルギー基本計画が改定され，翌2015 年7 月にはそれを踏ま

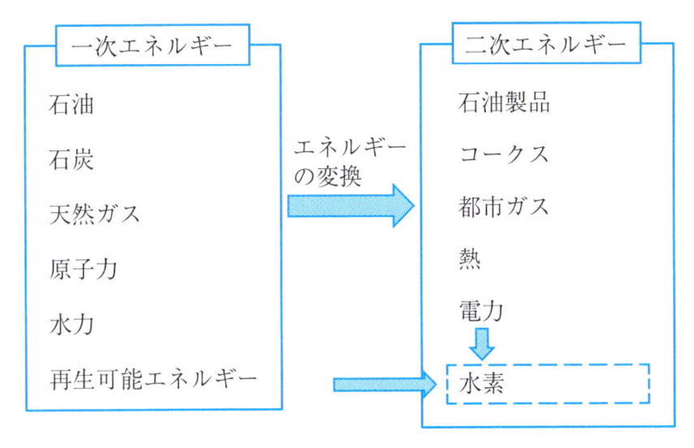

図 2-19　一次エネルギーと二次エネルギー

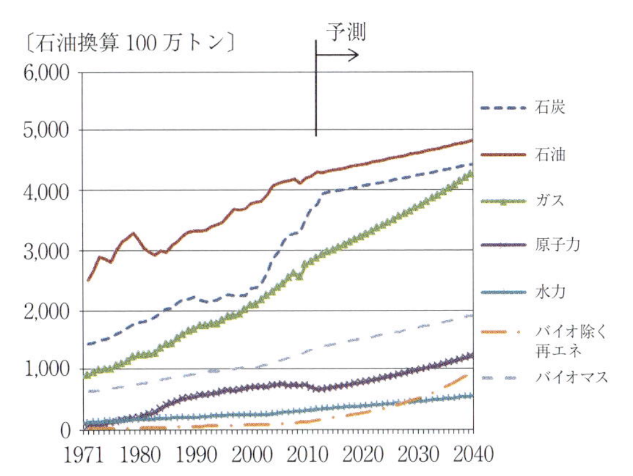

出所：実績期間はエネルギー白書，予測期間は WEO 2015 の New Policies Scenario の推計(予測期間については，伸び率一定)

図 2-20　エネルギー源別世界の一次エネルギー需給

えた 2030 年までの長期エネルギー需給見通しが公表された(2-13).

同見通しでは，① 原子力発電停止と火力発電の増加によって低下したエネルギー自給率を東日本大震災前の水準に戻すこと，② 電力コストを現状(2013 年度)より低下させること，③ 欧米に遜色ない CO_2 削減目標とすること，の三つの目標が掲げられた．しかし，これらは先に挙げた 3E と符合するものであるとともに成立が難しいことが広く関係者には認識された．これらを同時に満たす 2030 年のエネルギー需給像を描くためには，1.7％の高成長のもとでも電力需要がほとんど伸びないという，大幅な省エネの実現が前提として盛り込まれた．なお，これだけの規模の省エネにかかるコストについて言及されておらず，その実現性には現時点で疑問は残っている．

このように，エネルギーの製造・供給サイドの視点から自動車用エネルギーを考える場合には，各エネルギーの特性を踏まえ各エネルギーをポートフォリオとして見立て，それらの S＋3E をいかに実現していくかが鍵となる．

そこで以下 2. 6. 2 項では，幅広いエネルギー源を対象に，一次エネルギー・二次エネルギーのそれぞれについて，将来見通しを中心に整理する．2. 6. 3 項では，それらを踏まえた，今後の自動車用エネルギーについて考察する．

2. 6. 2　一次エネルギー・二次エネルギーの見通し

以下では各種エネルギーの見通しを，一次エネルギー，二次エネルギーに分けて見る．図 2-19 にエネルギーの変換を示した．資源としてのエネルギーの呼称が一次エネルギーであり，これを家庭や企業などのエネルギーの消費者が利用できるように変換したものが二次エネルギーである．このうち電力，熱は，さまざまな一次エネルギーから変換(製造)される特徴がある．

(1) 一次エネルギー

(a) 世界

図 2-20 はエネルギー源別に世界の一次エネルギー需給の実績と IEA WEO 2015 の今後の見通しを示したものである(2-14, 2-15)．1970 年以降現在まで，一次エネルギー需要は経済の発展に伴い増大してきた．2000 年代に入ってからは，中国などアジアの新興国経済の成長に伴って石炭需要の顕著な急増がみられた．

世界の政治経済がこれまでの延長線上にあり，現在公表されているエネルギー・環境政策が実施されることを想定すると，IEA(2015)による New Policies Scenario では，2040 年にかけて世界の一次エネルギー需要は年 1.0％ 増加し，2013 年の 13.6 Gtoe(ギガトン石油換算)に対し 2040 年に 32％増の 17.9 Gtoe となると予測した．以下では，この予測をもとに，世界の一次エネルギー動向についてみる．

2040 年までのエネルギー需要を地域別にみると，OECD 諸国の需要の伸びは年率 0.1％で減少する一方，発展途上国では経済発展による需要増加により，年率 1.6％で増加を続ける．図 2-21 は，横軸に 1 人当たり GDP を，縦軸に 1 人当たり一次エネルギー消費をとって，2013 年(実績)と 2040 年(予測)の変化をみたものである．いわゆる BRICs(ブラジル，ロシア，インド，中国)諸国では，今後も経済成長

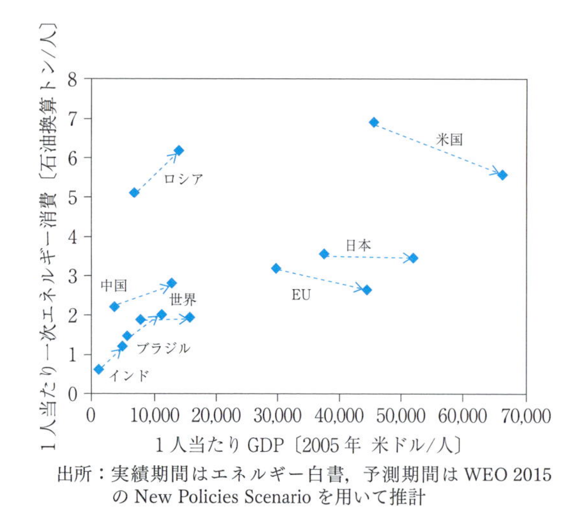

出所：実績期間はエネルギー白書，予測期間はWEO 2015のNew Policies Scenarioを用いて推計

図 2-21　GDPとエネルギー消費(2013年，2040年)

に伴って1人当たりエネルギー消費の増加が続くことが予想されている．

エネルギー源別で特に大きくシェアを拡大するのは天然ガスで，2013年の21%から2040年には24%となる．需要は特にアジアでの増加が見込まれており，2013年に世界需要の13%であったアジアのシェアは，2040年には23%に拡大するとみられる．

部門別にみると，2040年までの世界全体の天然ガス需要の増加のうち37%が発電用となる．特に中国，中東で増加が見込まれており，中国では石炭火力から，中東では石油火力から，それぞれ天然ガス火力への燃料転換が起こる．発電用に次いで産業用でも，熱利用のほか，石油化学原料，鉄鋼の直接還元材料としての需要増加が見込まれている．生産見通しについてみてみると，2040年時点での世界の天然ガス生産量は5.16 Tcm(兆立方メートル)で，最大のシェアをもつ米国は17%，次いでロシア13%，中国7%となる．このうち伸びが大きいのは中国で，特にシェールガスの生産増加が見込まれている．ただし，中国のシェール層は，米国と比較して複雑な構造をもち，開発には困難を伴うことが予想されることから，見通しの不確実性は高く注意が必要である．図2-22は，IEA(2015)より2014年末時点での天然ガス資源量を地域別にみたものである．

確認埋蔵量は，その時点で利用可能な技術を前提に経済的に回収可能な資源量に相当する．天然ガスでは216 Tcmと2013年時点の生産量比(R/Pレシオ)は61年を超える．さらに資源量は781 Tcmと

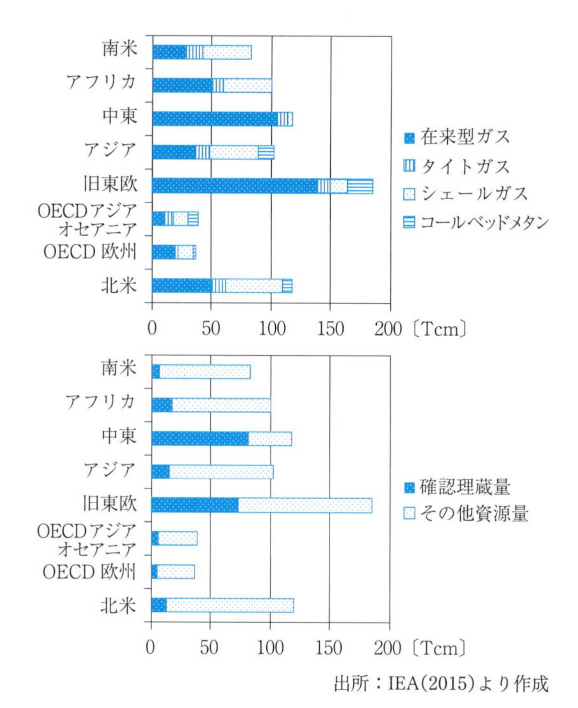

出所：IEA(2015)より作成

図 2-22　天然ガス資源量(2014年末)

見込まれている．ただし，確認埋蔵量は経済的に回収可能な資源量であることから，天然ガス価格が低水準で推移した場合には，経済性をもつ資源量は減少する可能性があることに注意が必要である．

現時点での石油のシェアは2013年の31%から2040年には26%に低下するが，依然として最大のエネルギー源である．そのうちで輸送用に消費される割合は2014年の55%から2040年には58%に増加する一方，発電用に消費される割合は6%から2040年の3%に減少する．石油，石炭，天然ガスを合わせた化石燃料がエネルギー供給全体に占めるシェアは2013年の81%から2040年には75%に低下するが，依然としてエネルギー供給の3/4を占める．原子力のシェアは2013年の5%から7%に上昇するとみられる．水力，風力，太陽光など再生可能エネルギーはシェアを伸ばすものの，2040年においても，経済性などの観点からそれほど大きく寄与するエネルギー源にはならないと予想されている．

図2-23に示すように，WEO 2015では，先進国の石油消費量は年率1.2%で減少を続ける一方で，途上国では今後も増加を続けるとみている．これは，図2-21でみたように，発展途上国では経済成長に伴う1人当たりのエネルギー需要の増加が予想されること，特にモータリゼーションが一層進展すると予想されるためである．ただし，これまで顕著な

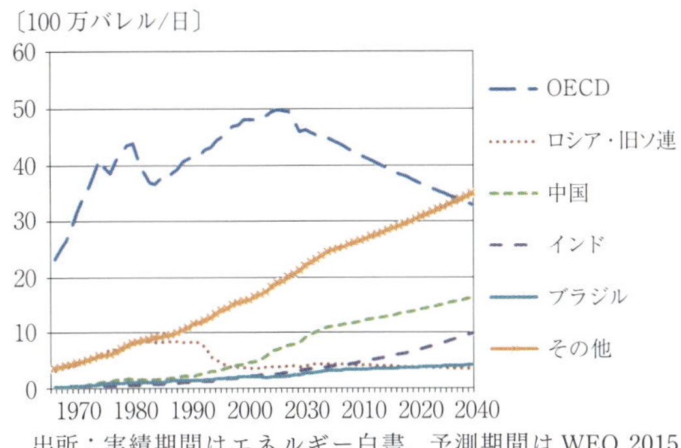

出所：実績期間はエネルギー白書，予測期間は WEO 2015 の New Policies Scenario を用いて推計（予測期間については，伸び率一定）

図 2-23　地域別の石油需要

需要増加を続けてきた中国では，2040 年にかけて人口の伸びが頭打ちになる（年率平均 0.1%）ため，石油需要の伸びも鈍化が予想されており，代わってインド，その他途上国（中東，アフリカなど）の伸びが顕著になるとみられている．

今後の石油生産について，IEA（2015）では，2020 年以降，米国のタイトオイルを含め非 OPEC の生産量は減少に転じ，その結果 2040 年時点での OPEC のシェアは 2014 年の 41% から 2040 年には 49% まで上昇するとみている．2040 年までの原油のタイプ別の生産見通しをみると，在来型では NGL（Natural Gas Liquid）を中心に日量 400 万バレルの生産増加が，非在来型では超重質油を中心に日量 690 万バレルの増産が見込まれている．重質油が多い OPEC の生産シェアが今後上昇すると見込まれることも合わせて考えると，原料油は重質化していく可能性がある．一方，2016 年春に公表された米国エネルギー省の見通し（EIA/DOE（2016））では，昨年までの見方を転換し，米国でのタイトオイル生産が 2040 年まで続いている可能性はあると指摘している．油価が低い中，シェール資源関連の技術進歩によって生産コストは大きく低下していることと，細く長く使われることで，これが将来の生産見通しに影響を与えることは在来型の石油と同様と考えられる．また，石油価格が高騰する局面では高いコストの油井も稼働に加わることになる．

石炭については，IEA（2015）によれば，世界の一次エネルギー需要に占める石炭のシェアは，2013 年の 31% から 2040 年には 29% に低下する．2040 年にかけて先進国の石炭需要は 33% 減少する一方で，途上国では対照的に 31% の増加が見込まれている．先に触れたように，先進国を中心に発電用燃料は石炭から天然ガスへの転換が進む一方で，今後途上国では電力需要が急増することから，発電用の燃料炭需要が増加することによる．

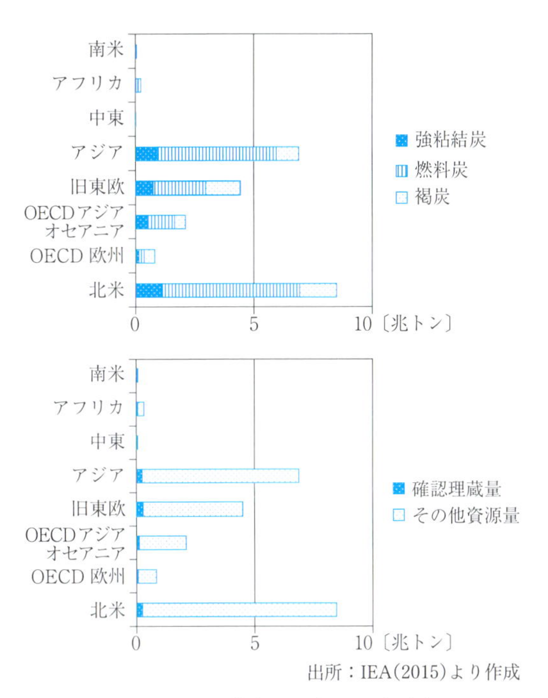

出所：IEA（2015）より作成

図 2-24　石炭資源量（2013 年末）

図 2-24 は，石炭の資源量を地域別にみたものである．ここで強粘結炭は鉄鋼用の原料炭である．2013 年末の石炭の確認埋蔵量は 9,680 億トンで R/P レシオは 122 年であるが，確認埋蔵量に計上されない資源量は 21 兆 9,400 億トンと，確認埋蔵量の 22 倍強存在する．このように，石炭は天然ガスと比較し大きな資源量を有しており，将来的に急増する世界のエネルギー需要を賄う重要な資源であり続けるとみられる．

石油，天然ガス，石炭以外の燃料資源には核燃料であるウランがある．ウランの資源量について，NEA/IAEA（2014）[2-16] の分析では，2012 年時点で約 120 年分と見積もられている．これに加えて，兵器を含むウランの二次供給源も一定程度存在することから，少なくとも 2050 年では資源制約が顕在化することは考えにくい．

原子力発電は，2013 年時点で世界全体の設備容量は 3 億 9,200 万 kW で，世界の一次エネルギー供給の 5% を担っている．IEA（2015）によれば，これが 2040 年には 6 億 1,400 万 kW，一次エネルギー供給に占めるシェアは 7% に拡大するとみている．発電量の増加の 3/4 強が途上国，途上国での発電量の増加分の6割が中国になるなど，今後の原子力開発の中心は途上国になるとみられる．

再生可能エネルギーは，現在，世界各国で徐々に導入が進んでいる．たとえば，2008年のリーマンショック後の世界経済の急激な景気後退から回復する切り札として，先進国を中心に，再生可能エネルギー関連産業での雇用拡大を狙ったグリーングロース政策が試みられた．経済成長戦略としての成果については賛否が分かれるものの，再生可能エネルギーによる発電電力を固定価格で買い取るFIT(Feed-in Tariff)制度や投資税の減免制度などの導入促進策が奏功した．

REN21(2016)[2-17]のレポートによれば，2010年末～2015年末平均で，世界全体の太陽光発電(PV)設備容量は年率42%，風力発電設備容量は年率17%で増加した．IEA(2015)から2040年までの見通しをみると，2040年時点の世界全体での再生可能エネルギーによる発電量(大規模水力を含む)は，2013年の5.1兆kWhから，2040年には13.4兆kWhと，発電量全体の1/3が再生可能エネルギーで賄われると見込んでいる．このうち風力で2.9兆kWh，次いで水力で2.4兆kWh，PVで1.4兆kWhの増加を見込んでいる．

一方，冒頭で触れたように，再エネ由来の不安定な電源が大量に系統に接続することで，送電線の増強に加えて，蓄電池など系統安定のための大規模な設備投資が必要になる．また，仮に化石燃料価格の低迷が続く場合には，再エネ電源の競争力は低下する．世界でどれだけの規模で，今後，持続可能な形態で再エネ電源が使われていくかは，さらにコスト競争力を高め補助金への依存から脱却できるかにかかっている．

(b) 日本

図2-25は，日本の一次エネルギー需要の実績に，2015年に公表された長期エネルギー需給見通し(資源エネルギー庁(2015))による2030年の値を重ねて作成したものである．足元では，2011年の東日本大震災以降，原子力発電の停止によって，それを代替する化石燃料(石油，石炭，天然ガス)の需要が増加した．長期エネルギー需給見通しで示されたエネルギーミックスに従えば，今後は，原子力発電の再稼働と再エネの増加に伴って，発電用燃料需要が減少することから，特に天然ガス需要の顕著な減少が見込まれている．エネルギー源別にみて最も大きく需要を減少させるのは石油で，年率2.3%で減少すると見込んでいる．2030年時点での一次エネルギー供給に占める石油のシェアは，2013年の40%から30%へと約10ポイント低下するとみている．

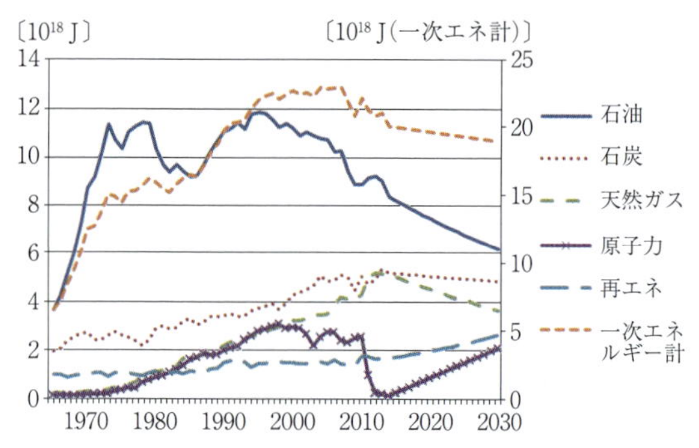

出所：実績期間はエネルギー白書，予測期間は長期エネルギー需給見通しの2030年値を用いて推計(予測期間については，伸び率一定)

図2-25　日本の一次エネルギー需要

図2-25にみるように，震災以降，日本の一次エネルギー需要は大きく減少しており，GDP当たり一次エネルギー需要は石油危機に匹敵する減少率を記録した．長期エネルギー需給見通しでは，今後も引き続き，石油危機に匹敵する減少を継続すると見込んでいる．これは，石油危機並みの大幅な省エネが今後も持続することを想定していることになるが，この実現可能性については疑問の声も出ている．長期エネルギー需給見通しで前提とする高い経済成長率とエネルギーミックスにおいて，エネルギー自給率を東日本大震災前に戻し，電力コストを現状並みに抑えつつ，2030年までに2005年比で25%というCO_2排出削減目標を達成するためには，これだけの省エネの実現を想定せざるを得なかったのが実態といえる．この長期エネルギー需給見通しの各エネルギー源の比率，量的見通しに関しては，「べき論」で作成されたものであることから，「だろう論」の需要の姿とは一致しない可能性がある．定期的な見直しの中で解消されていくものである．

さて，長期エネルギー需給見通しにおいて，一次エネルギーの中で，再稼働を見込む原子力を除いて唯一増加するのが再生可能エネルギーである．2016年2月末現在の太陽光発電の設備導入量は3,000万kW強であるが，認定容量はすでに長期エネルギー需給見通しで想定された導入目標6,400万kWを超えている(図2-26)．FIT買取価格の変更やルールの見直しもあるため，認定容量の全てが，導

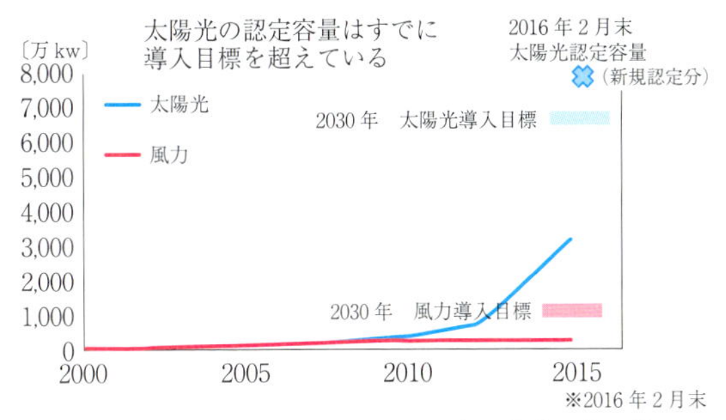

出所：METI,「固定価格買い取り制度設備導入状況等の公表」資料より作成

図 2-26　再生可能エネルギー導入量 kW

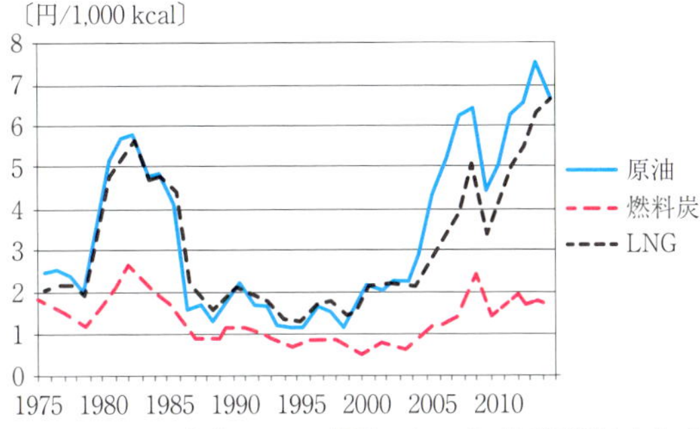

出所：EDMC[2-18]エネルギー統計要覧より作成

図 2-27　日本の輸入燃料価格

入されるわけではない．再エネ電源の設備導入は，現在までのところ太陽光に偏重しており，地元との調整や環境アセスが必要で，建設リードタイムの長い風力や地熱の導入は進んでいない．今後はこれら電源への政策支援が強化されることから，太陽光以外でも設備導入の拡大が見込まれる．

図 2-27 は 1975 年以降の日本の化石燃料輸入価格の推移をみたものである．2000 年以降の油価高騰によって，原油，LNG に対する燃料炭価格の価格競争力が高まっていることが確認できる．しかし，欧米を中心に石炭火力の規制強化の動きがあること，中国の成長の鈍化で石炭需要が低迷していることなどから，世界の石炭産業では経営難などから生産縮小も始まっている．今後こうした動きが本格化する場合には，日本が調達する石炭価格の変動幅が大きくなることが懸念される．

日本の LNG 輸入は長期契約が主で，原油価格に連動した値決めが行われてきた．これに対して，今後輸入が本格化する米国のシェールガス由来の LNG は，米国内の天然ガス価格である Henry-Hub 価格にリンクした値決めとなるため，米国内の天然ガス需給動向の影響を受けることになる．米国から

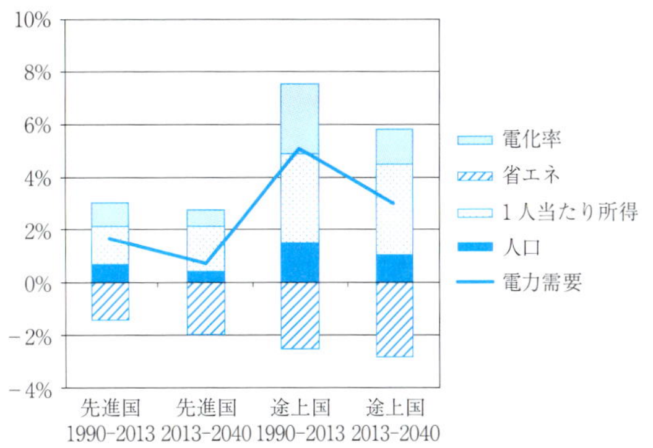

出所：IEA の WEO 2015 を用いて作成

図 2-28　世界の電力需要の伸びの要因分解

の LNG 輸入は，当面は最大でも輸入量の 3 割に満たないとみられるため，すぐに日本の LNG 輸入価格に大きく影響することは考えにくい．他方で，東日本大震災以降，長期契約ではないスポットでの LNG 輸入が増加している．

今後 2020 年までに稼働開始する LNG 輸出プロジェクトは，たとえば米国内で計画されているものだけでも 400 bcm，保守的に見積もっても 90 bcm は見込まれるなど，中期的にみると世界的な LNG 需給は緩和方向にある．日本の今後の LNG 輸入価格動向については，より一層，世界の需給動向を踏まえた見通しが必要になる．

(2) 二次エネルギーの見通し

(a) 世界

世界の二次エネルギーの動向について，ここでは電力と石油製品に絞ってみていきたい．電力需要は，人口，1 人当たり GDP，GDP 当たり最終エネルギー消費，最終エネルギー消費当たり電力需要(電化率)の掛け算として定義することができる．その両辺を時間微分すると，電力需要の伸び率の寄与を，以下のように分解して考えることができるだろう．

電力需要変化率＝人口成長率
＋1 人当たり GDP 成長率
＋省エネ率
＋電化率の変化率

図 2-28 は，先進国，途上国別に，1990 年以降の実績期間と 2040 年までの WEO 2015 の予測値について，上記の要因分解を行った結果である．

先進国，途上国別にみると，2040 年にかけて途上国の電力需要を増加させる要因としては，特に 1 人当たり所得の増加が大きく寄与するとみていることがわかる．所得増加に伴い都市化が進むことや，

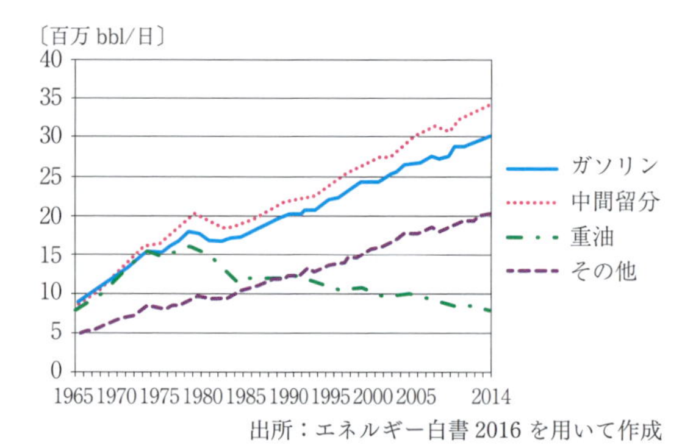

出所：エネルギー白書 2016 を用いて作成

図 2-29　製品別にみた世界石油需要(実績)

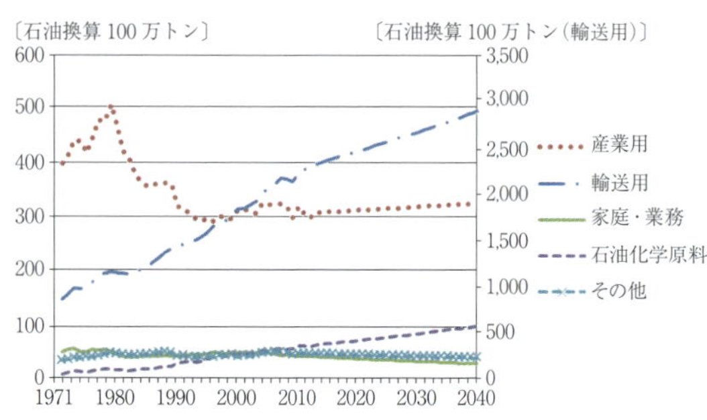

出所：実績期間はエネルギー白書，予測期間は WEO 2015 の New Policies Scenario を用いて推計(予測期間については，伸び率一定)

図 2-30　部門別の世界石油需要

家電普及の進展などが大きなドライバーとなる．途上国平均の電化率は，2013 年で 17％であるが，これが 2040 年には現在の先進国の水準を超える 24％まで上昇すると見込んでいる．また，先進国でも 2040 年の電化率は 27％まで上昇するとみている．

二次エネルギーの中では，電力に次いでガス需要も増加する．世界全体の二次エネルギーに占めるシェアは，2013 年の 15％から，2040 年には 17％に上昇する．特に伸びが大きいのが産業用で，途上国を中心に石油，石炭からガスへのエネルギーシフトが予想されている．

石油製品需要は，足元までの実績をみると，ガソリン，中間留分(灯油，軽油，ジェット燃料等)，その他(LPG，石油系ガス等)が堅調に伸びる一方で，産業部門でのエネルギーシフトの影響で，重油は減少傾向が続いている(図 2-29)．

今後の動向をみる上で重要であるのは，部門別の石油需要の展望である．図 2-30 は，WEO 2015 による世界全体でみた部門別石油需要の展望である．

輸送用燃料需要は引き続き増加が見込まれているが，途上国を中心とした輸送需要の増加が見込まれ

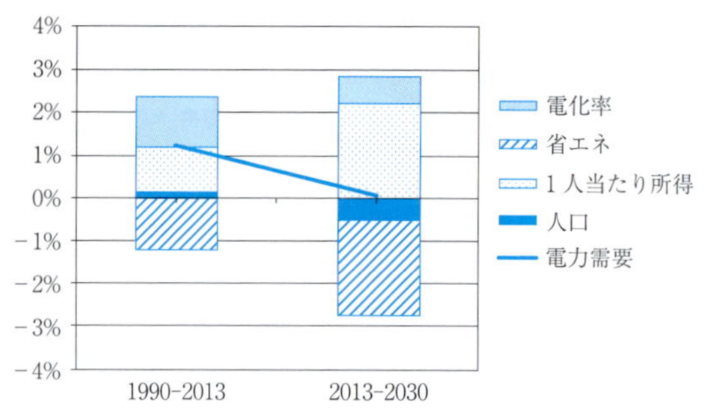

出所：長期エネルギー需給見通しの値を用いて作成

図 2-31　日本の電力需要の伸びの要因分解

る．なかでも，平均の燃費が改善すること(New Policies Scenario では，2040 年に現状の 1/3 と想定)から増加のペースは鈍化(2014 年から 2040 年の平均伸び率は 0.8％)する．一方，電化の進展により，業務・家庭部門の石油需要は減少傾向を見込んでいる．

(b) 日本

最後に日本の二次エネルギーの動向をみてみたい．先に図 2-28 で示した電力需要の変化率の要因分解を日本について行ったのが次の図 2-31 である．ここで，予測期間については，長期エネルギー需給見通しの値(省エネ後)を用いている．

2030 年にかけて，経済成長率は平均 1.7％と，人口減少が続く中では高い経済成長率を見込んでいるのに対し，電力需要の伸びは 0.1％とかろうじてプラス成長は維持するものの，ほとんど伸びないと見込まれている．要因別に分解すると，1 人当たり所得の増加と電化率の上昇による増加要因を，GDP 当たりの最終エネルギー消費の低下，すなわち省エネの進展がほぼ打ち消しており，電力需要においても大幅な省エネの進展が見込まれていることが確認できる．電化率は今後も伸びると見込まれている．今後，電化率に影響を与える要因としては，電力・ガス自由化とそれに伴う料金メニューや新しいコンセプトの電気機器の開発動向などの影響，産業構造の変化による需要構造の変化に加え，電気自動車の普及動向などが考えられる．

長期エネルギー需給見通しでは，二次エネルギーについて電力のみの見通しが公表されているにとどまるが，ガス需要に関しては，政府の目標では，2030 年までに家庭用コジェネの普及台数を 530 万台としている．このほとんどが天然ガスコジェネと想定した場合，家庭の電力，熱需要の一定程度は，

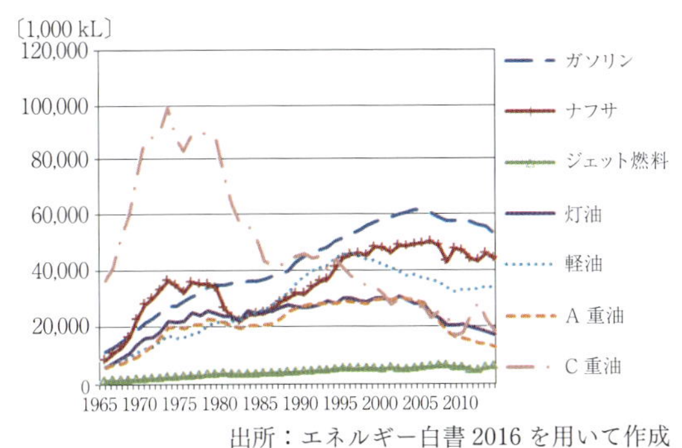

出所：エネルギー白書 2016 を用いて作成

図 2-32　油種別にみた日本の石油製品需要

コジェネに置き換わることが考えられる(注7)．また，LNG 価格の低下が見込まれることから，今後，産業用のエネルギー需要の一定程度もガス需要に置き換わることが考えられる．

（注 7）前提条件に依存するが，系統電力需要の減少分を概算すると，おおむね 150 億 kWh 程度と予想される．

図 2-32 は，油種別の石油製品需要動向(実績)をみたものである．2014 年度はジェット燃料を除くすべての油種で減少し，28 年ぶりに 1 億 8 千万 kL 台を記録した．ガソリン・軽油のシェアは相対的に増加しているものの，自動車の燃費向上等の影響で，ガソリン需要は 2000 年代後半以降減少傾向が続いている．ジェット燃料のシェアは，2000 年の 2% から 2014 年は 3% に拡大しており，今後も途上国を中心とした航空需要の拡大から需要増加が見込まれている．

一方，C 重油は，東日本大震災後の原子力発電停止の影響から一時増加したものの，今後原子力発電の再稼働，再エネ発電の増加が見込まれることから，発電用の需要は減少が見込まれる．加えて，船舶用燃料の硫黄分について，国際的に規制強化の動きが強まり，2016 年 10 月には 2020 年から一般海域での硫黄分濃度規制強化の開始が決定した．今後，C 重油の需要減少が見込まれる．

こうしたことから，原油処理量の減少は一層進むことが予想される．石油製品は連産品であるため，特定の製品のみを生産することはできない．需要の軽質化は引き続き進むと考えられることから，一部の油種において販売先の確保など様々な方策の検討・調整が必要となる．日本のエネルギーの安定供給を支える石油製品の国内供給力を維持するためには，原油処理量は一定の規模が維持されることは，エネルギー製造・供給の立場として前提となる．しかし，2050 年までを見据えたときには，ボトムレス化と原油処理量の減少が結果として顕著な現象になるとみられる．

2. 6. 3　自動車用エネルギー

自動車の世界的な旅客需要，貨物需要に関しては，特に中国，インド，東南アジア等において経済発展が進み，国民所得が増加していくにつれてモータリゼーションが起こる．まずは二輪車から増加していき，その後の経済発展により国民所得が 2 万～3 万 $ を超えるにつれ四輪車の保有率も増加する．さらに人口増加などもあり，世界においては自動車用エネルギーの需要は増加し続けるであろう．

日本においては，先にみた長期エネルギー需給見通しでは，2030 年までの旅客需要は，人口減少を背景に 2013 年の 1.46 兆人 km から，2030 年には 1.41 兆人 km と微減を見込んでいる．貨物需要に関しては，経済成長に伴って今後も需要増加を見込んでおり，2013 年の 4,200 億トン km から 2030 年には 5,200 億トン km と，年率 1.3% の増加を見込んでいる．

一方で，省エネ対策としては，次世代自動車の普及(2030 年までに新車販売に占める次世代自動車の割合を 5～7 割)と燃費改善等によって，運輸部門全体で，2030 年までに 1,607 万 kL の省エネ(対策効果分)を見込んでいる．長期エネルギー需給見通しでは，運輸部門のエネルギー源別の見通しは示されていないことから，APERC(2016)(2-19)によるアウトルックをみてみると，日本の国内運輸部門における石油需要は，2013 年の 72 Mtoe(石油換算百万トン)から 2040 年には 44 Mtoe と年率 1.8% で減少し，2040 年には 2013 年の 6 割程度になると見込まれている．この減少率で 2050 年まで単純に外挿すると，2050 年の日本の運輸部門での石油需要は，現在の約半分程度まで縮小することになる．しかし軽自動車の普及の伸びや若者の車離れなどによっては，2030 年でガソリン需給が半減する可能性もある．

また，運輸部門における非石油系燃料の割合について，長期エネルギー需給見通しでは，電気自動車，バイオマス燃料，燃料電池自動車，貨物自動車や船舶用燃料での LNG 利用の拡大によって，輸送用燃料に占める非石油系燃料の割合を 2013 年の 2.1%

から2030年には7.9%まで引き上げるとしている．

こうした非石油系燃料車普及の対策効果の浸透や電化の寄与を考えると，2050年の日本のガソリン需要は約80%減程度が見込まれる．軽油については物流中心であり，その減少が緩やかになることが可能性として考えられる．

自動車用燃料の供給については，これまで石油燃料が世界の主力の位置を占めてきたが，世界ではこれからも『バイオ燃料などの代替燃料と比較して安価でかつエンジンとこれまでに十分に適合し合ってきた石油系燃料』が世界で一定程度利用され続けるだろう．先進国で進む燃料の代替については，以下で電気，天然ガス燃料，バイオマス燃料，水素およびその他の注目点について整理する．

電気自動車については，まず環境影響については エネルギー源となる電気の発電のされ方に依存する．日本においてはこれまでも述べた通りのエネルギーミックスの中で発電されるため，CO_2の排出は既存の自動車との比較では減るものの，最新式のハイブリッド車とは大きく変わらないものとなっている．コストは高いものの，環境意識の高い需要層に向けて徐々に普及している．さらなる普及への課題としては，バッテリーの限界による航続距離の短さやコストの高さ、充電インフラの不足などが2016年時点では注目される．今後とも，ニーズと対応する技術の動向に注視が必要である．

また，内燃機関で発電した電気を使って電気自動車としての自動車を動かす技術も上市された．この技術の展開も注目される．一方で，電気自動車は自動車としての用途のほか大規模バッテリーとしてHome Energy Management System(HEMS)における利用も注目されており，今後再生可能エネルギーが増加することによって起こる系統電源の変動の増加を緩和することができるのではないかという効果が期待されている．

天然ガス燃料については，石油よりもCO_2の排出が相対的に少ないことからクリーンエネルギーとして利用されているが，自動車への利用については，エネルギー密度が低く航続距離が短いこと，インフラが既存燃料に比べて整っていないことから普及はまだ限定的にとどまっている．天然ガスは電力用途の需要がメインにあることから，自動車用燃料としての位置付けには今後も継続して議論されるだろう．

バイオ燃料については，バイオ燃料の利用は1980年代頃から主に農業支援・振興の観点から議論されてきており，2000年以降世界では原油価格の高騰や気候変動議論，エネルギーセキュリティの観点から注目を集め，各国の普及促進政策等により普及が拡大している．欧州では再生可能エネルギー指令(RED)によって運輸部門で加盟国一律で上限7%を目標に導入が進んでおり，米国では再生可能燃料基準(RFS)でバイオ燃料の義務量が毎年設定されている．

また日本では，2005〜2006年に「バイオマス日本構想」のもとで注目された．2010年に施行されたエネルギー供給構造高度化法により，輸送用燃料としてバイオ燃料を原油換算で21〜50万kL/年使用することが目標とされ，バイオETBE(Ethyl Tertiary-Butyl Ether)をガソリンに基材として利用している．バイオ燃料はガソリン車用には主にエタノールやETBE，ディーゼル車用には脂肪酸メチルエステル(FAME：Fatty Acid Methyl Ester)が使用される．

しかし，これら第一世代と呼ばれるバイオ燃料は，エタノールはサトウキビやトウモロコシ等から，FAMEは菜種油やパーム油，大豆油等から製造されることから，食糧との競合の問題を引き起こし，他にも直接的・間接的土地利用変化(ILUC)によって生態系の破壊や，むしろ石油燃料よりもGHGの排出が増加する場合もあることなど，世界的に使用する二次エネルギーとしては課題も多かった．さらに，FAMEは酸化安定性やインジェクタデポジット，燃料系のフィルターの詰まりなどの懸念があり，自動車用エネルギーとしても課題があった．この食糧との競合，土地利用変化による生態系への影響，LCAでの評価，自動車燃料への適合性などについては，バイオ燃料について考える上で常に考慮しなければならない点である．

最近では食糧と競合しない木材や稲わら等のセルロースを分解してエタノールを製造する技術や，食用とされないジャトロファ等の油脂類を水素化精製することにより製造する水素化バイオディーゼル(BHD：Bio Hydrofined Diesel)の製造技術，廃材などをガス化してフィッシャー・トロプシュ合成(FT：Fischer-Tropsch)により液体燃料を得る技術などが開発されてきた．これらは食糧と競合しないことや水素化処理により安定化をしていることなどから，第二世代バイオ燃料と呼ばれる．BHDやFT

燃料はFAMEに比べて品質が安定しており，各地で実証化試験の検討が進められている．近年注目を集めているのは藻類を活用したバイオ燃料であり，これらは植物を栽培する土地の競合もないことから第三世代バイオ燃料と呼ばれている．藻類バイオ燃料は，同じ面積からより多くの燃料が生産でき，国内外で実証化に向けた研究が実施されているが，高コストであることなど実用化にあたっては多くの課題を抱えている．

バイオ燃料のコストについては，以下，化学経済，古関(2015)(2-20)から引用する(原文の一部を簡略化している)．

『最大の関心事であるコスト(Economic Efficiency)についてだが，これは一般的にエネルギー産業の外において想像される以上にハードルが高いと考えられる．従来，バイオエタノールは製造原価が40円/Lをターゲットにすれば大いに有望であると考えられていたが，すでにこれは過去の考え方である．私見では，40円/Lのエタノール供給が実現したとしても，「発熱量がガソリンの65%である」「燃料としては，ブレンドした後にさまざまな品質調整が必要である」「薄く広く分散した資源・原料を集めるコスト」などがネックとなり，市販ガソリン160円(税込)に対抗することは難しい可能性があった．このことは，エネルギーのビジネスモデル特有の採算性が原因の一つと考えられる．なお，2005～2015年までの一連のバイオ燃料導入の動きの中で，コストで優位にあるといわれる第一世代のブラジル産エタノールでE10のガソリンが，日本において普及していないという事実はこの特徴を反映している可能性がある．2014年央から原油価格が下がったことにより，真の採算性がさらに厳しくなっていると考えられる．軽油に対応するバイオ燃料について，日本ではバイオ軽油の脂肪酸メチルエステル利用での規格を2006年頃から国と業界は整備を進めた．2007年4月には「BDF混合軽油の規格化に係る検討結果について」がとりまとめられ，その後品質確保法が改訂された．小規模での利用は進展しているといわれるものの大規模に普及しないのは，こちらもNation Wideでは高コストであり，既存の軽油には対抗できないことが大きいといえる．現在はLocalとして着実に進める考え方が大事になっており，小規模でのバイオの利用はその観点で注目される．Localでは，廃棄物のコストの代わりに燃料・資源化をすることのメリットが加わる上に，環境活動の「見える化」という教育効果も意味をもつ．したがって，トータルな事業について持続可能性をより容易に追求しえると考える．今は，2011年当時とは情勢が変化し，原油価格も安く，数十億かける実証プロジェクトで拍車をかける段階にはなく，多段階の戦略を組むなど発想の転換が進められていると考えられる．』

水素については，エネルギー基本計画では，2030年までを水素社会の実現に向けた取組みを加速する時期と捉え，水素ステーションなどの水素インフラの整備(2020年までに160カ所の水素ステーション)，水素燃料電池車の普及(2030年にストックベースで80万台)，業務・家庭部門でのエネファームの普及(2030年に家庭用燃料電池530万台)，水素発電の技術開発(発電コスト目標は17円/kWh以下)，海外での水素製造・輸送(副生水素，原油随伴ガス，褐炭等からの水素製造)，国内の再生可能エネルギーからの水素製造(2040年頃を目途)，などの実現を目標とした．2016年3月には，その具体化に向けて「水素・燃料電池戦略ロードマップ」の改定版が公表された．そこでは，2020年の東京オリンピック・パラリンピックを水素社会のアピールの機会と捉えて水素を活用していくためのさまざまな目標施策が盛り込まれた．さらなる展開可能性については冷静な議論が必要と考える．

現在のところ，日本は世界的にみてFCV技術の最先端にあることから，自動車側，インフラ側でより一層のコスト低減に向けた技術開発が進むことそのものは技術立国日本の将来の財産となるものであり，大いに期待したい．一方で，過去に学ぶ教訓があるとすれば，開発技術を大規模に導入するとき，安全性，経済性を見極めた合理的な普及シナリオを描くことが重要となる．それが結果的には，将来的に花開く技術の芽をより強く大きく育てることにつながるはずである．しかし，水素社会の到来は少なくとも現行技術を下敷きにすると，2030年近辺では想像しにくいだろう．このことは，FCVの技術としての素晴らしさと別の議論である．

その他の注目点として，エネルギー製造・供給の視点から，自動車用代替エネルギーに関わる税がある．ガソリン1L当たり108円とすると，現在は揮発油税(暫定＋本則)，石油税，二重課税の消費税等も含め約64.3円の税金が課せられており(注8)，税金が価格の半分以上を占めている．これらの多額の税金は道路の整備・補修等に使われており，国土の強靭化に資するものとして活用されている．税の使途・税額については議論あるものの，折しも現在高度成長期以降に整備された高速道路，トンネル等の老朽化が問題になっており，今後も交通インフラの更新に多額の税金が必要になる．よって，燃料の代替によってガソリン需要が減少する場合，代替燃料に同等の税金を課す議論は避けられないものとなるだろう．自動車用の代替燃料のコストについて考えるときは，この点についても注意する必要がある．

(注 8) CO_2 排出量削減目標の達成手段として,「炭素の価格付け」の議論があるが，現状においても燃料間で必ずしも炭素に比例した課税はされておらず，特に自動車用燃料には過大な税負担が課せられている．また，国際的な炭素の価格付けの議論では，課税前のエネルギー価格水準の国際間の格差を念頭におくことが必要である．

以上述べたことを踏まえて，将来の自動車用の各二次エネルギーを考えるとき，製造・供給の目線からみると，2040〜2050 年では，ガソリン・軽油から電力への質的なシフトが顕著になると予想される．

2.6.4 おわりに

本章では，グローバル市場でビジネスを行う日本の自動車業界を念頭に，2050 年の自動車のエネルギーを考えるにあたって重要となる世界，日本の両方の視点から，エネルギーの将来動向と，そこから得られる示唆をみてきた．

最後に，自動車用エネルギーの需要と供給について，現在のモビリティのあり方，技術・政策その他の状況からの外挿を出発点に，いささか考えてみたい．

(1) 石油燃料については，途上国では需要が増加し，先進国については減少する．特に日本においては 2050 年にガソリン需要の約 80％減が予想される．軽油についてはそれよりも減少が緩やかである可能性がある．

(2) 石油産業は，公益性の高さや薄利多売のビジネスモデルをもつことから，需要減の下では，たとえばガソリンは採算油種からはずれる可能性がある．これによってますますコモディティ化が進み製品の差別化のモチベーションが下がり，品質の漸進的な向上よりも，ユーザー側による(モビリティのあり方を含む)本質的な使い方の変化に対応することが求められる．これは“技術開発”の視点の変化のはずである．また，特に日本においては供給余剰の中での連産品の需給を考える状況にある．

また，石油以外の自動車用燃料・エネルギーについては，

(3) 電気自動車については，バッテリーに課題があり大幅な普及には至らないものの，電化率の向上を受け，特に環境意識の高い層に向けて徐々に普及していくだろう．バッテリー技術の進歩は注目点であり，特にインフラに関わる部分はエネルギー産業の方針によるところも影響が大きいと考えられる．

(4) 天然ガスは航続距離の短さやインフラの未整備，加えて日本の全体の燃料需要が減少していくため，既存の燃料を置き換えて普及する状況にはないだろう．

(5) バイオ燃料については，世界ではガソリン・軽油の需要が伸びる中で一定数量の伸びを期待する考えもあるものの，コストの制約があるため，普及するとしても進展は緩やかになるだろう．一方，日本では全体の燃料需要が減少していくため，既存の燃料を置き換えて普及する状況にはない．まして原油が安い 2014 年以降の状況では，増加する環境にはない．2050 年についても，バイオ燃料をめぐる S+3E に関わる基本的なドライビングフォースは変わらないと考えられる．

(6) 水素燃料についてはいまだ技術開発の途上であり，高コストであることに加え現状の技術では大量生産できるのは化石燃料由来の水素のみであるため GHG 削減効果も薄く，インフラの未整備もあり，過去の事例をみても 2030 年の段階での水素社会の実現は難しいだろう．その後については，将来に検討が必要であろう．画期的なコストダウンができる技術が開発できれば状況が変わる可能性がある．

これらは現在の技術・状況から 2050 年に外挿して導き出される考え方である．しかしながら，2050 年では，現在は実現していないモビリティの質的変化も重要なファクターとなる．

また，2050 年では，グローバル化とローカル化の考え方はせめぎ合っている．エネルギー製造・供給の世界にとっても，現在，語られているエネルギーの Nation Wide(ネーションワイド：国レベル)と Local(ローカル：地産地消)の両面の「グローカル」な変化に注目している．この言葉が 2050 年に

生き残っているかはわからないが，考え方は，エネルギー製造・供給において，21世紀を見通すキーコンセプトの一つとなるだろう．

最後に課題の認識を記す．エネルギーはS＋3E全体を見据えて定量的に捉えることが重要であり，2050年のあるべき姿，あるだろう姿を，定性・定量的に現時点で完全に見通すことはできないため，具体的な将来像を，少なくとも数年ごとに考える必要があろう．

参考文献

(2-1) BP Statistical Review of World Energy, June 2013

(2-2) "PEAK ENERGY, CLIMATE CHANGE, AND THE COLLAPSE OF GLOBAL CIVILIZATION, The Current Peak Oil Crisis", October 2010, TARIEL MORRIGAN, University of California, Santa Barbara, www.global.ucsb.edu/climateproject

(2-3) Total: Oil Production to Peak at 98M Barrels per Day, 11 Dec 2012, http://www.odac-info.org/node/19230

(2-4) "The economics of oil dependence: A glass ceiling to recovery", December, 2011, NEF(the new economics foundation)

(2-5) 水野和夫，萱野稔人：超マクロ展望，世界経済の真実，集英社新書

(2-6) 水野和夫：資本主義の終焉と歴史の危機，集英社新書

(2-7) GIAフォーラム，2050年の社会情勢を見据えた交通システムと自動車用動力システムへの提言(2016年5月)

(2-8) 次世代自動車・エネルギー委員会成果報告書：2050年の社会・交通システムから見た次世代自動車(2014年3月)

(2-9) Knox-Hayes, Janelle, Marilyn A. Brown, Bejamin K. Sovacool, Yu Wang：Understanding attitudes toward energy security: Results of a cross national survey, Global Environmental Change, Vol. 23, p. 609-622(2013)

(2-10) Caldecott, Ben, Gerard Dericks, Daniel J. Tulloch, Lucas Kruitwagen, Irem Kok：Stranded Assets and Thermal Coal in Japan — An analysis of environment-related risk exposure —, Smith School of Enterprise and the Environment, University of Oxford(2016)

(2-11) 有馬純：オックスフォード大の石炭火力座礁資産論に異議有り，国際環境経済研究所(2016)

(2-12) 杉山大志：温暖化対策とイノベーション，世界経済評論，9-10月号(2016)

(2-13) 資源エネルギー庁：長期エネルギー需給見通し(2015)

(2-14) IEA, World Energy Outlook 2015(2016)

(2-15) 経済産業省：平成27年度エネルギーに関する年次報告(エネルギー白書2016)

(2-16) NEA/IAEA, Uranium 2014: Resources, Production and Demand, OECD/NEA(2014)

(2-17) REN21, Renewable 2016 — Global Status Report, 2016 —

(2-18) EDMC，エネルギー・経済統計要覧，日本エネルギー経済研究所(2016)

(2-19) APERC, APEC Energy Demand and Supply Outlook 6th Edition(2016)

(2-20) 古関惠一：一次エネルギー動向を踏まえたバイオマスエネルギーの利用(特集　バイオマスエネルギーの新潮流)，化学経済，Vol. 62(14)，化学工業日報社(2015)

第3章

自動車と環境

自動車は多くの地域で経済の発展とともに普及してきたが，その利便性と引き換えにさまざまな環境問題を引き起こしてきた．一口に自動車に起因する環境問題といっても，大気汚染や地球温暖化等の主に燃料の燃焼により生成される大気汚染物質や温室効果ガスの排出に起因するものから，製造過程における環境負荷や役目を終えた自動車の廃棄物処理，さらには，レアメタル等の新素材の採掘や精錬に起因する問題など，広範囲に及んでいる．いずれも重要な課題であるが，ここでは，本書の目標である2050年の自動車社会を展望する上で避けることのできない課題として，大気環境と地球温暖化の問題を取り上げた．

これらの環境問題に対する具体的な目標や対応については各章で詳しく述べられているので，本章では，今後の自動車と環境との関わりを考える上で必要と考えられる地球温暖化や大気環境についてのこれまでの状況や今後の動向を中心に述べる．

特に地球環境問題については，今後の温室効果ガス削減対策に大きな影響を及ぼすと考えられるパリ協定を中心に，国際動向やわが国への影響について紹介する．

3.1 大 気 環 境

自動車から排出される大気汚染物質は，自動車の普及に伴い，世界各地において，都市の大気環境に深刻な影響を及ぼしてきた．自動車排出ガスに起因する大気汚染を防止するため，1960年代に米国カリフォルニア州において，世界初の自動車排出ガスを対象とした「クランクケース・エミッション規制」が導入された．

わが国でも，自動車排出ガスによる都市の大気汚染が問題視され始めた1960年代に，ガソリン車に対する一酸化炭素の濃度規制が導入された．その後，自動車の普及と並行して排出ガス規制も年々強化され，現在に至っている．近年のエンジン技術の進展は，排出ガス対策とともにあったといっても過言ではない．

ここでは，大気環境の現状を示すとともに，将来の自動車を考える上で考慮すべき要因について述べる．

3.1.1 大気汚染に係わる環境基準

わが国では，環境基本法(1993)の第16条に基づいて，人の健康の保護および生活環境の保全の上で維持されることが望ましい基準として，環境基準が定められている．

表3-1に大気汚染に係わる環境基準を示す．粒子

表3-1 大気汚染に係わる環境基準

物質名	環境基準
二酸化硫黄	1時間値の1日平均値が0.04 ppm以下であり，かつ，1時間値が0.1 ppm以下であること．(S48.5.16告示)
二酸化窒素	1時間値の1日平均値が0.04 ppmから0.06 ppmまでのゾーン内又はそれ以下であること．(S53.7.11告示)
一酸化炭素	1時間値の1日平均値が10 ppm以下であり，かつ，1時間値の8時間平均値が20 ppm以下であること．(S48.5.8告示)
光化学オキシダント	1時間値が0.06 ppm以下であること．(S48.5.8告示)
浮遊粒子状物質	1時間値の1日平均値が0.10 mg/m³以下であり，かつ，1時間値が0.20 mg/m³以下であること．(S48.5.8告示)
微小粒子状物質	1年平均値が15 μg/m³以下であり，かつ，1日平均値が35 μg/m³以下であること．(H21.9.9告示)

環境省資料[3-1]をもとに作成
(備考)
1. 環境基準は，工業専用地域，車道その他一般公衆が通常生活していない地域または場所については，適用しない．
2. 浮遊粒子状物質とは大気中に浮遊する粒子状物質であってその粒径が10 μm以下のものをいう．
3. 二酸化窒素について，1時間値の1日平均値が0.04 ppmから0.06 ppmまでのゾーン内にある地域にあっては，原則としてこのゾーン内において現状程度の水準を維持し，又はこれを大きく上回ることとならないよう努めるものとする．
4. 光化学オキシダントとは，オゾン，パーオキシアセチルナイトレートその他の光化学反応により生成される酸化性物質(中性ヨウ化カリウム溶液からヨウ素を遊離するものに限り，二酸化窒素を除く.)をいう．

表 3-2　WHO Air Quality Guideline

air pollutants	guideline〔μg/m³〕	
$PM_{2.5}$	25 10	24-hour mean annual mean
PM_{10}	50 20	24-hour mean annual mean
O_3	100	8-hour mean
NO_2	200 40	1-hour mean annual mean
SO_2	500 20	10-minute mean 24-hour mean

WHO 資料[3-3]をもとに作成

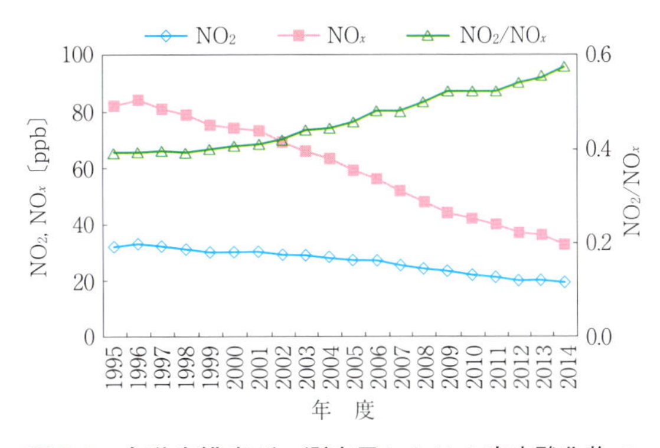

図 3-1　自動車排出ガス測定局における窒素酸化物の年平均濃度の推移

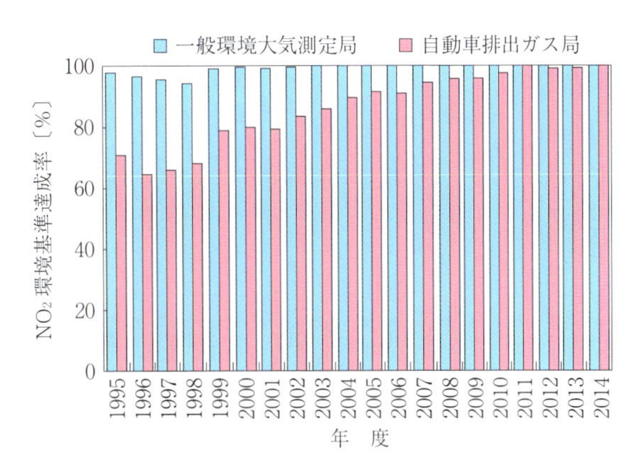

図 3-2　窒素酸化物の環境基準達成率の推移[3-2]

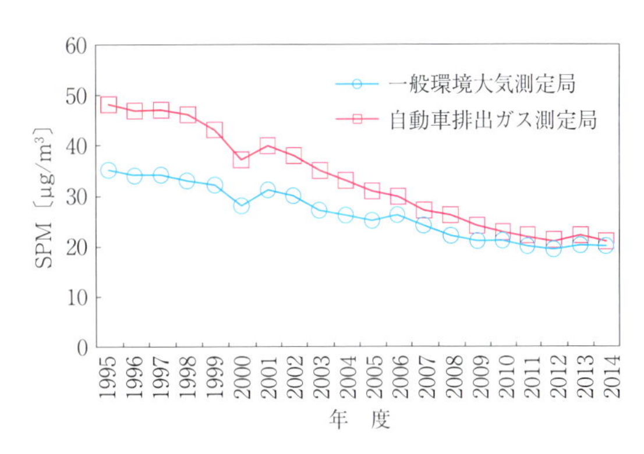

図 3-3　大気測定局における浮遊粒子状物質の年平均濃度の推移[3-2]

状物質については，近年，これまでの浮遊粒子状物質(SPM)に加えて，より粒径の小さい粒子を対象にした微小粒子状物質($PM_{2.5}$)に関する環境基準が追加された．その他，大気に関するものとして，ベンゼン等の有害大気汚染物質やダイオキシンに係わる環境基準が定められている．

世界各国においても同様な環境基準が設定されているが，参考として，表 3-2 に世界保健機関(WHO)の大気質に関するガイドラインを示す．微小粒子状物質については，わが国の環境基準よりも厳しい値が示されている．

3. 1. 2　わが国における大気環境の現状

環境基準が設定されている大気汚染物質のうち，わが国では，これまでに導入された各種排出規制により，二酸化硫黄(SO_2)，一酸化炭素(CO)については，一般大気測定局，自動車排出ガス測定局とも高い環境基準達成率を示しており，良好な状況が維持されている．

図 3-1～図 3-4 に，二酸化窒素(NO_2)，浮遊粒子状物質(SPM)，光化学オキシダント(Ox)について，最近 20 年間にわたる年平均濃度と環境基準達成率の推移を示す．

自動車排出ガス測定局における二酸化窒素は，図 3-1 に示すように，窒素酸化物(NO_x)濃度の大幅な低下にもかかわらず，その減少傾向は緩やかで，長期にわたって環境基準未達成の状況が続いていた．しかしながら，最近，自動車等への厳しい排出ガス規制の導入により，これまで達成率が低かった自動車排出ガス測定局においても高い達成率を示すなど，改善傾向にある．二酸化窒素は，自動車等の排出源から直接排出されるものと，一酸化窒素(NO)として排出されたものが，大気中のオゾン等と反応して生成されるものとがあるが，近年，排気管から直接排出される二酸化窒素の排出が低減される一方で，大気中における反応により生成される二酸化窒素の寄与が増加しており，今後も注視していく必要がある．

浮遊粒子状物質濃度については，1990 年代半ば頃まで高い状態が続いていたが，ディーゼル車に対

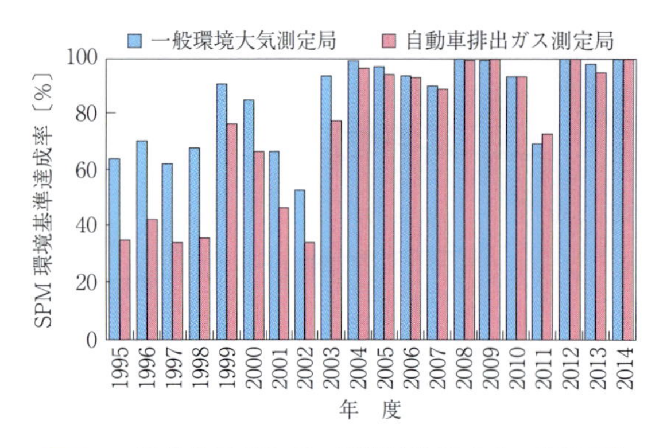

図 3-4　浮遊粒子状物質の環境基準達成率の推移(3-2)

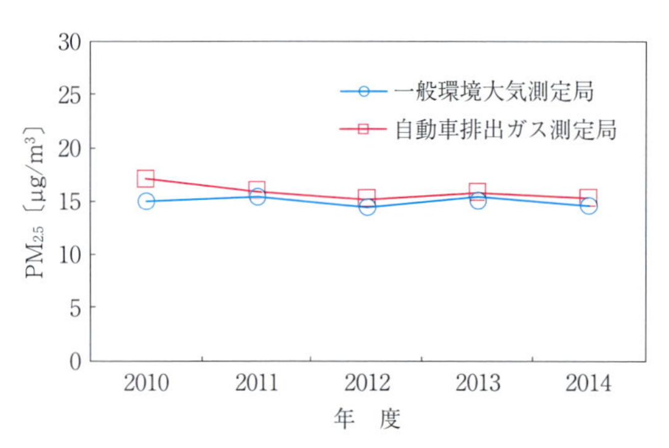

図 3-5　大気測定局における微小粒子状物質の年平均濃度の推移(3-2)

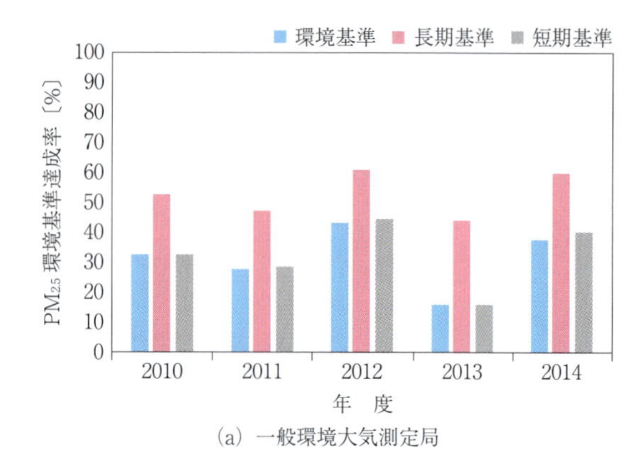

(a) 一般環境大気測定局

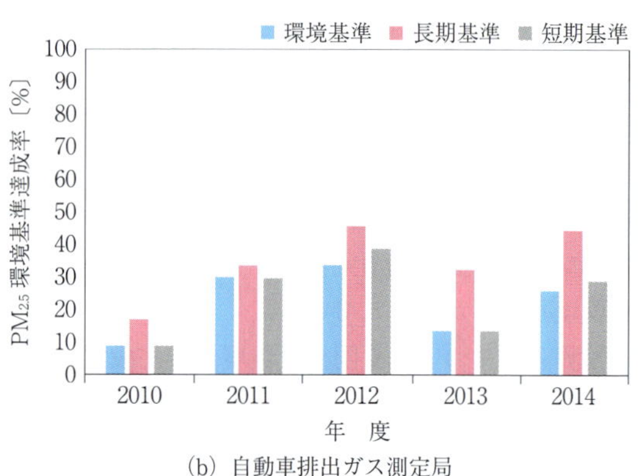

(b) 自動車排出ガス測定局

図 3-6　微小粒子状物質の環境基準達成率の推移(3-2)

する規制強化や焼却施設に対するダイオキシン対策等の効果により，2000 年以降，著しく改善されてきた．特に，ディーゼル排気微粒子除去装置(DPF)を装着した車両の増加とともに，自動車からの排出量は著しく低下したため，一般環境大気測定局と自動車排出ガス測定局との差異が年々減少しており，近年ではほとんど差異がないほどに改善されている．

図 3-5，図 3-6 に，最近，環境基準が設定された微小粒子状物質の年平均濃度の推移と環境基準の達成状況を示す．現在，測定局の整備を進めている最中であり，局数が年々増加している状況におけるデータであるが，年平均濃度は，一般環境大気測定局に比べて，自動車排出ガス測定局がやや高い濃度を示している．しかしながらその差は小さく，このところ数年間の年平均濃度は横ばいの傾向を示している．環境基準達成率は，両測定局とも未達成の測定局が多い．微小粒子状物質は，その構成成分に光化学反応により生成される二次生成粒子の寄与が大きく，その対策には，自動車以外の発生源を含めた，多くの発生源からの原因物質の削減が必要であるといわれている．

光化学オキシダントについては，その原因物質である窒素酸化物や非メタン炭化水素(NMHC)の排出量が削減されているにもかかわらず，図 3-7 に示すように，その年平均濃度は緩やかな増加傾向が続いている．年平均濃度に着目すると，これまでの排出規制の効果がなかったようにみえるが，NO_x や揮発性有機化合物(VOC)の削減により，高濃度の発生は抑制されていることが明らかになっている．環境基準達成率は，わが国の環境基準が諸外国に比べて厳しい値に設定されていることもあるが，ほとんどの測定局が未達成という厳しい状況にある(図 3-8)．

わが国の大気環境は，光化学反応により生成される二次生成物質以外はおおむね良好な環境にあるといえるが，その改善には自動車排出ガスの低減が大きく寄与してきたことはいうまでもない．また，近年，国内の排出削減が進展する一方で，経済発展が著しい東アジアからの越境汚染の影響が西日本を中心に大きくなっているため，国内における対策に加えて，近隣諸国への技術支援などを含めた総合的な対策が必要とされている．

3.1.3　海外における大気環境の現状

わが国では，度重なる自動車排出ガス規制の導入など，さまざまな対策が実施されてきた結果，オキシダントや微小粒子状物質など，環境基準未達成のものも残されているが，以前に比べて，都市の大気環境は著しく改善されてきた．

その一方，経済発展が著しい途上国では，深刻な状況に陥っている地域が多数存在している．前述したように，東アジアにおいて発生した大気汚染物質は，わが国の大気環境にも大きな影響を及ぼす状況になっている．

図 3-9 は，世界の都市を地域や経済状況ごとに分類し，それらの地域における $PM_{2.5}$ の大気環境ガイドライン(AQG)への適合状況を示したものである．日本や豪州などの西太平洋諸国と米国の高収入地域では，ガイドラインを達成している都市の割合が多いが，それ以外の地域では，多くの都市がガイドライン未達成であり，大気環境の改善が必要であることが示されている．このように世界規模でみると，大気環境の改善は今後も重要な課題であることが明白である．

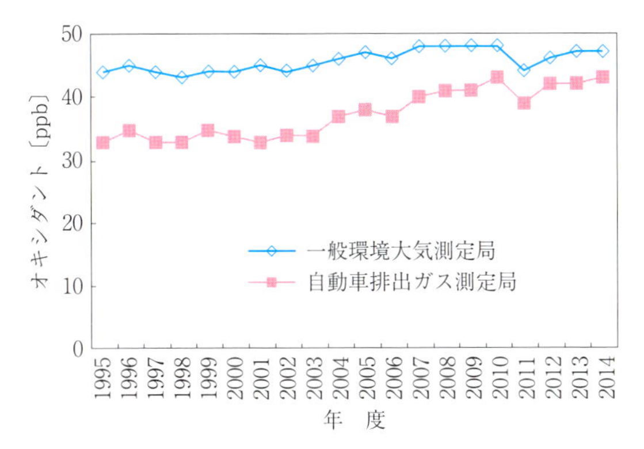

図 3-7　大気測定局における光化学オキシダントの年平均濃度の推移(3-2)

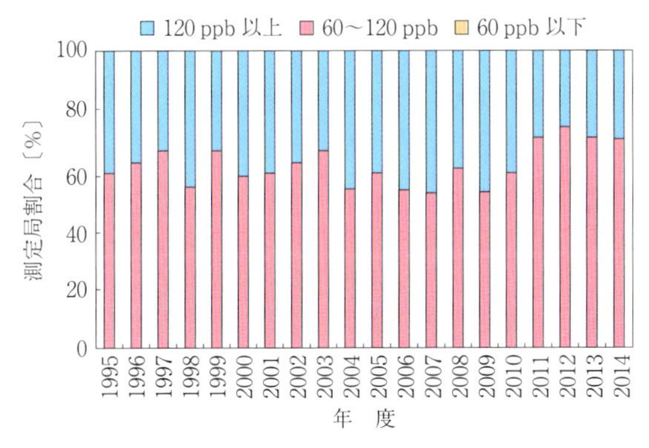

図 3-8　光化学オキシダントの環境基準達成率の推移(3-2)

3.1.4　今後の大気環境の課題と対応策

これまで述べきたように，自動車に起因する大気環境の課題は，日米欧等の先進国においては，厳しい排出ガス規制の効果により解決しつつある．しかしながら，最近，PEMS(Portable Emission Measurement System)を用いて実路における排出ガスを測定した結果，実際の使用状況において，排出ガス規制値を大幅に超える車両が存在することが確認されるなど，いわゆるリアルワールドにおける排出量増加についての課題が指摘されている．このような状況から，排出ガス試験における運転サイクルの範囲外の，いわゆるオフサイクルにおいても高い環境性能を維持することが求められている．さらに，大気環境を維持するためには，使用過程車の排ガスレベルを長期間クリーンな状態に維持することも重要である．

その他，地球温暖化対策として，燃費低減が求められる中，直噴ガソリン車などの新技術が導入され

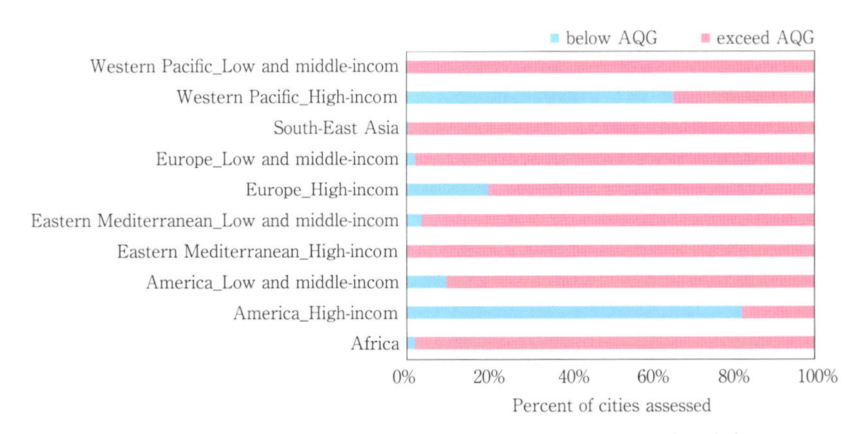

図 3-9　世界の都市の WHO の $PM_{2.5}$ ガイドライン適合状況(3-4)

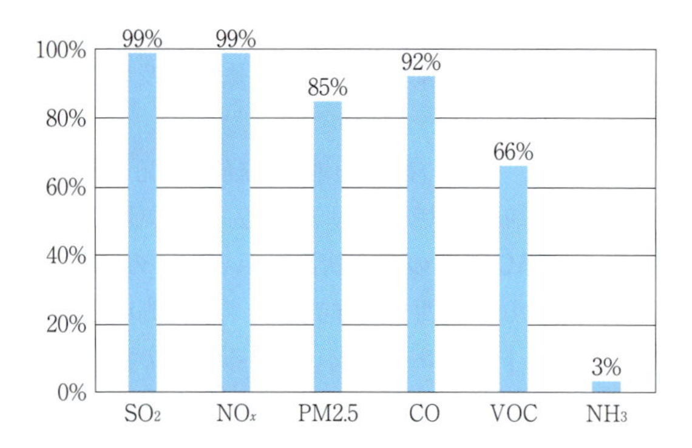

図 3-10　主な大気汚染物質のエネルギー由来(3-4)

ているが，それからの粒子状物質の排出が確認されるなど，新しい課題も指摘されている．今後はこのような，技術革新に伴う新しい課題にも対応していく必要がある．特に直噴ガソリン車の粒子排出については，その燃料性状の影響が大きいことが指摘されていることから，粒子生成の少ない燃料の導入など，燃料供給側との協力も必要と考えられる．

図 3-10 は，全世界に排出される主な大気汚染物質について，燃料の燃焼などのエネルギー由来の排出割合を示したものである．アンモニア以外の大気汚染物質は，その多くが，燃料の燃焼などエネルギー由来の発生源から排出されている．これは，省エネルギーやエネルギー源の転換などが，同時に大気汚染物資の削減に貢献できることを示すものである．途上国等においてはこのような観点から，大気環境の改善と温室効果ガスの削減を同時並行で，迅速に進めていくことが効果的である．

また，内燃機関を動力源とする車両の排出ガス対策には，低硫黄燃料など，排ガス対策レベルに応じた燃料品質の改善が必須であるため，車両側での対応とともに燃料供給に対する検討も必要である．特に，途上国では低硫黄燃料の供給ができないため，低排出ガス車の導入が困難な地域が沢山存在している．このような燃料品質の改善が難しい地域には，電気自動車等の導入など，エネルギー源の転換を同時に進めることも効果的と考えられるが，そのためには，再生可能エネルギー等による温室効果ガスの排出が少ない電力の供給が必須となるため，その地域のエネルギー事情を考慮したエネルギー供給サイドの総合的な対策が求められる．

3. 2　パリ協定と今後の気候変動対策

3. 2. 1　はじめに

2015 年 11 月 30 日から 12 月 13 日(予定は 11 日)まで，フランスのパリにおいて，気候変動枠組条約第 21 回締約国会議(COP21)等が開催された．同会合ではパリ協定が採択され，国際レベルの気候変動対策の転換点となる節目の会合となった．そして 2016 年 11 月 4 日，当初予想されたよりも早くパリ協定が発効した．

本稿では，交渉経緯を踏まえ，なぜ気候変動対処のための新たな枠組みの必要性が認識されるに至ったのかを述べた後，パリ会合の最大の成果であるパリ協定の概要を紹介し，その意義について述べた後，なぜ合意できたのか，そして，同協定が今後の気候変動対策に及ぼす影響について論じる．

3. 2. 2　地球温暖化の科学の進展：IPCC 第 5 次評価報告書の概要

2013～2014 年に公表された，気候変動に関する政府間パネル(IPCC)の第 5 次評価報告書では，気温がどれくらい上がると，各分野の気候変動により追加されるリスクのレベルがどの程度になるかが示されている(図 3-11)．なお，IPCC は，どのような影響を「危険」(避けるべき)とするかは社会の判断であり，科学だけでは決められないという立場を明確にしていることに留意する必要がある．たとえば，現在，地球の平均気温は産業革命前と比べると約 1℃上昇した段階だが，固有の生態系や文化にはすでに影響が出ている．しかし，世界経済には影響が出ていない．

また，科学的にまだ不確かなことがある．たとえば，地球の平均気温上昇がある臨界点を超えると，グリーンランドの氷が融けるのが止まらなくなると考えられている．その臨界点を超えると，1,000 年以上かけてグリーンランドの氷はすべて融け，世界の海面を約 7 m 上昇させる．IPCC によれば，その「臨界点」は，産業革命後の平均気温上昇 1℃～4℃の間にある．このリスクは，気温上昇が進むに従って発現の可能性が高まる．したがって，これらを避けるためには，気温上昇をできる限り低いレベルに抑えるのが望ましいといえる．

そして，IPCC の第 5 次評価報告書では，CO_2 の累積排出量と世界の平均気温の上昇とがほぼ比例関

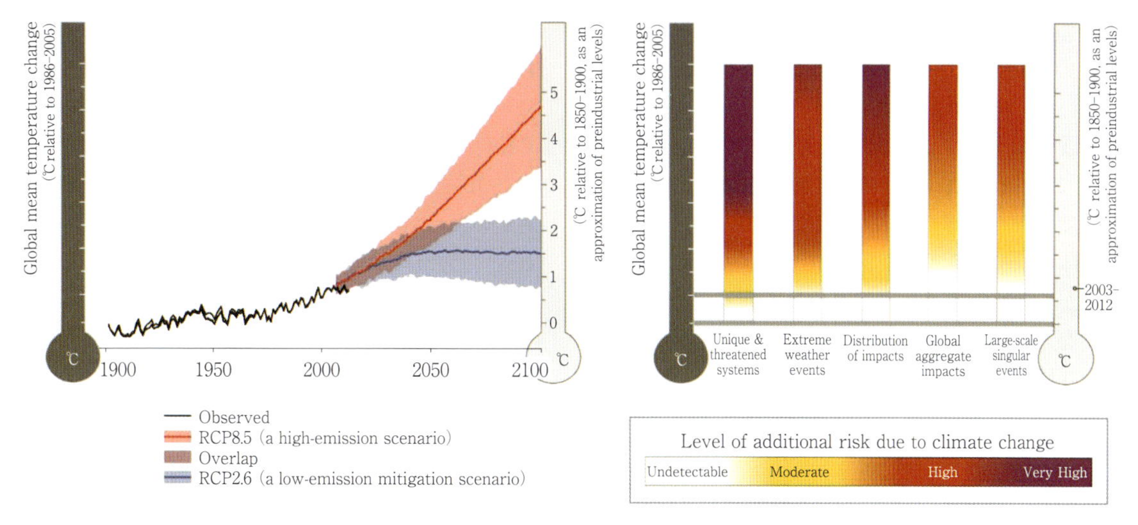

図 3-11　世界全体でみた気候関連リスク(3-7)(進行している気候変動の水準に対応する懸念材料に関連するリスクが，右側の図に示されている)

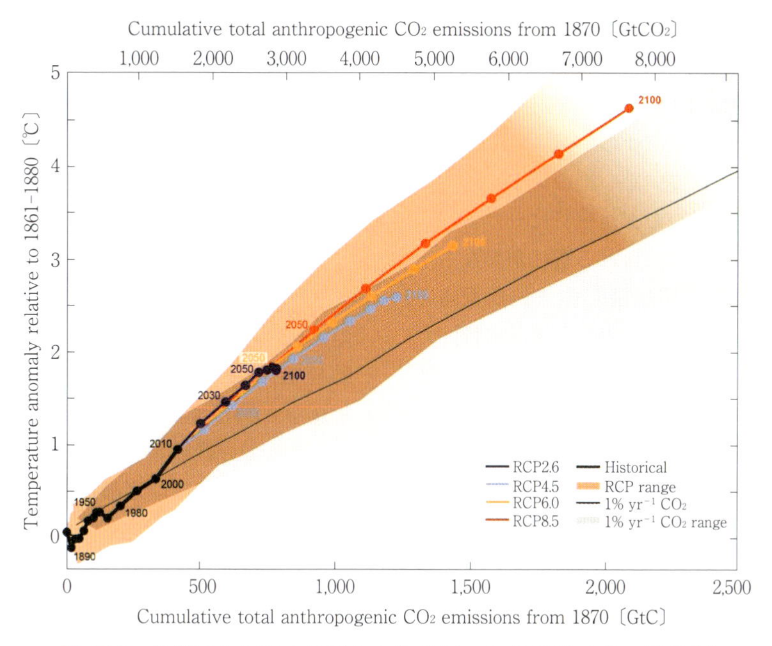

図 3-12　世界平均気温上昇量と人為起源 CO_2 累積排出量の関係(3-8)

係にあることが示されている(図 3-12)．すなわち，気温上昇をどのくらいまでに抑えるかを決めると，そのために今後 CO_2 をどれくらいまで排出できるかを把握することができるということである．

地球の平均気温 2℃上昇をもたらす CO_2 総排出量は，約 3 兆トンといわれている．すでに約 2 兆トンを排出してきているため，残りはあと約 1 兆トンである．仮に近年と同程度の CO_2 排出が続くとすると，あと約 30 年で到達してしまうことになる．

3.2.3　経緯：新たな温暖化対処のための国際枠組みを構築する必要性

COP17(ダーバン(南アフリカ)，2011 年)において，2020 年以降の国際レベルの気候変動問題対処のための新たな枠組みについて，2015 年末までに採択することに合意した．本項では，なぜ新たな枠組みを作ることになったのか，そして COP17 での合意事項はどのようなものだったのかについて述べる．

(1) 長期目標の重要性

現在の国際社会の気候変動対策の基盤は，気候変動枠組条約(1992年採択，1994年発効)(以下，条約という)である．現在，196カ国＋1地域が締結している．条約は，気候変動が危険なレベルに達さないようにすることを究極目的としているが(第2条)，このために，いつまでに大気中の温室効果ガス濃度を何ppmにしなければならないかとか，世界全体で温室効果ガスを何トン減らさなければならないかとか，世界の平均気温上昇を何℃までに抑えるかなどといった具体的な数値は示されていない．

パリ協定採択前，国際社会は，産業革命以前からの世界の平均気温上昇を2℃までに抑えることを目指してきた．これは，COP16(2010年，カンクン)で合意されたものであり，その後もCOPやG7サミット等で繰り返し確認されている．

2℃目標を達成するためには，先進国だけでなく，これから経済発展する途上国も含めて，今世紀末にはCO_2を出さない世界を作っていく必要がある．

(2) すべての国が参加する枠組みの必要性

条約には，国を分類する二つの附属書が付されている．これらに掲げられていない国のグループを入れると，条約締約国は三つのグループに分けられており，そのグループごとに課される責任が異なる．三つのグループとは，① 附属書I国(条約採択当時の経済開発協力機構(OECD)加盟国と経済移行国)，② 附属書II国(条約採択時のOECD加盟国)，③ 非附属書I国(①以外の国．途上国)である．①に属する国は，条約上，自国での排出削減を行うことが求められている．京都議定書(1997年採択，2005年発効)でも，「排出削減数値目標を持つ先進国(＋経済移行国)」と「目標を持たない途上国」という区分が維持されている．②に属する国は，自国での排出削減に加えて，途上国への資金支援・技術支援を行うことが求められる．

条約が採択されてから20年以上の月日が流れているが，この国のグループ分けはまったく変わっていない．条約採択後にOECDに加盟した，メキシコ(1994年加盟)，韓国(1996年加盟)，チリ(2010年加盟)も，非附属書I国である．また，OECDには加盟していないが，急速に経済成長を遂げ，GDP世界第2位となり，世界最大の温室効果ガスの排出国となっている中国をはじめ，新興国も非附属書I国に分類される．

すでに述べたように，2℃目標を達成するためには，今世紀末に世界全体でCO_2の排出をゼロにする必要がある．しかし，条約の附属書I国と非附属書I国のグループ分けや役割分担を固定した仕組みでは，地球全体での温室効果ガスの削減を進めていくことはできない．そこでCOP17で，2020年以降，先進国も途上国もすべての国が参加する温暖化対処のための国際枠組みを作ることになったのである．

(3) 包括的な枠組みの必要性

京都議定書は，ほぼ緩和(排出削減および吸収源の増強)についての責務しか規定していないことから，COP17において，新たな枠組みは，緩和だけではなく，適応，資金，行動の透明性(気候変動対策に関する情報の提出とレビュー等)，能力構築を含むものとすることとされた．

3.2.4 各国の温室効果ガス排出削減目標

(1) 温室効果ガス排出削減目標の決め方と法的性質

世界全体で大幅な温室効果ガス排出削減を実現するには，一定数以上の国が排出削減に参加すること，そして，参加国が高い排出削減目標を立て，それを実施することが必要である．

国際社会は，温室効果ガスの排出削減目標の設定の仕組みを作った経験が3回ある．1回目は気候変動枠組条約(1992年)，2回目は京都議定書(1997年)，3回目はカンクン合意(2010年)である．

これまでの経験から，国際社会は三つのことを学んできた．第一に，京都議定書のように，各国の削減目標をトップダウンで決めること(国際社会全体で削減すべき量を決めて，それを各国に何らかの方法で割り当てること)は，現在では非常に困難であること，第二に，削減目標を守れなかった場合に不遵守措置を科する制度では参加国が少なくなってしまうこと，第三に，各国がそれぞれ排出削減目標を設定する場合，参加国は増えるが，努力目標にすると守らない国が多く，また，自ら高い目標を設定する国は多くないため，世界全体での排出削減を強化する何らかの仕組みが必要であること，である．

(2) 各国の約束草案

約束草案とは，COP21に先立って各国が提出した，各国内で決めた2020年以降の温暖化対策に関する目標を意味する．基本的には温室効果ガスの排出削減目標を指すが，途上国は適応策に関する目標を盛り込んでいる国も多い．目標年については，米

表 3-3　主要国の約束草案

国/地域名	内容	目標年	基準年
EU	−40%	2030 年	1990 年
米国	−26〜−28%(−28% 達成に向けて最大限努力)	2025 年	2005 年
ロシア	−25〜−30%	2030 年	1990 年
カナダ	−30%	2030 年	2005 年
日本	−26%(−25.4%)	2030 年 (2030 年)	2013 年 (2005 年)
中国	・CO_2 排出量を減少傾向へ．達成時期を早めるよう，最善の取組みを行う ・GDP 当たり CO_2 排出量で−60〜−65%	・2030 年前後 ・2030 年	— ・2005 年
インドネシア	−29%	2030 年	BAU
南アフリカ	GHG 排出量を 398-614 Mt CO_2-eq. にする	2025 年および 2030 年	—
ブラジル	・−37% ・−43%	・2025 年 ・2030 年	2005 年
インド	GDP 当たり排出量で−33〜−35%	2030 年	2005 年

出典：気候変動枠組条約事務局ウェブサイト INDC Portal(3-9)をもとに筆者作成

国は 2025 年，その他の国は 2030 年としている．基準年は各国がそれぞれに決めている．

上記(1)で述べたこれまでに学んだことを踏まえ，COP19 では，2020 年以降の国際枠組みでは，参加国を増やすため，各国が国内事情に応じて目標を設定することにし，加えて，自国が決定する目標の弱点をカバーするため，目標を提出してそのままというのではなく，これを各国の決定として尊重しつつも，どのような前提に基づいて設定されたものか等，各国の貢献度の水準を評価するため，各国が約束草案を提出した後に，事前協議にかけることが合意された．ただし，事前協議については，事前協議で何らかの指摘を受けても，いったん国内で決定した約束草案を見直す仕組みを作るのは政治的に困難だろうとの懸念が示されていた．

その懸念は的中し，COP20(2014 年，リマ(ペルー))では，COP21 前に実施する事前協議について合意することはできなかった．COP20 で合意できたのは，COP21 前に条約事務局が各国から提出された約束草案の情報をとりまとめた報告書を作ることと，次の期に提出する約束は，今の期の約束より後退させるものにしてはいけないということであった．

2016 年 4 月 4 日時点で，189 カ国が約束草案を提出している．主要国の約束草案の内容を表 3-3 に示す．

(3) 各国の約束草案と 2℃目標

2015 年 10 月末，条約事務局は約束草案の統合報告書を公表した．これは，上記(2)で触れた，各国の約束草案に関する情報をとりまとめたものである．同報告書は，146 カ国(2015 年 10 月 1 日時点の提出国)の約束草案を対象としている．2016 年 5 月には，2015 年 10 月 2 日〜2016 年 4 月 4 日に提出されたものを含め，189 カ国の約束草案の統合報告書改訂版が作成された．

同報告書では，多くの途上国を含め，世界の排出量の約 9 割を占める国々が排出抑制に向けた努力を示したと評する一方，約束草案を提出したすべての国が約束を達成した場合，一定の気候変動抑制効果はあるものの，2℃目標の達成に必要な削減量に満たないことが記されている(図 3-13)．

3.2.5　パリ協定の概要

パリ協定は，COP21 決定 1「パリ協定の採択」の附属書として位置づけられている．本項ではパリ協定の主要な規定について説明する．

(1) パリ協定の目的と長期目標

パリ協定の目的は，以下 3 点を通じて，気候変動の脅威への世界の対応を強化することである(第 2 条)．第一に，地球の平均気温上昇を産業革命前に比べて「2℃よりも十分低く」抑え，さらに，温暖化リスク低減と温暖化影響を減ずることに大きく貢献することを認識し，「1.5℃未満に抑えるための努力を追求する」ことである(緩和策)．第二に，気候変動の悪影響に対する適応能力およびレジリエンス(気候変動した世界にしなやかに対応する力)の強

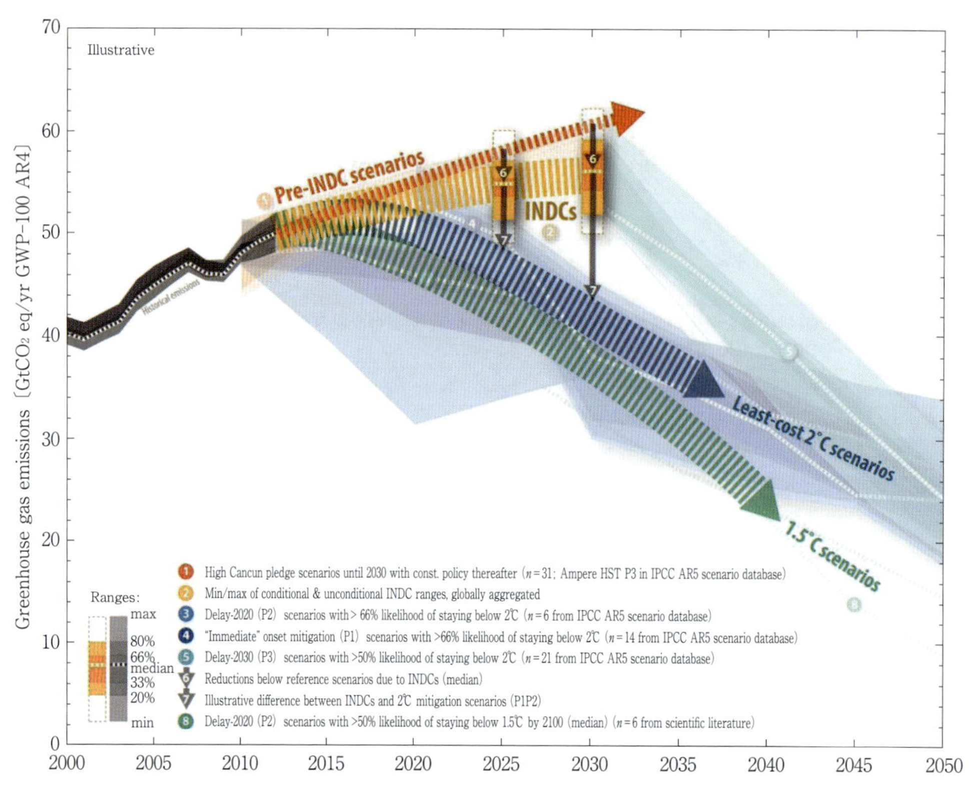

図 3-13　各国が提出済みの温暖化対策目標を実施した場合の 2025 年および 2030 年の世界全体の温室効果ガスの排出レベルと他のシナリオとの比較(3-10)

化，温室効果ガス低排出発展の促進である(適応策)．第三に，低炭素で気候レジリエンスのある発展と整合性のある資金フローを確立することである(資金)．

緩和策については，「今世紀後半に，人為起源の温室効果ガス排出と(人為起源の)吸収量とのバランスを達成するよう，世界の排出ピークをできるだけ早期に迎え，最新の科学に従って急激に削減する」ことを，適応については，「適応能力を拡充し，レジリエンスを強化し，脆弱性(温暖化影響に対する弱さ)を低減させる」ことを，それぞれ長期目標として設定した．

(2) 緩和策

パリ協定では，先進国も途上国も，自ら設定した目標の達成に向けて，温室効果ガス排出削減を行うことになっている．各国は，国別約束(温暖化対策に関する目標)を5年ごとに設定・提出し，その達成に向けて努力することとされる．ここまでは法的拘束力がかかっている．しかし，京都議定書とは異なり，各国の国別約束の達成には法的拘束力はない．また，次の期の国別約束は，それまでよりも進展させることが求められている．

先進国は絶対量目標を設定し，気候変動対策をリードすることとされ，途上国は削減努力を強化すべきであり，経済全体への目標への移行を奨励されている．また，すべての国が長期の温室効果ガス低排出開発戦略を策定・提出するよう努めるべきとされている．

(3) メカニズム

多くの国は，新たな枠組みにも，京都メカニズム(共同実施，クリーン開発メカニズム(CDM)，排出量取引)と同じように，地球全体で温室効果ガスの排出削減を費用効果的に進めるためのシステムを設置することを望んだが，市場メカニズム自体に反対する国もあり，また，そのようなシステムを国連管理型(CDM のようなもの)とするか，分散型(現在日本が行っている二国間クレジット(JCM)のようなもの)とするかでも見解が分かれ，交渉は難航した．

交渉の結果，パリ協定でも，「市場メカニズム」という名称は使わないものの，他国での削減分を自らの目標達成に使えるメカニズムを設置した．①協調アプローチ(自主的かつ参加国主体の仕組み，日本のJCMは，一定の条件を満たせば，ここに位置づけられることが想定される)，② 緩和と持続可能な開発メカニズム(パリ協定締約国会議が管理・実施する仕組み)，③ 非市場アプローチ，である．

(4) 適応

適応の世界目標を設定し，各国が適応報告書を国別適応計画，国別報告書や国別約束の中に盛り込むかたちで策定し，定期的に更新することが求められている．

また，京都議定書には適応に関する規定がほとんどないことから，「新たな枠組みでは，適応も緩和と同程度の重きを置いてほしい」という途上国の強い要望があったため，上記(1)で述べたように，緩和だけではなく，適応についても長期目標を設定したことなど，この要望に対する配慮がなされた．

(5) 気候変動による損失と損害

気候変動による損失と損害とは，適応できる範囲を超えて発生する気候変動影響を指す．条約事務局の報告書では，「人間および自然システムに悪影響を及ぼす，途上国における気候変動に伴う影響の実際の発現または発現の可能性」と定義されている．具体的には，異常気象等による被害や，海面上昇に伴う土地の消失・移住・コミュニティの崩壊などが想定されている．

条約には，この「適応できる範囲を超えて発生する気候変動影響」が出た場合の対処に関する規定がない．そのため，島嶼国を中心とする途上国は，このような損失と損害の救済のための国際的な仕組みを作るべきと強く主張してきた．

しかし，このような途上国の主張に対し，先進国は強い抵抗を示してきている．それは，いったんこのような仕組みを作ったら，非常に幅広い損失と損害を救済することになり，先進国にとって非常に重い負担となりそうだからである．

パリ協定では，この損失と被害を独立した問題として認識し，この問題に対応するための国際的仕組みを整えていくことになった．そして，COP21決定1において，この規定は，法的責任，補償の根拠とはならない旨明記されている．

(6) 資金支援

資金に関する主な論点は，① 途上国への資金支援を行うのを従来通り附属書II国のみに限定するか，② 2020年以降，世界全体の気候変動対策支援のための資金動員目標をどれくらいに設定するか，であった．

上記①について，パリ協定では，附属書II国が途上国に資金支援をする責任を有することが改めて規定された．そして，その他の国(新興国を想定)に対しても途上国への資金提供が奨励された．上記②については，当面は年間1,000億ドルという目標を維持することとなった．それ以降については，2025年までに，現在の目標を上回る新しい資金動員目標を決めることになった．

(7) グローバルストックテイク

パリ協定の目的および長期目標(上記(1)および(2))の達成に向けて，世界全体の気候変動対策がどれくらい進捗しているかを5年ごとに評価する旨規定された．この仕組みをグローバルストックテイクと呼ぶ．初回は2023年に行われる．

(8) 行動の透明性

各国が，または国際社会全体が，気候変動対策をどれくらい進めてきたかを確認するには，各国が気候変動対策に関する情報をとりまとめ，それをチェックする必要がある．しかし，このような情報をとりまとめる力も先進国と途上国とでは異なるため，この点について，先進国と途上国とで差を設けるべきかが論点となっていた．

パリ協定では，原則として，先進国と途上国が共通のルールの下で情報をとりまとめることになった．ただし，能力に鑑み，柔軟性を必要とする途上国には，報告の範囲，頻度，詳細さ，レビューの範囲等について柔軟な運用を認めることとなった．各国は，① インベントリおよび国別約束の実施・達成に関する情報，② 適応に関する情報，③ 各種支援やニーズに関する情報を提出し，これら提出された情報は，専門家レビューおよび促進的・多国間のレビューを受けることになった．

3.2.6 パリ協定の合意を促した要因とパリ協定の評価

(1) パリ協定の合意を促した要因

パリ協定の合意を促した要因として，以下5点，指摘したい．第一に，IPCC第5次評価報告書にもみられるように，気候変動の科学的知見が進展・精緻化したことである．第二に，世界中で起こった異常な気象現象の頻発により，気候変動問題に対する人々の危機感が高まったことが挙げられる．第三に，各国の今回合意しようという意思が挙げられる．特に，COP21前にほとんどの条約締約国が約束草案を提出したこと，米国および中国が合意に前向きな姿勢を示していたこと，そして会期終盤に，島嶼国，EU，米国などが名を連ねた「高い野心連合」が結成されたことは，合意形成に特に大きな影響をもたらした．第四に，議長国フランスの采配のうまさである．そして第五に，欧米を中心とした，各国，都市レベル，産業界，市民社会での気候変動問題への意欲的な取組みが現実のものとなっていることが挙げられる．

(2) パリ協定の重要性

パリ協定は「歴史的合意」と評されるが，その理由は3点考えられる．

(a) 明確な長期目標の設定：条約の究極目標の再解釈

パリ協定で最も重要なことは，国際条約の中で，長期目標を設定していることである．つまり，今後，2℃目標の達成を目指して(1.5℃目標の達成も視野に入れて)，国際社会が長期にわたって気候変動問題に取り組んでいく，すなわち，世界は化石燃料への依存から脱却していく，という方向性を示した．これは，各国，産業界，市民社会に対する重要なシグナルとなる．

そして，パリ協定の排出削減の長期目標は，条約の究極目標よりも厳しくなっている．それは，大気中の温室効果ガスの濃度を一定にすることでは，条約の目指す「気候変動が人間社会に対してひどい影響をもたらさない」ことが実現できないことが気候変動の科学的知見の発達によって明らかになったからである．

(b) 包括的かつ持続的な国際制度

パリ協定は，緩和(排出削減)のみならず，適応，損失と損害，技術の開発・移転や能力構築，また，それらのために必要な資金，さらに，すべての行動について透明性を確保することを決定した．そして，すべての国が長期目標の達成のために気候変動対策を前進させ続けることとされ，そのために持続的に行動を進めていく仕組みが作られたことは意義深い．

(c) 条約の共通だが差異ある責任の再解釈

先に述べた通り，先進国と途上国の差異化をどの場面でどう図るかは，COP21の最大の論点であった．パリ協定では，条約の先進国と途上国の二分論を回避しつつ，排出削減や行動の透明性については，それぞれの国の事情に違いがあることを認めつつ，すべての国を対象に行動を求め，なかでも先進国が率先して温暖化対策をとるよう求めている．そして，途上国に対しても，気候変動対策をとり，そのレベルを上げていくことを促している．条約採択時から現在までの変化に対応するだけではなく，今後の変化にも対応できるよう，配慮がなされている．

3.2.7 パリ協定の課題と今後の気候変動対策

(1) パリ協定の発効と今後の課題

パリ協定は，すべての国による排出削減を実現するという重要な一歩を踏み出した．ただし，パリ協定は，あくまでも今後の国際レベルの気候変動対策の枠組みを示したにすぎない．パリ協定を真に価値ある合意にするには，これから各国がいかに意欲的に気候変動対策をとっていくかにかかっている．

2016年10月5日，気候変動枠組条約事務局は，パリ協定の発効要件(パリ協定が国際条約としての効力をもつための要件)が満たされ，同年11月4日にパリ協定が発効することを発表した[3-10]．国際環境条約が採択から1年以内で発効することは，異例といっていいだろう．パリ協定が発効するためには，少なくとも55カ国かつ批准国の温室効果ガス総排出量が世界全体の排出量の55％に相当する国がパリ協定を締結する必要があった(第21条)．このため，2016年11月7日から開催されるCOP22は，第12回京都議定書締約国会合(CMP12)および第1回パリ協定締約国会合(CMA1)と並行して開催されることとなった．

パリ協定最大の課題は，2020年まで，そして，2030年に向けて，世界全体の気候変動対策のレベルの引き上げをどのように実現させていくかという問題である．先に述べた通り，現在，各国が提出している温暖化対策の目標を足し合わせても，パリ協定が目指す2℃目標の達成にはほど遠いことがわかっているからである．

(2) 日本の課題

COP22期間中の2016年11月8日，パリ協定の締結に必要な議案が衆議院本会議において，全会一致で可決・承認され，同日に国連事務総長宛に受諾書を寄託した．パリ協定には，発効後に締結した国については，批准書等の寄託の日の後30日目に効力を生ずるとの規定がある(第21条3項)．したがって，日本は，COP22/CMP12/CMA1期間中(11月7日～18日)にはパリ協定締約国にはならず，パリ協定第1回締約国会合(CMA1)(11月15日〜18日)にはオブザーバ国として参加した.

パリ協定は,2℃目標の達成を目指して,長期的に気候変動対策に取り組む仕組みとして作られたものである.日本は,長期的に取り組むべき目標を明らかにした上で,着実に対策レベルを引き上げていくシステムを法政策の中に位置づける必要がある.

また,COP21決定1は,2020年までに,低炭素排出長期戦略を策定するよう各国に促している.これを受けて,カナダ,ドイツ,メキシコ,米国が,COP22期間中に各国の長期戦略を条約事務局に提出し,注目を集めた[3-11].日本は,現在,2030年に2013年度比26%削減(中期目標.2015年7月に条約事務局に提出した約束草案と同じ)と2050年に80%削減(閣議決定)との目標をもっている.2016年5月,地球温暖化対策計画が閣議決定された.同計画は,中期目標について,各主体が取り組むべき対策や国の施策を明らかにし,削減目標達成への道筋をつけるとともに,長期目標として2050年までに80%の温室効果ガスの排出削減を目指すことを明記しており,日本が気候変動対策を進めていく上での礎となるものである.ただし,日本は2030年以降の排出経路や戦略をもっていないため,パリ協定の目的や長期目標に従って,どのようにこれらの目標を長期的に実現するかについて,長期戦略を策定していく必要がある.

パリ協定の発効は,世界全体の温暖化対策が新たな段階に移ったことを意味する.今後,日本がこの分野で「主導的な役割」を果たすためには,パリ協定の詳細ルール交渉への貢献とともに,パリ協定の目的の実現に向けて,より一層の貢献を実現するため,日本国内での2030年目標の改善および長期戦略について,すべてのステークホルダーが参加して議論することが必要である.

3.3　2050年の自動車社会を見据えた環境問題への対応

本章では,今後の自動車と環境との関わりを考える上で必要と考えられる大気環境と地球温暖化の課題について,これまでの状況や今後の動向を中心に紹介した.

特に地球環境問題については,今後の温室効果ガス削減対策に大きな影響を及ぼすと考えられるパリ協定を中心に,その意義やわが国への影響について述べた.

これまで,このような環境問題に対して,自動車には排出規制や燃費規制という法的な規制が適用され,それに適合するためにさまざまな自動車技術が開発され,市場に投入されてきた.

大気環境については,日米欧の先進国においては,大気汚染物質に対する厳しい排出規制の効果により,改善の兆しがみえているが,今後,自動車の著しい増加が見込まれる開発途上の国々では,多くの住民が極めて高濃度の大気汚染物質に曝される状況が続いており,自動車の排出ガス対策は急務の課題である.このような途上国では,地球温暖化対策も大きな課題であることから,大気環境の改善と並行して,温室効果ガスの削減対策を進める必要がある.前述したように,主な大気汚染物質の多くは,燃料の燃焼など,エネルギー由来の排出源から排出されている.このことから,途上国では,環境負荷の低い技術の導入と並行して,環境負荷の低いエネルギー源への転換が重要と考えられる.また,経済的にも豊かでない国が多いことから,コスト面を重視した実現性の高い対策が求められる.

地球温暖化の問題に関しては,これまでも,燃費規制の導入に対応してさまざまな技術開発が行われ,燃費性能に優れた車両が市場に投入されつつある.さらには,温室効果ガスの排出が少ない非石油系のエネルギーに対応した車両の開発や市場導入もなされているが,現時点では,その普及は限定的である.今後は,世界のすべての国が温室効果ガスの削減を目指すパリ協定が発効したことから,温室効果ガスの削減に対する要求はより一層強まるものと推察される.このような状況を踏まえると,規制に対応した燃費向上技術の開発を継続するとともに,これまで限定的であった非石油系のエネルギーに対応した車両の導入や社会の変化に対応した効率の良い交通システムの導入など,自動車技術以外の分野の知見を総動員した取組みが必要と考えられる.

本章では,主に自動車の使用時における環境問題を取り上げたが,製造,廃棄という自動車のライフサイクルを通じて環境負荷を下げることに加え,有限の資源を有効に利用するなど,これまでの自動車産業の範疇を超えた取組みが重要であることはいうまでもない.

参　考　文　献

(3-1) 環境省：大気汚染に係る環境基準，http://www.env.go.jp/kijun/taiki.html

(3-2) 環境省：大気汚染状況，http://www.env.go.jp/air/osen/index.html

(3-3) WHO, Air Quality Guidelines Global Update 2005

(3-4) WHO_AAP_database_May2016_v3web

(3-5) Worldwide Fuel Charter 5th Edition, September 2013

(3-6) IEA, Energy and Air Pollution, World Energy Outlook 2016 Special Report

(3-7) IPCC(2013)Climate Change 2013: The Physical Science Basis. Contribution of Working Group I to the Fifth Assessment Report of the Intergovernmental Panel on Climate Change(T. F. Stocker, et al. eds.), Cambridge University Press, 1535pp.

(3-8) IPCC(2014)Climate Change 2014: Impacts, Adaptation, and Vulnerability. Part A: Global and Sectoral Aspects. Contribution of Working Group II to the Fifth Assessment Report of the Intergovernmental Panel on Climate Change(C. B. Field, et al. eds.), Cambridge University Press, 1132pp.

(3-9) UNFCCC(2016)Aggregate effect of the intended nationally determined contributions: an update. (FCCC/CP/2016/2)

(3-10) UNFCCC(2016)Landmark Climate Change Agreement to Enter into Force. New York/Bonn, 5 October 2016

(3-11) UNFCCC(2016)First Long-Term Climate Strategies Submitted to UN Under Paris Agreement Plans by the US, Mexico, Germany and Canada. Bonn, 17 November 2016

第4章
都市構造と自動車

2050年には日本の人口減少が続き1億人を下回り9,700万人程度になり，65歳以上の高齢者割合が4割近くになると予想されている(4-1)．一方，地球全体の人口は90億人を超えて，さらにその7割が都市に集中すると予想されている(図4-1)(4-2)．また，2050年には世界の乗用車生産も現在の年間9千万台から2億台近くに増加すると予想される．地球温暖化を2℃以下に留めるためには，乗用車は，その6割近くの1億1千万台以上を外部から電力を供給する電気自動車(BEV)，プラグインハイブリッド車(PHEV)に，15%程度にあたる3,600万台を，CO_2を排出しない燃料電池自動車(FCV)にすべきであるという国際エネルギー機関(IEA)の提言報告もある(図4-2)(4-3)．

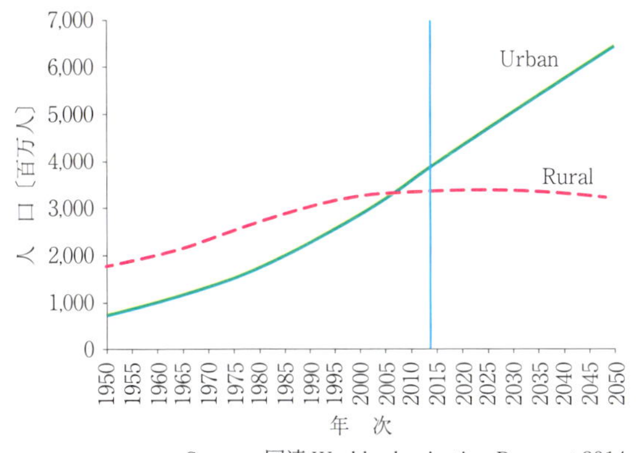

図4-1　世界の都市部への人口集中予測(4-2)

今後，都市へ人口が集中しても，都市の生活環境の維持向上を図り，都市内での人の移動，物流の円滑化を図るためには，公共交通機関やパーソナルな乗り物，ラストワンマイルの移動を支援するパーソナルモビリティ，さらには自転車や徒歩を組み合わせ情報通信技術(ICT)・人工知能(AI)を用いて，点と点を結ぶだけでなく都市内を三次元的に連携した高効率な交通システムを構築する必要がある．また，都市の大気質環境を維持改善するためには，BEV,

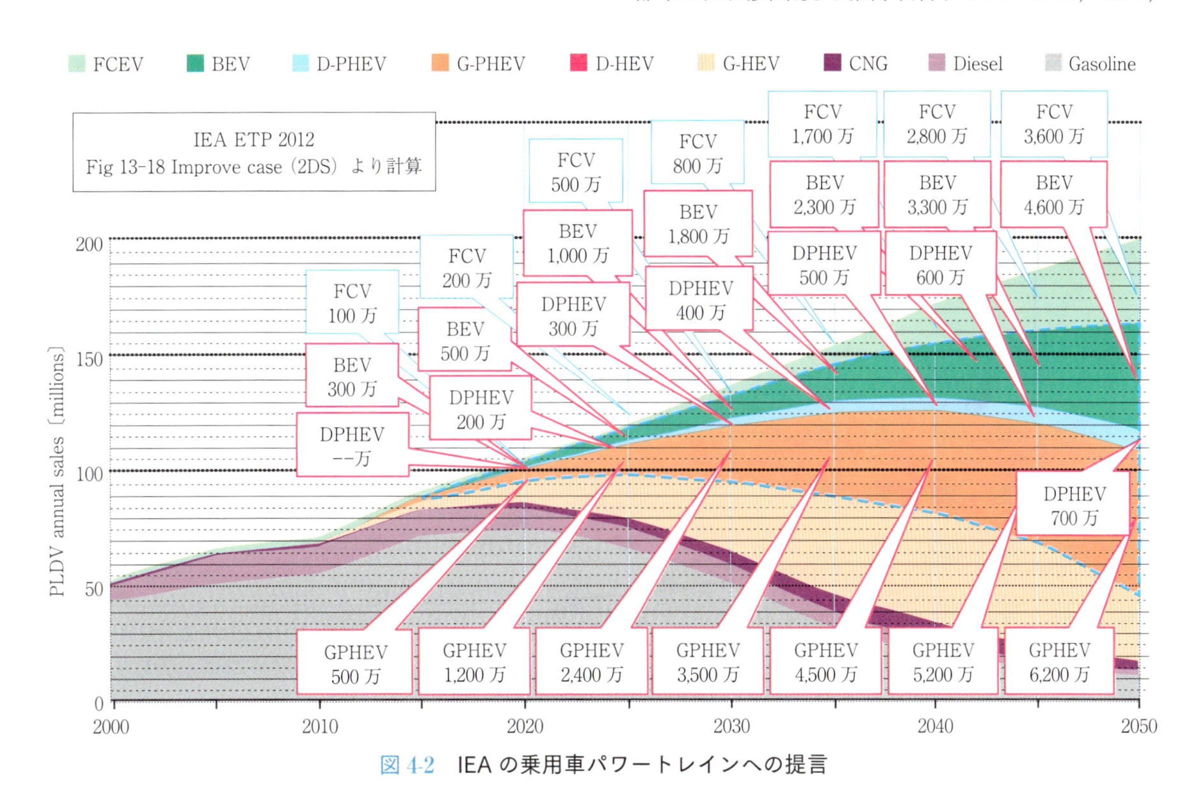

図4-2　IEAの乗用車パワートレインへの提言

PHEV，FCVを，乗用車だけでなく，物流システムを担うトラック，公共交通を担うバスにも大量普及させてゆくため，都市部での充電インフラ，水素ステーションの整備および電力システムの対応などが必要となる．

さらに，高齢化への対応，温室効果ガス低減対応からも都市の生活の質の向上を図る必要があり，高層構造の都市内での3D移動を支援するパーソナルモビリティ，自動運転による都市内交通流円滑化，無人運転化，都市間物流での隊列走行などの自動車運転支援技術の導入を推進する必要がある．そのために通信セキュリティ確保のための技術開発や，ビッグデータ処理，高速通信ネットワークのインフラ整備が重要になる．さらに，データセンター等，通信インフラでの電力消費削減対応も並行で必要となってくる．

加えて，今後人口の増加が進む新興国で急速に発達するメガシティに対して，日本の産業界が欧州，米国，中国，韓国の産業界とのビジネス競争で優位に立てるよう，日本が強みをもつ水質改善技術，発電技術，高耐震土木建築技術，送／配電技術，金属材料，通信，鉄道，自動車，等，さまざまな要素技術を広範に組み合わせた日本のスマートシティビジネスモデルを提案できるよう，複数の監督官庁および，複数の業界をまたいだ共同研究を迅速に推進していくことが重要となる．

本章では，2050年を展望し，上記の都市と自動車の関係を，特に，① 今後の都市構造と交通システム，② 都市と電力エネルギー，の観点から調査を行い，2030年以降の技術準備への提言をまとめた．

4.1　都市構造とモビリティ

4.1.1　日本と欧州，北米の都市のモビリティの関係

都市の人口密度と人口当たりの交通のエネルギー消費(自家用車による消費量)との関係は，アジア諸国のような高密度な都市形態ほど交通関連のエネルギー消費は少なく，米国のような低密度でスプロール化した都市形態ほど自動車依存が高く，その結果エネルギー消費が多いことが広く知られている(図4-3)．人口密度が低い左側には北米の主要都市が並

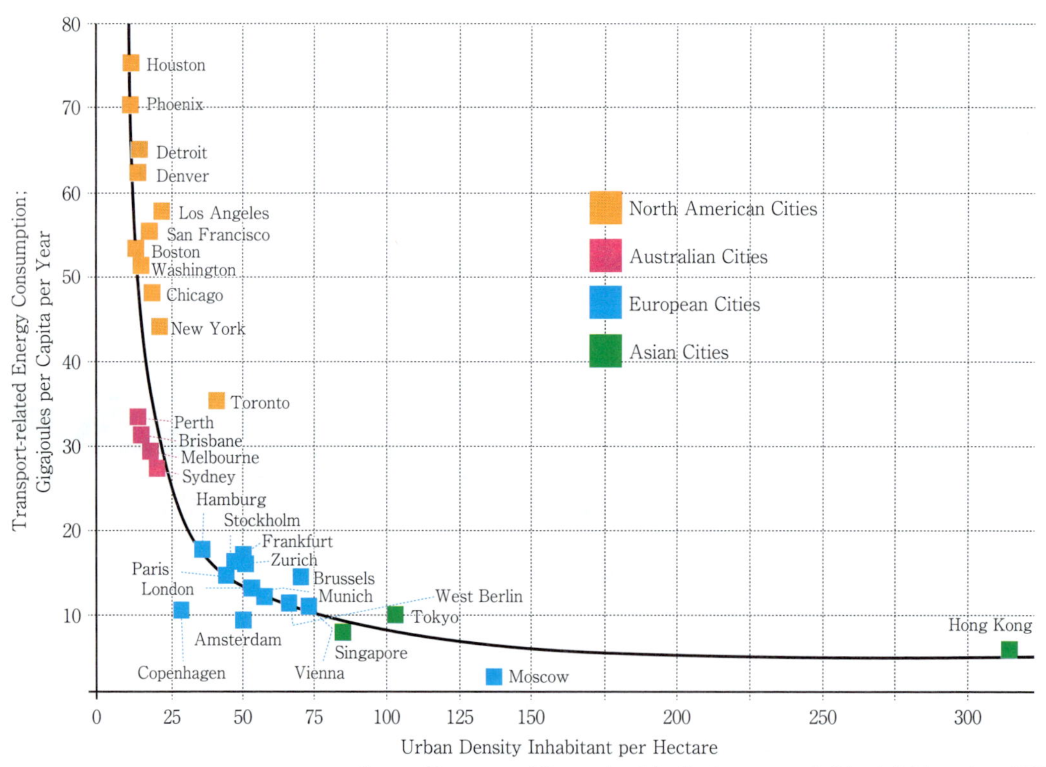

Source: Newman and Kenworthy, Atlas Environnement du Monde Diplomatique 2007

図4-3　人口密度と人口当たり交通エネルギー消費の関係

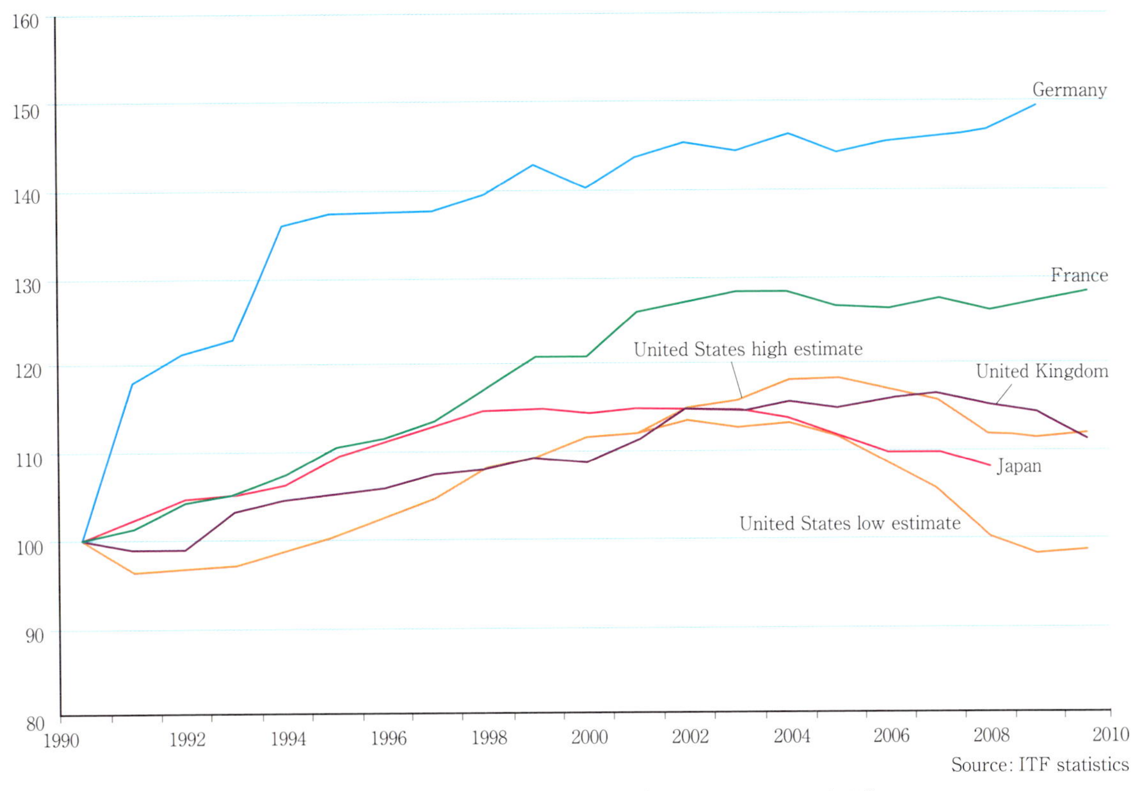

図 4-4　主要国の自動車利用の伸び率(走行台キロ 1990 年比)

び，次に欧州主要都市，右下へ日本やアジアの都市へと続く傾向がみられる[4-4]．このようにマクロ的には都市構造とエネルギー消費の関係は密接な関係になっていることが明らかとなっており，将来エネルギー制約を踏まえ，中長期的な視点で都市構造の改変が政策課題となっている．

欧米先進国においては，1990 年代からの自動車利用(走行台キロ)の伸びは 2000〜2003 年頃を境に鈍化しており，わが国においては，2003 年をピークに減少傾向が続いている(図 4-4)[4-6]．環境問題への意識の高まり，過度に自動車に依存しないライフスタイルの浸透，社会経済情勢の変化や社会構造の変化など，さまざまな要因があるとされている[4-7]．

Newman and Kenworthy(2015)による研究結果[4-4]では，人口当たりの公共交通利用者数に地域的な差が生じていることが明らかとなっている(図 4-5(a))．北米が最も低く，次いで豪州，カナダ，さらに欧州，アジア地域の順となっており，アジア地域は北米の約 6 倍の高い利用を示している．その結果，地域別の自動車と公共交通のエネルギー消費量も地域別に大きな差が生じており(図 4-5(b))，都市構造とモビリティは密接な関係になっていることがわかる．

欧州では高規格な都市間道路網が早くから整備され，また都市内の環状道路の整備により通過交通をコントロールし，他方，都市構造と一体となり，公共交通ネットワークへの投資を積極的に進めてきた結果といえる．

一方で北米においても過度な自動車利用に依存しない都市構造(たとえば，TOD(Transit Oriented Development)やアーバンビレッジのような公共交通指向型の都市開発)や LRT(Light Rail Transit，次世代路面電車)や BRT(Bus Rapid Transit)の建設や計画が目白押しの状況であり，各都市圏が策定している将来交通マスタープランには，必ずこれら公共交通の計画が位置づけられている．米国の複数の州では 2050 年までにガソリン車およびディーゼル車の販売を禁止する方針を固めており，エネルギー政策と都市政策が一体でパラダイムシフトが進んでいる．

また，欧州においては，戦後廃線したトラムを復活する動きが 1990 年代から拡がり，地方創生，街づくりのツールとしてトラムや BHLS(質の高いバスサービス)が都市政策に位置づけられ，劇的なほ

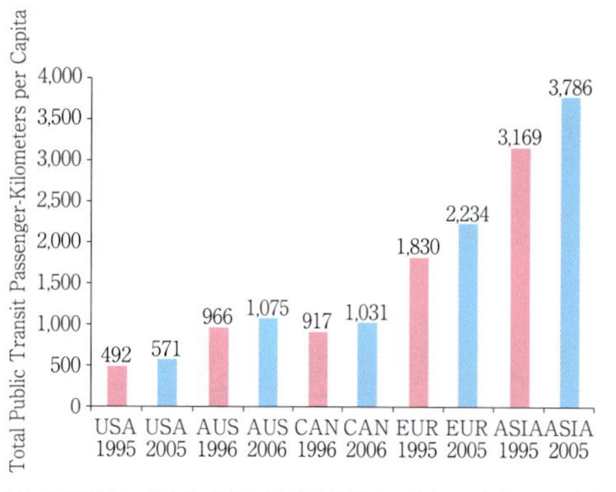

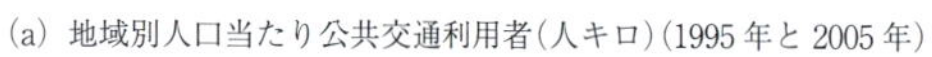
(a) 地域別人口当たり公共交通利用者(人キロ)(1995年と2005年)

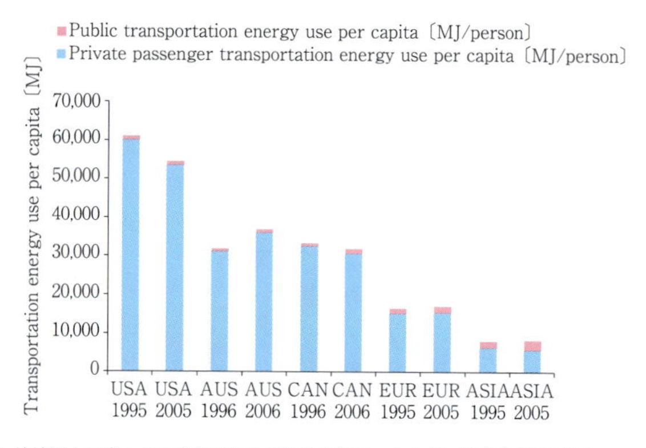

(b) 地域別人口当たりの自動車および公共交通のエネルギー消費量(1995年と2005年)

Source: P. Newman and J. Kenworthy(2015)

図 4-5　公共交通利用者数及び自動車・公共交通のエネルギー消費量

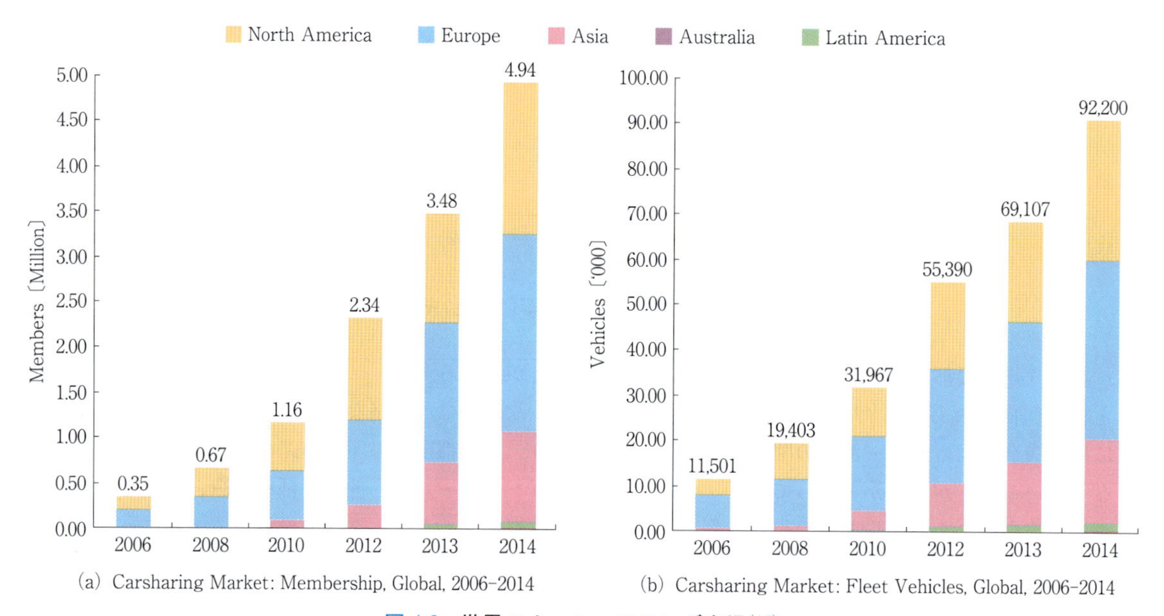

(a) Carsharing Market: Membership, Global, 2006-2014　(b) Carsharing Market: Fleet Vehicles, Global, 2006-2014

図 4-6　世界のカーシェアリング市場[4-7]

ど都市の活力と魅力が高まっている．加えて，イギリスから始まった自転車高速道路(スーパーハイウェイ)はオランダ，ドイツ等に拡がりをみせており，多種多様の都市生活者に対して，多様なモビリティを提供する動きはさらに拡大していくと考えられる．

価値観が多様化し，IoT の進展に伴いシェアリングエコノミーがモビリティの分野でも日常生活に浸透しつつある．世界のカーシェアリング市場は 2006～2014 年の 8 年間で会員数は 14 倍(2014 年時点で約 500 万人)，車両数は 8 倍(2014 年で約 9.2 万台)と急成長している(図 4-6)[4-7]．

近年，オスロ，ヘルシンキ，バルセロナ，メルボルン，パリ，ダブリン等では，都心部を歩行者や公共交通中心の街とする斬新なビジョンが次々と発表されている．ヘルシンキの 2050 年のビジョンでは，オンデマンド型ライドシェアリングのモビリティサービスが描かれており，自動運転とライドシェアリングが融合することで，携帯があれば，いつでもどこでも誰とでも移動できる時代はそう遠くないといえる．

振り返ってわが国においては，自家用車の所有形態は大きく変化しており，個人専用が減少し家族共有のシェアリング利用が年々増加傾向にある．また，個人専用車の運転者属性は年々高齢化の一途をたどっており，2010 年(H22 年)で 50 歳以上が 6 割を超える(図 4-7)[4-7]．

性年齢階層別に 1999 年(H11 年)，2005 年(H17

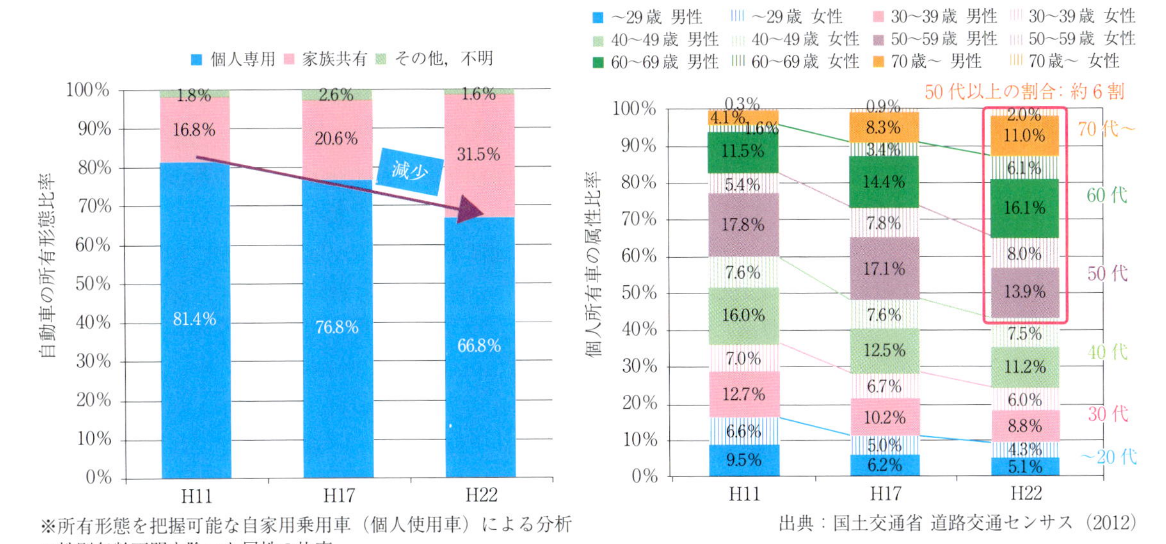

※所有形態を把握可能な自家用乗用車（個人使用車）による分析
※性別年齢不明を除いた属性の比率

(a) 所有形態の変化　　(b) 個人専用車の主な運転者属性の変化

図 4-7　自家用車の所有形態と運転者属性の経年変化

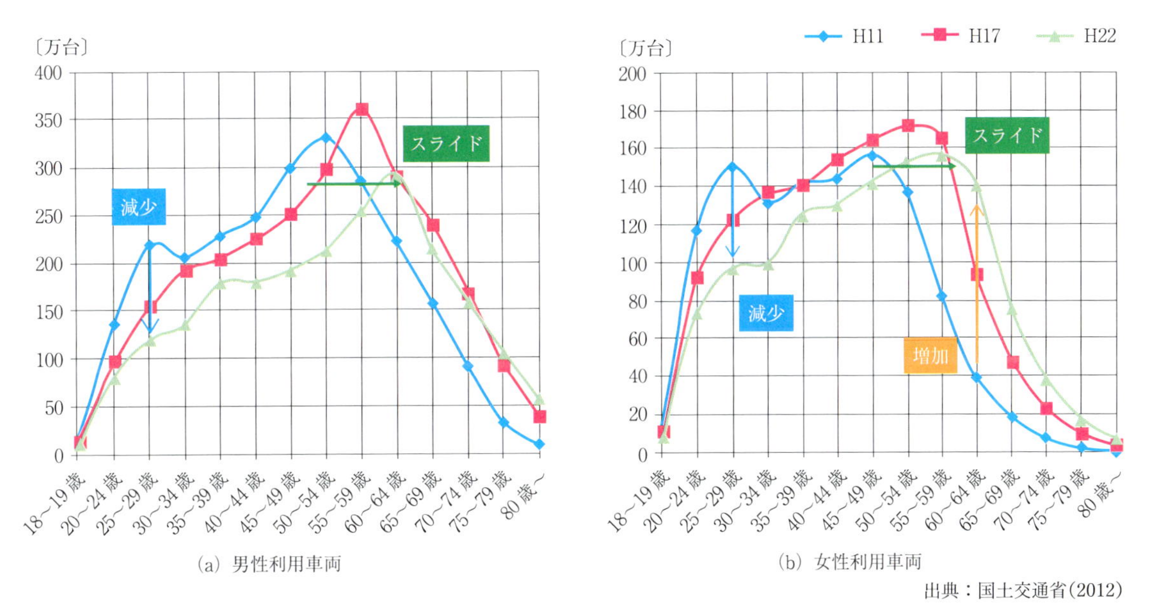

(a) 男性利用車両　　(b) 女性利用車両

出典：国土交通省(2012)

図 4-8　性年齢階層別の自家用車保有の推移

年)，2010年(H22年)の個人使用者の自動車保有傾向の変化をみると，男性女性ともに若年層が激減し，女性の高齢ドライバーが激増している傾向がうかがえる．今後何も対策を打たない場合には，人口構成の傾向に影響を受けるとともに，2010年の山の形が横に5年，10年後にスライドしていく状況が想定される(図 4-8)[(4-8)]．わが国は，都市構造は欧米諸国に比べてコンパクトで高密度，エネルギー消費も非常に少ないものの，それ以上に社会構造や車の保有および利用構造の特徴が，将来のモビリティに与える影響が非常に大きいことがうかがえる．また，3,000万人が暮らす東京都市圏においては，高齢者の将来公共交通難民(鉄道駅から1.5 km以遠人口)が1.4倍に増加するという結果も報告されている(図 4-9)．超高齢社会時代のモビリティサービスは，自動車だけではなく，公共交通との連携や都市計画，街づくりとの連携が重要なキーワードとなることを示唆しているといえる[(4-9)]．

4.1.2 アジアのメガシティ

2016年1月現在，世界で人口500万人以上の大都市が83都市あり，そのうち46都市がアジアに存在している．さらに，人口1,000万人以上のメガシティと呼ばれる巨大都市は世界で34都市あり，そのうち22がアジアにあり，そのうち20が東アジアに存在している(4-10)．

東アジアの多くの国では経済が急成長しており，国民1人当たりのGDPが短期間で急激に上昇し，その結果急激な都市化が進み人口と経済活動が大都市に集中している．

一般に都市の1人当たりの地域GDPが増加すると自動車の保有率は上昇する傾向であるが(図4-10)(4-11)，アジアの大都市では急激な都市化にインフラへの投資が追いつかず，都市の面積に対しての道路面積の比率が欧米に対して少なく道路混雑が激しく，交通事故率も高い(表4-1)(4-12)．さらに，都市内貧困層の増大による貧富格差の拡大のために，所得が十分でなくても購入できる二輪車の普及が多い都市が多いのがアジア大都市の都市交通特有の状況である．アジアの大都市では都市の発展に伴い市街化地域が郊外へ広がっているが，住人の通勤や，買い物に関しての移動のため市中心部と郊外を結ぶ鉄道，地下鉄，LRT，BRT等の専用用地をもつMRT(Mass Rapid Transit)の導入が遅れている．鉄道と公共交通比率が高いのは東京とソウルのみで，台北，上海が続いているが，台北では二輪車も多く使われている．さらに，ホーチミン市では二輪車が都市交通のほとんどを占めている．マニラでは二輪車よりもジープニーと呼ばれる乗合自動車が多く使われている(図4-11)(4-13)．

図4-12に，アジアの大都市の地下鉄が導入された時期と都市の1人当たりのGDPと都市人口の関係を示す．アジアの都市ではGDPと人口の積が30億USD・人を超え，300億USD・人の間で地下鉄が導入されている都市が多く，GDPの発展がそのレベルに達しない都市では，少ない投資でも設置ができるBRT，LRTの導入が先行されている都市もある．さらに，マニラのようにGDPの増加が緩やかな場合はジープニーと呼ばれる乗合自動車が低所得者層に広く利用されており，その運転手が低所得者層の雇用機会を生んでいる例もあり，先進国で成功してきた都市の交通システムをそのまま導入しても，インフラ建設コストを利用料金へ転化するよう

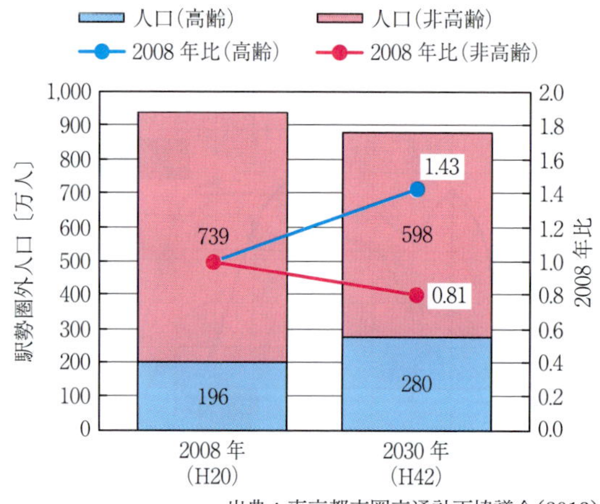

出典：東京都市圏交通計画協議会(2012)

図4-9 鉄道駅1.5km以遠人口構成の見通し

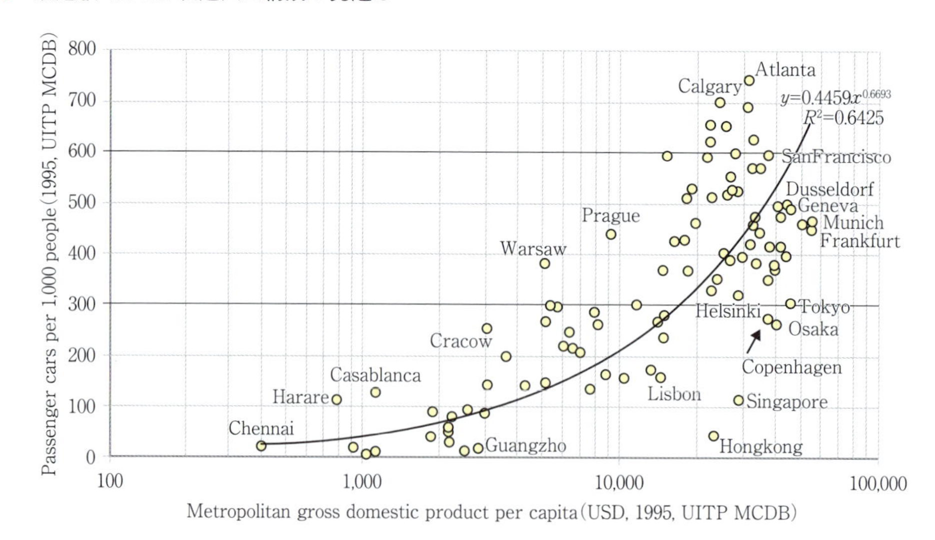

図4-10 1人当たりの都市GDPと自家用車保有率の関係

表 4-1　都心地域の道路面積と都市面積比

都市／地域	データ年	都市面積〔km²〕	道路面積〔km²〕	道路面積比
ロンドン	2005	310	56.6	18.3%
ロンドン中心部	2005	3.2	0.8	25.0%
近郊を含むロンドン	2005	1,595	196	12.3%
パリ	1999	105	27	25.7%
ニューヨーク	2010	789	165.9	21.0%
ニューヨーク中心部	2010	105	27	25.7%
東京 23 区	2010	622	101.2	16.3%
東京都心 5 区	2010	75	16.2	21.6%
ソウル	2009	605	82.3	13.6%
台北	2007	272	20.9	7.7%
上海中心部	2008	108	13	12.0%
ジャカルタ	2007	656	48	7.3%
バンコク中心部	2006	225	16	7.1%

Transport in Asian Megacities. Issues and insights for infrastructure planning; ASTE-IA Infrastructure Planning Workshop 2013

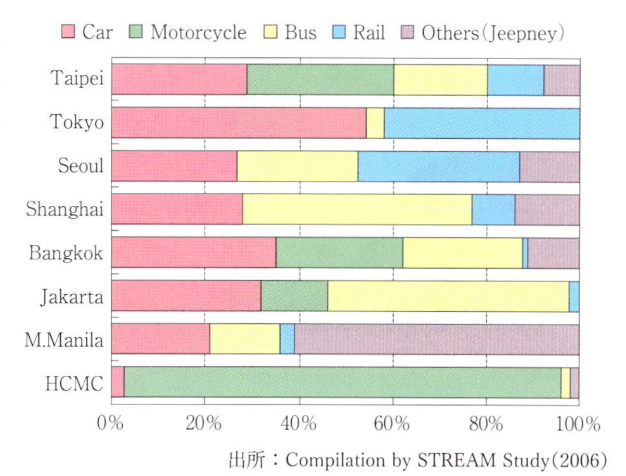

出所：Compilation by STREAM Study(2006)

図 4-11　アジアの都市の交通機関別分担率

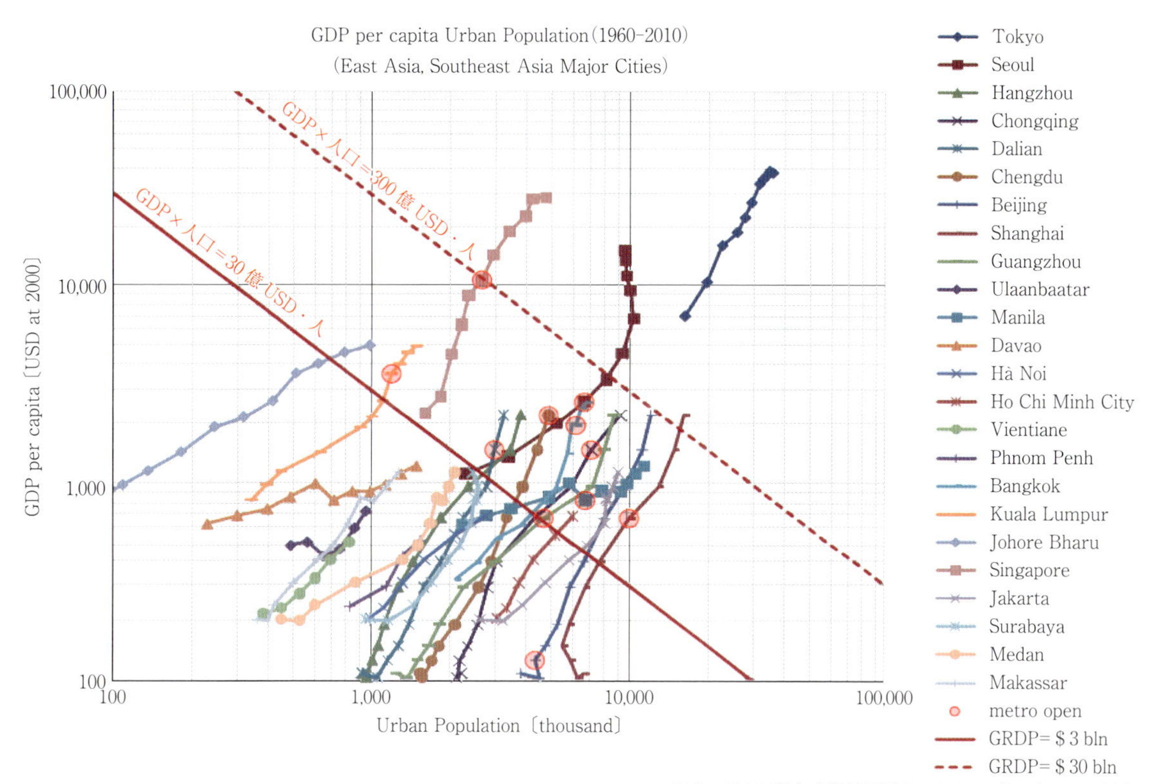

出典：JICA 都市交通計画策定にかかるプロジェクト研究

図 4-12　地下鉄の開業時期と 1 人当たりの GDP と都市人口の関係

な運用では，低所得者層の利用が進まず交通システムがうまく機能しないケースも想定される(4-13)．

次に，図 4-13 に OECD 諸国と非 OECD 諸国のモビリティから排出される排出物質の予測を示す．アジアの主要各国のほとんどが欧州排出ガス規制の導入を決めており規制開始時期を定めているが，製油所の自動車用燃料の脱硫化プラント投資が進まず，低硫黄含有の燃料の供給が遅れており，排出ガス低減対応の新型車の普及を阻害しているため，排出ガス規制対応以前のモビリティの稼働年数も伸びており，OECD 諸国に対して非 OECD 諸国においてトラックからの窒素酸化物(NO_x)と粒子状物質

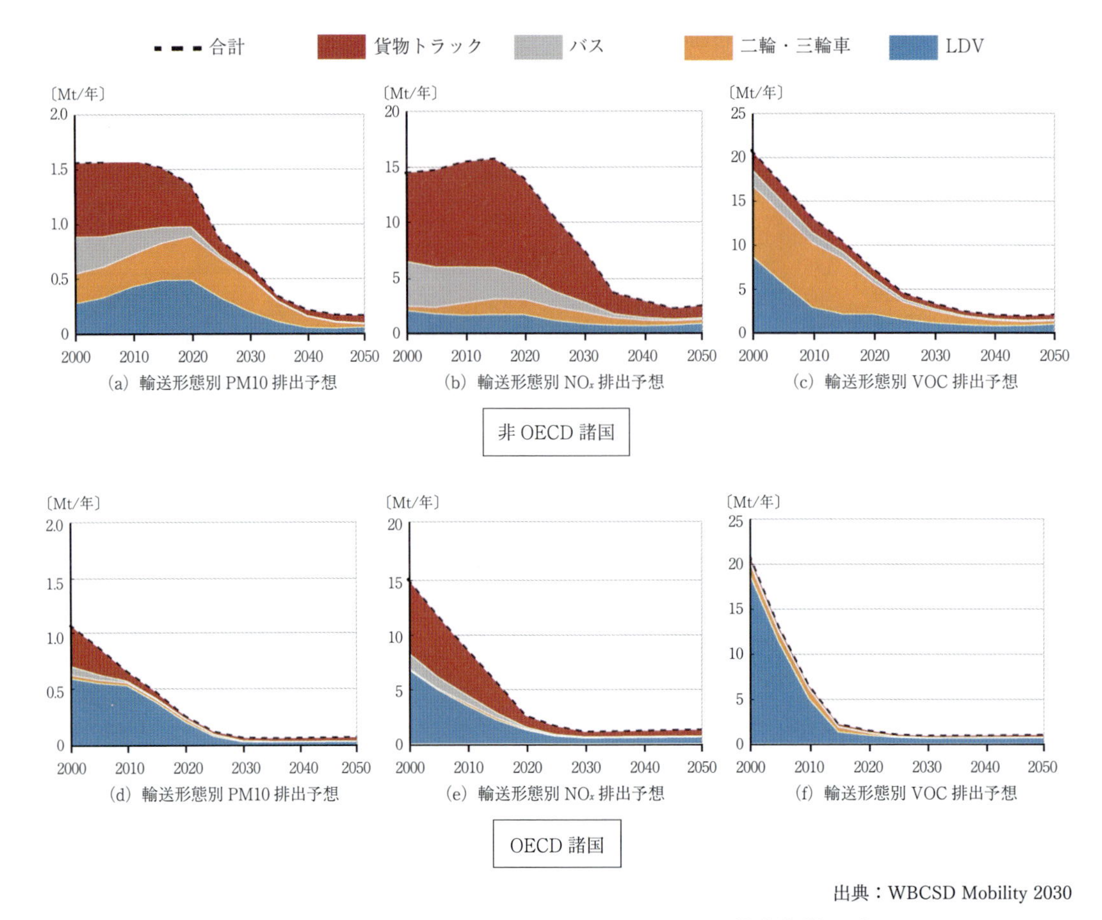

出典：WBCSD Mobility 2030

図 4-13　発展途上国と先進国のモビリティからの排出物質予測

(PM10)の排出が多くなると予想されている．加えて，急速な都市化に交通インフラの投資・整備が追いつかず二輪車の普及からモータリゼーションが始まったために，排出ガス規制の導入がさらに遅い二輪車からの揮発性有機化合物(VOC)の排出量増加と併せてアジア地域の大気質環境の大きな課題となると予想されている(4-14)．

モビリティ以外の領域でも，アジアの大都市への人口集中に伴う電力需要の増加に対して現状，多くの国が石炭火力発電に依存しており，発電効率が高く，大気質へのインパクトが少ないAUSC(先進型超々臨界)や，低品位炭で効率良く発電が可能なIGCC(石炭ガス化複合発電)への更新に向けた長期戦略立案と最新石炭火力発電インフラへ転換投資の誘導や，地域の特性に合わせた再生可能エネルギー発電の導入への投資も進めてゆく必要がある．

加えて，再生可能エネルギー発電も含めた新たな電力ミックスの条件下での電気の安定的な供給を支える，送配電網の対応も必要となり，この分野への投資も必要となる．

また，都市人口の増加に対応し，住人の健康的な生活を維持するための以下のようなさまざまな対応が必要になってくる．

・水資源の確保と上下水道システムの対応
・大気質の維持と改善
・多くの住人の健康を維持する，医療体制の構築と医療体制が整わない地域への遠隔医療の対応
・住人の生活を守るセキュリティ面の対応
・多くの住人への行政サービスの対応
・教育の対応

さらに，それらすべての対応を支える堅牢な情報通信システムの構築も必須の要素である．

図 4-14 に，インド政府の都市開発省の現状の都市の課題とスマートシティへの対応処方の検討の図を示す．インドでも都市部への人口集中による交通問題，電力エネルギーの問題，水の問題，ヘルスケアの問題で社会的な損失が増加しており，スマートシティの中のスマート行政やスマートヘルスケアな

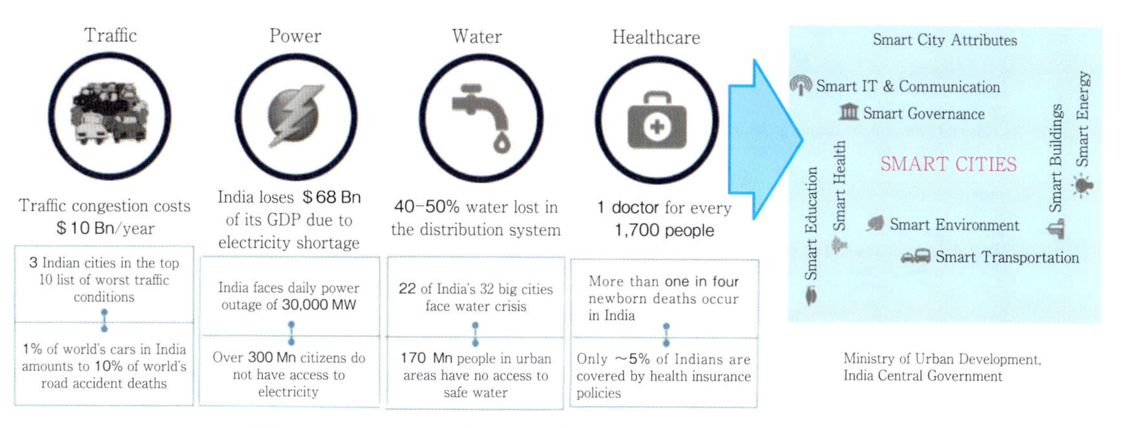

図 4-14　インドのメガシティの課題とスマートシティへの期待

ど，さまざまなスマートシティの機能の中で解決していこうとの期待が示されている(4-15)．

これらの課題項目は日本の各産業がそれぞれ世界的にも競争力をもつ技術要素であるが，それぞれの技術をICTで連携しそれぞれを有機的に組み合わせてスマートシティの機能へまとめてスマート行政にまで反映していくほどのビジネスモデル構想は，全国民が共通の言語で意思疎通ができて，識字率も高く，水供給事業のように各地の自治体で事業が成立しているような日本では，国レベルでのビジネスモデル論議は進んでいない．

4.1.3　交通システムの革新

日本の2011年度運輸部門CO_2排出量2億3,000万トンの内訳は，自家用乗用車50%，自家用トラック16.6%，営業用トラック17.6%，その他(バス，タクシー，船舶，航空，鉄道)16%となっている．自家用車から公共交通への誘導などによるCO_2削減が期待される．

第8章に詳述するが，自家用乗用車からバスへのモーダルシフトにより人・km当たりのCO_2排出量は38%削減する．エコドライブの普及によるCO_2削減は10～20%程度とされる．ITS技術による省エネルギーは5～15%と推定される．カーシェアリングについては，交通エコロジー・モビリティ財団の報告書によると，燃料消費量が45%削減できるとしている．ライドシェアによる平均相乗り同乗者数を2.0名(ライドシェアサービス「notteco(ノッテコ)」発表，2016年8月31日)とすると，乗用車の平均乗車数1.3名の1.5倍となる．1人当たりのCO_2排出量は30%削減の可能性がある．超小型モビリティは，ガソリン車の場合はガソリン軽自動車に対し約30～60%，EVでは80%以上のCO_2削減と見積もられる．

いずれも技術的にはすでに実現されているか，あるいは近い将来に実現が期待されているが，新しい技術や交通システムが社会に導入・普及するためには利用者の意識の変化や社会の制度改革などの課題も多い．仮に，自家用乗用車から他のモビリティへのシフトがバス10%，カーシェアリング10%，ライドシェアリング10%，超小型モビリティ10%とすると，エコドライブとITSの効果を含めCO_2排出量の低減は20%程度と推定される．

自動車単体の技術革新についての詳細も第8章で述べるが，低炭素エネルギー車が大量に導入され，たとえばPHV，BEVの保有台数シェアがそれぞれ50%の場合でもCO_2低減効果は60%と見積もられる．

CO_2排出量80%削減を目標とすると，自動車技術の革新に加え，車の使われ方や交通システムの革新が大きく進展する必要がある．自家用自動車を大幅に削減し，利便性の高い公共交通とシェアリング，徒歩と自転車など軽車両を主体とした交通システムにシフトしたい．地域によっては都市部の自動車乗り入れ制限など大胆な施策も必要と考える．また，大型車は大幅なCO_2削減のハードルが高く，鉄道や船舶を含めた大規模なモーダルシフトも検討の必要があると考えられる．

交通システムの革新にはインフラの革新が不可欠であり，都市構造が深く関わってくる．ここでのインフラには，道路や鉄道，乗降施設や集配施設，燃料設備，通信設備といったハードウェアに加えて，

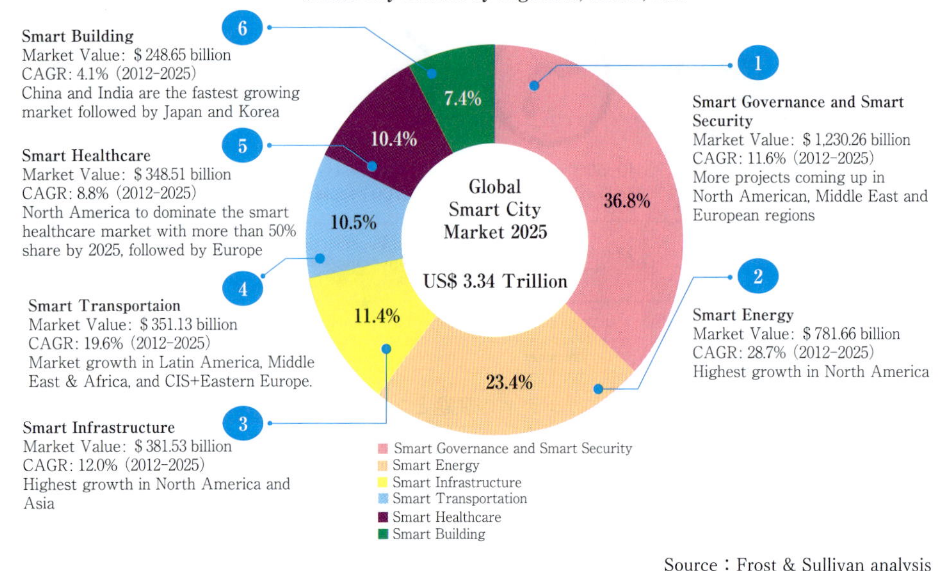

図 4-15　2025 年スマートシティ市場規模予想

それらを建設・運用する際の規制や制度等のソフトウェアが含むものとして捉えることが重要である．

4.2　スマートシティとスマートグリッド

4.2.1　スマートシティとスマートグリッドの関係

今後，世界各地で都市への人口集中が発生すると，エネルギー，物流，水供給，交通システムへの多大な需要が発生し，既存の都市のインフラ，エネルギーシステムでは対応ができなくなる．一方，地球温暖化防止のためには地球大気中の温室効果ガスの濃度の増加を抑えなくてはならず，世界的に都市のスマートシティ対応には多額の投資が必要となってくる．

2025 年に全世界のスマートシティ関連ビジネスの市場規模は 400 兆円以上になると予想している報告もある．この中で，エネルギー分野 23.4%，インフラ分野 11.4%，交通分野 10.5%，以下ヘルスケア領域 10.4%，スマートビルディングが 7.4% を占め，もっと大きな分野はスマート行政およびスマートセキュリティで 36.8% になると推定している(図 4-15)[4-16]．

欧州では電力インフラの将来技術ロードマップの中で，スマートシティのイニシアティブ(ESCI)を中心に，再生可能エネルギー発電を多用する電力グリッドのイニシアティブ(EEGI)と電気自動車がメインのグリーンカーイニシアティブ(EGCI)が両脇にあって，それらを相互に情報でつなぐ ICT というコンセプトをイメージしている(図 4-16)[4-17]．これらから，ICT およびスマートグリッドや次世代自動車・スマート交通システムがスマートシティを構成する重要な要素になっている，ということがわかる．

図 4-17 には，スマートシティとスマートコミュニティ，スマートグリッドやそのほかの技術の相関関係を模式的に表した例を示す[4-18]．この図でも，スマートグリッドはスマートシティを構成する一つの要素であることがわかる．ただし，スマートグリッド全体がスマートシティに包含されるわけではない．なお，スマートコミュニティについては 4.2.2 項で言及する．

さらに，図 4-18 に，論文データベースから抽出した世界のスマートシティに関連した論文 712 件およびその論文が引用している参考文献の論文 3,254 件の論文の文書情報をワードマイニングして各要素技術のキーワード抽出結果とそれぞれのキーワードの技術相関関係を俯瞰解析した結果を示す．中央左のスマートシティの大きな集合の右上に「エネルギーの高効率化」，時計回りに「交通インフラの高度利用」「情報収集連携の高度化」「情報通信の高度化」「都市の高機能化」という集合に各キーワードが分類され，ここでもスマートグリッドはス

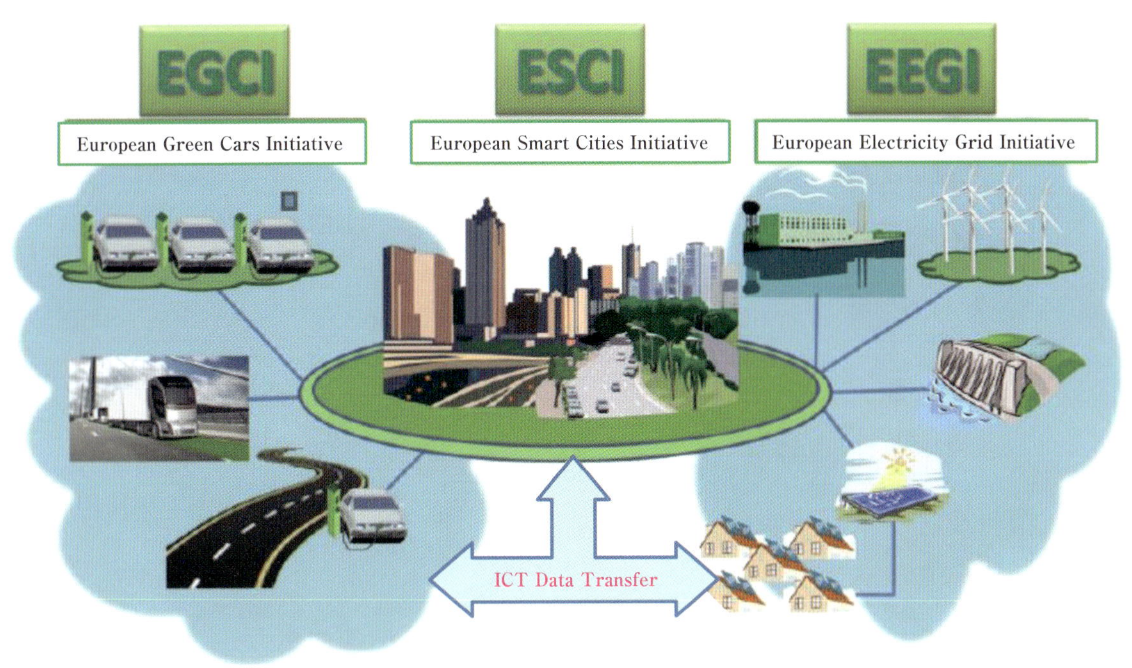

Infrastructure Electrification Road Map. CAPIRE project

図 4-16　欧州の電力グリッド，グリーンカー，スマートシティ，ICT の相関

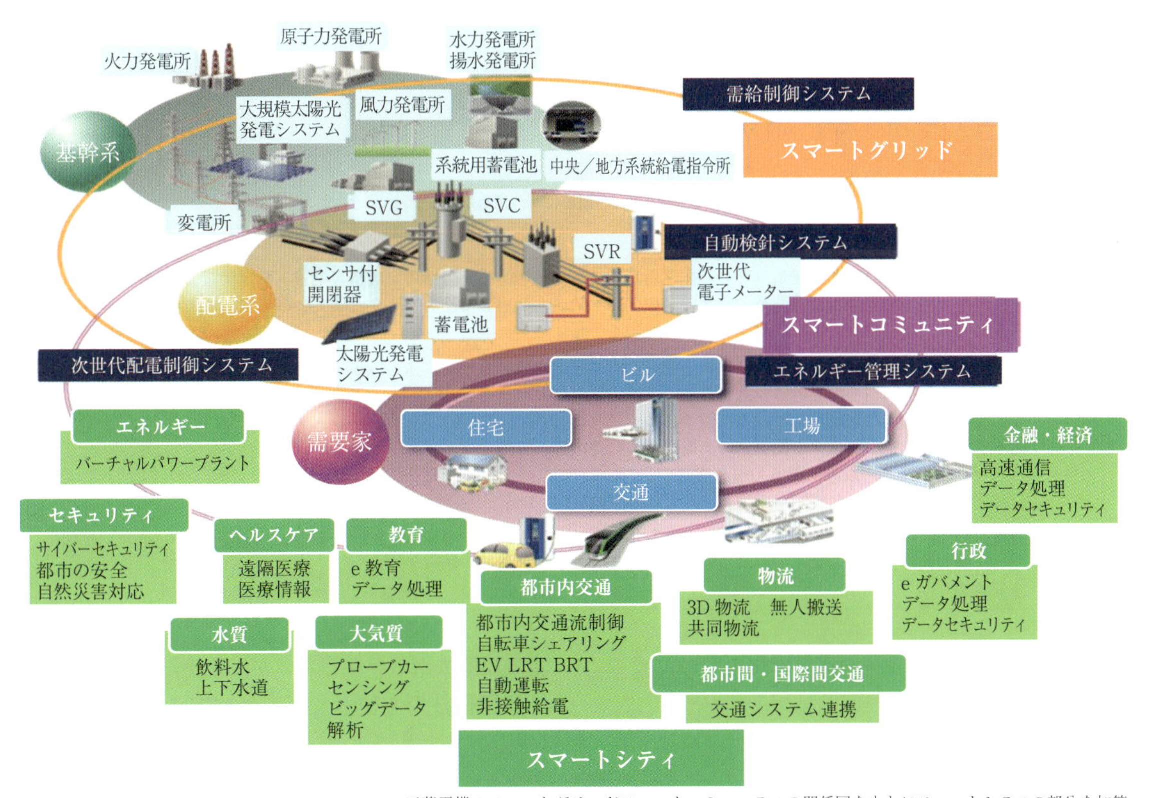

三菱電機のスマートグリッドスマートコミュニティの関係図をもとにスマートシティの部分を加筆

図 4-17　スマートシティとスマートグリッドの相関

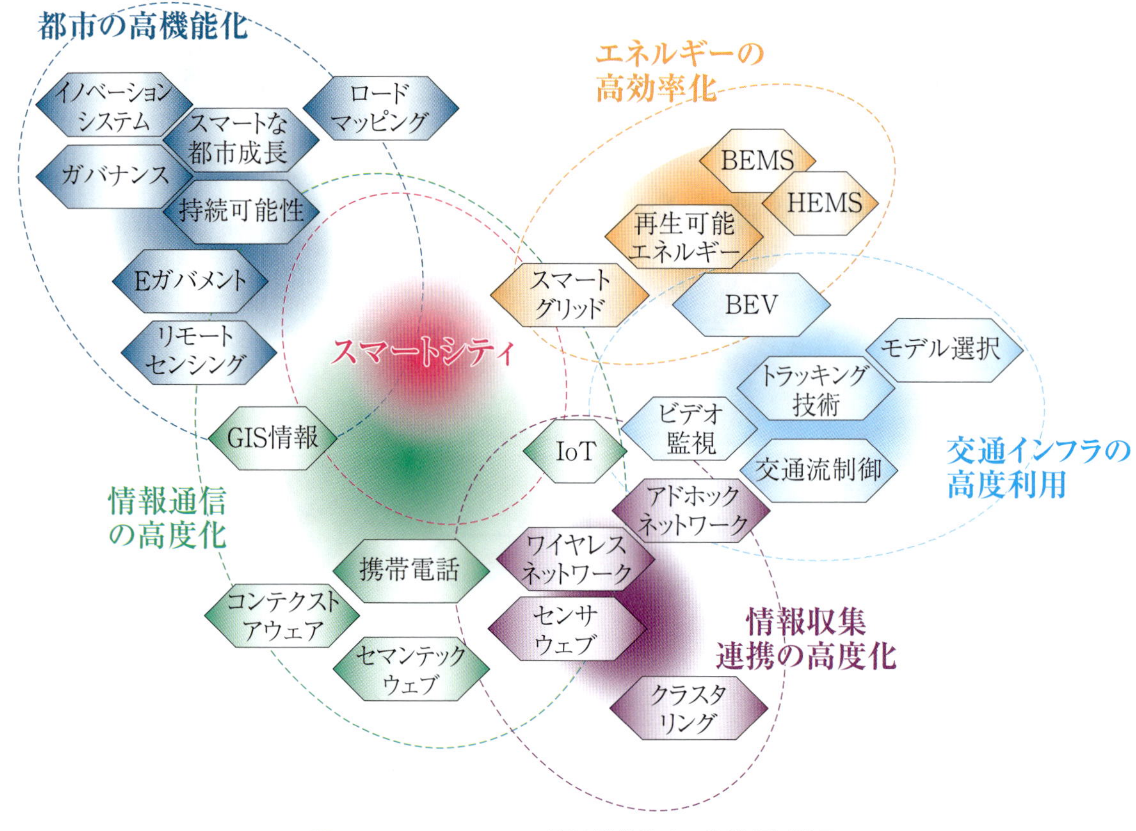

図 4-18　スマートシティ関連技術論文の相関解析結果

表 4-2　日本・米国・欧州の関連機関におけるスマートグリッドの定義

国・地域	定義	出典
日本	従来からの集中型電源と送電系統との一体運用に加え，情報通信技術の活用により，太陽光発電等の分散型電源や需要家の情報を統合・活用して，高効率，高品質，高信頼度の電力供給システムの実現を目指すもの．	経済産業省：低炭素電力供給システムに関する研究会報告書(2009 年 7 月)
米国	送配電システムに接続されている機器同士間で監視や保護を行いながら，送配電の自動最適運用を行う最新システム． ここで「システムに接続されている機器」には，発電(大規模／分散型)から始まり，高圧ネットワークや配電システム，さらにその先の工場やビル，エネルギー蓄積装置や最終消費者の所有機器(たとえばサーモスタットや電気自動車，家電機器を含む住宅内設備機器など)等が包含される．	Report to NIST on the Smart Grid Interoperability Standards Roadmap(2009 年 6 月)
欧州	持続可能であり，経済性かつ安全性の保たれた電力供給を効率的に実現するため，電力網につながるすべてのユーザー(供給側・需要家)の行動を統合する配電網．	European Technology Platform Smart Grids

マートシティとエネルギーの高効率化の間に位置していることがわかる[4-19]．

なお，本俯瞰解析の説明に関しては，補遺 ii に詳細を記述した．

4. 2. 2　国内外におけるスマートグリッド・スマートシティに対する取組み

スマートグリッドという用語に対する世界共通の定義は過去から存在しないが，最小限の共通要素は，情報通信技術を使って高度に制御されたグリッド(電力システム)ということになろう．その上で，どのような価値の実現を目指すかは国や地域で異なっている．日本・米国・欧州の各関連機関におけるスマートグリッドの定義からその骨子をうかがい知ることができる(表 4-2)[4-20]．

図 4-19 に，日本，米国，欧州，中国のスマート

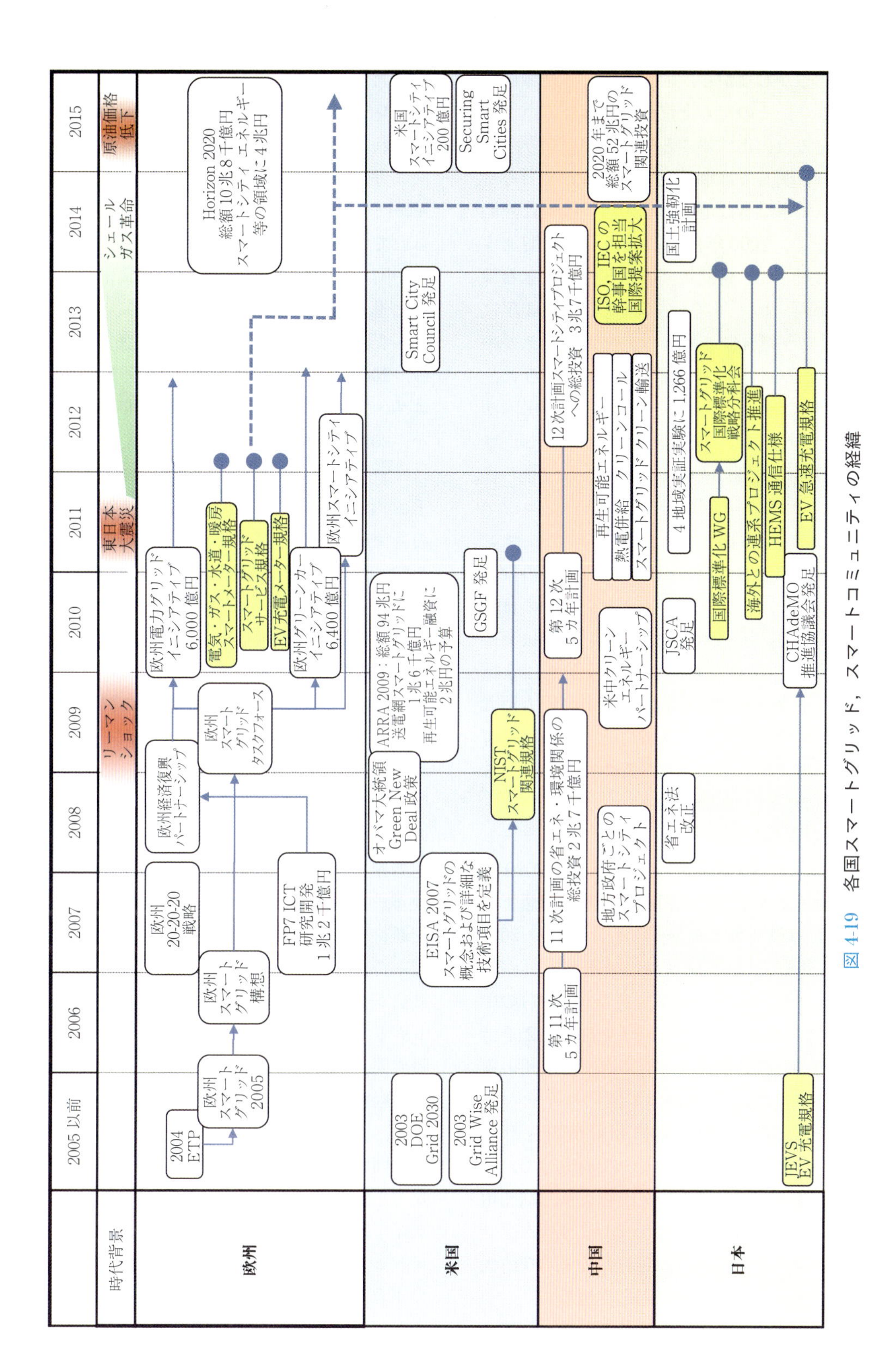

図 4-19　各国スマートグリッド，スマートコミュニティの経緯

グリッド・スマートコミュニティ・スマートシティへの国レベルでの取組みの経緯を示す．2000 年代に入り，地球温暖化への対応の観点と，採掘が容易な化石燃料の資源の減少に伴いエネルギー構成が変化し，再生可能エネルギー，非化石エネルギーの導入量が増加すると予想され，その際に電力エネルギー供給システムの安定性を確保するためにスマートグリッドは不可欠なシステムとして世界的に検討

が始まった．しかしながら，世界各国，各地域にその経緯は異なり，そのため上位概念も異なる．

米国では電力自由化は州ごとに対応が異なり，電力エネルギーに関しては事業規模もさまざまである．中小の電力供給事業者は電力網への設備投資に熱心でなかったため，2000年代の初めから将来増加する電力需要に対して，送配電網の脆弱性が大きな課題となっていた．エネルギー省(DOE)が2003年にGrid 2030という報告書で米国の送配電システムの近代化と将来の資本投資を提言した．さらに，2007年の連邦政府のエネルギー自給・安全保障法(EISA)でスマートグリッド関連技術を定義し，さらに関係する運用規格に関しても規定した．さらに，2008年にオバマ大統領が就任し，グリーンニューディール政策を打ち出した．2009年にリーマンショック後の景気回復のためのアメリカ再生再投資法(ARRA)の中で，スマートグリッドに当時の日本円で約1兆6千億円，再生可能エネルギー融資に約2兆円の予算を付与した．まず米国全域に多数のスマートメーターを設置し，需用家側の電力消費状況を把握し，そのデータを基盤にその後の再生可能エネルギー導入やさまざまな施策の検討を進める計画を推進した．

欧州では米国に続き2005年に欧州でのスマートグリッドの導入検討を開始し，2006年に，2020年に欧州でスマートグリッドを相互運用する構想を発表，2007年には欧州エネルギー戦略目標(20・20・20)が設定されEU，各国レベルでの研究指針が決まり，第7次フレームワークプログラム(FP7)の中でICTの研究開発に当時の日本円で約1兆2千億円の予算を付与して通信技術ビジネスでの欧州の優位性確保を志向した．その後，米国同様リーマンショック後の経済立て直しの欧州経済再生計画(EERP)の中の官民パートナーシップ(PPP)で，欧州投資資銀行や欧州委員会の研究予算より，欧州電力イニシアティブ(EEGI)に約6,000億円，欧州グリーンカーイニシアティブ(EGCI)に約6,400億円の予算をつけて産学官の共同研究を支援した．

また，同時に規格の制定に向けての動きも加速し，2012年を終了目標に，電気だけでなくガス・水道・暖房用熱供給のスマートメーター規格，さらには日本が推進していたEV・PHEVの急速充電を含むCHAdeMOに対抗し，充電メーター，スマートグリッドサービス導入の規格制定スケジュールを決定した．さらに，2014年FP7の後を継いで，新たなフレームワークプログラム「Horizon 2020」が開始され，2020年までに総額10兆8千億円の予算が決まり，その中でスマートシティや交通，エネルギーといった社会課題の領域に4兆円が振り分けられている．

中国では，急激な経済成長で工業化，都市化が急速に進みエネルギー需要が高まり，電力のエネルギー資源の逼迫，大気質，水質の悪化に直面している．2006年から2010年の第11次5カ年計画で省エネ・環境保護関係へ総投資2兆7円億円の予算を，2011年から2015年の第12次5カ年計画ではスマートシティプロジェクトへの総投資額が3兆7千億円を付与しており，現在中国全土で400以上のスマートシティプロジェクトが推進中である．さらに，エネルギー供給網の最適化を図るため，2020年までに総額52兆円の投資を行い，スマートグリッドの整備を推進する．加えて最近では国際標準化にも積極的に参画し，ISO，ICE等の幹事国を引き受けて国際提案を拡大している．

日本では経済産業省資源エネルギー庁が家庭やビル，交通システムをITネットワークでつなげ，地域でエネルギーを有効活用する次世代社会システムの概念をスマートコミュニティとして提唱してきた．産業界でも電気の有効利用，さらに熱や未利用エネルギーも含めたエネルギーの「面的利用」，地域の交通システム，市民のライフスタイルの変革などを組み合わせたエリア単位での次世代のエネルギー・社会システムであるスマートコミュニティ(スマートグリッドを含むエネルギー・社会インフラ)の国際展開，国内普及に貢献するため，業界の垣根を越えて経済界全体としての活動を企画・推進するとともに，国際展開にあたっての行政ニーズの集約，障害や問題の克服，公的資金の活用に係る情報の共有などを通じて，官民一体となってスマートコミュニティを推進するためにスマートコミュニティ・アライアンス(JSCA)が2010年に発足した．海外活動の事務局をNEDOが担当して，海外のスマートシティプロジェクトへの参加を通じ，日本の要素技術の紹介と海外の情報収集や，国際標準化に対して戦略的に取り組んでいる．また，日本の4地域でさまざまな企業，地方自治体，研究機関が協力し，スマートコミュニティ実証実験に取り組んだ．

しかしながら，活動がスタートした直後に東日本大震災が発生し，国内のエネルギー事情も大きく変化した．実証の目的も各地域の都合に合わせ，大規模自然災害に対しての対応なども加味して複数システムを組み合わせたスマートコミュニティのエネルギーマネジメント技術実証といった状況で進められている．また，震災復興支援に国家予算が振り分けられて，前述の海外の取組みに比べると，国内4地域の実証実験の総予算が1,300億円以下とはるかに少なく，国家プロジェクトとして今後確実に成長する巨大マーケットに対して，東日本大震災以降，日本発のスマートシティビジネスモデルを海外へ訴求していくというような上位概念は薄れてしまっている印象がある．

2010年に開始されたスマートコミュニティ実証(いわゆる4地域実証)は2014年度に終了したが，そこで提唱されたコミュニティ単位でエネルギーを管理するというコンセプトは，現在の送配電システムの中では実現が難しいことが明らかになりつつある．しかしながら，実証事業の中で開発された“多数の分散機器を統合的に制御する”という技術は，代わって登場してきたVirtual Power Plant(VPP)あるいはアグリゲーションというコンセプトの中で活用されている．

4.3　電力システムと自動車

4.3.1　電力系統とEV/PHEVの関係

EVやPHEVは，充電を介して電力系統と関わることになる．本項では，大量に普及したEV/PHEVによる充電が電力系統へ与える影響について，需給バランス(周波数変動を含む)と電圧の観点から考察する．まずは，充電することによる電力系統への悪影響とその緩和策を紹介し，続いて，EV/PHEVをより積極的に活用することによる，電力系統への貢献の可能性について論じる．

4.3.2　EVの充電の影響

(1) 総体としての評価

EVの普及による総体としての電力需要への影響は，次のように評価できる．

2014年の自動車用ガソリン消費量は，1.77×10^{18} Jであった．ガソリン車がすべてEVに置き換わった場合，ガソリン車とEVの走行距離当たりエネルギー消費率の差を4：1と仮定すれば，EVによる電力需要は1.77×10^{18} J/4 = 4.41×10^{17} J = 1.23×10^{11} kWh(1,230億kWh)となる．これは，2030年における総発電量1兆650億kWhの約12%に相当する．EVの普及には一定の年数がかかることを考えれば，これだけの需要増に対処することは十分に可能と考えられる．

一方，年間1,230億kWhは1日平均3.36億kWhである．これが1日のうちの6時間に集中すると，需要電力としては5,600万kWとなる．これは，夏期の最大電力需要，約1億5,000万kWの1/3を超えるレベルである．昼夜間の電力需要の差は，特異日を除けば6,000万kW以上あるので，EV充電需要が深夜に生じるのであれば電力供給力の点でも問題は生じない．しかし，充電需要の発生のタイミングや，需要の立ち上がりの急峻度によっては，需給バランスに問題が生じる可能性がある．

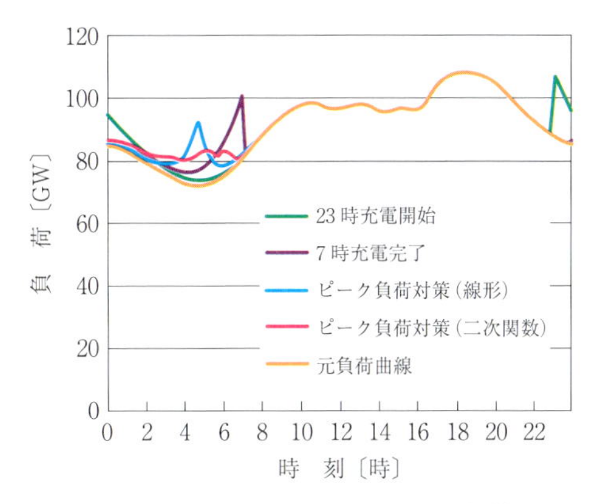

図4-20　EV普及率20%のときの日負荷曲線(中間期休日)(4-21)

(2) EVの充電時間帯制御による系統影響緩和策

EVの夜間充電による負荷変動への影響とその対応策(4-21)について紹介する．

図4-20は，全国規模での電力系統において，自家用乗用車の20%が電気自動車となり，充電電力3kWで充電した場合の電力負荷曲線を推計した結果である．ここでは，電力負荷が最も少なく，充電による影響が顕著な代表日として，中間期休日を示す．深夜割引料金が適用される23時に全EVが一斉に充電を開始した場合や，翌朝7時に満充電となるように充電した場合では，特定の時刻に急峻なピーク負荷が発生する．以上のケースは，すべてのEVが同じ充電パターンをとる極端なケースであるが，料金設定によっては，これほどではないにしろ，特定の時間帯に充電が重なり，ピーク負荷が発生す

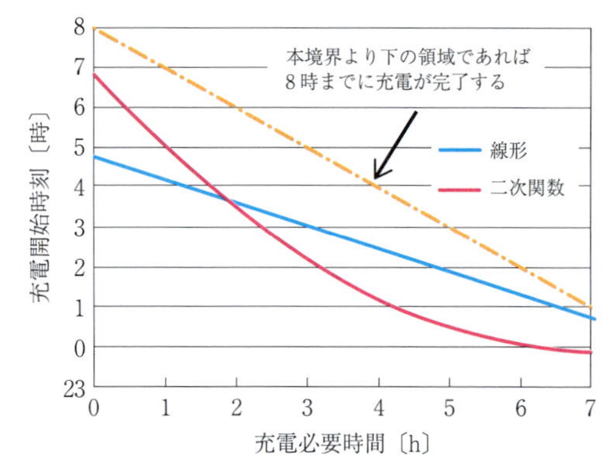

図 4-21　充電必要時間に応じた充電開始時刻の設定方法(中間期休日・普及率 20%)(4-21)

る可能性は十分にある．したがって，ピーク負荷を抑制するためには，充電時間帯を分散させる必要があることがわかる．

図 4-21 に示すように，充電必要時間(＝満充電までに必要な充電量/充電電力)に応じて充電開始時刻を変化させることにより，充電時間を分散させる．たとえば，充電必要時間が 3 時間の EV は，ピーク負荷対策(線形)の場合，3 時に充電を開始することを意味する．なお，本図は EV 一台に対する設定を示しているが，すべての EV に同一の設定情報を与えたとしても，EV 一台ごとの充電必要時間が異なるので，充電時間帯は分散されることになる．充電必要時間に対して線形に充電開始時刻を変化させた結果(図 4-21，線形)，急激なピーク負荷は抑制されるものの，特定の時間帯に緩やかな変化のピークが発生した(図 4-20，ピーク負荷対策(線形))．これは，充電必要時間が短い EV の充電時間帯が集中したためである．そこで，日走行距離分布を考慮し，充電開始時刻を二次関数の形状に分散させた結果(図 4-21，二次関数)，ピーク負荷は抑制された(図 4-20，ピーク負荷対策(二次関数))．

充電開始時刻の制御については，タイマを用いることで容易に実現可能であり，本手法は自律分散的に行うことができる．以上の検討結果より，EV の夜間充電による負荷変動への影響に関しては，ある特定の時間に充電を集中させず，適切に分散させる方法さえあれば，追加的なインフラを必要とせず，比較的簡単に対応できるものと推測する．

(3) EV 充電器からの無効電力補償による電圧降下抑制

図 4-22 に示す 2 ノードモデルを用いて，EV の充電による電圧降下と無効電力補償による電圧上昇の

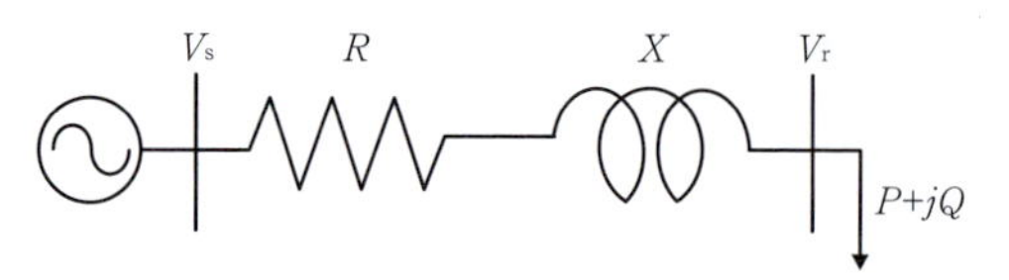

図 4-22　2 ノードモデル

関係について説明する．

送電端と受電端の電圧差である電圧降下 V_s-V_r は式(4-1)によって近似される．

$$V_s - V_r \cong \frac{PR + QX}{V_r} \tag{4-1}$$

ここで，V_s：送電端電圧，V_r：受電端電圧，P：受電端の有効電力，Q：受電端の無効電力，R：配電線の抵抗分，X：配電線のリアクタンス分．

図 4-22 において，EV が充電している場合，受電端の有効電力 P がプラスの値となり，式(4-1)においては，これに抵抗を乗じた値が電圧降下となっていることがわかる．同様に，図 4-22 において，受電端の無効電力 Q がマイナスの値となるように補償した場合，式(4-1)においては，これにリアクタンスを乗じた値がマイナスの電圧降下，すなわち電圧上昇を表していることがわかる．したがって，EV 充電による電圧降下分をキャンセルするように，無効電力を補償することで，受電端の電圧を適正範囲に維持することが可能となる．

文献(4-22)，(4-23)では，EV が配電線から充電することによって生じる電圧降下に対して，その EV の充電器が自ら無効電力を補償することで，電圧降下を抑制する手法を提案している．補償すべき無効電力量は，EV 充電器自端の電圧，有効電力，および配電用変電所から EV 充電器までのインピーダンスを用いて簡単な式から算出できる．EV が需要家軒数の 50% に普及し，夜間に一斉充電を行った場合の電圧を図 4-23 に示す．対策を講じなければ，電圧基準の下限値を下回る箇所が発生するが，提案手法の適用により，電圧降下を抑制できている様子がみてとれる．

提案手法のメリットは，EV の充電による電圧降下問題に対して，各 EV が自ら必要な無効電力量を算出し，補償する点にある．本手法は自律分散的に行うことができるので，通信インフラを必要とせず，比較的安価に対策を実施できるものと推測する．

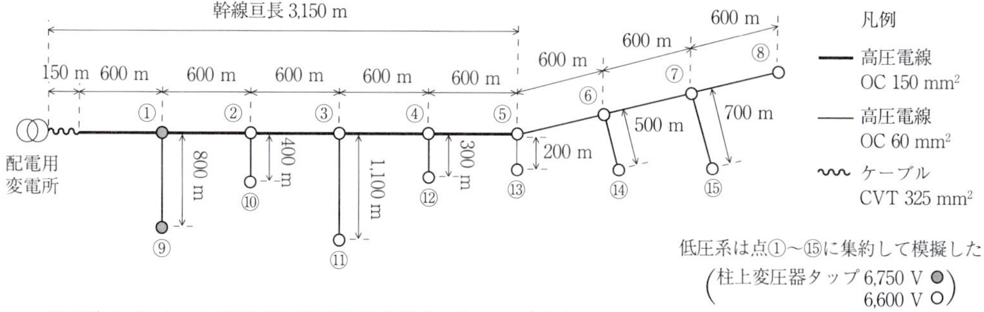

・配電線のパラメータは電気協同研究第 37 巻第 3 号をベースとした
・電灯契約口数 1,800，夜間通常負荷合計 2,000 kW，EV 充電負荷合計 3,600 kW(4 kW/台)
・EV 負荷および通常負荷は配電系統全体に均一に分布していると仮定した

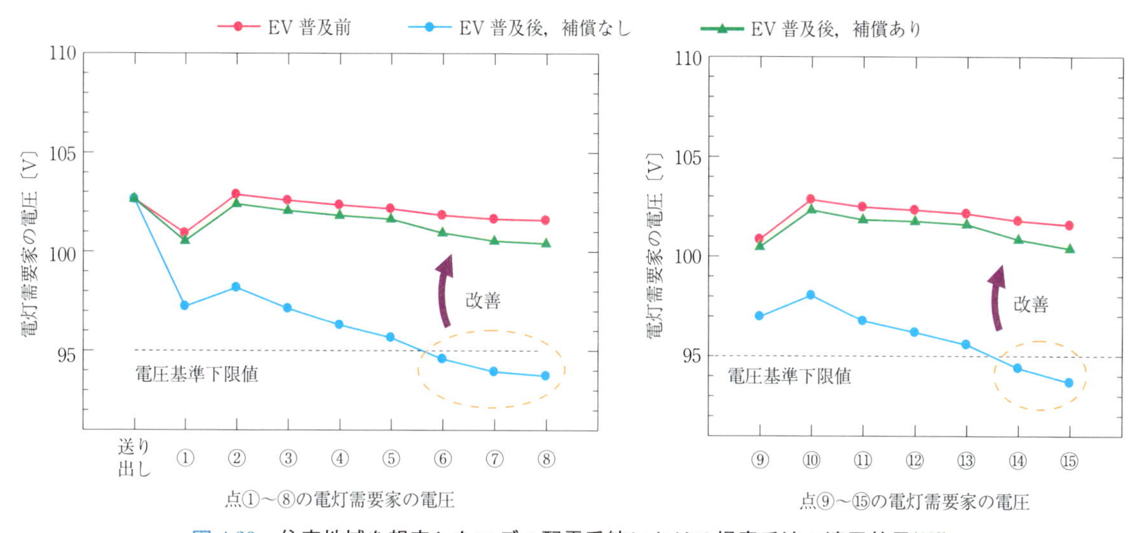

図 4-23　住宅地域を想定したモデル配電系統における提案手法の適用効果(4-22)

4.3.3　再生可能エネルギーの増加と EV 利用の関係

本項では，前半で将来の再生可能エネルギー発電比率が増加する際の系統の課題を述べ，後半では PHEV，EV が大量普及し充電のために系統接続をする際の電力品質を担保する具体的な技術対応の検討に関して述べる．

(1) 再生可能エネルギーの大量導入による電力系統問題

(a) 配電系統における電圧上昇

太陽光発電の出力が電力系統に流れ込む(逆潮流)とき，連系箇所の電圧が上昇する．太陽光発電から系統側への逆潮流が増大することにより，連系点の電圧が電気事業法第 26 条に基づく適正値(低圧配電線は 101 ± 6 V)を逸脱する場合，太陽光発電の連系装置の電圧上昇抑制機能が動作し，太陽光発電の出力が抑制される．この現象はすでに日本国内の各地で発生しており，電力会社が柱上トランスを増設や電圧調整機器を設置して極力多くの太陽光発電の受け容れと電圧の逸脱回避の両立を図っている．

配電線の電圧上昇は電圧が低いほど顕著に現れやすい．日本の低圧配電の基準電圧が 100 V であるのに対し欧州は 230 V であり，日本は本質的にこの問題が発生しやすい．

(b) 周波数の変動

電力系統の周波数(東日本は 50 Hz，西日本は 60 Hz)は，それぞれの系統全体の電力需要と供給のわずかな不一致により常時，微妙に変動している．周波数が中心値から大きく外れないよう，電力会社の系統運用部門からの指令によって主に火力発電が出力を調整している．既存の周波数変動の原因は電力需要の不規則な変動であるが，そこに太陽光発電や風力発電の不規則な出力変動が加わると，系統全体としての需要と供給の不一致が拡大する．周波数の変動は周期が 20 分程度以下の不規則な需要と供給の差が原因であるが，こうした短周期の変動は電力系統の規模が大きくなるほど相対的に小さくなり，周波数変動も目立たなくなる．欧州や米国に比べて日本は系統規模が小さく，周波数変動が大きく現れやすい．特に，北海道，沖縄，その他本土系統と独立した離島でこの問題が現れやすい．

(c) 需給バランス調整

前項の周波数が短周期変動の問題であるのに対し，これは時間単位，日単位あるいは季節単位の需給バランスの問題である．太陽光発電や風力発電の出力は，日単位あるいは季節単位では大きく変動し，電力需要パターンとの不一致も大きくなる．この差は，火力発電の出力調整によって吸収するが，太陽光・風力の導入量が総需要に近いオーダーになってくると，火力発電プラントの起動停止も含む調整が必要になる．火力発電は太陽光・風力の発電量の分だけ出力を減らすことになるため，設備利用率が低下し採算性が落ちる．欧州では採算性の悪化した火力発電所を廃止する事例が現れてきている．こうした事例が増えると，太陽光・風力の出力が最低限となった場合には発電能力が不足する．

一方で電力需要の少ない時期には，ベース供給力(原子力＋水力＋火力最低出力等)と太陽光・風力の合計発電量が電力需要を上回り，余剰電力が発生するような場面も現れてくるが，実際には余剰電力は発生しない．余剰電力が本当に発生すると，系統全体の周波数が上昇し，それに同期している火力発電や原子力発電のタービンの回転数も上昇するが，ある閾値以上になると機械の保護のために自動的に系統から切り離されて停止する．こうした発電プラントの離脱が次々に起こり，今度は突然の供給不足が生じて停電(場合によっては大規模停電)に至る．そうならないよう，余剰電力が発生する手前で，太陽光・風力の出力を抑制する必要がある．制度上，出力抑制の要請頻度が限られている日本の現状では，太陽光・風力の系統接続自体を制限せざるを得ない．

需要と供給のバランスは，電力会社がその供給区域単位で考える問題であるとともに，電力システム改革で増加している小売事業者も顧客の総需要と供給の調達量とを常時一致させることが求められる．太陽光発電や風力発電を供給力として購入する小売事業は，その出力変動への対策手段を用意しておかなければならない．

(d) 送電容量不足

大型の太陽光発電や風力発電(メガソーラーやウィンドファーム)は，住宅やビルや工場の少ない地域，つまり既存の電力需要が乏しい地域に建設されることが多い．需要が少ないので当然，送配電インフラは貧弱であり，メガソーラーやウィンドファームが少し集中すると送電線の容量不足が発生し系統接続が制約される．

(2) 電力系統問題への電動車両の貢献

(a) 貢献の対象

前項に挙げた四つの問題は，原理的には電動車両の電池を系統の電力貯蔵装置として使うことによって軽減することができる．このうち(b)周波数の変動と(c)需給バランス調整は系統全体の問題であるため，系統のどこに接続されていても効果がある．

これに対し，(a)電圧上昇と(d)送電容量不足は個別の送電線や配電線の問題であり，問題が生じている送配電線に電動車両が接続されていなければ貢献はできない．この点から，電動車両の有効電力を制御することによって，電圧上昇と送電線容量不足の問題に貢献できる可能性は低い．

(b) PHEVの充電電力制御による系統貢献

PHEVの充電電力を制御することで，系統の周波数維持に貢献する手法[4-24]を紹介する．ここで，まず本議論の中心となる周波数について，簡単に説明しておく．電力系統では発電と負荷(消費)の量を一致させる必要があり，この需給バランスを表す指標として，周波数がある．発電が負荷を上回ると周波数は上昇し，下回れば周波数は低下する．周波数を適正範囲に維持するためには，時々刻々と変化する負荷の大きさに対して，発電機の出力を制御し，常に需給バランスを保つ必要がある．具体的には，系統運用者は自地域内で発生した負荷変化量を地域要求電力(AR：Area Requirement)として算出し，これに基づき発電機出力を調整している．ここで算出したARは，地域内で需給バランスを保つために必要な発電増加量であるので，ARと同じ量だけ需要量を減少させても，地域内の需給バランスを保つことは可能である．つまり，PHEVの充電電力を制御することで，系統の周波数制御(LFC：Load Frequency Control)に貢献できる可能性があることになる．

図4-24に，提案するPHEV 1台当たりの充電電力制御の特性を示す[4-24]．常時(標準周波数である50 Hzのとき)は500 Wで充電し，周波数が減少したときはそれに比例して充電電力を下げ，周波数が

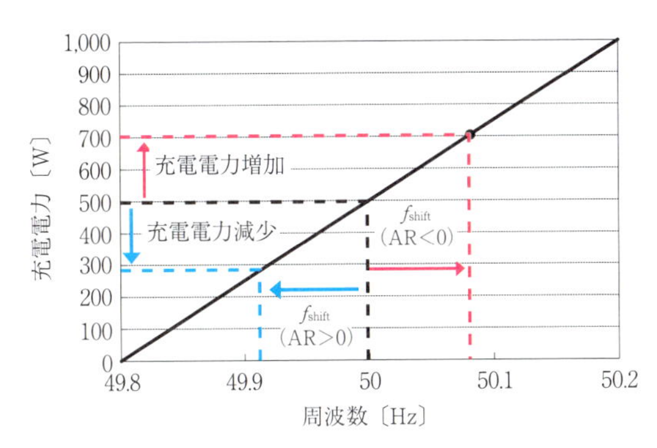

図 4-24　LFC 信号による充電電力制御(4-24)

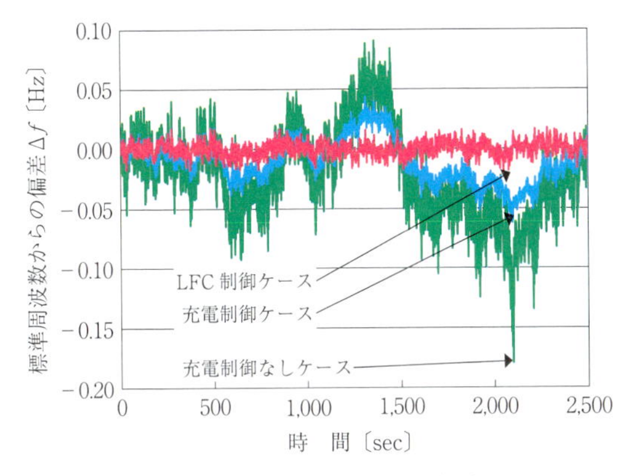

図 4-25　系統周波数偏差(4-24)

上昇したときはそれに比例して充電電力を上げる制御を行う．本制御に加え，AR に基づいて算出した LFC 信号 f_{shift}〔Hz〕を全 PHEV に一斉送信し，系統周波数を f_{shift} だけシフトさせたものを入力として制御することで，より高度な制御が実現可能となる．

系統周波数に関して，シミュレーションを行った結果を図 4-25 に示す．充電制御なしケース，充電制御ケース(系統周波数を入力とした制御のみで LFC 信号は用いないケース)，LFC 制御ケース(系統周波数と LFC 信号の両方を用いるケース)の順で変動が抑制される結果となった．充電制御ケースは偏差に基づいた比例制御であるので，周波数偏差を完全にゼロにすることはできない．対して，LFC 制御ケースは，AR をゼロとするような制御が行われているので，制御の目標値は偏差をゼロにすることである．以上の理由により，LFC 制御ケースのほうが，充電制御ケースより変動抑制の効果が大きくなったといえる．

以上の検討結果より，PHEV の充電電力を制御することで，系統の周波数維持に貢献できることがわかった．ただし，本提案システムを実現するためには通信インフラの構築が必要となる．従来，LFC 制御に必要な容量は，火力発電所の LFC 運転により確保されていた．したがって，提案システムが LFC 容量を代替することによって生じる便益を算出した上で，それが通信インフラの構築費用を上回ることが，提案システム導入の必要条件になると考える．

(c) EV からの無効電力補償による電圧上昇抑制

PV からの逆潮流によって需要家端の電圧が上昇する問題に対して，需要側機器から無効電力を補償した場合の経済価値を評価した研究(4-25)を紹介する．需要側機器の一例として EV の充電器が含まれている．まず，図 4-22 に示した 2 ノードモデルを用いて，PV 逆潮流による電圧上昇と無効電力補償による電圧上昇抑制の関係について説明する．

2 ノードモデルにおいて，PV 逆潮流が発生している場合，受電端の有効電力 P はマイナスの値となるので，式(4-1)においては，これに抵抗を乗じた値がマイナスの電圧降下，すなわち電圧上昇を引き起こす要因となっていることがわかる．同様に，2 ノードモデルにおいて，受電端の無効電力 Q がプラスの値となるように補償した場合，式(4-1)においては，これにリアクタンスを乗じた値が電圧降下を表していることがわかる．したがって，PV 逆潮流による電圧上昇分をキャンセルするように，無効電力を補償することで，受電端の電圧を適正範囲に維持することが可能となる．

文献(4-25)では，電圧逸脱が発生した場合には，PV の出力を抑制することで，逸脱を回避する想定としている．したがって，需要側機器による無効電力補償の効果は，PV の出力抑制が回避された量として評価される．図 4-26 に PV 普及率 60％(配電線 1 フィーダー当たりの需要家総数 2,250 軒に対する PV 導入軒数の割合)のときの需要側機器の総設備容量に対する年間 PV 発電電力量の変化を示す．併せて，設備容量の増分に対する年間 PV 発電電力量の増分の比を限界的な PV 発電増加量として，同図に示す．需要側機器の総設備容量が増加するに従い，年間 PV 発電電力量も増加するが，限界的な PV 発電増加量は次第に逓減している．つまり，需要側機器による無効電力補償の効果はいつでも同じではなく，系統状態によって異なることになる．したがって，需要側機器の設置に伴って発生する費用と，需要側機器の設置によって系統側で得られる便益から，

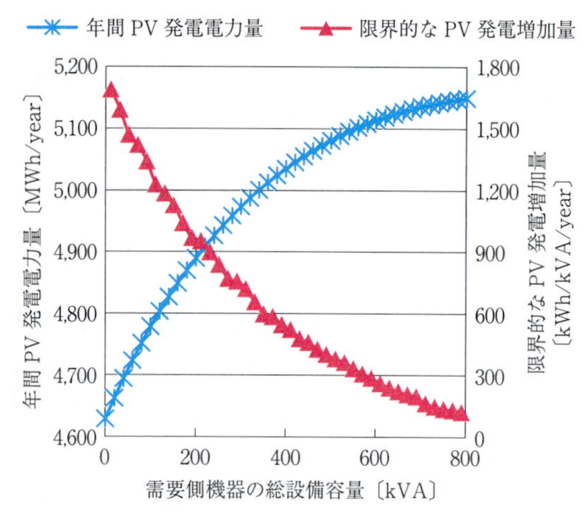

図 4-26　需要側機器の総設備容量に対する年間 PV 発電電力量と限界的な PV 発電増加量(4-25)

最適な導入容量というものが存在することがわかる．

以上の検討結果より，需要側機器から無効電力を補償することで，PV 逆潮流による電圧上昇を抑制できることがわかった．ただし，無効電力補償に関しては，配電系統の高圧側に設置する SVC(Static Var Compensator)や，PV のパワーコンディショナ(PCS：Power Conditioning System)による力率一定制御等，複数の対策が存在する．したがって，需要側機器を活用するかどうかの最終的な判断は，これら複数の対策と需要側機器の費用対効果を比較した結果に依存することになる．

(d) 電動車両の所有者が経済メリットを得る仕組み

電力系統問題の対策として車載電池を使う場合，何らかの充放電を行うことになり，わずかずつではあっても電池はその都度消耗する．このため，電動車両の所有者の参加を得るためには，電池の消耗に見合うような報酬が得られる仕組みが必要となる．

具体的には次のような仕組みが考えられる．

① 送配電事業者に対し，電圧調整力を有料で供給する．

② 送配電事業者に対し，周波数調整力を有料で供給する．

③ 送配電事業者や小売事業者に対し，需給バランスを調節するための機能を有料で提供する．

①～③とも，電力系統の大きさを考えると，電動車両 1 台から得られる効果は小さなものである．そのため，ある程度の台数をまとめて仮想的な大規模電力貯蔵装置として制御を行い，送配電事業者等との契約を結ぶことが考えられる．昨今注目されているバーチャルパワープラントの考え方である．

実は，上記の①～③とも海外では実現してる例があるが，国内ではいまだ実現していない．それでも，現在進められている電力システム開発が進展すれば，どれも実現が見えてくるものである．実現のためには，有料取引のための制度創設のほか，通信規格の標準化，精算のための計量システムの確立などが必要になる．

もう一点，送配電事業者や小売事業者と関係せずに実施できる電動車両の活用方法がある．それは，自家用太陽光発電が需要を上回る場合に，余剰分を車載電池に充電し，逆潮流を回避することである．系統全体として電力が余剰となり，太陽光発電に対して出力抑制の指示を受ける前に，自家用の電動車両への充電を行い，系統への逆潮流を防ぐのである．そのため，翌日の発電パターンと需要パターンを予測し，余剰分を吸収できるように朝の時点の充電レベルを下げておくような制御を行う必要がある．FIT 買い取り単価が低下して，系統電力の買電単価を下回れば，自然にこうした動きが広がっていくであろう．

4. 3. 4　通信のエネルギー

今後の次世代自動車はサステナビリティ，衝突安全，低燃費，交通流の改善，高齢化対応などの要求をすべて満たしていかなくてはいけないが，そのためにも ICT を駆使して車～車間，車～インフラ間でさまざまなデータのやり取りが必要になってくる．現在はスマートフォン，タブレット端末の普及の影響で移動体の通信量は年々増加しており，通信カバーエリアの拡大および都市部での通信量増加に伴い移動体の通信トラフィックは指数的な増加を示している(図 4-27)．また，通信トラフィックの増加に伴い，移動体通信用の基地局数数も増加の一途をたどっている(図 4-28)(4-26)．

図 4-29 に，この大量のデータを保存再利用するためのデータセンターの市場規模と消費電力の推移を示す．日本のデータセンタービジネスの規模も指数的な増加傾向を示して 2017 年には 2 兆円規模を超え，その後も市場規模の増加は続くと予想されているが，データセンターの電力消費は，以下に述べるような消費電力削減技術を広範に採用した新しいデータセンターの普及に伴い，増加傾向が鈍化する

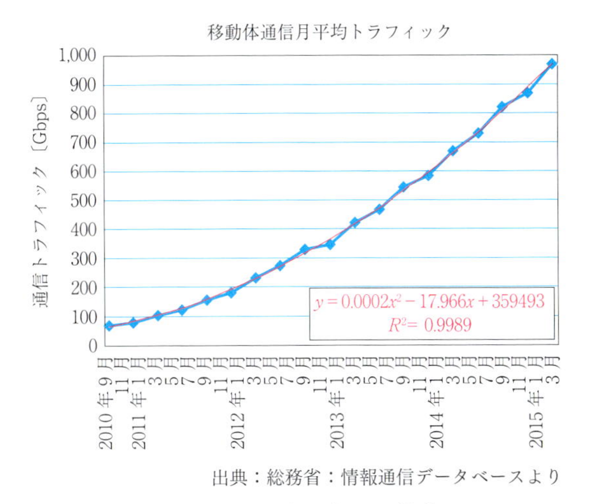

出典：総務省：情報通信データベースより

図 4-27　移動体通信量の推移

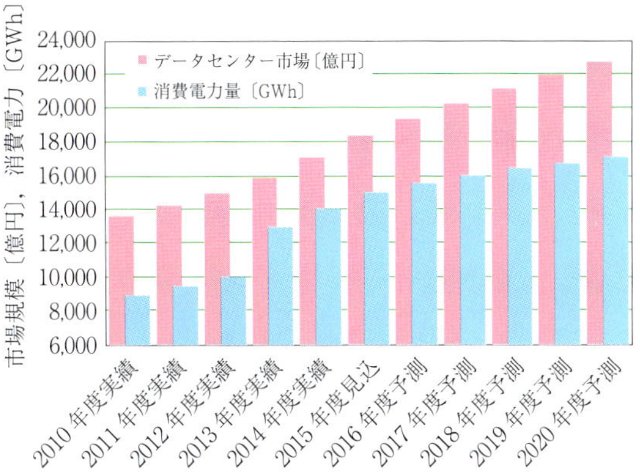

市場規模〔億円〕，消費電力〔GWh〕
データセンター市場〔億円〕
消費電力量〔GWh〕

出典：ミック経済研究所：プレスリリース資料より

図 4-29　日本のデータセンター市場規模と消費電力

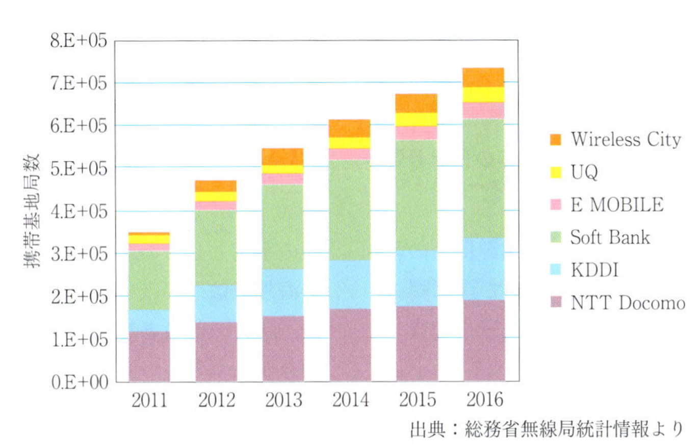

出典：総務省無線局統計情報より

図 4-28　携帯電話基地局数推移

と予想されている．しかしながら，データセンターの電力消費は 2015 年で 150 億 kWh を超えており[4-27]，この値は AER(バッテリー走行距離)が 32 km の PHEV が約 3,000 万台普及したと仮定したときに充電で必要となる電力量に相当する電力消費となってしまい，2014 年度の日本の電力 CO_2 原単位で換算すると，約 830 万トンの CO_2 を発生している．

ICT 関連ではデータセンターのほかに，家庭や事業所での PC やプリンター，さらにルーターなど情報端末機器，ネットワークを構成する通信基地局や接続サービスでのネットワーク関連機器，それから ATM や自動改札など金融端末など各種装置や機器を合わせると，さらにデータセンターの 3 倍ほどの電力消費になると推定されている．

参考に，2008 年に省エネ化対策をしない場合，2012 年の日本の情報通信分野の電力消費を推定した内訳を図 4-30 に示す[4-28]．2006 年当時の推定ではグリーン IT 技術を導入しないと，2012 年には情報通信分野で年間 570 億 kWh の電力消費になると警鐘を発していた．

現在は ICT を支えるため「グリーン IT」と呼ばれる情報通信分野での省エネ技術開発が進んでいる．次世代自動車の情報通信を支援する通信インフラ，さまざまなデータを保存運営するためのデータセンターとそれぞれでの省電力化の取組みが進められている，郊外の基地局では，風力，太陽光と蓄電池を組み合わせて電力消費を 1/2 近くに減らした最新型の増設が進んでいる．また，データセンターでは，電力消費の 45% を占める冷却設備の電力消費を抑えるため，データセンターを寒冷地に設置し外気での冷却を行うようにし，データセンターの排熱を農業等に二次利用するような応用研究も行われている．また，データセンターの CPU や機器類へ電源供給を行う際の AC/DC，DC/AC 変換の損失を低減す

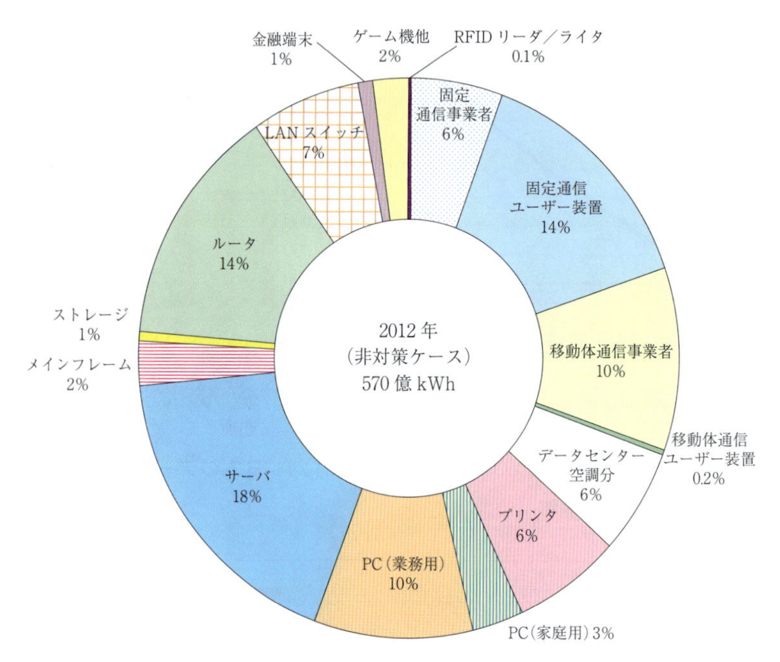

図 4-30　2012 年の通信分野の電力消費量の内訳(2008 年予測：非対策ケース)(4-28)

るため，高圧直流給電方式を採用して電源供給の際の変換損失を低減し，外気冷房と併せて首都圏のデータセンターに対して約半分の電力消費を達成した例などが報告されている．

今後，自動車交通の分野においても ICT の広範な利用が見込まれており，それに伴う通信インフラの整備，データセンターでの電力消費の増加が予想される．ICT の利用は運輸セクターのエネルギー消費削減に有効と考えられているが，その効果が ICT インフラでの電力消費の増加を上回り，社会全体でのエネルギー消費の低減が図られることが望まれる．

4. 3. 5　電動車両の活用事例

EV や PHV など電動車両は，都市のモビリティとの親和性が高く，またスマートシティ・スマートグリッドのエネルギーマネジメントにおいて大きな役割を果たしていくと考えられる．

EV は車両構成がシンプルで，超小型 EV など用途に応じたさまざまな種類のモビリティを作ることができる．また運転操作が容易で，運転に慣れていない人や，身体の不自由な人，高齢者にも運転しやすい．不特定多数の人々が運転するカーシェアリングの車両としても適している．また，EV は排気ガスを出さず静かな走行が可能なため，建物の中に入り込むことができ，病院や高層ビルなどの三次元移動の手段としての可能性がある．

海外では，都市や都市中心部の交通混雑と大気汚染，騒音の対策として，エンジン車の乗入れ禁止の動きが拡大しつつある．環境影響の少ない電動車両は乗入れ禁止を免除される動きもあり，未来の都市構造を考える上で e-Mobility の役割は重要なものになっていくと考えられる．乗用車の電動化に限らず，コミュニティバスや路線バス，配送トラックやゴミ収集トラックなど，短距離走行を前提とした HD 車両の電動化も進められている．

EV の大容量バッテリーを住宅のエネルギーマネジメントに活用する V2H(Vehicle to Home)のコンセプトが実用化されつつある．さらに，地理的に離れた他の発電装置や需要機器と連携して VPP(Virtual Power Plant)を構成し，電力グリッドの調整機能として活用することも可能となる．

(1) EV カーシェアリングの実施例

横浜市は，2013 年 10 月から 2015 年 9 月までの 2 年間にわたり EV カーシェアリング実証試験「チョイモビ　ヨコハマ」を実施した．超小型モビリティ 70 台(最大)と貸渡・返却ステーション 60 カ所(駐車枠約 110 台分)による日本では最大規模の超小型 EV(図 4-31)を活用したワンウェイカーシェアリング事業である．予約手続き等はスマートフォンやパソコンから行い，利用時には専用 IC

出典：横浜市記者発表資料(2015)

図 4-31　超小型 EV カーシェアリング実証実験

出典：早稲田大学資料

図 4-32　電動路線バス実証試験

カードを使用する．登録会員数は約 13,000 人，主な利用目的は，観光・レジャー，日常の買い物や用足し，車両の市場などで，一日平均利用回数約 80 回，延べ利用回数約 56,000 回，延べ利用距離 22 万 km に達した．省エネ・低炭素化に寄与し，手軽で軽快な走行感覚が利用者に好評であった．一方で，車両の偏在化を是正するための車両の回送・再配置に係る運営コストやカーシェアリングシステムのイニシャル・ランニングコストの低減が必要との課題も明らかになった．また，日本では路上での貸渡し・返却ができないため，専用のスペースを確保する必要があることも課題の一つである．

実証実験の後，2015 年 10 月から「観光・レジャー」での利用に着目し，市内ホテルとの連携，ガイドツアーなど，超小型 EV のレンタカー型の運用を開始した．利用料金は 1 時間 1,080 円(税込)，1 日最大 8,640 円(税込)としている．

(2) 電動路線バスの実施例

長野市は 2011 年 4 月から 2014 年 3 月まで電動バスの路線バスとしての実証試験を実施(図 4-32)した．低床の小型バス日野ポンチョを改造し，容量 44 kWh のリチウムイオンバッテリーと出力 145 kW の永久磁石式同期モーターを搭載した．静かで滑らかな走行性能，排気ガスのない快適な乗り心地が利用者に大変好評であった．また，女性ドライバーから運転しやすさと清潔感などが高く評価された．実証試験を終え，2014 年 10 月から長野市路線バスとして実用化運行が開始された．

(3) 重量トラックの電動化

2016 年 7 月，メルセデス・ベンツは都市内用 EV 大型トラック「Urban eTruck」を発表した．総重量 25 トンの EV トラックとしては世界初の発表となる．ゴミ収集車や地元企業が商品等を輸送するためのトラックとして利用することが考えられている．一般的な 3 軸の近距離配送用大型トラックをベースに電動化．ディーゼルパワートレインを排除して，代わりに後車軸の各ハブを直接駆動する 2 台の電気モーターを搭載した．1 台当たり最大出力 125 kW，最大トルク 500 Nm，ギアリングによるトルク変換後の車輪トルクは 11,000 Nm にも達する．バッテリーもシャシフレームの内側に搭載し，電動化に伴う荷室への影響を最小限に抑えている．バッテリー容量は 212 kWh，フル充電で航続距離 200 km を実現している．充電時間は 80% 充電で 2 時間前後(充電電力 100 kW の場合)を目指すとしている．ダイムラーは「環境問題から，ロンドン，パリ，中国などでディーゼルトラックは排除される方向にある．2020 年の実用化を目指す」としている．

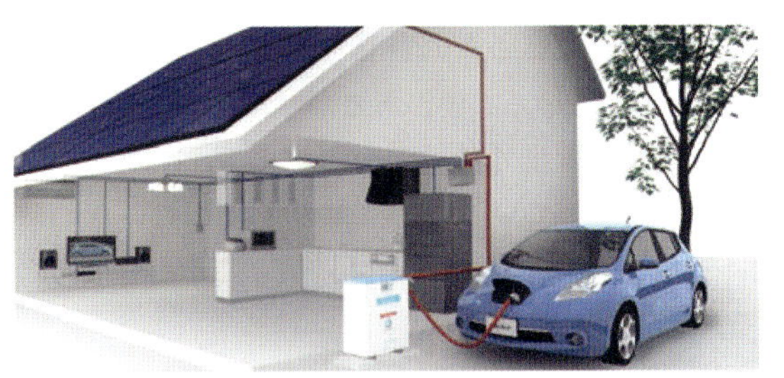

出典：日産自動車提供

図 4-33　EV 搭載バッテリーの電力マネジメント活用

(4) V2H(Vehicle to Home)

今後，EV はエネルギー貯蔵装置としても重要になっていくと考えられる．太陽光発電や風力発電は天候に左右され出力が不安定なため，バックアップ電源やバッテリーなどエネルギー貯蔵装置を必要とする．EV 搭載バッテリーを電力マネジメントに活用する V2H(Vehicle to Home)のコンセプト[5-26]が実用化されつつある(図 4-33)．太陽光発電を設置した住宅では，昼間の日射量の多い時間帯に発電量が余剰となり夜間には不足する．住宅の電力系統とEVを電力制御装置(PCS)で接続し，余剰電力をEVのバッテリーに充電し，充電された電力を走行エネルギーとして使用，あるいは夜間など電力が不足するときにEVから放電し住宅の電力を賄うことができる．電力会社による余剰電力の買い取りが困難な状況においても，太陽光発電を有効に活用できる．

日本の平均的な住宅に太陽光発電を設置し電力買い取りのないケースで，V2Hにより太陽電池の利用率を50%から70%まで向上させることができると試算されている．V2HはEVが住宅の電力系統に接続されている必要があるが，自動車の使用される時間比率は低く，日本の平均で6%程度であり94%は駐車しているため，車の走行していない時間を電力マネジメントに有効に使うことが可能となる．

経済産業省は次世代エネルギー・社会システムマスタープランを発表し，2010年から5年間，横浜市，豊田市，京都府(けいはんな学研都市)，北九州市の4地域でスマートコミュニティプロジェクトが実施された．横浜スマートシティプロジェクト[(4-29)]では，2013年度末までに当初の目標を超える37 MWの太陽光発電，4,200件のHEMS(Home Energy Management System)を設置，また2,300台のEVを導入し，電力系統マネジメントによる電力ピークカット，太陽光発電の有効利用などの実証試験が行われた．

4.4　今後の日本への提言

欧州は2000年以降急激な再生可能エネルギー技術のビジネス展開に多額の研究投資を行ったが，この動きを中国に察知されて，欧州のPVビジネスは中国企業に主導権を奪われ，多くの欧州PV企業が事業撤退に追い込まれた．日本でも，家電技術，電池技術，高速鉄道技術，自動車技術，原子炉技術等が，人材の流出も含めて海外へ技術流出しているといわれる．

スマートシティに関しては，2010年以降世界で動きが活発化しており，欧州，米国で政府機関が多額の資金を投入して，規格化やビジネスモデルの確立に動いている，

中国も2010年以降2015年までの5カ年計画でスマートシティ領域に3兆7千億以上の資金をつけて，都市の大気質改善，水質改善，エネルギー消費削減，交通システム，新エネ車普及の政策を推進中である．

世界のこのようなダイナミックなビジネスの動きに対して，日本は企業サイドの参入にとどまっている．スマートシティビジネスに関しては，欧州，米国，中国のスマートシティ，スマートグリッドの産官業共同体のプロジェクトに対して個々の要素技術システムの提供を行うレベルでの対応にとどまっている．政府機関と産業界が一体となり，行政から金融・経済，エネルギー，物流，交通，通信，水質，大気質，教育，ヘルスケアまで含んだスマートシティ全体の戦略には関与できていない状況である．

以下に列挙するような日本の強みをもつ要素技術を組み合わせて，業界を横断し，産官が連携したスマートシティの強靱で(革新技術の情報漏洩も，人的流出もない)世界に通用するビジネスモデルを国家プロジェクトレベルで確立し，海外展開するような，横断的(技術的，人的，組織的)，積極的(資金面でも)な取組みを早急に行わないと，2025年に400兆円を超え，それ以降も発展が確実とみられているスマートシティビジネス市場への参入機会を逸してしまう懸念がある．

・高効率・低公害火力発電技術
・高効率分散発電技術
・大規模蓄電技術
・地震に強い建築土木技術
・ロボット技術
・地熱発電技術
・高強度高耐力金属材料技術
・安全な水供給技術
・安全正確な鉄道運行技術
・次世代二輪車・軽自動車技術
・電池電極・電解質材料技術
・炭素繊維系複合材料技術

日本は人口減少，超高齢化が課題だが，これから経済発展していく新興国では，今後人口が増加し都市への人口集中，高齢化が進む．現在，ASEAN諸国で日本の二輪車業界は年間3千万台近い製品を供給し，都市部の主要なトランスポーテーションを形成している．今後都市への人口集中がさらに増加し，多くのメガシティが新たに誕生すると予想され，現状のままの都市交通システムでは，将来の都市生

活の大気質，交通安全，円滑なトランスポーテーションの機能が果たせなくなる懸念がある．新興国のメガシティにおける都市の生活の質，経済競争力を向上させるために，環境にやさしく，資源の利用効率を最大にし，環境負荷を最小にする都市システムの提案は，日本の自動車産業が他の日本の産業界と連携して果たすべき義務でもある．

そこで，東京，大阪などに代表される日本のメガシティでは，70年近くかけて形成してきた，公共交通機関とクルマで形成される都市の交通システムを，前述した日本の強みの技術を横断的に組み合わせて，さらに，日本のメガシティのネガティブな面を反省し，地震対応等の日本の強みを活かし，さらに世界でも強みをもつ最新製品システム技術(大気質，水質，物流，建築，交通，情報通信などのシステム技術だけでなく，行政，教育，医療，等)を合わせ，共同で現地に最適な日本型スマートシティのビジネスモデルとして，ASEANおよびアフリカ諸国の2050年に向けた発展に貢献できるように，日本の産学官が連携し，世界の競争相手をリードしていけるスマートシティのビジネスモデル構築を行う関係官庁および業界を横断するプロジェクトの設立を提言したい．

参 考 文 献

(4-1) 国連人口統計
(4-2) UN World urbanization prospects 2014
(4-3) IEA Energy Technology Perspectives 2012
(4-4) Newman, Kenworthy：The end of automobile dependence ―How cities are moving beyond car-based planning(2015)
(4-5) A. Milard-Ball, L. Schipper：Are we reaching peak travel? Trends in passenger transport in eight industrialized countries, Transport Review, 31(3)(2010)
(4-6) Recent Trends in Car Usage in Advanced Economies ―Slower Growth Ahead?, International Transport Forum 2013-09, OECD
(4-7) Frost & Sullivan：Strategic Insight of the Global Car-sharing Market(2014 Aug)
(4-8) 国土交通省：道路交通センサス(2012)
(4-9) 国土交通省(2012)：資料5 自動車と取り巻く環境の変化，第2回国土幹線道路部会(2014年12月12日)
(4-10) 東京都市圏交通計画協議会：パーソントリップ調査からみた東京都市圏の都市交通に関する課題と対応の方向性(2014年1月)
(4-11) http://www.citypopulation.de/
(4-12) Transport in Asian Megacities Issues and insights for infrastructure planning; ASTE-IA Infrastructure Planning Workshop 2013
(4-13) JICA都市交通計画策定にかかるプロジェクト研究 ファイナルレポート(2011年12月)
(4-14) WBCSD Mobility 2030
(4-15) 100 smart Cities in India, Ministry Urban Development, India Central Government
(4-16) Konkana Khaund：Smart Cities―From Concept to Reality, Nov. 2013
(4-17) European Roadmap Electrification of Road Transport 2nd edition
(4-18) 自動車技術，Vol. 70，No. 2，p. 41(2016)をもとに加筆
(4-19) VALUENEX Technology Trend Watch, No. 247
(4-20) JEMA(日本電機工業会)，https://www.jemanet.or.jp/Japanese/pis/smartgrid/02semantics.html より
(4-21) 高木雅昭，田頭直人，浅野浩志：電気自動車の使用者利便性を考慮した夜間充電負荷平準化対策，電学論B，Vol. 134，No. 11，p. 908–916(2014)
(4-22) 野田琢，樺澤祐一郎，福島健太郎，根本孝七，上村敏：充電器からの無効電力注入による電気自動車夜間一斉充電時の配電線電圧低下補償手法，電力中央研究所報告 H10006(2011)
(4-23) 野田琢，樺澤祐一郎，福島健太郎，根本孝七，上村敏：電気自動車普通充電器からの無効電力注入による夜間一斉充電時の需要家電圧低下補償手法，電学論B，Vol. 132，No. 2，p. 163–170(2012)
(4-24) 高木雅昭，山本博巳，山地憲治，岡野邦彦，日渡良爾，池谷知彦“LFC信号を用いたプラグインハイブリット車の充電制御による負荷周波数制御方法”，電学論B. Vol. 129, No. 11, pp. 1342–1248
(4-25) 高木雅昭，田頭直人，岡田健司，浅野浩志：需要側機器の無効電力補償による電圧上昇対策の経済価値分析，電学論B，Vol. 135，No. 1，p. 9–17(2015)
(4-26) 総務省：情報通信データベース
(4-27) ミック経済研究所プレスリリース：データセンター市場と消費電力量中期予測，2016年3月22日
(4-28) 地球温暖化問題への対応に向けたICT政策に関する研究会報告書(2008年4月)
(4-29) 横浜市記者発表資料：「チョイモビ ヨコハマ」の新たな展開がスタート(2015)

第5章
物流と公共交通

本章では，将来の環境変化が「物流」と「公共交通」に対しどのような影響を及ぼすかを予測し，環境負荷を低減しつつ「物流」と「公共交通」の利便性をいかに向上していくかの提案を行う．

請負により貨物や旅客を輸送することを運送といい，その事業やインフラについて扱う場合は，運輸という言葉に置き換えられる．運輸(運送)業とは，旅客や貨物の運送にかかる業種や職業と定義され，運輸業には単に輸送する以外にも，保管業務，荷役業務(搬出・搬入・仕分け)，流通加工業務，物流にかかる情報処理業務なども含まれ多岐にわたる．

運送する対象が物である輸送を貨物輸送，人である輸送を旅客輸送と呼び，輸送機関が鉄道やトラックなど陸上での輸送を陸運，航空機での輸送を空運，船舶での輸送を海運または水運と呼ぶ．

運送を大きく分類すると図 5-1 となる．旅客を運ぶ自家の領域 A(主に自家用車)についてはさまざまな議論と検討がなされてきたが，旅客を運ぶ営業の領域 B(公共交通)や貨物の領域 C，D(物流)については議論や検討が浅かったため，今回これらについて検討を行う．

旅客や貨物の需要は，景気，季節，天候，流行などさまざまな影響を受け変動するが，その需要変動に合わせ輸送能力をフレキシブルに増減させることは，公共交通，物流ともに難しい課題である．貨物輸送の場合，外観で積み荷の量を判断することは難しいが，貨物を降ろした後は空車走行(移動)を行う．乗客を降ろしたタクシーと同様に次の乗客(貨物)を得るまでは空車(空荷)走行となり，輸送能力が余っている状況となる．また，通勤通学時間帯と日中の

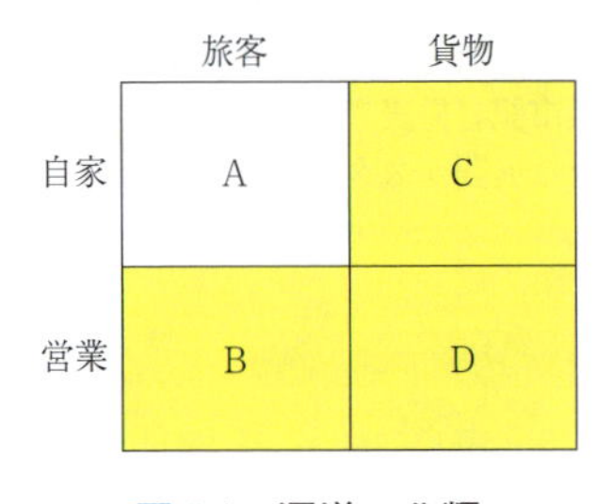

図 5-1　運送の分類

公共交通乗車率を想像いただいても，輸送分野での需要変動が大きく，輸送能力をフレキシブルに増減させるのは難しいことが容易に想像できよう．輸送能力が多く余った状態が続けば，事業者の採算は悪化し，輸送サービスの維持が困難な状況に陥るおそれがある．

輸送サービスは，経済や国民生活に欠くことのできない血流であり，極めて深刻な課題と認識せざるを得ない．したがって，需要の変動に合わせた輸送能力の増減が難しければ，余った輸送能力や需要を管理し，需給のマッチングが今後は重要となろう．ICT や IoT といった情報技術やシェアリング(相互扶助・協働)が普及することで，旅客や貨物といった事業ごとの需給マッチングだけではなく，余った輸送空間を互いにシェアし，輸送全体の効率を改善していくことも必要となるであろう．2015 年には，事業者による貨物と旅客を一緒に運ぶ貨客混載が一部地域で開始され，その路線は少ないながらも増加傾向である．「物流」や「公共交通」が物や人の流れとして今後ますます影響し合うと予測し，本章では一緒に記述することとした．

5.1　物流と公共交通の定義

5.1.1　物流とは

日本工業規格(JIS Z 1001)では，物流について次のように定義されている(図 5-2)．

- 物資を供給者から需要者へ，時間的，空間的に移動する過程の活動
- 一般的には，包装，輸送，保管，荷役，流通加工およびそれらに関連する情報の諸機能を総合的に管理する活動
- 調達物流，生産物流，販売物流，回収物流(静脈物流)，消費者物流など，対象領域を特定して呼ぶこともある

本章で議論している輸送機器は，物流機能のうち主に輸送機能(トラック)および荷役機能(フォークリフト)と関連している．

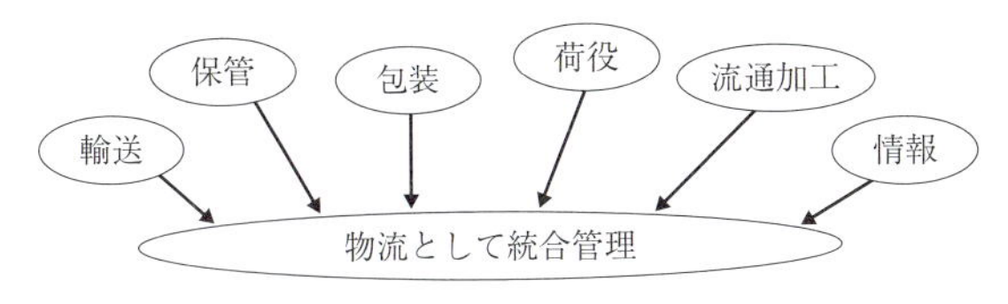

図 5-2　物流の機能[5-1]

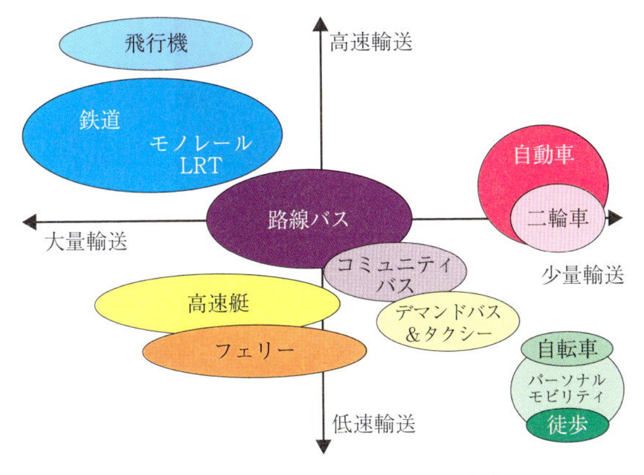

図 5-3　交通手段の輸送特性[5-2]

5.1.2　公共交通とは

公共交通とは「不特定多数の人々が利用する交通システム」のことをいい，公共交通機関としては，路線バス，コミュニティバス，タクシー，路面電車，モノレール，鉄道，渡し船，フェリー，高速艇，旅客船，飛行機などがある．図 5-3 に路線バスを中心に置いた交通手段の輸送特性を示す．公共交通ネットワーク化を図る際には，各公共交通機関単独での利便性向上と，輸送能力および速達性など，各公共交通機関のもつ機能・特性を組み合わせ，公共交通機関全体の機能向上を図る視点が必要である．このとき，地域交通手段として無視できない自家用車，自転車などを地域公共交通機関と組み合わせ，地域全体の効果的・効率的な地域交通ネットワークを形成することで「人流」をスムーズにすることができるという視点が重要となる．特に高齢化が進む将来は，公共交通機関の停留所や駅から自宅までの，ファースト&ラストワンマイルの移動手段の構築が大切な視点である．しかしながら地方における公共交通機関の存続は喫緊の課題として捉える必要がある．

なお「公共交通」は，その中にタクシーを含める場合と含めない場合の 2 種類の定義が存在するが，ファースト&ラストワンマイルの移動手段としてタクシーの存在は欠くことができないと考え，本章では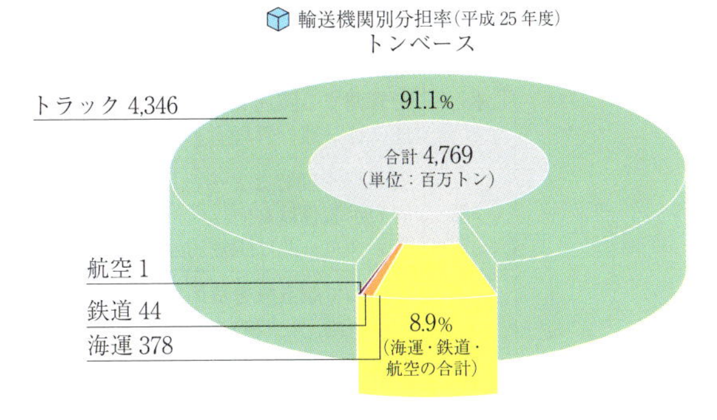

図 5-4　輸送機関別分担率[5-3]

はタクシーを含めることとした．人々の生活に特に密接に関わる地域公共交通は，超高齢化社会を迎える中で果たすべき役割が一層大きくなり，地域社会の活性化や維持など多面的な役割も期待されていることから，本章で取り扱う公共交通は，地域交通について記述することとした．

5.1.3　貨物輸送を支えるトラックの特徴

(1) トラックの種類

日本における物流の約 90%がトラック輸送であり，現在の物流の主力となっている(図 5-4)．そこでトラックの輸送について解説する．

トラック運送事業の事業形態は，貨物自動車運送事業法により 3 種類に区分される．一般貨物自動車運送事業，特定貨物自動車運送事業，貨物軽自動車運送事業である．

一般貨物自動車運送事業は，まとまった荷物を車両単位で貸し切って輸送する貨物自動車利用運送と，不特定多数の荷主の貨物を積み合わせてターミナル間で幹線輸送などを行う特別積合せ貨物運送に分かれ，宅配便貨物は特別積合せ運送に含まれる．特定貨物自動車運送事業は，単一特定の荷主の需要に応じ，有償で自動車を使用して貨物を運送する事業である．品目ごとに荷主などを限定して輸送する事業であり，霊柩車，コンクリートミキサ車，家畜運搬車，競走馬輸送車等が該当する．日本の法律では，遺体は「積荷」扱いであるため，霊柩車も貨物自動車となる．貨物軽自動車運送事業は軽トラックを使用して，荷主の荷物を運送する事業である．これら営業用トラック輸送以外に，配送をトラック運送業者に委託せず，自らがトラックを保有し自らの荷物の輸送を行う場合があり，これを自家用トラック輸送という(図 5-5)．

表示	用途	ナンバー
運行	定期的に定まったルートを走行する．一般に「路線」と呼ばれるもので，発地を管轄する陸運支局にあらかじめ運行経路の届け出が必要となる．届け出の作成には「運行管理者」の資格が必要となる．	緑地・白字
一般	集配車や貸切などの汎用的な仕業に従事する車両に表記される．「一般」の法的表示義務はない． タンクローリは限定用途だが，一般に該当する．	緑地・白字
航空	主として航空機を使用して輸送されるいわゆる「航空便」の集配などに使用される車両．一般的な集配と兼用するため「航空・一般」と併記している車両もある．	緑地・白字
軽貨物	軽貨物自動車を利用した営業車両に表記される．	黒地・黄字
通運	コンテナなど，鉄道を介して運ばれる貨物を発荷主→発駅，着駅→着荷主と輸送する車両である．	緑地・白字
限定	霊柩車，コンクリートミキサ車，家畜運搬車，競走馬輸送車など用途が限定された輸送に用いられる車両区分．	緑地・白字
自家用	自社配送部門などで，自社便の仕業に着く貨物車両に表示される．運送会社においては，営業担当や総務などが使用する車両を営業車両と区別するために表記する場合がある．	白地・緑字 黄地・黒字

図 5-5　輸送区分(5-4)

トラック事業で利用される車両にはさまざまなサイズ(積載量など)があるが，車両登録上の区分は普通(普通トラック)，小型(小型トラック)，軽(軽トラック)の3種類である．軽(軽トラック)は全長3.4 m，全幅1.48 m，全高2.0 m，排気量660 ccまでの自動車となり，主に4ナンバーの車両となる．小型(小型トラック)は全長4.7 m，全幅1.7 m，全高2.0 m，排気量2,000 ccまで(ディーゼル車，天然ガス車は排気量無制限)の自動車となり，主に4ナンバーの車両となる．普通(普通トラック)は軽や小型以外となり，主に1ナンバーの車両となる．一部，冷凍車やタンクローリなどの特殊構造の場合，8ナンバーになる車両もある．

一般的には積載量により分類されており，大型トラック，中型トラック，小型トラック，トレーラー，軽トラック(軽自動車)がある．大型トラックの運転には大型免許が必要で，車両総重量が11トン以上，または最大積載量が6.5トン以上，または乗車定員が30人以上の自動車である．速度超過による事故等の防止のため，最高速度90 km/hの速度抑制装置の装備が義務づけられている．車両総重量は通常20トン(最大で25トン)と法律で決められている．以前は中型トラックの運転には大型免許または中型免許のいずれかが必要で，車両総重量が5トン以上11トン未満，または最大積載量が3トン以上6.5トン未満，または乗車定員が11人以上29人以下の自動車であった．小型トラックは普通免許で運転でき，車両総重量が5トン未満，かつ最大積載量が3トン未満の自動車であった．しかし，平成29年(2017年)3月12日に車両総重量7.5トン未満の「準中型自動車」免許が新設された．準中型免許は，貨物自動車などに限定した新区分として新設され，車両総重量3.5トン以上7.5トン未満(最大積載量2トン以上4.5トン未満)のトラックが対象となった免許である(図5-6)．

以前の中型自動車(車両総重量5トン以上11トン未満)は，20歳以上・普免保有2年以上が免許受験の条件であり，高校新卒者には中型トラックを運転させることはできなかった．コンビニエンスストアの集配などで利用頻度の高い積載量2トンのトラックに保冷設備を搭載することが一般化し，車両総重量が5トンを超えてしまうため，これらの小型トラックの運転にも中型免許が必要となるにもかかわらず，高校新卒者がその免許を取得できないという免許制度と物流実態のギャップが生じ，現行の中型免許制度が高校新卒者の運送業への就業機会を狭めているとの指摘もあった．しかし，新制度の準中型トラックは18歳以上であれば普通免許の経験がなくても取得でき，運送事業者の高校新卒者雇用が促進され，ドライバー確保にもつながるとみられている．

トレーラーは大型トラックでは運べない大きな荷物や，よりたくさんの荷物を一度に運ぶことを目的に製造された車である．運転には牽引免許が必要で，

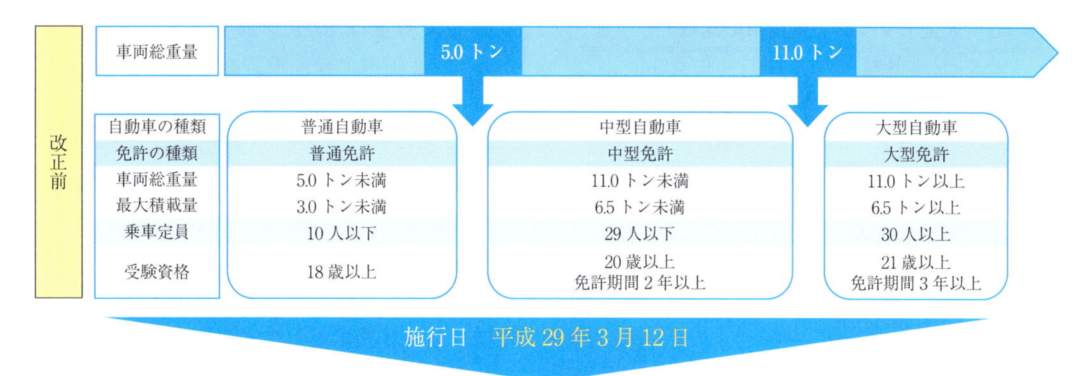

（注 1）改正前の普通免許又は中型免許を受けている方は，改正後も同じ範囲の自動車を運転することができます．（例　改正前の普通免許は，車両総重量 5 トン未満及び最大積載量 3 トン未満の限定が付された準中型免許とみなされます．）

（注 2）免許期間とは，普通免許，準中型免許，中型免許又は大型特殊免許のいずれかの免許を受けていた期間（免許の効力が停止されていた期間を除きます．）を通算したものとなります．

図 5-6　運転免許区分(5-5)

大型トラックよりも最大積載量が多く，連結時車両総重量が 40 トンを超える車両もある．しかし，運送物によっては道路や橋梁の規格を超えた重量となったり，決められた長さ，幅や高さなどを超えてしまったりする場合（高層ビルの鉄骨や新幹線輸送など）には，特殊車両の通行許可を申請する必要がある．車両の諸元や仕様，荷物の内容，通行する経路，日時などを明らかにして道路管理者に許可申請を行い，車両の構造や荷物が特殊でやむをえないと道路管理者が認めた場合に許可証が交付され，重量物や長尺物でも道路や橋梁を通行することができる．軽トラックの最大積載量は，構造や用途にかかわらず 350 kg が上限である．

（2）カーゴ系トラックの特徴

高速道路や街の中で見るトラックは，一見するとどれも同じように見えるが，全長や車軸の配列，ホイールベース，架装（トラックの荷台形状）に違いがあり，積荷や物流の形態，お客様のニーズに対応するため，多様なバリエーションをもっている．荷物を運ぶ効率を限界まで高めるために，輸送に関して厳しい要求や性能が求められ，その実現のために乗用車とは違った視点からの技術開発も進められてきた．主に貨物輸送に利用されるカーゴ系の大型トラックについて詳細を説明する．

まず，大型トラックと乗用車を商品の視点や目的からみてみると，トラックは生産過程で使用することが前提の生産財であり，個人で所有し使用される消費財の乗用車とは目的や使われ方が大きく異なる．購入決定権者も乗用車はドライバー＝個人となることが多いが，トラックは実際に運転をするドライバーではなくトラックを使って経済活動を行う経営者や管理者となる場合が多く，このため機能性能の面だけではなく，輸送に関わる経済性の面からも特に厳しい目で評価される．使用条件や性能面で乗用車と比較すると，大型トラックの年間の走行距離や総走行距離は乗用車の約 10 倍で，総走行距離が 100 万 km を越えるトラックも特に珍しくない．動力源であるエンジンや駆動系の信頼性だけではなく，走行中の振動にさらされるユニットにおいても，各機能に支障が生じないように品質や製品の安全性の

表 5-1　大型トラックと乗用車の比較[5-6]

	大型トラック	乗用車
商品として	生産財・使用	消費財・所有
ユーザー層	事業者	個人
購入決定権者	経営者・車両管理者・ドライバ	ドライバ
年間走行距離	10～30 万 km	1～2 万 km
ワントリップ	100～1,000 km	～100 km
総走行距離	約 100 万 km	約 10 万 km
車両重量	～10 トン	～1.5 トン
積載重量	～15 トン	～0.5 トン
車両総重量	～25 トン	～2 トン
排気量	9～15 L	1～3 L
燃費〔km/L〕	2～4 km/L	7～12 km/L
燃費〔トン・km/L〕	30～60 トン・km/L	3.5～6 トン・km/L

確保については特に注意を払った開発や製造が必要とされている(表 5-1).

大型トラックは，車両の骨格となるフレーム，動力源であるエンジンや駆動系，荷重を支えながら駆動力を伝えるサスペンション系，操舵系からなり，車両重量は約 10 トンで軽量な乗用車の約 10 台分である．積載できる荷物の重量は 15 トンで，大型トラックは車両自体の重量の約 1.5 倍の荷物を背負って走行することができる．車両重量と積載重量を合わせた車両総重量の法規制に適合しながら，一度に大量の荷物を輸送して輸送効率を高めるためには，車両の重量を軽くし，荷物の積載量を多くし，かつ荷室の容積を大きくすることが求められている．

経済性の断面として燃費で乗用車と比較すると，走行距離に対する燃料の消費量では，軽い乗用車に対して重たい大型トラックは 1 L 当たりに走行できる距離は短い．見方を変えて荷物や人の移動に対する燃料の消費量として考えた場合，大型トラックは燃料 1 L で 15 トンの荷物を 4 km 輸送することができる．一方，乗用車は同じ 1 L で 0.5 トンの人または荷物を 12 km 移動させることができる．重さを考慮した走行燃費としてトン・km/L の考え方で整理すると，大型トラックは 60 トン・km/L，乗用車は 6 トン・km/L となり，この見方の燃料消費量は乗用車と比較して約 10 倍少ない．大型トラックは乗用車に比べ約 10 倍経済的に荷物を運ぶことができる優れた性能をもった車両であることがわかる．

国内の重量に関する法規では，車両重量と積載重量とを加えた車両総重量は 25 トン以下，1 軸当たりの最大荷重は 10 トン以下となっている．したがって，2 軸車では，車両総重量は 20 トンを越える車両は成立しない．実際にはタイヤのキャパシティもあって 2 軸車の車両総重量は約 16 トンとなっている(① 2 軸車(4×2))．この車両は比較的軽量で容積が大きい荷物を輸送する際の用途として使用されることが多い．

比較的重たい荷物を輸送する用途では，リアに 1 軸増やした 3 軸車として，車両総重量を 25 トンとした車両が使われる(② 3 軸車(6×2R))．一般的な路面を走行する場合はリア 1 軸が駆動するタイプが輸送に用いられるが，比較的荒れた路面での走破性や雪道など滑りやすい路面での安定した走行を重視されるユーザーには，リアの 2 軸が駆動するタイプの車両が使われる(③ 3 軸車(6×4))．同じ 3 軸車でもリアを 2 軸から 1 軸へ減らし，フロントを 1 軸から 2 軸に増やした車両は，荷物が比較的軽く容積が必要なものを輸送する宅配路線便で使われることが多い(④ 3 軸車(6×2F))．フロントを 2 軸とすることでタイヤの本数が他の 3 軸車より 2 本少なく，その分積載量は減るが，軽量な車両とタイヤ本数が少ない分維持費が軽減できる車両となっている．

最後にフロント 2 軸，リア 2 軸の 4 軸車として，車両総重量 25 トンを支えるための 1 軸当たりの荷重を軽減した車両がある(⑤ 4 軸車(8×4))．1 軸当たりの重量の軽減によりタイヤを小径にして荷台の高さを低くし，荷室容積の拡大と荷役作業性の向上を狙い積載重量と荷室容積の両立を実現している．この 4 軸の車両は近年長距離を走行するカーゴ系のトラックの主流となっている(図 5-7).

このように荷物や使われ方に合わせて車両の軸数や駆動軸数が異なる車両を開発し，商品としてユーザーに提供してきている．軸数や駆動方式は車両の基本特性である走破性や車両運動性能，振動などに大きく影響するため，これらの性能を高い次元でバランスさせる技術が要求され，実現のための開発が着実にされてきた．現在の大型トラックは，積荷の重量や重量配分が変化しても最良な走破性能が発揮できるように，エアサスペンションをベースとして駆動軸のタイヤ接地荷重が常に適切になるよう軸重をコントロールする機構もすでに採用されている[5-6].

① 2 軸車(4×2)
・フロント1軸
・リア1軸
駆動軸
・リア1軸
車両総重量
・16 トン

軽量かつ容積が大きい荷物の運搬や特殊車両のベースとして使われることが多い

② 3 軸車(6×2R)
・フロント1軸
・リア2軸
駆動軸
・リア1軸
車両総重量
・20〜25 トン

積載量，機動性に優れ，カーゴ用途として汎用性高い

③ 3 軸車(6×4)
・フロント1軸
・リア2軸
駆動軸
・リア2軸
車両総重量
・20〜25 トン

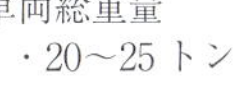

悪路，低摩擦路の走破性に優れ，機動性に優れ，ダンプなど建設系に使われる

④ 3 軸車(6×2F)
・フロント2軸
・リア1軸
駆動軸
・リア1軸
車両総重量
・20〜23 トン

タイヤ本数が他の3軸車より2本少なく軽量，低燃費，前2軸で高速走行性良い．宅配路線便に多く使われる

⑤ 4 軸車(8×4)
・フロント2軸
・リア2軸
駆動軸
・リア2軸
車両総重量
・20〜25 トン

軸数が多いためタイヤ径が小さく，荷台高さが低いため容積が最大で荷役作業性も良い．カーゴ用途の主流

図 5-7　大型トラックの形態(5-6)

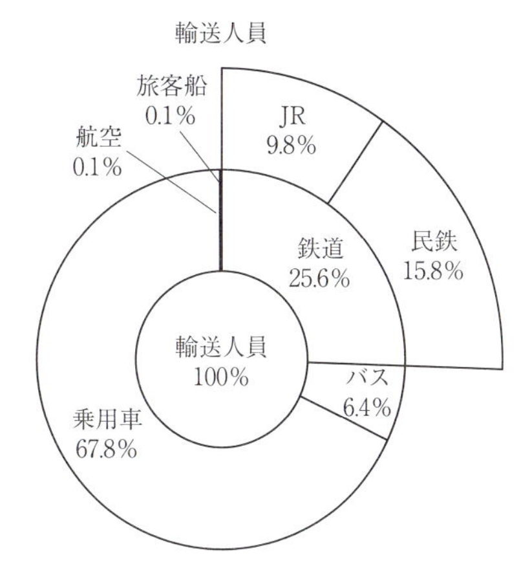

（注）1. 交通関連統計資料集，鉄道統計年報による．
2. 乗用車には軽自動車および自家用貨物車を含む．

図 5-8　旅客の輸送分野別分担率(5-8)

5.1.4　公共交通を支えるモビリティの特徴

おさらいになるが，公共交通機関の定義を改めて述べておきたい．一般的に，公共交通機関とは「不特定多数の人々が利用する交通機関」を指し，「高齢者，障害者等の移動等の円滑化の促進に関する法律」(バリアフリー新法)では，以下の公共交通事業者として位置づけられる(5-7)．

・鉄道事業法に基づく鉄道事業者：鉄道(JR，民間鉄道，地下鉄等)
・軌道法に基づく軌道経営者：路面電車，モノレール等
・道路運送法に基づく一般旅客自動車営業者：路線バス，コミュニティバス，タクシー等
・自動車ターミナル法により事業を営む者
・海上運送法による航路運行事業者：フェリー，高速艇，旅客船，渡し船
・航空法による旅客輸送を行う者：飛行機(国際線，国内線)

本章では，上記の記述にならい，タクシーも公共交通機関として取り扱う．

公共交通を支えるモビリティとして，まずはバスについてみていく．日本における人の移動に占めるバスの割合は約6%と少ないが，鉄道が行き届かない地域や夜間の高速バスなど，われわれが生活する上でなくてはならない移動手段になっている(図5-8)．そこでバスの特徴について解説する．

バスは人客の大量輸送を目的とした公共交通を支える車両で，前後に長く，高さのある箱形の車体をもち，室内には多くの座席を備えている．

日本の登録区分では普通乗合車に分類され，大型乗用自動車は乗車定員11名以上の自動車を指し，乗車定員30名以上を大型バス，乗車定員11〜29名までをマイクロバスという．主な用途として，都市内用，都市間連絡用，観光貸切用があり，一部送迎用途の自家用(白ナンバー)も学校や企業等で利用されている．

バスの種類には以下のものがある．

図 5-9　大型バス(5-9)

図 5-10　マイクロバス(5-10)

図 5-11　コミュニティバス(5-9)

① 特大車：全長 12 m 超，または車幅 2.5 m 超

日本では道路法の規定を超えるために公道を走行できず，特殊車両として関連機関(国道事務所など)への通行許可申請が必要になり，許可された経路しか運行できないため観光貸切用途には利用されない．大量輸送を目的とした連接バスが一部地域で路線バスとして走行しているほか，空港内の旅客ターミナルと離れた場所にある飛行機との間を結ぶランプバス等が特大車である．

② 大型車：全長 12 m 未満，車幅 2.5 m

路線用・観光貸切用ともに主力のバスである．訪日外国人の増加や東京オリンピック開催を受け，バス事業者が新車の購入に相次いで踏み切っているのも大型車である．観光系にはハイデッカー，スーパーハイデッカー等の種類が存在する．ハイデッカー(high decker)とは「高いデッキをもつもの」という意味で，席からの眺望を良くすべく観光目的の車両・路線から採用が始まり，日本では観光バスや高速路線バスの主流である(図 5-9)．

③ 中型車：全長 8～9 m，車幅 2.3～2.5 m

路線バスとして導入比率が高い地域もある．観光貸切用としては小口の貸切向けなどに用いられ，大型車の全長を 9 m に短縮した車種と中型専用車

図 5-12　燃料電池バス(FCV)(5-10)

図 5-13　ハイブリッドバス(HV)(5-9)

(2.3 m 幅)があるが，高速道路料金は乗車定員が 30 名を超えると特大料金が適用されるため，いずれも客席を 7 列として最後部列を 3 人掛けまたは 4 人掛けとし，補助席を取り付けず乗車定員を 29 名以下にしている車両(高速料金は大型料金が適用)が多い．

④ 小型車：全長 7 m，車幅 2.0～2.3 m

定員 29 名以下はマイクロバス(図 5-10)に分類されるが，路線用は立席乗車を前提に定員 30 名を超えるため，マイクロバスには分類されない．なお，マイクロバスに分類されない車種のうち，現在生産されているのは日野ポンチョのみであり，コミュニティバス(図 5-11)として多く使われている．

排出ガス規制の強化，地球温暖化対策の観点から，ハイブリッド，CNG，エタノールエンジン等クリーンな動力源の実用化が本格化しており，FCV(図 5-12)の開発も進んでいる．常温での液化が困難な天然ガスは容量を確保するためにタンク容積を非常に大きくする必要があり，CNG 車や FCEV では，低床化のため必然的にタンクが屋根上架装となる．不必要な車体補強や，重心の上昇を抑えるため，軽量なカーボンファイバー製タンクが一般的に用いられている．

ハイブリッド車(図 5-13)はディーゼルエンジンと電気モーターの組合せが一般的であり，小型バスでは EV 車も走行を始めている．

次にタクシーについてであるが，平成 25 年 3 月末現在のデータでは，法人事業者は 1 万 5,271 社，法人車両数 20 万 3,943 台で，個人タクシー 3 万

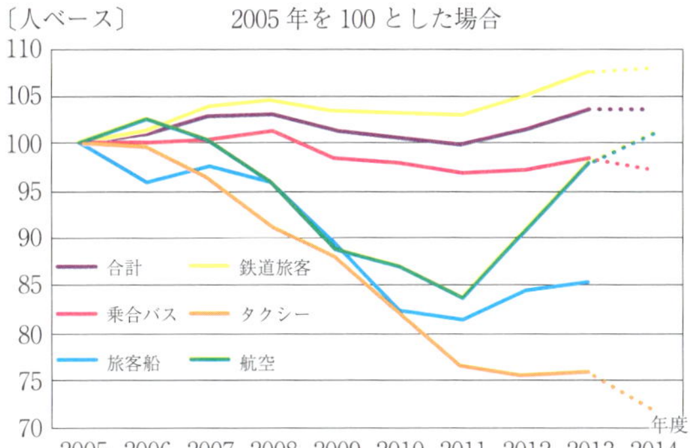

※2014 年度の値は，2014 年度前期（4-9 月）の前年同期比での伸び率をもとに算出．
※旅客船については，年度単位での集計のため，2014 年度推計値はない．
資料：「鉄道輸送統計」，「自動車輸送統計」，「海事レポート」，「航空輸送統計」から国土交通省総合政策局作成

図 5-14　国内旅客輸送量の変化(5-7)

図 5-15　LPG タクシー（日本交通株式会社）

9,304 台を含め，総車両数は 24 万 3,247 台となっている(5-11)．ただし図 5-14 に示すように，タクシーの輸送量は大幅な減少傾向にあり，この先もその傾向は続くことが予想される(5-7)．

現在の法人事業者のタクシーは，およそ 8 割が LPG を燃料とするものであり(5-12)，特に法人事業者のタクシーに用いられている(図 5-15)．また，LPG を燃料とするタクシーではハイブリッドタイプのものもあり，これはガソリンも併用可能なものである(図 5-16)．ハイブリッドタイプについては，2020 年の東京オリンピックに向けて新型が市場投入される予定である(図 5-17)．

その他の公共交通の状況であるが，鉄道は図 5-14 に示したように輸送量は増加している．特に三大都市圏は鉄道，地下鉄ともに路線が拡大傾向にあり，会社間の相互乗り入れもあり増加の傾向をたどっている(図 5-18)．しかし，その他の中都市や田舎においては，乗り継ぎの不便さなどから輸送量の減少に歯止めがかからず，減少が続いているのが現状である(詳しくは 5. 4 節にて述べる)．また，

図 5-16　LPG ハイブリッドタクシー（日本交通株式会社）

図 5-17　LPG ハイブリッド次世代タクシー(5-10)

富山市のように LRT の導入を進める動きもあるが，全国的に普及という段階まで至っていない．

また，船による旅客輸送も減少傾向にある．図 5-14 に示すように 2011 年から微増しているものの，2005 年比では大幅に減少している．一方で航空による旅客輸送量は増加傾向にあり，この先もその傾向が継続すると予想される．

5. 2　環 境 の 変 化

詳細は第 1 章で述べられているが，日本経済はリーマンショック，東日本大震災による一時的な落ち込みを乗り越えて，2012 年秋以降の株高の進行等を背景に家計や企業のマインドが改善しつつある．一方で，少子高齢化に伴う人口減少，グローバル化による産業競争の激化など，雇用を取り巻く社会や経済は構造変化の中にある．

① 人口の変化

戦後の第 1 次ベビーブーム(1947～1949 年)や第 2 次ベビーブーム(1971～1974 年)等を経て，一貫して人口増加傾向であったが，人口のピークである 2008 年に 1 億 2,808 万人に達した以降は減少傾向にある．

国立社会保障・人口問題研究所が公表した「日本の将来推計人口」によると，合計特殊出生率が

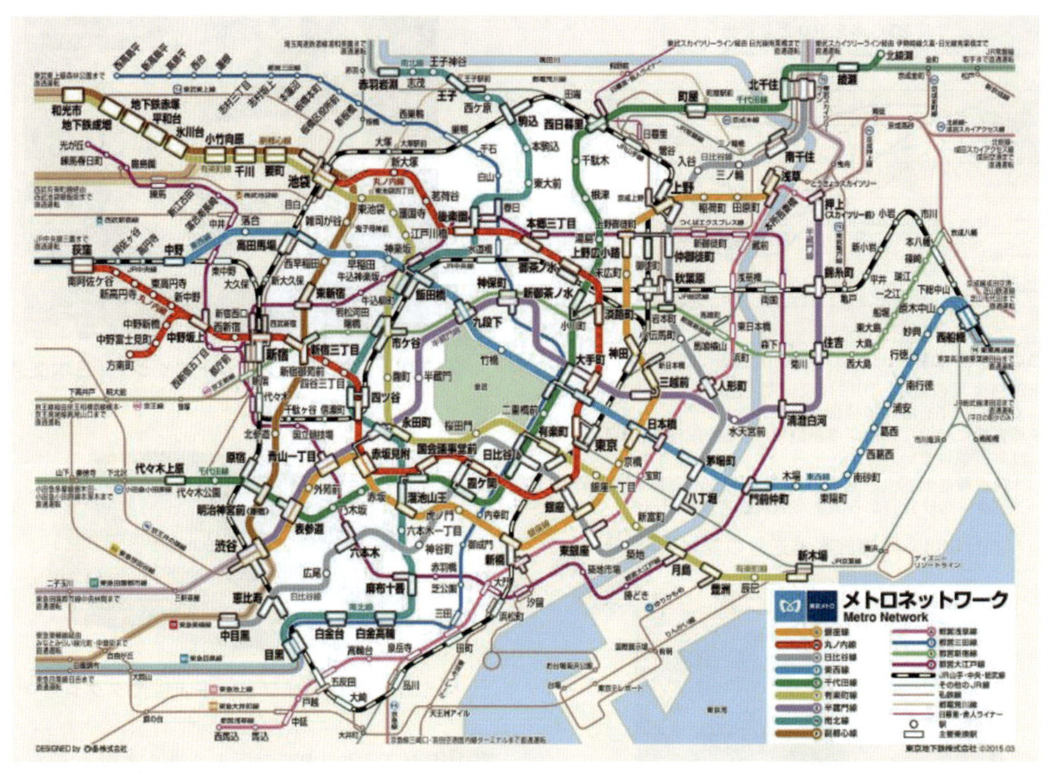

図 5-18 東京メトロ路線図(5-13)

1.35 程度で推移した場合を想定した中位推計では，2050 年の人口は 1 億人を割り込み，2100 年にはその半分の 5 千万人を割り込むまで減少すると推計されている．

② 都市の変化

日本の約 38 万 km² の国土を縦横 1 km のメッシュで分割すると，2010 年現在，そのうちの約 18 万メッシュ(約 18 万 km²)に人が居住していることになるが，2050 年には，このうちの 6 割の地域で人口が半減以下になり，さらにその 1/3(全体の約 2 割)では人が住まなくなると推計される．また，人口減少がさらに深刻化すれば，一部自治体が消滅するとの指摘もなされている．

現状のまま推移すれば，急激な人口減少とその地域的な偏在は避けられない．都市機能の維持には，さまざまな都市サービスを提供するサービス産業が必要であるが，そのためには一定の商圏規模，マーケットが必要となる．その商圏規模は，提供されるサービスの種類によってさまざまであるが，百貨店や大学，救命救急センターなど高次の都市機能が提供されるためには，一定の人口規模が必要となる(たとえば人口 10 万人以上の都市から交通 1 時間圏にある，複数市町村からなる圏域人口 30 万人程度以上の都市圏)．

しかし，三大都市圏を除いた 36 の道県における人口 30 万人以上の都市圏は，人口減少により，2010 年の 61(およそ各道県当たり二つずつ)から 2050 年には 43(およそ各道県当たり一つずつ)に激減することが見込まれることから，このような高次の都市機能を提供するサービス産業が成立しなくなるおそれがある．これにより，特に地方都市の魅力が減退し，結果として若者の流出を招くおそれがある．加えて，地方圏の雇用の 6 割以上を占めるサービス業等の第 3 次産業の減少は，雇用の減少をもたらし，地方の衰退を加速してしまうおそれがある．このため，交通 1 時間圏を拡大し，都市圏域の人口規模を確保するなど，これらの地域を含め，各地域における一定の都市機能をどう維持していくかが課題である(5-14)．

③ 消費市場の変化

総務省の国勢調査の結果によれば，総人口は 2010 年頃まで増加しているが，消費者の商品購買単位に関係する一世帯当たりの人員数は減少傾向にある．さらに，国立社会保障・人口問題研究所の推

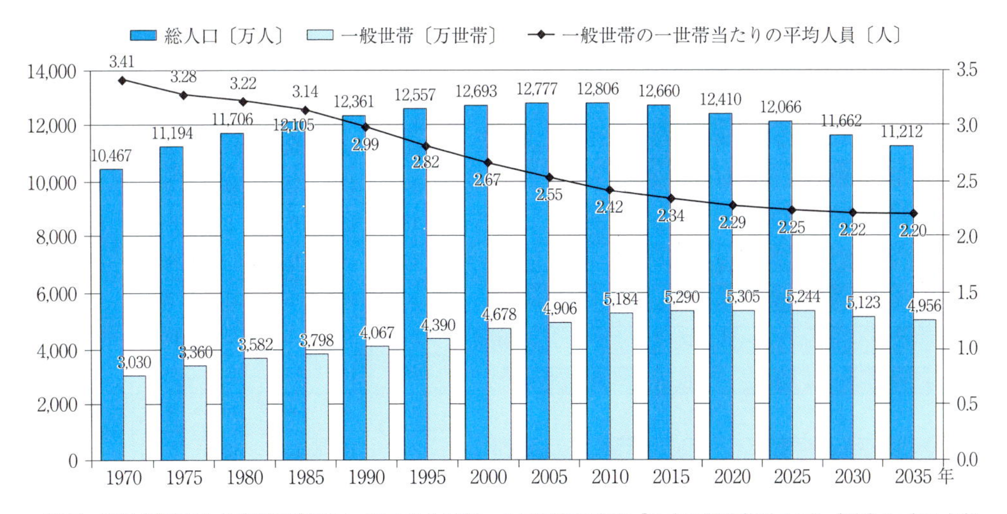

出所：総務省統計局「国勢調査報告」，国立社会保障・人口問題研究所「日本の将来推計人口」（平成 24 年 1 月推計）〔出生中位（死亡中位）〕推計値および「日本の世帯数の将来推計（全国推計）」（2013（平成 25）年 1 月推計）．

図 5-19　人口と世帯数の推移(5-15)

計によると，総人口は今後減少し続け，一世帯当たり人員数は 2 人に近づいていく（図 5-19）．

消費者の商品購買単位が縮小することにより，購買先の店舗等への配送は一層小口化が進む可能性がある(5-15)．

消費者の商品および製品に対するニーズは，インターネットの普及とともにますます高度化，多様化しており，これに対応して商製品を供給する側の企業は，顧客サービスの向上と満足による他社との差別化を図る傾向がある．これらの状況は，貨物の「小口化」「多頻度化」「リードタイムの短縮」等を生じさせている．小口化の進展は，物流業者にとって需要拡大の契機となる反面，輸送回数の増加や積載効率の低下などの状況を生じさせており，物流業者は効率改善へ向けたさまざまな対応を余儀なくされている．

5. 3　物流の変遷と将来

5. 3. 1　物流の変遷

近年，物流分野における労働力不足が顕在化しており，少子化に伴う労働力人口の減少により，中長期的には，人材の確保がより困難になっていく可能性がある．特に，中高年層への依存が強いトラック運転者や内航船員については，これら中高年層の退職に伴い，今後，深刻な人手不足に陥るおそれもある．また，過疎地や離島等の条件不利地域においては，人口減少により人口が薄く分散する状況が拡がると，これらの地域における宅配便の配送効率が大幅に低下し，日用品の入手にも支障をきたす可能性がある．今後，過疎化や高齢化のさらなる進行が見込まれることを踏まえると，地域に必要な物流サービスを持続的に確保していくためには，個々の物流事業者による取組みだけでは不十分であり，自治体の主体的な関与のもと，地域の関係者が連携し，必要な施策を講じることが求められている(5-16)．

人口の減少，少子・高齢化が進展すると，労働集約産業であるトラック運送事業では，質が高く若い労働力をいかに確保していくかが大きな課題となる．総務省の調査によると，平成 26 年では，トラック運送事業に従事する従業員は全体で約 185 万人，このうち輸送・機械運転従事者は 83 万人で全体の約 45％を占める（図 5-20）．

トラック運送事業を含む自動車運送事業は中高年層の男性労働力に依存しており，若者の新規就労が少ないため，このままでは現役世代が引退した後，深刻な労働力不足に陥るおそれがある．平均年齢が高いだけではなく，40 歳未満の若い就業者が少なく，平成 26 年では約 30％である．また，女性の比率も就業者全体で 17.8％，輸送・機械運転従事者で 2.4％と低い状況にある．このため，不規則・長時間・力仕事といった業界体質を抜本的に改革し，潜在的労働力である女性や若者の就労を促す必要があると指摘されている(5-3)．

インターネットの普及により，インターネットを通して商品・サービスを購入する人の割合が増えて

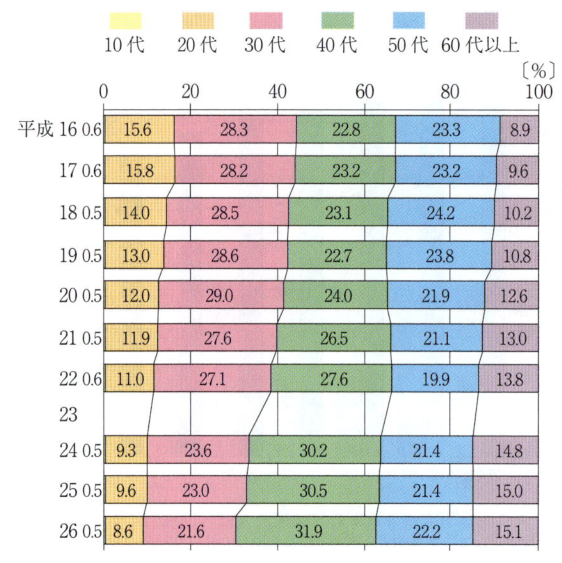

(a) 道路貨物運送業 年齢階級別就業者構成比〔単位：%〕

年	道路貨物運送業					
	就業者数			輸送・機械運転従事者数		
	総数	男	女	総数	男	女
平成 16	180	149	31	79	77	2
17	177	146	31	78	76	2
18	186	153	33	83	81	2
19	185	153	32	82	80	2
20	183	152	31	79	77	2
21	185	152	33	80	78	2
22	181	148	33	79	77	2
23	—	—	—	—	—	—
24	182	150	32	83	81	2
25	187	153	34	84	83	2
26	185	151	33	83	81	2

(b) 年次(年平均)推移〔単位：万人〕

資料：総務省「労働力調査」より作成

(注)：1. 就業者：自営業主，家族従業者，雇用者(役員，臨時雇，日雇を含む)

2. 輸送・機械運転従事者：「道路貨物運送業」における輸送・機械運転従事者は主に自動車運転従事者

3. 端数処理の関係で合計が一致しない場合がある.

図 5-20　輸送事業労働者の推移(5-3)

平成 22 年には 15 歳以上の国民の 3 分の 1 である 36.5%がインターネットショッピングを利用

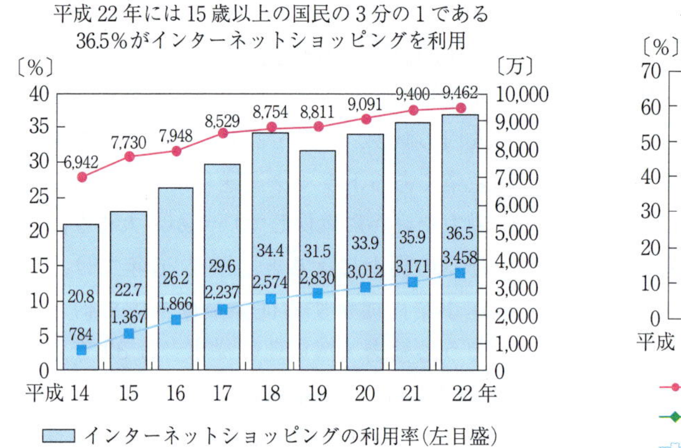

平成 15 年から平成 22 年では，20 代から 40 代の利用状況が大幅に拡大

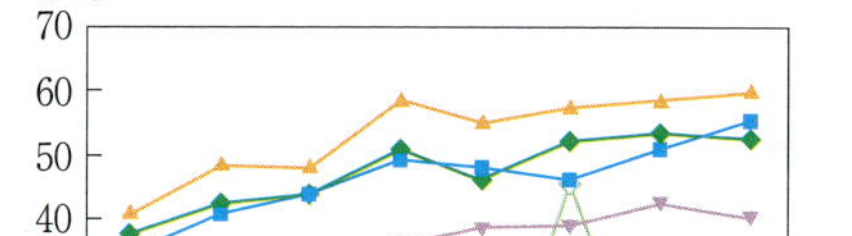
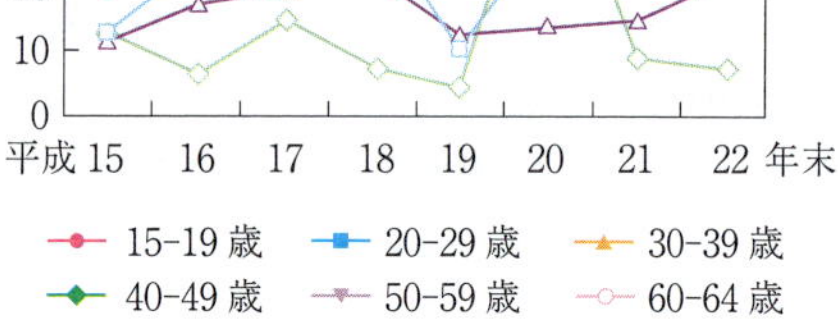

出典：総務省「ICT インフラの進展が国民のライフスタイルや社会環境等に及ぼした影響と相互関係に関する調査」(平成 23 年)
(総務省「通信利用動向調査」により作成)

図 5-21　電子商取引のユーザー推移(5-17)

いる．インターネットショッピングの利用者は，平成 14 年の 20.8%から平成 22 年の 36.5%と 15.7 ポイント増加している．これは年齢別で比較した場合，15 歳から 64 歳の生産年齢人口におけるインターネットショッピング利用率が伸びたためで，特に 20 代から 40 代の利用が大幅に拡大した(図 5-21).

インターネットショッピング利用者の購入商品をみると，ほとんどの商品で平成 14 年に比べ平成 22 年の購入率が伸びており，特に伸びが大きいのは，「金融取引」「衣料・アクセサリー類」「趣味関連品・雑貨」「食料品」などである．一方，平成 14 年と平成 22 年の比較で減少しているのは，イン

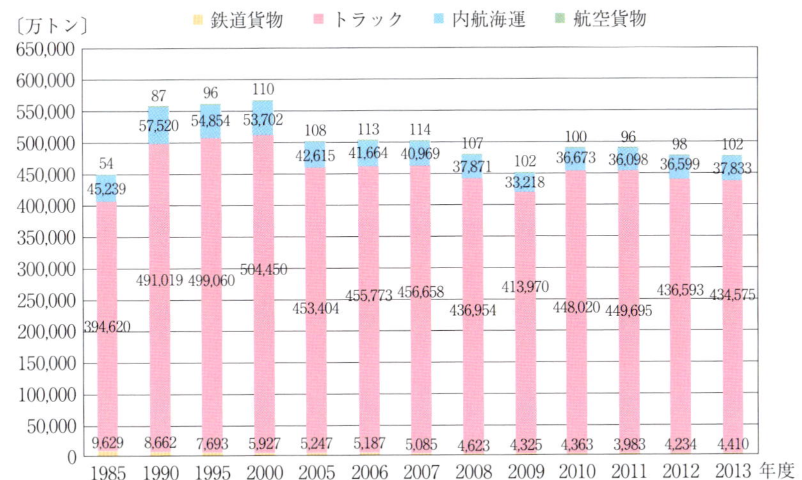

資料：「鉄道輸送統計」,「自動車輸送統計」,「内航船舶輸送統計」,「航空輸送統計」から国土交通省総合政策局作成

図 5-22　国内貨物輸送量の推移(5-18)

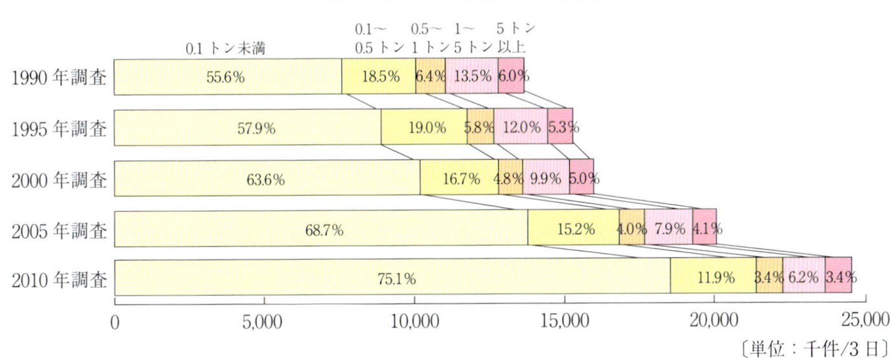

図 5-23　物流件数の推移(5-18)

ターネットとの関連性が高いと考えられるパソコン関連商品である．このことから，近年，インターネットショッピングにおいて生活に身近な一般品の購入割合が大きくなったと考えられる(5-17)．

(1) 物流の変化

国内貨物輸送については，リーマンショックの影響による景気の落ち込みから一定の回復がみられたが，トンベースの輸送量は長期的には漸減傾向(図 5-22)にある一方，輸送単位の小口化が進んでおり，物流件数は増加傾向にある(図 5-23)．

貨物輸送量をトンキロベースでみると，長期的な傾向としてはトラックの分担率は増加傾向，内航海運の分担率は減少傾向でそれぞれ推移しており，鉄道と航空は一貫して低い分担率となっているが，ここ数年は，トラックから鉄道貨物・内航海運へのシフトの傾向がみられる(図 5-24)．

国内貨物輸送の産業規模については，業種別の営業収入でみると，2011 年度では，トラックが約 14 兆 8,555 億円，内航海運が約 6,543 億円，鉄道が約 1,184 億円となっており，国内貨物輸送の業種別の事業者数は，トラックが約 6 万 2,910，内航海運が約 3,641 等となっている(5-18)．

(2) 過疎地等における持続可能な物流ネットワークの構築に向けた施策

過疎地等においては，貨物の集配効率が都市部と比べ著しく低く，ドライバー等の労働力不足を背景

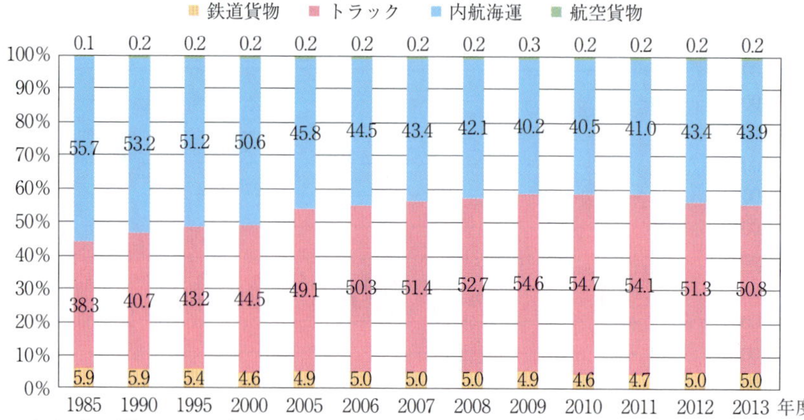

資料：「鉄道輸送統計」,「自動車輸送統計」,「内航船舶輸送統計」,「航空輸送統計」から国土交通省総合政策局作成

図 5-24　国内輸送割合の推移(5-18)

【地域の活動拠点（小さな拠点）におけるモデル事業の実施について】

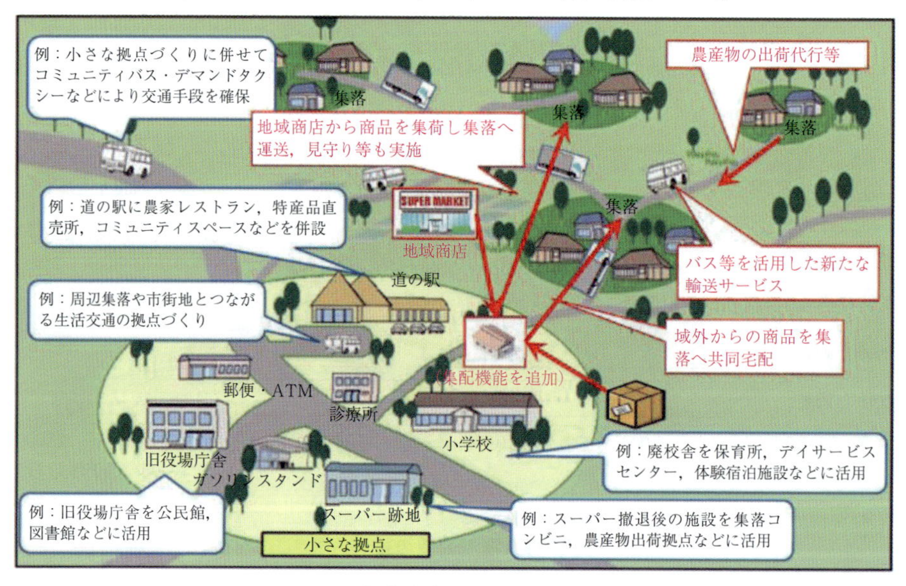

図 5-25　過疎地域のベースモデル(5-16)

に，今後の物流ネットワークの維持が困難になることが見込まれる．

物流サービスの質および生産性の地域間での差異が生じつつある中で，持続可能な物流ネットワークの維持・確保に向けて，地域における「小さな拠点」を核とした新たな輸送システムの構築や，公共交通事業者の輸送力を活用した貨客混載等の取組みを促進する必要がある（図 5-25）．

特に物流ネットワークの維持が懸念される離島，過疎地等の条件不利地域においては，物流の効率性を高めるため，当該地域に係るさまざまな車両の運行をマッチングし，共同化・複合化することが重要であり，このような観点から必要な環境整備を図っていく必要がある．具体的には，公共交通事業者の輸送力を活用した貨客混載だけではなく，自家用自動車等を活用した有償貨物運送を可能とする施策を講じるべきかについても検討を進めている(5-16)．

(3) 物流施設の機能強化や災害対応力向上に向けた施策

物流施設の機能強化や災害対応力向上に対応するため，これまでも，「流通業務の総合化および効率化の促進に関する法律」に基づき，立地要件や設備要件を満たす「特定流通業務施設」の立地促進を図ってきたが，トラックドライバー不足，地球環境

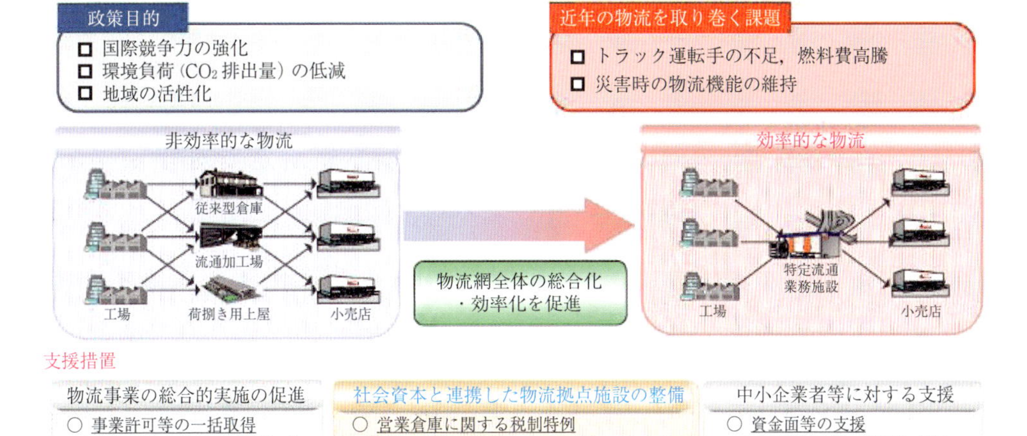

図 5-26　物流倉庫の効率化(5-16)

問題への対応，災害リスクの高まり等の喫緊の課題への対応も必要となっている（図 5-26）．首都圏三環状道路の整備の進展等の中での物流拠点という「点」の立地等のあり方を考える際には，道路等の主要インフラとの連携や輸送と保管の円滑な接続を進め，「面」としての広域的な物流ネットワーク全体の視点から検討することが必要である(5-16)．

5. 3. 2　現在の物流形態

(1) 物流領域

物流の領域については先に，5. 1. 1 項に記載の JIS 用語で述べた通りであるが，荷物の送り手と受け手の二つの属性（Business と Consumer）に着目すると，次のような分類をすることもできる．

- B2B（Business to Business）：調達物流，生産物流，販売物流，回収物流（静脈物流）
- B2C（Business to Consumer），C2C（Consumer to Consumer）：消費者物流（B2C は通信販売などの電子商取引，C2C は誕生祝のように個人から個人宛に送られる物流，C2B は通信販売の返品など）

楽天やアマゾンなどの電子商取引（Electronic Commerce）の進展で，昨今何かと話題になるのは B2C や C2C の消費者物流であるが，物流の活動量を計る一般的な指標の輸送トンキロ（輸送重量に輸送距離を乗じた値）でみた場合，大部分は B2B が占めている．

(2) 貨物自動車のロードファクター

貨物自動車の輸送量についてはすでに述べていることから，ここでは貨物自動車のロードファクターを述べる．

貨物自動車の輸送の効率を計る代表的な指標として，ロードファクター（Load Factor）がある．

ロードファクター〔%〕= 輸送トンキロ〔t•km〕÷能力トンキロ〔t•km〕

輸送トンキロ〔t•km〕= 輸送重量〔t〕× 輸送距離〔km〕

能力トンキロ〔t•km〕= 最大積載重量〔t〕× 走行距離〔km〕

ロードファクターは，自家用，営業用の貨物自動車の所有区分を問わず近年低下を続けている．1990 年には営業用が約 60%，自家用が約 35% であったものが，2014 年にはそれぞれ約 40% と約 25% まで低下した．自家用は営業用に比べて低く，小型車は大型車と比べて低い（図 5-27）．

自家用が営業用に比べて低い理由として，運賃を得ることが目的ではないことが考えられる．また，小型車が大型車と比べて低い理由として，大型車が

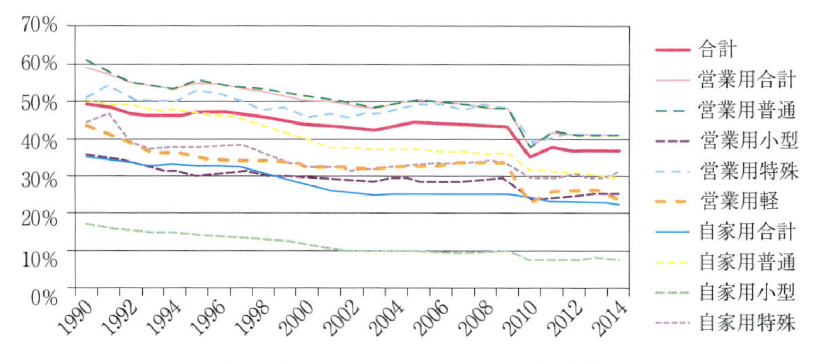

図 5-27　ロードファクターの低下[5-19]

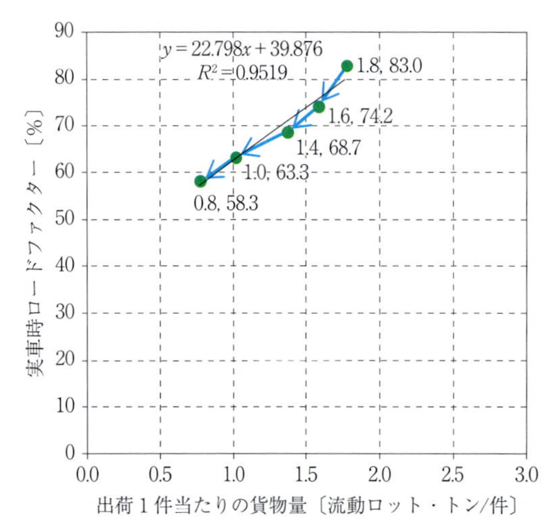

図 5-28　小口化とロードファクターの関係[5-20]

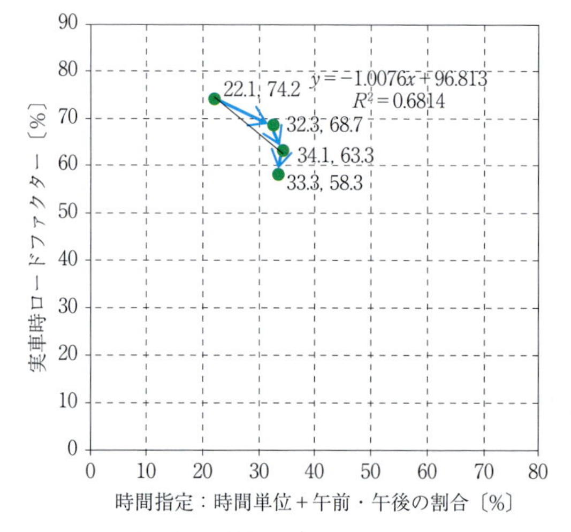

図 5-29　時間指定荷物の割合とロードファクターの関係[5-20]

工場から物流センターのような都市間(長距離)輸送を担う場合が多いことに対して，小型車は都市内での集配送を担うため，たとえ出発時に満載であったとしても荷物を降ろしながらの運行となるために，積載率(積載重量÷最大積載重量)の平均値が小さくなることが考えられる．

(3) ロードファクター低下の原因

ロット(出荷 1 件当たりの重量)とロードファクターの間には強い正の相関があることから，ロードファクターが低下を続ける原因として，小ロット化の進展が挙げられる(図 5-28)．

ロードファクターが低下を続けるもう一つの原因として，時間指定の精緻化が挙げられる．時間指定割合(時刻指定＋午前・午後指定の出荷件数が全出荷件数に占める割合)とロードファクターの間には負の相関がある(図 5-29)．

(4) ロードファクターの低下によるエネルギー使用量／ CO_2 排出量の増大

ロードファクターを構成する二つの要素のひとつ積載率が大きくなればなるほど，輸送量〔t•km〕当たりのエネルギー使用量は小さくなる(図 5-30)．

ロードファクターが低下し続けた営業用トラックから排出される CO_2 の量は増加し続けている(2012 年は 1990 年比＋8%)(図 5-31)．また，絶対量は減少しているものの，自家用トラックから排出される輸送量〔t•km〕当たりの CO_2 排出量は，営業用と比べて 5 倍以上大きい(図 5-32)．

トラックの省エネ／低炭素化を促進するためには，トラックの単体対策に加えて，トラックのロードファクターを上げることのできる取組み，たとえば，大ロット化や時間指定の緩和などのソフト策が重要である．

(5) マクロ物流コスト(国全体の物流コスト)

日本の対 GDP 比マクロ物流コストは 8%から 9%台で推移してきた．2012 年度は 9.2%(図 5-33)．

リーマンショックでいったん大きく減少した対 GDP 比マクロ物流コストは 2010 年度以降回復して

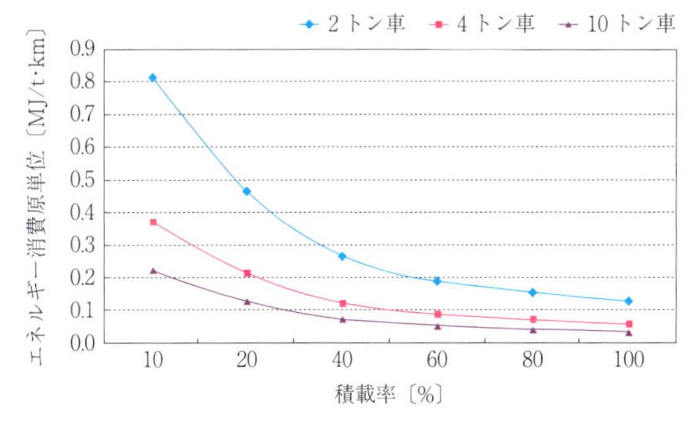

図 5-30　積載率とエネルギー使用効率の関係(5-21)

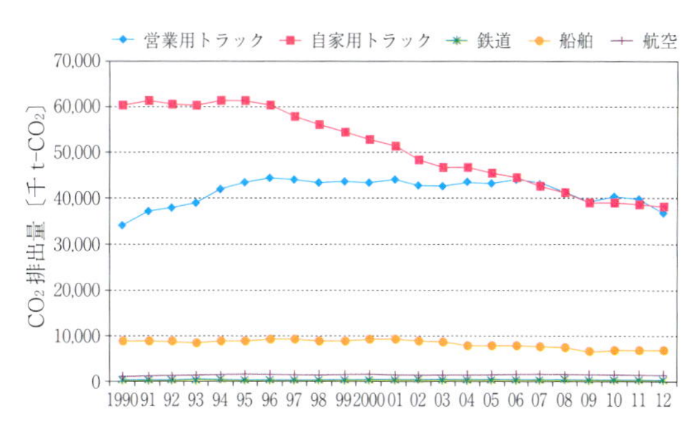

図 5-31　貨物輸送分野からの CO_2 排出量の推移(5-22)

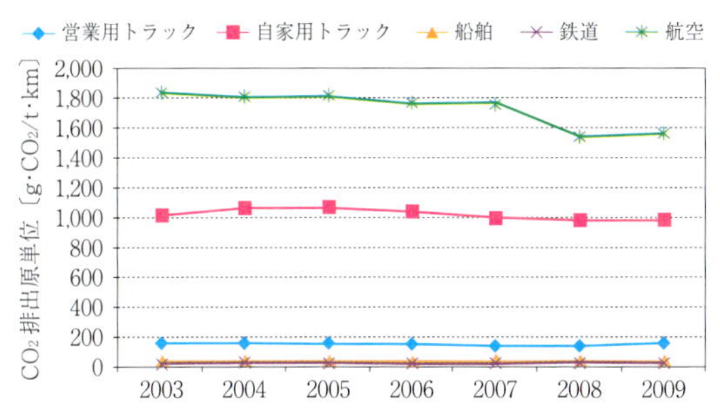

図 5-32　輸送量(t•km)当たりの CO_2 排出量の推移(5-23)

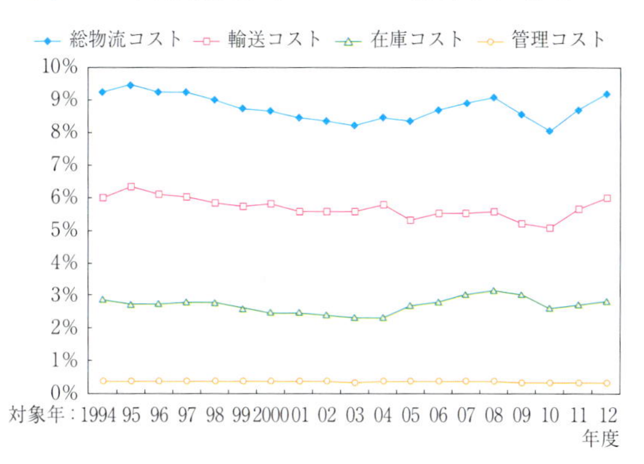

図 5-33　日本の対 GDP 比マクロ物流コスト推移(5-24)

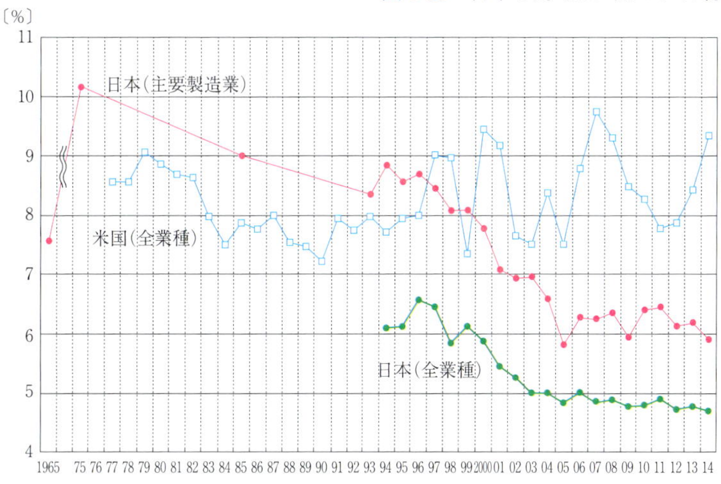

図 5-34　対売上高物流コスト比率の推移(5-24)

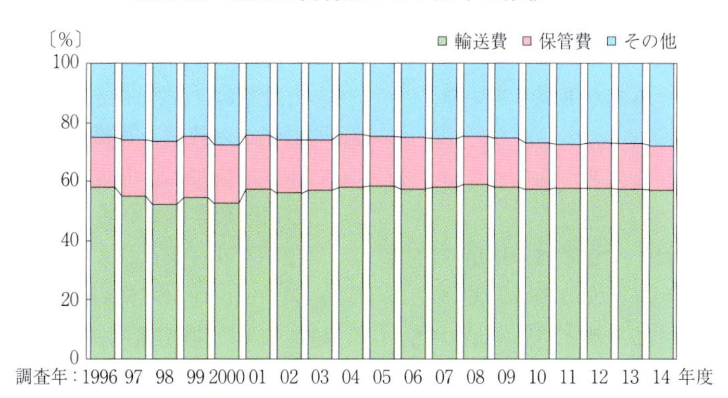

図 5-35　機能別物流コストの構成比の推移(5-24)

おり，2012年度もその傾向が継続している．

(6) ミクロ物流コスト(荷主企業の物流コスト)

荷主企業の対売上高物流コスト比率は業種計で低下を続けており，2014年度調査では過去最低の4.7%になった．

その一方で，主要製造業(鉄，自動車，化学，電気など)の対売上高物流コスト比率は，2005年度を底に横ばいを続けている(図5-34)．

機能別物流コストの構成比については，保管コストのシェアが漸減を続ける一方，輸送コストのシェアの増大が続いている．拠点集約化・在庫削減・多頻度・小ロット化などの影響と考えられる(図5-35)．

(7) ICT

TMS(Transportation Management System，配送計画作成支援システム)，WMS(Warehouse Management System，倉庫管理システム)など，輸送機能や保管機能の計画段階に対応したICTが個別企業単位に普及していることに加え，近年，実行段階の貨物自動車の動態管理も進展している．

一方，EDI(Electronic Data Interchange，電子的データ交換)の標準化に代表される，物流システムのプラットフォーム化(共通基盤化)は進んでいない．

5.3.3　将来の物流形態

(1) 物流領域

輸配送の件数については，ECを背景とした宅配便の配達個数の伸びと軌を一にしながら，B2C，C2Cの領域が増加し続ける一方，輸配送のトンキロベースでは，引き続きB2Bが大部分を占めているだろう．

B2Bでは，B2CやC2Cほどの変化は起きないだろうが，製造業等の荷主企業では，物流は非競争領域という認識のもと，共同輸配送や共同保管が進展していることだろう．また，その前提として，物流システムのプラットフォーム化が進展している．

(2) 輸送

輸送機関の分担率は現状と大きく変わらないだろう．

貨物自動車の輸送効率は，ドライバー不足や情報化の進行が続いた結果，現在より改善されている．

また，より一層深刻化するドライバー不足の中，家に届けることが原則になっている宅配のビジネスモデルは，宅配ボックスの普及やタブレット端末を使っての受取り場所の指定などにより，変貌を遂げているのではないか．ラストワンマイルでは，自動車を補完する配達手段が普及しているであろう．

(3) 荷役

現場労働力の高齢化や量の不足で，機械化，自動化が進んでいる．また，外国人労働力や非熟練労働力の普及で，非日本語での作業指示ができるウェアラブル機器が普及している．

(4) 物流コスト

現在よりも上昇している．また，物流システムのプラットフォーム化に伴い，情報システムに関わるコストが固定費から変動費になっているだろう．

物流部門は，現在のコストセンターから，モノを運び続けるために必要な投資を行う部門になっている．

さらに，ロジスティクスの概念の普及により，物流部門が管理する領域が広がっている．

(5) ICT

物流機能全般にわたってICTが普及している．たとえば，貨物自動車のテレマティクスの普及で，実行系のデータが荷主にも容易に共有されるようになっている．

これに伴い，予実差データの分析などにより，取引条件の見直しを含めた輸配送環境が適正化され，輸配送の効率が改善されている．また，人工知能による発注量の予測精度向上が輸配送計画に転嫁され，無駄な輸配送が削減されているであろう．

5.3.4　CO_2削減の取組み

(1) グリーンロジスティクスの体系

グリーンロジスティクスの体系の一例として，『グリーンロジスティクスチェックリスト』(JILS)の体系を紹介する．同リストは，グリーンロジスティクスの施策の事例86種類を体系的に整理したもので，「方針」と「活動」から構成されている．

方針では，製品開発，商取引等といった他部門や取引先との連携を意識した41の施策が用意されている．活動では，45の施策が物流機能に基づいた三つに分類されている(図5-36)．

(2) グリーンロジスティクスの特徴

グリーンロジスティクスの特徴を示す一例として，輸送のCO_2排出量削減策として産業界で取り組まれている各種施策の取組み度合いに対する自己評価(「1：出来ていない」「2：遅れ気味で努力不足」

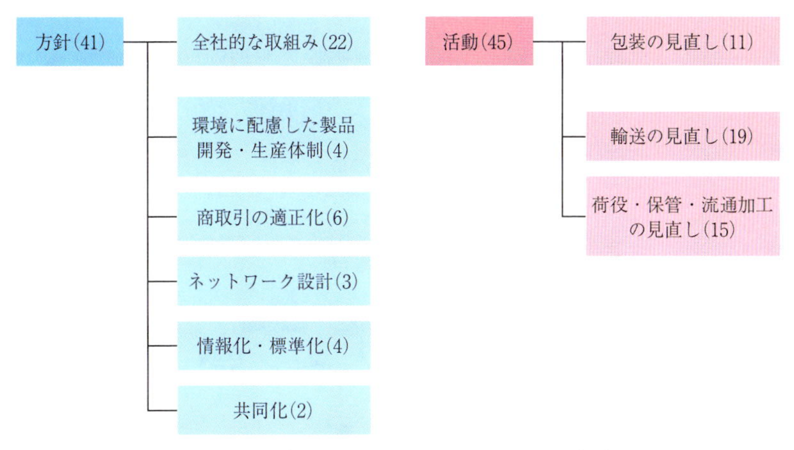

図 5-36　グリーンロジスティクスの体系[5-25]

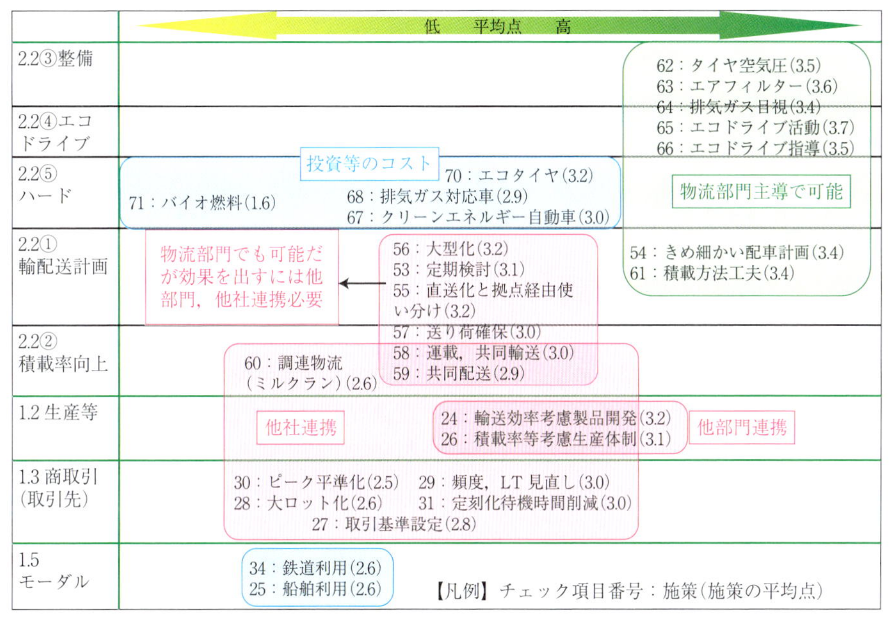

出典：2011 年度グリーンロジスティクスチェックリスト調査，JILS(2012 年 5 月)

図 5-37　グリーンロジスティクス取組みの自己評価[5-26]

「3：まずまず出来ている」「4：よく出来ている」)の 4 段階)結果を示す(図 5-37)．

施策ごとの平均点には差があり，物流部門が主体的に取り組むことができる施策の平均点が高い一方で，取引条件の見直しなどが絡む異業種を含む他社と連携しなければ取り組むことができない施策の平均点は低い．

輸送の CO_2 排出量をより一層削減するためには，今後の対策は，サプライチェーン全体での取組みを誘導する業種横断的／業際的なものが必要と考える．

5. 3. 5　第 4 次産業革命の物流へのインパクト

(1) ロジスティクス 4.0

国家戦略として製造業の競争力強化を実現するためにインダストリー 4.0 を掲げるドイツにおいては，物流のさらなる効率化を目指している．フラウンホーファー IML(物流・ロジスティクス研究所)やドイツを中心とする複数の民間企業が推進するロジスティクス 4.0 は，IoT(Internet of Things)を製造業の物流部門に適用するもので，インダストリー 4.0 実現のために必要不可欠なものである．

これまで物流部門においては，トラックや鉄道，船舶等の普及による陸上・海上輸送の機械化に始ま

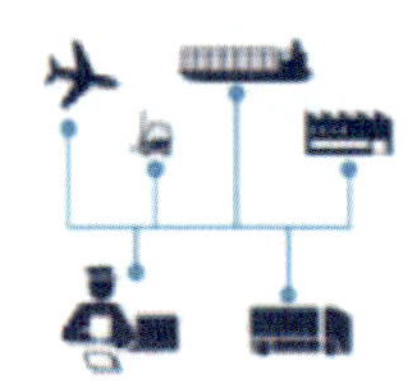
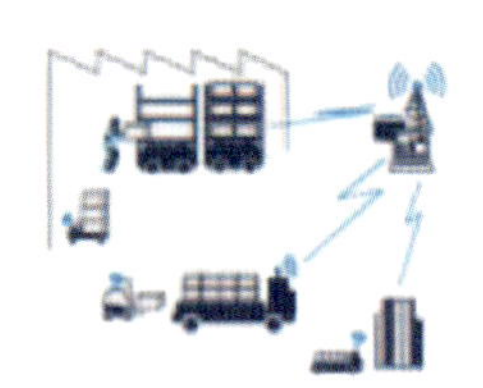

図 5-38　ロジスティクスにおけるイノベーションの変遷(5-27)

り，自動倉庫や自動仕分けの実用化による荷役の自動化，WMS(倉庫管理システム)等の普及による物流管理のシステム化といった出来事が物流の形を変革してきたが，今日では，IoT による第 4 次革命が実現しつつあると，ロジスティクス 4.0 では述べられている(5-27)．

(2) ロジスティクス 4.0 がもたらすインパクトその 1：省人化

ロジスティクス 4.0 がもたらす変革の一つは，「省人化」(図 5-38)である．IoT の進化により，人による操作や判断を必要とした作業が機械化・自動化し，人が必要とされる業務プロセスが大きく削減することが見込まれる．特に輸送や荷役作業では人件費の割合が高いため，物流企業はもとより売上高の数%を物流費が占めている製造業などの荷主企業にとっても，「省人化」は，長期的にはさらなるコスト削減に寄与するものと思われる．加えて，このような「省人化」に必要な新たな物流機器やシステムは，物流機器の市場を活性化するはずである(5-27)．

(3) ロジスティクス 4.0 がもたらすインパクトその 2：標準化

変革の二つ目は「標準化」である．生産のみならず調達領域から販売領域までの物流を含めたサプライチェーン上のすべての過程において，企業や業界間で情報の管理の仕方を標準化する取組みが始まっている．ボッシュは，生産や物流に関する情報を，サプライチェーンを構成する企業間で共有するシステムを構築．RFID によるデータ管理も活用し，顧客である OEM メーカーやサプライヤーと連携しつつ，入出荷管理の自動化や在庫の最小化等の効果を得たという(5-27)．

(4) IoT が社会にもたらすこと

IoT は，生産性を極限にまで高め，製品・サービスの供給に関わる追加的な費用(限界費用)をゼロに近づけるという考えがある．仮にこうなった場合，企業は追加的な費用(＝サービス)の販売による収益を失うが，消費者は物的欲求をほぼ無料で充たせるようになり，モノを所有する意義が失われる．

このような環境のもと，人々はプロシューマ(生産消費者)として技能や才能をシェアしつつ，協働型経済組織を発展させる．そこで蓄積されるのは，利潤動機による「私的資本」ではなく，相互信頼と評価格付けに基づく「社会関係資本」である．IoT の代表的なビジネスモデルである，素人が互いに手元の空き資産を活用する配車サービス(Uber)や宿泊提供サービス(Airbnb)などの台頭の背景要因はこれで説明される(5-28)．

(5) IoT が物流にもたらすこと

「荷主企業にとって物流は非競争領域であり持続可能な物流が必要であること」および「共有型経済が台頭すること」の二つ，さらに，「ドライバー不足が深刻化しているといわれる中，トラックのロードファクターが低下を続けていること」の三つから，次のことが考えられる．

現状，86：14 の支払物流費と自家物流費の構成比を見直し，荷主企業は逆・自営転換(営業用トラックから自家用トラックへ)を行う．こうすることで，人員不足を理由に物流企業から輸配送が断られることがなくなるとともに，荷主企業(輸配送の素人)が，互いに，空き資産を活用するための“物流プラットフォーム”(「社会関係資本」)が誕生する．

現行法や現在の貨物輸送市場を前提に置くと荒唐無稽な将来像だが，今後確実に訪れる労働人口減少の中で，企業活動を行う上で必要不可欠な物流を持続させるため，2050年の物流がこのような姿をしていることを否定する大きな理由はない．

5.3.6　物流に関するまとめと提言

将来の環境変化が「物流」に対し，どのような影響を及ぼすかを記述してきたが，ここでもう一度課題を整理し，それぞれの課題に対し，その課題を解決するための提言を記述する．

(1) インターネット販売増(B2CやC2C)や世帯人数減による小口配送と時間指定の増加

貨物の小口化が進行するとともに，件数ベースでの物流量が増加する傾向となっている．また，本来急ぐ必要のない貨物を含め，当日・翌日配送等，荷主から短い納期が設定されたり，一定の時間帯に配送時間指定が集中したりといったことも，貨物鉄道や船舶による輸送を困難とさせ，ドライバー不足に拍車をかける要因となっている．

この場合，物流事業者のコストに見合う運賃料金を適正に収受し，生産性を向上させることはもとより，健全な市場環境の中で，各々の創意工夫により，事業運営を改善し，収益性を高め，コストの最適化を図ることのみならず，そこからさらに進んで，荷主を含む産業構造を変革させつつ，物流全体の生産性向上につなげることが重要である．

(2) 高齢化，ドライバー不足

今後の日本では深刻な人手不足に陥るおそれがあり，十分な対策が講じられなければ物流需要に的確に応えられない、物流の停滞などの事態を招き，経済活動のボトルネックとなるような状況となりかねない．

個々の物流事業者による省力化やさらなる効率化に向けた努力を重ねることはもちろんであるが，個々の物流事業者の努力だけでは限界があることから，物流事業者同士が連携協力することはもとより，荷主や自治体，インフラ管理者等の多様な主体との連携・協力関係を確立し，省力化された効率的な物流を標準化することが必要である．具体的には，ICT，IoT，ITS，ビッグデータ，鮮度保持技術，自動走行システム，パワーアシストスーツ，小型無人機，人工知能等の最新技術を活用し改良を重ねる中で，さらなる物流の効率化，高度化につなげていくことが重要である．

(3) 人口減少，少子高齢化，都市機能の維持，過疎地域の物流，ラストワンマイル

過疎地等においては，貨物の集配効率が都市部と比べ著しく低く，トラックドライバー等の労働力不足を背景に，今後の物流ネットワークの維持が困難になることが見込まれる．

都市部から地方部への物流が大きな比重を占める中，農産物等の地域産品の出荷等の逆方向の物流を促進し，地域経済の循環促進を図ることも重要である．

物流の効率性を高めるため，当該地域に係るさまざまな車両の運行をマッチングし，共同化・複合化することが重要であり，このような観点から，「公共交通事業者の輸送力を活用した貨客混載」「自家用自動車等を活用した有償貨物運送」等の環境整備を図っていく必要がある．

(4) ロードファクター低下による物流コストとCO_2の増加

物流分野のエネルギー使用量の削減は，CO_2削減の観点のみならず，エネルギーセキュリティの観点からも，より一層重要な社会的課題となっている．そのため，多様な関係者との連携・協力のもと，エネルギー使用量の削減をはじめさらなる環境負荷の低減を進めていく必要がある．一方で，グローバル競争の激化，消費者ニーズの高度化，わが国産業の成長の必要性等は今後とも進展するとみられ，これらに対応した物流の高度化，付加価値向上等への要請はますます強まっている．

物流システムのさらなる高度化・効率化，物流事業者による事業運営の効率性・生産性向上や競争力・持続可能性の強化等に向けた取組みを強化することにより，インフラストックの有効活用とあわせて潜在的な輸送力を最大限引き出す必要がある．

(5) 災害リスクの高まり

鉄道，内航海運，航空機，トラックといった多様な輸送モードが，状況に応じてスムーズに連携・連結し，支援物資輸送を行う体制を確立すべく，物流情報の標準化を実施し代替輸送機関でもスムーズな情報伝達が可能な状態が望ましい．

5.4　公共交通の変遷と将来

5.4.1　公共交通の変遷

地域公共交通は，地域住民の通学・通勤などの足として重要な役割を担うとともに，地域の経済活動の基盤であり，移動手段の確保，少子高齢化や地球環境問題への対応，まちづくりと連動した地域経済の自立・活性化等の観点からも重要な社会インフラである．しかしながら，地域公共交通を取り巻く環境は，少子高齢化やモータリゼーションの進展等に伴って極めて厳しい状況が続いており，近年，交通事業者の不採算路線からの撤退等により，地域の公共交通ネットワークは大幅に縮小している．いわゆる高速バスを除く乗合バス(一般路線バス)については，2009年度から2013年度までの5年間に約6,463 kmの路線が代替輸送手段のない状態で廃止され(表5-2)，鉄軌道については，平成12年度から平成24年度までの13年間に35路線673.7 kmが廃止された(表5-3)．バス停500 m圏外かつ鉄道駅1 km圏外の地域は，全国で36,477 km^{2}に及んでおり，これはわが国の可住地面積の約30%に相当している(5-18)．

超高齢化社会を迎えようとしている中で，地域公共交通サービスの衰退は，自ら自動車を運転できない高齢者の生活の足に大きな影響を与えることになる．特に地方圏では大都市圏に比べて高齢化率が高く，このような地域で公共交通サービスの撤退が起きやすい状況となっていることが問題をより深刻にしている．

地域公共交通は，地域住民の移動の手段として，とりわけ自動車を運転できない学生・生徒，高齢者，障害者，妊産婦等にとって欠くべからざる存在である．それは，通院，通学，買物などの日常生活上不可欠な移動に加え，文化活動やコミュニティ活動，「遊び」のための活動を含むさまざまな外出機会の増加を地域住民にもたらすことになる．特に高齢者については，今後75歳以上の高齢者人口の絶対数が大きく増加する見込みであることから，交通安全の観点からも高齢者が自ら運転しなくてもよい環境づくりとしての地域公共交通の充実が求められる(図5-39)．また，地域公共交通の充実は，国内外の観光客等の来訪者の移動の利便性や回遊性を向上させることになり，地域間の交流を活発化させ，地域活力の増進につながるものである(5-18)．

表5-2　バス路線の廃止(5-18)

年度	廃止路線〔km〕
2009	1,856
2010	1,720
2011	842
2012	902
2013	1,143
計	6,463

注：代替・変更がない完全廃止のもの
資料：国土交通省自動車局作成

(1) 地域公共交通の変化

自家用自動車の相対価格の低下，道路整備の進展，宅地の郊外化等を背景に，モータリゼーションは引き続き進み，1990年から2010年の20年間で人口の増加率が4%なのに対し，マイカー保有台数の増加率は76%にのぼっている(図5-40)．また，マイカー保有率は地方部ほど高く，都市部ほど低い傾向にある(図5-41)．このため，地方部を中心に，地域公共交通の位置付けが相対的に低下している状況を招いている．

地域公共交通の状況を輸送人員で示した場合，乗合バスの輸送人員は，1990年度の65億人から2000年度には48億人，2010年度には42億人(1990年度に比べ35%減)に，地域鉄道の輸送人員は1990年度の5.1億人から2000年度には4.3億人，2013年度には4.0億人(1990年度に比べ20%減)となっており，公共交通機関の利用者数はこの20年間で大きく減少している(図5-42)．輸送人員の減少は，人口減少が進む地方部でより深刻になっており，2000年度から2013年度にかけてのバスの輸送人員は，全国平均では約13%減少，三大都市圏では約6%減少であるが，三大都市圏以外の地方部では約25%減少している(5-19)．

(2) モーダルシフトの推進

モーダルシフトの推進は，最近の政府における閣議決定等において，地球温暖化対策や労働力不足対策に係る重要施策として位置づけられている．

具体的には，平成25年に閣議決定された総合物流施策大綱においては，モーダルシフトの促進は地球温暖化対策として位置づけられ，また，平成27年2月に閣議決定された交通政策基本計画においても，モーダルシフトの促進は，労働力不足対策としても，環境対策としてもその推進方策を検討すべき課題とされている．さらに，平成27年6月の

表 5-3　鉄道路線の廃止(平成 26 年 3 月 31 日現在)(5-29)

年度	路線名	事業者名	区間	営業キロ	営業停止年月日
12	北九州線	西日本鉄道	黒崎駅前～折尾	5.0	12.11.26
13	七尾線	のと鉄道	穴水～輪島	20.4	13.4.1
	大畑線	下北交通	下北～大畑	18.0	13.4.1
	揖斐線	名古屋鉄道	黒野～本揖斐	5.6	13.10.1
	谷汲線	名古屋鉄道	黒野～谷汲	11.2	13.10.1
	八百津線	名古屋鉄道	明智～八百津	7.3	13.10.1
	竹鼻線	名古屋鉄道	江吉良～大須	6.7	13.10.1
14	河東線	長野電鉄	信州中野～木島	12.9	14.4.1
	和歌山港線	南海電気鉄道	和歌山港～水軒	2.6	14.5.26
	永平寺線	京福電気鉄道	東古市～永平寺	6.2	14.10.21
	南部縦貫鉄道線	南部縦貫鉄道	野辺地～七戸	20.9	14.8.1
	有田鉄道線	有田鉄道	藤波～金屋口	5.6	15.1.1
15	可部線	JR 西日本	可部～三段峡	46.2	15.12.1
16	三河線	名古屋鉄道	碧南～吉良吉田	16.4	16.4.1
	三河線	名古屋鉄道	猿投～西中金	8.6	16.4.1
17	揖斐線	名古屋鉄道	忠節～黒野	12.7	17.4.1
	岐阜市内線	名古屋鉄道	岐阜駅前～忠節	3.7	17.4.1
	美濃町線	名古屋鉄道	徹明町～関	18.8	17.4.1
	田神線	名古屋鉄道	田神～競輪場前	1.4	17.4.1
	日立電鉄線	日立電鉄	常北太田～鮎川	18.1	17.4.1
	能登線	のと鉄道	穴水～蛸島	61.0	17.4.1
18	ふるさと銀河線	北海道ちほく高原鉄道	池田～北見	140.0	18.4.21
	桃花台線	桃花台新交通	小牧～桃花台東	7.4	18.10.1
	神岡線	神岡鉄道	猪谷～奥飛騨温泉口	19.9	18.12.1
19	くりはら田園鉄道線	くりはら田園鉄道	石越～細倉マインパーク前	25.7	19.4.1
	鹿島鉄道線	鹿島鉄道	石岡～鉾田	27.2	19.4.1
	宮地岳線	西日本鉄道	西鉄新宮～津屋崎	9.9	19.4.1
	高千穂線	高千穂鉄道	延岡～槇峰	29.1	19.9.6
20	島原鉄道線	島原鉄道	島原外港～加津佐	35.3	20.4.1
	三木線	三木鉄道	三木～厄神	6.6	20.4.1
	モンキーパークモノレール線	名古屋鉄道	犬山遊園～動物園	1.2	20.12.27
	高千穂線	高千穂鉄道	槇峰～高千穂	20.9	20.12.28
21	石川線	北陸鉄道	鶴来～加賀一の宮	2.1	21.11.1
24	十和田観光電鉄線	十和田観光電鉄	十和田市～三沢	14.7	24.4.1
	屋代線	長野電鉄	屋代～須坂	24.4	24.4.1

平成 12 年度以降，全国で 35 路線・673.7 km の鉄軌道が廃止された．

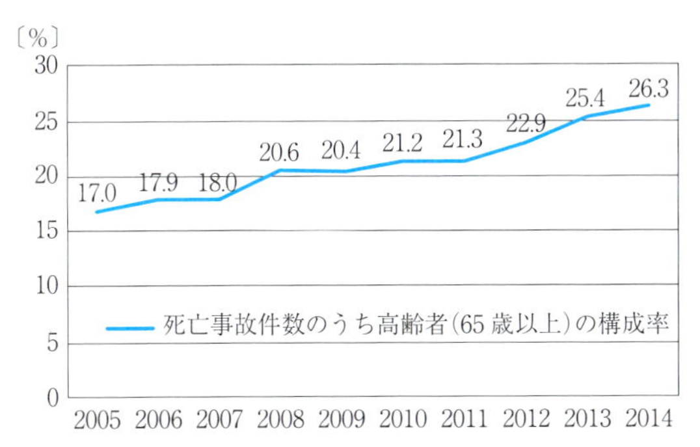

注：原付以上運転者(第 1 当事者)の死亡事故が対象
資料：「平成 26 年中の交通死亡事故の特徴及び道路交通法違反取締り状況について」から国土交通省総合政策局作成

図 5-39　高齢者の交通事故(5-18)

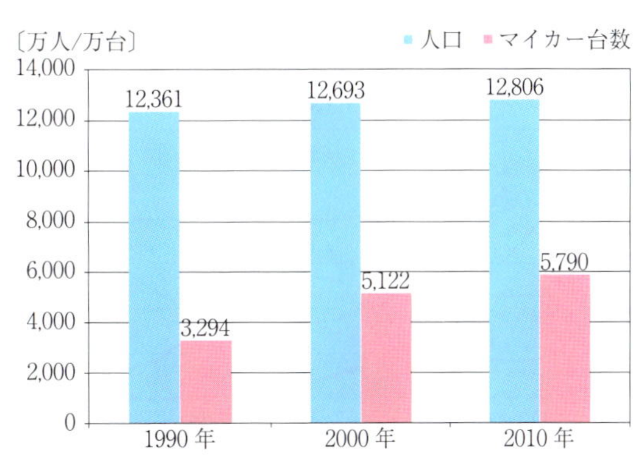

資料：総務省「日本の統計 2013」，(一社)自動車検査登録情報協会「自動車保有台数の推移」から国土交通省総合政策局作成

図 5-40　マイカー保有台数の推移(5-18)

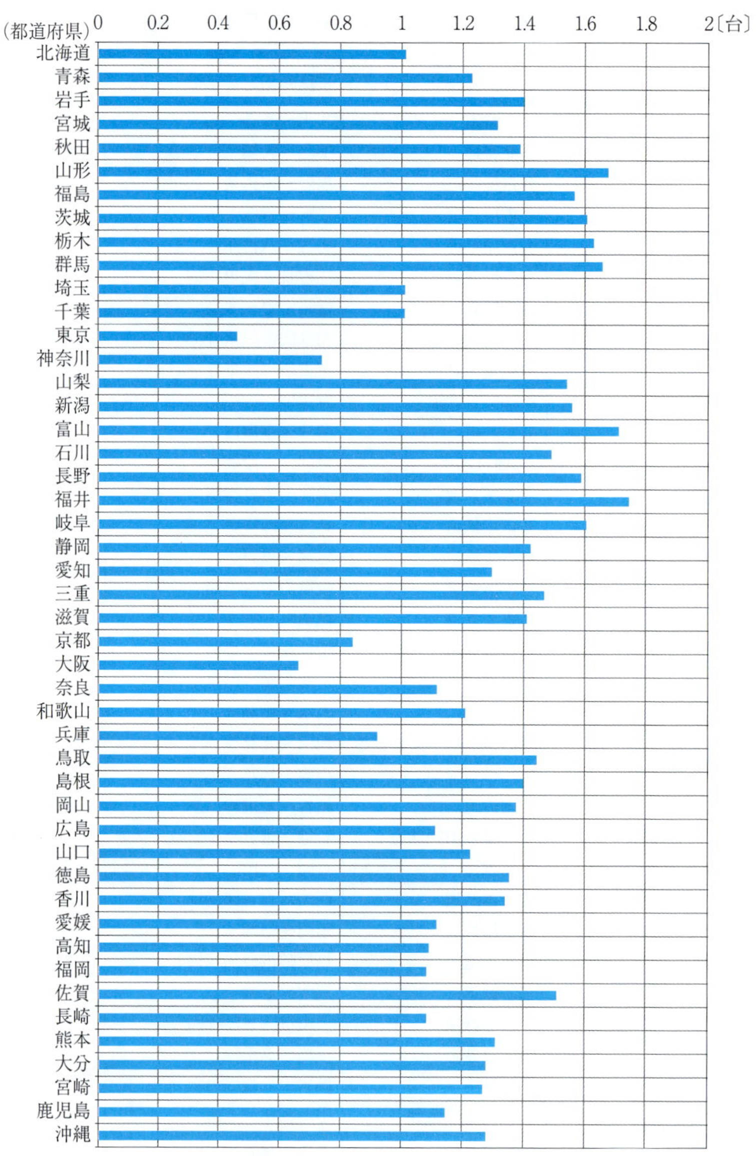

資料：(一社)自動車検査登録情報協会「自動車保有台数の推移」から国土交通省総合政策局作成

図 5-41　各都道府県のマイカー保有率(5-18)

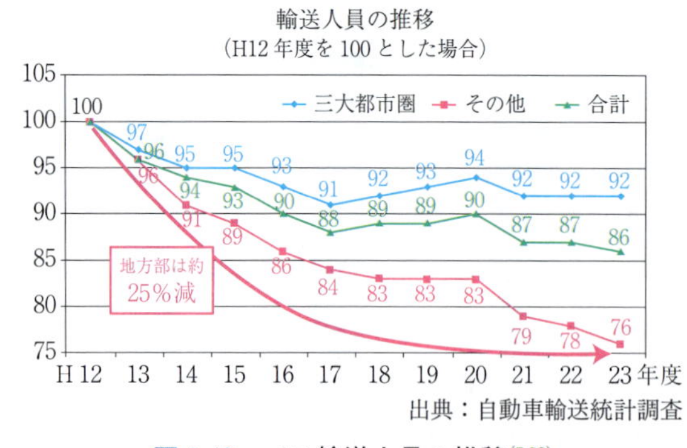

図 5-42　バス輸送人員の推移(5-32)

G7 で表明された 2020 年以降の温室効果ガス削減に向けたわが国の「約束草案」における△ 26%の温室効果ガスの削減目標において，鉄道へのモーダルシフトによる削減効果がその目標値の積み上げげにカウントされるなど，地球温暖化対策としての鉄道へのモーダルシフトが果たす役割はますます重要となりつつある．

これまで，鉄道へのモーダルシフト促進施策としては，第一段階として鉄道施設等の改良による輸送力の増強を行い，第二段階として増強された輸送力を活用するため荷主サイドにモーダルシフトへの動

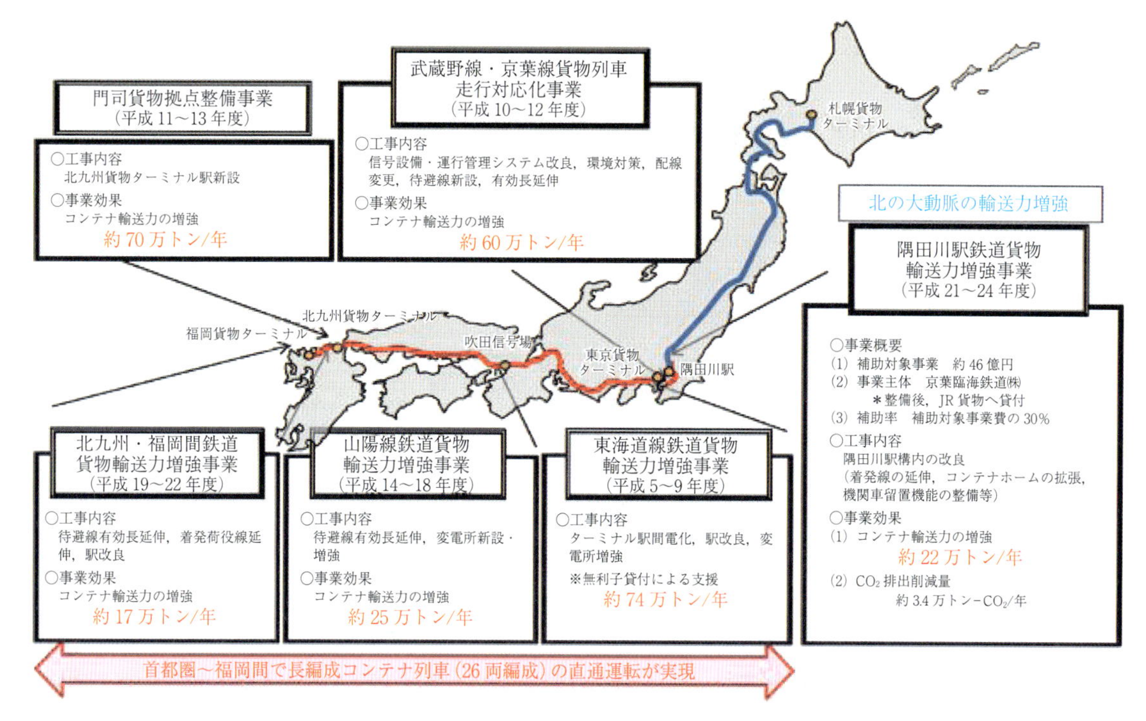

図 5-43　鉄道輸送能力の増強(5-30)

機付けを行う取組みや補助等を行ってきているところである(図 5-43)．現在は，より高い輸送品質を求める荷主等と物流事業者とのパートナーシップの構築を通じて，専用列車や専用大型コンテナの開発など，荷主が求める高い輸送品質を確保するためのオーダーメイドの輸送方法等を用いた，より大がかりなモーダルシフトの取組みの域に達してきており，これらの取組みについて補助等により国が支援を行ってきた(5-30)．

5.4.2　現在の公共交通形態

高齢化・人口減少の波は，現在の公共交通に大きな影響を及ぼしている．総務省の「国勢調査」，国立社会保障・人口問題研究所の資料(5-18)によれば，2040 年における人口は，2010 年比で，三大都市圏で 13.2% 減，地方圏で 21.6% 減と推計される．そうした背景の中，たとえばバス交通の輸送人員の推移についてみてみると，図 5-42 に示されるように，平成 12 年度に対して，特に地方部では約 25% 減という数字が出ており，輸送人員の減少に歯止めがかからない状況である(5-31)-(5-33)．

大都市圏では輸送人員の減少がみられるものの，鉄道，地下鉄に代表される公共交通の整備が進んでいる．一方で，地方都市域ではモータリゼーションの進展と輸送人員の減少により，地域公共交通の位置付けが相対的に低下し衰退．路線バス，乗合バス，鉄道の廃止に歯止めがかからない状況である．

特にバス交通についてみると，前述した輸送人員の減少を大きく受けている．図 5-44 は，平成 18 年度～23 年度の 6 年間における，乗合バスの路線廃止状況，平成 11 年以降の法的整理・事業再生等の事例を示したものである(5-32)．この 6 年間だけでも計 11,160 km が廃止されており，これはその当時のバス路線合計距離の 2.7% にあたる．この期間以降もその傾向は続いており，さらに路線廃止が進んでいる．

また地方都市域では，鉄道も同じような状況である．図 5-45 は，地域鉄道の輸送人員の推移を示したものである(5-32)．平成 24 年度の段階で，昭和 62 年度から約 17% も輸送人員が減少している．図 5-46 に平成 12 年度以降の全国廃止路線長の推移と，その主な廃止路線の事例を示す(5-32)．平成 12 年度～24 年度の 13 年間で，全国 35 路線，673.7 km の鉄軌道が廃止されており，これは全国の鉄軌道路線合計の 2.4% を占めている．その傾向は続いており，現在ではさらに廃止が進んでいる．

これらのバス，鉄道の状況から公共交通の空白地域の拡大が深刻化している．これは，わが国の地域

	廃止路線キロ
平成 18 年度	2,999
19 年度	1,832
20 年度	1,911
21 年度	1,856
22 年度	1,720
23 年度	842
計	11,160

(a) 乗合バスの路線廃止状況(高速バスを除く，代替・変更がない完全廃止のもの)

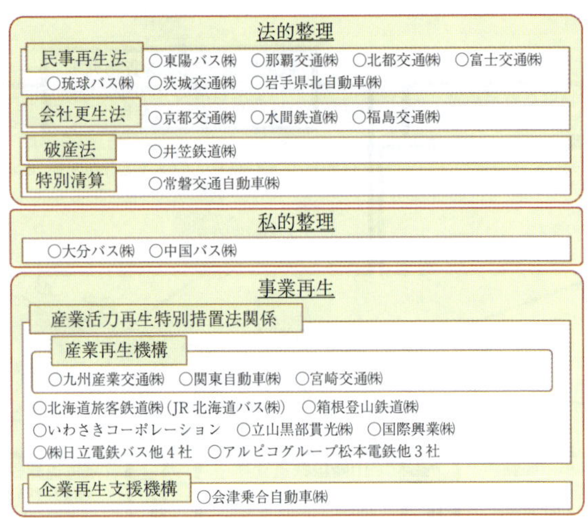

(b) 平成 11 年以降の法的整理・事業再生等の事例

図 5-44　バスの路線廃止状況[5-32]

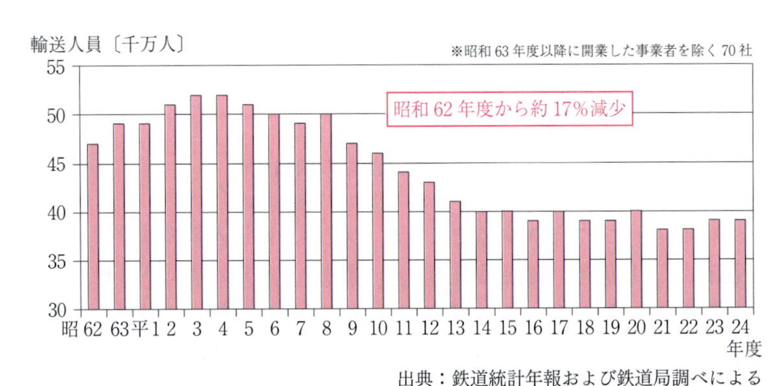

出典：鉄道統計年報および鉄道局調べによる

図 5-45　地域鉄道の輸送人員の推移[5-32]

公共交通は基本的には企画から運行まで，民間事業者もしくは独立採算制の公営事業者により実施されてきたが，経営が厳しくなった結果，サービス水準の低下が顕在化するとともに，既存の地域公共交通ネットワークを検証・改善する経営余力が失われ，地域住民のニーズや街づくりの構想とのミスマッチが発生したことも原因といえる．

こうした路線バスの廃止，鉄道の廃止の現状は，公共交通の空白地域を拡大させることとなる．表 5-4 は公共交通の空白地面積と空白地人口を示したものである[5-32]．市町村の合併により市や町の面積が広がり，住民の市町村内における移動を円滑にするために，市町村としてどのように交通手段を確保するかが従前に増して大きな政策課題である．

5. 4. 3　将来の公共交通形態

公共交通の将来を論ずるにあたり，交通形態を構成する二つの予測が必要になる．一つ目は，現在の車や電車と船および飛行機の技術的な進化の見積もりで，二つ目は，将来，道路と鉄道，港湾および空港などの交通インフラの変化の見積もりである．ここでは前項で述べた現在の公共交通形態をベースに予測を立てつつ，現実からの延長線も視野に入れたシナリオを構築する．ただし，基本的には車と道路についての予測を中心に展開する．

まず一つ目の車の技術的進化が将来の公共交通形態に及ぼす可能性について論じる．BEV や FCV をベースとした「つながる」自律走行車が出現した暁の公共交通を予想すると，交通渋滞は緩和(今は渋滞が酷いので，夜に出発し寝ていく＆車が渋滞のない道を選択する)，事故は激減(ぶつからない車)，排出ガスとか騒音問題は解決(ICE から Battery)する．そして，ファースト＆ラストワンマイルのモビリティは，電車の発車時間に合わせて混雑状況を見

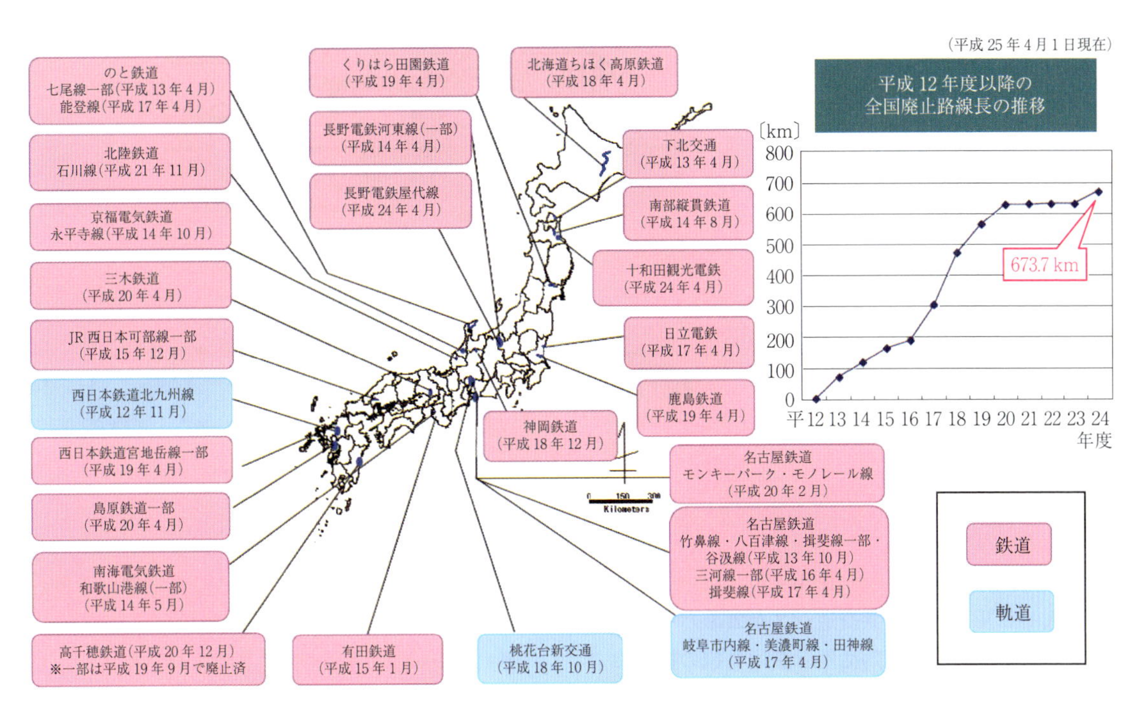

図5-46　廃止された路線(5-32)

表5-4　公共交通の空白地(5-32)

	空白地面積(※)	空白地人口
条件1 バス　1 km 鉄道　1 km	17,084 km² (14.2%)	2,362千人 (1.8%)
条件2 バス　600 m 鉄道　1 km	30,122 km² (25.0%)	5,311千人 (4.2%)
条件3 バス　500 m 鉄道　1 km	36,477 km² (30.3%)	7,351千人 (5.8%)
条件4 バス　300 m 鉄道　500m	62,982 km² (52.2%)	26,510千人 (20.7%)
日本全体	(面積)120.544 km²	(人口)127,768千人

(※)空白地面積は居住地メッシュのみ．0.25 km²/メッシュとして算出．
(参考：九州島等の面積は36,749 km²)

極めて出庫し駅まで運んでくれ，帰りは電車が着く時間に駅で待つ．休日のショッピングもドライブも，家族と話をしながらゲームや食事や昼寝をして目的地に着くとか，渋滞等では無駄にする運転時間を別の目的に使え，まさに夢のようなモビリティシステムの実現が図れる．ただし，運転が好きな個人の楽しみをどう残すかが大切な視点ではあるが．

公共交通システムの側からみると，すでに無人運転が実現しているモノレールと同様，人間が運転しない自律走行バスやタクシーも含め，至る所で自動運転化が進み，地下鉄やモノレールにLRTおよびバスやタクシー等のすべてを集中制御した形での公共交通システムの構築が可能となる．渋滞が少なく事故がない安全で環境に優しい，公共交通システムの究極の目標でもある，定時性と安全性を両立した公共交通の実現が可能となる．運転を無人化した分は，利用客のサービスに努め，乗ることが楽しいと感じさせ，必要な情報をきちんと乗客や利用客に伝え，何か想定外のことが起こったら即座に対応を図る等のサービスと安全およびセキュリティに尽力を注ぐことになろう．そうすることで，真の顧客満足度(CS)の向上が予想できるし，コスト低減の可能性もある．いわゆる，交通システムの質の向上が図れるであろう．

この「つながる」という切り口は，個人所有のモビリティである車や自動二輪および自転車そして徒歩にさえも大きな影響を及ぼす．現在もスマホ等で位置情報を使えるし乗車位置も教えてくれ，公共交通システムの利用が乗り継ぎも含めた時間の短縮や費用抑制からも利便性が高い．列車やバスの遅れや事故情報にとどまらず，駅前の駐車スペースの空き状況，電車やバスの乗車率等も含めた個人が必要な情報等がすべて入手できるとともに，個人ユースのモビリティと公共交通システムの統合されたシステムが構築可能と考える．いわゆる，AI(Artificial In-

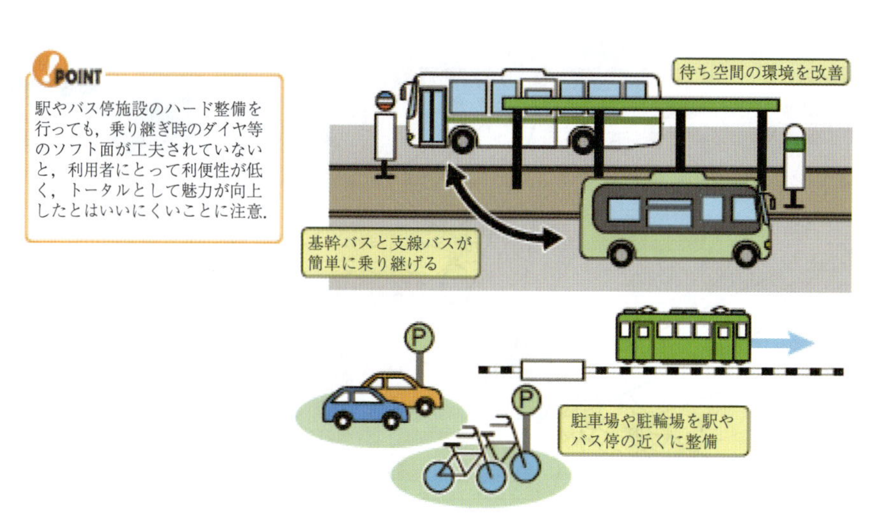

図 5-47　パーク＆ライドシステムの例(5-33)

telligence)と IT(Information Technology)の融合による個人モビリティと公共交通システムのパーク＆ライド方式で，時間の有効活用と費用負担の抑制および CO_2 排出量抑制にも貢献できる．パーソナルモビリティの導入とともに，公共交通システムとの連結がより容易に便利に安くなり，結果として公共交通システムの利用率向上につながると考える．図 5-47 にパーク＆ライドシステムの例を示す(5-33)．

課題は，一車線の一般道に，路線バスや車や自動二輪，さらにはトラックと自転車等，多様なモビリティが混走する現在の交通形態の最適性への回答である．自律走行車は容易に渋滞や混雑を回避し，迂回路走行を選択可能なため，渋滞緩和等に貢献は出来るが，やはり都市や街および道路づくりと一体となったシステム構築をしっかり考える必要があろう．議論が必要だが，その道路を走行可能なモビリティを制限するとか，車種を制限する走行時間帯の設定や地域状況に応じて走行可能なパスを出す等の許認可制の検討も有効な解決策の一つと考える．

鉄道や船および飛行機の進化は，車ほどドラスティックではないと予想するが，AI と IT および環境と安全に対する進化は同様であろう．個人所有の車がつながり，自律走行することで，鉄道・船および飛行機のもつ情報を相互通信し安全で定時性の運行に近づけることが可能となり，乗り継ぎ時間の短縮やコスト低減につながると考えられ，より効率的な社会になり得る．しかし，AI と IT の進化に伴う自動化は，人間の雇用を奪い，職種の変更もあり得るため，日本は人口の減少と高齢化の促進に伴う生産人口の縮小と相まって，良いマッチングが図れるような施策が大切で，導入には十分な配慮が必要となる．

続いて二つ目の予測，道路等のインフラについて議論を進めたい．高速道路網の充実を掲げた国土交通省は道路網の拡充を推進中だが，2050 年には自律走行を考慮したインフラ整備が喫緊の課題となる．さらには，一般道や市街地の網の目のような道路網の整備，農道の設置，そして渋滞の解消を考えた信号機の設置や廃止と信号時間の制御と最適化，一方通行の導入など，道路網の整備やメンテナンスだけでも巨額の費用がかかる．しかし渋滞の解消や CO_2 削減のためにはきめ細かな交通システムを構築すべきで，IT の進化に伴うつながる自律走行車の導入は，それらに大きく貢献できると考える．

たとえば，小さい事柄だが右折レーンの設置は都会では必然ともいえ，信号機の制御と同期させた最適化が必要と考える．また二車線化や時間ごとの専用レーンの設置も重要だが，土地の確保が困難を極める都会では難しい．そこで車とつなぎ，生活道路走行に伴う危険性を担保させたり，より空いた道を選択させたり，上述の乗り入れ制限や時間帯での走行パス発行等，きめ細かな対応を求めたい．極力車を止めずに目的地まで走行させることを目標にした道路インフラ整備が必要と考える．

道路網の整備と同時に，GPS の精度向上と地図情報の整備は避けて通れない．課題は，駅やバス停および人が集まる場所(含む観光地)での駐車スペースの確保と拡充，および電車や船や飛行機で到着した乗客の次なる目的地への誘導の効率化と，最終目的地までの時間短縮および費用負担の削減である．

現在も空港近くには駐車スペースがあるが，駅周辺は都市によって異なり，東京，大阪，名古屋等の大都市圏では車で待つスペースが少ない．利用客へのバスやLRTおよびモノレールなどへの乗り継ぎの利便性は何とか確保されている中で，車や将来実現する可能性の高い，ファースト＆ラストワンマイルやショッピング等に対応するパーソナルモビリティへの乗り継ぎの利便性を確保する意味からも，駐車スペースの確保が重要になる．

ではここで，ファースト＆ラストワンマイルに向けたパーソナルモビリティについての提案を述べる．それは「どこでもカー」である．付かず離れず執事のように同行し，ナビゲーションし，荷物を運び，雨のときは傘を差し掛け，移動中の脈拍や心拍を計測して健康・体力管理をし，疲れて限界と判断したら，腰掛けさせて目的地まで移動するモビリティである．歩道や建物内等，いつでもどこにでも移動できる「どこでもカー」があると，ファースト＆ラストワンマイルの送迎のみならず，ちょっとした買物や散歩，美術館巡り等，多岐にわたる活用の可能性が広がる．「カー」と言ったが，用途は上述のように，あるときは執事！ またあるときは話し相手！ そしてあるときは荷物運搬人でガイドも熟す！と多様である．

動力はもちろん，電気モーターゆえ制御性や機動性が高く，電池の進化とともに無限の可能性が広がる．安らぎも与えられたら最高で，本田技研工業が開発した「UNI-CUB」の進化型か人型ロボットの「ASIMO(アシモ)」も興味深い[5-34]．アシモが時と場所，場合に応じトランスフォームすると素晴らしい．また，人型ロボットは駅やバス停で待っていても，サイズ的に人間と同じ面積なので，駅構内で列を作って待ち，車や歩行者の渋滞などを作り出さぬような対応が可能となる．昔，雨の日に傘を持ち父親の帰りを待つ子供の姿を思い起こしてほしい．

図5-48にパーソナルモビリティの可能性を秘めた具体的な例を示す[5-10][5-34]-[5-36]．ただ，ファースト＆ラストワンマイルに対応する送迎用のモビリティとしては，上記以外には，通常のドライブにも適用可能なトヨタ自動車が開発した「i-Road」が興味深い[5-10]．タンデムなので自動二輪に乗っている感覚を維持し，恋人や夫婦の触れ合いにも貢献する．さらには，国土交通省検討の「超小型車」[5-35]も視野に入る．ただし「i-Road」も「超小型車」も駐車

図5-48　パーソナルモビリティの例[5-10][5-34]-[5-36]

スペースの確保が必要になることは自明である．

大都市では人口集中が進み，地下鉄の拡充と延伸など，一層過密になりながらも資金が確保されるため，利便性の向上が図れると考える．中都市では，路線バスを中心に置きつつ，一部都市ではLRTやモノレールの設置が進むと予想される．田舎は人口減と高齢化を原因とするバスや鉄道路線の廃止に伴う，デマンド化が進むと予想される．田舎のタクシー事業も経営的に厳しい状況であるが，高齢化の進展とともに，公共交通システムが利用困難で免許を返上した高齢者には，デマンドタクシーが最適なモビリティとなろう．図5-49にコミュニティバスとデマンドタクシーの現在の導入状況を示す．どちらも伸びが著しい[5-37]．将来は本項で上述した自律運転のデマンドタクシー(自律走行車のタイムシェアも可)が地域や街に配備され，誰もが適正な値段で，待ち時間なく利用できる形が望ましい．ここではIT化を進め，高齢者が容易にデマンドタクシーを呼べるシンプル操作性をもつシステム構築を期待したい．さらに，インフラとしては，道路網の整備に合わせ，情報を提供するサイト等の基地インフラとパワーを提供する電力インフラも忘れてはならない．

5.4.4　CO_2削減の取組み

図5-50に1990年と2009年の輸送機関別のCO_2排出量を示す[5-39]．自家用乗用車の普及に伴ってCO_2排出量が増え，2009年にはおよそ半分が自家用乗用車からの排出となっている．自動車依存型の交通体系では，環境への影響も大きく，地球環境を考える上でも地域公共交通の活性化は重要な課題と

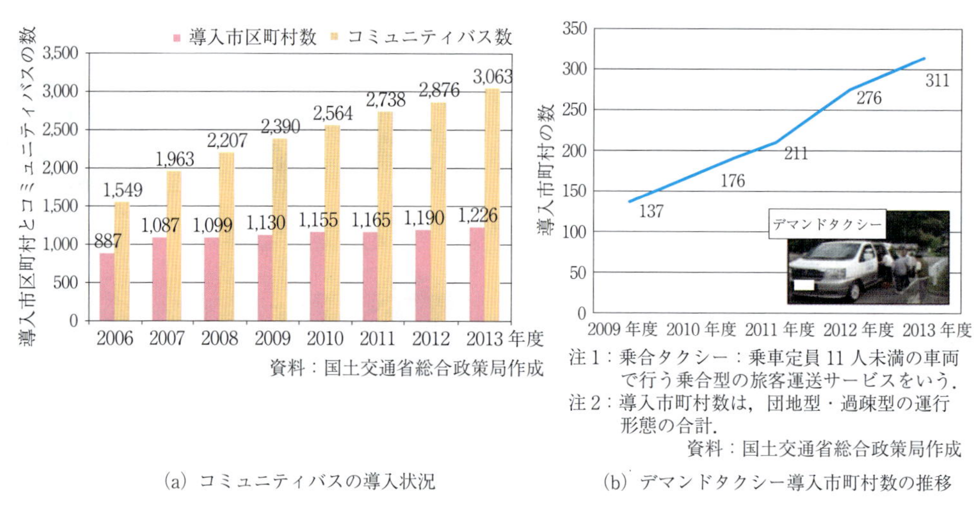

資料：国土交通省総合政策局作成

注 1：乗合タクシー：乗車定員 11 人未満の車両で行う乗合型の旅客運送サービスをいう．
注 2：導入市町村数は，団地型・過疎型の運行形態の合計．
資料：国土交通省総合政策局作成

(a) コミュニティバスの導入状況　(b) デマンドタクシー導入市町村数の推移

図 5-49　コミュニティバスとデマンドタクシーの導入状況(5-37)

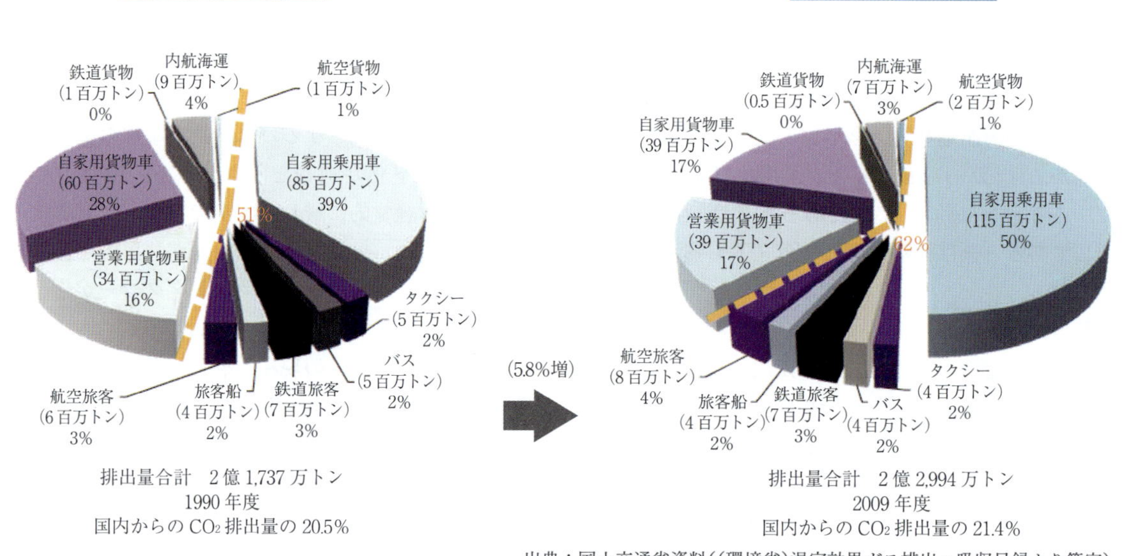

出典：国土交通省資料((環境省)温室効果ガス排出・吸収目録より算定)

図 5-50　1990 年と 2009 年の輸送機関別の CO_2 排出量(5-38)

なる．

図 5-51 に示すように，都市構造と CO_2 排出量の関係について，都市の集約性との関係を都市別にみた場合，人口密度が高くなると交通部門の 1 人当たり自動車 CO_2 排出量が小さくなる傾向にあり，密度が低いほど逆に 1 人当たり自動車 CO_2 排出量が増加する傾向にある．人口密度の低い人口の空白地域では，これまで人口流入の受け皿として郊外部の開発が進展するなど，市街地が拡大してきた．しかし拡大した市街地において人口が減少しており，一定の人口密度に支えられた各種生活機能が成立しなくなり，都市の生活を支える機能が低下してしまう．公共交通の機能についても，この一つに他ならない．解決のためには，地域都市における公共交通ネットワークを強化する対策を施す必要がある．その対策の一つとして，コンパクトシティの推進による公共交通ネットワークの強化と，それによる CO_2 削減推進がある．

図 5-52 に示すのは，地方都市におけるコンパクトシティの推進の概念図である(5-40)．この図のような集約型都市を推進するためには，都市機能の立地誘導を支える公共交通が重要とされる．ある程度の

人口密度を維持しつつ，生活機能の集約化を図り，そのコンパクトシティ内における公共交通の集約化と輸送効率を図ることで，地域から CO_2 排出量を削減する対策が必要となる．

また，パーク＆ライドも CO_2 排出量削減に寄与することが考えられる．パーク＆ライドは，現在鉄道と駐車場が連携して普及が進められている[5-41]．駅近くの駐車場に車を止め，公共の交通機関に乗り換えるシステムである．駐車場とレンタカーの連携サービスが増加してきており，渋滞緩和による環境負荷低減や経済的効果も期待ができるものと思われる．ただし，このサービスは都市構造との調和も併せて進めることで，より効果を発揮するものと考えられるため，上述の公共交通ネットワークの強化とともに進めることが方策として考えられる．

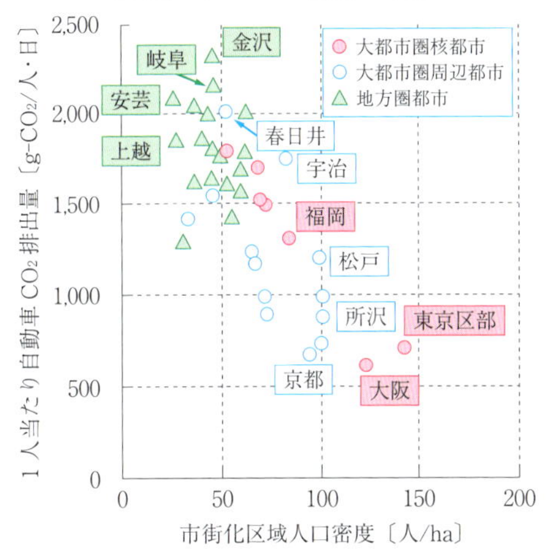

図 5-51　都市構造と CO_2 排出量の関係[5-38][5-39]

5.4.5　公共交通に対する提言

渋滞や事故防止および CO_2 削減に伴う環境・安全性の向上を志向し，豊かに住み楽しく移動でき，しかも優しさのある地域を目標に，世界中で公共交通を支える都市内モビリティの方向性を模索している．そしてモビリティマネジメント[5-42]に基づく公共交通システムの利用が地域の活性化につながる基本であるといわれている．市街地への車の乗り入れを抑制し，徒歩と自転車と路線バスやLRTおよびモノレールなどの公共交通システムを組み合わせた都市づくりや街づくりおよび地域づくりも行われている．以下に公共交通に対する提言をまとめる．

(1) 自転車の活用

図 5-53 からわかるように，宇都宮市の住民の1人当たりの CO_2 排出量は日本のワースト4に入る[5-43]．その理由は自家用車の利用が全国平均に比べ多いためで，宇都宮市では自転車の活用を推進し，図 5-54 に示すように自転車道の整備やバス停に自転車を置くスペースを設けるなどの施策を打っている[5-43]．自転車は5 km程度の移動なら自家用車と同程度の時間で移動できると報告され，費用がかからず CO_2 の排出もなく，健康にも良いとの理由から自転車活用のモチベーションは高い．自転車活用の実証実験を試みた結果を紹介する．

図 5-55 に示す条件で実験を行った[5-44]．宇都宮市ではJR宇都宮駅を中心に，通学やショッピングや美術館に行く等の場合分けをし，代表スポットを決めて目的地までの距離を把握，路線バスや自家用車に自動二輪，そして自転車と徒歩によりかかった時間と費用とを計測した．東京では新宿駅と池袋駅を

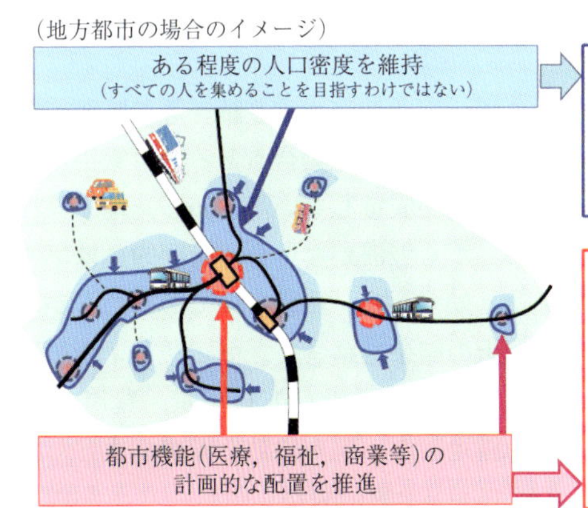

○人口密度の維持に向けた戦略
・住宅立地，住み替えを促す仕組みの構築(土地利用計画制度と誘導策のリンク)
・空き地の緑地活用等の支援

○都市機能の計画的な配置に向けた戦略
・都市機能の計画的な配置(空き地の集約化・空きビルの活用，除却)と，民間事業者による都市機能の整備に対する税財政・金融支援
・公共交通関連施設への重点的支援
・公的不動産(学校・公民館・公的賃貸住宅・公有地等)の有効活用の促進

図 5-52　コンパクトシティ推進の概念図[5-40]

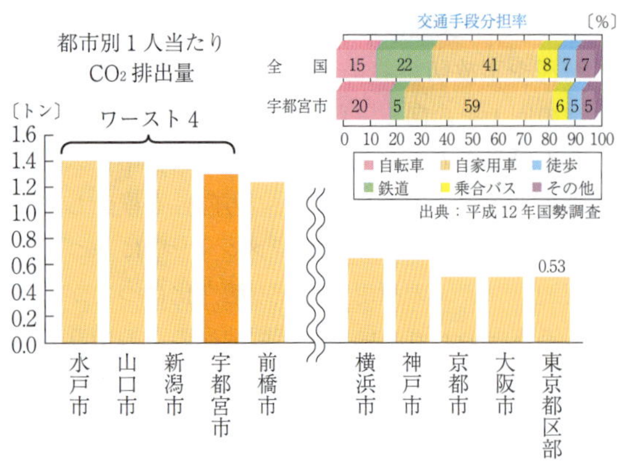

国立環境研究所「市町村における運輸部門温室効果ガス排出量推計手法の開発および要因分析」より作成

図 5-53　都市別１人当たりの CO_2 排出量(5-43)

図 5-54　自転車道路やバス停駐輪場の整備(5-43)

移動手段	宇都宮	東京	仕様
徒歩	○	○	—
自転車	○	—	ブリヂストン・アルベルト
自動二輪	○	—	スズキ・レッツII(50 cc)，ホンダ・Dio(50 cc)
車	○	○	アコード(1.8 L)チェイサー(2.0 L)，レガシー(2.0 L)
バス	○	○	関東バス・宇都宮市営・都バス
地下鉄	—	○	東京地下鉄・東京都

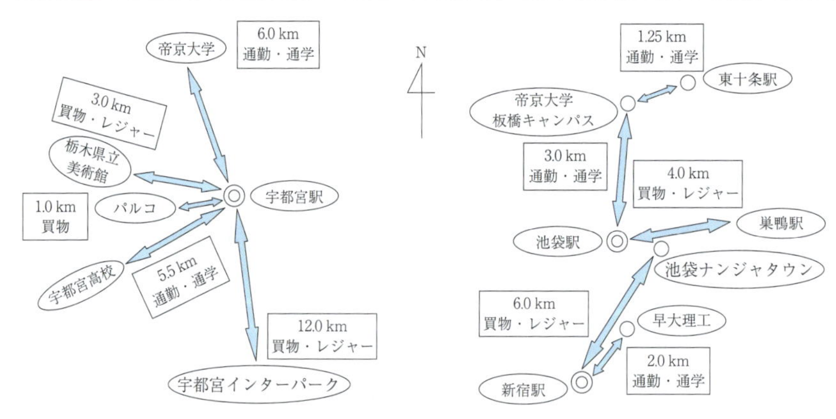

図 5-55　移動距離と移動時間の調査条件(5-44)

中心に，通学やショッピングやレジャーに行く場合の移動を，地下鉄を加えて同様に計測した．ただし，東京では事故を避けるために自動二輪と自転車での実験は見送った．

6 km の距離を移動する際にかかった時間を，モビリティごとにまとめた結果を図 5-56 に示す(5-44)．図からわかるように，宇都宮ではすべてのモビリティが距離に比例し，直線的に上昇し，さらには，自転車がほぼ路線バスと同じ時間で目的地に到着することがわかる．翻って東京では，路線バスは目的地までの交通渋滞や乗り継ぎ等で時間が安定せず，徒歩のほうが早い場合もある．自家用車も渋滞の影響で時間が安定しない．しかし，地下鉄は乗り継ぎがあっても渋滞がない分，時間的には早く目的地に到達，効率が良い移動手段であることがわかる．

以上の結果を踏まえ，モビリティの最適性を評価してみた．時間や CO_2 排出量，費用や移動の楽しさや満足度を，重み係数を考慮しまとめた結果を図 5-57 に示す(5-44)．図から明らかなように，宇都宮市では自転車の評価が高く，東京では地下鉄が高得点

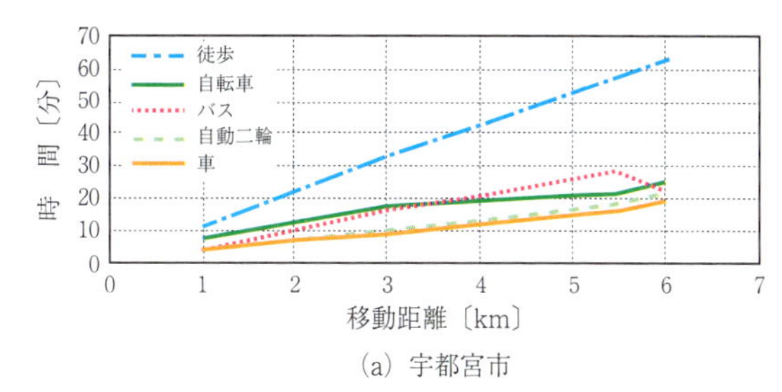

(a) 宇都宮市

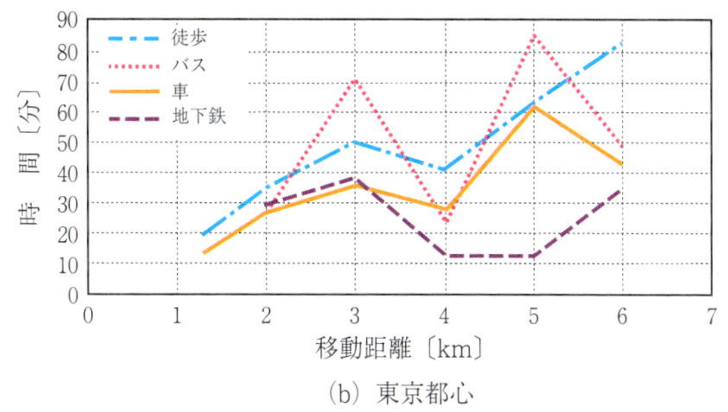

(b) 東京都心

図 5-56　移動距離と移動時間の調査結果(5-44)

評価基準	良い ←	評価点	→ 悪い	重み係数
①時間	早い	5 4 3 2 1	遅い	0.5
② CO_2排出量	少ない	5 4 3 2 1	多い	1.0
③交通費	安い	5 4 3 2 1	高い	0.7
④健康	良い	5 4 3 2 1	悪い	1.0
⑤楽しさ	楽しい	5 4 3 2 1	楽しくない	1.0
⑥満足度	満足	5 4 3 2 1	不満足	1.0

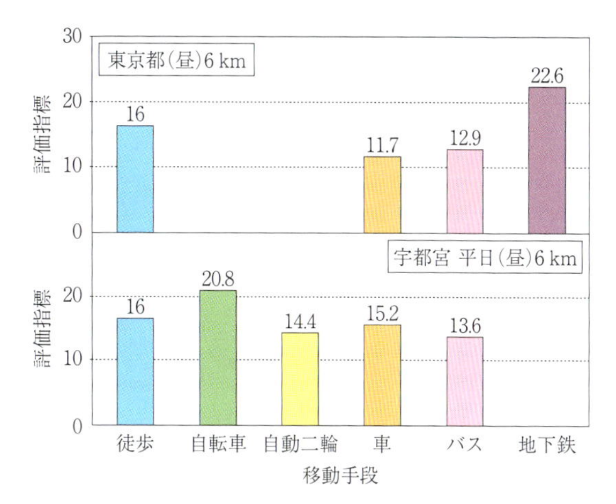

図 5-57　モビリティの最適性評価(5-44)

を示した．これらのデータは晴れた平日の，日中のある時間に行ったもので，雨の日や通勤ラッシュ時間，さらには休日や夜の時間等は行っていない．そしてモニタも若い男性だけだったので，老若男女の評価を行えば異なる結果になる可能性も捨て難い．しかし，この結果は公共交通システムの将来に向けた方向性を示唆している．

(1)は，近距離は個人の自転車で家から目的地に行くが，遠距離の場合は自転車で駅やバス停まで行き，公共交通機関の電車やバスに乗り継いで目的地に行くという，パーク＆ライドのパターンの有効性である．(2)は，公共交通システムの乗り継ぎのしやすさと待ち時間および費用である．路線バスや地下鉄を乗り継ぐと時間はかかるし，乗った分費用もかかる．乗り継ぎ費用をうまくディスカウント課金しつつ時間も短縮できるシステム構築が望まれる．(3)は，本数の最適化やバス停や路線の識別，そして路線の最適化である．さらに(4)は，安価に利用可能な駐輪場の確保である．自転車は現在もファースト＆ラストワンマイルのモビリティとなり，パーク＆ライドが実現できている．したがって，公共交通システムは個人所有のモビリティ(徒歩や自転車を含む)との融合が必須で，その視点を加えることで，公共交通システムの利用率向上につながると考える．

世界中で自転車活用の取組みが行われており，誰でも登録すれば安い費用でレンタルでき，好きな場所で借り，別の場所に返せる．日本でも図 5-58 に示すように，日本各地で導入が進んでいる(5-45)．これは住民のみならずビジターや観光客にはとても便利なモビリティとなる．ここでの課題は，借りる場所と返す場所の台数と空きスペースを過不足なく対応させ，ツーリスト等も簡単に安く借りられるシステムの構築，雨や雪および深夜等の自転車利用が危険な状況での活用施策，さらには転倒による事故や盗難対策であるが，このレンタルサイクルを公共交通システムに組み入れることを提案したい．

現在インドネシアやベトナム等のアジア諸国では，自転車や車は少なく自動二輪が非常に多い．各国とも将来は四輪の自家用車にシフトしつつある．しかしこの流れは，先進諸国のいつか来た道を追随することになり，好ましい動きとは言い難い．したがって，自転車を主とした交通システムを構築し，そこに自動二輪や車をうまく組み合わせた叡智ある解決策，ノーブルな都市づくりが望まれ，過密な都市空間をもつ日本の公共交通システムの経験を踏まえた知恵の輸出が望まれる．

(2) 公共交通システム構築とその活用

次に，公共交通システムのLRTとモノレールおよびバスについて提案したい．日本では昭和 40 年

全国の実施状況について

現在，コミュニティサイクルは77都市で本格導入されている．
（平成27年11月1日時点）

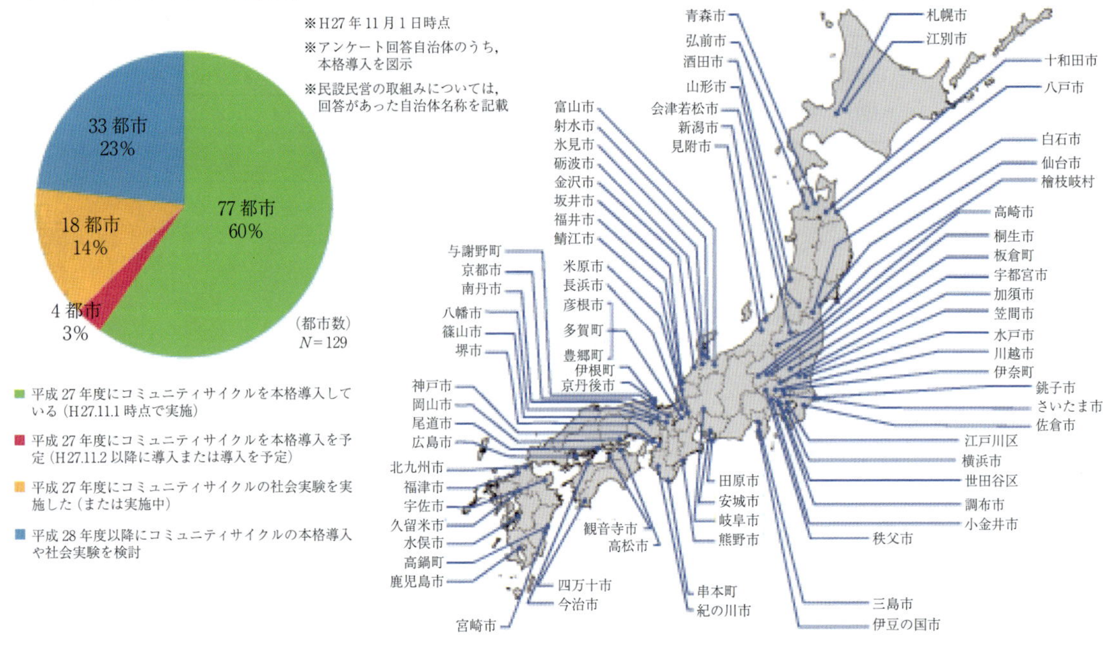

図5-58　コミュニティサイクルの取組み動向(5-45)

代の急速なモータリゼーションの進展，バスや地下鉄への転換に伴い路面電車の廃止が続いたが，図5-59に示すように，新たに導入されたLRTを含めて全国17都市20事業者，路線延長約206 kmが平成25年12月末現在で営業している(5-46)．

日本各地で路面電車が走り，時に渋滞の原因になりつつも，住民に親しまれている．電気モーター駆動により走行中はCO_2を排出せず，騒音も静かで，ある程度の定時性が確保されており利用率は高く，ツーリストにはとても好まれるモビリティになっている．モノレールは空中軌道のため，定時性が確保され，公共交通システムとしてその実力が遺憾なく発揮される．大都市から中都市まで，適用範囲が広いモビリティであるが，モノレールも空中を走るとはいえ軌道が必要なため，電車や地下鉄同様，運行ルートが限られる．したがって，家からや目的地からLRTとモノレールの駅までのファースト＆ラストワンマイルの移動手段が必要になる．それは上述の自転車や徒歩そして5. 4. 3項で詳述したパーソナルモビリティに頼ることになる．

バスは道あるところ，どこでも行けるのが強みの公共交通システムの要である．新幹線などの主要駅から乗り継ぎ，次の目的地まで，家の近くからショッピングモールまで，学校まで，病院まで，とすべての移動に貢献する，大都市から田舎までのすべての地域の公共交通システムを支えるモビリティである．東京における路線バスを含む公共交通システムの利用状況を図5-60に示す(5-47)．図からも明白だが，東京でも移動手段が車に取って代わられ，公共交通システムの利用率は低い．いわんや三大都市圏以外では5. 4. 1(1)項で論じたように，路線バスの利用率は低下の一途をたどっている．

田舎においては過去，バスこそが最重要なモビリティであった．しかし現在は大都市や中都市以上に自家用車に押され，存続の危機に直面している．バスは路線や本数の少なさ等から利便性に欠けるために利用者が減少し，採算悪化を伴い，さらなる運行本数の削減と路線の廃止を招き，その結果として一層の利用者数減少という負のスパイラルに入り，事業撤退にまでつながっている．昔は地方自治体が自ら行っていたバス運行は，今や第三セクターが担い民間委託も多くなっている．そして昔は大型や中型の路線バスを運行していたが，現在は小型のデマンドバスの運行で何とか路線を維持し，移動手段を確

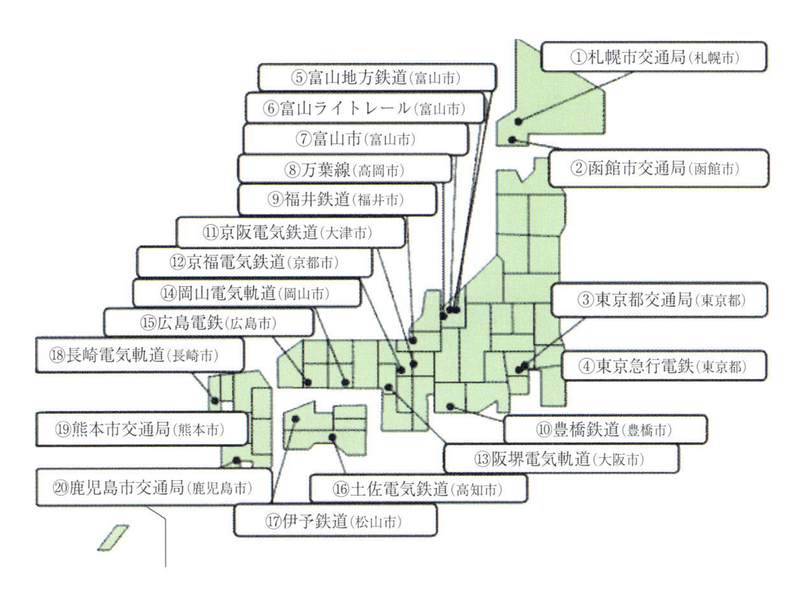

図 5-59　日本の路面電車(5-46)

保している地方自治体がほとんどである．全国津々浦々で同様な現象が起こっているが，公共交通システムが崩壊した地方自治体は，それ自身の存亡の危機をも招くおそれがある．

高齢化の究極としての極端な人口減少は，地方自治体が消滅するほどの大問題だが，同時かそれ以前に起こる公共交通システムの崩壊は，その基本的な原因が高齢化と人口減少に起因しているため簡単な解決策は見つからない．しかしあえて提案をするとすれば，広域ではコミュニティバスのデマンド運行を確保し，狭域ではデマンドタクシーとの併用システムが好ましいと考える．しかし，コミュニティバスやタクシーの利用客数はそれほど多くはなく高齢者がほとんどゆえ，ビジネスとしての成立性が困難となる．そして利用客数が減少するバスに比べタクシーは図 5-14 に示す如く，より急激に利用者数が激減しており(5-37)，タクシー事業存亡の危機に直面している．

したがって，地方や田舎においては，タクシーも公共交通システムに組み入れ，コミュニティバスと自律運転化したデマンドタクシーのモビリティを創出し，必要に応じて呼び出しを受けて客の要望に応じてどこにでも行く公共交通システムを構築すべきと考える．タクシーは少ない利用客に一人のドライバーが付くので，結果として人件費が高い．したがって，人口減少と高齢化対策およびコスト低減の観点からも，将来は自律運転化したコミュニティバスとデマンドタクシー併用のモビリティが有効と考える．もしかすると，そのときのドライバーはアシモかもしれない．

ただし 5. 4. 3 項でも触れたが，自律走行は建物や信号などの目標が少ない田舎ほど難しく，GPS 精度向上や地図情報整備等，人口が少ない田舎への投資はビジネス的に成り立ちにくいが，その課題の早急な技術的・経済的・政治的な解決が必要と考える．田舎は都市住民と異なり，個人モビリティの所有とその利用率が高く，現在も自家用車と自転車を各個人が所有し，駅やバス停までの移動手段などの生活の足として活用している．したがって，パーソナルモビリティと公共交通システムは競合する形になっている．そこで負のスパイラルにならぬよう，両方のモビリティを上手に組み合わせた叡智溢れる交通システムを構築することこそが将来の町や田舎づくりに大切である．

さらには，費用対効果の小さな田舎における公共交通システム構築の費用負担の担い手について，国，県，町，住民，民間会社などの垣根を超えて十分に協議・アセスメントをし，その地域や町の 50 年の計を立てる必要があろう．高齢化と人口減少の進展は，いずれ消滅する町や地域が出現することは自明である．しかしそこから目を背けず，人口減少し低密度化する田舎こそ，先祖伝来の土地を離れることを断腸の思いで決意し，集約型地域構造コンセプト(5-47)の実現につなげたい．里山として，そして人類にとり大切な食糧・水供給地としての田舎の保全，さらには観光客を呼び込み活性化につなげるために

■ 自動車の利便性向上と移動距離の増大が，都市内交通における徒歩，二輪利用を減少させ自動車の利用を拡大

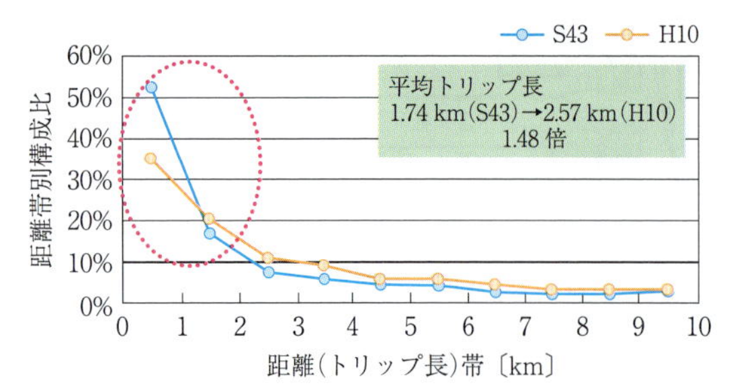

資料：東京都市圏パーソントリップ調査データ
（トリップ時間をもとに平均的な速度で距離に換算）

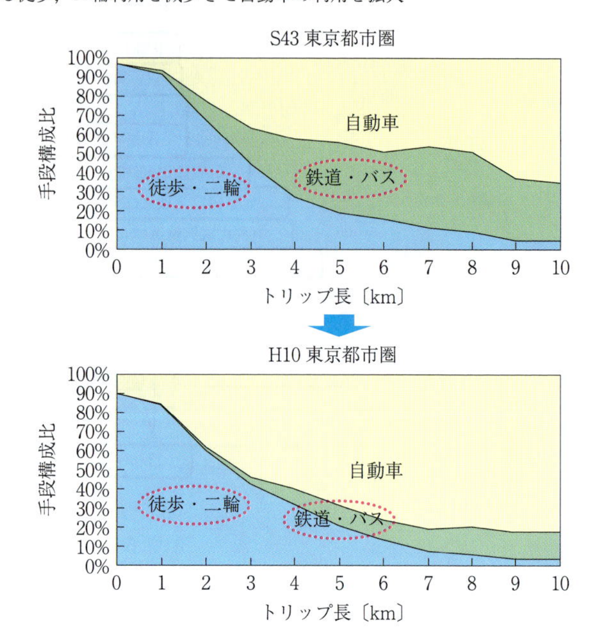

図 5-60　東京都市圏の公共交通利用状況(5-47)

も，公共交通システムは活性化の根幹として，歴史や文化に根差したその地域の独自性を活かしたインフラを構築し，公共交通システムの利用を活性化することこそが最重要課題と考える．

図 5-61 に集約型都市構造への再編イメージを示す．基本は「歩いて暮らせる環境」の実現であり「集約拠点相互を軌道系やサービス水準の高い基幹的なバス網等の公共交通機関により連絡するとともに，都市圏内のその他地域からの集約拠点へのアクセスを可能な限り公共交通により確保」(5-47)することである．

(3) 公共交通システムの将来像

公共交通に対する現在と将来をまとめる．表 5-5 にその結果を示す．大都市，中都市および田舎の切り口で示した．大都市は地下鉄を中心に，路線バスとタクシーで構成されるが，それに個人所有の車や自動二輪に自転車および 5. 4. 3 項で提案したパーソナルモビリティが組み合わされる．基本的には，自家用車の所有と走行を制限し，公共交通システムとファースト＆ラストワンマイル用パーソナルモビリティの組合せシステムがベターとなろう．車の使用（もしくは利用）はレンタカーやカーシェアが都市としての効率化にもつながる．中都市は，土地の有効利用や費用的にも地下鉄より LRT やモノレールを軸にし，それに路線バスを組み合わせた公共交通システムが望ましい．田舎は，コミュニティバスに自律運転のデマンドタクシーを組み合わせた公共交通システムを構築し，すそ野が広く人口密度が少ない枝葉の部分は，個人所有のパーソナルモビリティを利用する交通・移動システムを考慮すべきと考える．そして上述した集約型地域構造創生コンセプト(5-47)の実現は，効率化につながり，地域活性化を呼び起こすと考える．

年齢層で区分けしてみると，現在の高齢化比率は田舎ほど高いが，遠からず東京のような大都市も高齢化の波にさらされることになるので，それぞれの地域に適合した，軸となる公共交通システムを中心に据え，それにパーソナルモビリティを組み合わせ，その乗り継ぎ性や利便性を高める安価な交通システムを構築することが喫緊の課題である．

また，健常者と障害をもつ方々への配慮も大切な視点で，現在，路線バスや地下鉄車両等には車椅子専用スペースも設けられているが，歩道や公園はいうに及ばず，建物の中でも段差や凸凹があったりスロープが急だったり，アプローチが遠かったりと車椅子には優しくない．そして田舎に行くほどその傾向がひどい．地方自治体の資金力の差を露呈しているが，人口が少なくビジネス的に成り立たないせいである．公共交通システムもその例に漏れず，田舎には車高調整可能な路線バスは走っておらず，ワン

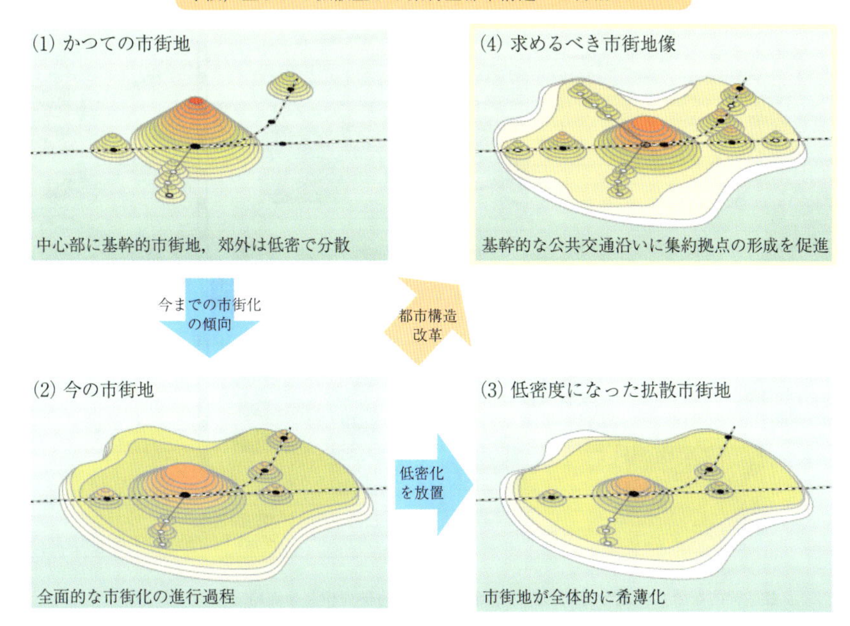

図 5-61　集約型都市構造への再編イメージ(5-47)

表 5-5　公共交通に対する現在と将来

公共交通		大都市	中都市	田舎
現状(2015)	状態	・過密化・渋滞・駐車スペース不足・高コスト・効率化 ・事故・定時性困難(バス) ・路線複雑・経営難	通勤／通学時渋滞・利用客減少・便数削減・路線廃止・移動／乗り継ぎ不便・経営難	・利用客減少・便数削減 ・路線廃止・移動／乗り継ぎ不便・事業撤退
	モビリティ	・公共：地下鉄・路線バス・タクシー ・個人：車・自動二輪・自転車・徒歩	・公共：モノレール／LRT・路面電車・路線バス・タクシー ・個人：車・自動二輪・自転車・徒歩	・公共：路線／コミュニティバス・デマンドバス／タクシー ・個人：車・自動二輪・自転車・徒歩
	解決課題	過密化抑制・定時性確保・コスト低減・利用客確保・経営維持向上	便数／路線確保・高効率／低コスト乗換え・利便性確保・利用客増大・経営維持改善	モビリティ維持・利便性確保・利用客増大・事業参入
将来(2050)	状態	IT・自律運転化・インフラ整備等による高効率化・過密化緩和・定時性確保・環境／安全性向上・無事故	独自性のある公共交通システムの創出と利用に伴う利便性向上・利用客増大・地域活性化・経営改善	自然を活かす里山と観光ビジョンに適合させ乗って楽しい公共交通システム構築・収益性改善・事業参入
	モビリティ	・公共：地下鉄・路線バス・自律走行タクシー ・個人：カーシェア・レンタカー・パーソナルモビリティ・徒歩	・公共：モノレール・LRT・路線バス・自律走行タクシー ・個人：カーシェア・レンタカー・パーソナルモビリティ・徒歩	・公共：路線／デマンドコミュニティバス・自律走行タクシー ・個人：車・自動二輪・パーソナルモビリティ・徒歩
	ポイント	・都市の電化と AI & TI の進化に伴う自律運転化 ・モビリティ間乗り継ぎの高効率化＆低コスト化	独自の歴史／文化に根づく公共交通システム構築と利用・自律運転化・乗り継ぎの高効率化＆低コスト化	里山／観光客誘致も狙う公共交通システムと個人モビリティ融合と利用・自律運転化・高効率化＆付加価値創出

マン運行のため介助が難しく，結果として車椅子ではバスに乗れない．必然的に費用的に高いタクシーに頼らざるを得ない．したがって，ビジネスモデルとして構築できない田舎の公共交通システムの費用負担をきちんと議論し，地方自治体の負担を最適化し，里山代として都市部の住民が一部肩代わりするとか，個人や企業がそれを支えるシステムを創出し，それにパーソナルモビリティを組み合わせたシステ

■ 総合的な交通連携の施策・事業の展開イメージ

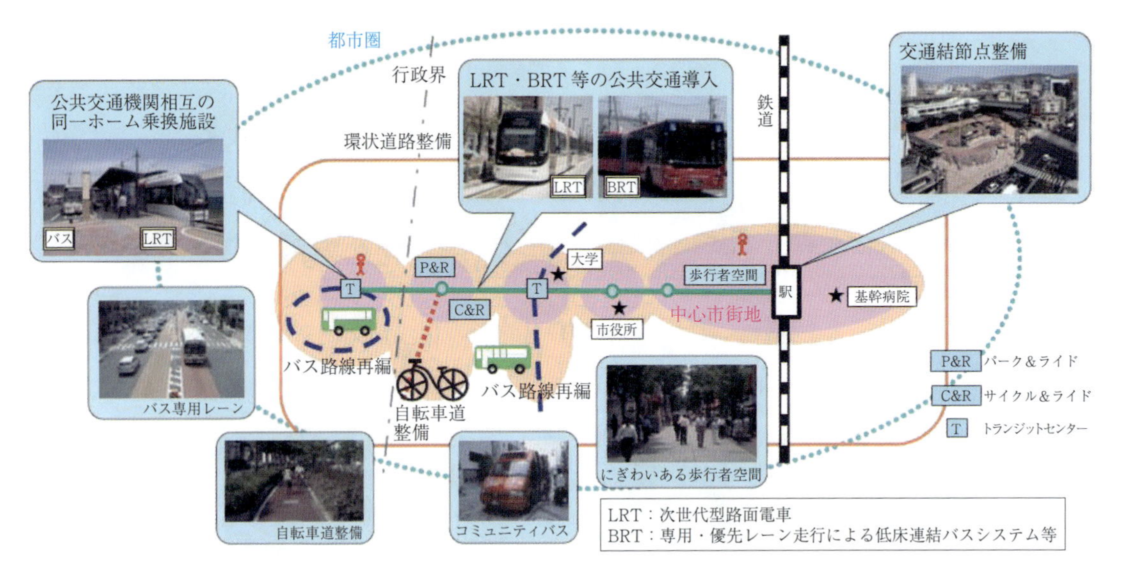

●基幹的な公共交通を導入し，中心市街地や集約拠点相互を連絡
●交通結節点からアクセスするフィーダーバス，コミュニティバス等のバス網を整備
●各交通モード間の連携を促進するため，P&R，C&R 等の駐車場や駐輪施設を整備

図 5-62　コミュニティの交通システムの一案(5-47)

ム構築が望まれる．

住居を都会と田舎の両方に所有，平日には都会で仕事をし，土日は田舎で暮らすとか，逆に平日は田舎で生活し土日は都会で過ごすという二地域生活(5-14)は両方の豊かさを享受できる．移動は新幹線や高速バスに車および飛行機を利用して短時間で結ぶ．新幹線も飛行機も費用は安く，最終目的地までの乗り継ぎのモビリティも効率良く安く利用できるようにする．車はもちろん，自律走行車で高速料金も安く渋滞も少なく短時間で移動可能とする．住居を都市と地方に二つ持つに際しての税金は当然，軽減する．このビジョンとシナリオ(5-14)は，あたかも地方の人口が増加したとも考えることができるので一石二鳥なため，実現に向け，早急な検討・企画立案を期待したい．

公共交通システムの創生は，町興し・村興し・地域興しにつながるので，その地域の自然と歴史および文化に根差した独自性の高いコミュニティ全体を捉えたシステム構築が必須となる．さらには電車からバスへ，バスからバスへと乗り継ぐ場合のトータルな費用負担も低減できるシステム構築が望まれる．図 5-62 にそれらをまとめたコミュニティの交通システムの一案を示す(5-47)．

さて，5. 3. 1(2)項で述べた公共交通事業者の輸送力を活用し，「人流」と「物流」を同時に行う貨客混載等の取組みは，利用客の利便性と効率化および低コスト化を図れる可能性があり，実現が望まれる．

さらに，5. 3. 1(3)項で触れた災害時に果たすべき公共交通システムの役割の重要性は，2011 年 3 月の東日本大震災の教訓からも明らかである．基本は災害時の緊急対応，すなわち「人流」と「物流」の速やかな確保であることはいうまでもない．災害時には人命救助が最優先で，貨客混載は必然となり，病院や避難所へのルートの確保と，すばやい人と物資の輸送が求められる．その根幹を公共交通システムが担う必要があろう．個人ユースの車に頼ると渋滞を招き，避難に時間がかかるとともに危険性が増す．平時のシステムを災害時も想定したシステムとしていかに構築するかが大切な視点となる．そして早期の復旧のために果たさねばならない公共交通システムの重要性は論ずるまでもない．

(4) 公共交通システムの費用

最後に，移動するための費用について提案したい．公共交通システムの路線バスや電車にモノレール，船および飛行機各々が独立した料金体系をもち，一部相互乗り入れなどでキャンペーン価格を提供している場合もある．また，非接触型 IC カード等を共通で利用可能な場合もある．早期購入割引や飛行機とレンタカーのセットもディスカウントされているし，高速道路での ETC 利用も便利になった．しかし公共交通システムは，定時性と安全性を確保しつつ安価な料金で移動の楽しみを利用者に提供することが最重要なポイントであり，定時性と安全性が担保され，安価であれば，それこそが利用客の増加につながる．

したがって，この料金体系を見直し利用客の増加を促すべく，乗り継ぎも含め，より安い費用で移動が可能な課金システムを構築すべきと考える．そして利用客とその個人所有の車やパーソナルモビリティと，公共交通システムを組み合わせた最適な利用を促すことが，将来の公共交通形態を創出する鍵だと考える．その際に大切な視点は，スポット的にではなく，街と地域および道路づくりと連動させたビジョンが必要なことはいうまでもない．

5.5　2050 年のモビリティとロジスティクス

少々乱暴な言い方となるが，2050 年の未来を常識の範疇で描くことは無意味である．35 年前には存在すらしなかったスマートフォンやインターネットが現在の生活に大きな影響を与えているように，今から 35 年後には，現在の非常識が常識となるかもしれない．ここで記述する内容に，偏りや飛躍が大きいと受け取られるかもしれないが，執筆時点の情報をもとにしていることと 35 年という時間もあるということで，読者にはご容赦いただきたい．

2050 年は，日々の暮らし，働き方，都市構造などさまざまな分野で変化をみせるであろうが，モビリティやロジスティクス含め，ICT がわれわれの暮らしを大きく変えていることは間違いないであろう．たとえば，バーチャルリアリティ(仮想現実)により「距離」が制約とならない社会を作り出しているかもしれない．その場合，会社や仕事ばかりではなく家族や友人ともコミュニケーションのあり方が変わり，都市から地方，海外へといった移住が進むなど，ライフスタイルの変化には無限の可能性があろう．一方，交通インフラ等のストックに急激な変化は想像しにくく，暮らしや社会の変化に応じて集約化や構成の変化など従来の延長線上で形を変えていくのではなかろうか．

バーチャル化の進展により，家庭内で仕事や旅行などを済ませられるようになることで，われわれの移動量自体は減少しているかもしれないが，日々の生活には物資が必要であり，きめ細かな物流サービスへの要求は増すばかりであろう．移動量は減少しても利便性や質への欲望には限りがなく，パーソナルモビリティやドローンなどの普及により，人・モノの移動もパーソナル化が進むのではないか．

2050 年は技術的にも困難が多いと予測されるが，ドローン技術の延長線上として，個人用飛行手段がそれら欲望を満たす究極のモビリティと予測する(図 5-63)．普及に向け多くは望まずに，まずは短距離専用の完全自動運転とすれば，飛行空域，事故，免許制度など諸問題も解決できる可能性がある．離着陸場所，充電場所等は街づくりとともに考えることにより，子供から高齢者まで移動用のパーソナルモビリティとして，また物流・人流のラストワンマイル解決策として早期に実現することを期待する．

また，駅やバス停から自宅までのファースト＆ラストワンマイルの移動手段として，完全自動走行可能な小型モビリティの実現にも期待する(図 5-64)．高齢者はもちろんのこと，外回りの多い営業マンまで幅広い層に利用されるレンタルモビリティは都市内での利用が想定され，老若男女が利用しやすいシェアリングシステム等きめ細やかなサービスが一体となり，実現していることが望まれる．地方では，都市内と同様のサービスは利用者数の違いからも困難と想定され，個人所有やリースのモビリティとなろう．従来から地域の人々が行き来するあぜ道などにも対応し，オフロード走行や重量物牽引，簡単な除雪なども可能といった地域ごと，利用者ごとにカスタマイズされたり，トランスフォームできたりと，よりパーソナルなモビリティが重要となろう．

ロジスティクスに関しては，IoT が進み，個別の荷物(ミニコンテナ)が起点，終点，時間指定等の情報を個別にもち，管理センター(AI による集中管理)から最適な輸送経路や手段を指示する．輸配送の情報はリアルタイムで個別管理され，荷物はサイズごとに数種類のコンテナが準備され，ブロック玩具のように組立可能な構造や輸送手段に合わせてコンテナ集合体が形状を変える．温度管理もコンテナ内で個別に管理し，さまざまな温度帯が一括して輸送されればロードファクターの改善にもつながるであろう．

船舶輸送コンテナがもっと小さい単位となるイ

図 5-63　2050 年のパーソナルモビリティ[5-48]

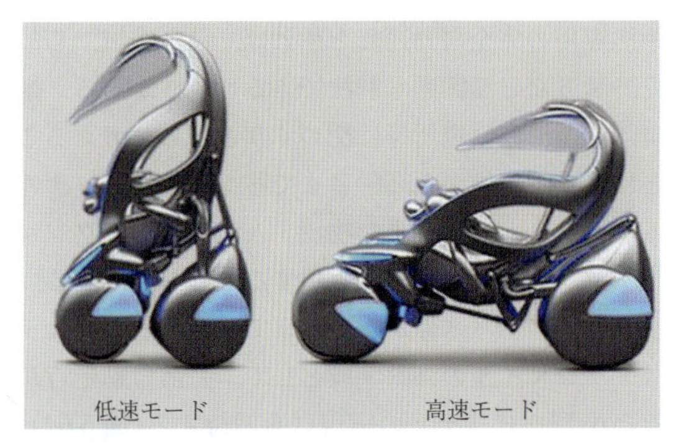

図 5-64　ファースト＆ラストワンマイル用小型モビリティ[5-10]

メージとなり，各戸配送時もコンテナが玄関前に受取りまで残る方法と，各地域の拠点までパーソナルドローンが自動で受け取りに行く方法等が想定され，再配達によるエネルギーロスも削減できるであろう．一方で，利用者の要望に基づき，ピンポイントの時刻にピンポイントの場所へ配達するプレミアムなサービスも現れるであろう．あらかじめ指定した日時や場所の変更にも，可能な限り対応するコンシェルジュのようになると考えられ，当然ながら追加の費用負担は必要となるであろう．利用者に相応の対価を払ってでも時間と場所を確保する価値は十分にあると思わせるこのサービスは，バーチャルリアリティが普及した未来に，リアルを提供するといった点からも実現が望まれる．このように，未来の物流には，より高度な要望を実現するために多くの機能が求められるであろう．

最後に，これら実現のために大量の資源やエネルギーを消費し，地球環境に危機をもたらすこれまでのような大量消費のライフスタイルではないことを願う．2050 年は，より豊かに生きたいという願いを実現する持続可能な社会であってもらいたい．

※図 5-15，図 5-16 の LPG タクシーの写真撮影は，日本交通株式会社品川営業所の協力のもと行った．ここに記し，謝意を表する．

参 考 文 献

(5-1)　東京都環境局：自動車利用効率化サポートセミナー，「荷主ができる貨物自動車の環境対策，p. 5，http://www.kankyo.metro.tokyo.jp/vehicle/attachement/koen_seminar2013.pdf

(5-2)　国土交通省：地域公共交通ネットワークの基本的考え方，https://wwwtb.mlit.go.jp/shikoku/bunya/koukyou/h21/03_7.pdf

(5-3)　公益社団法人全日本トラック協会：日本のトラック輸送現状と課題(2014)，http://www.jta.or.jp/coho/yuso_genjyo/yuso_genjo2014.pdf

(5-4)　国土交通省：貨物自動車運送事業，https://wwwtb.mlit.go.jp/kanto/jidou_koutu/kamotu/kamotu_jigyoukaisi/k_jigyo.htm

(5-5)　警視庁：準中型自動車・準中型免許の新設について，http://www.keishicho.metro.tokyo.jp/menkyo/menkyo/chugata.html

(5-6)　佐々木隆：大型トラックの特徴について，Motor Ring 自動車技術会，No. 35，p. 1-3(2012)

(5-7)　国土交通省：平成 26 年度交通政策白書，http://www.mlit.go.jp/sogoseisaku/transport_policy/sosei_transport_policy_fr1_000009.html

(5-8)　国土交通省：鉄道関係統計データ，http://www.mlit.go.jp/statistics/details/tetsudo_list.html

(5-9)　日野自動車株式会社ホームページ，http://www.hino.co.jp/

(5-10)　トヨタ自動車株式会社ホームページ，http://www.toyota.co.jp/?ptopid=hea

(5-11)　一般社団法人全国ハイヤー・タクシー連合会ホームページ，http://www.taxi-japan.or.jp/

(5-12)　日本LPガス協会ホームページ，http://www.j-lpgas.gr.jp/

(5-13)　東京メトロホームページ，http://www.tokyometro.jp/station/common/pdf/network1.pdf

(5-14)　国土交通省：国土のグランドデザイン 2050，http://www.mlit.go.jp/common/001047113.pdf

(5-15)　経済産業省：消費財流通事業者における物流効率化に向けた課題と今後の対応策に関する調査研究報告書(2014)，http://www.meti.go.jp/policy/economy/distribution/pdf/H26chosa-3.pdf

(5-16)　国土交通省：「今後の物流政策の基本的な方向性等について」に関する審議の中間取りまとめ(平成 27 年)，http://www.mlit.go.jp/report/press/tokatsu01_hh_000229.html

(5-17)　総務省：平成 23 年度版情報通信白書，http://www.mlit.go.jp/common/001098383.pdf

(5-18)　国土交通省：平成 27 年版交通政策白書，http://www.mlit.go.jp/common/001098383.pdf

(5-19)　国土交通省：自動車輸送統計調査年報，http://www.mlit.go.jp/k-toukei/jidousya/jidousya.html

(5-20) 経済産業省：輸送効率改善による省エネルギー方策の研究報告書 JILS 2014年3月，http://www.meti.go.jp/policy/economy/distribution/pdf/H25chosa-1.pdf
(5-21) 経済産業省，資源エネルギー庁，省エネ法告示第66号，http://www.enecho.meti.go.jp/category/saving_and_new/saving/summary/
(5-22) 国立環境研究所，温室効果ガスインベントリオフィス，日本の温室効果ガス排出量データ(1990～2012年度)確定値，http://www-gio.nies.go.jp/aboutghg/data/data-archives_j.html
(5-23) CO_2排出量；国立環境研究所，温室効果ガスインベントリオフィス，日本の温室効果ガス排出量データ(1990～2010年度)確定値，http://www-gio.nies.go.jp/aboutghg/data/data-archives_j.html
輸送量；国土交通省，トラック 自動車輸送統計調査，船舶 内航船舶輸送統計調査，鉄道 鉄道輸送統計調査，航空 航空輸送統計調査，http://www.mlit.go.jp/k-toukei/
(5-24) 公益社団法人日本ロジスティクスシステム協会 JILS総合研究所，2014年度物流コスト調査報告書，http://jils.force.com/PublicationDetail?productid=a0R1000000JtbzlEAB
(5-25) 公益社団法人日本ロジスティクスシステム協会 JILS総合研究所，グリーンロジスティクスチェックリスト，http://www.logistics.or.jp/green/report/word/greenlogi_checklist_ver1_1.xls
(5-26) 公益社団法人日本ロジスティクスシステム協会 JILS総合研究所，2011年度グリーンロジスティクス調査報告書 2012年5月，http://www.logistics.or.jp/pdf/environ/13forum.pdf
(5-27) 経済産業省製造産業局：2016年度版ものづくり白書，http://www.meti.go.jp/report/whitepaper/mono/2016/honbun_pdf/index.html
(5-28) ジェレミー・リフキン著(柴田裕之訳)：限界費用ゼロ社会＜モノのインターネット＞と共有型経済の台頭，NHK出版
(5-29) 国土交通省：地域鉄道対策，http://www.mlit.go.jp/tetudo/tetudo_tk5_000002.html
(5-30) 国土交通省：モーダルシフト促進のための貨物鉄道の輸送障害時の代替輸送に係る諸課題に関する検討会報告書(平成27年)，http://www.mlit.go.jp/common/001097975.pdf
(5-31) 総務省「国勢調査」，国立社会保障・人口問題研究所「日本の都道府県別将来推計人口(平成24年1月推計)」
(5-32) 国土交通省総合政策局公共交通政策部：交通政策審議会交通体系分科会地域公共交通部会配布資料，http://www.mlit.go.jp/common/001011383.pdf
(5-33) 国土交通省：「地域公共交通の利用促進のためのハンドブック」～地域ぐるみの取り組み～，http://www.mlit.go.jp/common/001005769.pdf
(5-34) 写真提供：本田技研工業株式会社，http://www.honda.co.jp/
(5-35) 写真提供：日産自動車株式会社，http://www.nissan.co.jp/
(5-36) 写真提供：株式会社日立製作所，http://www.hitachi.co.jp/
(5-37) 国土交通省：「H26年度交通の動向」および「H27年度交通施策」要旨，http://www.mlit.go.jp/common/001092160.pdf
(5-38) 国土交通省近畿運輸局資料
(5-39) 谷口守：都市構造からみた自動車CO_2排出量の時系列分析，都市計画論文集，No. 43-3(2008年10月)
(5-40) 国土交通省重点施策(平成25年8月)
(5-41) タイムズのパーク＆ライド，http://times-info.net/feature/pandr/what.html
(5-42) 国土交通省：モビリティマネジメント(交通をとりまくさまざまな問題の解決に向けて)，http://www.mlit.go.jp/common/000234997.pdf
(5-43) 広報うつのみや，平成22年8月号
(5-44) 岸ほか：CO_2削減に向けた3S(スロー，スマート，スマイル)ライフの提案，日本機械学会関東支部栃木／群馬ブロック合同講演会―2011宇都宮―，No. 110-3-419，p. 163
(5-45) 国土交通省；コミュニティサイクルの取り組み等について，http://www.mlit.go.jp/common/001134417.pdf
(5-46) 国土交通省：LRT(次世代型路面電車システム)の導入支援，http://www.mlit.go.jp/road/sisaku/lrt/lrt_index.html
(5-47) 国土交通省都市・地域整備局：『集約型都市構造の実現に向けて』都市交通施策と市街地整備施策の戦略的展開，http://www.mlit.go.jp/common/000128510.pdf
(5-48) 「2050年くらしのかたち(2011年8月～2016年1月に日本科学未来館で展示)」より

第6章
ITS・ICT

ITSは，ICTが自動車と道路等のインフラをつなぎ，ネットワーク化することにより交通システムを構築する概念である．この背景には，自動車台数の伸びにより，自動車に起因する交通渋滞，交通事故や排出ガス等への交通問題が増えて，自動車単体の対策では対応できなくなったことがある．このためITSは，情報通信技術により自動車技術と自動車を取り巻く交通社会の視点から総合的に捉える概念として発展してきた．

6.1 ITSの発展

自動車はドライバーを含む人間や社会の影響を受け，情報通信技術は携帯電話やスマートフォンに代表されるように，自動車と違う異分野の技術概念である．ITSはこれらが統合された概念であり，技術面と社会面の両面の理解が必要である．ここでは自動車と情報通信に注目して，ITSの発達の経過を振り返りながら，将来の社会・交通システムに与える影響について紹介する．ITSの発達の経過の区分に定見はないが，ここでは理解のために下記の期間に分けて述べる(6-1)(6-2)．

① ITS黎明期(1970年代～1995年頃まで)――ITSの呼称がない時代から1995年横浜における第2回ITS世界会議の頃まで．

② ファーストステージ(1996年～2004年頃まで)――1995年の第2回ITS世界会議横浜以降1996年にITS全体構想が取りまとめられ，2004年第11回ITS世界会議愛知・名古屋が行われた頃まで．

③ セカンドステージ(2005年～2013年頃まで)――ITSが本格的に発展し，2013年第20回ITS世界会議が東京で行われた頃まで．

④ ITS発展期(2014年以降)――ITSの技術が揃い，自動運転，ビッグデータ等の分野が現実的になり，次世代ITSとしての新しいステージに入った．

このような期間に区切って，ITSの発展からみた自動車技術と情報通信技術の発達を振り返り，今回取り組んでいる「社会・交通システム委員会」の立ち位置について考える．

① ITS黎明期(1970年代～1995年頃まで)

わが国のITSの始まりは，1973年から1979年にかけて行われた通商産業省(現経済産業省)のプロジェクトのCACS(Comprehensive Automobile traffic Control System，自動車総合管制システム，P 14参照)であるといわれている．タクシーのプローブ情報と路側の車両感知器データを融合し，動的な最短経路探索や路車間通信による経路誘導を行うもので，わが国のITSの先駆けとなった．

1980年代には，ITS関係5省庁(当時の，警察庁，通商産業省(現経済産業省)，運輸省(現国土交通省)，郵政省(現総務省)，建設省(現国土交通省))が，それぞれの省庁の領域を活かしたシステムを開発する時代に入った．

自動車技術の発展の視点では，排気ガス対策が一段落し，失われた性能向上を図ることで生産台数を伸ばす時代である．経済成長とともに，1990年には国内四輪車生産台数が1,348万台という過去最高の台数を達成した(6-3)．世界的にも1989年11月にベルリンの壁崩壊で東西冷戦の終結となり，世界の枠組みが大きく変わる時代となった．この世界の動向の変化が，自動車の世界的な伸び，ITSの登場に大きく影響を与えた．

この時代のITSは，コンピューター技術や情報通信技術の発達が不十分であり，システムやサービスの十分な具現化ができない時代である．ベルリンの壁崩壊後，欧米を中心に，欧州のテレマティクス，米国のIVHS(Intelligent Vehicle Highway Systems)を中心に急速にITSの考え方が広まった．1995年横浜で第2回ITS世界会議が開催されITSという用語に統一されて，世界的にITSが進展するベースが整った．日本では，横浜大会に向けてVICS(Vehicle Information and Communication System，道路交通情報通信システム，P95参照)が開発された．今日カーナビに提供されるVICSが運用開始され，ETCの運用も始まった．これらは日本のITSの成功例といわれる．

1995年頃はカーナビもコンピューター技術が十分でなく，東西冷戦終了後でGPSによる位置特定技術，デジタル地図等，多くの課題を抱えての始まりであった．GPSについては米国との調整が必要な時代であった．カーナビ台数も100万台以下で，今では想像できないほど少ない状況であった．しかし第2回ITS世界会議横浜で，ITSのもとに概念が整理され，各省庁ごとに開発が進んでいたシステム開発が，日本として全体的に進める基盤ができたことは，ITSの歴史において大きな出来事であった．これにより自動車と社会交通システムの関係が深まることとなった．

② ファーストステージ(1996年～2004年頃まで)

横浜における第2回ITS世界会議が終わり，“ITSが市民権を得た”といわれたように，ITSについて民間企業，省庁，学界にてITS推進の基盤が整った．1994年1月に設立されたVERTIS(Vehicle, Road and Traffic Intelligence Society，道路・交通・車両インテリジェント化推進協議会，現ITS Japan)は，1995年の横浜大会運営を大きな役割として設立された．なお，VERTISは2011年6月にITS Japanと名称を変更し，日本のITS推進組織としての役割を担っている．

1996年7月に今後の日本のITS推進の方向性を決定づける「高度道路交通システム(ITS)推進に関する全体構想」(いわゆるITS全体構想)が策定された．ITSに関する9の開発分野，20の利用者サービス(その後，「高度情報通信社会関連情報の利用」が追加され21の利用者サービス)を設定し，今後20年間にわたる開発・展開計画を産学官の努力目標として定めた．

自動車による交通事故，渋滞，排気ガス等の交通問題は，自動車単体の取組みでは限界があり，最先端の情報通信技術を駆使して，自動車を社会交通システムとして取り組むITSの考え方が不可欠との考え方で，産学官による多くの国家プロジェクトが進められた．ITSの考え方は，今回自動車技術会が取り組む「社会・交通システム委員会」の考え方にも参考となる概念である．

2000年以降，カーナビ，VICS，ETCの開発が順調に進みITSが伸びた．政府は「高度情報通信ネットワーク社会推進戦略本部(IT戦略本部)」を設置し，「e-Japan戦略」が進められた．情報通信技術やコンピューター技術が急速に発達し，交通情報提供，カーナビの経路誘導等のシステム開発等，実用化が進んだ．携帯電話，インターネットの発達により自動車のカーナビとのシステム化が進み，日産の「カーウイングス」，トヨタの「G-BOOK」，ホンダの「インターナビ」などの商品が登場した．このような背景の中で，2004年に第11回ITS世界会議が開催された．

自動車技術，情報通信技術が成熟し，黎明期から考えられてきたITSシステムの実用化が可能になってきた．実用化領域になったITS技術を使ってどのようなサービスを生み出すのか，情報通信技術の発展のスピードと自動車がどのように連携すべきか，今に通じる期待と課題も抱えながらITSが一層発展することとなった．

③ セカンドステージ(2005年～2013年頃まで)

2004年の第11回ITS世界会議愛知・名古屋開催の頃は，デジタル化による携帯電話，インターネットと自動車，インフラとのシステム化が進み，情報通信技術は飛躍的に進歩する時代となった．その後登場するスマートフォンの発展により，新たなITSの時代に入った．コンピューター技術，半導体技術，画像処理技術，情報処理技術等，飛躍的な情報通信技術の発展は，ITSを新たなステージに進めた．

自動車産業としては，大きな試練の状態が続く．2007年7月新潟県中越沖地震，2008年9月のリーマンショックによる世界的金融危機，2009年6月GMの倒産，2011年3月11日東日本大震災，2011年11月タイ洪水等の国内外の自然災害，経済危機等である．自動車産業は100年に一度の危機，自然災害の影響を大きく受け，災害とITSの関係が強く意識されることとなった．それとともに電動化に代表される自動車動力の多様化，エネルギー問題，経済問題，地球温暖化に代表される環境問題等の課題が改めて浮き彫りとなった．これらの困難は，自動車と生活の関係，環境エネルギーとの関係，経済と自動車産業の関係，交通社会における自動車の位置付け，情報通信技術と自動車の関係，災害と自動車等々，ITSの総合的な視点から自動車や人と物の移動を考える時宜を得た機会となった．現在取り組んでいる「2050年の社会・交通システム」につながる基本的な課題提起につながる事象である．

ファーストステージ	セカンドステージ	第3期中期計画
中央省庁のITS全体構想実現に向けた民間活動の推進 交通領域	交通課題解決のための民間からの積極提案と主体的行動 交通領域	社会的課題の解決に向けた交通と街づくりのファシリテーター 交通と街づくり
・横浜 ITS 世界会議の受皿組織として VERTI 発足. ・5 省庁策定の「ITS 全体構想」の実用化に向け，民間企業が業界横断で官民連携の場を提供. 1) 省庁が公共事業として設置するインフラ設備 2) 利用者が購入する車載機器 3) 情報基盤の提供とサービス提供を行う組織の設立と運営 を三位一体で行う官民連携が進展し，世界に先駆けて実用化.	・情報通信や電子制御技術の交通分野での活用から，目的指向の統合的取組みに転換. ・積極的に民間提案を行い，以下のプロジェクトに参画. 1) 協調型の運転支援システム 「ITS Safety 2010」大規模実証実験および公開デモ. 2) 社会還元加速プロジェクト「世界一安全で効率的な道路交通社会の実現」 常任理事会直轄の「新交通物流特別委員会」を設置，産業界が一体となって推進.	・「ITS による未来創造の提言」で描いた社会課題の克服に資するモビリティの実現を牽引. ・これまで築いてきた産官学とのつながりを生かし連携をリード. ・新たなプレーヤを取り込み，多様な組織が連携してそれぞれの力を発揮するためにファシリテーターとしての役割を果たす. ・活動の成果グローバルに展開.

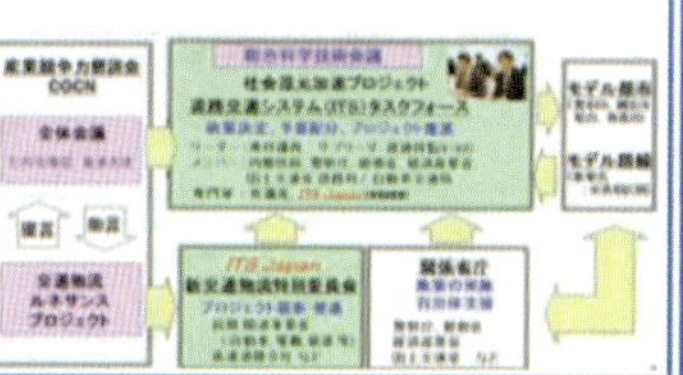

出典：ITS Japan

図 6-1　ITS Japan 役割の変遷

2013 年の第 20 回 ITS 世界会議東京では，成熟した自動車技術，情報通信技術，ITS 技術として，安全運転支援，自動運転，ビッグデータのコンセプトがクローズアップされ，ITS が新たなフェーズに入ったことを世界に印象づけた.

④　ITS 発展期（2014 年以降）

2013 年の ITS 東京大会で提起した自動運転，ビッグデータ活用のコンセプトは，その後の 2014 年の第 21 回 ITS 世界会議デトロイト，2015 年の第 22 回 ITS 世界会議ボルドーでも継承されている.

情報通信技術，自動車技術，ITS 関連技術が完成の域に到達し，実用化に向けてサービスを生み出し，実際に役に立つシステムとすることを考えるべきフェーズに入った. 従来は自動車が中心となり ITS を牽引してきたが，情報通信技術の発達により，自動車以外のプレーヤと一緒にビジネスを形成するという，多様化の時代に ITS がパラダイムシフトしている.

図 6-1 に，ITS Japan が 2016 年に発表した第 3 期中期計画に至る「ITS Japan 役割の変遷」を示す. この図では ITS Japan 役割の変遷となっているが，ITS の役割の変遷について大筋の考え方が理解できる. ITS は 1996 年の ITS 全体構想の 20 年の実現シナリオが終わり，次のステージに向かっている.

自動車は，特に地方では自動車がなくては生活できない生活必需品になっているが，このままの状態が未来に続くのか考えなくてはいけないタイミングに来ている. 近年では ITS という用語を聞く機会が少ないが，個別の ITS 技術は生活に浸透してすでに実用化されている. 総合的に交通社会を考える ITS の視点は，自動車，情報通信技術，インフラ，街づくり，ドライバーを含む人間との関係等，モビリティに関わるあらゆる事象を含んでおり，2050 年の社会・交通システムを考えるベースとなる概念である.

6.1.1　ITS 国際会議発展の経緯

ITS は国際会議とともに発展してきたといっても過言ではない. ITS の主要な国際会議は，ITS 世界会議と ITS アジア太平洋地域フォーラム（以下 ITS AP フォーラム）である. これらの国際会議の始まりについて，わが国は主要な役割を果たしており，図 6-2 に示すような開催経過を経て今日に至っている. ITS は自動車技術，情報通信技術と密接に関わ

【2016年5月現在】

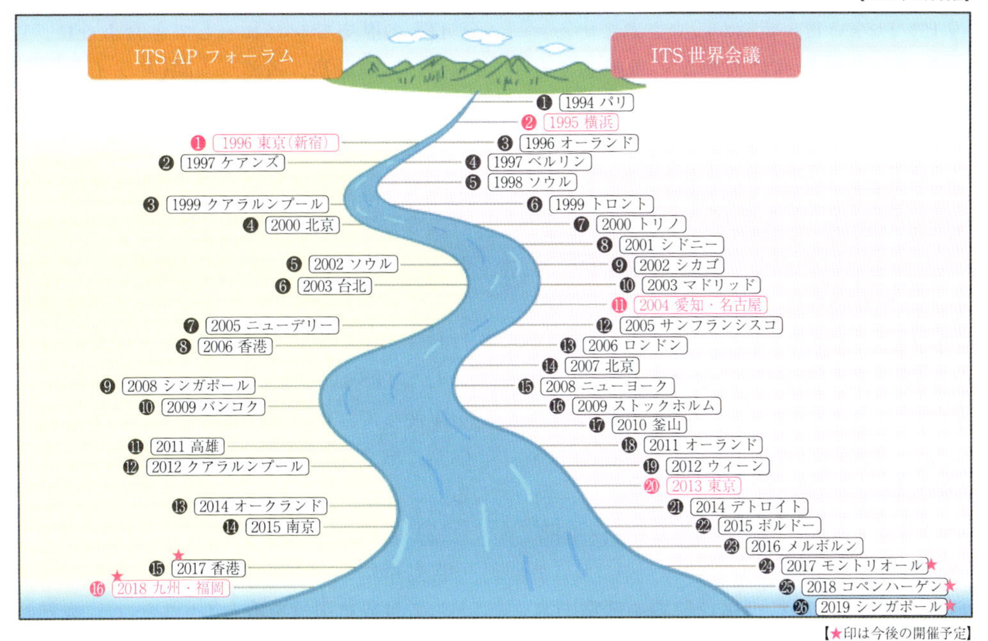

【★印は今後の開催予定】

出典：ITS Japan

図 6-2　ITS 世界会議と ITS AP フォーラムの歴史

る概念で，現在もこれらの技術発展により変化している．ここではITS国際会議の発展について，自動車との関係を含めて整理する．

(1) ITS世界会議開催により欧米アジア三極間の連携で発展している状況

ITSは1994年の第1回パリ大会を始まりに，毎年，欧州，アジア，米州で行われている．2016年メルボルン大会で第23回目となる．ITS世界会議は毎年60カ国を超す国／地域の参加があり，ITSの総合的な情報交換や交流の場となっている．各国／地域のITSに関する最新情報が得られるため，年々産学官からの参加者が増える傾向が続いている．

特に欧米は，自国の交通システムの構築とともに，ITSシステムを通じて交通システムを振興国や発展途上国にビジネス拡大を図る戦略がみられるが，わが国は国を挙げて他国にITSを売り込む取組みは遅れている．日本のITSは，カーナビ，VICS，ETCに代表されるITS開発で世界をリードしてきたが，最近のITS世界会議の傾向は自動車の技術の発展に加え，スマートフォンに代表される情報通信技術との融合が進み，新たなビジネス領域が広がっている．その一方で，日本は，多様な要素を総合的に戦略化し，街づくりやビジネスを創出するという取組みにおいては，世界の潮流から遅れが感じられている．

近年では，国がトップダウンでITS実証実験プロジェクトを推進する従来の方式から，地域自身が生活者の視点からボトムアップ型のシステムを提案する方式に変わりつつある．このように自動車のみの視点から，自動車を取り巻く社会状況を考えて，将来に向けて戦略化する視点が重要なフェーズに入っており，ITSの動向をつかむことは，今後の社会・交通システムに必要な要件である．

(2) ITS AP フォーラムが発展している状況

ITS AP フォーラム(スタート時はセミナーと呼んだ)は，横浜における第2回ITS世界会議の成果をアジアに普及する目的で1996年から開催されている．アジアでITS世界会議が行われる年は開催しないため，2016年までに14回開催されている．

スタート当初はアジアの国／地域は発展途上で，ITS AP フォーラムはITS世界会議との格差も大きかった．アジア地域の国／地域では，自動車の伸び，都市化の拡大とともに，交通渋滞や交通事故，排出ガス等のさまざまな交通問題が深刻化していることから，ITSを国家政策に取り入れて交通問題を解決する取組みに熱心である．このため各国／地域では，ITS推進組織を立ち上げてITSを戦略化する取組みが顕著である．アジアではITSスタート時から14

カ国／地域と連携しており，2015年現在，ベトナム，フィリピン以外でITS組織が設立されている．

日本はアジアのITS推進に当初から貢献してきたが，近年ではアジアの国／地域では，交通問題解決に積極的に取り組み，ITSの発達とともに日本をすでに追い抜く勢いでITSに取り組んでいる．しかし，アジアの将来はいずれ日本と同じように高齢社会を迎えるので，日本の高齢化等のITSの取組みは必ず役に立つと思われ，日本はアジアへの貢献を意識した活動をすべきである．

(3) ITS世界会議，ITS APフォーラムを補完する国際活動

ITSに関する国際会議は前記の世界会議やITS APフォーラム以外に，標準化，セキュリティ，情報通信技術の調整，安全基準，自動車に関わる国際調整，等々の多くの会議体がある．

ITSが始まった当初は，標準化は論議や懸案内容がわかりやすかったが，ITSの拡大とともに標準化すべきアイテムが増え，それとともに国際会議が増えてフォローが大変となっている．標準化の領域については下記のような課題がある．

① 欧米は標準化によりビジネス獲得につなげようとする取組みに長けているが，日本は特に企業で標準化に取り組む動機と継続性が難しい場合が多く，世界に後れをとる傾向となっている．

② 標準化情報を戦略化して，日本の方向付け司令塔機能の強化が必要であり，関係省庁，自動車技術会，日本自動車研究所，学識経験者，企業等による尽力は欠かせない．

6.1.2 ITSの視点

ITSは社会的な視点が強いので，自動車会社のような生産台数達成を一義とする企業では，社会貢献的な視点が浸透しにくい側面がある．しかし，自動車が生活の必需品となっている現代において，公共交通の補完的な役割をもち，移動の自由を提供する手段になっている自動車を，情報通信技術，社会動向とともに総合的視点から考えるITSは重要な概念である．

2050年の社会・交通システムを考える上で必須の概念であり，自動車技術者はITS動向に関心をもつことが必要である．この視点は，将来の社会・交通システムを考える上で考えるべき多くの視点を含む．ITSの特徴的な視点について下記に整理する．

(1) 統合的・総合的な視点

ITSの歴史でレビューしてきたように，ITSは情報通信，自動車，道路，人間(ドライバー等)をネットワーク化する概念であるが，特に情報通信技術，コンピューター技術の発展が鍵となる．ITSの発展とともに，自動車が情報通信技術を駆使して，さまざまな要素技術を統合してサービスを生み出す技術システムを形成し，それらの多様なシステムを統合することで人や物のシームレスな移動を実現する．自動車が生み出してきた負の遺産を解決する切り札としてITSは登場したが，多様な技術やシステムを駆使して，統合的，総合的な視点から将来の社会構築に取り組む視点は，ITSの特徴となる概念である．

(2) 多様性の視点

自動車にとって自動車単体での技術はハード技術として世界に引けを取らないレベルに成熟している．一方で，情報通信技術は，スマートフォンに代表されるようにさらに発展・変化をすると思われ，近年では，情報通信技術，ビッグデータ，IoT，人口知能(AI)，ロボット等，自動車に影響を及ぼす新たな領域が現れている．このように，ソフトとハードの連携は自動車にとって考慮すべき新領域である．さらに，自動車台数の伸びによる交通事故，環境への影響等の課題が残り，都市構造にも影響を及ぼす．日本では超高齢社会に突入し，近年ではドライバーの認知症に起因する交通事故も増えている．このように多様な要素を総合的に考えて解決策を生み出す視点は，ITSの重要な概念である．

(3) 国際的視点

ITSは，ITS世界会議，ITS APフォーラム等の国際会議を通じて発展してきた．近年ではこのような国際会議の開催を希望をする国／地域が増えている．因みにITS世界会議は，2016年オーストラリア・メルボルンの開催後，モントリオール(2017)，デンマーク(2018)，シンガポール(2019)での開催が決定しており，ITS APフォーラムも2017年には香港で，その後も2018年には日本の福岡で開催されることがメルボルンのITS世界会議にて決定されている．

ITS関連の国際会議開催が，開催国／地域の交通問題解決へのインパクトになること，多くの参加国の産学官関係者へのビジネス，技術，政策，学際領域等へ貢献することが，開催希望につながっている．

わが国のような島国では，ITS 国際会議を通じて国際感覚を磨き，世界に遅れないように感覚を維持することが必要である．

(4) 産学官の協調(P-P-P)の視点(P-P-P：Public Private Partnership，官民パートナーシップ)

ITS スタート当時は，“P-P-P” という用語が多く聞かれた．ITS は大学等の学識経験者，民間企業，行政等，産学官の協調の形が重要である．ITS は政策と一体となり，民間の技術力を活かして推進するという側面があり，産学官が一体となって進めることが必要である．日本では当初からこの考え方で組織化され，現在の ITS Japan がその機能を果たしている．自動車がキープレーヤであり，自動車技術会もこの観点からの ITS の取組みが必要である．

(5) 将来を見据えた移動(モビリティ)と交通の視点

モビリティと交通は ITS の本質的な視点であるが，どちらの視点も日本では成熟しておらず，なかなか理解されない概念である．モビリティは「移動」として捉えられ，自動車の移動情報データがビジネスになる時代に入っている．人間にとって移動の意味や質の向上を考え，移動の権利等，移動のしやすさの実現のために何をすべきかを考える ITS の視点が必要である．

また，「交通」についても交通工学研究が行われ，道路と交通の関係，交通管制システムなどの技術開発が行われ，ITS を牽引してきた．今後の ITS については，人間の生きがい，豊かさ創出の観点から，モビリティ，移動，交通等について深く考えることが必要である．自動車技術者として関心をもつべき領域である．

(6) 安全・環境の視点

(a) 安全・安心への貢献

安全・安心は自動車にとっても ITS にとっても最も重要な機能で，今後も重要な視点であり続ける．ITS では ASV(Advanced Safety Vehicle，先進安全自動車)プロジェクトが進められている．自動車の「走る・曲がる・止まる」という基本機能開発が発展し，自動車単体の安全機能は飛躍的に進歩した．近年ではコンピューター技術，半導体技術，センサ技術の発達により，一層安全機能が進化している．安全運転支援システムの進化により，自動運転技術が安全運転支援として適用され，ITS の代名詞のように論議されている．人間の弱いところを支援する技術として ITS の貢献するところが大きい．自動運転については期待も大きく開発競争が続いているので，第 7 章自動運転の章を参照いただきたい．

最近見えてきた課題として，高齢化の進行とともに人間の判断に影響が出て，技術が完全であっても人間の誤判断をカバーしきれていないことが挙げられる．2015 年の交通事故死者数は，高齢者の事故比率が増えて，15 年ぶりに前年より増える結果となった．安全・安心な社会の実現は，自動車と道路交通のインフラ側が一体となった対策が必要であり，ITS に期待される所以はそこにある．

2050 年の自動車社会にとって自動車が必需品の社会構造になったが，技術のみ向上しても人間がついていけない状況や，すべての自動車が同じ安全システムを装着していない状況もあり，さまざまな課題が残っている．このことは自動車技術として考えるべき大きな課題である．

今回の社会・交通システム委員会の活動は，「安全」分野については，自動車として開発の歴史も長く，技術領域も広いので，2050 年の社会・交通システムとして集中的な検討はなされていないが，自動車にとって安全・安心は重要な分野であることを念頭において進めた．

(b) 環境への貢献

ITS の環境への貢献も安全と同じく，重要な基本機能である．2050 年の社会・交通システムを考える場合に，CO_2 削減を一義とする環境への視点は欠かせない．2015 年の COP21 のパリ協定は，日本が今後どのように具体的なアクションをとるかについて問われている．当委員会では「CO_2 削減−80%」を想定しているが，この考え方については，もっと厳しく取り組むべきではないかという意見も出された．2050 年の目標達成手段とその評価等の論議も残っており，今後も論議が必要である．

ITS の視点では，CO_2 削減方策に下記の視点があり，これらの定量評価が課題である．

- 社会・交通システムで考えられる CO_2 削減の方法と削減量評価(渋滞削減等)
- 自動車の使い方による CO_2 削減(エコドライブ，カーシェアリング，ロードプライシング等)
- 生活習慣の変更による CO_2 削減(公共交通への転換)
- 多様な動力の選択(EV，HEV，PHEV，FCV 等)

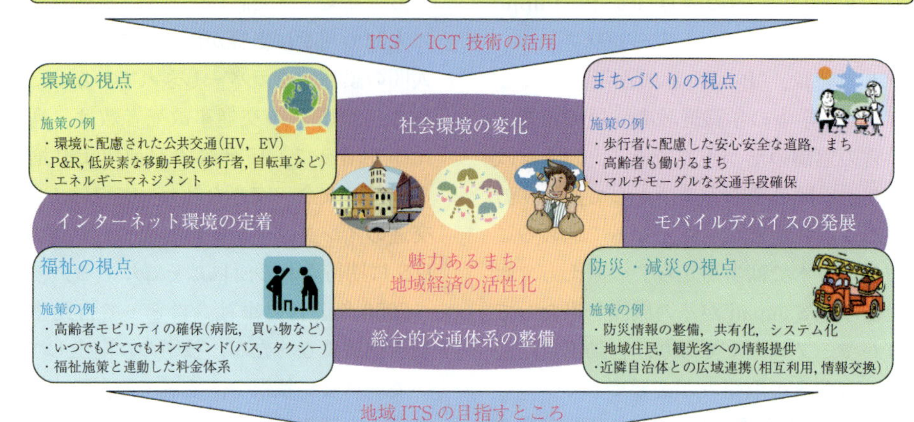

出典：ITS Japan

図 6-3　地域 ITS のありたい姿

・再生可能エネルギーへの転換等，多様なエネルギー利用

(7) 社会的視点

(a) 多様な都市の形を支える

ITS の特徴として都市計画，街づくりの視点から安全，環境を考えることである．人や物の移動は人々の生活に密着しており，人々の生活の場が街を形成する．したがい，ITS は街づくりとつながった概念となる．従来の生活の場への ITS は，国のプロジェクトとしてトップダウン式に ITS メニューの実証実験が行われてきたが，ITS 技術が成熟してきた近年では，自治体を中心とした地域が，生活者の目線で，街のあり方を考える方向に変化してきている．2050 年にありたい社会を想定して取り組むことが必要で，ITS Japan が主導する「地域 ITS」のコンセプトにも注目しておく必要がある．このコンセプトはオープンデータをベースに，これまで ITS 業界の大企業中心に進められたものを，地域の中小企業，ベンチャー企業を発掘してビジネスチャンスの芽を育てようとするものである．図 6-3 に ITS Japan の地域 ITS の概念図を示す．

(b) 経済とエネルギー

2050 年の社会・交通システムを経済・エネルギーの視点から考えることは，自動車技術会の取組みとしては画期的といえる．自動車にとって経済とエネルギーは密接につながっているが，自動車との関係でそれらに焦点を当てた論議はなかったといえる．

リーマンショックに代表されるように，自動車産業は多くの経済危機の影響を受け，これを乗り越えてきたレジリエント（回復力，復興力，復元力のある）産業といわれる．経済状況への感覚をもつことにより，社会の方向を知ることは，自動車技術の将来にとって重要である．

エネルギーについてはいうまでもなく，化石燃料に頼っている自動車にとっては最重要な領域である．しかし開発が分業化している現代では，ガソリン，軽油に代表される化石燃料についての将来動向や方向性の理解は実務者には難しいのではないだろうか．また，化石燃料の将来は自動車産業の死活問題につながり，常に動向を捉えてこれに対応する必要がある．自動車技術会として，総合的な視点からの理解が必要であり，当委員会では，このような観点から石油関係，電力関係のメンバーを入れて論議してきた．自動車技術会機能として今後も継続的な活動が必要な領域と考える．

(c) 物流

ITS には，人と物の移動をスムーズにするという視点がある．しかし，これまで「物」の移動の物流領域は専門領域性が強く，実業の世界であるため，

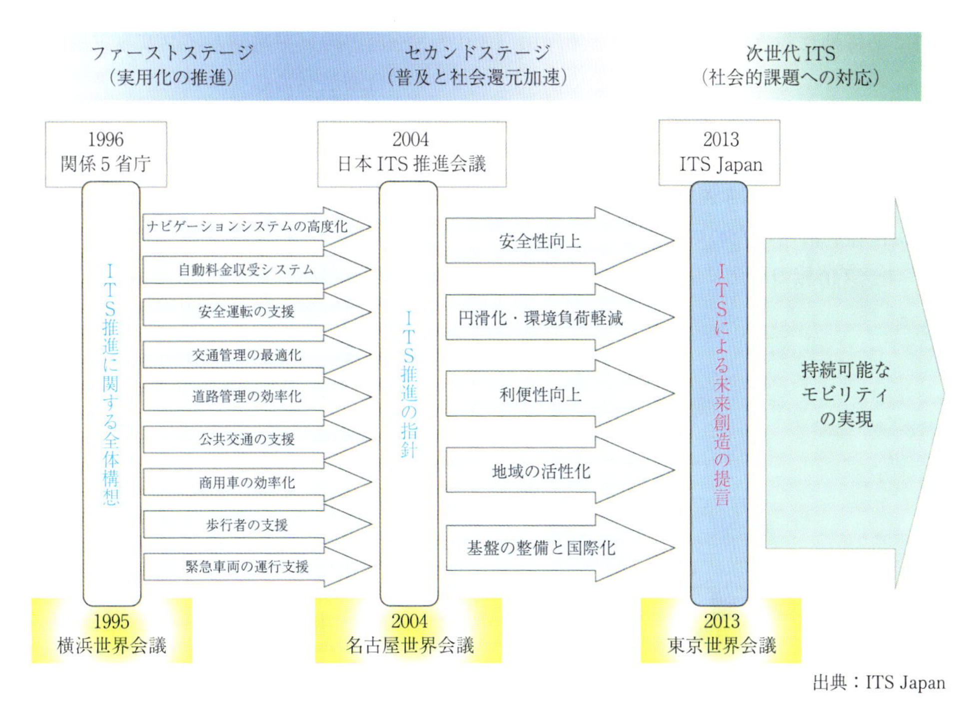

図 6-4　ITS の実用化・普及の進展と新たな課題への挑戦

ITS と物流の関係について考えることは避けられてきた．今回の 2050 年社会・交通システム委員会で物流にスポットを当てて考えることは，自動車技術会では初めてのことである．貴重な取組みであり，技術者に参考となる知見となると思われる．

(8) 次世代 ITS

2050 年の社会・交通システムを見通すと，近年の社会環境の変化は，渋滞緩和，交通事故低減に加え，高齢化，過疎化，地域での公共交通の衰退，ガソリンスタンドの減少，災害の増加等，ますます課題が増えると思われる．これに対応する社会環境は，ビッグデータやオープンデータの活用，個の情報発信，情報利用，社会参加の活用，SNS ツール，モバイルデバイスの発展，インターネットの定着等，激変している．ITS はこのように情報通信技術の発展による社会変化に密接につながっている．

ITS Japan が，2030 年の社会を想定した「ITS による未来創造の提言～誰でも，どこでも快適に移動できる社会の実現～」は，以上述べてきた ITS の視点の参考にその骨子を紹介する．提言の背景となる流れは図 6-4 に示す通りである．

ITS Japan は 2016 年 5 月に「第 3 期中期計画」を発表した[6-4]．この中期計画は，ITS Japan が検討してきた「2030 年を見据えた ITS 将来ビジョン」で，「2030 年に求められる交通社会」や「2030 年の交通社会実現のために ITS が果たす役割」の検討を踏まえて具体化を図るものである．この概念は，次世代の ITS は，個々の交通課題への対応にとどまらず，少子高齢化，エネルギー・環境対応，持続的経済発展，安全・安心の確保等，社会問題への総合的対策を支える基盤としての交通システムの高度化に取り組む考え方である．2030 年といっているが，この概念は 2050 年に向けた社会・交通システムに共通する視点であり，自動車技術会としても連携をとるべき分野である．

以下に ITS の将来に向けての考え方の概略を紹介する．

(a) 全体コンセプト

ITS の適用に関して，毎日の生活等「社会実装の現場」に注目し，そこに存在する少子高齢化，エネルギー・環境問題，経済成長の鈍化，安全・安心の視点から社会的課題を捉え，重要な価値を明確にし，提供される交通サービス，構築すべき基盤，実現のための技術につなげることを示している（図 6-5）．これらの根底となる考え方は，「ITS による未来創造の提言」「新たな国土のグランドデザイン」を基盤とするものである．このコンセプトの取組みテーマとその例を以下に示す．

・テーマ1：多様性に対応した新たな交通手段の実現
—協調型運転支援システムの発展
—自動運転技術の適用
—地域特性を考慮した最適ソリューション
・テーマ2：情報利活用のための基盤つくり
—民間プローブ情報の利用に関する共通基盤つくり
—災害時／平常時ハイブリッドシステム構築
—自動運転に必要な技術，ダイナミックマップ等の基盤つくり
・テーマ3：多様な地域の実情に合ったITSの社会実装
—ITSの地域交流促進
—地域ベンチャー発の事業展開
—小さな拠点，地方連合都市，大都市でのITS実装

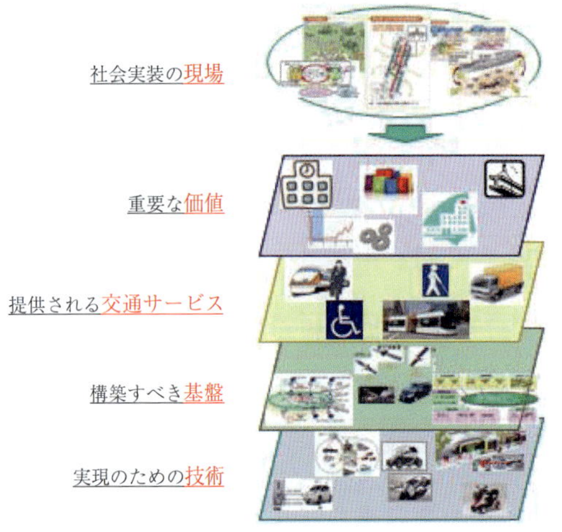

出典：ITS Japan

図6-5　次世代ITS実現に向けた階層構造イメージ

の3本柱となっている．これらのテーマ実現に向けてITS技術が適用される．社会・交通システムの実現そのものであり，2050年に向けた社会づくりの参考とすべき取組みである．

(b) 小さな拠点，地方連合都市，大都市でのITS実装イメージ

ここでは2050年を見通したときに参考になるテーマ3の「小さな拠点での実装」「地方連合都市での実装」「大都市での実装」のイメージを図6-6～図6-8に紹介する．

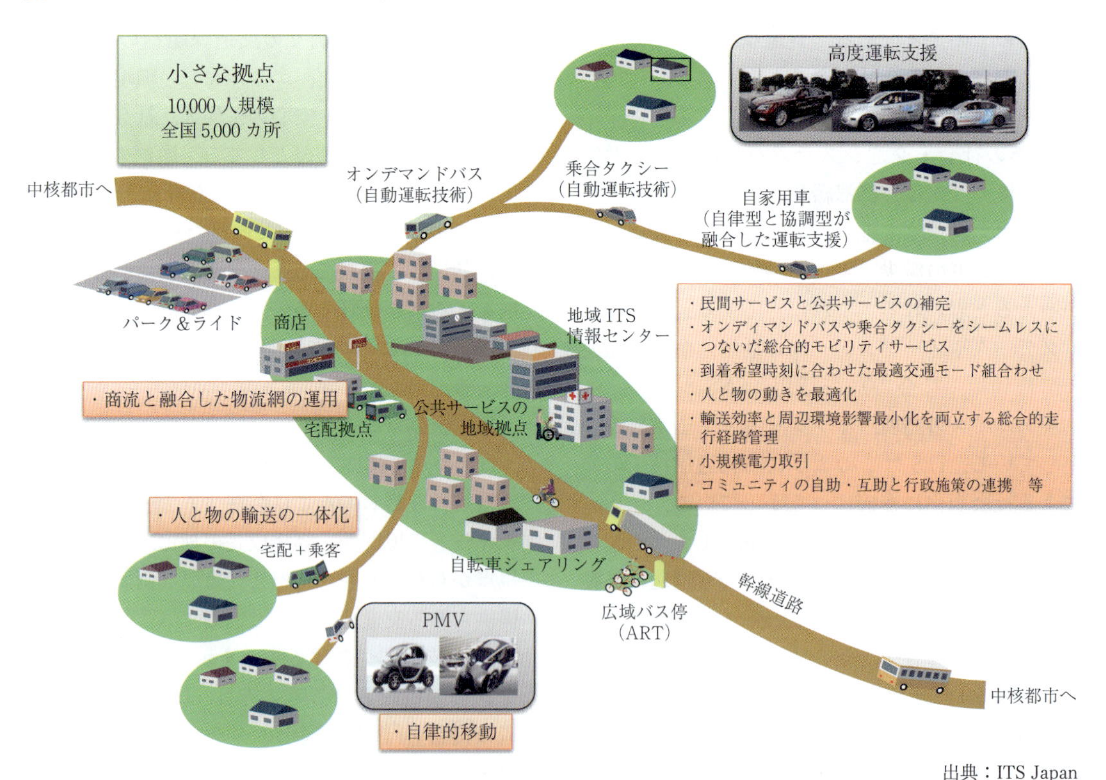

出典：ITS Japan

図6-6　小さな拠点での実装イメージ

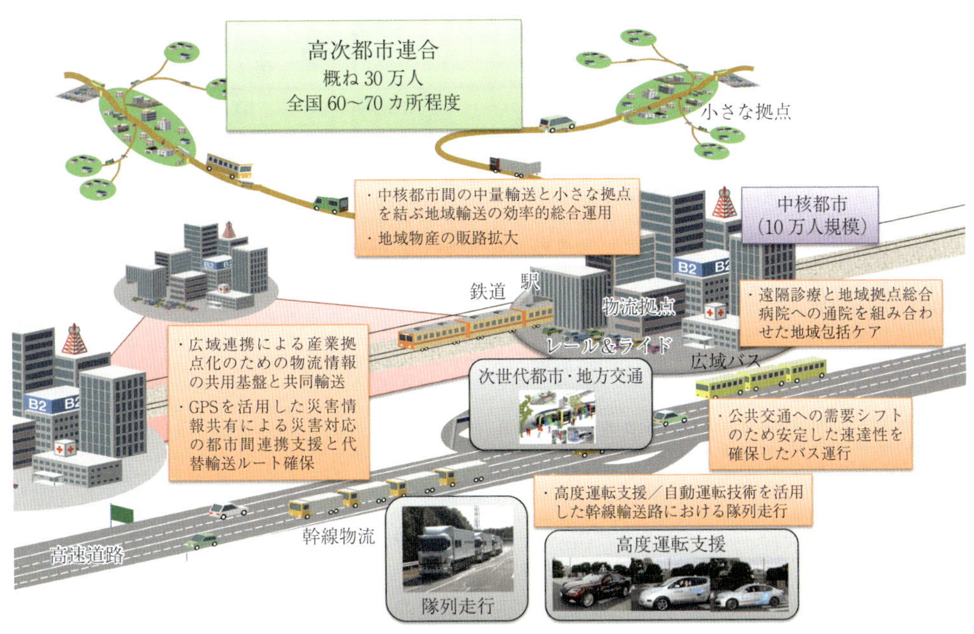

出典：ITS Japan

図 6-7　高次都市連合での実装イメージ

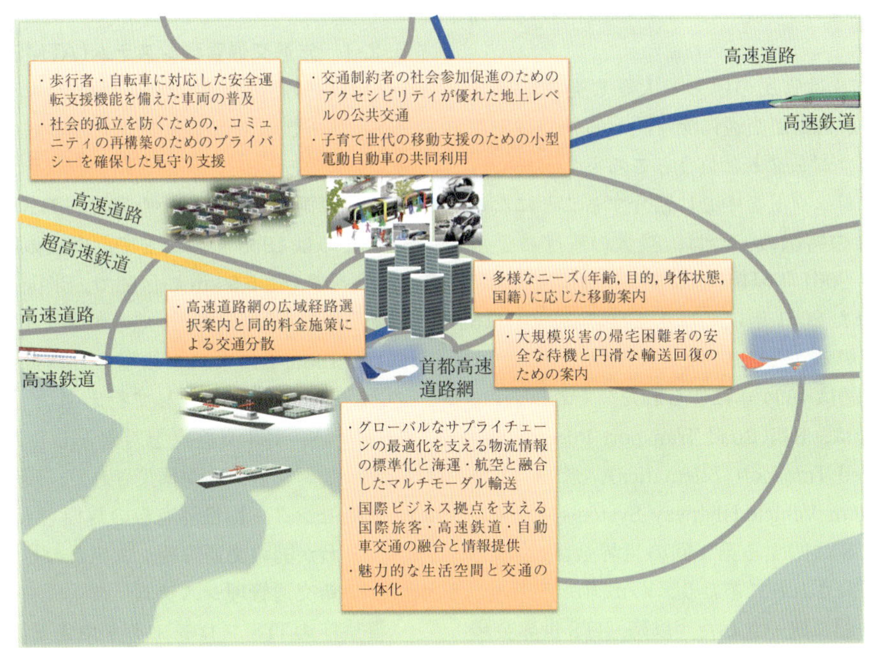

出典：ITS Japan

図 6-8　大都市での実装イメージ

6.2　ITS 技術の動向

ITS は，本来は陸海空すべてにおける交通運輸を対象としたシステムで，特に欧州ではそのように捉えられているが，わが国では「高度道路交通システム」と訳されて道路(自動車)交通を対象としたシステムとされている．

また，わが国において ITS はおおむね以下の二つの意味で使われている．一つは，人と自動車と道路を情報通信技術で結んだシステム，より詳しくは，通信技術，情報処理技術，センシング技術，制御技術などのハイテクを用いて事故と渋滞という自動車

表6-1　ITSに含まれる6システム

	システム	例
主要システム	ATMS(Advanced Traffic Management Systems) 先進交通管理システム	信号制御システム，ETC
	ATIS(Advanced Traveler Information Systems) 先進旅行者情報システム	ナビゲーションシステム，VICS
	AVCSS(Advanced Vehicle Control and Safety Systems) 先進車両制御安全システム	運転支援システム，自動運転システム
派生システム	CVO(Commercial Vehicle Operation) 商用車運行管理	商用車の運行管理
	APTS(Advanced Public Transportation Systems) 先進公共交通機関システム	公共交通機関の情報化
	ARTS(Advanced Rural Transportation Systems) 先進地方交通運輸システム	都市間，地方，僻地のITS

交通問題を解決し，自動車交通の省エネルギー化と環境負荷低減を実現し，道路利用者に利便性と快適性を提供するシステム群の意味で，もう一つは，これらのシステム群を用いて実現された未来の自動車交通システム全般の意味で用いられている．ここでは前者の意味でのITSについてわが国における発展を概観する．

わが国のITSは官民の協力で大きな発展をみているが，ITSが自動車交通に深く関わるため，その発展は国のプロジェクトに負うところも多く，ここでも国のプロジェクトを中心に紹介することになる．わが国のITSの特徴の一つは，複数の省庁によって，すなわち2001年以前は5省庁によって，省庁再編が行われた2001年以降は4省庁によってITSが推進されていることにある．

ITSという語は1994年に作られた．それ以前は，ヨーロッパでは，RTI(Road Transport Informatics)，ATT(Advanced Transport Telematics)，米国ではIVHS(Intelligent Vehicle-Highway Systems)が使われていた．ITSに関する第1回の世界会議が1994年にパリで開催されるにあたり，わが国からの提案でITSという語に統一された．以降，ITS世界会議は三極持ち回りで毎年開催され現在に至っている．因みにわが国では，1995年に横浜，2004年に名古屋，2013年に東京で開催され，1995年はVICS，2013年は自動運転が大きな話題となった．

ITSを推進する米国の団体であるITSアメリカは，その報告書(6-5)の中でITSに含まれるシステムを表6-1のように六つに分類している．ITSに含まれる6システムで主要3システムは縦断的であり，派生3システムは主要3システムの要素技術で構成され，横断的である．ここでは主要3システム，ATMS，ATIS，AVCSSについて，わが国における現状と将来動向を紹介する．ITS的発想，すなわち情報技術による自動車交通問題の解決は，わが国では1960年代に始まっている．

6.2.1　先進交通管理システム(ATMS)

(1) 信号制御システム

わが国で初めて交通信号機が設置されたのは1919年であるが，現在の信号制御システムに近い形の，車両感知器を用いた系統制御式信号機が導入されたのは1963年のことで，東京の第一京浜国道の18交差点，5.5 kmの区間で，米国製のシステムであった．わが国で初めてのオンライン交通信号制御は，1966年に東京の銀座・日本橋地区1 km^{2}内の35交差点を対象として行われた．1970年には5.5 km^{2}内，123交差点を対象とした東京都心部広域信号制御システムが構築された．現在の東京の交通管制センターは世界有数の規模をもつ．表6-2に現在のわが国の交通管制システムの規模を示す．

(2) 新交通管理システム

警察庁のITSプロジェクトである新交通管理システム(UTMS：Universal Traffic Management System)(6-6)は1994年に開始され，交通管制センターと市街路に設置された光ビーコンを核としており，現在以下の9サブシステムから構成されている(括弧内に開始年と2013年現在の普及状況を示す)．

① 高度交通管制システム(ITCS：Integrated Traffic Control Systems)(1992，全国)

新交通管理システム(UTMS)の中核となる高度な交通管制システムで，光ビーコンなどの最新の情報

表 6-2　交通管制システムの整備状況（2015 年末の概数）

交通管制センター		163
交通信号機	総数	208,000
	オンライン	74,000
車両感知器	総数	208,000
	超音波式	139,000
	光ビーコン	54,000
	画像式	6,000
	ループ式	200
	その他(マイクロ波など)	7,900
交通情報板		3,600

出典：警察庁交通局交通規制課

通信技術やコンピューターなどを駆使して刻々と変化する交通状況を把握し，信号制御の最適化，リアルタイムな交通情報の提供，UTMS の各サブシステムの実用化などを実現する．

② 交通情報提供システム(AMIS：Advanced Mobile Information Systems)(1993，全国)

ドライバーが必要とする交通情報をリアルタイムに提供するシステムで，交通管制センターに収集された交通情報を情報板，カーラジオ，カーナビゲーションシステムなどをはじめとするさまざまなメディアを通して提供する．

③ 公共車両優先システム(PTPS：Public Transportation Priority Systems)(1995，40 都道府県)

バスなどの公共車両が優先的に通行できるように支援するシステムで，バス専用・優先レーンの設置や違法走行車両への警告，優先信号制御などを行う．

④ 車両運行管理システム(MOCS：Mobile Operation Control Systems)(1995，9 府県)

バス事業，貨物輸送事業，清掃事業などの事業者が，自社車両の運行管理を適切に行えるように支援するシステムで，個々の事業車両の走行位置や時刻などの情報を事業者に提供する．

⑤ 交通公害低減システム(EPMS：Environmental Protection Management Systems)(1998，3 県)

大気汚染物質や騒音などの交通公害を低減し，地域の環境を保護するためのシステムで，環境情報や交通情報を収集して信号制御や迂回誘導・流入制御などを行う．

⑥ 安全運転支援システム(DSSS：Driving Safety Support Systems)(2001，6 都県)

ドライバーが安全に運転できるように支援するシステムで，ドライバーが視認困難な位置にある自動車，二輪車，歩行者を各種感知機が検出し，その情報を車載装置や交通情報板などを通して提供し注意を促す．

⑦ 緊急通報システム(HELP：Help system for Emergency Life saving and Public safety)(1998，全国)

パトロールカー，消防車，ロードサービス車両などの緊急車両が迅速な救援活動を行えるように支援するシステムで，運転中の事故，車両トラブル，急病などの緊急時に救援機関に通報を行い，正確な位置情報などを提供する．

⑧ 歩行者等支援情報通信システム(PICS：Pedestrian Information and Communication Systems)(2000，36 都道府県)

高齢者や障害者が安全に移動できるように支援するシステムで，正確で安全な交差点の情報を音声で提供する．

⑨ 現場急行支援システム(FAST：Fast Emergency Vehicle Preemption Systems)(2000，15 都道府県)

緊急車両が迅速に急行できるように支援するシステムで，緊急車両を優先的に走行させるための信号制御等を行う．

(3) 有料道路の料金自動収受

1990 年代半ばから建設省(当時)で有料道路の ETC(Electronic Toll Collection)の検討と実験が行われ，2001 年から正式運用が開始され，全国の高速道路料金所に ETC ゲートが設置された．当初は普及が進まなかったが，プリペイドカードの廃止などによって普及が促進され，2016 年 3 月現在，累積車載装置セットアップ件数は約 7,175 万件，利用率は約 90% である．図 6-9 に ETC 車載装置の累積セットアップ件数の推移を示す[6-7]．ETC 導入前は，高速道路の渋滞の約 3 割は料金所において発生していたが，ETC の普及によって料金所において発生する渋滞はほぼ皆無となった．

料金の自動収受は，車載装置と路上装置の間で 1 対 1 の通信(路車間通信)を行い，車載装置に挿入されたドライバーのクレジットカード情報を路上装置に送信することによって行われる．この通信は，5.8 GHz 帯を用いた DSRC(Dedicated Short Range Communication，狭域専用通信)で，ITS における重要な通信技術であり，2001 年に電波産業会で標

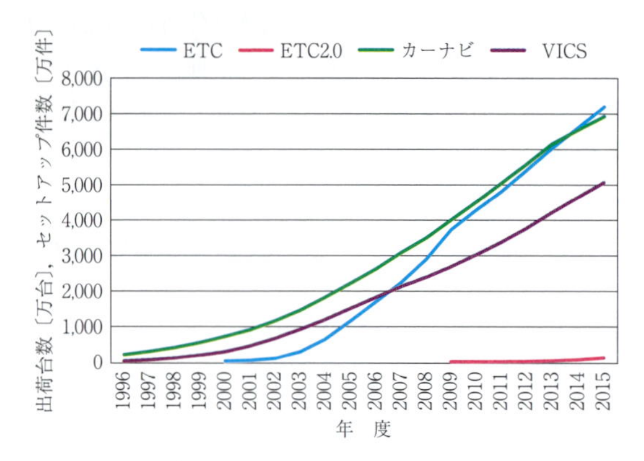

図 6-9　ETC 車載装置の累積セットアップ件数とカーナビゲーションシステム，VICS ユニットの累積出荷台数

準化されている(6-8)．

2009 年からは ETC の機能だけでなく道路交通情報などの提供の機能をもつ ETC2.0(当初は ITS スポットサービスなどと称していたが 2014 年から ETC2.0 と呼ばれるようになった)が開始された．ITS スポットサービス，ETC2.0 についてはそれぞれ P 195，P 211 に詳述する。

6. 2. 2　先進旅行者情報システム(ATIS)

先進旅行者情報システムは，車載されたスタンドアロン型のカーナビゲーションシステムと路車協調型の交通情報システムに大別される．

(1) カーナビゲーションシステム

わが国において最初に市販されたカーナビゲーションシステムは，ホンダが 1981 年に発表したジャイロケータであろう．ブラウン管上に表示された自車の走行軌跡に合わせて半透明の地図シートを置くことによって自車が走行した経路と現在位置がわかるようになっていた．GPS が利用可能になるまでは，自動車の現在位置と方位を求めるために，時々刻々の自動車の速度とヨーレートを積分して自動車の現在位置と方位を求めていたが，このシステムでは，ヨーレートセンサとしてガスレートジャイロが使われた．

目的地までの経路を指示するカーナビゲーションシステムは，1987 年にトヨタによって発表されたが，地磁気を検出する方位センサの精度が必ずしも良くなく，1990 年代前半に GPS が利用可能になって実用的なシステムが実現した．現在は後述する VICS 情報の表示もカーナビゲーションシステムの表示に重畳して行われる．2015 年 12 月現在，カーナビゲーションシステムの累計出荷台数は 6,908 万台である．図 6-9 にカーナビゲーションシステムの累積出荷台数の推移を示す(6-9)．カーナビゲーションシステムは，ETC，VICS とともに最も普及している ITS 関連システムである．

カーナビゲーションシステムは，携帯電話網と接続して車載の情報通信技術プラットフォームとして発展し，2000 年前後から乗用車メーカーが独自のサービスを提供している．これらのサービスはテレマティクスと呼ばれる．トヨタは MONET(サービスは終了)，G-BOOK，T-Connect を，日産はコンパスリンク(サービスは終了)，CARWINGS を，ホンダはインターナビを発足させている．これらのサービスでは，たとえばレストランの予約だけでなく，各車からのプローブデータに基づき渋滞箇所を避けた経路誘導が可能となっている．VICS では光ビーコンが設置されている道路だけのデータによるサービスが行われるが，プローブデータを用いると，自動車が走行した道路すべてのデータによるサービスが可能になる．プローブデータのこの特徴は，2011 年の東日本大震災時に車両通行可能道路の実績情報作成に活かされた．

(2) 路車間通信を利用した交通情報システム

道路と自動車の間の通信(路車間通信)を用いた路車協調型の交通情報システムは 1970 年代に CACS の研究開発が行われ，現在 VICS が実用化されている．

(a) 自動車総合管制システム(CACS)

CACS(6-10)は，1973 年から 1979 年まで通商産業省工業技術院(当時)が研究開発を行った，個別路車間通信に基づく動的経路誘導システムである．動的経路誘導とは，道路の渋滞状況を考慮した最適な経路でドライバーを誘導することである．路車間通信に基づく経路誘導システムは，すでに 1960 年代後半に米国で ERGS(Electronic Route Guidance System)の実験が行われていたが，ERGS は静的な経路誘導であった．CACS は，世界初の市街路を対象とした動的な経路誘導システムであった．

CACS では，自動車が交差点に接近すると，路面に埋設されたループアンテナと車載アンテナの間で通信が行われ，目的地に対応した最適な経路誘導情報(交差点の進入方向)が路上装置から自動車に送られる．用いられた通信技術は低周波数帯(車から路へは172.8 kHz，路から車へは105.6 kHz)の誘導無線であった．CACSは，1977年10月から1年間をかけて東京都渋谷区，目黒区を中心とする約30 km^{2}の地域の市街路と高速道を対象に実験を行い，動的経路誘導によって旅行時間が9〜15%短縮されることを示したが，実用化には至らなかった．その理由は，車載装置が先か，路上装置が先か，という「鶏と卵」問題が解決できなかったことにある．「鶏と卵」問題は，多くのITS関連システムに共通した課題である．

(b) 道路交通情報通信システム(VICS)

1985年頃から警察庁によってAMTICS(Advanced Mobile Traffic Information and Communication System)[(6-11)]が，建設省(当時)によってRACS(Road / Automobile Communication System)[(6-12)]が開発された．これらはいずれも路車間通信を用いた交通情報システムで，AMTICSはテレターミナル(800 MHz帯を用いた無線パケット通信を利用した双方向無線通信システムで1989年から2000年まで運用された)で，RACSは準マイクロ波帯(約2.5 GHz)で路車間通信を行った．RACSではさらにデジタル地図の検討が行われている．AMTICSは1988年4月から3カ月間東京で実験が行われ，1990年3月から9月まで大阪で開催された花博で用いられた．またRACSは1987年3月と1988年4月に東京近辺で実験が行われた．

1991年にAMTICSとRACSが統合されて発足したVICSは，1996年4月からサービスを開始し，2003年2月に全国でサービスを行うようになった．VICSでは情報提供に，市街路は光ビーコンを用いた双方向通信，高速道路上は2.5 GHz帯(2.4997 GHz)を用いた電波ビーコンを用いた路から車への単方向通信，FM多重放送の3種の手段が使われている．VICSにおける情報の表示は，地図表示(レベル3)，簡易図形表示(レベル2)，文字表示(レベル1)の3タイプがあり，カーナビゲーションの機能や走行場所によって異なる．

現在，光ビーコンは約56,000基，電波ビーコンは約3,000基設置されているが，今後は高速道路上の2.5 GHz帯電波ビーコンは更新されることはなく，後述するITSスポットと呼ばれる5.8 GHz帯利用のビーコンに置き換えられる(2012年4月に供用を開始した新東名高速道にはVICSの2.5 GHz帯電波ビーコンは設置されていない)．2015年3月現在，VICSユニットの累計出荷台数は4,640万台である．図6-9にVICSユニットの累積出荷台数の推移を示す[(6-13)]．VICSが広く普及したのは，カーナビゲーションシステムの普及が「鶏と卵」問題の解となったからであり，ETCの普及についても高速道路料金所へのETCゲートの建設が「鶏と卵」問題の解となったからである，と考えることができる．

(c) ITSスポットサービス

全国の高速道路1,600カ所に5.8 GHz帯DSRCによるビーコン(ITSスポット)が設置され，2009年10月から対応するカーナビゲーションシステムが販売され，2011年3月から全国でサービスが開始された．サービスの内容は，従来のVICSでのサービスに加えて，プローブデータの送信とそれによる渋滞回避経路誘導情報の受信や安全運転支援などに拡張されている．対応する車載装置は，ETCの機能も併せ持つETC2.0として普及が図られている．しかしながら，この車載装置は2009年度からセットアップが開始されたが，2016年3月現在，累積出荷台数は約112万台で，カーナビゲーションシステム，VICS，ETCの普及速度と比較すると，順調に普及しているとは言い難い状況にある．

(d) 路側放送

道路側のアンテナ(漏洩同軸ケーブル)を用いて近傍のカーラジオに交通情報を提供する路側放送は，1980年に国道17号線，三国峠付近で行われたのが最初である．使用周波数は，当初は522 kHzであったが，その後1,620 kHz(一部例外的に1,629 kHz)に統一された．高速道路，国道，市道など，2010年には全国で430区間に設置されていたが，現在では縮小，廃止の方向にある．

6.2.3 先進車両制御システム(AVCSS)

先進車両制御安全システムには運転支援システムと自動運転システムが含まれる．両者の技術は共通であるが，ドライバーが運転の制御ループに含まれる場合が運転支援システム，含まれない場合が自動運転システムである．最近までは自動運転の研究に運転支援の概念は含まれていなかったが，最近は運転支援を含めて自動運転または自動走行と呼ばれている．

(1) 自動運転システム

自動運転システム[(6-14)]は，自動車交通へのオートメーションの導入による安全，効率，利便性，快適性を目的としており，米国では1950年代から，わが国では1960年代から研究が始まった．現在世界各国で公道上での走行実験が行われているが，商品化には至っていない．なお，自動運転システムについては第7章に詳述する．

(a) 誘導ケーブルを用いたシステム

わが国で最初に自動運転の研究が開始されたのは，1960年代初頭，通商産業省(当時)機械技術研究所(現産業技術総合研究所)においてである．このときの自動運転システムは，路面下に敷設された誘導ケーブルを用いた路車協調型であった．この自動運転車は，1967年には速度100 km/hで走行した．当時はITSという意識はなかったが，わが国のITSに関する早い時期における研究である．

(b) コンピュータービジョンを用いたシステム

誘導ケーブルによる自動運転の欠点は，道路側の設備が過大になることにある．機械技術研究所は1970年代になってそのアンチテーゼとして自律型，すなわちコンピュータービジョンを用いた自動運転システムの研究を行った．「知能自動車」と名づけられたこの自動運転システムのコンピュータービジョンは，右フェンダ付近に装着した上下一対のテレビカメラを用いてステレオ視を行い，三次元物体をリアルタイムで検出した．知能自動車は1978年にガードレールを検出し，それに沿って速度約30 km/hで走行した．知能自動車は世界初のコンピュータービジョンによる自動運転システムである．

(c) 自動運転道路システム

1995年から1996年にかけて建設省(当時)は，乗用車メーカー5社と共同で路車協調型の自動運転道路システムAHS(Automated Highway System)を開発した．1995年にはつくば市にある建設省土木研究所(当時)のテストコースで，1996年には供用前の上信越道で自動運転の実験が行われた．

自動運転の方式は，カリフォルニアPATH(カリフォルニア州のITSプロジェクト)と同じ，路面に埋設した永久磁石列に沿って操舵するものであった．さらに路側に設置された漏洩同軸ケーブル(6-15)で路車間通信を行い，センターからの速度指令を受信し，自車のIDをセンターに送信した．1996年の実験では11台の乗用車が自動運転でプラトゥーン走行を行った．この漏洩同軸ケーブルで使用された周波数帯は2.5 GHz帯であった．漏洩同軸ケーブルは走路に沿って連続して路車間通信が可能という特徴があるが，電波割当て(使用周波数)上の課題や一般道への敷設の困難さ，道路景観上の問題などの理由で自動運転システムでは用いられることはなかった．

AHSについては，供用前の高速道路での実験が行われたものの，建設省は自動運転のプロジェクトを中止し，運転支援システムである走行支援道路システム(AHS：Advanced Cruise-Assist Highway System)に方向を転換した．

(d) 協調走行システム

動的経路誘導システムCACSの後，その成果を普及するための団体，自動車走行電子技術協会(2003年に日本自動車研究所に統合)が設立され，この協会で1981年頃から車車間通信システムの検討が始まった．当初はATMS/ATISへの応用が考えられたが，1990年に始まったスーパースマートビークルシステム(SSVS：Super Smart Vehicle Systems)の調査研究では，車車間通信の運転支援，自動運転の検討が行われた．その結果を踏まえて，1997年には赤外線を用いた車車間通信による運転支援の実験が4台の乗用車を用いて行われた．実験の内容は，先頭車の急ブレーキを車車間通信で後続車に伝達し追突を防ぐ，あるいは割り込みを円滑に行う，などであった．

赤外線を用いた車車間通信の後，5.8 GHz帯DSRCを用いた車車間通信の研究が機械技術研究所と自動車走行電子技術協会で行われた．この車車間通信のプロトコルは，理想的な自動車交通流をイルカの群れの泳ぎになぞらえてDOLPHIN(Dedicated Omni-purpose inter-vehicle communication Linkage Protocol for Highway automatioN)と名づけられた．2000年には5台の乗用車を用いて自動運転による協調走行の実験をテストコースで行った．その内容は，プラトゥーンの分離と合流，プラトゥーンからの離脱，プラトゥーンへの参加，車線変更など柔軟なプラトゥーン走行であった．自動運転は自律型で，RTK-GPSで精密に測定した自車位置と走行場所のデジタル地図に基づくアルゴリズムで行った．車車間通信によってリアルタイムですべての車の位置と速度，意図を共有し，柔軟なプラトゥーン走行を可能とした．

(e) エネルギーITS

21世紀になって地球温暖化に対する関心の高まりを背景に，経済産業省と新エネルギー・産業技術総合開発機構(NEDO)は，省エネルギーとCO_2排出削減を目的に2008年から2013年まで「エネルギーITS」プロジェクトを実施した．ITS技術による自動車交通の省エネルギー化には，信号制御や動的経路誘導などいくつかの方法があるが，このプロジェクトでは車群が小さな車間距離で高速走行するときの空気抵抗の減少による省エネルギー効果を利用している．2013年に3台の25トントラックを自動運転で速度80 km/h，車間距離4.7 mでプラトゥーン走行させ，燃費が3台のトラック(空荷状態)の平均で約15％改善されることを示した．自動運転は自律型で，車両左側のレーンマーカーをコンピュータービジョンで検出して操舵制御を行い，ミリ波レーダーとレーザスキャナーで車間距離を測定し，さらに5.8 MHz帯DSRCと赤外線を用いた2種の車車間通信で，センサでは測定が困難な加速度などのデータをトラック間で共有して速度・車間距離制御を行った．

(f) 戦略的イノベーション創造プログラム

2009年頃から米国内で走行実験を行っているグーグル社の自動運転車に触発されてか，2013年頃からわが国の自動車メーカーや部品メーカーから自動運転車の販売が予告されている．わが国政府は戦略的イノベーション創造プログラム(SIP：Strategic Innovation promotion Program)で自動運転車を取り上げ，センサなどの研究開発が行われている．SIPを担当する内閣府はドライバーがまったく関与しない自動運転車を2025年以降に市場化すると予想している．

なお，自動車運転については，第7章にも詳述されている。

(2) 運転支援システム

運転支援システムは予防安全を目的とし，車載装置だけで機能する自律型，道路側設備との協調で機能する路車協調型，他車との協調で機能する車車協調型がある．

(a) 自律型運転支援システム

1980年代に日産によって居眠り運転警告システムやライダ(レーザレーダー)を用いた車間距離警報装置が商品化され，1995年には三菱自動車によってACC(Adaptive Cruise Control)が商品化されてはいるが，1991年に運輸省(当時)が開始したASV(Advanced Safety Vehicle，先進安全自動車)プロジェクトにより，自律型運転支援システムの研究開発が本格化した．当初ASVは乗用車だけを対象としたが，その後，トラック，バス，二輪車に対象が広げられ，2005年には車車間通信を用いた車車協調型の運転支援システムの実験が行われている．併せて自動車メーカーによる各種運転支援システムの商品化も進んだが，2010年頃までは普及は進まなかった．しかし，その後，軽自動車を含めて衝突被害軽減ブレーキや車線はみ出し警報の商品化が各自動車会社によって進められ，購入しやすい価格に設定されたこともあって，現在では急速に普及しつつある．衝突被害軽減ブレーキのセンサには，ライダ，ミリ波レーダー，ステレオビジョンを含むコンピュータービジョンが使われ，車線逸脱警報のセンサにはステレオビジョンを含むコンピュータービジョンが使われている．

(b) 車車協調型運転支援システム

ASVプロジェクトの一環として，2005年に車車間通信を用いた安全運転支援の実験がテストコースで行われた．複数台の車間で通信を行うと，お互いに他車の存在を知ることができる．この実験では，見通しの悪い交差点での他車の存在表示や，見通しの悪いカーブ先の渋滞列最後尾車の存在表示などが行われた．使われた通信技術は5.8 GHz帯DSRCであったが，5.8 GHz帯の電波が回り込みにくいことがその後に明らかとなり，700 MHz帯も車車間通信に用いられることになった．5.8 GHz帯DSRCの車車間通信応用については2007年にITS情報通信システム推進会議によってガイドライン(6-16)が作成され，700 MHz帯の車車間通信応用については2012年に電波産業会で標準(6-17)が作成された．車車協調型の運転支援が機能するためには，通信装置の高い普及率が前提となる．

(c) 路車協調型運転支援システム

建設省は2000年に道路に埋設した磁気マーカーと路側に設置されたセンサを用いた運転支援システムのデモSmart Cruise 2000をテストコースで行い，前方障害物衝突防止支援など七つのサービスを提案した．その後国土交通省は磁気マーカーの使用をとりやめ，ITSスポットによる路車協調型運転支援の運用を2011年から開始した．

ITSスポット運用以前の2009年には，大規模実証実験が東京をはじめ全国5カ所で開催された．この実験では，ITSスポットだけでなく，警察庁のUTMSに含まれるシステムの一つDSSSとASVにおける車車間通信応用システムの実験も行われた．

6.2.4 将来に向けての課題

ITSにおける無線通信技術は，将来，レーダーを含めてより高い周波数帯が使われるようになる．現在，欧州では，CACC(おそらく乗用車対象)に5.9 GHz帯を，プラトゥーン(おそらくトラック対象)に63-64 GHz帯を用いる提案がある．しかしながら，ITSのための通信システムには二つの大きな課題がある．一つは上述した「鶏と卵」問題である．もう一つは通信システムの更新が困難であることである．VICSの2.5 GHzビーコンが設置後30年で更新されなくなったことからわかるように，インフラストラクチャ，自動車，ICT機器それぞれの使用期間や寿命が大きく異なり，特に自動車の新旧モデルが常に混在することが，ITS関連のシステムやサービスの更新が困難である点に留意する必要がある．

6.3 ITSによる自動車交通の省エネルギー化とエコロジー

自動車交通におけるエネルギー消費とCO_2排出を考えると，自動車交通の省エネルギー化とCO_2排出削減は，安全とともに自動車交通にとって早急に対策を講じなければならない重大かつ緊急の課題である．現在自動車交通で使用されるエネルギーのほとんどは燃焼によってCO_2を発生する石油であり，したがって自動車交通におけるCO_2排出削減は，その省エネルギー化対策と置き換えることができる．自動車交通の省エネルギー化対策には多くのアプローチがあるが，ここではITSによる省エネルギー効果とCO_2排出削減効果を実験データなどに基づいて紹介する[6-18][6-19]．

6.3.1 自動車交通の省エネルギー化

自動車交通の省エネルギー化には，車両の軽量化やエンジンの改善など自動車自体の省エネルギー化や交通流の改善による省エネルギー化など，多方面からのアプローチがある[6-20]．ITS技術による省エネルギー化は，車両と交通流の制御による走行方法の改善が主に関連し，走行量低減が一部関連する．

自動車の走行速度と燃料消費量のおおよその関係を図6-10に示す．一般に低速でも高速でも燃料消費量は増加する．燃料消費効率が最も高い速度は，ガソリン車で50-60 km/h付近，ディーゼル車で70 km/h付近である．まず，図中の矢印AがITS技術による省エネルギー化である．すなわち，渋滞を解消して燃料消費効率が高い速度で自動車を走らせるアプローチである．現在，自動車が使用する全燃料の約11%が渋滞で浪費されている．また，わが国の大都市圏において平均走行速度は約20 km/hであるが，この平均速度を1 km/h向上させると，燃費を約3%改善することができる．次に矢印Bは，高速走行時に空気抵抗を減少させて省エネルギー化を図るアプローチで，複数台の車両を小さな車間距離で走行させるプラトゥーン走行によって可能となり，これもITS技術の一つである．特に高速走行時のトラックでは，空気抵抗によるエネルギー消費が全エネルギー消費量の40%以上になるため，空気抵抗を減少させることは省エネルギー化に大きな効果がある．最後の矢印Cは低燃費の新しい自動車の導入によるアプローチであり，ITS技術ではないため，ここでは触れない．

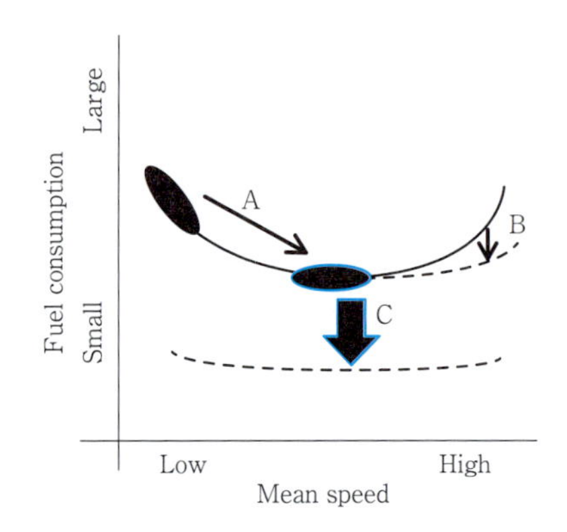

図6-10 平均速度と燃料消費の関係および省エネルギー化対策

Barthら[6-21]は，ITS技術の省エネルギー効果を5～15%と推定し，多くのITS技術の効果が加算的であることからさらに大きな効果が期待できるとしている．しかしながらこのような効果を得るためには，新たな交通を生じさせない交通需要管理などが前提となる．また，ここで紹介したアプローチは，図6-10に示すように内燃機関をエンジンとする自動車を対象としたものであり，電気自動車ではまったく異なったアプローチが必要となる．

6.3.2 ITS技術による省エネルギー化

ITSには多くのシステムが含まれるが，そのうち主要なものは，ATMS，ATIS，AVCSSの3システムである．走行方法の改善技術は，無駄な走行を防

表 6-3　ITS 技術による自動車交通の省エネルギー化

ITS 技術		ITS 技術と省エネルギー化の関係（関係がある箇所を X で示す）			
		走行の改善			交通量の削減
		円滑な交通	効率的な走行		
			情報提供	車両制御	
ATMS	信号制御	X			
	ETC	X			
ATIS	交通情報		X		
	経路誘導		X		
AVCSS	運転支援		X	X	
	自動運転			X	
その他	公共交通情報		X		X
	物流管理				X
	需要管理				X
	インターモーダル情報				X

ぐ技術や渋滞の発生を抑制する技術であり，走行量の低減技術は，交通需要管理や公共交通機関利用の促進に関する技術である．以下では，現在導入されている，あるいは実験が行われている技術やシステムの省エネルギー効果，CO_2 排出削減効果について紹介する（表 6-3）．

(1) 交通信号制御

警察庁の ITS プロジェクトである UTMS[6-22] は，高度交通管制システム（ITCS）など計 11 のサブシステムから構成されている．UTMS の特徴は，市街路を対象として設置された光ビーコンによって路車間通信を行い，いろいろなサービスをドライバーに提供する点にある．このうち ITCS による効果は，1999 年度から 2003 年度までの 5 年間に，交通渋滞の軽減による経済便益が約 1 兆 5,000 億円，CO_2 排出量削減効果約 124 万トンと試算されている．

(2) 料金自動収受

わが国で高速道路における渋滞は，かつては料金所において 30％発生していたが，料金自動収受（ETC）の全国展開が 2001 年から始まり，最近では利用率が約 85％となり，高速道路料金所における渋滞はほとんどみられなくなった．料金所における渋滞の減少によって CO_2 排出量も削減されることになる．

(3) 経路誘導

経路誘導は，カーナビゲーションのように道路状況の時間変化を考えないで求めた静的な経路誘導と，道路の混雑状況に基づいて最適な道案内を行う動的な経路誘導に分けられる．静的経路誘導だけでも誤走や迷走を防ぐことができるため自動車交通の省エネルギー化に有効であるが，動的経路誘導によって渋滞を回避した経路誘導を行えば，旅行時間の短縮によってさらに省エネルギー化を図ることができる．カーナビゲーションシステムは通常は外部からの情報をまったく用いないために，静的な経路誘導システムであるが，近年では坂道を考慮した経路探索のアルゴリズムが開発されている[6-23]．

動的な経路誘導のためには，路車間通信によって路側から道路の混雑情報を受信する必要がある．1970 年代に東京で実験が行われた自動車総合管制システム（CACS）や，1996 年にサービスが開始された VICS は，この動的経路誘導システムである．CACS で行った誘導車と非誘導車（道路網に精通しているタクシードライバーが運転した）の旅行時間の比較実験では，動的経路誘導によって旅行時間が平均 11％短縮される結果が得られている[6-24]．上述した UTMS でも，動的誘導車両は静的誘導車両に比較して旅行時間が約 11％短縮した結果が得られている[6-22]．

道路上を走行する自動車の速度などの走行データを携帯電話などでセンターに送信し，センターでこうしたデータを集約するプローブ情報収集による経路誘導の実験も行われている．CACS や VICS の路車間通信に基づくシステムとの違いは，路車間通信用ビーコンが設置されていない場所でも多数の車両の走行データがセンターに集約され，稠密な渋滞状況が得られる点にある．三大都市圏中心部におけるアクセスデータ３万件を解析した結果，平均車速が約16 km/hから約19 km/hに向上し，その結果燃費が11.8％改善されたという報告がある(6-25)．

(4) 先進車両制御安全システム

先進車両制御安全システム(AVCSS)には，ドライバーの行う認知・判断・操作をシステムが支援する運転支援システムと，人間ドライバーに代わってシステムが運転を行う自動運転システムが含まれる．運転支援システムによって事故の発生が未然に防止されれば，事故が原因の渋滞の発生が防止され，間接的に省エネルギー化に寄与する．自動運転が渋滞の解消に効果があるとされるのは，より狭い幅の車線上で精密な操舵制御を行うとともに，精密な相対速度・車間距離制御によってより小さな車間距離で自動車を走行させることにより，車線の数を増やしたり，車線当たりの道路容量を増大させることが可能になるためである．また，さらにより小さな車間距離で走行することで空気抵抗を減少させ，その結果，省エネルギー化を図ることも期待されている．詳細は自動運転の章を参照されたい．

6.4 自動車技術と情報化技術の融合

ITS分野は情報化との関連が深いことから，一般的なICTの動向，自動車と情報化の視点から本節にまとめる．

自動車の情報化の第一ステップは，ATMSに含まれる信号制御システムおよびETCと，ATISに含まれるナビゲーションシステムおよびVICSということができる．これらのシステムは現在十分に普及した段階にあり，すべての，あるいはほとんどのドライバーや道路利用者にとっては既定のサービスとなっている．また，AVCSSに含まれる運転支援システムは普及が急速に進みつつあり，一部のシステムではその事故防止効果が実証されている．

また，AVCSSに含まれる運転支援システムは現在急速に普及が進みつつあるが，これらのITS主要３システムのサービスの特性を比較すると，時間的にも空間的にも，ATMSは粗で，AVCSSは密であり，ATISはその中間ということができる．たとえば信号制御の周期は分のオーダーで，信号交差点間の距離は数百メートルのオーダーであるが，自動運転が扱う時間はミリ秒以下のオーダーであり，長さはミリメートル以下のオーダーである．将来のITSのシステムやサービスは，より密な特性をもつ方向に移る可能性がある．すなわち，ATMSやATISに含まれるシステムやサービスが，AVCSSに含まれる運転支援や自動運転に集約されて，個々の利用者を対象としたシステムやサービスになる傾向にある．言い換えると，安全運転支援システムや自動運転システムの実現に向けては，交通管理システムや情報提供システムに用いられてきた情報の統合が図られることになる．

すでに，信号の現示を個別路車間通信で個々の自動車に送信し，自動車の不必要な加減速を抑制して省エネルギー化を図るシステムが実用化されている．また，ダイナミックマッピングなど自動運転システムのために自車位置の測定を精密に行う方法が研究されているが，このような方法は，自動運転が実用化される以前により精密なカーナビゲーションシステムでも用いられる可能性がある．乗用車，バス，トラックなどすべての自動車が自動運転車(ドライバーレスの自動車)となれば，交通信号やカーナビゲーションシステムは不要となろう．ただし，その実現は遠い将来のことであろう．

一方で，ICTの発展は，自動車の情報化にも大きな影響を及ぼしている．たとえば，汎用の情報端末であるスマートフォンにカーナビアプリが搭載されただけでなく，そのスマートフォンのアプリを車内で使うための車載情報システムも出現してきている．また，自動車をセンサとして集めた走行軌跡情報などのプローブ情報やスマートフォンの情報を集めて，ビッグデータとしての活用も進んでいる．

ここでは，自動車の情報化に欠かせないICTの発展と自動車の関わり，自動車の情報化の取組みについて紹介する．

6.4.1 ICTの発展と今後の役割

(1) 情報通信基盤とICT産業の発展

本項ではまず，日本におけるこれまでのICTの発展と現況について概観した上で，2050年に向けたICTの役割について自動車分野に限らず広く考察する．

日本の固定系および移動体ネットワークインフラは，2005年頃から急速に進化と拡大を遂げ，2015年３月末時点で超高速ブロードバンド(光ファイバー，ケーブルTVインターネット，LTE等)の，

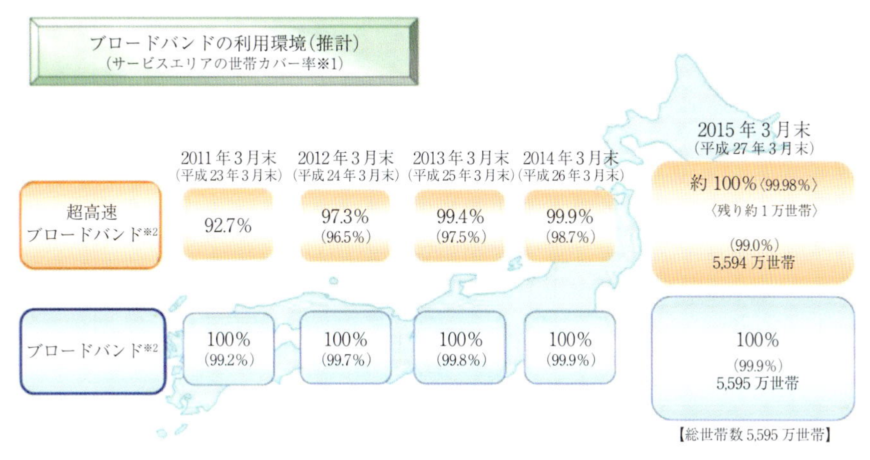

※1 住民基本台帳等に基づき，事業者情報等から一定の仮定の下に推計したエリア内の利用可能世帯数を総世帯数で除したもの（小数点以下第二位を四捨五入）.

※2 ブロードバンド基盤の機能に着目して以下のように分類．なお，伝送速度はベストエフォートであり，回線の使用状況やエントランス回線の状況等により最大速度が出ない場合もある.
超高速ブロードバンド：FTTH，CATVインターネット，FWA，BWA，LTE(FTTH及びLTE以外は下り30Mbps以上のものに限る)．()内は固定系のみの数値.
ブロードバンド：FTTH，DSL，CATVインターネット，FWA，衛星，BWA，LTE，3.5世代携帯電話．()内は固定系のみの数値.

図6-11 ブロードバンド基盤の整備状況(6-26)

サービスエリアにおける世帯カバー率は図6-11に示すように99.98%に達した(6-26)．また，図6-12に示すように，日本の単位通信速度当たりの固定ブロードバンド料金は，OECD加盟国中で最も低いレベルにある．すなわち，日本においては超高速ブロードバンド網が隅々まで浸透し，どこでも・誰もが高速通信を利用できる環境整備がほぼ完了したといえ，ICTは基盤整備の段階から，新たなサービス・価値創造の段階に入ったといえる.

次に，ICT産業の日本経済におけるポジションについて眺めてみる．図6-13は，1995年から2012年までの実質GDP(2005年価格)の産業別構成比率の推移を示す．この間の情報通信産業の年平均成長率は3.5%を示し，2013年には同産業の実質GDPは50.4兆円に達している．この額は全産業総額469.3兆円の10.8%を占めており，主要産業の中で最大規模となっている.

(2) ICTに期待される役割

(a) 新たな価値の創造

ICTの発達により，モバイル端末をはじめ，家電製品や産業機器など，あらゆるデバイスがネットワークにつながり，センシングや制御を行うことが可能となるIoT(Internet of Things)の時代が到来しつつある．IoTが，ネットワーク上に生み出す多種多様で膨大な量の実測データ，いわゆるビッグデータを時空間情報と結び付けることができれば，リアルタイムで確度の高い状況分析と推測，そして推測に基づく制御や誘導が可能となる.

多種多様なセンサによって取得されたデータに，取得時の詳細な空間情報，いわゆる「G空間情報」を紐づけることによって，ビッグデータは付加価値の高い情報となる．G空間情報とは「空間上の特定の地点または区域の位置を示す情報(当該情報に係る時点に関する情報を含む)」または位置情報および「位置情報に関連づけられた情報」と定義される(6-29)．G空間情報の実現には，高精度な衛星測位システムとGIS(地理情報システム)の活用が不可欠である．衛星測位システムに関して，準天頂衛星(6-30)を用いた新しいシステムの開発が始まっている．このシステムではほぼ天頂方向に衛星が位置するため，従来のGPSが苦手とする山間部や都心部の高層ビル街などにおいても，地理的影響を受けないシームレスで高精度な測位環境が提供できるとされている.

G空間情報とICTの活用によるブレークスルーが期待される分野は，図6-14に示すように多岐にわたる．たとえば，小売・流通の分野においては，顧客の位置・行動情報の活用によって，効率的で確度の高い売上予測・販売促進計画につなげることができる．また，人員不足の深刻化が懸念される建築

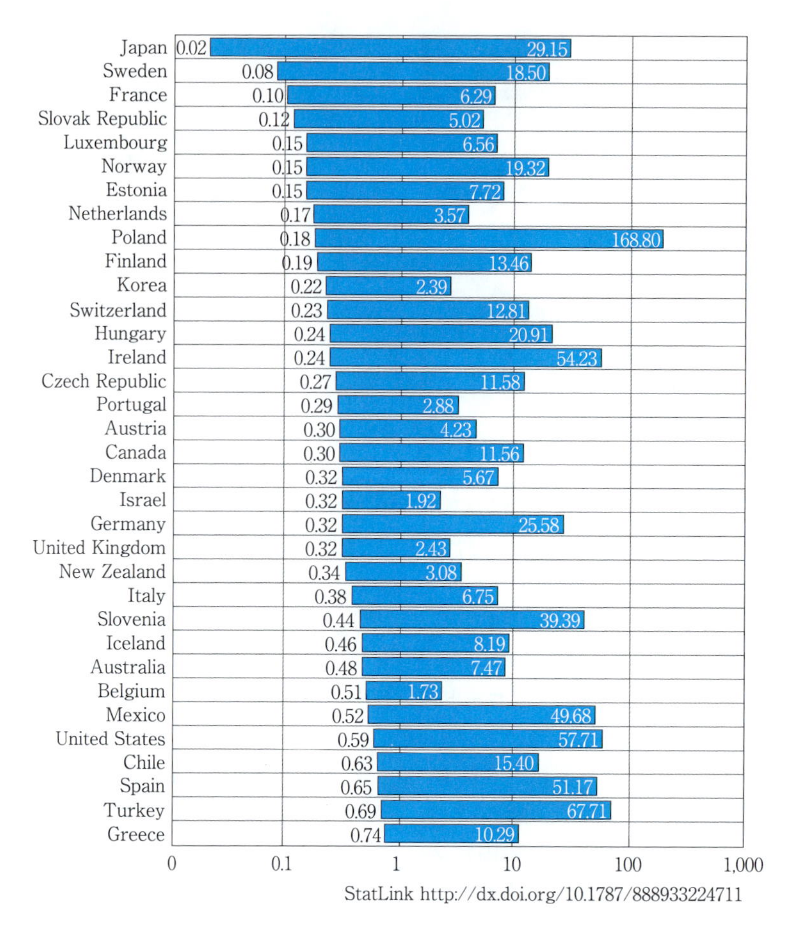

図 6-12　単位通信速度当たりの固定ブロードバンド料金(6-27)

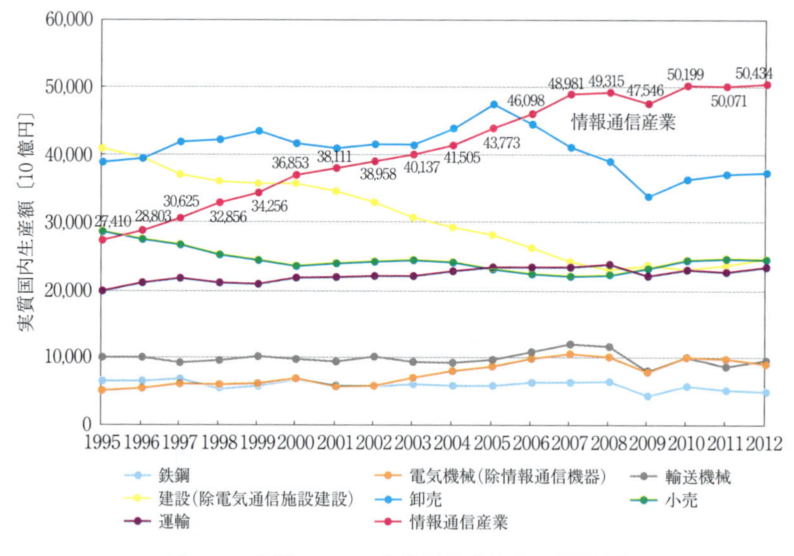

図 6-13　実質 GDP の産業別構成比率の推移(6-28)

や農業分野においては，ICT を活用したリアルタイムなセンシングと制御技術によって，建機・農機の無人化が実現できる可能性がある．このほか，安全・安心の分野においては，超高齢社会の到来に向けて高齢者の位置情報共有による効率的な見守り体制の構築や，災害時の迅速な被害状況把握や避難誘

○ 「1分の1」の投影型高精細デパート3D地図により，自宅にいながら，バーチャルショッピング．
○ あらゆるモノが位置情報を測位・発信し，屋内でも屋外でも，どこに何があるか常時把握．オンラインショッピングで購入した商品の配送時，交通状況をもリアルタイムで計算し，注文した商品の到着時間を詳細に予測．

○ 社会インフラ管理や防災にG空間情報を利活用することにより，フル・レジリエントな安心安全な社会が実現．
○ 行政と住民がG空間情報を介してつながり，住民が役所に出向くことなく，その時，その場所に応じた行政サービスが提供．

図 6-14　G空間情報とICTの活用[6-31]

導，救助活動に対してもICTは活用できる．

以上のように，ICTの活用は人口減少社会に突入した日本において求められる労働生産性の向上と，新たな価値の創造，安全・安心な暮らしの提供に資するものであり，産業・交通・医療・流通・防災などあらゆる分野において，その普及と活用が期待される．

(b) 地方における雇用・産業創出

ICTの活用によって，地域間の格差是正を実現できる可能性がある．東京を代表とする大都市圏への

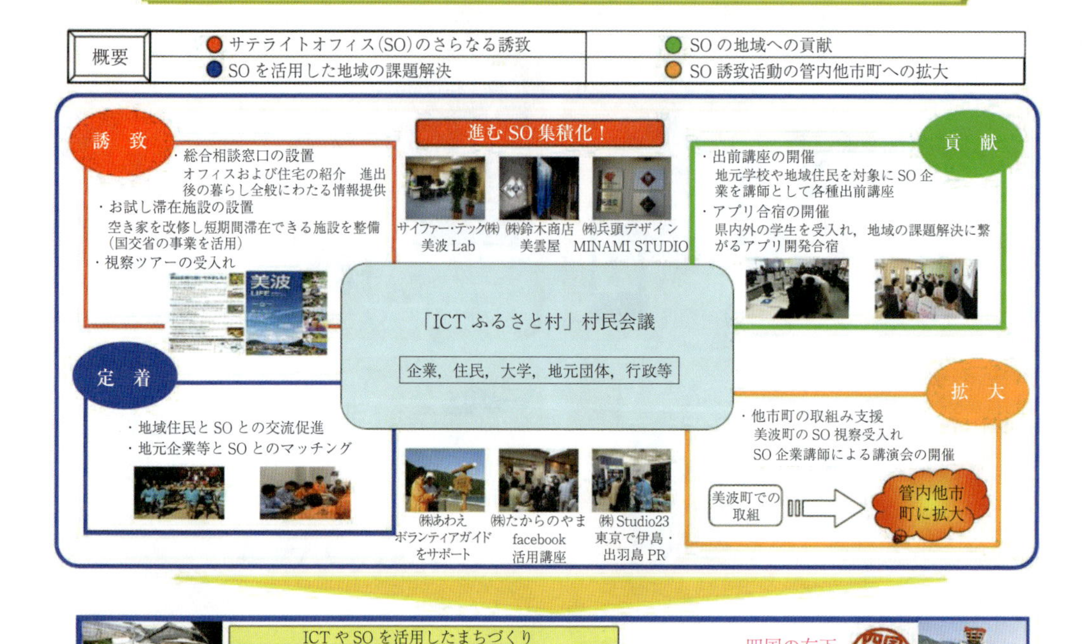

図6-15　とくしまサテライトオフィスプロジェクト(徳島県美波町の例)(6-32)

人口集中は，地方とりわけ交通が不便な中山間地域の過疎化と少子高齢化を急速に推し進め，地方の行政・経済を圧迫している．一方，前述の通り超高速ブロードバンド網が日本の隅々まで整備されるとともに，クラウドサービスが普及したことにより，情報通信インフラに関しては地方と都市の格差は解消されたといえる．このような高度に発達した情報通信インフラと，ICT産業の高い労働生産性を組み合わせることによって，今後の地方創生の突破口が開けることが期待できる．

その先駆的事例として，「とくしまサテライトオフィスプロジェクト」がある(図6-15)．徳島県は，全県に張り巡らされた全国屈指の超高速ブロードバンド網とそれを用いた都市部と変わらない作業環境，豊かな自然環境，そして増加する地方の空き家や遊休施設を活用して，過疎化が進む中山間地域にICT企業のサテライトオフィス進出を積極的に促進する「とくしまサテライトオフィスプロジェクト」を推進している．この事業の狙いは，地方における新たな雇用創出，ICTを活用した多様で柔軟な働き方の提供，進出企業と地元住民・企業との交流によるイノベーションの創出など多岐にわたり，従来の工場・事業所の誘致とは一線を画すものとなっている．2015年12月現在，3市2町にソフトウェアやシステム開発，ウェブデザイン等を手掛けるICT企業を中心に31社が進出し，50名を超える地元雇用を創出している(6-32)．

(c) 多様なワークスタイルの創出

少子高齢化および人口減少の進展に伴う労働力の減少は，あらゆる産業における需要・供給双方を低下させ，日本経済を縮小させる重要な問題である．これからの日本社会においては，妊娠・育児・介護中の人や，高齢者，障害者など，多様な人材の労働を可能とする環境を整え，労働力を今よりも広く社会に求めることが必要となる．このような課題への対応策として，テレワークに代表されるICTを活用した新しいワークスタイルの提供が期待される．テレワークは，高度なセキュリティを有するVPN(Virtual Private Network)等を介して，時間や場所にとらわれない柔軟な働き方を提供する仕組みであり，主に自宅利用型テレワーク(在宅勤務)，モバイルワーク，施設利用型テレワーク(サテライトオフィス勤務など)の三つに分類することができる(6-33)．

労働者側にとってテレワークの採用は，自分のライフイベント・ライフスタイルに即した働き方を選

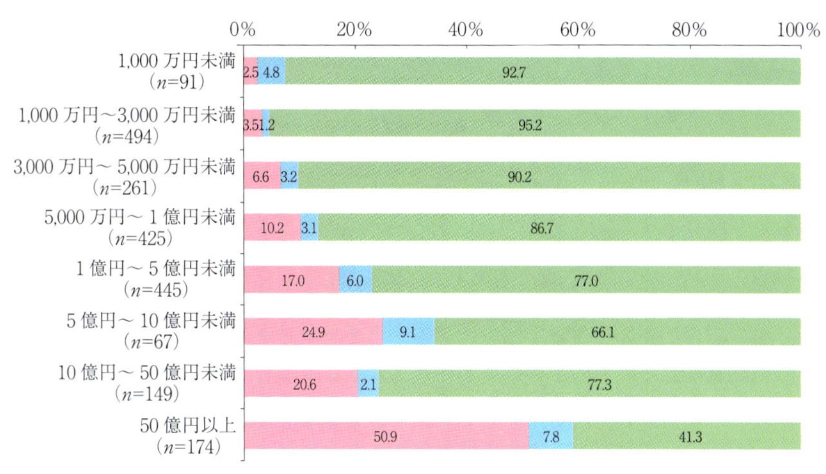

図 6-16　資本金規模別テレワークの導入状況[6-34]

択できるというメリットがある．企業側にとってもテレワークの採用は生産性向上や，オフィスコスト削減，優秀な人材の継続雇用などさまざまなメリットがあり，資本金 50 億円以上の企業の約 50%が何らかの形でテレワークを導入している(図 6-16)．また，あらゆる規模の企業においてその導入の検討がなされていることから，今後の発展が期待される．

(3) 人工知能(AI)への期待

人工知能(AI：Artificial Intelligence)は一般に，人間がもつ“見る・聞く・話す・考える・学ぶ”などの能力を，コンピューター上で実現する技術と捉えることができる．1950 年代から始まった人工知能の研究開発は，計算環境が飛躍的に向上するとともに，IoT の進展によりビッグデータの収集が可能となった現在，さまざまな分野への実用化が期待される新たな段階に入ったといえる．

人工知能(AI)は機械学習技術がベースとなっており，基本的にはコンピューター技術の発達によりビッグデータを統計的処理による能力が向上し，ディープラーニング(深層学習)により人間が考えることを実現することができるが，人間と比較してビッグデータ処理能力が高いため，場合によっては人間を超えるようになったといわれている．

たとえば医学の分野など多くのデータ処理が必要な場合には，その処理結果を人間が参考にして判断支援に使うことなどが考えられる．しかし，あくまでも人間が目的をもって AI 技術を使っているということが基本であり，人間の意図を無視して勝手に作動することは考えにくい．

自動車の自動運転に AI 技術を用いることが考えられているが，人間が意図しないシステムの暴走等があることも想定しておかなくてはならない．AI はかなりの制御について人間の考えることを実現してくれ，人間を支援してくれる．しかし，AI は人間の「脳」や「心」を完全に置き換えられるのかということについては，まだ研究が必要だといわれている．AI により自動車はどのように影響していくのかを今後も考えていくことが必要である．

AI と ICT の関係については，人間が考えることが AI 技術により処理され，ICT により瞬時に別の機械システムにつながり，ネットワーク化が拡大する．このことによりビッグデータが AI により処理されて，新しいサービスを生み出す可能性は無限に広がる．AI の発達により，新しい ITS の時代に入ると思われる．

広義の人工知能はこれまですでに，カーナビゲーションシステムやスマートフォンにおける音声認識サービス，e コマースサイトにおけるリコメンド機能など，一般消費者にとっても身近なサービスに導入されている．最近では，銀行のコールセンター業務[6-35]や，スーパーマーケット店内におけるマーケティングや人員配置提案など，一定レベルの経験と技能を必要とするいわゆるエージェント業務にも人工知能の導入が始まっている[6-36]．近い将来には，より多層化されたニューラルネットワークを用いたディープラーニングに基づく人工知能が，専門性の高い知識・経験・技能を必要とする業務分野にも適用されるであろう(図 6-17)．

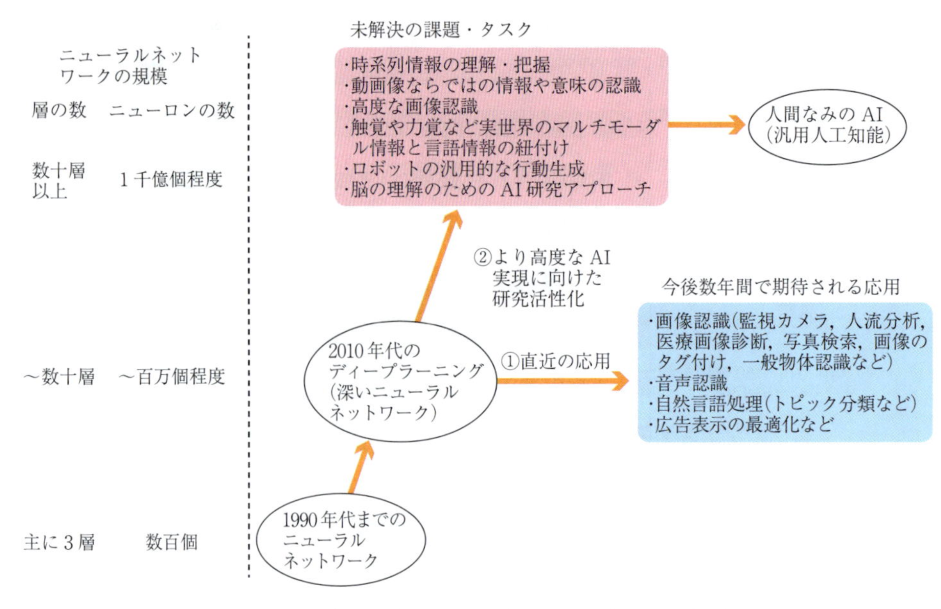

図6-17　ディープラーニングの発展と応用分野[6-37]

このような人工知能は，新たなビジネス創出につながるとともに，これからの日本が直面するさまざまな課題に対応できる技術として期待することができる．特に少子・高齢社会の到来は，さまざまな分野における労働力不足，知識・技能伝承の途絶，そして医療・介護需要の増加をもたらすと考えられる．このような社会において，人工知能を活用することによる省力化と生産性の向上は大きなメリットをもたらすであろう．たとえば，生産現場に人工知能を搭載した汎用性の高いロボットを導入すれば，個々の部品や工程に併せたカスタマイズを必要最小限にとどめつつ，省力化を実現できる可能性がある．実際，2015年にはカリフォルニア大学バークレー校が，部品の組立て作業などを試行錯誤しながら機械学習していくロボット用のアルゴリズムを開発している[6-38]．このような環境順応性の高いロボットは，介護現場においても要介護者の体格や介護レベルに応じた細やかなサービスを提供できる可能性がある．このほか，医療診断に人工知能を活用することができれば，医療レベルの地域格差の解消にもつながるであろう．

6.4.2　ICTの発展と自動車

近年のITS世界会議では，ITSは“connectivity”，“つながる”がキーワードとなっている．ICTの発達により自動車が外界とつながることができ，自動車による移動が安心・安全につながることとなった．かつて自動車は，一旦自動車を運転すると外界と孤立した情報閉鎖空間であったが，ICTの発達により“つながる”ことで，この不自由な状態が解消された．これにより自動車の移動が意味あることとなり，新たな付加価値が生まれている．

また，近年では自動車とは疎遠な関係であったICT企業が，自動車との関係が深くなる傾向が進み，自動車産業と連携することでビジネスエリアを広げている．自動車の電子化は，最初はスタータ，オルタネーター等のエンジン部品が中心であったが，排気ガス対策に貢献したエレクトロニクスによる電子制御技術が広がった．そして電動化，エンジンのみならずカーエレクトロニクス，テレマティクスと拡大し，自動車に多大な影響を現在も与え続けている．このようにITS，自動車にとってICTの進歩は大きな影響を与えており，自動車技術者とICTの連携は必須の要件となった．

自動車という機械システム，ハードの多い技術と，ICTというソフト技術が融合するということは自動車にどのような影響を与えるのか，ICTの発展により2050年の社会はどうなるのかについて，自動車技術会としての理解が必要であるという視点からICTについて考えることとした．

2015年の第22回ITS世界会議ボルドーでは，コンチネンタル，ボッシュ，バレオ等ICT企業が，自動運転やビッグデータ等自動車と連携したシステムを開発していることが顕著であった．また，近年

【ICT(“つながる”)が自動車に与える影響】

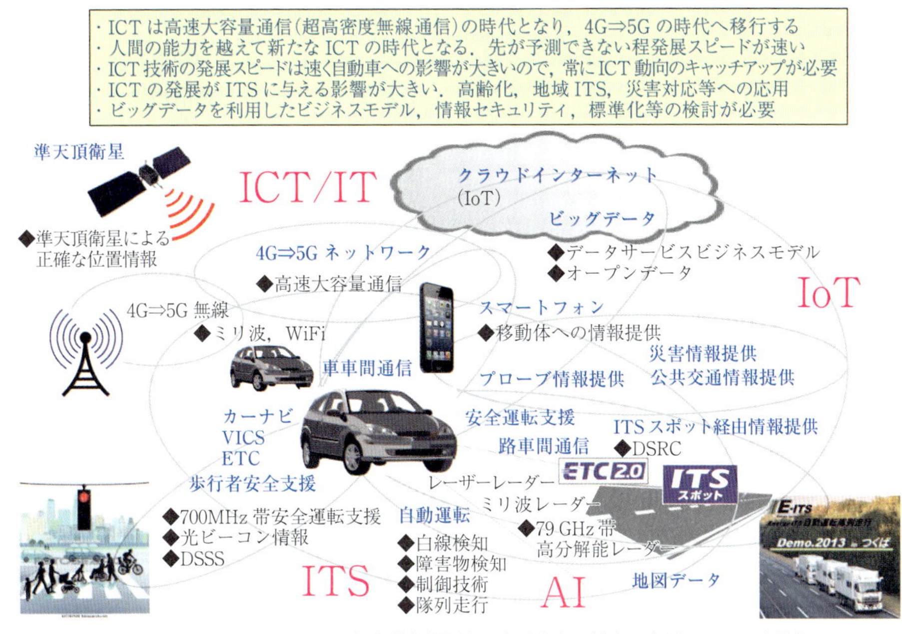

出典：2015 年自動車技術会・春季大会・社会・交通システム委員会フォーラム

図 6-18　自動車のつながり

の CEATEC(Combined Exhibition of Advanced Technologies Japan)では，自動車との連携が強くなっている．また，毎年ラスベガスで開催される全米家電協会主催の CES(Consumer Electronics Show)の 2016 年大会では，自動車や自動車部品関連の出展が例年以上に多く，自動運転など自動車と ICT の接近を裏づけた．

ICT と ICT や IoT とつながる状況について図 6-18 に示す．自動車にとって ICT がもつ意味について下記のようにまとめる．

① 自動車は歴史的に「ものづくり」として発展してきたので，ハードの感覚が強い．自動車の発展期は電子的な要素技術は未熟で，電子機器，補器としての扱いであったが，2000 年代に携帯電話，カーナビ等移動体通信が発達し，半導体技術，コンピューター技術等が発展することで，自動車への影響力は一段と強まった．自動車のハード思考を認識しつつ，ICT のソフト思考と融合していくことが今後の技術者に必要である．2050 年の社会・交通システムを考える場合には，この ICT の発展を想定した自動車像の検討が必須である．

② ICT の将来の予測についてすべての ICT 専門家は，進歩が速すぎて予測が不可能ということである．それほど進歩が速く，影響力の大きい技術とどのように対応したらよいか．自動車と ICT は連携することが必須である．ICT 企業は自動車の製造技術がないので，自動車製造の自動車企業と連携が必須となる．自動車にとっては，ICT 企業と連携すると同時に，自動車の強みである顧客サービスを考えたビジネス創出を考えることが鍵となる．

③ ICT については，日本では政府主導による e-Japan，IT 戦略等が進められてきたが，欧米等海外の進展が非常に速く，日本は遅れ始めている認識がある．ITS 世界会議の感触や，前記の CES でも ICT 企業の自動車を前提としたビジネス構築が顕著であり，その進歩のスピードは欧米が速い．しかも自動車との関係は密になっており，2050 年社会・交通システムを考える上では今後も大きく変化する分野である．

(1) 自動車からみた ICT との関係

(a) 自動車と ICT

自動車からみた ICT は，カーマルチメディアの時代を経て，自動車電話，携帯電話に代表される移動体通信の時代へ進んだ．第 1 世代(1980 年代)のアナログ，第 2 世代(1990 年代)のデジタル時代を経て，第 3 世代(2000 年以降)は衛星移動通信システムの発達による GPS が発達しカーナビの発展に貢献した．

ITSにおける通信技術は，安全運転支援技術として，車車間通信・路車間通信技術の開発が進められてきた．VICSやETC，ITSスポット(DSRC)，安全運転支援情報提供(700 MHz帯ITS)等の技術である．さらにWi-Fi，WiMAX，Bluetooth等の無線通信技術が今後も進展する．

(b)“つながり”と自動車

ICT技術が自動車に大きな影響を与え，自動車が外界と“つながる”ことにより新しいビジネス創出につながっており，その勢いはまだまだ続く．スマートフォンの登場がその“つながり”に拍車をかけている．自動車の移動情報がスマートフォンを通してサービスアプリになり，ユーザーの利便につながる．さらに情報がインターネットとつながり，自動車の走行状態や移動情報が安全運転支援，エコドライブ等の環境対策にもつながる．

自動車の外界からの情報が自動車にもたらされ，情報が双方向に流通する．このようにICTにより今までになかった情報分野が自動車を取り囲むことになる．このような状況に関して，今後考えられる課題について以下に整理する．

① 自動車とICTのつながり方の共通ベース作り

自動車では，自動車内部のCAN情報と外部からの情報について，システムのセキュリティの視点からシステム階層の構築が必要である．すなわち外部情報とつながるべき情報とつながってはいけない情報のゲートウェイ(GWY)が必要となる．現在では各自動車メーカーごとに決めているGWYが，メーカー間で共通化に向かうことが望ましい．

② 自動車モデル変更時に対応するための標準化

自動車のモデル変更時のシステムの互換性がどこまで行われるかが重要である．システムを階層化し，基本的な部分はモデル間で共通化されれば，コスト低減にもつながる．将来はこの方向で開発が行われると思われる．

③ 外部進入(ハッカー)の防御対策，セキュリティ対策

外部とつながることになると，外部からのシステムへの侵入が懸念される．米国の自動運転車が外部進入されて，自動車運転の不具合になったニュースもある．“つながる”ということの危険性である．外部からの侵入を防ぐ対策を施すことでシステムは複雑化するが，そのことによる影響が制御にどのくらい出るのかが今後の鍵となる．

④ 個人情報の保護

移動情報がビッグデータとしてビジネス創出になるが，個人情報保護の観点からはセキュリティ機能が必要となる．情報利活用によるサービスとのバランスが重要で，今後は情報の取扱いについて慎重に扱うとともに，サービスとリスクを正確に理解した上でのユーザーとの契約も必要である．

⑤ 国際標準化との協調

自動運転にみるごとく，システム情報について，国際的な標準化の推進が重要である．ITSが広く利用される時代となり，標準化がさらに重要な要素となる．自動車技術会は自動車の標準化推進に積極的に関わってきており，ITSについて積極的な推進が必要である．

⑥ ICTの干渉，遅延対策

自動車に多くの情報が集中することとなり，セキュリティで階層も複雑化する．システムの作動時間やICTの干渉，遅延が考えられる．これらは安全に影響を与えることも考えられ，これらを踏まえて最適なシステムを構築しなくてはならない．

これらの技術課題を克服し，ICTのメリットを活かしたビジネス発展が必要となる．

(2) ICTからみた自動車との関係

ICT，IoT関係企業が，自動車を連携すべきビジネス分野とみていることは事実である．自動車の当事者外の視点を活かして，人や物の移動情報データの処理技術を迅速化させ，これを分析することで生み出される新たなサービスの市場形成することを得意する．自動車と一体となったビジネスモデルを形成する流れは年々激しくなっており，自動車に関わるデータのオープン化の潮流はもはや止められない．

(3) ICTについての考え方

自動車技術にとってICT領域との関係が深いが，この領域は，異分野で扱われる傾向があることについて述べる．ITSにICTの発展は欠かせないが，自動車技術はICTには基本的に消極的である．近年は，スマートフォンの影響でこの概念は崩されることとなる．その背景は下記のように考えられる．

(a)「情報」の概念の違い

自動車で扱われる情報は，「走る・曲がる・止まる」という自動車の制御機能に係り，安全，環境等への影響を与える．他方ICTからみた情報は，自動車の移動情報であり，他の情報と同格に位置づけられる．情報の質よりも，情報処理，情報伝達速度，

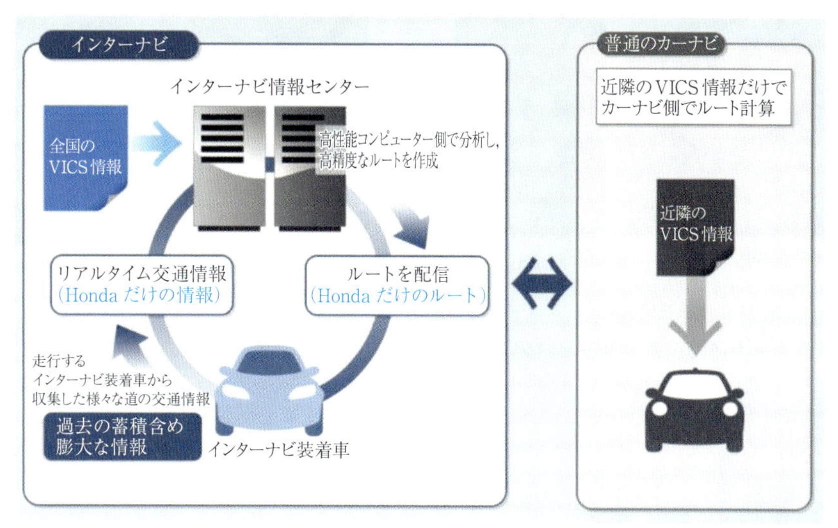

出典：本田技研工業ホームページより

図 6-19　インターナビにおけるフローティングデータ(プローブデータ)(6-39)

解析目的といった多様な視点でみている．自動車としては，この情報の質の違いを理解した上で，双方にメリットがもたらされる連携が必要である．特に近年では自動車の高機能化とドライバーの高齢化など人間と機械の関係が課題となっており，ICT が生み出すサービスの観点は重要になっている．

(b) グローバル化

ICT は，IoT 含めてグローバル化が進んでいる．自動車のグローバル化とは意味が違い，国境がない状態で，リアルタイムにつながる時代である．スマートフォンの影響はとどまることを知らない．自動車は国際商品といえども意味がまったく違う．自動車技術者はこの概念の違いを知って，自動車の価値観についてを考え続けることが必須である．

(c) ビッグデータとサービス

多くのデータを生み出す機能とそれを処理する技術が発達し，近年ではビッグデータが重要な概念となっている．データを生み出す能力は格段に発達したが，データを解析し目的に合ったサービスに加工する機能が追いついていない．さらにデータを作るインフラ機器も更新時期に差し掛かり，多くのデータを有効に使うことが困難な場合もある．今後はあらかじめサービスや目的を明確にして，データを利用する戦略的な考え方が重要である．このためには多くの場面においてビジョン戦略をもち，必要なデータ収集によりサービスを生み出す知恵出しが必要である．

6.4.3　テレマティクスの進展

日本における自動車の情報化は，2001 年の道路交通法改正により VICS 情報の民間利用が認められたことを受けて，2002 年に自動車メーカーによるカーナビ向けのテレマティクスサービスがスタートしたことが始まりといえよう．

本田技研工業は，2003 年 9 月にホンダ車のユーザー向けにプローブ情報を使った交通情報サービスである「インターナビ」を開始(図 6-19)(6-39)した．VICS 交通情報にインターナビ装着車が集めるプローブ情報の一つの「走行軌跡情報」を加えることで，より正確な目的地への到着時刻の提供などを実現している．また，交通情報以外にも，プローブ情報やさまざまな機関が発信する情報を活用して，豪雨地点予測情報，台風情報，路面凍結予測情報，地震情報(震度 5 弱以上)，津波情報，ホワイトアウト予測情報，各種警報・注意報発令の情報など，ドライバー視点に立った情報を提供している(図 6-20)(6-40)．

その後，携帯電話の普及，通信コストの低下など社会環境の変化を受けて，最新地図のダウンロードサービス等の利便性向上を狙ったサービスが加わり，さらには自動車の盗難防止や事故の際の緊急通報など「安全・安心」をキーワードにしたサービスが開始されている．

こうした自動車メーカーが展開するテレマティクスサービスは，顧客の囲い込みを狙ったサービスという特徴をもっていたが，スマートフォンが急速に

カーナビの画面例

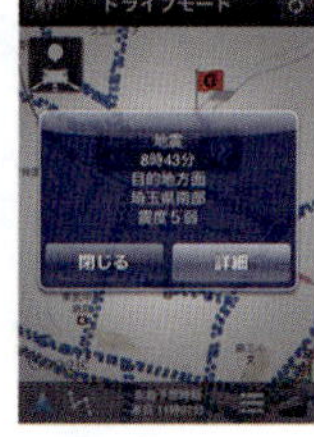

スマートフォンの画面例

出典：本田技研工業ホームページより

図 6-20　インターナビの災害時サービス例

出典：パイオニアホームページ

図 6-21　「スマートループアイ」表示例(6-41)

普及したことで，そのサービスも変化してきている．カーナビゲーションの情報をスマートフォンと共有したり，降車後も目的地の設定やPOI(Point of Interest)情報の共有などの連携サービスが展開されている．また，スマートフォンの便利な機能を車内で活用するため，車載機器とスマートフォンを接続し，車載機側からスマートフォンアプリの操作を行ったり，運転中もスマートフォンのアプリを利用するための車載ユニットとして，2014年にApple社から「CarPlay」が発表されている．運転中の使用を想定して，システムの操作・指示などを音声で行うため，音声認識型のアシスタント機能「Siri」が搭載されている．2015年には，Googleも，Android端末利用の車載システム「Android Auto」をリリースしている．

(1) プローブ情報の活用

自動車から収集・加工されることで新たな価値を生み出した走行軌跡情報に代表されるプローブ情報は，さまざまな分野で活用が期待されるビッグデータやIoTのさきがけといえる．サービス開始当初は，自動車メーカーの顧客囲い込みのためのテレマティクスサービスの一つとして活用が始まったが，その後，自動車メーカーだけでなく，車載機器や電気・電機メーカー，コンテンツサービス会社などが自動車やスマートフォンなどから集めた情報をもと

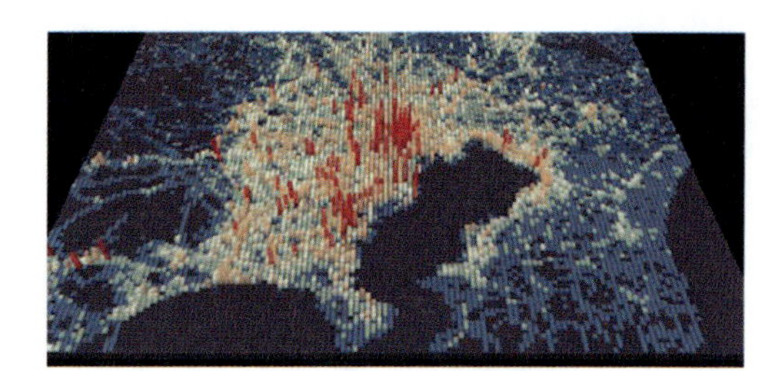

【ヒヤリハットにつながる「急減速多発地点データ」(イメージ)】

出典：パイオニアホームページより

図 6-22　急減速多発地点データのイメージ(6-42)

にサービスを提供している．

その一例として，パイオニア株式会社では，「スマートループアイ」と呼ばれる映像プローブ情報の収集・提供を始めている(6-41)．スマートループアイは，図 6-21 に示すように渋滞箇所や高速道の入口など約6,000ポイントの画像情報の取得が可能になっており，サーバ側で情報を取得するポイントを自由に変更することが可能で，プローブ情報と連動させ撮影するポイントを選んでいる．

また，集めたプローブ情報を新たなビジネスとして展開する動きも出てきている．パイオニア株式会社では，2016年4月，「急減速多発地点データ」の提供を開始した(図 6-22，図 6-23)．車載機から収集した走行履歴データなどを分析し，ドライバーが急ブレーキを踏んだと思われる地点をヒヤリハットにつながる「急減速多発地点データ」として蓄積し，これを公共機関，団体，企業等に提供する(6-42)(6-43)．

トヨタ自動車は，自社のユーザー向けテレマティクスサービス「G-Book mX」の展開にあたり，自社で収集・蓄積した「Tプローブ交通情報」や，通れた道マップ，交通量マップ，ABS等作動地点マップや地図情報などを利用することができるクラウドサービス「ビッグデータ交通情報サービス」を2013年6月から開始し，全国の自治体や一般企業に提供している(6-44)．このサービスでは，利用する自治体や企業がそれぞれ保有する施設情報や業務車両などのさまざまな情報を付加して表示することが可能となっている(図 6-24)．

こうした民間の動き以外にも，プローブ情報を公共の資産に活用しようとする動きも出てきている．警察庁では，警察が収集した交通情報と民間の事業者が保有するプローブ情報を融合し，災害時の交通情報をいち早く把握し，迅速で効率的な対応が期待できる基盤の整備が進められている(6-45)．図 6-25 に

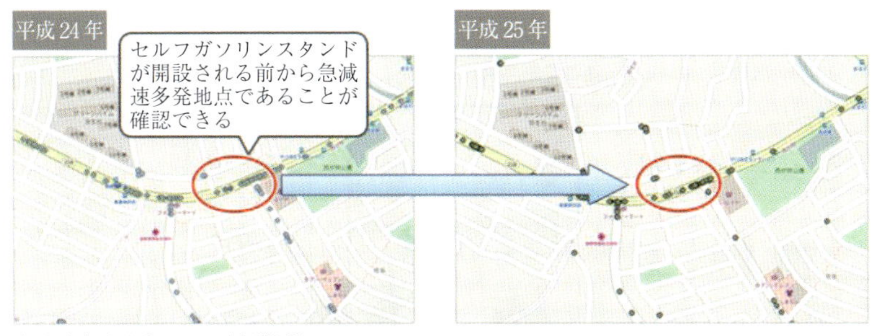

急減速多発地点データ（点群）ⒸOpenStreetMap contributors, CC-BY-SA

出典：パイオニアホームページより

図 6-23　急減速多発地点データ時間変化例(6-43)

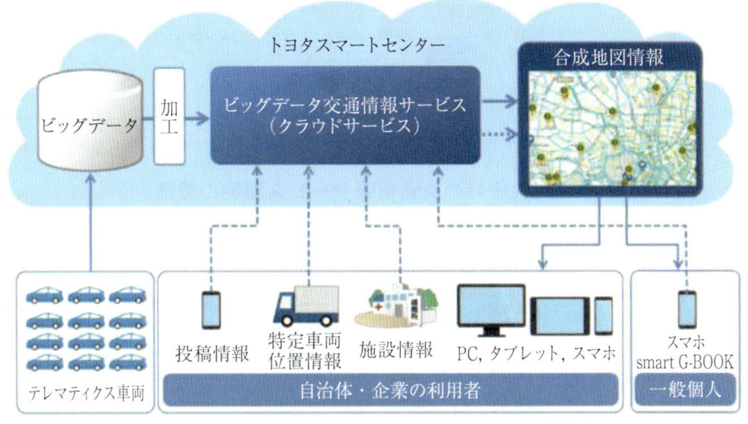

出典：トヨタ自動車ホームページより

図 6-24　ビッグデータ交通情報サービスの構成(6-44)

その体制を示す．

また，国土交通省でも，ETC2.0 で収集された急ブレーキや急ハンドルなどの走行履歴情報を解析して，高度な道路管理に用いることで事故の防止や大災害時の通行可能ルート情報の提供など，防災対策への支援が期待できるとしている．

上記のように，プローブ情報などを集約することで新たな価値が創出され，社会の資産として活用が可能なことを示したのが，東日本大震災で提供された「通行実績・通行止め情報」である（図 6-26）(6-46)．東日本を襲った大地震の発生後に，ITS Japan は自動車メーカーが自社のサイトで公開していたプローブ情報を統合し公開した．さらに，国土地理院のHP に集約された東北地方整備局や県・政令市，高速道路事業者などの各道路管理者からの通行止め情報を統合し，「通行実績・通行止情報」として公開したことで，被災地への救援物資輸送や救助活動に活用され，迅速な支援につなげることができたというものである．

国の非常事態であったことから，各所に存在する膨大な種類のさまざまなデータが統合され，経済活動・支援・復興活動につながった．この取組みにより，バラバラに存在するデータをうまく統合・提供することができれば，社会に多大な便益をもたらすことが証明された．

(2) 協調型 ITS

「協調型 ITS」とは，自動車に搭載されたセンサでは捉えきれない情報を，インフラと自動車，自動車と自動車の双方向通信により，ドライバーに提供することで安全運転を支援し，事故の防止につなげるシステムである．日本国内においては，主に高速道路での活用に向けて国土交通省が進める ETC2.0 と一般道路での活用に向けて警察庁が進める UTMS が挙げられる．

(a) ETC2.0

国土交通省は，広域の道路交通情報を活用した渋滞回避や安全運転支援の情報提供サービス，災害時の支援情報の提供を展開している（図 6-27）．また，

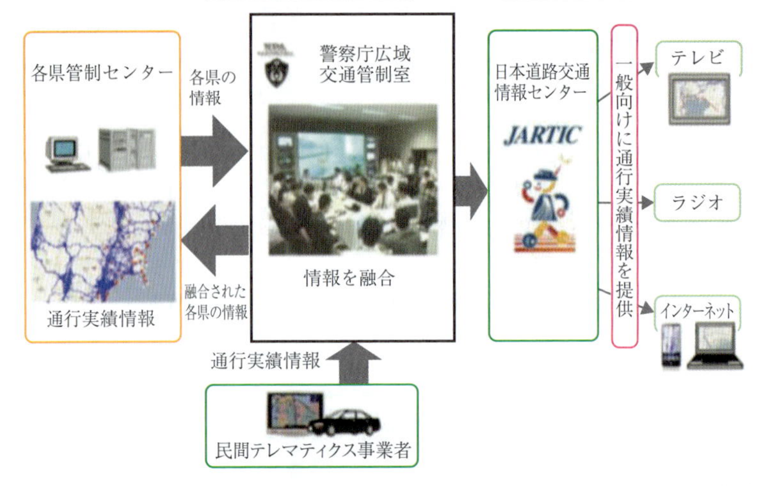

出典：内閣官房

図 6-25　災害時の交通情報サービス環境の整備 (6-45)

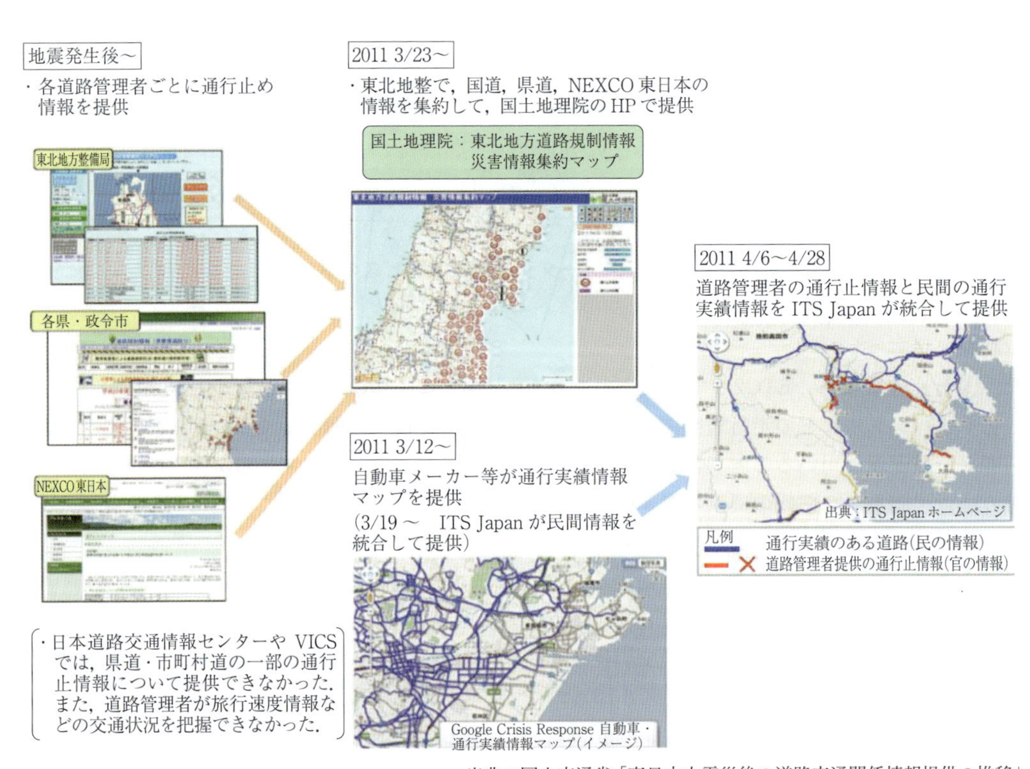

出典：国土交通省「東日本大震災後の道路交通関係情報提供の推移」

図 6-26　東日本大震災後のデータ統合と活用(2011 年) (6-46)

ETC2.0 が経路情報を収集・蓄積することができる特徴を活かしたサービスとして，高速道路料金の割引や特殊車両・大型車両の通行許可申請手続きの簡素化なども始まっている．今後は，さらに利用者の利便性向上を目指して，災害，事故時，給油目的などで高速道路を一時的に退出し再進入した場合でも，退出せずに連続して走行した際の料金とみなすサービスや，渋滞が激しい大都市圏等で環状道路などを使って目的地に向う場合，渋滞を避けたルートを走行した場合に高速道路料金を割引するサービス等が

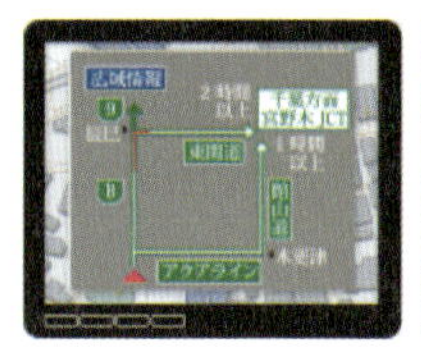

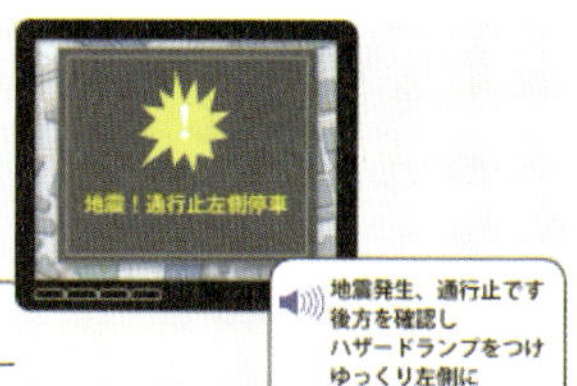

渋滞回避支援サービス　　安全運転支援サービス　　災害時の支援サービス

出典：ETC 総合情報ポータルサイトより

図 6-27　広域の道路交通情報を活用した情報提供サービス(6-47)

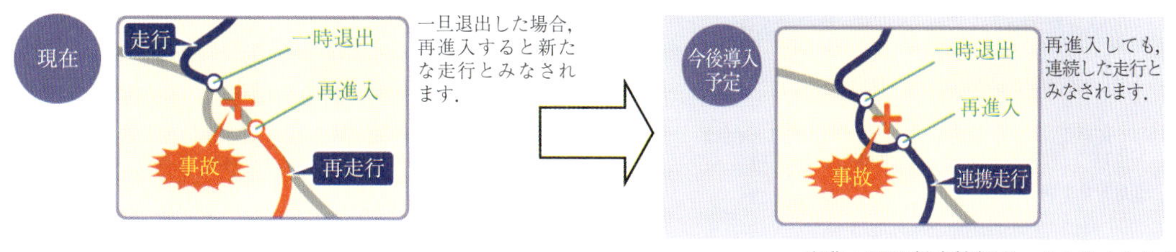

出典：ETC 総合情報ポータルサイトより

図 6-28　一時退出・再進入の料金同一化イメージ(6-48)

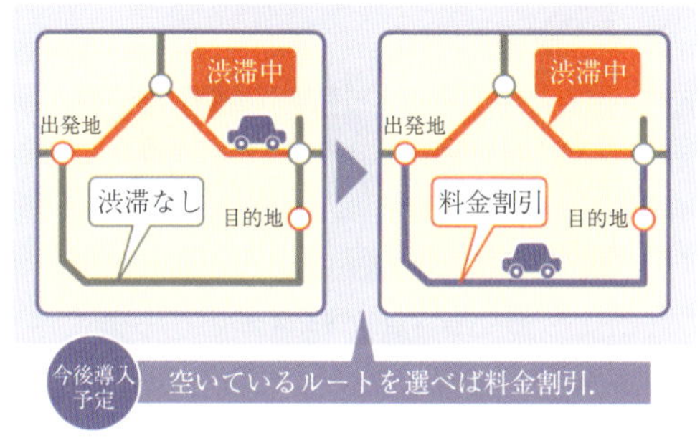

出典：ETC 総合情報ポータルサイトより

図 6-29　渋滞を避けたルート選択料金割引イメージ(6-48)

検討されている(6-47)(6-48)(図 6-28，図 6-29)．

(b) 次世代 UTMS

一般道路での安全運転支援システムとして，交差点での右折時などにドライバーが視認困難な対向車の接近や横断歩行者の存在を各種感知機で検出し，その情報を車載器等を通じてドライバーに知らせるDSSS(図 6-30)が実用化され配備が開始されている．主なサービスに，一時停止規制や信号の見落とし防止，追突・出合い頭の衝突防止の支援システムがある(6-49)．

さらに 2014 年度からは，信号情報をリアルタイムに活用して，交差点を青信号でスムーズに通過することが可能な推奨走行速度の情報提供や，交差点での信号待ちの際に赤から青への灯色変化の見落としによる発進遅れを防止する情報提供，信号の残時間に応じたアイドリングストップ作動の適否の判断・制御，アップリンク情報を利用した信号制御のタイミングの最適化システムなどの開発や実証が進められている(6-50)(図 6-31)．

(c) 車車間通信システム

トヨタ自動車は，市販車両に「通信利用型レーダークルーズコントロール」の搭載を開始した(図 6-32)．このシステムは ITS 専用周波数を活用し，自動車に搭載したセンサでは捉えきれない情報を通信を用いて取得し，自律系の安全運転支援システムを補完しようとするものである．自動車同士の接近情報を車車間通信により取得することで，ドライバーに注意を促すなどの運転支援を行うほか，見通しの悪い交差点などでは道路に設置されたセンサが検知した対向車・歩行者の情報を路車間通信により取得することも可能である(6-51)．

6. 4. 4　今後の ICT と自動車の関係における課題

(1) 人間の変化による価値観の変化

2050 年の社会は極度に高齢化が進み，高齢者のことを考えた社会になることは自明である．また，2050 年を構成する人間は，現在の 20 歳代の若者が 50〜60 歳代となり，現在の中高年とはまったく考え方が異なり，スマートフォン，コンピューター，デジタル技術，IoT 等を使いこなしてきた世代が主流となる．このためにあらゆる場面において今の価値観とは異なるものとなるであろう．

シミュレーション技術が進み，仮想現実の世界が

一時停止規制見落とし防止支援システム

一時停止規制の見落とし防止を支援します．

送信情報：一時停止規制・停止線の位置
送信先：規制対象車両

追突防止支援システム

カーブや上り坂の先で渋滞や信号待ちにより，停止または低速で走行している車両に追突する事故の防止を支援します．

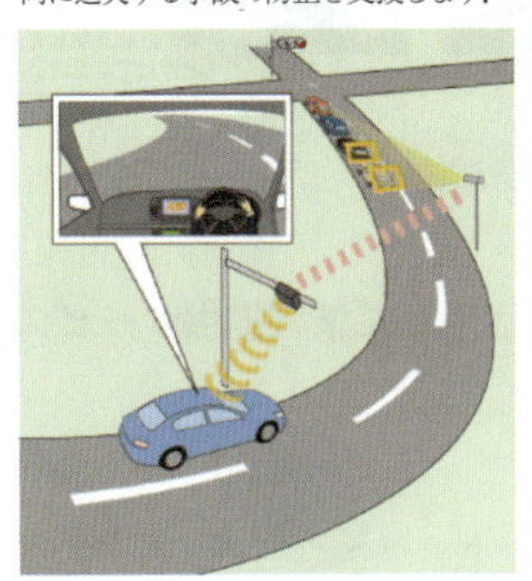

送信情報：渋滞末尾位置
送信先：後続車両

出合い頭衝突防止支援システム

信号機のない交差点における出合い頭衝突事故の防止を支援します．

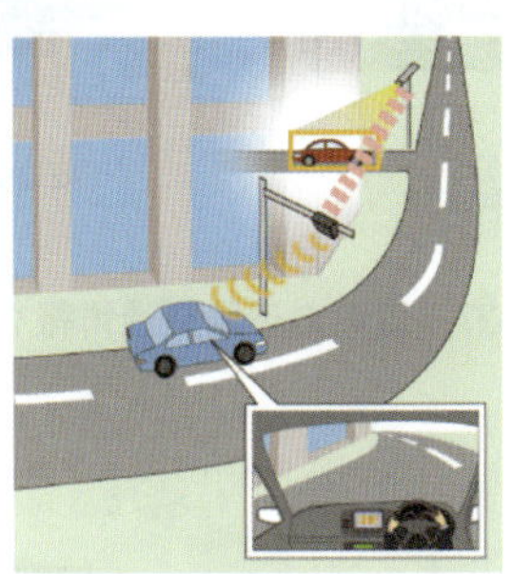

送信情報：交差する車両の位置・速度
送信先：交差点に接近する車両

信号見落とし防止支援システム

赤信号の見落とし防止を支援します．

送信情報：対面する信号機の情報
送信先：交差点に接近する車両

出典：UTMS 協会ホームページより

図 6-30　DSSS(Driving Safety Support Systems)の主なサービス(6-49)

信号通過支援システム

発進遅れ防止支援システム

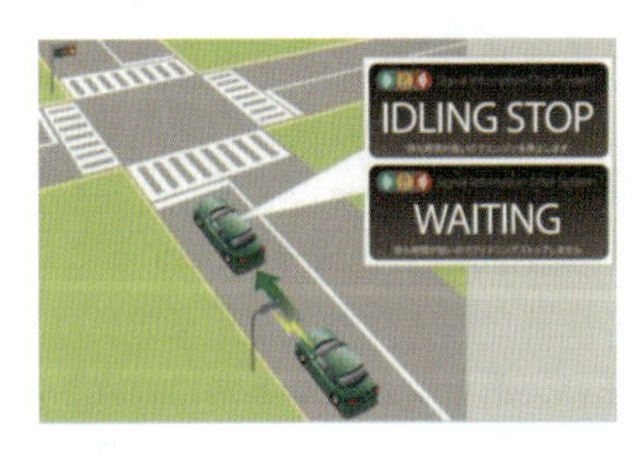

アイドリングストップ支援システム

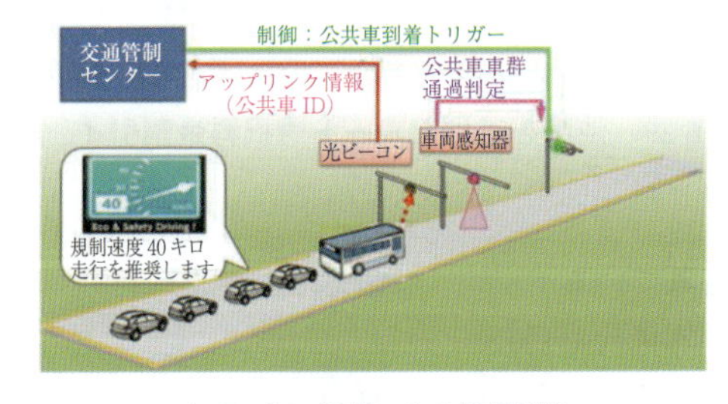

クルマとの連携による信号制御

出典：平成 26 年度戦略的イノベーション創造プログラム(自動走行システム)報告書より

図 6-31　信号情報のリアルタイム活用技術を活用した主なサービス(6-50)

多くなる．このために現実社会と仮想現実の区別がつかなくなる危険性がある．また，人間の頭の中でイメージを形成したり，想像したり，思考を深めたり，自然に感動するなど情緒的な感激能力等が弱くなり，人間が本来もつ潜在能力が弱くなる危険性がある．

スマートフォンが日常に今以上に浸透し，生活形態がスマートフォン，デジタル機器により支配される．

以上に述べたように，人間のもつあらゆる価値観

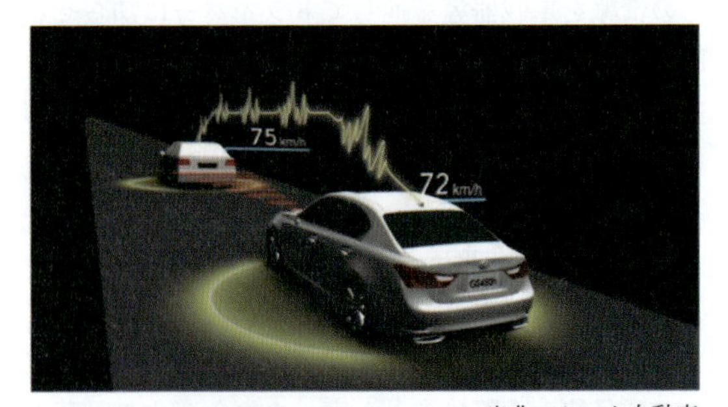

出典：トヨタ自動車

図 6-32　通信利用型レーダークルーズコントロール支援イメージ(6-51)

が大きく変化する．このことは自動車の価値観にも影響し，今の自動車は単なる移動手段となり，自動車への期待も変わる．

(2) 自動車技術のさらなる進化と人間の関係の変化

自動車技術では，コンピューター，半導体，制御技術等が今以上に進み，自動車はあらゆる面で進化する．生活に起こる変化が自動車に持ち込まれ，今以上に自動車は生活機能の一部になる．自動車ユーザーは元気な健常者か高齢者に分かれ，それぞれのニーズに合わせた自動車となる．

安全・安心の技術は必須の技術であることは変わらない．今普及しつつある安全運転支援技術は，2050年には行き渡り，むしろ耐久性不足によるメンテナンスが必要になる．

一方，ユーザーは高度に発達した自動車技術についていけず，自動車は移動のツールとしてしか認識できない．このため自動車メーカーは，ユーザーの理解をいかに深めていくかが課題となる．

自動車の形態も，高齢者にはより小型化が求められ，小型モビリティの存在は日本では必須の要件となる．

(3) 開発における人間研究の必要性

2045年頃にはAIが発達し，人間が考えることは実現できる環境になる．これは自動車にも大きな影響を与える．そのため，重要になってくるのは，「人間が考えたり感じたりすること」をどのように表現するかという視点である．自動車開発者は，人間の考えること，ニーズをどのように捉えるかが重要な要件となる．

そのためには，「人間は何を考えるのか」「人間の欲求」「人間の満足すること，満足しないこと」「人間が得意なこと」「人間が弱いこと」等，人間研究がより求められることになる．2050年はこのようなロボット的な社会になるので，ロボットと人間の違いを認識することが必要である．

現在の高齢化による認知症の問題などは，人間と自動車の問題を象徴している．2050年では，この問題は依然として残っているであろう．

(4) 自動車の存在は続く，しかし形態が変わる

2050年にも自動車は存在するが，今の形態とは大きく変わる．近距離移動用の小型モビリティが広がり，これらはEVであろう．ハイブリッドは当たり前の技術となり，あらゆる自動車はハイブリッド化される．このために電池のコストは下がるが，その一方では電池の廃棄物処理が課題となる．このような状況下で，自動車の存在は一人一人の「個」に近づいたパートナー的な存在となる．

(5) 健康志向が強くなり医工連携が必要となる

高齢化の影響で健康関連の情報に関心が高まる．しかし人間関連の情報が多くなり，判断基準が不明確である．自動車にも健康志向の影響は広がり，“乗ると健康がわかる”ような自動車は受け入れられる．この研究開発のために，医学と工学の融合が不可欠になるであろう．

(6) 情報通信技術(ICT)の影響

ICTが極度に発達した社会となり，デジタルデバイドといわれたように，主流はデジタル時代に育った世代がマジョリティとなる．ICTの発達は人間を変えるが，それが当たり前の世界になってしまう．人間はスマートフォンなしには生きられない性格となり，ロボット人間に近くなる．人間の判断力，倫理観，他への思いやり等，人間の本来もつ能力や人への配慮といった気づかい，コミュニケーション能力が弱くなる．このような変化を踏まえて，どのような社会，技術，自動車開発に取り組むべきかを継続的に考える必要がある．

(7) ビッグデータとオープン化

2050年に向けて大きく変化するのは，自動車の移動データのオープン化であろう．現在でも自動車の運転データ，移動データがビジネス化されている．自動車会社は，自動車の移動データが広くオープン化されて使われることを嫌っているが，世界のトレンドとしてはオープン化の方向をたどっている．

自動車は社会システムの一つの機能として位置づけられるゆえに，情報のオープン化は不可欠な要件である．2050年代には当たり前の状況となっているであろう．日本は，情報を総合的に俯瞰してやるべきこと，課題を明確にして戦略を立てて進める機能が弱いので，この視点からの取組みが必要である．

6.5 モビリティの多様化と次世代交通システム

自動車に対するユーザー意識に大きな変化が起きている．若者の自動車離れについてはいわれて久しいが，自動車を所有するという価値観が変化してきている．従来の自動車を「所有」することに価値を見出すのではなく，移動手段として「利用」するものとして捉えることで，他人と「共有」する，あるいは，空いているものを使う「シェアリング」という価値が自動車の使い方にも生まれている．さらにその変化は，自家用車というモノだけにとどまらず，駐車スペースのシェア，目的地までの移動時間のシェアなど，移動に関わるさまざまなものに広がっている．また，街づくりという視点からは，カーシェアリングのようにパーソナルな移動のニーズに応える移動手段を提供するツールとして，駐車スペースが小さく，住宅地などの狭い道路を低速で走行するのに適している超小型モビリティ車の活用なども期待されている．

今後は，画一的な移動手段の提供やサービスではなく，地域の特性や課題，公共性を踏まえた上で，個人の移動のニーズに合わせた施策やサービスを展開し，地域や年齢に限定されることなく誰もが快適に移動することが可能な環境づくりの検討が求められる．

6.5.1 モビリティの課題解決に向けた取組み

日本では，今後，急激な人口減少や超高齢社会が引き起こす人口構造の変化が交通分野へ大きな影響をもたらすことが想定されている．地方においては，自動車が生活に欠かせない足となっている場合が多いにもかかわらず，自らハンドルを握ることが難しくなった高齢者のための生活交通の確保が課題となっている．一方で，自動車への依存が高くなれば高くなるほど公共交通は衰退し，公共交通の空白地域が発生・拡大することにもなる．また，人やモノの輸送を担っている自動車運送事業にも，すでに少子高齢化の影響が出ている．自動車運送事業の就業構造をみてもわかるように，全産業の就業年齢に比べても，トラックやバスなどの運送業に関わる労働者の平均年齢は高くなっており，今後のドライバー不足への対応が急務となっている．

地域のニーズやさまざまな社会変化により発生する課題を解決する手段として，技術開発が進む「自動運転」の利用が期待されている．さらに，情報通信技術の進化は，自動車の Connectivity 化(つながり)を促進し，新たなビジネス機会の創出が期待されている．特に欧米の自動車メーカーを中心に事業領域を再考する動き，また ICT 企業を筆頭に自動車業界外からの参入の動きが活発になってきた．

一方で，市場ではカーシェアリングや駐車場シェアリングなど，移動に関するシェアリングサービスが発展し，私達の日常生活に普及しつつある．こうした動きをみると，自動車は「所有するもの」から「利用するもの」にユーザーの価値観は変化し，新たな社会システムとして定着してきている．こうした意識の変化は，高齢者の移動や労働力不足などの課題解決に向けた取組みにおいても，技術の進展とあわせて，その動きを加速する大きな要因となっている．

(1) 高齢者の生活交通を支える取組み

高齢者の生活交通の確保は喫緊の課題であり，行政による規制緩和，技術の活用に関する議論が進められている．国土交通省では，図 6-33 に示すように，2006 年に「自家用有償旅客運送制度」を創設し，バス，タクシー等が運行されていない交通空白地域の住民の移動手段を確保するため，国土交通大臣の登録を受けた市町村，NPO 等が自家用車を用いて有償の運送を行うことを認めている．

リクルートホールディングスでは，こうした高齢者の生活交通確保に向けて，自動車の共同保有・利用の実現に向けた取組み「あいあい自動車」の実証実験を，三重県菰野町において 2016 年 2 月から開始している．本事業は，「運転できずに移動に困っている高齢者」と「自動車の維持費に困っている運転者」の双方の問題を解決するために，両者をマッチングさせることで「経済負担の少ない Door to Door」サービスの実現を目指している．

実証事業の場に選定された三重県菰野町は，町としては人口が県内で一番多く，タクシー事業者，コミュニティバスの整備もされている．障害者に対する介護タクシー(緑ナンバー)や社会福祉協議会の福祉有償運送(白ナンバー)も運営されており，移動手段は一見確保されているように思われる．しかし，自らハンドルを握ることが難しくなった高齢者をサポートするには，経済的負担が少なく，利用時間の自由度が比較的確保される移動手段が必要ということから，全国では初めての試みとなる過疎地ではなく人口集中地区での公共交通空白地有償運送を申請し，あいあい自動車事業を開始している．

(2) ドライバー・労働力不足に対応するための取組み

少子高齢化・過疎化の進展によるヒト・モノの移動の担い手不足という課題の解決に向けて，2016

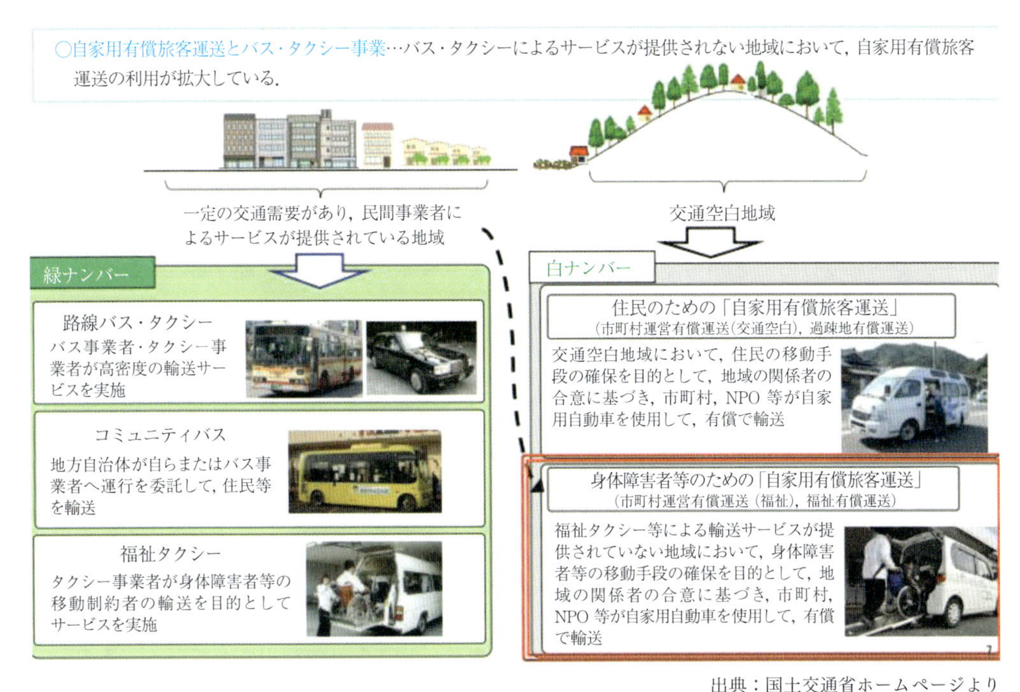

出典：国土交通省ホームページより

図 6-33　自家用有償旅客運送制度の概要

年1月より京丹後市ではウーバー・ジャパン株式会社と協力し，公共交通空白地有償運送と ICT を活用した実証実験を開始している．これは，ウーバーの配車マッチングアプリを活用して，事前登録された運転者とその自家用自動車，利用者をマッチングさせることで，交通空白地における交通ニーズに応えようというものである．こうした課題解決に向けた取組みは，実証レベルであるものの各所で始まっている．

また，地域の課題を複合的に解決できる手段として「自動運転技術」の活用も期待されている．政府では自動運転の実現や活用の促進に向けて，自動運転を利用可能とする国家戦略特区を設置し，特区内での自動運転技術の実証を認めている．

こうした規制緩和の動きを受けて，自動運転システムが移動サービスの一つの手段として利用できる可能性が出てきたことから，国内では ICT 企業等が旅客・運輸市場を新たな市場のターゲットと捉え，自動運転車両を活用したサービスを提案している．

㈱ DeNA は，自動運転技術を活用したモビリティサービス実現に向けてロボットタクシー株式会社を設立，2016 年 2 月には，ロボットタクシーによる自動運転の実証実験を国家戦略特区のプロジェクトとして神奈川県湘南地域で実施した．事業化の背景には，現在の移動サービス事業者が抱える課題「高い人件費率」「深刻な人材不足」がある．また，利用者側には「交通事故」や「買い物難民」などの課題の解決に向けて，自動運転技術とインターネットサービスを融合し，社会に新しい移動の価値を与えることがビジネスチャンスになるという考えがある．

また，ソフトバンク㈱も「移動がサービス化」される将来を見据えて，自動運転技術とグループのもつシナジーを連携させたモビリティサービス事業に向けて，「SB ドライブ株式会社」を先進モビリティ株式会社とともに 2016 年 4 月に設立している．今後，実証実験を重ねモビリティサービスの提供を目指すことになっており，現時点では，北九州市，八頭町との連携を表明している．北九州市では自動運転バスの運行実験を行う計画である．

(3) 都市部における移動を支える取組み

都市部においては自動車の「所有」から「利用」，「共有」へのユーザー意識の変化が顕著であることから，シェアリングサービスが交通基盤の一つとして根づき始めている．また，情報通信技術の進化により自動車が Connected 化されることで，自動車のもつ情報の活用が期待できることから，他のモビリティの情報とも連携したマルチモーダルな移動に向けた取組みも始まろうとしている．

欧州では，利用者のニーズ等に合わせて最適な移動を提供するためのサービス「MaaS(Mobility as a Service)」を構築する動きがある．利用者は，交通手段を気にすることなく，交通情報や乗り換え案内，決済など，移動に必要な情報やサービスをワンストップでシームレスに受けることが可能になる．

(a) カーシェアリング

カーシェアリングとは，1台の自動車を複数の会員が共同で利用する自動車の新しい利用形態であり，当初は仲間同士等で自然発生的に行われていたものが，組織的に運営されるようになったものである．近年，特に自動車所有における価値観が大きく変わりつつある中で，コストや環境に配慮した，より便利で効率良く移動できるモビリティサービスとしてカーシェアリングが各国で拡大し，新たな移動のためのインフラとしての位置を築きつつある．また，より利便性を高めるために，借りた場所に返却せずに異なるステーションに返却が可能なワンウェイ方式のカーシェアリングの実証実験も始まり，今後，さらに市場が拡大することが予測されている．

さらに，今後は新興国におけるカーシェアリングの普及も期待される．新興国の経済成長とともに自動車の普及が加速すると思われるが，自家用車の急速な拡大に伴う都市部の渋滞問題の深刻化，大量の化石燃料消費による大気汚染等の問題が深刻化するのは自明である．こうした課題の解決に向けては，車両本体の対策や公共交通の整備による渋滞の緩和に加えて，既存の道路インフラの活用が可能で，移動のニーズに応え得るカーシェアリングは，これらの課題解決の一つの選択肢となると思われ，新興国が次の大きな市場になる可能性もある．

(b) 駐車場シェアサービス

個人間でも簡単にスマホ・PCで「駐車場の貸し借り」が可能になるオンラインコインパーキングである．通常のコインパーキングとの違いは，普段は利用できない月極駐車場の空いている区画や，個人所有の駐車場などを利用することができるもので，空いている駐車場を現在地や住所から検索した後，カードで料金の支払いを済ませるという仕組みになっている．貸し出し側にとっても自分が使わない短期間での貸し出しが可能で，料金徴収の手間がかからないというメリットがある．

(c) ライドシェアリング

スマホアプリを使ったタクシー配車サービスの代表として，2009年に米国で生まれた「Uber」がある．「自動車をもっていて運転ができる人」と「自動車に乗せてほしい人」とをマッチングするライドシェアリングサービスである．その特徴は，タクシーの配車(呼び出し)から料金の支払いまで，すべてスマホアプリ上で完結することにある．スマホの地図上で乗車したい場所を指定してタクシーを呼び出し，乗車．降車時の支払いは事前にアプリに登録したクレジットカード情報をもとに手軽に決済処理できるため，金銭のやりとりが発生せずに利用することが可能となっている．

日本では「旅客を運送する」には許可が必要で，許可を取得したタクシー事業者の自動車以外の自家用自動車で有償の運送はできないことになっている．そのため，現在は日本ではタクシー会社と提携し配車サービスとして活用されている．その一方で，ドライバーと相乗り希望者のマッチングを行うプラットフォームとして「notteco(のってこ！)」が現在提供されているが，利用者がドライバーに対してガソリン代や道路通行料金などの実費を利用者にて負担するということで，許可が不要ということになっている．

ただ，現在，2020年の東京オリンピックを控えて「観光客の交通手段」として戦略特区に限って解禁するという動きもある．さらに地方や過疎地の移動手段として，地域の中の相互扶助の仕組みとして活用することも期待されており，こうした新しいプラットフォームの出現は移動という概念を変えつつある．

6.5.2 次世代交通システム

急速な高齢化への対応や，交通弱者といわれる車椅子やベビーカー利用者，海外からの旅行者など，何らかのハンディをもっているすべての人を対象に，すべての人にやさしく，使いやすい移動手段を確保するためには，ICT等を活用した次世代交通システムやラストワンマイルのモビリティ提供などが検討されている．

(1) ART(2020年のオリンピックに向けて東京都が導入予定)

2020年に開催される東京オリンピック・パラリンピックを一里塚として開発を推進することとしており，すべての人にやさしく，使いやすい移動手段

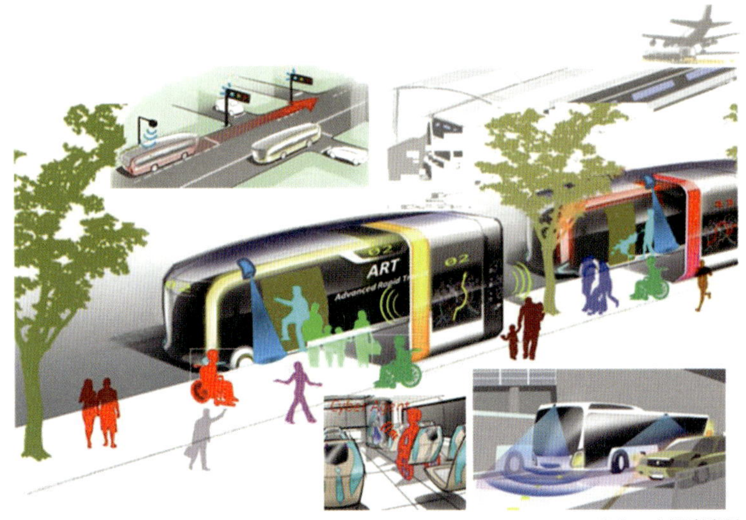

出典：内閣府資料

図 6-34　ART のサービスイメージ(6-52)

を提供することを基本理念とする次世代都市交通システム(ART：Advanced Rapid Transit)の実現を目指している(図 6-34).

(2) ラストワンマイル

交通の分野においての「ラストワンマイル」とは，旅行経路のうち起終点(出発地や目的地)と最寄りの結節点(鉄道駅，バスターミナルなど)を結ぶ比較的短距離の区間を指す.

交通網が密に整備された都市部では，ラストワンマイル区間が短く徒歩や自転車などが主な交通手段となるが，交通網が発達していない地域では，徒歩や自転車では移動が困難な場合があり，自家用車やタクシー，地方自治体などが運用する小型バスなどが交通手段として利用されている.

ラストワンマイルの移動サービスとして，新しいインフラとして定着しつつあるカーシェアリングやサイクルシェアが挙げられる．カーシェアはステーションや車両数が一定以上の規模・密度が必要となるため，都会型のサービスということができる．また，サイクルシェアについては，一定の年齢層のサービスにとどまっている.

そのため，誰でもが利用しやすい「超小型モビリティ」を活用した自動運転サービスへの期待も大きい．たとえば，地方都市において「超小型モビリティ」を用いた隊列走行や区域限定自動運転の導入により，高齢者や移動困難者の移動支援のための実証実験が行われている(図 6-35).

欧州でも，自家用車削減による渋滞改善や環境保全，低廉な運用コストの公共交通による都市再生などを目的として，1990 年代から小型の自動運転車を用いた「ラストワンマイル」サービスの研究開発が始まり，2000 年代になると空港駐車場などにおいて実証実験が活発に行われている.

6.6　ITS の今後の展望と課題

6.6.1　ITS の展望

2050 年の社会・交通システムを見据えて考えられる ITS の課題と今後の方向性について下記にまとめる.

(1) ITS の基本理念と今後の発展

ITS は，道路，車両，人という道路交通要素を情報化により全体システムとして扱い，これにより，「安全・安心な社会の実現」「環境にやさしく効率的な社会の実現」「利便性が高く快適な社会の実現」を目指すものである.

ITS は 1996 年 7 月策定の「ITS 全体構想」に従って進められてきた．その後約 20 年経過し，すでに全体構想の ITS 開発・展開計画である 2015 年が終わっており，ITS の個々の技術は生活に浸透して，次世代 ITS として，持続可能なモビリティ実現のフェーズに入っている.

ITS の基本理念を踏まえて，人やモノのモビリティを総合的に俯瞰して構成技術を使い，住みよい社会を実現するためのツールとしての役割が期待される.

出典：日本自動車研究所ホームページ

図 6-35　超小型モビリティ自動運転による高齢者の移動支援(6-53)

(2) 社会的課題解決に貢献するITS

ITSの領域は，技術開発から社会・交通システム全体に関わる領域へと拡大している．2050年の社会・交通システムを考える場合に，ITSの基本理念，交通社会への考え方，日常の生活における人やモノのモビリティの考え方等を取り入れていかなくてはならない．日本においては，2050年に向けて，少子高齢化等多くの社会的課題を抱えており，ITSの視点は将来社会を考える場合に不可欠な概念である．

(3) 社会実装に向かうITS

ITSの始まりのステージでは，カーナビ，VICS，ETCで代表される技術開発が主導し，交通システムへの展開は通信技術の脆弱性もあり十分発達しなかった．その後，情報通信技術，インターネット，クラウド等の急速な発展により，さまざまなシステムやサービスの実現が可能になり，近年では日常生活における人々のモビリティに貢献する社会実装のフェーズに入っている．したがって，多くの複合的要素を総合的に扱い課題解決するITSは，街づくりや社会の変化に対応する重要な取組みである．従来の個別技術開発型のITSから，日常生活上のモビリティの課題を解決する社会実装型のITSへの変化が必要である．

(4) 自動車と自動車技術およびITS，ICT，IoT，AIの発展

自動車技術は著しく発展し，同時に自動運転に代表されるようにICTやIoTと自動車の関係は非常に密接なものとなっている．自動車技術とITS，ICT，IoT，AIの連携は激しく，自動車会社は慎重となっているが，自動車の移動情報そのものがビジネスとなる時代に入っている．2050年では，自動車が今のままの状態ではないといわれており，今から自動車社会の変化とICTなど変化スピードの違う異分野の技術との連携を考えなくてはならない．

(5) 国際化の発展

ITSは，自動車と将来交通社会に関わる概念として，その考え方に着目した取組みが世界的に広がっている．ITS世界会議やITSアジア太平洋地域フォーラムが継続して開催されている所以である，技術，ビジネス，将来社会への取組み等，日常生活におけるモビリティという基本的なことが共通の視点である．世界会議では多様な観点から情報交換が行われ，それぞれの抱える交通事情に応じた情報交換が活発に行われる．ITS世界会議やITS APフォーラムは，欧米をはじめ世界のITS動向をつかみ，わが国の将来を考えるのに適切な国際会議であり，日本の国際感覚を醸成する役割も含めて注目していかなくてはならない．2050年の交通社会を考えるのに参考にすべきである．

(6) 今後のITSの方向性

ITSは自動車技術，情報通信技術，人間系により成り立っており，社会実装という役割があること，また今日のITSに到達するまでに20年以上かかっていることを考えると，今後2050年に向けての変化は大きいと思われる．このような視点から今後のITS変化について，今後の予想を筆者の視点で下記のように整理する．

(a) 現在から2025年頃まで

自動運転，地域ITS，高齢社会に対応するITSが発展する．ITS世界会議，ITS APフォーラムも継続する．スマートフォンに代表されるようにICT技術はさらに発展する．自動車にも大きな変化を与え続けるであろう．ビッグデータによるサービスシステムが拡大し，ベンチャービジネスが広がる．2020年の東京オリンピック・パラリンピックに向けて多くの取組みが行われるが，その後に反動があるだろう．今から20年後の社会に向けたビジョンを描くことが必要である．ITS世界会議についてもマンネリ化を防ぐための方策を考えなくてはならない．

(b) 2025年から2035年頃まで

高齢化の進行，経済の鈍化がますます進行する．社会が大きく変わる変化点になるであろう．ビジョンの実現と，この期間に，2050年に向けた取組みについて，2030年以降に必要な具体的アクションを考えることが必要である．特にこの期間には世界が大きく伸びて，日本との乖離が広がる可能性がある期間と思われる．このような危機感をもってグローバル感覚での取組み強化が必要である．

(c) 2035年～2050年に向けて

リニア新幹線や自動運転が当たり前になり，公共交通のあり方が変わり，パーソナルモビリティ，カーシェアも日常に当たり前となる．他方では高齢化率もますます高くなり，2045年にシンギュラリティ(技術的特異点)がありコンピューターが人間の能力を追い越すといわれている．日本がどのように生き残るか不安要素の多い時期となる．ITSの幅広い総合的な思考形体がその助けとなるので，ITSの概念をしっかりと理解することが必要である．これらについて今から意識して備えなくてはならない．2050年はゴールではないので，CO_2削減や，燃料・エネルギー，経済等，2050年以降を見据えた取組みを次世代に向けて考え続けることが必要である．

6.6.2 ITSの課題

(1) ITSの基本概念の理解と活用のあり方

近年ではITSの用語そのものの露出が少なくなっている．これは個別のITS技術が日常生活に浸透することで，利活用の段階に入っているといえる．このためにITSが成熟した社会では，今後次世代に向けてどのような社会を構築したいのか，そのためにどのようにITSを活用するかという発想が必要である．ITSの認知度が減り，ITSの基本概念が理解されないような状況が広がっていくので，関係者はそれを意識していなくてはならない．

ITSは，ビジネスへ貢献するという期待が強くして発達をしてきたが，社会貢献的な要素が強く，ビジネスのみの分野ではないために，理解をするのにハードルが高い．近年では，カーナビ，VICS，ETC2.0に代表されるITS個別技術が普及し，ITSの要素技術を使ってサービスを生み出す社会実装の方向に向かっている．ITSの今まで積み上げてきた考え方を理解し，ITSを実生活のモビリティに貢献するように利活用する必要がある．今後は自動車技術，情報通信技術，交通社会，モビリティを総合的に考えて，ITSツールを使って将来の社会・交通システムに役立つサービスを生み出すことが求められている．自動車技術会においては，このような広範囲な分野をカバーすることは難しいので，ITS Japanと連携し，将来の社会・交通システムについて考える取組みが必要である．

(2) 地域ITSとしてのITSの発展

ITSの推進は，従来は国家予算をつけて，各地域でプロジェクト実証実験を進める方法で普及が図られた．今後はこのような構図は期待できないので，地域自身が，地域の交通状況を踏まえて，モビリティ向上のためにITSを適用するボトムアップ型の提案をする方向が拡大すると思われる．このため地域自身がITSを使ってどのような街づくりをし，サービスを生み出すかという取組みが重要となる．

企業では，ITSがビジネスに結びつきにくいと考える傾向があるが，企業も地域に根差して共に発展するという未来型の発想をもち社会に貢献するという取組みが必要である．東南アジアの国／地域では，交通渋滞等の交通問題が喫緊の課題であり，ITSの関心は高まっている．日本の成熟社会におけるITSの取組みは，今後の取組みは東南アジアへの参考になると思われる．このような広い視野からの取組みが期待される.

(3) 自動車技術とITSの関係

自動車技術，半導体技術，制御技術，ICT等，自動車に関わる技術は激しく発展している．ITSは，自動車，道路インフラ，交通インフラ，人間，ICTと多様な分野と関わり，自動車に影響を与え続ける．特に人間を中心に技術の貢献を考える志向により，2050年の社会・交通システムでITSが果たすべき役割は広がっている．日本では超高齢社会に突入するので，ITSの適用によりモビリティを向上させることは，ITSの重要な役割である．

(4) 自動車技術とICTの変化スピードの違う技術の連携

ITSは自動車の情報化といわれるほどICTとの関係が深い．自動車からみたICTと，ICTからみた自動車は，お互いに違う視点である．また，変化のライフサイクルが違うことも特徴である．近年では，インターネット，クラウド等が発達し，自動車はICT，IoT，AIとの関係は強くなっている．“つながる自動車”，“Connected Vehicle(CV)”と呼ばれるように，ビッグデータとの関係は深まるばかりである．このような変化の中で，自動車の役割とこれらの技術をどのように人間系に活かしていくのかを考えることが必要である．

(5) 自動運転とITS

最近は，自動運転がITSの代名詞のように用いられている．「自動車の運転」を人間からシステムに置き換える意味について，常に考えなくてはならない．人間の「認知・判断・操作」という機能を完全に技術に置き換えられるのか，置き変える意味はあるのか，まだ完全な解決になっていない．

課題は，自動運転がITSのすべてではないこと，自動運転の技術開発にもまだ開発課題があること，自動運転のニーズ，サービスを考えること，社会的受容性を考えること等の理解が必要である．2050年に向けてこれらの課題解決が図られ，自動運転の発展につながる．

(6) ITS分野の人材育成

近年のITS世界会議やITS APフォーラムでは，ITSをテーマに学生の知恵を引き出す取組みが行われ，ITSにより人材育成を図る取組みが顕著である．ITSは，自動車技術，情報通信技術，社会的動向等を多岐にわたり考えるので，将来社会を考える人材育成には最適である．

日本では愛知県ITS推進協議会が「あいち大学セミナー」として，10年以上愛知県下の大学にてITS講義をするプロジェクトを推進している事例がある．自動車技術会においても，自動車技術，ICT，IoT，AI等を総合的に考えたアイデア出しの取組みがあることが期待される．具体的な人材育成の方策の論議が必要である．ITSは多岐の分野に関わるので，多くの要素を束ねて考えることができ，コーディネートできる人材の育成が必要である．

(7) 自動車技術会としてITSの社会的視点を考える機能継続

ITSは将来社会・交通システムを考える取組みに適している．ITSは今日のレベルに到達するのに20年以上かかっている．2050年という時間はITSに取り組んでいくのに最適なコンセプトである．自動車技術会としては「社会・交通システム委員会」の機能を継続させて，自動車と情報通信，取り巻く社会動向等の検討を続けることが必要である．

(8) ITSの今後の方向

ITS世界会議，ITSアジア太平洋フォーラムの継続により，ITSは今日まで発展してきた．今後将来に向けてITSはどう進むべきか，今後の方向性が重要である．日本は超高齢社会に突入するので，このモビリティを考えること，生活に役立つITSを模索すること，日本の技術を生かしたシステムを考えることが必要である．

また，日本は外界思考が弱いので，常に海外を観測し日本らしさを生み出す努力をしなくてはならない．ITS世界会議やアジア太平洋地域フォーラムが，今後も日本の国際感覚を高めることに貢献し，日本のITSが世界に発揮されることが期待される．

6.6.3 ITSの発展に向けた自動車技術会の役割

(1) ITSを自動車技術会として理解する場の設定と人材育成

社会・交通システムの継続検討の中で，ITSの理念や概念，今後の方向について考えることを継続し，そのための場を設定することが求められている．ITSを自動車技術の側面から論議することは，安全運転支援，自動運転等のテーマで深められるが，ITSの将来社会・交通システム，ICTとの関係等，自動車を取り巻く周辺環境を視野に入れて論議する場がない．そのため，ITS Japanとも連携し，自動車技術会としてITSを理解継続することが必要である．ITS の人材育成の仕組みを作ることが求められる．

(2) ITS の視点で自動車社会を理解する取組みの継続

ITS が将来のモビリティを考えるという視点は，将来の自動車社会を考えるというコンセプトの参考になる．すなわち自動車社会の将来は，モビリティの将来を考えることとなり，ITS も人と物のスムーズな移動を考えることであり，両方の概念が連携することにより相乗効果となる．このような観点から，自動車技術会と ITS Japan の連携は必須である．

参　考　文　献

(6-1)　道路交通政策と ITS，編集・発行/道路交通問題研究会，大成出版社(2014 年 3 月 20 日)

(6-2)　ITS 年次レポート 2016 年版「日本の ITS」，ITS Japan(2016 年 6 月)

(6-3)　日本の自動車工業 2015，一般社団法人日本自動車工業会

(6-4)　第 3 期中期計画(2016-2020)— ITS による安全・安心で活力ある社会を実現する統合的アプローチ，ITS Japan(2016 年 5 月)

(6-5)　ITS アメリカ：ITS Strategic Plan for Intelligent Vehicle-Highway Systems in the United States (1992)

(6-6)　一般社団法人 UTMS 協会，http://www.utms.or.jp/(2015 年 9 月 18 日)

(6-7)　一般財団法人 ITS サービス高度化機構，http://www.go-etc.jp/fukyu/etc/list.html(2015 年 9 月 18 日)

(6-8)　狭域通信(DSRC)システム，ARIB STD-T75 (2001)

(6-9)　国土交通省，http://www.mlit.go.jp/road/ITS/j-html/past/yougo/pdf/navi.pdf(2015 年 9 月 18 日)

(6-10)　松本俊哲，三上徹，油本暢勇，田部力：自動車総合管制システム，電子情報通信学会，Vol. 62，No. 8，p. 870-887(1979)

(6-11)　岡本博之：新自動車交通情報通信システム(AMTICS)について，国際交通安全学会誌，Vol. 17，No. 2，p. 70-78(1991)

(6-12)　柴田正雄：路車間情報システム(RACS)について，国際交通安全学会誌，Vol. 17，No. 2，p. 79-86 (1991)

(6-13)　国土交通省，http://www.mlit.go.jp/road/ITS/j-html/past/yougo/pdf/vics.pdf(2015 年 9 月 18 日)

(6-14)　保坂明夫，青木啓二，津川定之：自動運転—システム構成と要素技術—，森北出版(2015)

(6-15)　福井良太郎：自動車走行支援のための専用狭域通信システムの構成方法に関する研究，2003 年度慶應義塾大学理工学部学位論文

(6-16)　5.8GHz 帯を用いた車車間通信システムの実験用ガイドライン，ITS FORUM RC-005，ITS 情報通信システム推進会議(2007)

(6-17)　700HHz 帯高度道路交通システム，ARIB STD-T109(2012)

(6-18)　ITS 技術による自動車交通の環境負荷低減に関する調査専門委員会編：ITS 技術による自動車交通の環境負荷低減に関する調査，電気学会技術報告，第 1143 号(2009)

(6-19)　特集 自動車交通の知能化による省エネルギー・環境負荷低減，電気学会誌，Vol. 130，No. 9，p. 596-615(2010)

(6-20)　(財)省エネルギーセンター：燃料消費効率化改善に関する調査報告書，平成 8 年 3 月，(財)自動車走行電子技術協会(1996)

(6-21)　M. Barth, et al.：Environmentally Beneficial Intelligent Transportation Systems, Proc. 12th IFAC Symposium on Transportation Systems, p. 342-345(2009)

(6-22)　警察庁監修：UTMS，(社)新交通管理システム協会(2005)

(6-23)　佐藤裕幸ほか：省エネを考えたカーナビ道案内，電気学会誌，Vol. 130，No. 9，p. 604-607(2010)

(6-24)　通商産業省工業技術院編：自動車総合管制技術の研究開発，(財)日本産業技術振興協会(1979)

(6-25)　二見徹：日産 SKY プロジェクトにおけるプローブ情報収集システム，(社)自動車技術会 2007 年夏季大会 GIA ダイアログ講演資料集自動車同士の助け合いが創る新しい交通コミュニティ—プローブ情報の現状と展望—，p. 1-12(2007)

(6-26)　総務省：ブロードバンド基盤の整備状況(H27. 3)，http://www.soumu.go.jp/main_content/000371278.pdf

(6-27)　OECD Digital Economy Outlook 2015

(6-28)　総務省：平成 26 年度 ICT の経済分析に関する調査報告書，http://www.soumu.go.jp/johotsusintokei/linkdata/ict_keizai_h27.pdf

(6-29)　総務省：平成 25 年版 情報通信白書

(6-30)　宇宙航空研究開発機構 HP，http://www.jaxa.jp/projects/sat/qzss/index_j.html(平成 28 年 9 月 取得)

(6-31)　G 空間×ICT 推進会議報告書，平成 25 年 6 月，www.soumu.go.jp/main_content/000235205.pdf

(6-32)　総務省 HP，とくしまサテライトオフィスプロジェクト，http://www.soumu.go.jp/main_content/000323454.pdf(平成 28 年 9 月取得)

(6-33)　一般社団法人日本テレワーク協会 HP，http://www.japan-telework.or.jp/intro/tw_about.html(平成 28 年 9 月取得)

(6-34)　総務省：平成 26 年通信利用動向調査

(6-35)　三井住友銀行 HP，IBM Watson の技術を活用したコールセンター業務における品質向上に向けた取り組みについて(2014 年 11 月)，http://www.smbc.co.jp/news/j600939_01.html(2016 年 9 月取得)

(6-36)　人工知能ビジネス，日経 BP ムック(2015)

(6-37)　人工知能テクノロジー総覧，日経 BP(2015)

(6-38)　UC Berkeley News HP(2015)，http://news.berkeley.

edu/2015/05/21/deep-learning-robot-masters-skills-via-trial-and-error/(2016 年 9 月取得)
(6-39) 一般財団法人日本自動車研究所：ITS 産業動向に関する調査研究報告書— ITS 産業の最前線と市場予測 2014(2014. 6)
(6-40) 一般財団法人日本自動車研究所：ITS 産業動向に関する調査研究報告書— ITS 産業の最前線と市場予測 2015(2015. 6)
(6-41) パイオニア株式会社, http://pioneer.jp/carrozzeria/carnavi/cybernavi/popup/smartloop_eye_spot/(2016 年 2 月 26 日)
(6-42) パイオニア株式会社, http://pioneer.jp/corp/news/press/index/1996(2016 年 9 月 26 日)
(6-43) パイオニア株式会社, http://pioneer.jp/biz/probedata/kyugensoku/(2016 年 9 月 26 日)
(6-44) トヨタ自動車株式会社, http://www2.toyota.co.jp/jp/news/13/05/nt13_0511.html(2016 年 9 月 26 日)
(6-45) 内閣官房, http://www.cas.go.jp/jp/seisaku/sokuitiri/yosan/h25hosei_h26yosan/y_04.pdf(2016 年 2 月 26 日)
(6-46) ETC 総合情報ポータルサイト, http://www.mlit.go.jp/road/ir/ir-council/hw_arikata/teigen/t01_data07.pdf(2016 年 2 月 26 日)
(6-47) ETC 総合情報ポータルサイト, https://www.go-etc.jp/etc2/etc2/information_service.html
(6-48) ETC 総合情報ポータルサイト, https://www.go-etc.jp/etc2/etc2/service.html
(6-49) 一般社団法人 UTMS 協会, http://www.utms.or.jp/japanese/system/dsss.html
(6-50) 経済産業省, http://www.meti.go.jp/meti_lib/report/2016fy/000462.pdf
(6-51) トヨタ自動車, http://newsroom.toyota.co.jp/jp/detail/4228240/
(6-52) 内閣府, http://www8.cao.go.jp/cstp/gaiyo/sip/iinkai/jidousoukou_media/4kai/shiryo1-3.pdf(2016 年 9 月 27 日)
(6-53) 一般財団法人日本自動車研究所, http://www.jari.jp/tabid/111/Default.aspx(2016 年 9 月 27 日)

第7章
自動運転

昨今自動運転の話題が多くなり，あらゆる視点からの論議が増えている．わが国では2008年度から2012年度までの5カ年間「自動運転・自動走行に向けた研究開発」として，世界トップクラスの研究開発・技術実証として自動運転・隊列走行に関する要素技術や実験車の開発が行われてきた．同時に欧米でも自動運転の研究開発が行われている．近年では，内閣府が主導するSIP-adus(Innovation of Automated Driving for Universal Services，戦略的イノベーション創造プログラム)で「自動走行システム」が推進されている．自動運転は，将来の自動車の夢やITSの姿とみられる一方で，課題も抱えている．自動運転を自動車との関係でどのように見るかは，将来の自動車のあり方，さらに機械システムと人間の関係等多くの視点があるので，整理して考えることが必要である．

2013年の第20回ITS世界会議東京では，自動運転，ビッグデータが主要テーマとなり，現在もITS世界会議のテーマとして継続している．近年において自動運転の話題が多くなっている理由として下記が考えられる．

① 自動車の電子化技術が進み，自動車の機械制御技術，情報処理技術，画像処理技術，センサ技術，認識技術等が発展した．特に半導体技術が発展し，データ処理が速くなったこと．
② 地図技術が発展し，GPSやインフラを利用した位置特定技術が発展したこと．
③ ミリ波レーダー技術，赤外線レーダー技術，カメラ技術等，障害物検知技術が発展したこと．
④ 情報通信技術が発展し，“つながる”技術が発展したこと．

このように要素技術が成熟し，20年前にITS全体構想で予測した自動運転を実現する技術的条件が整ってきた．2014年デトロイトのITS世界会議で，GMのバーラCEOが50年前に予想したことが現実になったので，今後も実現に向けて開発努力すると宣言したように，自動運転が現実的になってきたのである．

自動運転は新たな“自動車分野の出現”や“自動車の革命”と捉えられており，今後の社会・交通システムや自動車のあり方に大きな影響を与える自動車のイノベーションとなる可能性を秘めている．しかし，自動運転は同時に今までの自動車の概念を変える夢の部分と，今までの自動車の歴史に積み上げられた自動車そのものの意義とものづくりとしての機能の部分と両面から，課題も含めてバランスのある理解が必要であるので，それらの視点から検討する．

7.1 自動運転の背景

自動運転については多くの視点があるが，下記のように整理できる．

(1) 自動運転はドライバーとの関係で，現在では，システムが何も関与しないレベルから，人間が常に監視機能をもち，いざとなったら介入するレベルを経て，完全にシステムに任せるレベルまでのレベル1～4の段階に分けて考えるのが通念であったが，内閣府はレベル0～5のSAE標準に合わせる予定(表7-1参照)．

(2) このため「自動運転」という用語が多く使われるが，どのレベルで使われているのかを見極めた論議が必要である．現状では，安全運転支援システムの進化型としたレベル2の実用化が多い．レベル3については，技術的には複数システムによる制御であるが，ドライバー監視が必要であるとの見解と，システムが責任をもつレベル4の見解が混在している．このために開発挑戦が行われている状況であるが，レベル3はレベル4であると解釈する考え方もある．したがい，自動運転については，ドライバーが関与する場合は実現の可能性があるが，システムが責任をもつ場合については慎重な取組みとなっている．

(3) 将来の自動車への夢の実現が期待されており，完全自動運転開発も研究が進められている．多くの論議では，自動運転によりドライバーが運転しなくてもよいという期待が先行した論議が多い．しかしその実現には越えなくてはいけない課題があるので，それを理解する必要がある．

(4) 自動運転の実現については段階的なステップが必要であり，自動車の技術レベル発達のバロメーターとなり，今後の自動車社会への影響が大きい．

(5) 自動運転には，自動車とドライバーとしての人間との関係が重要になる．すなわち少子高齢社会を迎え，人間の能力をシステムが補完する機能を自動運転に期待するニーズが高く，このニーズに応えるためには機械とシステムの関係が課題となる．高齢者のバス停留所などから家までのラストワンマイルを自動運転でできないか等のアイデアが出されている．

自動運転は世界で研究開発が行われており，将来の自動車のあり方に大きな影響を与えるので，2050年の社会・交通システムの検討には必要な視点として取り上げた．

7.1.1 自動運転と人間の関係

自動運転という新しい概念の登場により，「自動車」という機械システムと「ドライバー」という「人間」との関係を考えることが求められている．現在の多くの論議は，運転の「認知・判断・操作」に関して，自動運転技術が人間の弱い部分をシステムで支援するというレベルである．しかし自動運転のレベルが上がると，機械システム系に人間の判断が介入し，システムの全体ループに人間が組み込まれることになる．

自動運転ではシステムが主体となり，人間がシステムを監視する状態，または完全にシステムに任せる状態となる．このとき人間にはどのようなことが要求されるのか，果たして運転という行為が成立するのであろうか，という“システムと人間の役割分担”の問題が生ずる．自動車の運転は，あくまでも人間が責任をもつべきであるという考え方に対して，人間の責任とシステムの責任の役割分担の考え方が自動車の設計に影響する．

現在，そのような要件に対して下記のような多くの論議が行われている．

(1) ドライバーは，システムがどのようになっているかを常に把握しておく必要がある．システムが自動運転をやめると判断した場合に，ドライバーが速やかにシステムに代わり運転をする必要があるが，人間はすぐにその切り替えができるのであろうか，切り替えにどれだけの時間が必要であろうか．

(2) 限定された場所においては，ドライバーレスで運転することが可能である．しかし周りの人間から自動車が自動運転していることがわかる必要がある．混在交通で自動運転は難しいのではないか．

(3) 自動運転の論議に，航空機の人間とシステムの関係のHMI(Human Machine Interface)が例に出されるが，航空機の場合は訓練されたパイロットの操縦であり，自動車は誰でも運転できる素人の運転である．また航空機は外乱が比較的少ないが，公道では他の自動車等との混合交通である[7-1]．ドライバーにシステム状態すべての理解を押しつけるのは不可能であり，また，システムがどのようになっているかについては，システムからドライバーに伝えなくてはならない．自動運転にも免許等の教育が必要ではないかという意見もある．

自動車の設計開発は，通常は人間のことを考えて設計されるが，自動車会社にとって，自動運転車への要求基準は今以上に厳しくなるであろう．

人間の視点から，自動運転の実現に対しては次のように考えられる．

(1) 人間の弱いところを支援する自動運転技術の拡大．

(2) システムはさまざまな技術開発により自動運転技術が発達しているが，人間は同じだけ能力が発達していない．

(3) 運転行為に関して，人間の機能をシステムに置き換えるというものの，技術者は人間自身の機能が十分にわかっている状況ではない．たとえば，高齢化や認知症の判断について，十分にわかっていないのが実情である．このため，自動運転のためにはさらなる人間研究が必要であることが課題となっている．

(4) 2030年くらいまでに限定的に自動運転の実現が図られるといわれている．現在，人間の思考にAI技術を適用し自動運転の能力を高める努力が続けられており，2050年頃には今とまったく違った状況になることが予想される．

(5) 自動運転開発に必要なことは，自動運転の目的(ニーズ)を明確にすることである．自動運転によりどのようなサービスが生み出されるのかを考えなくてはならない．

7.1.2　自動運転と自動車の関係

完全自動運転は自動車のロボット化にもつながり，自動車を運転するという行為がなくなり，“自動車の運転を楽しむ”という原点は消滅することになる．自動車の歴史において，モビリティ（移動手段）としての自動車が移動そのものを楽しむという，移動の質が価値をもつようになった．さらに技術が発達して，自動運転になった場合に，自動車の価値は移動手段の一つになるように思われる．移動中の時間をシステムに任せて，運転以外の時間に使うという意味に変化する．このことは自動運転の登場により将来の自動車像が変わるかもしれないことを示唆している．自動車の運転を楽しみたい人，運転から解放されたい人，両方を望む人等さまざまである．自動車関係者は，自動運転という用語から踏み込んで，自動車とは何か，運転とは何かいう自動車の原点に立ち返って考える必要がある．

かつて自動車の需要が伸びているときに人々は自動車に何を求めたのか，“自動車の魅力”について述べられている事例がある．そこには，“自動車の魅力”について，① 便利である，② 自分を表現できる，③ 自分をはるかに越えた能力を発揮できる，④ いつでも，どこにでも行けるという自由を感じさせる，⑤ 自分自身に閉じこもって，嫌なことから逃げられる，⑥ 平等さと優越感を同時に味わえる，⑦ 社会参加を実感できる，等である．

しかし現代では自動車が当たり前の存在になり，若者の関心が自動車よりもスマートフォン等の ICT 機器に移っている状況の中で，前記のような自動車の魅力を感じているかは疑問である．運転する楽しみは追求されなくなり，自動車は単なる移動手段としての存在になる．自動車の価値感が変わることを意味する．ITS 世界会議では，今後は自動車が“所有から共有へ移行する”という論議もあった．自動運転という高度なシステムの自動車とそれを扱う人間とのギャップはますます広がっていく．現在，技術的，制度的等にも多くの課題が残っており，これらにどのように対応するかについて考えることは，自動車メーカー，技術者に課せられた大きな課題である．

7.2　自動運転システムの定義と動向

自動車の自動運転システム[7-2]は，自動車交通へのオートメーションの導入である．その研究は 1950 年代に米国で始まり，1960 年代には欧州や日本でも開始された．しかし，その後の進展は必ずしも順調ではなく，何回かの中止と再開が繰り返されており，1997 年には米国サンディエゴで大規模な自動運転のデモが行われたが，20 世紀の間は自動運転については必ずしも肯定的ではなかった．21 世紀になって様相は大きく変わり，現在では自動運転システムを搭載した自動車の販売が予告されるに至っている．

7.2.1　自動運転システムの定義

ヒューマンドライバーが自動車を運転するとき，ドライバーはまず走路環境を認知し，次にその結果に基づいてとるべき行動を判断し，最後に自動車を操作するというフィードバック系が構成されている．自動運転システムでは，ヒューマンドライバーが運転するときに行う認知・判断・操作をすべてシステムが行い，ヒューマンドライバーはフィードバックループに含まれない．したがって，主権，責任はドライバーにはない．この自動運転を狭義の自動運転と定義する．運転支援システムでは，ヒューマンドライバーが行う認知，判断，操作の一部をシステムが代わって行う．ヒューマンドライバーはフィードバックループに含まれる．したがって，主権，責任はドライバーにある．この運転支援システムと狭義の自動運転システムを併せて広義の自動運転システムと定義する．運転支援システムと狭義の自動運転システムの技術は基本的に共通である．一般には広義の自動運転システムが単に自動運転システムと呼ばれている．

表 7-1 にわが国の内閣府が定義した自動化レベルを示す．この自動化レベルは，認知，判断，操作の 3 段階のうち，操作だけを対象として定義されているが，上述した自動運転システムの定義に従うと，自動化レベル 1 と 2 が運転支援システム，レベル 4 が狭義の自動運転システム，レベル 3 は狭義の自動運転システムから運転支援システム，または手動運転への遷移を含む狭義の自動運転システムである．ここでは主として狭義の自動運転システムを対象とするが，運転支援システムにも言及する．

なお，表 7-1 に示す自動運転レベルは随時見直しが図られることになっており，2017 年に米国自動車技術会（SAE）で定義されたレベルに変更される見

表 7-1　自動運転の自動化レベル(内閣府，2014)

<table>
<tr><th>自動化レベル</th><th>概　要</th><th colspan="2">左記を実現するシステム</th></tr>
<tr><td>レベル 1</td><td>加速・操舵・制動のいずれかを自動車が行う状態</td><td colspan="2">安全運転支援システム</td></tr>
<tr><td>レベル 2</td><td>加速・操舵・制動のうち複数の操作を自動車が行う状態</td><td rowspan="2">準自動走行システム</td><td rowspan="3">自動走行システム</td></tr>
<tr><td>レベル 3</td><td>加速・操舵・制動をすべて自動車が行い，システムからの要求時のみドライバーが対応する状態</td></tr>
<tr><td>レベル 4</td><td>加速・操舵・制動をすべてドライバー以外が行い，ドライバーがまったく関与しない状態</td><td>完全自動走行システム</td></tr>
</table>

注：2017 年に内閣府は SAE の定義にあわせて，レベル 4(限定自動運転)とレベル 5(完全自動運転)に分ける予定

通しである。

7. 2. 2　自動運転システムの動向

最初の自動運転の提案は，おそらく 1939-40 年にニューヨークで開催された世界博で GM(ゼネラルモータース)が展示した Futurama であろうが，これは未来の生活を描いたジオラマで，必ずしも自動車交通問題の解決を目指したものではなかった．事故と渋滞の解決を目指した自動運転の研究は 1950 年代に米国で開始され，その後欧日でも開始された．1980 年代後半から日欧米各国で ITS(高度道路交通システム)に関するプロジェクトが開始され，その中で自動運転は大きく取り上げられた．しかし，米国サンディエゴで 1997 年に行われた大規模な自動運転のデモの後，自動運転は当面は実用化されないという理由で各国における研究は中止された．20 世紀の自動運転システムは，自動運転技術がフィージブルであることを示すことが目的で，プラトゥーン走行もあったが，単体の乗用車を対象としたものが多く，自動運転のための各種技術の研究開発と試用に重点があった．しかし，21 世紀になると，欧米日の公的プロジェクトでは，近い将来での実用化を考えてか，トラック，路線バス，小型低速車両を対象とした自動運転が取り上げられている．

米国国防総省高等研究計画局(DARPA)による無人ロボットカーレースが，2004 年と 2005 年にオフロードを対象に(Grand Challenge)，2007 年に市街路を対象に(Urban Challenge)行われ，その優勝チームの成果に基づいてグーグル社はグーグル自律車両(Google Autonomous Vehicle，グーグル AV)を開発した．グーグル AV が自動運転システムで用いているセンサは，車両の屋根上に設置した 360 度レーザスキャナーのほかに，マシンビジョン，レーダー，GPS などである．グーグル社は現在カリフォルニア州，テキサス州など 4 州で総計 58 台の車両の走行実験を行っている[7-3]．

グーグル AV に触発されてか，各国の自動車メーカーや部品メーカーが乗用車の自動運転システムを発表し，公道で走行実験を行い，さらに近い将来の販売を予告している．ダイムラー社は，2013 年 8 月にドイツのマンハイムからプフォルツハイムまでの市街路や田舎道を含む 100 km あまりの行程を，自動運転で乗用車を走行させている．用いたセンサはマシンビジョンとミリ波レーダーであるが，その挙動は「ヒューマンドライバーにはるかに劣る」と報告されている[7-4]．

狭義の自動運転システムの技術は運転支援システムの技術と共通であるが，20 世紀の間は自動運転システムに関する研究には運転支援システムの概念は含まれていなかった．運転支援システムに関するプロジェクトについては，わが国では 1991 年から先進安全自動車(Advanced Safety Vehicle)のプロジェクトが当時の運輸省によって，米国では，自動運転に関する研究を中止した後，1998 年から IVI (Intelligent Vehicles Initiative)プロジェクトが開始されている．

7. 3　自動運転システムの効果

運転支援システムを含めて自動運転システムとは，自動車交通へのオートメーションの導入であるから，その特長は，遅れの少ない認知，判断，操作と，ヒューマンエラーの排除にある．この特長によって，自動車交通の安全と効率，ドライバーへの快適性と利便性の提供，ヒューマンドライバーでは困難な，または不可能な環境下での運転，移動困難者への移

表 7-2　スバル EyeSight Ver. 2 の事故低減効果[7-6]

	販売台数 (2010-2014)		事故件数			
			総件数	対歩行者件数	対車両，その他件数	
						うち追突
搭載車	246,139		1,493	176	1,317	223
		1 万台当たり (*A*)	61	7	54	9
非搭載車	48,085		741	67	674	269
		1 万台当たり (*B*)	154	14	140	56
効果($A-B$)/B			−61%	−49%	−62%	−84%

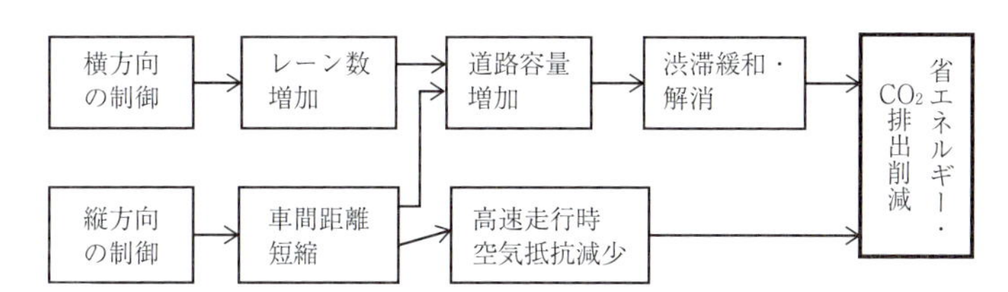

図 7-1　車両の制御と省エネルギー，CO_2 排出削減の因果関係

動手段の提供などが可能になる．以下ではこれらの効果について詳しく述べる．

7. 3. 1　自動車交通の安全

1970 年代にダイムラー・ベンツ社が自動車対自動車の事故を解析して，事故回避行動をとる時間と事故回避率の関係を明らかにしている[7-5]．その結果は，もう 2 秒早く回避行動をとっていれば，すべての事故は回避可能であり，もう 1 秒だけ早く回避行動をとったとしても，交差点での衝突事故(わが国では右折車と対向直進車の事故)と追突事故は 90%，正面衝突事故は 60%回避可能であることを示している．すなわち自動運転によって，事故の原因の 90% 以上を占めるとされるヒューマンエラーを排除し，認知，判断，操作時の遅れを少なくすれば事故を防ぐことが可能になる．

しかしながら，運転支援を含めて自動運転車両の安全への寄与については十分には明らかにされていない．その理由の詳細は後述するが，安全の検証には膨大な距離の走行が必要となるからである．米国グーグル社のグーグル自律車両(Google Autonomous Vehicle，グーグル AV)は，2009 年から公道で狭義の自動運転車両の走行実験を行っており，2016 年 5 月末現在，総計約 164 万台マイル(約 262 万台 km)(台マイル，台 km は，すべての車両の走行距離の総和を示す単位)を走行し[7-6]，2016 年 2 月に物損事故であるが路線バスとの接触事故を 1 件起こしている[7-3]．後述するが，この程度の総走行距離では安全の検証に不十分である．グーグル AV では，自動運転中でも特別な訓練を受けたドライバーが運転席にいることが条件になっている．

スバルは，ステレオビジョンをセンサとする運転支援システム EyeSight Ver. 2 の事故低減効果を表 7-2 のように発表している[7-7]．このシステムは特に追突事故の防止に効果があるが，システムが装備されているときに発生した事故の詳細については明らかにされていない．このシステムは，狭義の自動運転システムではなく運転支援システムであり，ヒューマンドライバーがフィードバックループに含まれる状態で利用される．

7. 3. 2　自動車交通の効率

オートメーションによって精密に車両を制御することが可能になると，渋滞が緩和・解消され，それに伴って自動車交通の省エネルギー化や CO_2 排出削減が達成される．図 7-1 に車両の制御と省エネルギー，CO_2 排出削減の因果関係を示す．

車両の横方向の制御とは操舵制御を指すが，精密に操舵制御を行うと狭いレーンでの走行が可能になる．現在の高速道路では，たとえば幅が 3.6 m のレーンを車幅 1.6 m の乗用車が走行している．レーンの幅を狭めれば 1 本の道路のレーン数を増すことができ，道路容量(単位時間に通過できる自動車の台数)を増加させることが可能になる．渋滞が緩

表 7-3　プラトゥーン走行時の道路容量の増加

走行モード	速度	プラトゥーンの状態	道路容量
単独走行	25 m/s		2,000 台/h
プラトゥーン走行		3 台，車間距離 2 m	4,600 台/h
		10 台，車間距離 6 m	6,200 台/h

文献(7-8)に基づいて筆者作成

表 7-4　プラトゥーン走行時の CO_2 排出削減効果

車間距離	空気抵抗低減による効果	道路容量増加による効果	計
10 m	2.0%	0.1%	2.1%
4 m	3.5%	1.3%	4.8%

表 7-5　ACC 走行時と CACC 走行時のドライバー設定車間時間

	設定可能車間時間	平均設定車間時間（被験者 16 名）	
		男性ドライバ	女性ドライバ
ACC	1.1，1.5，2.2 秒	1.43 秒	1.68 秒
CACC	0.6，0.7，0.9，1.1 秒	0.64 秒	0.78 秒

カリフォルニア PATH のシュラドーバー博士からの私信と文献(7-8)とに基づいて筆者作成

和・解消され，その結果，自動車交通の省エネルギー化，CO_2 排出削減となる．

車両の縦方向の制御とは速度・車間距離の制御を指すが，精密に速度や先行車までの車間距離を制御すると，車間距離を短縮して走行することが可能となる．小さな車間距離で走行することの効果は 2 種ある．一つは道路容量の増加で，カリフォルニア PATH(California Partners for Advanced Transportation Technology，1986 年に開始された米国カリフォルニア州の ITS プロジェクト)が行ったシミュレーション結果を表 7-3 に示す(7-8)．プラトゥーン走行によって道路容量が 2 倍ないし 3 倍に増加している．また，プラトゥーン走行によって CO_2 排出削減効果も期待されている．

2008 年から 5 年間，わが国の経済産業省と国立研究開発法人新エネルギー・産業技術総合開発機構(NEDO)が行ったプロジェクトである「エネルギー ITS 推進事業」では，高速道路上におけるプラトゥーン走行の CO_2 排出削減効果についてシミュレーションを行っている．シミュレーションの条件は，東名高速道路の横浜から沼津までの区間で午前中の混雑した状況下で，交通量は乗用車 69%，トラック 31%，プラトゥーンの割合はトラックの 40% である．東名高速道路の横浜から沼津までの

表 7-6　プラトゥーン走行時の Cd 値

				相対 Cd 値(単独車両の Cd 値を 1 とする)		
車長で正規化した車間距離				0.5	1	2
プラトゥーン台数	2 台	車両位置	先頭	0.86	0.97	1
			後尾	0.69	0.77	0.84
	3 台	車両位置	先頭	0.84	0.96	1
			中央	0.58	0.76	0.84
			後尾	0.67	0.73	0.76

文献(7-10)に基づいて筆者作成

区間における CO_2 排出削減効果を表 7-4 に示す(7-9)．

また，カリフォルニア PATH が乗用車を用いて公道上で行った ACC(Adaptive Cruise Control，先行車までの車間距離と相対速度から自車の速度を制御し，先行車との車間距離を一定に保持して走行するシステム)と CACC(Cooperative Adaptive Cruise Control，協調型 ACC，車車間通信で受信した先行車の加減速度を用いてより精密に自車の速度を制御する ACC)の実験結果を表 7-5 に示す(7-8)．ドライバーが任意に選んで設定した車間時間が，CACC では ACC の半分以下になっている．さらに彼らのシミュレーション結果は，CACC の利用率が 100% になると，道路容量がほぼ 2 倍になることを示している(7-8)．わが国の検討では，ACC や CACC によって高速道路のサグ部(道路の勾配が下りから登りに変化して車両の速度が低下し，渋滞が発生しやすい部分)に起因する渋滞の発生が抑制されるとしている(7-10)(7-11)．なお，CACC とプラトゥーンの相違は車間距離の大小にあり，車間距離が小さい場合をプラトゥーンと呼んでいる．

ACC の商品化は 1995 年に世界に先駆けてわが国で行われたが，それ以前に使われていたクルーズコントロールは，特に高速走行しているときに，アクセルペダルを操作しなくても一定速度で走ることができるシステムで，1960 年代初めに米国で実用化され，わが国でも 1960 年代半ばに商品化されて，広く普及するに至っている．当初の目的はドライバーの負担を軽減することにあったが，エンジンのスロットルバルブの開閉が少ないため，燃料消費量が少なくなるという利点がある．しかし，クルーズコントロールは，交通量が少ない米国で単独で高速走行する場合には有効であるが，わが国の混雑の激しい高速道路では一定速度で走ることは困難であまり使われなかった．

図 7-2　エネルギー ITS プロジェクトの大型トラック 3 台からなるプラトゥーン(2013 年)

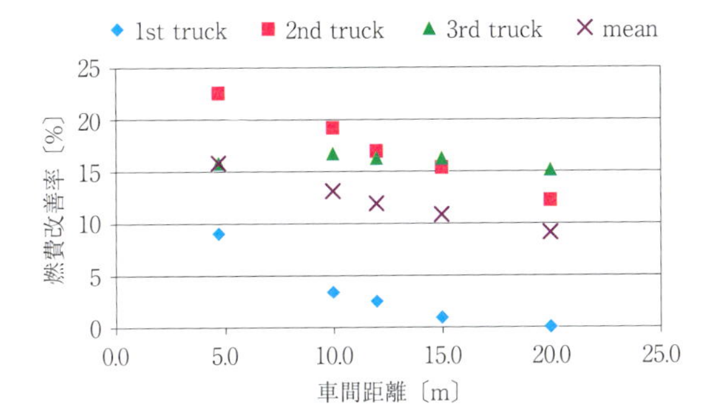

図 7-3　プラトゥーン走行の省エネルギー効果(走行速度 80 km/h，空荷状態)

ACC のもう一つの効果は，プラトゥーンでの特に高速走行時の空気抵抗の低下である．カリフォルニア PATH がミニバンの模型 2 台と 3 台を用いた風洞実験で求めた Cd 値(Coefficient of Drag，空気抵抗係数)を表 7-6 に示す[7-12]．プラトゥーン走行時には，後続車だけでなく特に車間距離が車長よりも小さいときには先頭車両の Cd 値も小さくなる．高速走行時には，転がり抵抗よりも空気抵抗が大きくなるため，プラトゥーン内の各車両の Cd 値が小さくなることは，高速走行時にプラトゥーン走行を行うと空気抵抗低下の効果が大きく，燃費が改善されることを示している．

プラトゥーン走行時の空気抵抗の低下による省エネルギー効果は，実車による走行実験でも明らかにされている．わが国のエネルギー ITS 推進事業では 3 台の自動運転トラック(図 7-2)を開発した．テストコース上で測定した 3 台のトラックのプラトゥーン走行時の燃費の測定結果を図 7-3 に示す[7-13]．後続トラックだけでなく，車間距離が小さいときには先頭トラックの燃費も改善されている．この結果は表 7-6 に示した Cd 値の変化と同様の傾向を示している．また，カリフォルニア PATH では，2010 年と 2011 年にネバダ州の州道で 3 台のトラックのプラトゥーン走行の実験を行い，燃費を測

図 7-4　コンピューターで生成された仮想レーンマーカー(2002 年，ミネアポリス)

定している[7-14]．自動化されていたのは速度・車間距離制御だけで，操舵はヒューマンドライバーが行った．3 台のトラックを車間距離 6 m，速度 85 km/h で走行させたときの燃費改善効果は，先頭車 4.54%，中間車 11.91%，後尾車 18.4% で，エネルギー ITS と同様の結果を得ている．

7.3.3　ヒューマンドライバーによる運転が困難な環境下での運転

オートメーションの導入によってヒューマンドライバーでは困難な，または不可能な環境下での運転が可能になる．プラトゥーン走行時には，車間距離が小さいために，後続車両のヒューマンドライバーは道路を見て操舵を行うことが困難または不可能となる．したがって，後続車両は横方向と縦方向の両方向の自動運転が必要となる．わが国のエネルギー ITS プロジェクトでの自動運転トラックの横方向制御は，プラトゥーンの後続車では車両前方の視野が狭くなるために，車体側面に下向きに装着したカメラで車両側方のレーンマーカーを検出して行った．

自動運転は，ヒューマンドライバーが運転するのが困難なまたは不可能な悪天候下，たとえば霧中あるいは降積雪時での運転を可能にする．悪天候下での着陸を可能にする航空機の ILS(Instrument Landing System，計器着陸システム)に類似している．図 7-4 は米国ミネソタ州で実験が行われた除雪車の運転支援システムを示す．GPS で測定した自車位置と地図データベースに基づいて仮想的にレーンマーカーを生成し，ドライバーの面前のハーフミラーに投影して，降積雪時にレーンマーカーの視認性が低下するときに支援を行う．

路線バスのプレシジョンドッキング(バス停留所のプラットフォームにバスを精密に横付けして，特に車椅子や乳母車の乗降を容易にし，バリアフリー

(a) パイロンで囲まれた狭いレーンを走行する

(b) プラットフォームへの精密な横付け(上部がプラットフォーム，下部がバスのステップ)

図 7-5　カリフォルニア PATH の自動運転バス(2003 年，ワシントン DC)

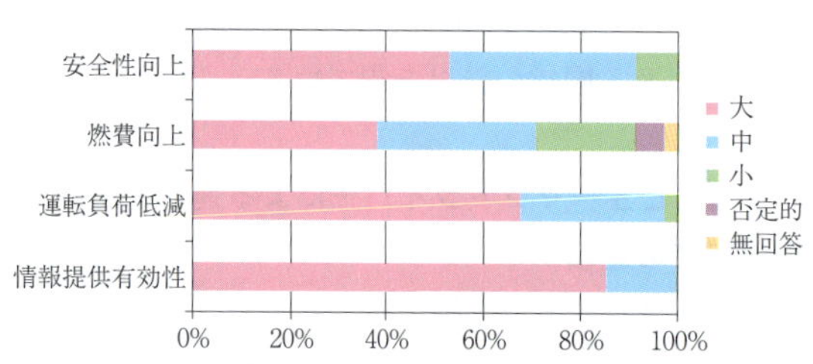

情報提供とは，先頭車が検出した前方の状況を車車間通信で後続車に伝えるサービス

図 7-6　トラックの CACC の評価

図 7-7　フランスで開発中の自律走行するオンデマンド型低速小型車両(2011 年，パリ近郊)

化を図るシステム)や，狭いバス専用レーン(米国では路側帯をバス専用レーンとして用いる場合がある)での走行も自動化の意義がある．図 7-5 に 2000 年頃からカリフォルニア PATH が開発を進めている自動運転バスを示す．自動運転は，レーン中央に永久磁石列を埋設し，車上の磁気センサで磁界を検出して操舵制御を行う方式で，路車協調型である．この路線バスの自動運転システムは，現在米国オレゴン州ユージンで実用化されている．このシステムでは，バスドライバーは運転席に着座しており，運転時の負荷が低減されているが，狭義の自動運転ではない．

わが国においてドライバーが急病・急死したために発生する事故は，死亡事故の 1% ないし 2〜3% 程度を占めているとされている[7-15]．このようなときに短時間，短距離の自動運転を行って車両を路側などに安全に停止させれば，二次事故の発生を防ぐことが可能となる．鉄道では，運転士の急病・急死時に，自動的にブレーキを動作させることが可能なデッドマン装置がすでに使われている．

7. 3. 4　ドライバーの運転負荷低減，快適性と利便性

自動運転によって，長距離を走行するドライバーの運転負荷の低減を図ることができるだけでなく，現在すでに乗用車やトラックに商品化されている ACC や CACC によってもドライバーの運転負荷を減らすことができる．エネルギー ITS プロジェクトでは，4 台のトラックの CACC の評価実験をテストコースで行った．ドライバーによる CACC の評価を図 7-6 に示す．この実験では，操舵はヒューマンドライバーが行ったが，速度と車間距離の制御は自動制御で行った．安全性の向上，燃費向上，運転負荷低減の各項目について肯定的な評価となっている．評価者は物流事業者 5 社のドライバー 20 名と業務管理者 9 名で，4 台のトラックは車間距離 30 m，速度 80 km/h で走行した[7-13]．

7. 3. 5　移動困難者のための移動手段

自動運転は身体障害者や高齢者の移動手段となり

うる．この場合，通常は短距離の移動が主体であるから，車両は1人または2人乗りの小型低速車両で十分で，安全性に対する要件も緩和することができる．図7-7は，フランスの研究機関INRIAが開発中の，オンデマンド型の小型低速の自動運転車両で，移動困難者の移動手段の一例である．乗客は車両の運転操作をまったく行わないため，表7-1に示した自動化レベル4に分類される．

7.4 自動運転システムの活用

自動車の自動運転システムの定義，目的と効果，現在の動向，課題，ニーズについて検討してきた結果から，今後の自動運転のあり方について展望する．21世紀の自動運転システムの目的は，もはや自動運転技術のフィージビリティを示すことではなく，自動車交通問題の解決にある．しかしながら，いまだ技術的課題も多く残されている．プラトゥーン走行の省エネルギー効果は多くの実験で実証されているが，自動運転の安全に対する効果はいまだ実証されていない．また，どのような場所で，どのようなレベルの自動運転を行うかにもよるが，たとえば無人走行車で事故が起きたときの責任をどうするか，そもそも無人走行車を走行させるためのルールや法制度はあるのか，事業として成立するのかなど，技術以外の課題も多い．

しかし，自動運転によって安全が確保され，狭いレーンでの走行や小さな車間距離での走行が可能となって渋滞が解消され，省エネルギー化が図られ，長時間長距離走行時の運転負荷が低減され，移動困難者に移動手段を提供することが可能となり，さらには新たな道路交通システムが構築されるなどの可能性をもっているのも事実である．そのためには，自動運転システムのタクソノミー(分類学)を構築し，どの車種で，どこを，運転支援を含めてどのような自動運転を行うか，という自動運転システムの導入，展開について十分な議論が必要である．

ここでは，自動運転の実現に向けた課題を解決するために実施された調査において[7-16]，自動運転によって何を実現するのか，自動運転の利用者やサービス事業者側から検討した自動運転の活用事例を紹介する．

7.4.1 自動運転システムの導入

自動運転システムの導入には，上述したように解決すべき多くの課題があり，またアフォーダビリティ(購入しやすさ)やドライバー受容性，社会受容性も大きな課題となる．現在ヒューマンドライバーが運転するあらゆる環境下，すなわちあらゆる道路や交通，気象などの環境下における狭義の自動運転システムの導入は遠い将来のことであろう．自動運転システムの導入にあたって考えるべき軸(タクソノミー，分類)には以下のものがある．

- 車種：乗用車，路線バス，トラック，特殊車，小型低速車など
- 走行場所：高速道路，市街路，過疎地，専用道
- 気象環境：全環境，限定環境
- 走行形態：単独(free agent)，協調(cooperative)，隊列(platoon)
- 走行速度：低速，高速
- 方式：自律，路車協調，車車協調
- 走路上の障害物の管理：車両，ドライバー，道路管理者
- ドライバーの存在：ドライバー有(driver-in-the-loop)，ドライバー無(driver-out-of-the-loop)
- ドライバーの種類：職業ドライバー，一般ドライバー

この軸をベースに，車種ごとに運転支援を含めて自動運転システムの導入可能性について考えてみたい．導入可能時期は，近い将来，遠くない将来，遠い将来の3種に分類している．

まず，乗用車の狭義の自動運転システムには極めて高い信頼性をもつ装置やシステムが必須であることを考えると，あらゆる環境下での自動運転システムではアフォーダビリティが課題となる．したがってその導入は遠い将来であろうが，道路環境が整備されている高速道路や専用道路での自動運転は遠くない将来に導入される可能性がある．市街路においては，歩車分離信号の導入など，他のシステムによる安全の確保も可能であるから，高度な運転支援(ドライバーは常にループ内)で十分な場合も多い．高度な運転支援システムは近い将来の導入が可能である．しかし，歩行者や障害物が排除可能な専用駐車場での自動バレー駐車は，近い将来の導入可能性がある．

次にトラックについては，高速道路を走行するト

ラックのプラトゥーンが近い将来の導入可能性がある．このプラトゥーンは，先頭車はヒューマンドライバーが運転し，後続車は自動運転で先行車に追従するもので，可能なら高速道路上に設置した専用レーンを走行するのが他の交通との混在がなくて好都合である．プラトゥーンの利点は，すでに紹介した燃費の改善だけでなく，ドライバーの人件費の節約にもなる．現在のわが国では，トラックドライバーの高齢化と不足という課題があるが，その解決にもなる．

トラックのプラトゥーンは，走行場所の任意性や車両操作の柔軟性の点で鉄道貨物に比べて優位にあるが，プラトゥーンを形成したり解消したりする場所やプラトゥーン内のトラックへのドライバーの乗降など，運用上の課題が存在する．また，運送業者のトラックは，貨物の積載が終了するとすぐに出発するため同じ業者のトラックが高速道路上でプラトゥーンを形成することは通常はないため，同一業者のトラックによるプラトゥーンは現実的ではない．上述したトラックを対象としたCACCを含め，トラックのプラトゥーンは運送業界全体の課題であろう．

バスは高速バスと路線バスに大別される．高速バスのCACCは，同一事業者内であれば車車間通信装置の装着が容易で「鶏と卵」問題が解決されるため，近い将来の導入が可能である．その効果は，追突防止など安全面だけでなく，燃費改善やドライバーの運転負荷低減にもある．一方，路線バスの自動運転は，バス停のプラットフォームにバスを精密に横付けするプレシジョンドッキングや，狭いバス専用レーン(米国では路側帯や中央分離帯をバス専用レーンとしている)での走行に必要である．路線バスの走行範囲は限定的であるから，路車協調型の自動運転システムでも，工事，保守，運用などの面で合理性がある．プレシジョンドッキングの目的は，車椅子や乳母車での乗降を容易にするバリアフリー化にある．

現在のわが国での運用例はみられないが，過疎地での高齢者や身体障害者のための移動手段としての小型低速車両の自動運転がある．小型低速であるから安全基準を緩和することが可能である．また，移動範囲が限定されるために路車協調型システムを採用することが可能で，この場合は車載装置の負担を軽減することができる．したがって，近未来での導入が可能である．小型低速車両の自動運転は，ファースト・ラスト・ワンマイルといわれる，鉄道駅やバス停と自宅など最終目的地の間の移動手段にも用いられる．

その他の導入候補として，除雪車やトンネル清掃車の自動運転・運転支援がある．その目的は，運転負荷の低減・省力化で，トンネル清掃車はすでに試験的に導入されている．

以下の各項では，自動運転システムの具体的な活用例を示す(7-16)．

7.4.2 追従走行提供サービス

大型車の燃料消費やCO_2排出量低減に向けた一つの方策として，高速道路走行時における自動運転

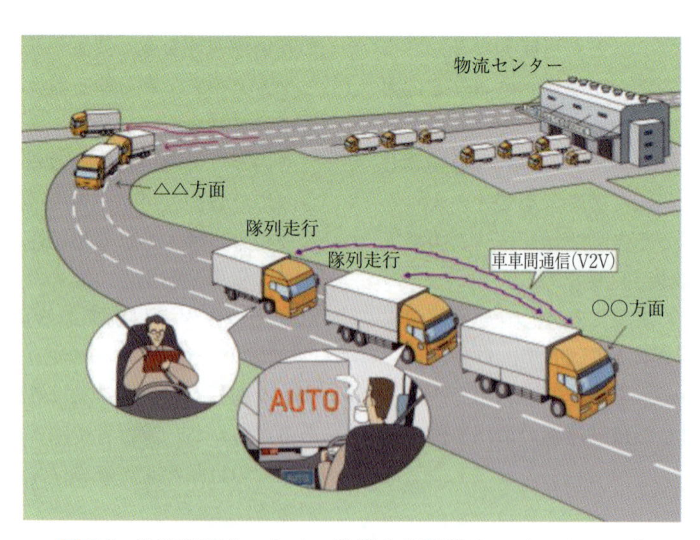

図7-8 物流効率化のための追従走行提供サービスイメージ

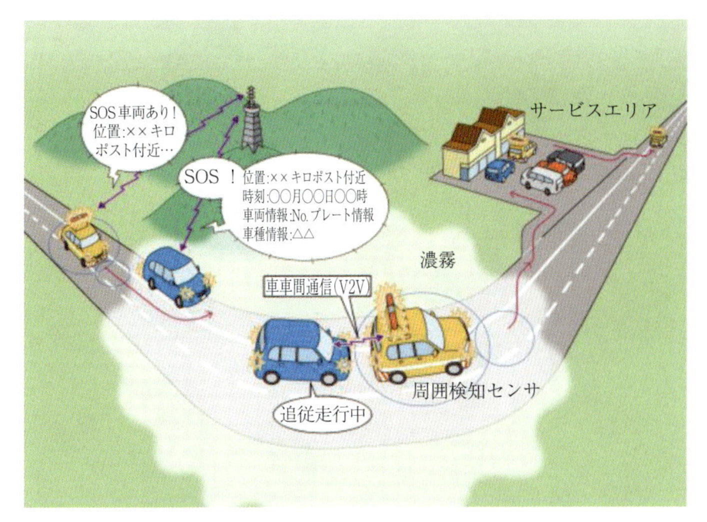

図 7-9　高速道路悪天候時における管理車両への追従走行提供サービスイメージ

による隊列走行の効果が期待されている．高速で車間距離を詰めて走行するためには，自車の位置や速度等の情報を車群内の周辺車両と交換し，相互の位置関係やそれぞれの動きを把握し協調して走行する技術が必要である．

(1) 物流効率化のための追従走行提供サービス

高速道路などの幹線道路を走行するトラックを，積荷の量に応じてフレキシブルに車両の編成を変えることが可能な隊列自動運転である．目的地が同方向のトラックが複数台存在する場合には，隊列を組むことで，省エネ走行やドライバーの疲労軽減に貢献する．隊列走行中は，追従車は自動で追従走行し(図 7-8)，目的地に近づくと隊列から離脱，マニュアル運転に切り変えて走行する．

また，高速道路を走行するバスや大規模なイベント等で，乗客の大幅な増加が見込まれる場合にも，運行時間や乗客の数，運行区間などフレキシブルな対応に向けて，バス専用レーンなどを活用したバスの隊列走行にも応用が可能である．

(2) 高速道路の悪天候時における管理車両への追従走行提供サービス

高速道路や自動車専用道において大雨や雪・霧などにより視界や走行環境が急激に悪化した場合に，高精度な地図や GPS によって自車の位置を確認し，さらに周囲検知センサで前方障害物や後側方障害物を検出しながら走行することが可能な道路事業者の管理車両を用いて，事故や立ち往生している車両等の存在をパトロールする．パトロール中や一般車両のドライバーからの要請などにより該当する車両を発見した場合には，道路管理車両が先導車となり，一般車両が道路管理車両に追従走行し SA/PA や出口まで安全に誘導する(図 7-9)．

(3) 高速道路における追従走行提供サービス

高速道路等の自動車専用道において，目的地が同じまたは同方向の他車両に追従して一定区間を走行するサービスである．あらかじめ利用したい日時や区間を提示し，先導車また追従車か，どちらでもよいかなどの希望とともにセンターに予約して利用する場合と，高速道路の SA などで待機中の車両の中から行き先や時間，先導／追従などの自分の希望とマッチングする車両を探し，隊列走行を実現する場合が考えられる(図 7-10)．

7.4.3　ラストワンマイル自動走行

公共交通の整備が十分ではない地域や高齢者の移動手段に自動運転を活用することで，誰にでも快適な移動環境を提供しようというものである．実現に向けては，一般道路や市街地への適用が想定されるため，自動走行レーンをどう確保するか，他車や歩行者などとの共存が可能な社会システムとしてどう運用していくかなど，技術以外にも解決すべき課題が多い．

(1) 地方や過疎地でのラストワンマイル自動走行ニーズ

(a) 高齢者や過疎地のドアツードアの移動手段としての自動走行のニーズ

図 7-10　高速道路における追従走行提供サービス

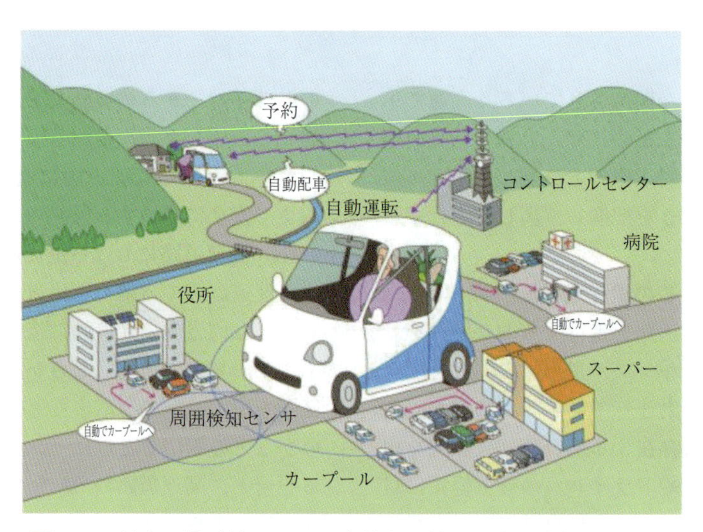

図 7-11　地方や過疎地における高齢者の移動・生活支援のための自動走行サービスイメージ

公共交通機関による移動サービスが十分ではない地方や過疎地に暮らす高齢者を対象に，ドアツードアの移動手段を提供するための自動運転である(図 7-11)．買物や通院，役所，病院などに自力で移動が可能なようにサポートすることで，高齢者の積極的な社会参加により QOL(Quality of Life)の向上等が期待できる．

(b) 公共交通の補間機能としての移動手段としての自動走行のニーズ

現在，地方都市等で実証実験が行われているコミュニティバスなどの自動運転である．たとえば，利用者が多い時間帯などは，隊列走行技術などを活用してフレキシブルな運用を行うことが可能である．運用者側にとっても，ドライバーの雇用費などの運用コストを下げることが期待できる．また，都市や住宅密集地以外において，カーシェアリングを公共的なインフラとして活用するために，普及のネックとなっているワンウェイ方式の車両の偏在を解消するための配車に自動運転を活用する新しいビジネスも期待できる．

(2) 大規模商業施設やテーマパークなどでのラストワンマイル自動走行ニーズの抽出

大型の商業施設や空港などの大規模商業施設において，誰もが快適にショッピングやサービスを楽しむことができるよう，一定の決められたエリア内での低速の自動運転であり，比較的実現に向けてのハードルが低い．基本はドライバーは乗車する必要がなく，利用者はあらかじめ定められた場所や携帯

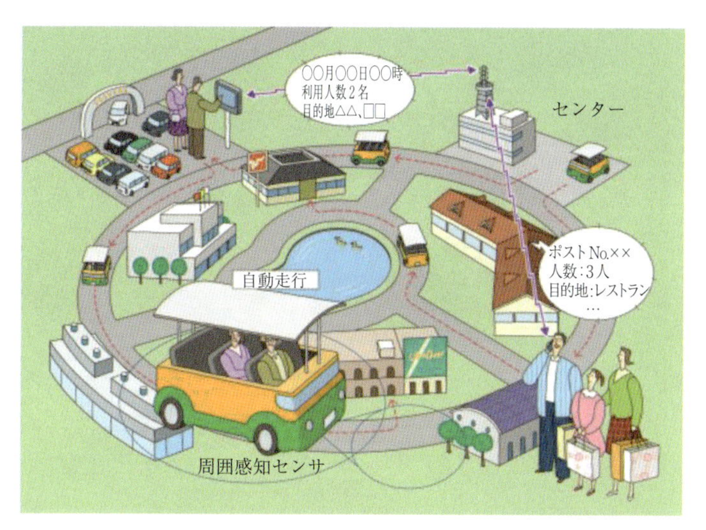

図 7-12　大規模商業施設などでの移動支援のための無人走行サービスイメージ

図 7-13　観光地などでの安全・快適な移動を実現する自動走行サービスイメージ

端末などから，無人走行車を呼び出したり回遊している無人走行車に乗車し，施設内を回遊・利用する．高齢者や身体的なハンディの有無にかかわらず，バリアフリーな移動環境を提供することが可能になる(図 7-12)．

(3) 観光地でのラストワンマイル自動走行ニーズ

景色が良い観光道路やシーニックルートなど，道路管理者や地方自治体などが定めるエリアでの低速の自動走行である．同乗者だけでなくドライバー自身も，ゆっくり景色を楽しんだり，カメラやビデオなどでの撮影，同乗者との会話などを楽しむことを可能として，観光地への集客や地方活性に貢献することが期待できる．自動運転車両については，オーナーカーだけでなく，次世代低公害車や超小型車などを用いたレンタカーやシェアリング車での利用が想定できる(図 7-13)．

7.4.4　ドライバー状態モニタリング

自動運転の導入にあたって，ドライバーがまったく運転に関与することなく走行が可能な完全自動運転車が導入されるまでは，自動車側のシステムとドライバーの間で，主権(責任)の遷移が行われることが想定されている．そのためには，ドライバーの状態を常にモニタリングしておくことが必要となる．このモニタリングを活用して，ドライバーの異常をいち早く発見することによるサービスが想定される．

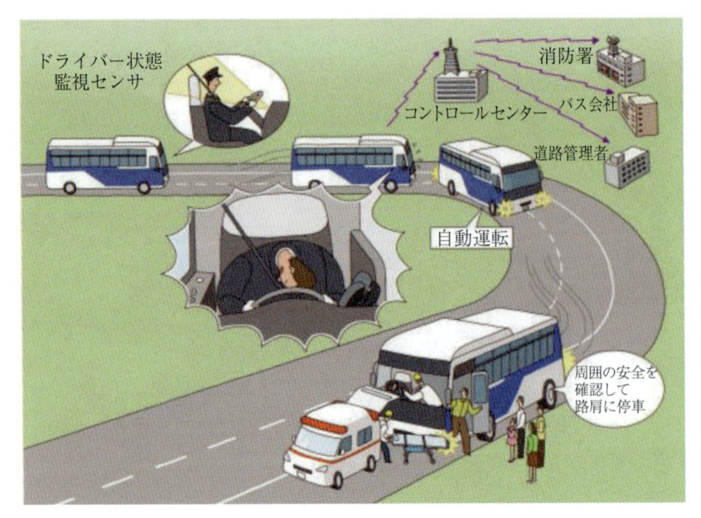

図 7-14　ドライバー異常時対応自動安全停止サービス

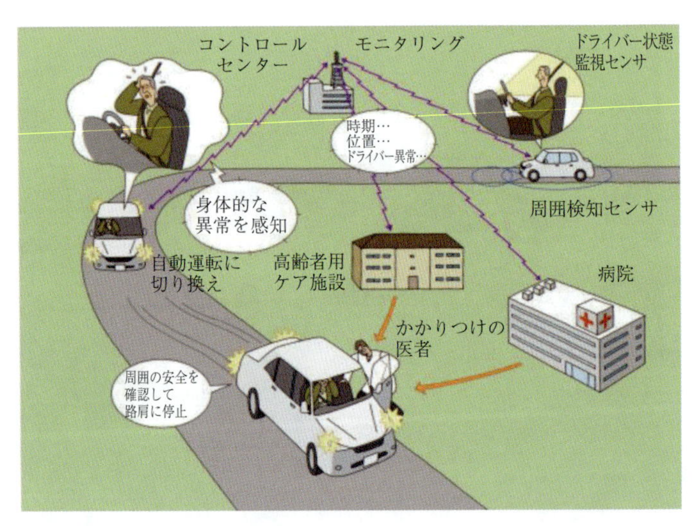

図 7-15　高齢者の移動をサポートするドライバーの見守りサービス

(1) ドライバー異常時対応自動安全停止サービス

ドライバーが居眠りをして，車両に搭載されているさまざまな覚醒手段を用いても覚醒しなかったり，急病や発作で正常な運転ができない場合に，周囲の安全を確認しながら路肩などに安全に停止するシステムである．高速道路等の自動車専用道で導入され，一般道にも拡大すると思われる(図 7-14)．

(2) 高齢者の移動をサポートするドライバーの見守りサービス

健康や体力・知力に多少不安がある人でも，買物，通院，介護施設などに自力での移動をサポートするために，低速での自動走行車ドライバーの身体や脳波の状態などを常時監視・把握し，異常時にはかかりつけ医などに通報するなど，地域全体での見守りを支援するサービス(図 7-15)．

7.5　自動運転システムの課題

すでに多くの自動運転システムが，テストコースだけでなく公道でも試験走行を行っているが，自動運転システムの実用化にあたっては，まだ多くの課題が未解決である．ここでは，これら課題のうち，技術的課題，ヒューマンファクター上の課題，普及に関する課題について考える．自動運転に関する法律や制度面の課題は，現在，国際的に議論が行われており，ここでは言及しない．

7.5.1 技術的課題

技術的課題の本質は，運転支援を含む自動運転に期待する安全である．平成27年版交通安全白書[7-17]によれば，わが国の交通事故死者数は，近年，1億走行台キロ当たり約0.6人，交通事故死傷者数は1億走行台キロ当たり約100人である．すなわち，死者については1.7億台km当たり1人，負傷者については100万台km当たり1人となる．これを30 km/hで走行する1台の車両で考えると，死亡事故についてのMTBF(Mean Time Between Failures，平均故障間隔)(1名の死亡事故の平均発生間隔)は，約5.6×10^6時間(約650年)，死傷事故についてのMTBFは，約4.2×10^4時間(約5年)となる．これらの時間は現行の自動車交通におけるヒューマンドライバーのMTBFと考えることができる．

高速道路上で事故が少ないことを考えると，これらのヒューマンドライバーのMTBFは高速道路上ではさらに長くなる．このことは，ヒューマンドライバーによる運転が極めて安全であり，同時に狭義の自動運転システムが安全に寄与することの証明には膨大な距離の試験走行が必要であり，自動運転機器には極めて長いMTBFが要求されることを示している．しかしながら，居眠り運転時や脇見運転時にはヒューマンドライバーのMTBFは年のオーダーから秒や分のオーダーに極端に小さくなり，これが運転支援システムや自動運転システムが必要な所以である．

運転支援システムでは，ヒューマンドライバーがバックアップしていることになるが，狭義の自動運転システムではそのバックアップがない．自動運転用機器の信頼性とMTBFは，自動運転システムの導入にあたっての大きな課題である．あわせて「自動運転による死傷者減少数が，自動運転による新たな死傷者増加数よりも小さいならよしとするか」の議論も避けられない．

センサの性能，特に精度は自動運転システムの性能を決定するために，センサの精度向上は極めて重要である．特に自車の位置特定技術は車両の横方向制御，縦制御のために必須であり，その精度向上は不可欠である．現在ダイナミックマッピングという，運転中の自車位置特定技術の開発が行われている．特定道路での位置特定精度が高まっているが，自動運転が当たり前化するためには，あらゆる場所での自車位置特定精度が上がることが必要である．

また，センシングシステムの限界性能を定量的に定める必要がある．センシングシステムの限界性能は，自動運転の開始が可能かどうかの判断や，自動運転で走行中に走行環境がセンサの限界性能を超えて，自動運転が不可能になる場合の判断の基準となるからである．

機器の信頼性とMTBFに加えてシステム，特にソフトウェアの信頼性も重大な課題である．バグがないソフトウェアを作成することは極めて困難である．わが国では2007年から2011年までの自動車のリコール件数のうち，プログラムミスが件数ベースで2.9%を占めている[7-18]．実際，グーグルAVが2016年2月に起こした事故の原因は，「かもしれない運転」でプログラムすべきでありながら，「だろう運転」でプログラムした点にあった[7-3]．

7.5.2 ヒューマンファクター上の課題

内閣府による自動化レベル3では，緊急時やシステムからの要請時には，自動運転から手動運転に切り替える必要がある．自動運転から手動運転に遷移するとき，ドライバーの意図で遷移する場合は問題ないが，自動運転システムの障害で手動運転に遷移せざるを得ない場合，ドライバーがすぐには対応できない場合がある[7-19]．航空機では，自動操縦中にエンジンの故障が発生した際にパイロットの対処がまずかったために，墜落は免れたものの重大な事故に至った例(1985年中華航空6便，B747型機)がある．また，速度計の故障によって自動操縦が不可能になったときに，パイロットの操縦が不適切であったために墜落した例(2009年エールフランス447便，A330型機)もある．

自動運転中のドライバーの役割や自動と手動の間の遷移の困難さを考えると，レベル3の自動運転は実現できない可能性がある．すなわち，常にドライバーがフィードバックループに含まれている運転支援システム(レベル1と2)か，あるいは常にフィードバックループ外にあるような狭義の自動運転システム(レベル4)が現実的であろう．

ヒューマンドライバーによる運転支援システムに対する過信を防ぐことも重要である．カナダの交通心理学者J. ワイルドが提唱したリスク・ホメオスタシス理論[7-20]によれば，環境が安全になれば，ドライバーはかえって危険な運転をし，安全になった分だけ危険な行動をとることになる．ヒューマンドライバーが，システムを過信してシステムの限界を超えた運転環境で自動運転を行おうとした場合，危険な状態に陥る可能性がある．

7.5.3　普及に関する課題

自動車は，道路があるところであればどこでも走行が可能なため，自律型が基本である．この観点から現在までに開発されたほとんどの自動運転システムは，車載装置だけで自動運転が可能な自律型であるが，路上に設置された自動運転用装置とのデータ交換を行う路車協調型自動運転システムと，車車間通信で他車とデータ交換を行う車車協調型自動運転システムには，「鶏と卵」問題がある．これは，路上装置の設置が先か，車載装置の設置が先か，あるいは他車の通信装置設置が先か，自車の設置が先か，という問題で，この問題を解決しない限りシステムとしては機能せず，普及もしないことになる．

路車協調型自動運転システムのもう一つの欠点は，路上装置の設置や維持管理に費用がかかることである．すべての道路を自動運転対応にするために路上装置を設置することは，到底不可能である．そのため，移動範囲が限定されている路線バスや小型低速車両などによる路車協調型の自動運転は合理的といえる．カリフォルニア PATH は，路上装置として永久磁石列の利用を推進しているが，それは，永久磁石列が安価で維持管理が簡単であるからとしている．自動運転の研究が始まった 1950 年代からしばらくは，路面に誘導ケーブルを埋設し，交流電流を流して交流磁界を発生させ，それを自動操縦車のピックアップコイルで検出してラテラル制御を行う方式が研究されていたが，上述した路上装置の設置費用や維持管理の難しさなどの理由で，その後の研究開発は自律型自動運転システムが主流となっている．

一方，車車協調型自動運転システムには，自律型自動運転システムでは実現できない特長がある．それは，車車間通信を用いた CACC やプラトゥーンが可能になることである．しかしながら，車車間通信が効果を発揮するには，たとえば 2 台の車両間の通信の可能性が普及率の二乗で決まることとなるため，高い普及率が要求される．したがって，車車間通信を用いた CACC は一般の乗用車を対象とするのではなく，高速道路を走行するトラックやバスを対象とするほうが，車両の所有者や管理者，車両の運用や走行形態を考えると，導入が容易で普及率を高くすることができる．

自動運転車両が実交通流に入ってくると，手動運転車両との混在が問題となる．現在の一般の混合交通の中に自動運転車が混在すると，周りでは自動運転と気づかないために，自動運転車が遅かったり，人間の動きと違う動きをしたりして周りのドライバーにフラストレーションを感じさせることが指摘されている．自動運転車であることを周りに認識させて，既存交通システムと棲み分けをすることが必要である．グーグル AV は何件かの追突事故を受けているが，その原因は停止しようとする先行のグーグル AV と，進行しようとする後続の手動運転車両の判断の違いとされている．また，ヒューマンドライバー間では可能なアイコンタクトが自動運転車両とでは不可能になる点も問題となる．

すべての車両が自動運転車両になると，すべての車両の走行制御アルゴリズムを同一にし，すべての車両の特性や性能を同一にする必要がある．その理由は，自動運転車両と手動運転車両の混在が事故を惹起する可能性があるのと同じで，車両の特性が異なると，同じ交通状況に対する判断や挙動が異なり，その違いが渋滞や事故の原因となるからである．

さらに，社会全体の交通デザインの中に自動運転システムをどう組み込んでいくのかも考える必要がある．自動運転は，自動運転システムの特性を生かしてどのようなことができるのかを正確につかみ，社会全体の交通システムの中に組み込んでいくことが必要である．たとえば，自動駐車システムへの適用，病院と公共交通までのシャトル連絡車，タクシーへの適用等，多くの実証実験が行われている．

7.6　自動運転システムの実現に向けて

7.6.1　自動運転システムの今後

以上述べてきたことを考えると，2050 年の社会・交通システムを見通して，自動運転は下記のように考えられる．

(1) 完全自動運転はまだ時間がかかると認識されているが，昨今の開発スピードを考えると 2050 年頃には当たり前になっているのではないだろうか．適用車種が課題であるが，現在では限定的な道路や場所での自動運転の実現，またドライバーが高齢化しているトラックの自動運転は意外に早く実現するのでは，といわれている．自動運転の導入は限定的なところから徐々に拡大し，2020 年の東京オリンピック以降，2025〜2030 年頃までにかなりの普及が進む勢いである．ただし，一般交通における混流交通においては解決すべき課題も多く，2030 年以降も検討が続くであろう．

（2）2050 年頃の主要な構成員は，スマートフォン等とともに育った年代であり，自動運転車に壁はないと思われる．しかし自動車のメカに疎く，人間と機械システムの乖離は今以上に大きくなる．自動車は，2050 年頃には所有から共有の比率が高まるといわれ，自動車は単なる移動手段と捉えられて，その視点から自動運転への期待は技術者が考える以上に高い．

（3）現在課題となっている自動車の役割や人間の責任，製造会社の責任については，2050 年までにはこれらの多くの課題が冷静に判断され，「安全運転支援技術の高度化」の領域で実用化されている．また，社会的受容性，法整備の問題についても 2050 年までには導入が進み，今ほどのバリアにはなっていないと思われる．

（4）自動車と人間の関係が，自動運転の社会的受容性に影響する．人間の運転時の「認知・判断・操作」を完全に機械に置き換えられるのかが課題である．AI の研究が進み，ディープラーニングで自動運転の実現が早まるといわれているが，誤動作，人間の判断との乖離の問題はまだ研究が必要である．たとえばドライバーが自動車を監視する状態で自動運転が成り立つが，「監視」することがかえってドライバーの負荷となり，人間はこれに耐えられないだろう，といわれている．特に運転以外のことを考えているドライバーが，突然運転に復帰することは難しいのではいわれている．人間の“気まぐれ”性と機械システムの齟齬が課題である．

（5）米国，欧州，アジア等世界中で自動運転の開発が行われており，自動運転開発は国際競争となっている．このような状況からも自動運転の実現は早まるであろう．併せて，自動運転開発の目的やサービスを明確にすることが重要である．米国や欧州等の動向を踏まえて，日本の高齢化対応等のニーズに応えるシステム開発が必要である．ハッカー問題は 2050 年にも残る．セキュリティへの関心は，特に米国や欧州で厳しくみられている．

（6）自動車と ICT 企業，AI 企業が混在して，今までと違ったビジネス創出の場となっており，自動運転は今後この傾向をますます加速させる．この国際開発競争の波はビジネスの視点から期待されており，日本に大きなインパクトとなる．

（7）自動運転となっても，自動車の機能である「安全・安心」「環境性能」「快適性」を維持し，「走る・曲がる・止まる」の基本性能をもたなくてはいけない．それらは人類が自動車という文明の利器を生み出して，自動車に求めてきたものである．2050 年になって自動車の形態がどのように変わっても，自動車の基本機能と人間がシステムの中心にいて，安全・安心なモビリティ，移動の楽しさを提供するという自動車の原則は継続されなくてはならない．このように自動運転の登場は，自動車の機能，技術，意義等の考え方に大きな影響を与え，2050 年の社会において自動車の形態を根本的に変えるものである．

7.6.2　今後の方向性

（1）自動運転を理解する仕組み作り

自動運転は，基本的には人間が行っている運転という操作を，機械システムが行うことである．したがって，そこには技術的要素と人間要素があり，さらに自動運転の目的が介在する．自動車技術会としては，単に技術的側面のみを捉えることなく，自動運転の意義をモビリティ社会の中で一般に理解してもらえるような取組みが必要である．

（2）自動運転と自動車のあり方の関係について考えること

自動運転は，2020 年の東京オリンピックに向けて日本の最先端技術を世界に発信するということで精力的な取組みが行われている．また自動運転には，自動車技術，半導体技術，制御技術，システム技術，ITS，ICT，IoT，AI，ロボット技術，インフラ技術等，多様な技術分野が絡み，技術の発展とビジネスの可能性ということで関心が高い．モビリティの視点においても，自動車を変革する挑戦目標として期待が大きい．

また，自動運転は自動車社会を変革する要素となるが，自動車本来の機能や人間の運転行為との関係など，自動車の発展してきた技術と人間の関係において考えていく必要がある．自動運転は今後段階的に普及していくと思われ，自動車技術会として，将来の自動車のあり方について考えることが必要である．自動運転にどのようなサービスを期待するのかについて考えて，その目的に合ったシステムとすることが必要である．

(3) 自動運転を人間系の視点から考えること

自動車技術というと自動車のメカニズムに偏りがちであるが，人間の認知・判断・操作の機能と自動車の関係について考える必要がある．今後，日本は超高齢社会になり，物流運転手の高齢化，地域のラストワンマイルなど，自動運転への期待が大きい．人間特性を考えた自動運転技術のあり方を考えていくべきである．

(4) AI(人工知能)と自動運転の関係について

ICTの章でもふれたように，AIは，人間の考えることを機械学習に置き換えるという視点で，自動運転の将来のあり方とAIの発達は密接な関係をもつ．自動運転を考える場合には，「人間と機械の新しい関係」について考えることが必要である．特に自動車技術会としては，

- 自動車の発達の歴史を踏まえて，自動車に何が求められているのかの基本論議
- 次世代に向けて新しい技術が発達する中での自動車の役割の変化
- 高齢者や若者など自動車の価値観が変化する時代の自動車の役割
- 乗用車のみならずトラック，公共交通等への自動運転の影響

等について考える必要がある．

また，AIであっても基本的な枠組みは人間が考え出すことである．AIが勝手に人間の考える以外のことを始めることは考えにくい．また，AIの処理過程でシステムの暴走が起こる危険性もあるため，AIは万能ではないことも考慮しておくことが必要である．

(5) 日本や欧米の取組み

冒頭述べたように，日本では内閣府主導によるSIP-adusプロジェクトが進行している．また，日本政府の「高度情報通信ネットワーク社会推進戦略本部」は，2016年5月20日に「官民ITS構想・ロードマップ2016」を発表し，“2020年までの高速道路での自動走行および限定地域での無人自動走行移動サービスの実現”することを位置づけた．また，2016年10月に行われた「The 3rd SIP-adus Workshop Connected and Automated Driving Systems 2016」においても，欧米アジアにおいて自動走行の取組みが積極的に行われており，この勢いは今後も続く．特に欧州では実証実験が多く行われ，日常社会での自動走行の課題抽出，社会的受容性等，多様な取組みを行い標準化することにより，新たな分野を確立しようとする動きが顕著である．

日本においては，2020年の東京オリンピック・パラリンピックに向けて世界最先端の技術を披露するとの旗印のもとで研究開発が急がれている．自動運転のように，多様な技術を結集した取組みにおいては，2020～2030年，2030年以降を見通して課題を抽出し，技術の総合化により自動運転の実現に向けて取り組まなくてはならない．自動運転の取組みは，技術を総合化し新しいビジネスを創出する．今までの産業構造を根本的に変えてしまうことも考えられる．欧米の研究開発に勢いがあり，日本においては生き残りをかけた対応が必要である．技術の総合化という新しい枠組みとなる取組みに官民の力を結集することが期待されている．

参 考 文 献

(7-1) 稲垣敏之：人と機械の共生のデザイン―「人間中心の自動化」を探る―，森北出版(2012)
(7-2) 保坂明夫，青木啓二，津川定之：自動運転―システム構成と要素技術―，森北出版(2015)
(7-3) Google Self-Driving Car Project Monthly Report, May 2016(2016)
(7-4) J. Ziegler, et al.：Making Bertha Drive? An Autonomous Journey on a Historic Route, IEEE Intelligent Transportation Systems Magazine, Vol. 6, No. 2, p. 8-20(2014)
(7-5) H. Metzler：Computer Vision Applied to Vehicle Operation, SAE Technical Paper 881167
(7-6) Google Self-Driving Car Project Monthly Report, February, 2016(2016)
(7-7) 富士重工業(株)プレスリリース，http://www.fhi.co.jp/press/news/2016_01_26_1794/(2016)
(7-8) S. Shladover：Highway Capacity Increases from Automated Driving, TRB Workshop on Future of Road Vehicle Automation, Irvine, CA, July 25 (2012)
(7-9) http://www.nedo.go.jp/content/100521801.pdf, p.14
(7-10) 日高健ほか：ACCを活用した高速道路サグ部の交通流円滑化，自動車技術会論文集，Vol. 44, No. 2，p. 765-770(2013)
(7-11) 土井ほか：通信利用レーダークルーズコントロールによる渋滞抑制に向けた取り組み，自動車技術会学術講演会前刷集，No. 50-14，p. 5-8(2014)
(7-12) P. Ioannou, ed.：Automated Highway Systems,

Plenum, p. 247–264(1997)
(7-13) S. Tsugawa：Results and Issues of an Automated Truck Platoon within the Energy ITS Project, Proc. IEEE Intelligent Vehicles Symposium, p. 642–647(2014)
(7-14) X-Y. Lu, S. E. Shladover：Automated Truck Platoon Control, California PATH Research Report UCB-ITS-PRR-2011-13(2011)
(7-15) 篠原ほか：運転中に意識障害発作を発症した症例の検討，自動車技術会学術講演会前刷集，No. 72-14，p. 7–11(2014)
(7-16) 平成26年度　グリーン自動車技術調査研究事業(安全・快適で環境負荷の少ない道路交通の実現に資するITSの実用化調査)報告書(経済産業省委託)，一般財団法人日本自動車研究所，2015年3月
(7-17) 内閣府：平成27年版交通安全白書，p. 7(2015)
(7-18) 国土交通省自動車局：平成23年度自動車のリコール届出内容の分析結果について(2013)
(7-19) 津川定之：高度道路交通システムにおけるドライバーと車の関係，計測と制御，Vol. 38，No. 6，p. 369–372(1999)
(7-20) ジェラルド・J・ワイルド(芳賀繁訳)：交通事故はなぜなくならないか，新曜社(2007)

第8章 自動車技術と自動車利用技術の現状と将来

2015年末に開催された第21回気候変動枠組条約締約国会議(COP21)では,「パリ協定」が採択された. これまで21世紀末までの気温上昇を2℃未満に抑えるという国連目標が掲げられてきたが, これに「1.5℃以下に抑えるよう努力する」旨が追記された. 日本政府は, 2030年度CO_2排出量の削減目標として, 2013年比で26%削減する案を提示している. また, これまでに先進国の間では, 2050年までに温室効果ガスを80%減らすことが合意されている. さらに, 2050年に向け新車のCO_2排出量を90%削減することを長期ビジョンとするメーカー(8-1)もあり, CO_2排出量を削減するために多くの技術開発が進むと予想される.

本章では, 自動車から排出されるCO_2の量を現状から80%以上削減するために必要な技術について, 自動車の燃料消費率の改善や低炭素エネルギーの活用, ITS, ICT技術を活用した新しい交通システムによる輸送効率の改善, および都市構造や輸送形態の変革による輸送量の低減等について考察した結果を紹介する. なお, CO_2総排出量の試算については専門家の方々にお任せし, ここでは, 将来, われわれが進むべき技術開発の方向性について示す.

図8-1は, CO_2排出量低減のために必要な技術についての検討例(8-2)を示している. 従来車については, パワートレインの効率向上や車両の走行抵抗低減およびハイブリッドシステムに代表されるエネルギー回生技術が重要となる. さらに, 天然ガス, バイオ燃料, 電気, 水素等の低炭素エネルギー活用の推進によりCO_2排出量を大幅に削減できると思われるが, CO_2排出量を現状から80%以上減らすためには, さらに自動車の利用の仕方の変革も併せて行うことが重要と推定される. 以下にそれぞれの具体的な技術を紹介する.

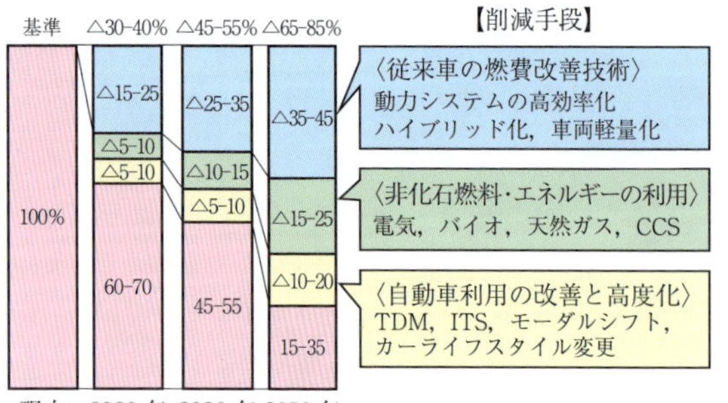

出典：自動車技術会春季学術講演会フォーラム資料(2015)

図8-1 中長期的な自動車CO_2排出量の削減予測

8.1 自動車技術の改良

自動車より排出されるCO_2排出量を低減するためには, 燃費向上および低炭素エネルギーの利用が主要課題となる. ここでは, それぞれの技術およびCO_2排出量低減効果について概説する.

8.1.1 従来自動車の燃費改善

従来車の燃費を向上するためには, 図8-2に示すように, エンジンの熱効率向上, トランスミッションの伝達効率向上によるパワートレインの効率向上, 車両の走行抵抗低減が必要となる. さらに, 減速エネルギーの回収・利用やアイドル時のエンジン停止および廃棄熱回収等のエネルギーマネジメントが重要となる. 以下に, これらの具体的な技術とその効果について記述する.

(1) エンジンの熱効率向上

エンジンの熱効率を向上するためには, 図8-3に示すように, 各種損失を低減する技術と排気熱の回収技術が必要である. これまでに種々の技術開発が進められており, ガソリンエンジンの最高熱効率はすでに40%を達成している(8-3).

ガソリンエンジンの熱効率は, 理論的には次に示すオットーサイクルの式を用いて表現される.

$$\eta_{th} = 1 - 1/\varepsilon^{\kappa-1}$$

ここで, η_{th}：理論熱効率, ε：圧縮比(膨張比), κ：比熱比.

この式より熱効率を高めるためには, 膨張比(圧縮比)を高めることと比熱比を高くすることが重要であることがわかる.

前者は, 機械圧縮比を高めることや, 排気バルブを開くタイミングを遅らせることになる．この手法については，ハイブリッド車用エンジンをはじめとして採用が拡大しつつある．さらに，運転領域に応じて圧縮比を最適化するために可変圧縮比の開発も進んでいる．後者については，リーン燃焼が有効で，これまでに均質リーン燃焼，成層リーン燃焼が実用化されたが，NO_xエミッションの課題があることから，普及は限定的である．この問題を解決するために，低NO_xのリーン燃焼を実現可能な圧縮自己着火によるHCCI技術の開発も進んでいる．また，実際のエンジンで発生する図8-3で示した損失の低減に向けて，過給ダウンサイジング，可変バルブタイミング機構(VVT)，可変気筒等が量産化され，それらの技術の改良も進んでいる．

一方，ディーゼルエンジンはすでに高圧縮比かつリーン燃焼が実現できており，ガソリンエンジンと比較すると高熱効率であるが，NO_xや粒子状物質(PM)排出量の制約で熱効率が最良となる燃焼状態にすることができず，乗用車用ディーゼルエンジンの最高熱効率は45%程度にとどまっている．この問題を解決するために，大幅なNO_xとPMの低減を目的とする予混合圧縮着火燃焼(PCCI：Premixed Charged Compression Ignition)が一部の運転領域で実用化されている(8-4)．また，冷却損失を低減するために，噴霧や燃焼室形状を工夫して高温ガスと壁面の干渉低減や，筒内流動の低減により壁面熱伝達量を低減する燃焼技術の開発が進んでいる．さらに，壁温を筒内のガスの温度に追従させて壁面熱伝達量を低減する技術も実用化されている(8-5)．まだ追従幅が小さく効果が十分に出せていないが，材料開発が進み冷却損失が0に近づく日がくることを期待したい．

図8-2　自動車技術の改良によるCO_2排出量削減

上記に，後述する排気熱回収技術を含めると，ガソリンおよびディーゼルエンジンの熱効率は，将来50%程度まで向上できると考えられ，熱効率50%達成を目標とした産学官連携プロジェクトもスタートしている．エンジンの熱効率を50%にすることができたとき，CO_2排出量を現状から25〜30%程度低減することが可能と推定される．

(2) 駆動系の改良

トランスミッションの役割は，エンジンのパワーを無駄なくタイヤに伝えることであり，パワートレインの効率を上げるという点からの課題は，伝達効率の向上とエンジンの高効率領域を使用して走行で

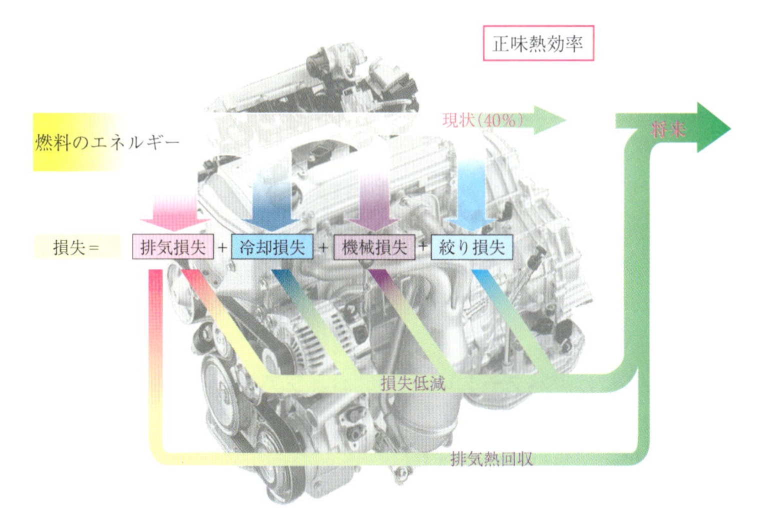

図8-3　ガソリンエンジンの熱効率向上

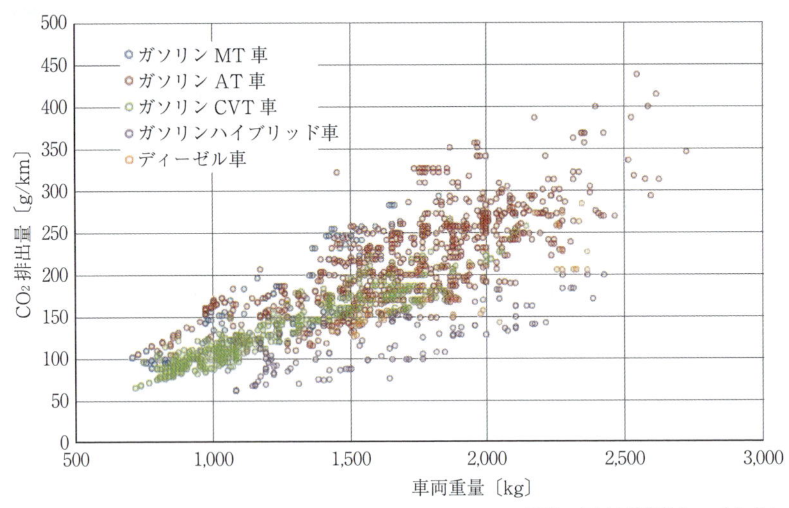

出典：国土交通省ウェブサイト

図 8-4　車両重量と CO_2 排出量の関係(JC08 モード)

出典：自動車技術，Vol. 68, No. 11(2014)

図 8-5　主要メーカーによる自動車の軽量化への取組み事例

きるようなワイドギヤレンジ化である．マツダの SKYACTIV-DRIVE[8-6]は，JC08 モードにおいてロックアップ率を 82%まで拡大し，オイルポンプやクラッチ等の機械抵抗を低減することにより 4〜7%燃費を向上させている．また，CVT の課題であった伝達効率の向上のためプーリーとベルト間の摩擦係数を向上するための技術開発も進められている．駆動系の今後の改良の余地は少ないと予想されるが，さらなる性能向上を期待したい．

(3)　車両走行抵抗の低減

自動車の燃費を向上するためには，パワートレインの効率向上と並んで車両の走行抵抗を低減することが重要であり，車両の軽量化，空気抵抗の低減およびタイヤの転がり抵抗低減等の技術開発が進んでいる．

(a)　車両の軽量化

図 8-4 に車両重量と JC08 モードにおける CO_2 排出量の関係を示す．車両重量と CO_2 排出量は比例関係にあり，車両重量を 1/2 にできれば，CO_2 排出量を半減することが可能である．このように車両の軽量化は，CO_2 低減の重要な技術であることがわかる．

車両を軽量化するためには，車両重量の大きな割合を占める鉄の代替材料の開発が重要である．炭素繊維複合材料(CFRP)や超高張力鋼板(超ハイテン)およびアルミ合金等の材料開発が進み，自動車への本格的な導入に向けた取組みが行われている．図 8-5 にその代表事例を示す．

EU では「スーパー・ライト・カー・プロジェクト」と呼ばれる共同研究が行われ，車体の重量を

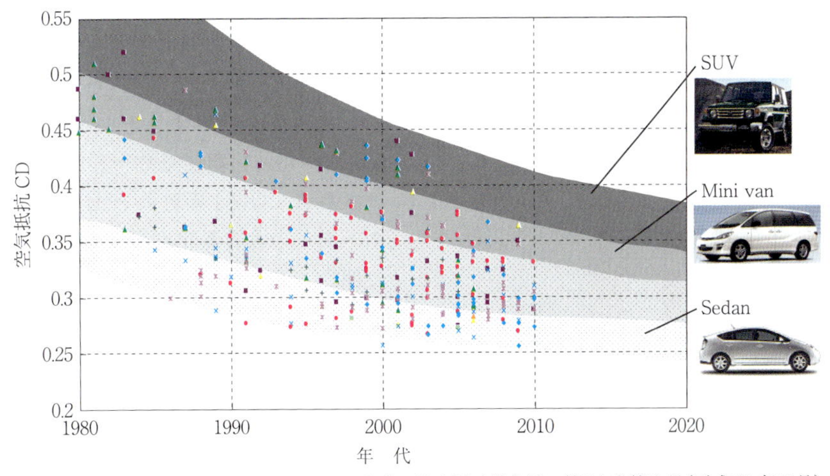

出典：日本風工学会誌，第 36 巻第 3 号(平成 23 年 7 月)

図 8-6　空気抵抗係数 CD の年代推移

30％程度削減するシナリオが示されている．また，CO_2 低減に対する軽量化の貢献度を 1/4 と仮定し，安全・快適・環境装備による重量増を考慮すると，2030 年時点で想定される CO_2 排出量目標を達成するためには，30〜40％程度の軽量化が必要との試算結果[8-7]もある．

さらに，車両そのもののコンセプトを変えることによる大幅な軽量化も考える必要がある．日本での乗用車の平均乗車人数は，約 1.3 人というデータ[8-8]から考えられるように，輸送人数 1 人当たりの車両重量が重すぎる傾向にあり，1〜2 人乗りかつ，使い方を限定した超小型モビリティが導入できれば，画期的な軽量化が進展し，大幅に CO_2 排出量を低減できる可能性がある．超小型モビリティについては 8. 1. 3 項にて詳細を説明する．

(b) 空気抵抗低減

平均的な乗用車における全走行抵抗消費仕事のうち，空気抵抗の占める割合は 10〜20％程度である．つまり，空気抵抗を 10％低減すると，1〜2％燃費低減が可能となる．図 8-6 に乗用車の空気抵抗係数 CD の推移を示す．従来，限界と考えられていた CD＝0.25 に届く車も出てきているが，頭打ちの傾向となっている．今後の大幅な改善は難しいと予想されるが，図 8-7 に示すように，以下の各部位にて空気抵抗の低減の取組みが実施されている[8-9]．

① ボデー整流と 3 面流れ整合：ルーフ・側面形状

② 床下整流：地上高さ管理と平滑化

③ タイヤ周り整流：バンパ・ホイール形状

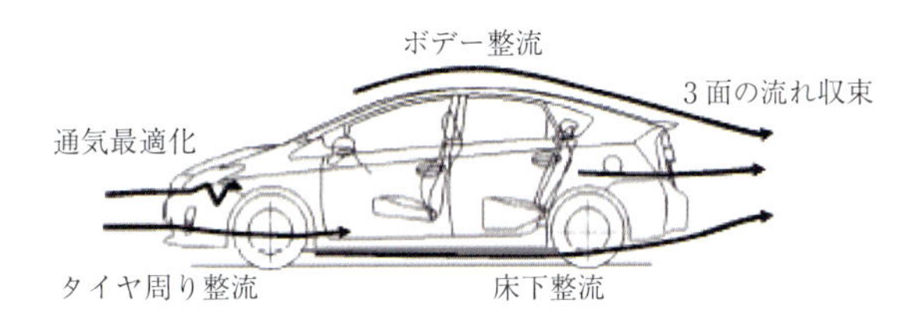

図 8-7　空気抵抗低減のポイント

表 8-1　転がり抵抗性能の等級

〔単位：N/kN〕

転がり抵抗係数 (RRC)	等級
RRC ≦ 6.5	AAA
6.6 ≦ RRC ≦ 7.7	AA
7.8 ≦ RRC ≦ 9.0	A
9.1 ≦ RRC ≦ 10.5	B
10.6 ≦ RRC ≦ 12.0	C

④ 冷却流れ(通気)最適化：エンジンルーム流入・排出形状

(c) タイヤの転がり抵抗低減

タイヤの燃費影響は，パワートレインと比較すると大きくはないが，無視できないことから，転がり抵抗低減による燃費改善の動きも活発である．ISO 28580 に定める測定法で測定されたタイヤ転がり抵抗係数(RRC)は，表 8-1 のように等級分けされる．表中の等級で A 以上であればエコタイヤと称することが認められている．現在では最高ランクの AAA であるタイヤも市販されている．転がり抵抗係数の違いだけを考慮すると，燃費影響は転がり抵抗の改善率の 10〜20％程度の割合でモード走行燃費が改善するといわれている．転がり抵抗の低減と

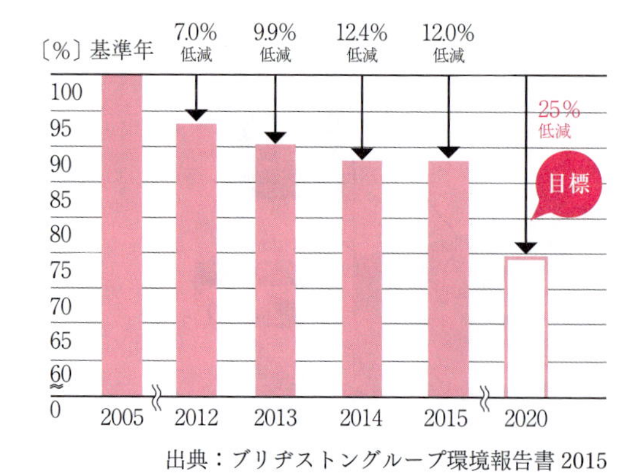

出典：ブリヂストングループ環境報告書 2015

図 8-8　タイヤの転がり抵抗係数の推移

必要なグリップ力確保の両立は技術的に難しいが，ブリヂストンは，図 8-8 に示す目標を掲げて研究を進めている(8-10)．今後の技術開発に期待したい．

(4) エネルギーマネジメント

燃料のもつエネルギーのうち，自動車を走らせるために使われているエネルギーの割合は 15〜20% 程度であり，停車中のアイドリングは走行にまったく寄与せず，ブレーキによる減速時は熱エネルギーとして捨てられている．これらの対応として近年，アイドリングストップ，減速回生等の技術を搭載した車両が増えている．さらに，回生したエネルギーでモーターを駆動し動力として使うのがハイブリッドシステムである．

(a) アイドリングストップ

信号待ち等で車を止めたときに自動的にエンジンを停止し，発進時にエンジンを再始動させるシステムがアイドリングストップである．現在，さらに発展させて減速中にエンジンを停止させることも行われている．また，再始動を素早く行うために停止中のエンジンのシリンダ内に直接燃料を噴射し，爆発させる技術も量産化されている(8-11)．アイドリングストップによる CO_2 排出量の削減効果は，アイドリングの比率によるが，JC08 モードで数%程度である．

(b) 減速エネルギー回生システム

減速時の運動エネルギーを積極的に活用するのが減速エネルギー回生システムである．回生エネルギーの活用は，これまでもハイブリッド車では進んでいたが，従来のエンジン車では，回生したエネルギーを蓄える二次電池の容量に制限があるため，活用は限定的だった．最近は，鉛二次電池に加えて Li イオン二次電池や電気二重層キャパシタといった回生専用の蓄電装置を備えることで，従来以上に多いエネルギーの回生を図っている．その結果，減速時にだけオルタネーターで発電を行うことでエンジンの負荷を減らすことが可能となり，CO_2 排出量を 5〜10%程度削減できるようになった．

さらに CO_2 削減効果を上げるためにはオルタネーターの大容量化が必要となり，従来の 12 V 系で使うと 800〜1,000 A 程度の大電流を扱う必要があり，ハーネスを太くしなければならず，組付けの問題や重量増を招いてしまう．その解決策として 48 V 化との組合せが検討されており，量産化も予定されている．48 V のマイルドハイブリッドシステムにより，CO_2 排出量の削減効果は 15%程度まで向上すると予想される．

(c) ハイブリッドシステム

ハイブリッド車(HEV：Hybrid Electric Vehicle)は，内燃機関と電気モーターを併用することで，CO_2 の排出量を低減し燃費を向上させるクルマとして現在では世界中で注目を集めており，自動車メーカー各社で新しいハイブリッドシステムやハイブリッド車の開発が行われている．専用電池とモーターを使用して制動時のエネルギー回生と始動および加速時のアシストを行うハイブリッド車には，ストロング型とマイルド型がある．

ストロングハイブリッドは走行条件に応じて，エンジンと電動モーターを使い分けながら最も効率の良い出力配分で走行するシステムである．このシステムでは，エンジンと電動モーターはどちらも重要な動力源であり，二つの複雑な仕組みを組み合わせることで大幅な燃費向上が期待できる．これに対しマイルドハイブリッドは，エンジンを主要動力源として使用し，停止時や発進時などエンジン駆動時に比較的小型の電池とモーターでアシストするシステムである(部分的に電気自動車モードで走行する車種もある)．

ハイブリッドシステムによる CO_2 排出量の削減効果はストロング型のほうが大きく，おおよそ 30〜40%である．このため CO_2 排出量の大幅低減手段として，図 8-9 に示すように急激に採用が拡大している．今後，さらにその傾向は拡大すると予想されるが，新興国に展開するためには，システムの簡素化および低コスト化が課題となる．

(d) 排気熱回収システム

ハイブリッドシステム以外のエネルギー回生技術

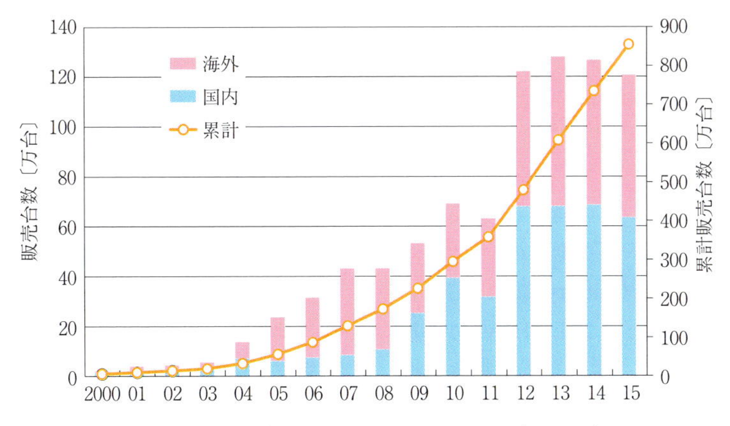

図 8-9　ハイブリッド自動車の販売台数(トヨタ)

の開発にも各自動車メーカーが取り組んでいる．現在，活用が進められているのが，熱エネルギーである．最もシンプルなものは，排気ガスで水を加熱してエンジンの暖機に利用することにより燃費向上を狙うもので，トヨタの北米仕様の「プリウス」に採用されている．また，排気熱エネルギーを電力または動力に変えて回収するシステムの開発も進んでいる．ホンダやBMWは，排気ガスの熱で蒸気を作り，タービンを回して電力(動力)を回収するランキンサイクルシステムの開発を進めている．また，熱電素子を利用して熱を電力に変換するシステムの開発も行われているが，熱電素子の変換効率の向上が課題である．「プリウス」は屋根に太陽光電池を搭載し，停車した車室内の空気の入れ替えを行っている．今後は，車両全体で熱マネジメントの最適化が行われ，エネルギー効率を最大化する取組みが進むと予想される．

8.1.2　低炭素エネルギーの活用

IEA(国際エネルギー機関)が発行した“Energy Technology Perspective”によると，世界で使用されている乗用車やバス，トラックなど自動車の台数は，2012 年に 11 億台(二輪など軽車両を除く)を超えた[8-12]．自動車の走行によるエネルギー消費は，1970 年代の約 30 EJ(石油換算 7 億トン)から 2012 年には 75 EJ(石油換算 18 億トン)と大幅に増加した(図 8-10)．内訳は乗用車など LDV(Light-duty Vehicle)が 60%，バスやトラックなど HDV(Heavy-duty Vehicle)が 40% となる．この結果，自動車走行エネルギー消費は世界の石油消費シェアの 50% を占めるまでになった．

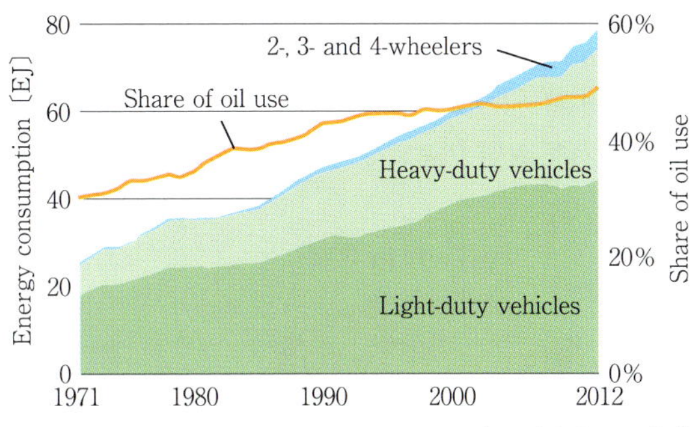

IEA: Energy Technology Perspective(2014)をもとに作成

図 8-10　自動車のエネルギー消費および石油消費シェア

将来に向けて持続可能なモビリティを構築していくため，エネルギー消費の大幅な削減と石油に依存しない代替エネルギーへの転換が必要と考えられる．代替エネルギーとして，電力，水素，バイオ燃料，天然ガスなどが注目されているが，現時点では自動車用エネルギーに占める割合は極めて少ない．図 8-11 に，世界の運輸エネルギー消費の全体に占める代替エネルギーの割合を示す．石油系燃料が 93% を占め，電力は鉄道を含み 1%，バイオ燃料は 2%，天然ガスも 4% にすぎない．

自動車による自然環境への影響は，たとえば地球温暖化の原因の一つとされる CO_2 排出量については，自動車の走行により排出される CO_2 は 55 億トンとなり，世界のエネルギー消費による総排出量 317 億トン[8-13]の 17% を占める．

2014 年に発行された IPCC の 5 次レポート[8-14]において，世界平均温度上昇を 2℃以下に抑制するシナリオとして，世界の CO_2 排出量を 2050 年までに 60% 削減するケースを示している．自動車に関わる CO_2 排出量を同じ比率で削減すると仮定すると，自動車保有台数の増加(2050年24億台)から，1台当たり80%以上の削減に相当する．さらに，耐用年数を考慮すると，新車1台当たりの排出量を90%削減する必要がある．地球温暖化への対応の技術的ハードルは極めて高いといえる．

代替エネルギーの活用として，石油への過度の依存からの脱却とCO_2排出の大幅な低減の観点から，バッテリー電気自動車BEV(Battery Electric Vehicle)やプラグインハイブリッド車PHEV(Plug-in Hybrid Electric Vehicle)など，電動化への動きが積極的に進められている．電力は多様なエネルギーから発電することができ，将来的には電力ミックスが再生可能エネルギーへシフトすることにより，究極のエネルギー源の一つになると考えられる．また水素エネルギーについても，現時点では水素製造の段階で水蒸気改質などによりCO_2を排出するが，再生可能エネルギーから水素を安価に製造することができれば，将来的に有望なエネルギーになると考えられる．

バイオマスは，現状ではトウモロコシなどから製造されるエタノールや菜種油などの油脂を原料とする脂肪酸エステル(FAME：Fatty Acid Methyl Ether)が実用化されているが，生産量の制約や土地利用変化による環境影響など課題も多く，アルジー由来のバイオ燃料など先進的な技術の開発が期待される．天然ガスは，ガソリンに比較して同一発熱量当たりでCO_2排出量を25%削減することができ，エンジンの改造も比較的容易である．また，資源的な制約が少なく，地域によりエネルギー価格も安価である．石油消費の削減の観点から一部の地域で実用化が進められている．

それぞれのエネルギーの自動車への適用の現状と，CO_2排出量低減の効果について以下に述べる．

(1) 電動化

BEVやPHEVはエネルギー変換効率が高く，石油消費とCO_2排出量の削減が可能であるといわれている．特にBEVは，再生可能電力を使用することにより，大幅な削減ができる究極の代替エネルギー車とされる．しかし，BEVは現状では車両性能などの点から既存車に対し競争力が十分とはいえず，市場に普及拡大するためには，三つの課題，一充電走行距離の拡大，車両価格の低減，さらに充電インフラの拡充についての対策を進める必要がある．

BEVの一充電走行距離とバッテリー容量の関係を図8-12に示す．販売台数の多いコンパクト車は

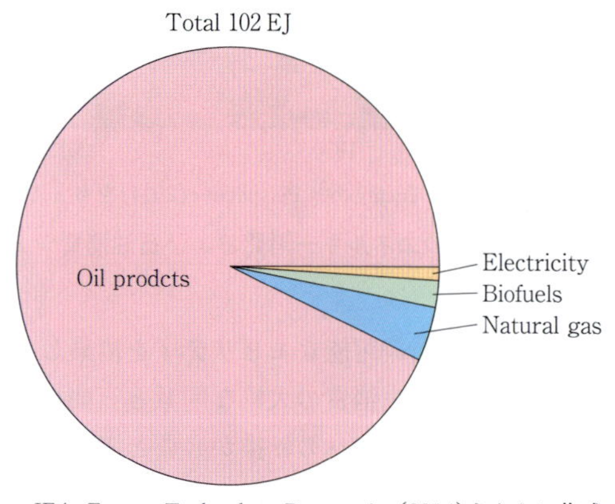

IEA: Energy Technology Perspective(2014)をもとに作成

図8-11　世界の運輸部門エネルギー消費(2011年)

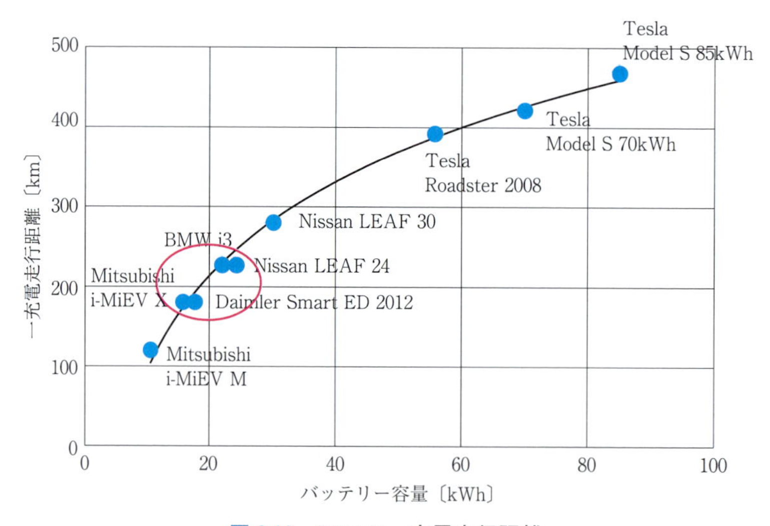

図8-12　BEVの一充電走行距離

表 8-2　BEV の主要諸元およびエネルギー消費量，CO_2 排出量

Manufacturer			Nissan	Mitsubishi	BMW	Daimler	Toyota	Suzuki	Base
Model			LEAF 30	i-MiEV X	BMW i3	Smart ED	Prius E	ALTO ECO	ICE 20km/L
Dimensions	Length	mm	4,445	3,395	4,010	2,695	4,540	3,395	—
	Width	mm	1,770	1,475	1,775	1,559	1,760	1,475	—
	Height	mm	1,550	1,610	1,578	1,565	1,470	1,475	—
Curb weight		kg	1,460	1,090	1,195	900	1,310	650	—
Seating capacity		persons	5	4	4	2	5	4	—
AER/driving range		km	280	180	229	181	—	—	—
Elec. Consumption (AC outlet)		Wh/km	117	110	107	110	—	—	—
Fuel Consumption		km/L	—	—	—	—	40.8	37.0	20.0
Test mode		—	JC08	JC08	JC08	JC08	JC08	JC08	JC08
Engine	Type	—	—	—	—	—	4cyl-Gas	3cyl-Gas	—
	Power output	kW	—	—	—	—	72	38	—
	Torque	Nm	—	—	—	—	142	63	—
Motor	Type		PMSM	PMSM	PMSM	PMSM	PMSM	—	—
	Power output	kW	80	47	125	55	53	—	—
	Torque	Nm	254	160	250	130	163	—	—
Battery	Type	—	Li-ion	Li-ion	Li-ion	Li-ion	—	—	—
	Capacity	kWh	30	16	22	17.6	—	—	—
Elec. Consumption TTW		Wh/km	117	110	107	110	224	247	457
Elec. Consumption WTT		Wh/km	117	110	107	110	40	44	81
CO_2-WTW(METI-2014)		g/km	41.0	38.5	37.4	38.5	68.7	75.8	140.2
CO_2-WTW(Renewable)		g/km	4.4	4.2	4.1	4.2	—	—	—

各社発表資料をもとに作成
（注 1）BMW i3 電費：参考値（バッテリー容量/充電走行距離/充電効率 90％から算出）
（注 2）ガソリン：低発熱量 44.9 MJ/kg，比重 0.733，WTT エネルギー効率 85％
（注 3）発電効率：50％（日本発電ミックスベース）
（注 4）電力 CO_2 排出原単位：経産省見積り 0.35 kg/kWh，太陽光発電 0.038 kg/kWh

バッテリー容量 20 kWh 前後で，一充電走行距離は JC08 モードにおいて 200 km 程度である．リーフは 2015 年のマイナーモデルチェンジでバッテリー性能を向上し，従来の 228 km から 280 km まで改善した．テスラモデル S は車両全長 4.98 m，車両重量 2,108 kg とフルサイズの乗用車であるが，85 kWh の大容量リチウムイオンバッテリーを搭載し，一充電走行距離は 471 km と発表している．

主な BEV の主要諸元および走行エネルギーを表 8-2，図 8-13 に示す．BEV の走行エネルギー消費（TTW：Tank to Wheel）はコンパクト車の場合で約 110 Wh/km（JC08 モード）で，同等クラスのガソリン乗用車の走行エネルギー消費（TTW）457 Wh/km（燃費 20 km/L と仮定）の約 24％（TTW）と少ない．発電効率，ガソリンの製造過程の効率を考慮した WTW（Well to Wheel）の比較でも，BEV の一次エネルギー消費はガソリン車の約 40％となる．なおここでは，日本の電力 MIX における平均発電効率（再生可能電力は 100％とし）を 50％とし，WTW＝

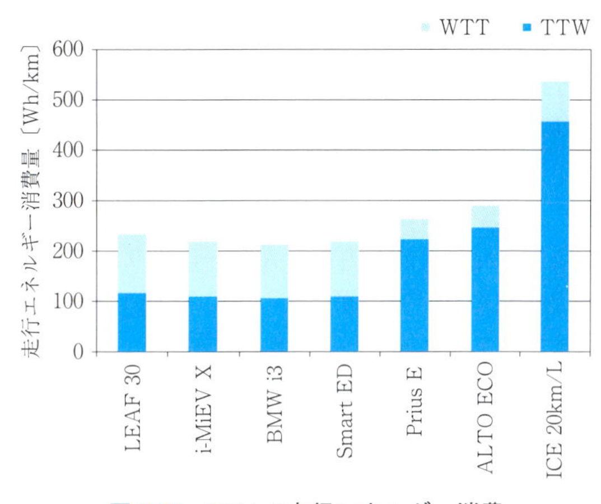

図 8-13　BEV の走行エネルギー消費

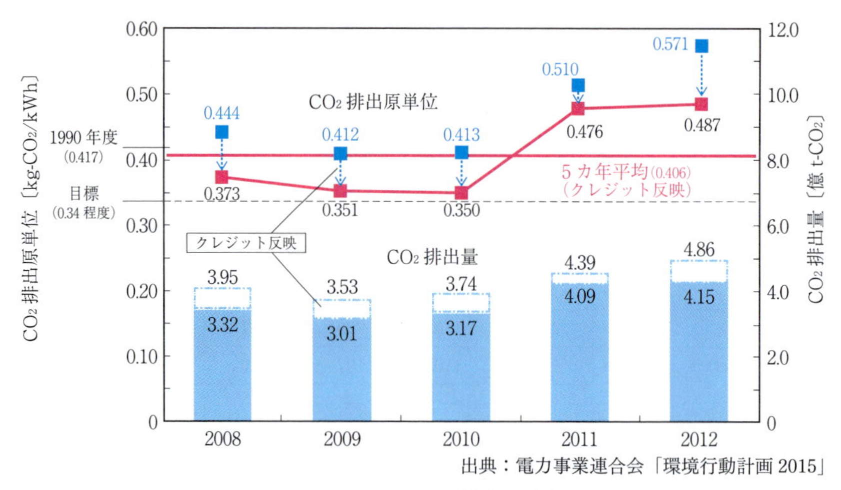

図 8-14　電力 CO_2 排出原単位

WTT(Well to Tank)＋TTW(Tank to Wheel)として計算した.

しかしながら，近年のガソリン車の燃費低減技術の進化は著しいものがあり，軽自動車であるがスズキのアルトエコの燃費は JC08 モードで 37.0 km/L, ハイブリッド車のトヨタプリウスは 2015 年発売を開始した 4 代目モデルで 40.8 km/L を実現した. BEV はこれらの低燃費車に対し，走行エネルギー TTW は 50%以下であるが，一次エネルギー WTW で比較するとエネルギー消費削減の効果は必ずしも大きくない．ただし，電力に占める石油火力のシェアは 10%以下と小さいため，BEV による石油消費の削減の効果は大きい.

BEV の CO_2 排出量(WTW)は，電力の CO_2 排出原単位により大きく異なる．電気事業連合会の「環境行動計画 2015」[8-15]によると，電力 CO_2 排出原単位はクレジット反映後の値で 2008 年度 0.373 kg/kWh(クレジット反映しない値は 0.444 kg/kWh)であり，CO_2 排出原単位の低減に向けて，発電効率の向上や再生可能電力の拡大などにより，2008～2012 年度の 5 年間の平均として 0.34 kg/kWh まで低減することを目標としてきた(図 8-14)．しかし，2011 年の東日本大震災により原子力発電所の運転停止と火力発電が増加したことから電力 CO_2 排出原単位は上昇し，2014 年度 0.556 kg/kWh となった．また，資源エネルギー庁の次世代自動車に関する資料[8-16]では，将来に向けた電力 CO_2 排出原単位を 0.35 kg/kWh としている.

使用端の CO_2 排出原単位 0.35 kg/kWh における BEV の CO_2 排出量(WTW)を，想定されるベース

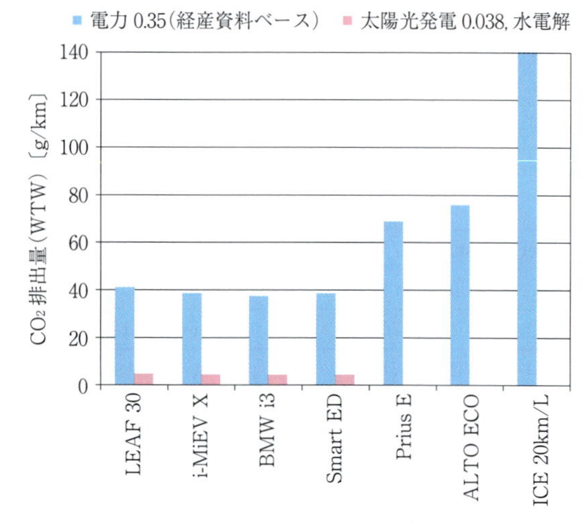

図 8-15　BEV の CO_2 排出量(WTW)

車と比較して図 8-15 に示す．燃費 20 km/L のガソリン車の CO_2 排出量(WTW)140 g/km に対し，BEV の CO_2 排出量(WTW)は約 40 g/km と 1/3 以下となる．ハイブリッド車に対しても約 60%と少ない．ただし，現状の電力 CO_2 排出原単位のままでは BEV による CO_2 削減効果は大きくない.

また，図 8-16 に各国の電力 CO_2 排出原単位を示す．フランスやカナダなど原子力発電や水力発電の比率の高い国では CO_2 排出原単位が低く BEV 導入による CO_2 削減が効果的だが，中国やインドなど化石燃料火力発電の比率の高い国では CO_2 排出原単位が高く，BEV 導入による CO_2 削減は効果的とはいえない.

各国の再生可能電力量の全電力に占めるシェアは，スウェーデンの 59.1%をはじめ，イタリア 31.0%,

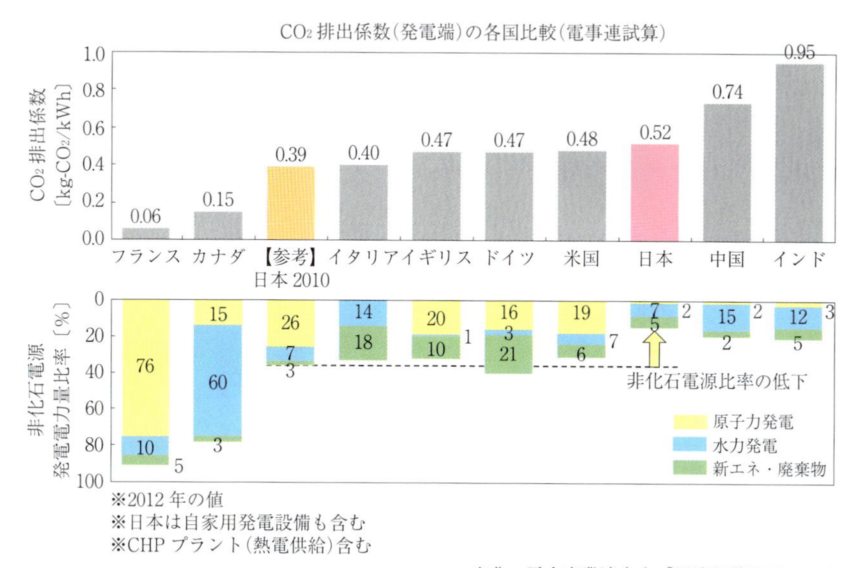

図 8-16　各国の電力 CO_2 排出原単位

スペイン29.6%，ドイツ22.9%など欧州諸国で高く，今後も地球温暖化の対応として再生可能電力のシェアを拡大していく方向にある．図8-15に示すように，再生可能電力に変えていくことにより CO_2 排出量を従来車の1/10以下に削減することが可能となる．

PHEVはエンジンとモーター／バッテリーの両方を搭載し，短距離走行では主にバッテリーで走行することによりエネルギー消費量と CO_2 排出量を削減する．GMは2015年に新型「VOLT」を発表した．リチウムイオンバッテリーの容量を従来の16.5 kWhから18.4 kWhに増大し，さらにパワートレイン系の改良によりEV走行距離は60 km(US Combinedモード)から85 kmまで増大した．通勤など日常の走行条件ではEV走行比率が高くエンジン走行比率が低い．トヨタは新型プリウスPHVを2016年に公開した．バッテリー容量8.8 kWhの改良型リチウムイオンバッテリーを搭載，EV走行距離は従来の26.4 kmから60 kmと大幅に改善した．バッテリー容量の大きいPHEVほどEV走行比率が高く，エネルギー消費および CO_2 排出量の削減効果も大きい．ただし，EV走行時のエネルギー消費量(TTW)は114～169 Wh(充電効率を含まず)となり，BEVよりエネルギー消費が多い傾向にある．

(2) 水素

水素は石油や天然ガスあるいは再生可能エネルギーから製造することができ，エネルギーの多様化と環境影響の低減の観点から自動車用燃料として注目されてきた．水素をエンジンの燃料として利用する水素エンジンと，電気化学反応により水素から直接電力に変換する燃料電池FCがある．FCVは発電効率が高く，動力性能も最近の技術進化によりガソリン車に競争しうるレベルになりつつある．

FCVのエネルギー効率は，実用走行において60%以上が期待される．また，水素タンクの充填圧力を従来の35 MPaから70 MPaに高めることにより，比較的コンパクトな水素貯蔵タンクでBEVより長距離の走行を可能とする．一方で，FCシステムや水素タンクのコストや水素供給ステーションの整備などの課題があり，市場への普及にはBEVより時間がかかるものと考えられる．

1994年にダイムラーがプロトン交換膜燃料電池PEMFCを搭載したFCV，NECAR-1を発表し，各社のFCV開発が活発になった．2002年にトヨタFCHV，ホンダFCX，2003年に日産X-TRAIL FCVが開発され，自治体などを中心にリース販売が開始された．その後FCV技術は着実に進化を続け，2014年にトヨタは量産化を目指したミライ(図8-17)の販売を開始した．

ミライは，小型高出力のFCスタック，加湿モジュールを不要とするシステム，昇圧コンバータ，高圧水素タンクなど新技術を搭載し，エンジン車に対し競争力のある動力性能と実用性を実現している[8-17]．水素充填時間を3分間に短縮，70 MPaの

トヨタ自動車提供

図 8-17　トヨタ　ミライ

高圧水素タンク[8-18]により航続距離は 650 km(JC08 モード)とした．FC セルは 370 セル，出力 114 kW，出力密度 3.1 kW/L の小型 FC スタックで，昇圧コンバータにより電圧を変換しモーターに電力を供給する．加湿モジュールを廃止するために，触媒担体を改良し低湿度における触媒性能を大幅に改善，プロトン交換膜の薄膜化による生成水の逆拡散の促進，セル流路の改善による電極の渇きの抑制などの技術開発を行った．また，車室内にアクセサリコンセントを装備し AC100 V，1.5 kW の電力を供給でき，さらに外部電源供給システムにより，災害などの停電時に 9 kW，60 kWh の電力を供給することを可能とした．

ホンダは，2016 年 3 月から新型 FCV クラリティフューエルセルのリース販売を開始した．出力 103 kW の燃料電池スタックと最高出力 130 kW，最大トルク 300 Nm の交流同期モーターを車両フロントのモーターコンパートメントに搭載し，セダンタイプで 5 名乗車を実現した．70 MPa の高圧水素タンクを搭載し，一充塡走行距離 750 km(JC08 モード)を達成した．

FCV のエネルギー消費量を図 8-18 に示す．ミライ，クラリティのエネルギー消費(TTW)は 260～300 Wh/km 程度で，車両寸法がほぼ同等の BEV テスラモデル S の 169 Wh/km(充電効率を除く)より多い．WTT と TTW の合計 WTW(Well to Wheel)の比較では，発電効率を現在の日本の平均(水力などを含む)50％とし，水素製造の効率を天然ガス 1 Nm^3 当たり 0.95 kgH_2 とすると，FCV は BEV と同レベルといえる．また，従来車として燃費 20 km/L のガソリン車に比べると WTW のエネルギー消費は少ないが，プリウスに比べると TTW，WTW ともエネルギー消費は多い．ただし，石油消費に関しては，発電に占める石油火力の割合が数％

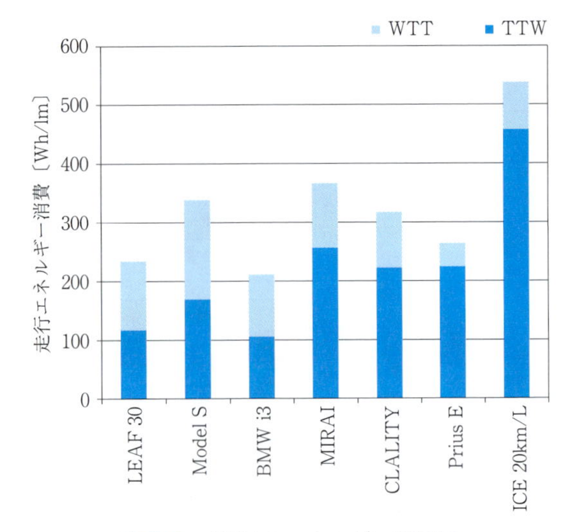

図 8-18　FCV のエネルギー消費量

にとどまる点と天然ガスからの水素製造とすると，石油消費の削減効果は大きいことはいうまでもない．

CO_2 排出量は水素の製造方法により大きく異なる．資源エネルギー庁が 2014 年に発表した「水素の製造，輸送・貯蔵」[8-16]によると(表 8-3)，現状の水素製造方法では CO_2 排出原単位は高く，副生水素の場合においても 0.89～1.28 kg-CO_2/Nm^3-H_2，都市ガス，LPG，ナフサの水蒸気改質で 0.95～1.13 kg-CO_2/Nm^3-H_2 となる．太陽光発電など再生可能電力から水電解で水素を製造する技術が実用化されると，CO_2 排出量を大幅に低減できる可能性がある．

図 8-19 に都市ガス起源の水素(0.95 kg-CO_2/Nm^3-H_2)と，太陽光発電／水電解水素(電力 CO_2 排出原単位 0.038kg-CO_2/kWh)の二つの方法による FCV の CO_2 排出量を示す．都市ガス起源の水素では，FCV の CO_2 排出量は燃費 20 km/L のガソリン車よりは少ないが，BEV，ハイブリッド車より多いことがわかる．FCV の CO_2 排出量(WTW)の大幅な削減のためには，再生可能エネルギー起源のものに置き換えていく必要がある．太陽光発電の CO_2 原単位を 0.038 kg/kWh[8-19]とすると，FCV(電気分解水素製造)で 20 g/km 以下のレベルとなる．

ここまで走行エネルギー消費に基づく CO_2 排出量について述べてきたが，走行エネルギー消費を低減するにつれて相対的に自動車製造プロセスなどの CO_2 排出量も無視できなくなる．自動車の製造から使用(走行)，さらに廃車までのライフサイクルの環境影響の評価も重要となる．図 8-20 に，BEV のライフサイクル CO_2 排出量[8-20]をガソリン車と比較

表 8-3　水素製造法による CO_2 排出原単位

水素製造法		CO_2 排出量〔kg-CO_2/Nm^3-H_2〕	備　考
副生水素	苛性ソーダ	0.89～1.16 (重油代替～石炭代替)	
	鉄鋼	1.00～1.28 (重油代替～石炭代替)	・水素生成に PSA を想定 ・電力 CO_2 排出原単位 0.35 kg/kWh を想定
目的生産 (既存設備)	石油精製	0.95, 1.08, 1.13 (都市ガス，LPG，ナフサ)	・改質効率 70%を想定 ・水素生成に PSA を想定 ・電力 CO_2 排出原単位 0.35 kg/kWh を想定
	アンモニア		
目的生産 (新規設備)	化石燃料等改質		
	水電解	0.00～1.78 (再生可能電力～系統電力)	・電解効率 70%を想定 ・電力 CO_2 排出原単位 0.35 kg/kWh を想定

資源エネルギー庁「水素の製造，輸送・貯蔵について 2014」をもとに作成

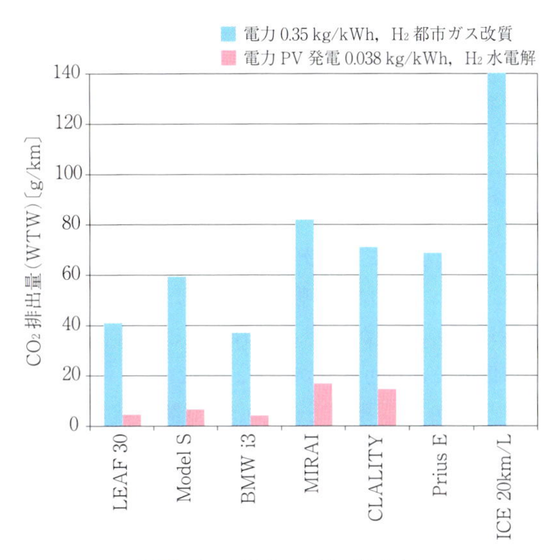

図 8-19　FCV の CO_2 排出量

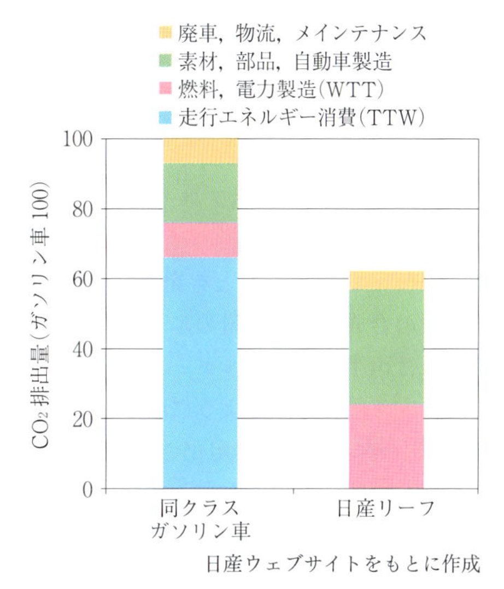

日産ウェブサイトをもとに作成

図 8-20　ライフサイクル CO_2 排出量の比較(製造，走行，燃料製造，廃車，物流，メインテナンスを含む)

した例を示す．走行エネルギーに関わる CO_2 排出量は BEV のほうがガソリン車に対し大幅に少ないが，クルマ製造工程の CO_2 排出量はガソリン車より多い．バッテリーなどに使われる新素材の使用量が多いためで，BEV の低 CO_2 を生かすためには，素材の製造プロセスの見直しなど，製造工程の CO_2 排出量を低減する必要がある．

(3)　バイオ燃料

バイオ燃料は各国の普及促進政策等により世界的に普及しており，ガソリン車には，主にバイオエタノールまたはバイオエタノールを原料とする ETBE (Ethyl Tertiary-Butyl Ether)が使われている．一方，ディーゼル車には，菜種油やパーム油および大豆油のような油脂を原料とする脂肪酸メチルエステル(FAME：Fatty Acid Methyl Ester)が使用されており，日本では軽油に対して 5%(B5)までの混合が認められている．

米国ではガソリン需要量の 10%程度のバイオエタノールが導入されているが，日本における導入量は，ガソリン使用量の 1%にも満たない．しかもそのほとんどを輸入に頼っているのが現状であり，今後，導入量の大幅な増加は見込めないと予想する．

CO_2 排出量の観点から，これまでバイオ燃料は「カーボンニュートラル」として扱われてきたが，LCA(ライフサイクルアセスメント)に基づく CO_2 削減効果の検証も行われている．経産省，環境省，農水省合同の「バイオ燃料導入に係る持続可能性基

準等に関する検討会」の結果[8-21]では，ガソリンのLCA CO_2 排出量と比較して50%減となるのは，ブラジルの既存農地のサトウキビと一部の国産(てん菜，建築廃材)を原料とするエタノールに限定されることから，バイオ燃料利用による CO_2 排出量削減には当面期待できないと思われる．

ただし，内燃機関にとってエネルギー密度の高い液体燃料は使い勝手の良い燃料であり，各種のバイオ燃料製造の技術開発が進んでいる．一例として，藻類由来のバイオ燃料製造技術の開発状況を紹介する．米国エネルギー省(DOE)は，製造コストを2019年までに1ガロン(約3.8 L)当たり5ドル以下にすることを目標に，2015年に複数の補助金対象事業を立ち上げている．日本でも研究が行われており，デンソーは獲得するエネルギー量に対して投入する総エネルギー量をその1/3以下にすることを目標に開発を続けている[8-22]．今後，低コストのバイオ燃料製造技術が開発されることを期待する．

また，近年，Audiは高温プロセスにより水と二酸化炭素だけで合成されたディーゼル燃料をクルマの燃料として使い始めることを発表した[8-23]．今のところ燃料の合成には相当量のエネルギーが必要だが，いずれは再生可能エネルギーの余剰分を利用することで，安く供給できるようになると期待されている．このような技術が実用化されれば，2050年も多くの内燃機関搭載車が存在していると予想される．

(4) 天然ガス

天然ガスは古くから自動車用燃料として使われてきた．図8-21に世界の天然ガス自動車普及状況を示す．パキスタン，アルゼンチン，イラン，ブラジル，インド，イタリアといった天然ガス生産国を中心に普及が進み，現在，世界で約2,200万台が走行している．これは，天然ガスが石油と比較して安価なことから，石油輸入コストの削減に寄与するためである．また，米国ではシェールガス革命により需給が緩和されたため天然ガスの価格が下がり，より一層の普及が期待されている．一方，図8-22に国内における天然ガス自動車の普及推移を示す．2014年時点で，乗用車，バス，トラック等を含めて約4万台と普及率は低い．

天然ガスの燃焼時の CO_2 排出量は，石油に比べて25%程度少なくクリーンエネルギーとして期待されているが，ガソリン等の液体燃料に比べてエネルギー密度が低く，航続距離が短い点が欠点で，ガソリンスタンドに比べ，ガススタンド数が少なく利便性が劣ることも普及の足枷となっている．天然ガスの普及については，自動車用燃料として使うか発電用として使うかの議論が必要と思われる．

8.1.3 超小型モビリティ

前述のように大幅に軽量化した1～2人乗りの超小型車両の導入が可能となれば，CO_2 排出量を大幅に低減できる可能性がある．ここでは，超小型モビリティの車両概要と，CO_2 排出量低減効果および普及へ向けた課題および取組みについて紹介する．

(1) 車両概要

現在の道路運送車両法において乗車定員2名の自動車を当てはめた場合，軽自動車の保安基準を遵守する必要があり，これに基づいて市販化された自

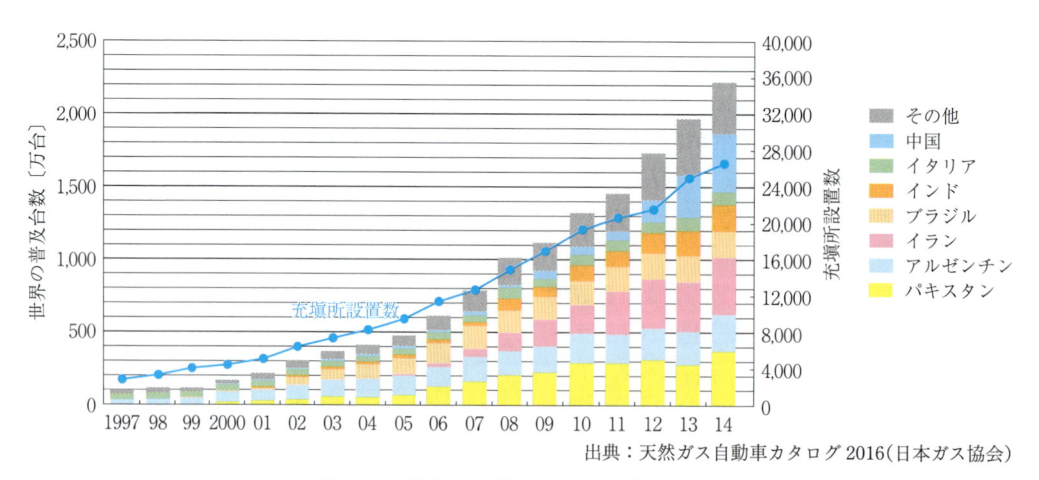

図8-21 世界の天然ガス自動車普及状況

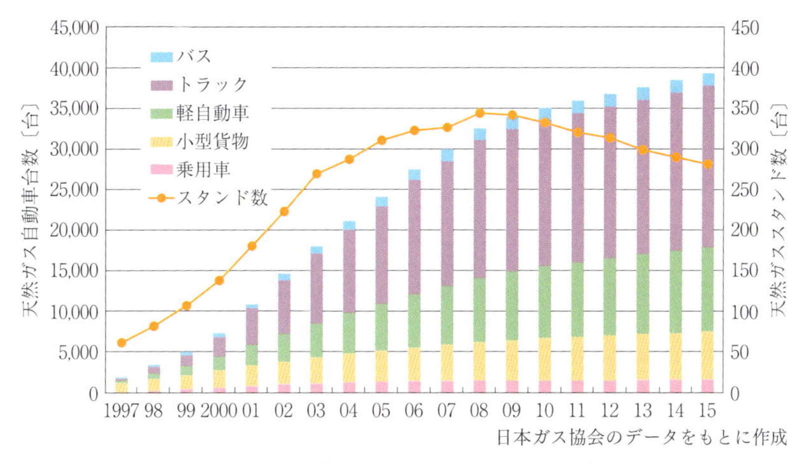

日本ガス協会のデータをもとに作成

図 8-22　天然ガス自動車普及状況(日本)

日産自動車㈱製 ハイパーミニ
(車両重量：840 kg)

スズキ㈱製 ツイン
(車両重量：570～720 kg)

出典：交通安全環境研究所フォーラム講演概要(2011)

図 8-23　過去に市販化された２人乗り超小型自動車の例

出典：国土交通省資料

図 8-24　各社の超小型自動車

動車の一例を図 8-23 に示す．これらの自動車は，乗用車と同様の衝突安全基準も課せられているため，車両重量が 600～800 kg 程度となり，４人乗り軽自動車と比較しても大差がないレベルとなっている．これでは，従来の軽自動車と比較して大幅な CO_2 排出量低減は望めない．したがって，CO_2 排出量低減を狙いとした超小型モビリティに求められることは，大幅な軽量化である．そのために，新たな車両規格の導入と法規制の見直しが進められており，図 8-24 に示すような車両の開発も進んでいる．

(2) CO_2 排出量低減効果

図 8-25 に各種車両での解析例(8-24)を示す．ガソリン車および電気自動車の両方で検討されている．２人乗り超小型自動車は，１人乗りのものと比較する

と重量増により燃料消費率あるいは電力量消費率が悪化するが，4人乗り軽自動車に対して大幅な軽量化が期待できるため大幅な燃費改善が可能となり，さらに電動化することにより公共交通機関並みの人km当たりのCO_2排出量となることがわかる．

(3) 規制改革

2013年1月に超小型モビリティの認定制度が創設された．認定制度では，図8-26に示すような車両を対象に安全確保が最優先に考えられ，①高速道路は走行しないこと，②交通の安全と円滑を図るための措置を講じた場所において運行すること等を条件とした上で一部基準を緩和することとし，認定を受けた超小型モビリティが公道走行可能となった．この認定制度を活用していくつかの実証実験も行われている．欧州では，2013年春よりルノーがTwizy(図8-27)の販売を開始している．国内におい

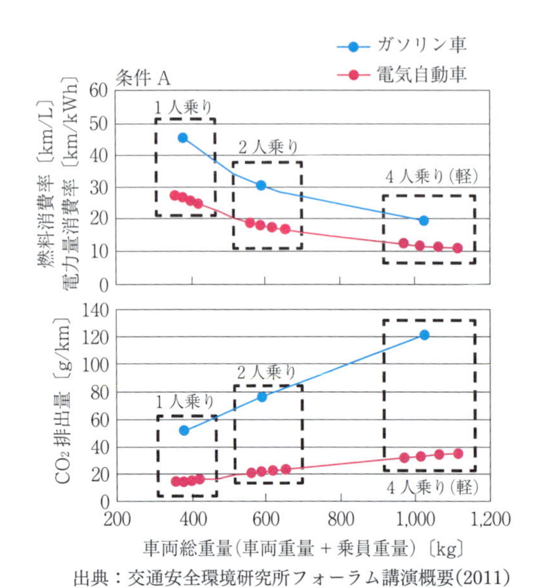

出典：交通安全環境研究所フォーラム講演概要(2011)

図8-25　車両質量に対する燃料消費率(電力消費率)およびCO_2排出量の解析結果

図8-27　ルノー Twizy

出典：国土交通省資料

図8-26　認定制度の対象とする超小型モビリティ

ても早期に販売がスタートされることを期待したい.

8.1.4　重量車の改良と技術動向(5.3 節参照)

これまで主に乗用車の CO_2 排出量低減技術について述べてきたが，この項では重量車の技術動向について紹介する.

最近の自動車技術の進化には目覚ましいものがあるものの，重量車における新車の排ガス規制強化がほぼ終わりを告げ，技術テーマとしては燃焼や排気エミッションの後処理対策等から，市場における実排出ガスの低減に加え，BEV，FCV，代替燃料機関あるいは総合的な燃費改善や車両の安全技術に移ってきている.

ここでは，主に重量車の効率改善技術の動向と課題について考えてみたい.

(1) 重量車の CO_2 削減状況

世界的に地球温暖化ガスの削減機運は，COP21 の論議をみるまでもなく明らかである．欧州では，運輸部門からの CO_2 排出量は 1990 年比他の分野が 1 を切る中，2007 年までは 1.3 と増加の一途をたどっていた．運輸部門の分担割合は，トラック輸送がトンキロベースで 50％弱に達し，2 位の鉄道輸送は伸長していない．そのため，欧州委員会の「低炭素経済ロードマップ」にて，運輸部門では，2050 年までに 1990 年比で効率的に 60％削減する目標を掲げた．トラックの技術的イノベーションとして，車両効率化，クリーンエネルギー車，ネットワークの効率的利用，情報通信システムの活用が求められている.

米国においては，トンマイルベースではトラックは 35％程度で，鉄道に次いで 2 位である．むしろ強い環境志向により EPA によるトラック排出基準の削減引き上げや CARB による「ヘビーデューティグリーンハウスガス規制」により，トラック業界はトラック輸送の増大を図るべく，積極的に CO_2 削減に取り組み，小型トラックの HEV 化や既存トラックの改良に努め，今後数年で上記基準に準拠したトラックとなると予想している.

一方，図 8-28 に示すように，日本における貨物自動車の CO_2 排出量は 1996 年をピークに減少してきたが，2015 年に 1.5％増に転じた．これは，トラックの大型化や営業用トラックへの転換(自営転換)が進んできたことによるが，その自営転換も頭打ちとなり 2009 年以降はほぼ横ばい状態であるのに加え，昨今は e コマース(EC)の増加による宅配便の急増により，小口多頻度長距離化が進んだことにある.

自動車メーカー各社は積極的にエンジン単体の熱効率改善(燃費の低減)に努めてはいるものの，日本での 2015 年時点でのトラックの平均使用年数 13.72 年，バス 16.95 年(貨物 1 ナンバー：16.12 年，貨物 4 ナンバー：12.77 年，バス 1 ナンバー：20.20 年，バス 2 ナンバー：14.82 年)を考慮すると燃費の良い車両への代替には時間を要するため，COP21 でのパリ協定における日本の約束草案で示した，運輸部門での地球温暖化ガスを 2030 年度までに 2013 年度比 27.6％削減を達成するには，総合的な輸送効率の向上を図る必要がある.

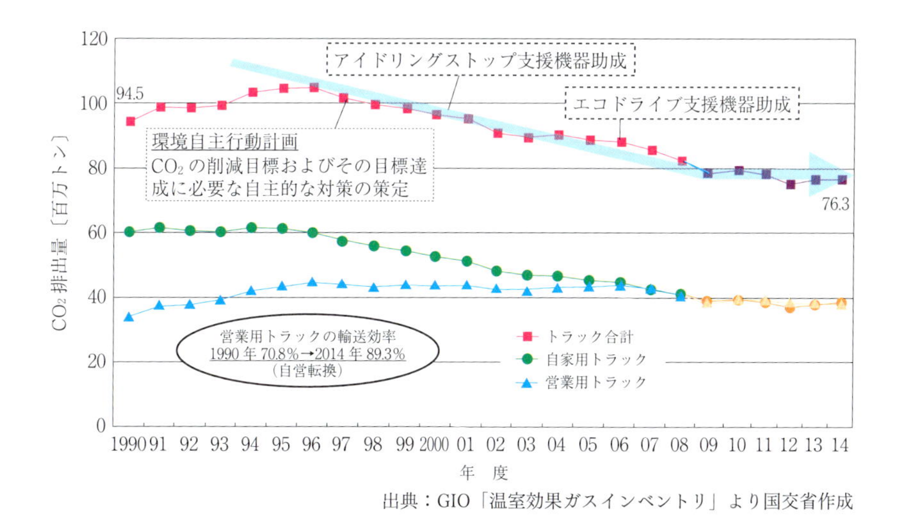

出典：GIO「温室効果ガスインベントリ」より国交省作成

図 8-28　トラックの CO_2 排出量推移

そのためには，さらなるエンジン単体の効率改善に加え車両の燃費向上を目指し，走行抵抗を低減する車両技術の向上，ICT(情報通信技術)の活用による実車率・積載率(ロードファクター)の向上を目指した運行効率の向上の三位一体の取組みが不可欠である．

また，隊列走行による走行燃費の向上や実効性のあるモーダルシフトへの取組み，将来の低炭素社会の実現を目指し中小型トラックや路線バス等へのHEV，PHEV の適用拡大，大型トラックの電動化への挑戦も必要になろう．これらは日米欧でも共通の流れといえる．

(2) 重量車の技術動向

そもそも重量車の定義は明確ではなく，車両総重量，積載量，車両寸法等の規制によりさまざまな区分けが存在し，国際的にも共通の区分けは存在していない．技術の観点から考えると，定義はさらに複雑となる．日本では，慣習的には以下の区分けが通例である．

- 2～3.5 トン積み(GVW(車両総重量)3.5～7.5 トン)を小型トラック
- 4～8 トン積み(GVW 約 8～12 トン)を中型トラック
- 8～11.5 トン積み(GVW 約 12～20 トン)を普通トラック
- 10 トン積み超(GVW 20 トン超)を大型トラック，(GCW(連結車両総重量)38 トン～)をトラクタ

トラックは，主には貨物輸送用途のカーゴ車が主体である．このため，自動車の社会的な要請である環境・安全の観点からの厳しい規制にも対応する必要があることはいうまでもないが，利用者側からの要求としては，購入費用が安く，車両総重量規制があることにより車両が軽量で積載効率が高く，かつ運行維持費がかからないことである．

上記の要求を満たすために，エンジン出力/車両総重量比(パワーウェイトレシオ)が極端に低いトラックは，相対的に大排気量により強大な低速トルクを発生し，熱効率の良いディーゼルエンジンを搭載するケースがほとんどである．また，電動化や代替エネルギーを考慮した場合，重量と容積に制限のある重量車は特に大型トラックにおいて，軽油に代わるエネルギーの適用は難しく，昨今の石油の可採年数の延長もあって，2050 年頃までは大型トラックを中心にディーゼルエンジンが搭載されるものとの見方が有力である．

(3) ディーゼルエンジンの熱効率改善

ディーゼルエンジンが搭載される理由は前述の通りであるが，同時にディーゼルエンジンは熱効率が高いことも挙げられる．近年のトラック用高速直噴ディーゼルエンジンでは，実に正味熱効率が 45～46％に達する．

乗用車用ガソリンエンジンでも最近は直噴化と高圧縮比化により 40％に達するものもみられるが，ディーゼルエンジンの優位性は揺るいでいない．

米国では，大型各社とエンジンメーカーが国と共同で取り組んでいる「スーパートラックプログラム」(第一期 2010～2014 年)においては，正味熱効率が 48％を超える結果が得られている．また，欧州における「CO_2RE プロジェクト」(2012～2015年)においても，同様に正味熱効率が 45％を超えるエンジンが試作されている．

国内でも，主に大型各社と燃料噴射装置メーカーが共同出資している㈱新エィシーイー(つくば市)において，排熱エネルギーを動力として回生するシステムを用いないで，エンジン単体として正味熱効率55％を目指すプロジェクトが進行中である(図8-29)．ただし，その技術のアプローチは前述の乗用車と大きくは変わらない．

また，昨今では耐久性と排ガス対応の難しさから，自動車用高速ディーゼルエンジンとしては一度は市場から消えた 2 サイクルディーゼルエンジンが，材料技術の向上や後処理装置の開発に伴い，その熱効率の良さ(大型舶用としては，エンジン単体で正味熱効率は実に 54％に達するものもみられる)から見直されている例もみられる(図 8-30)．

(4) 重量車の電動化

このように，内燃機関としてのディーゼルエンジン単体の効率向上に加え，昨今は重量車の次世代技術としての電動化の可能性について問われることが多い．もちろん，GVW 12 トン以下の小型・中型トラックの一部あるいは路線バス等では，すでにHEV の実用化が進んでいるし，小型トラックではBEV 化すらも見え始めている．

一方，GVW 12 トン超の普通・大型トラックでは，パワーウェイトレシオが乗用車あるいは小型トラックに較べて総じて低く，エンジンの中高負荷使用頻度が高い．また，日本においては GVW 12 ト

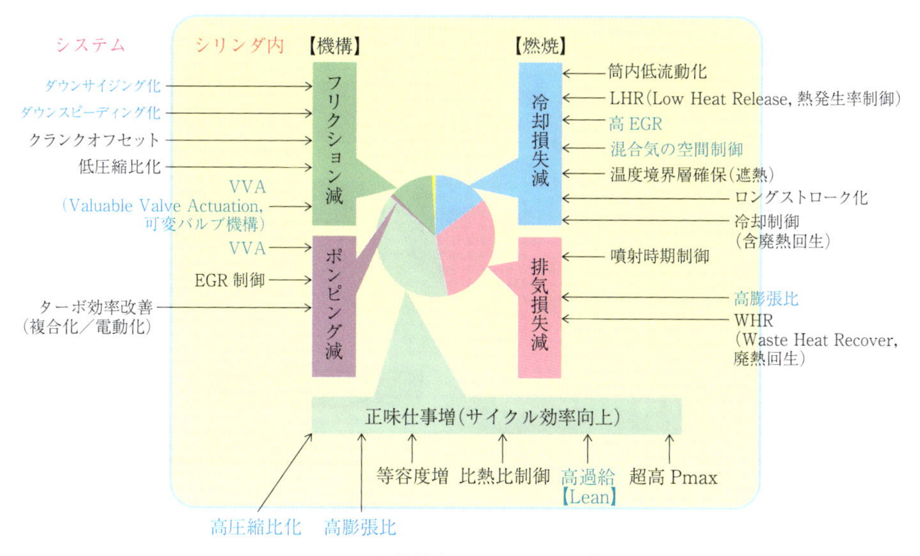

図 8-29　正味熱効率 55%へのアプローチ

出典：SAE Paper 2015-26-0038
Opposed-Piston 2-Stroke Muliti-Cylinder Engine Dynamometer Demonstration

図 8-30　近年の 2 サイクルディーゼルの研究事例

ン超の普通・大型トラックの約 70%がカーゴ系あるいは建設系(ダンプ・ミキサ)であり，エンジンの中高負荷使用頻度が高いことに加え，走行距離も長い．

近年，電池のエネルギー密度も徐々に向上してきてはいるが，それでも現状では電池のエネルギー密度は単位容積当たり軽油の 1/100 しかないため，長距離走行のトラックで成立させようとするならば，積載量を犠牲にして電池を搭載するかまたは走行可能距離を制限する必要があり，貨物車本来の機能を損ないかねない．

(a) 大型トラックの電動化

HEV 化が困難といわれてきた大型トラックにおいても，昨今，国内外のトラックメーカーは相次いで HEV 化のコンセプトを発表している．電池の高密度化の進展に伴い，走行時の適用範囲を制限しトラック用途での電気エネルギー収支の成立性を前提に，パラレル方式をベースとして，

① 小排気量エンジンによる中低負荷のフリクションを低減し燃費の削減を狙い，高負荷域はモーターでアシスト

② 燃費率の悪い低負荷域はモーターで走行し，燃費率の良い高負荷域は従来のエンジンで走行

の 2 方式が研究されている．いずれも 15%程度の燃費向上を狙う．加えて，ランキンサイクルによる廃熱回収や小排気量エンジンの欠点である発進トルクを確保するために，電動スーパーチャージャを組み合わせる例もみられる．

米国や欧州のプロジェクトでは，同様な HEV 化に加え，補機類のみを電動化するマイルド HEV 等の試みもみられる．

いずれにしても，今後の課題は，さらなる電池の高エネルギー密度化，モーターの高出力化と小型化，そして充放電効率の改善が挙げられる．

また，電池密度の欠点を補完するために，路線バス等ではワイヤレス給電や将来的には充電インフラ(超急速充電)との兼ね合いはあるものの，BEV や PHEV 等も考えられよう．一回の走行距離が短く必ず定点に戻る小型バスやトラックでは，すでに BEV が実用化されている．

(b) 燃料電池の可能性

一方，今後，脱石油低炭素社会に有望なのは燃料電池車(FCV)であろう．FCV に使用されるスタックはほぼ実用化段階にあるといえるが，重量車に適

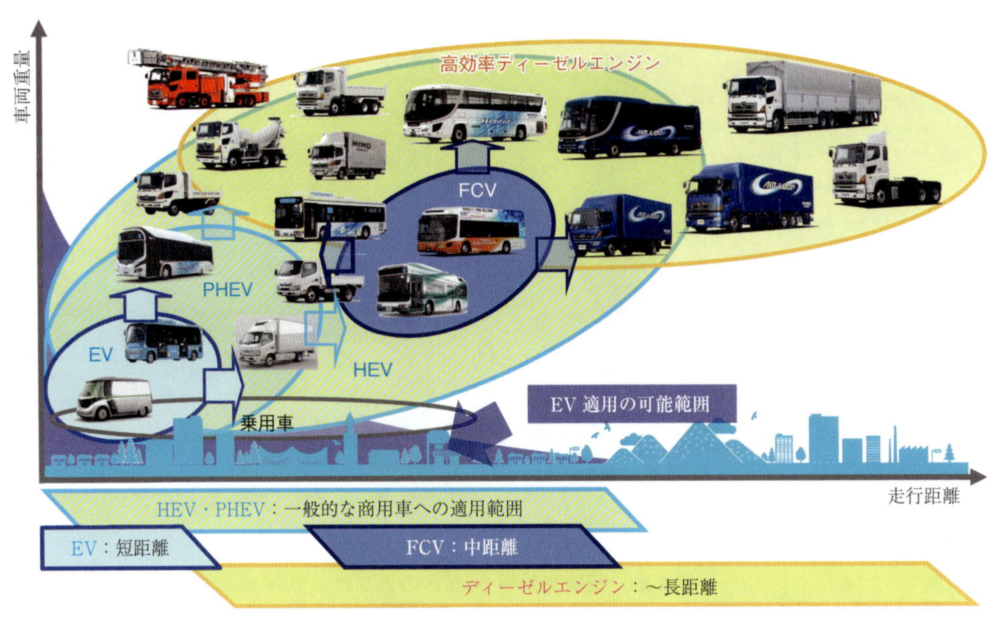

図 8-31　将来動力システムの適用イメージ

用する場合，残る課題は前述の HEV 化の課題に加え，FC スタックの低コスト化と耐久性である．

加えて，重量車では燃料供給の利便性が重要であり，特に水素スタンドにおいては，長距離大型トラックが不自由なく利用できるインフラ整備は 2040 年以降といわれている(燃料電池実用化推進協議会(FCCJ)2016 年 3 月 11 日より)．

(5) 代替燃料の現状

化石エネルギーの大半を輸入している日本では，石油に依存しているため，大規模災害時への備えや，安定したトラック輸送体制の確保およびエネルギーセキュリティの観点から天然ガス自動車(NGV)の普及が問われて久しいが，なかなか進んではいない．主な理由としては，単位容積当たりのエネルギー密度が軽油の 1/5 しかなく，重くて高価な高圧ボンベの搭載が避けられないことに加え，電源用エネルギーへの優先が高く，昨今の原油の値下がりに伴い，相対的にエネルギー価格優位性がみられない上に，ディーゼルエンジンの目覚ましいクリーン化がある．

NGV 普及のための主な課題としては，高価な車両価格，修理・保守費用，天然ガス価格の低廉化，スタンド数増加などインフラ整備が指摘されてはいるものの，将来的にも石油代替エネルギーの主流となるとまではいえない状況である．

一方，欧州では「CNG 回廊」等の整備により，一定規模の需要は堅持されているし，燃料代の優位性に加え相対的にディーゼル車のクリーン化が道半ばなこともあり，新興国を中心に普及が進んでいる．

その他のエネルギー(食品由来以外のバイオ，DME，メタンハイドレード等)の研究も行われているが，インフラ整備も含め，経済的観点から普及までを見通せる状況にはないのが現状である．

(6) 重量車用パワートレインの目指す方向

日本の物流の 90% 以上はトラックが担っているという現実において，少子高齢化によって地方と都市の輸送ネットワークの確保という面から，ますますその役割は重要となってくる．

とはいえ，重量車においても，エネルギー問題や地球温暖化の問題に対処するためには動力システムの高効率化，低炭素化は喫緊の課題である．一方，大中型の長距離配送・建設用ならびに重量運搬用トラクタ等については，電動化は困難であり，当面は主力のディーゼルエンジンの効率化を追求しながら，併せて車両技術や ITS を活用した総合的な輸送効率向上を目指す．

しかしながら，化石燃料の消費量を低減し，さらなる地球温暖化の問題に対処するためには，電力を利用することが重要である．また，将来的に化石燃料フリーを目指すには，重量車用として実用化が考えられる水素エネルギーの活用に挑戦することが重要である．

上記をまとめると，重量車用パワートレインの方向は以下の通りである(図 8-31).

① パワートレインによってだけでなく，総合的な運行効率の向上によってディーゼル車の輸送効率を向上させる．

② HEV により電動車両技術を向上させ，今後改善される電池性能に応じて EV や PHEV のアプリケーションを強化する．

③ FCV の開発を継続し，市場における経験値を蓄積することで，将来の夢を実現するべく確実に技術を向上させる．

いずれにしても，生産財である重量車は，技術の進展のみならず普及期におけるインフラ等，さまざまな社会受容性の見極めも大きなキーとなる上，代替期間が 15～20 年と長いことで，2050 年を見据えても 2020 年代にはその技術が確立されている必要がある．われわれに残されている時間はそれほど長くはない．

8. 2 輸送効率の向上

8. 2. 1 乗車率・積載率の向上

(1) 乗車率の向上(ライドシェア)

先述したように，乗用車の平均乗車率は 1.3 人程度であり，乗車率を増やすことによる CO_2 排出量の削減にも取り組む必要がある．6. 4 節で述べたように，現在ライドシェアに関するさまざまなサービスが検討されており，将来，CO_2 排出量削減手段として活用できるように法整備および規制緩和が進むことを期待したい．

(2) 貨物輸送の効率向上

貨物輸送における輸送効率の向上には，積載率および実車率の向上が重要であり，5. 3 節で述べたように種々の物流形態の改善が行われている．さらに，ICT の活用による実車率の改善も検討されており，輸送効率の改善により 30％程度 CO_2 排出量を削減できるという試算結果[8-25]もある．

8. 2. 2 モーダルシフト

(1) 旅客輸送

図 8-32 は旅客の輸送量当たりの CO_2 排出量を自家用車，航空，バス，鉄道で比較している．自家用車の人キロ当たりの CO_2 排出量は，鉄道の約 7 倍となっている．したがって，自家用車から公共交通機関へのモーダルシフトによる CO_2 排出量削減効果は大きいことがわかる．公共交通機関の利用を促進するためには，駅からお店へ，職場から訪問先へ乗りたいときにちょっと乗れるパーソナルな乗り物と公共交通機関の組合せや，ストレスなく乗り継ぎ可能なシームレスな運送サービス等の利用者の利便性の向上が不可欠である．

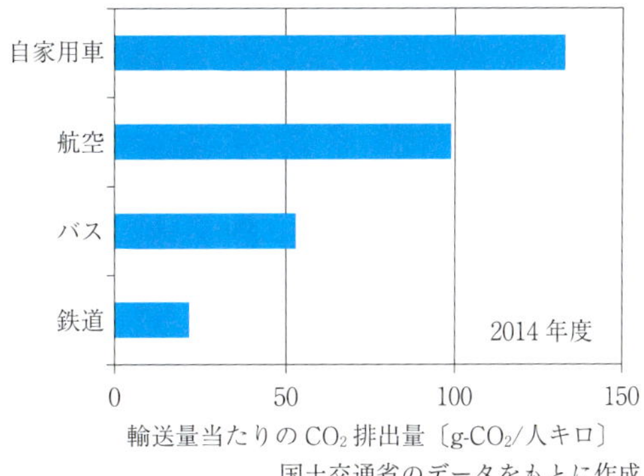

図 8-32 輸送量当たりの CO_2 排出量(旅客)

(2) 貨物輸送

5. 4 節で述べたように，わが国の CO_2 排出量を削減するための目標値の積上げにトラックから鉄道へのモーダルシフトによる削減効果がカウントされており，国の支援等もあって取組みが進みつつある．また，短距離輸送(～100 km)については，CO_2 排出量の多い自家用トラックから営業用トラックへ転換することにより，大幅に CO_2 排出量を削減できることがわかっている[8-26]．

8. 2. 3 エコドライブ

エコドライブ普及連絡会は，数あるエコドライブの取組みの中から効果および取り組みやすさ等を考慮して，最も勧めたい 10 項目として「エコドライブ 10 のすすめ」を策定し，省庁およびその関係団体や地方公共団体によってさまざまな普及啓発活動が実施されている．

図 8-33，図 8-34 は，同じ試験車両，同じ条件のもとで 13 人の被験者に走行してもらったときの平均車速と CO_2 排出量を示している．運転者の違いによる CO_2 排出量は，1.3 倍の差があることがわかる[8-27]．この結果は，運転方法によって CO_2 排出量を大幅に低減できる可能性があることを示している．環境省が提案している「エコドライブ 10 のすすめ」において，日常的に乗用車を運転する中で実践できる項目についての具体的な CO_2 削減量を表 8-4

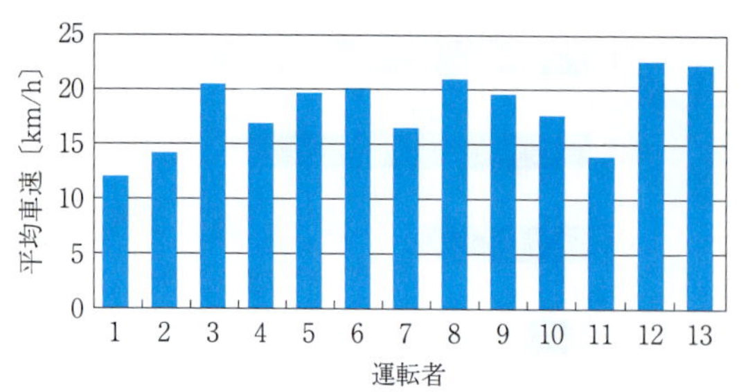

出典：自動車技術会論文集，Vol. 35, No. 1(2004)

図 8-33　運転者の違いによる平均車速の違い

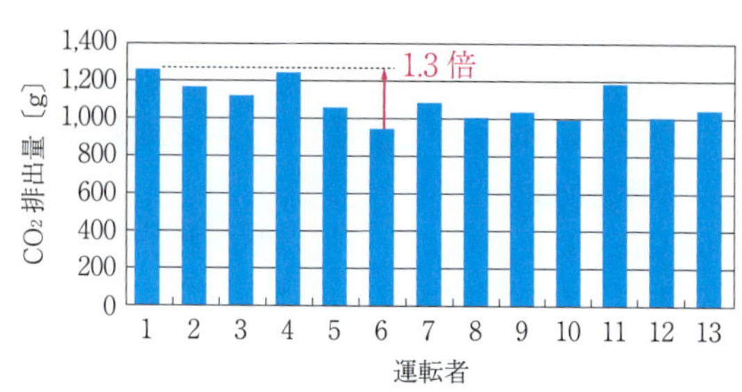

出典：自動車技術会論文集，Vol. 35, No. 1(2004)

図 8-34　運転者の違いによる CO_2 排出量の違い

表 8-4　エコドライブの効果

省エネ行動	ガソリン削減量〔L/年〕	CO_2 削減量〔kg-CO_2/年〕	金額換算〔円/年〕128 円/L
ふんわりアクセル「e スタート」	83.57	194.0	10,700
加減速の少ない運転	29.29	68.0	3,750
早目のアクセルオフ	18.09	42.0	2,320
アイドリングストップ	17.33	40.2	2,220

(財)省エネルギーセンター「家庭の省エネ大辞典」をもとに作成

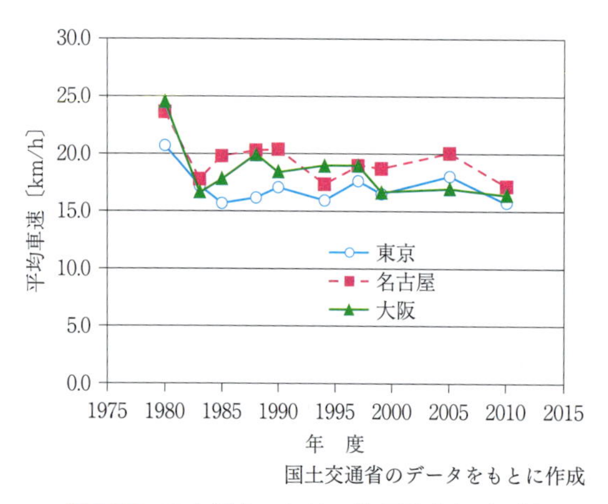

国土交通省のデータをもとに作成

図 8-35　三大都市における旅行速度(一般道)

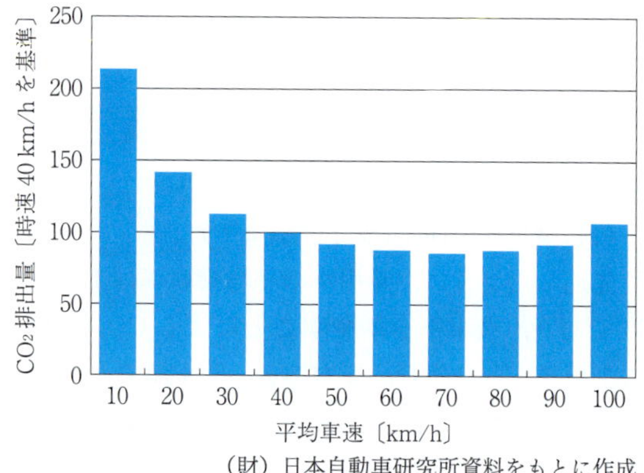

(財) 日本自動車研究所資料をもとに作成

図 8-36　平均車速と燃費の関係

に示す．

エコドライブを乗用車のドライバーに普及拡大させるためには，ドライバーや家族などへのアピールが必要になるが，具体的な効果が見えないことやエコドライブを実践するためのテクニックを学ぶ機会がないこと等の課題があり，思うように普及していないと思われる．今後，実施する人々への何らかのインセンティブを与えることや，エコドライブ講習会の機会の提供等の対策およびエコドライブ支援機器の普及により，エコドライブ実践者を増やしていくことが重要である．

8. 2. 4　交通流改善

図 8-35 に三大都市の一般道における旅行速度の推移を示す．また，図 8-36 に平均車速と燃料消費量の関係を示す．時速 40 km/h を 100 としたときの指数で各車速での燃料消費量を示している．車速 60 km/h あたりが最も燃料消費量が少なく，低車速になると急激に増加する．6. 2 節で説明した種々の交通システムの活用により渋滞緩和が進めば，都市部の一般道を走行するときに排出される CO_2 の排出量を大幅に低減できる可能性がある．

8. 3　輸送量の低減

8. 3. 1　コンパクトシティ

5. 4 節に示したように，コンパクトシティ内における公共交通機関の集約化と輸送効率の向上を図る

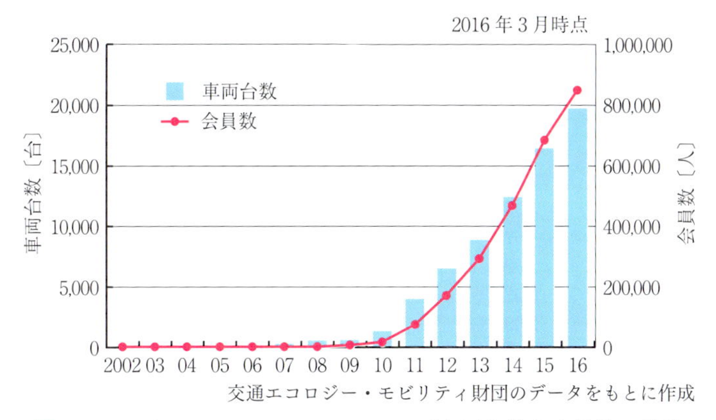

図 8-37　日本におけるカーシェアリング車両台数と会員数の推移

ことで，地域からの CO_2 排出量が削減可能である．ここでは富山市の例を紹介する．

富山市では，「公共交通を軸としたコンパクトなまちづくり」を基本方針として，富山市全体の CO_2 排出量の削減目標(2030年30%減，2050年50%減)を掲げており，この削減目標を達成するために以下の考え方で取り組んでいる(8-28)．

① 自動車交通から公共交通や徒歩・自転車に転換
② 都市全体のエネルギー効率の向上
③ 道路交通の渋滞緩和
④ 市民レベルのエコライフの推進

上記を実現するために，中心市街地の活性化やLRTネットワークの形成およびJR高山線の増便等による利便性の向上，まちなか居住を推進するための助成等が自治体主導で積極的に行われている．

8. 3. 2　カーシェアリング

カーシェアリングは，6. 4節で述べたように，1台の自動車を複数人で共有する自動車の利用形態である．図 8-37 に示すように，国内でもここ数年，カーシェアリングの利用者が急増している．カーシェアリングの導入により車両の総数が減り，総走行距離も減ることから CO_2 排出量が低減できるといわれており，カーシェアリング加入者へのアンケート結果から算出された CO_2 削減効果の一例(8-29)では，年間の燃料消費量が約45%削減できており，カーシェアリングによる CO_2 排出量低減効果が大きいことを示している．今後，利便性が向上すれば，利用者はさらに拡大すると思われる．

表 8-5　CO_2 排出量の見積り

		HEV (40%)	PHEV (55%)	BEV (65%)	CO_2 排出量削減率
台数比率	ケース 1	1	0	0	40%
	ケース 2	0.3	0.3	0.4	55%
	ケース 3	0	0.5	0.5	60%
ケース 3＋30%軽量化		0	0.5	0.5	78%

(　)は CO_2 排出量削減効果(従来車比)

8. 4　電動化の推進

表 8-5 は，HEV，PHEV，BEV それぞれの CO_2 低減効果を40%，55%，65%と仮定して台数比率を変えたときの CO_2 排出量削減効果についての見積り結果を示している．PHEV，BEV それぞれ50%の場合でも CO_2 低減効果は60%であり，さらに30%車両の軽量化ができたとしても80%に届かないことがわかる．車の使われ方や交通システムの改革が進めば80%低減も可能と思われるが，表 8-5 の台数比率は保有車における比率を示しており，この数字の達成には電動化の推進が必要なことは明らかである．ここでは，電動化の推進について重要となるコスト，利便性等の観点から考えてみる．

8. 4. 1　電動車両のコスト

(1) イニシャルコスト

現時点では，電動車両はバッテリーや燃料電池のコストが高く，車両のイニシャルコストがガソリン車に比べて高価となる．政府は電動車両の市場導入を推進するため購入補助金などインセンティブ制度を導入している．表 8-6 に現状の BEV とベースとなるガソリン車の価格差を示す．BEV はガソリン車より高く，その差額は，日産「リーフ」で41〜

表 8-6　BEV とベースガソリン車の価格差

	定価〔参考，千円〕	基準額〔千円〕	差額〔千円〕	バッテリー容量〔kWh〕	容量当たり差額〔千円/kWh〕
テスラモデル S　60kWh　JP1	7,620	6,084	1,536	60	26
テスラモデル S　85kWh　JP1	8,639	6,084	2,555	85	30
日産リーフ　24S	2,596	2,189	407	24	17
日産リーフ　30S	2,961	2,189	772	30	26
BMW　i3	4,620	4,010	610	22	28
メルセデス・ベンツ Smart for 2	2,824	2,287	537	18	31
三菱　i-MiEV(15 モデル)　X	2,628	1,913	715	16	45
三菱　i-MiEV(15 モデル)　M	2,094	1,598	496	11	47

次世代自動車振興センター「クリーンエネルギー自動車補助対象車両一覧」(2015.12.11 現在)をもとに作成

77 万円，BMW「i3」61 万円，三菱「i-MiEV」50〜72 万円，メルセデス・ベンツ「スマートフォーツー」54 万円となり，テスラ「モデル S」を除き約 50 万円高となる．モーター／インバーターとガソリンエンジン／トランスミッションのコストを同等レベルと想定すると，バッテリー容量当たりの差額は 1.7〜4.7 万円/kWh，平均して約 3 万円/kWh の価格アップになる．また，BEV の市場でのバッテリー交換価格は，米国でのリーフ用 24 kWh は 6,499 ドル(78.0 万円 @120 円/ドル)，国内での i-MiEV 用 16 kWh は 90 万円などの情報があり，バッテリー価格の現状は 3〜5 万円/kWh と推定される．

NEDO は，2013 年に自動車用二次電池ロードマップを発表した(図 8-38)．リチウムイオンバッテリー(LIB)について，HEV ならびに PHEV 用二次電池を「出力密度重視型二次電池」，EV 用二次電池を「エネルギー密度重視型二次電池」と用途別に分類し，電池パック(電池管理ユニット BMU を含む)をベースとし，電池コスト，エネルギー密度・出力密度の目標値を設定した．エネルギー密度重視型二次電池において，2012 年末時点でエネルギー密度 60〜100 Wh/kg，コスト約 7〜10 万円/kWh であるが，2020 年頃には 250 Wh/kg，約 2 万円/kWh，2030 年には 500 Wh/kg，約 1 万円/kWh を目標としている．この目標値を達成するために，正極材料の低コスト化としてコバルトフリー正極の開発やマンガン，チタン等の活用，負極材料として現状の炭素・黒鉛系に代わるシリコンやスズなど新材料による高容量化への取組みが重要となるとしている．

IEA は 2013 年に発行した Global EV Outlook[8-30] において，バッテリーコストの将来見通しを発表した(図 8-39)．2010 年時点で 800〜1,000 US ドル/kWh が 2020 年には 300 US ドル/kWh までコスト低減できるとみている．US DOE やドイツ銀行の見通しでは，IEA の見通しより速いペースでコスト低減可能と見積もっている．

2008 年のテスラロードスターや 2009 年の i-MiEV が発売された時期に比べると，現在の EV の車両価格は大幅に低下している．たとえば 24 kWh の LIB を搭載したリーフの車両価格が 280 万円(消費税込)であることから，バッテリーコストも急速に低下していることが推定される．2011 年に韓国 LG ケムが 350〜400 US ドル/kWh と発表し，現状の BEV 用の交換バッテリーが現在 3〜5 万円/kWh で流通していることから，NEDO の 2020 年目標の 2 万円/kWh は実現可能な見通しと考えられる．しかし，2030 年目標の 1 万円/kWh を達成するためにはさらなるコスト低減の努力が必要であり，現時点では達成の見通しが立っているとはいえない．今後，バッテリーの電極材料など技術革新によりコスト低減が進むことが期待されるが，BEV は一充電走行距離の点からバッテリー搭載量を増加する傾向にあり，バッテリーコスト低減がそのまま車両価格の低下につながるわけではない．

(2) ランニングコスト

BEV は，ランニングコストがガソリン車より安いことも大きな特徴の一つである．走行に必要な電力費はガソリン車の燃料費に比べ大幅に安く，また車両の点検・整備はメインテナンスする箇所が少ない．たとえば，エンジンオイルの交換は不要であり，エンジンの排気低減システムのメインテナンスも不要となり，BEV のメインテナンス費用はガソリン車より安いといえる．

EV の電力費は，自宅充電の場合は地域や電力契約の種類により異なる．深夜電力を利用した場合，たとえば東京電力の「朝得プラン」契約では 12 円/

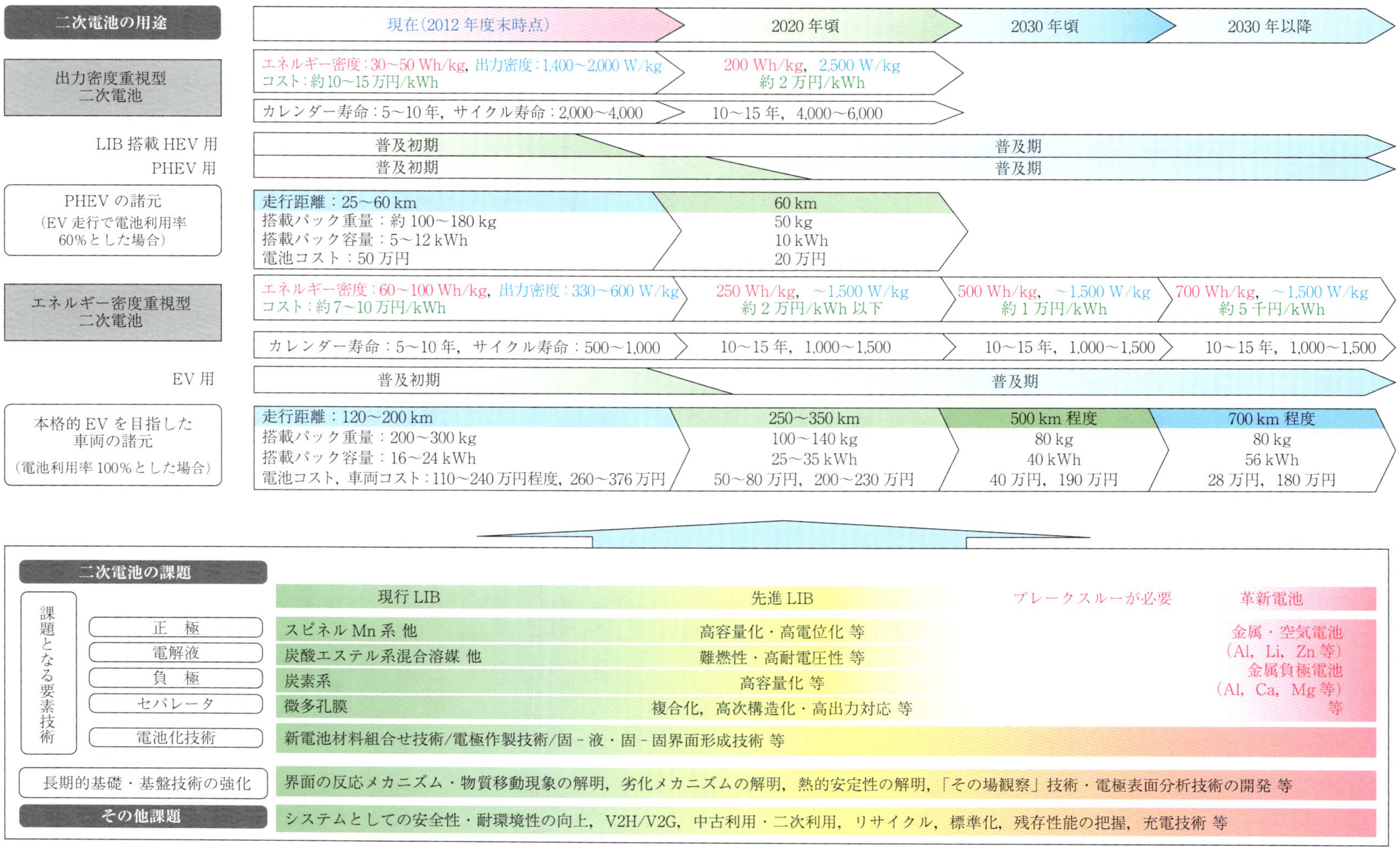

二次電池の用途	現在（2012 年度末時点）	2020 年頃	2030 年頃	2030 年以降
出力密度重視型二次電池	エネルギー密度：30～50 Wh/kg，出力密度：1,400～2,000 W/kg コスト：約 10～15 万円/kWh	200 Wh/kg，2,500 W/kg 約 2 万円/kWh		
	カレンダー寿命：5～10 年，サイクル寿命：2,000～4,000	10～15 年，4,000～6,000		
LIB 搭載 HEV 用	普及初期	普及期		
PHEV 用	普及初期	普及期		
PHEV の諸元（EV 走行で電池利用率 60%とした場合）	走行距離：25～60 km 搭載パック重量：約 100～180 kg 搭載パック容量：5～12 kWh 電池コスト：50 万円	60 km 50 kg 10 kWh 20 万円		
エネルギー密度重視型二次電池	エネルギー密度：60～100 Wh/kg，出力密度：330～600 W/kg コスト：約 7～10 万円/kWh	250 Wh/kg，～1,500 W/kg 約 2 万円/kWh 以下	500 Wh/kg，～1,500 W/kg 約 1 万円/kWh	700 Wh/kg，～1,500 W/kg 約 5 千円/kWh
	カレンダー寿命：5～10 年，サイクル寿命：500～1,000	10～15 年，1,000～1,500	10～15 年，1,000～1,500	10～15 年，1,000～1,500
EV 用	普及初期	普及期		
本格的 EV を目指した車両の諸元（電池利用率 100%とした場合）	走行距離：120～200 km 搭載パック重量：200～300 kg 搭載パック容量：16～24 kWh 電池コスト，車両コスト：110～240 万円程度，260～376 万円	250～350 km 100～140 kg 25～35 kWh 50～80 万円，200～230 万円	500 km 程度 80 kg 40 kWh 40 万円，190 万円	700 km 程度 80 kg 56 kWh 28 万円，180 万円

二次電池の課題		現行 LIB	先進 LIB	ブレークスルーが必要	革新電池
課題となる要素技術	正　極	スピネル Mn 系 他	高容量化・高電位化 等		金属・空気電池（Al，Li，Zn 等） 金属負極電池（Al，Ca，Mg 等） 等
	電解液	炭酸エステル系混合溶媒 他	難燃性・高耐電圧性 等		
	負　極	炭素系	高容量化 等		
	セパレータ	微多孔膜	複合化，高次構造化・高出力対応 等		
	電池化技術	新電池材料組合せ技術/電極作製技術/固－液・固－固界面形成技術 等			
長期的基礎・基盤技術の強化		界面の反応メカニズム・物質移動現象の解明，劣化メカニズムの解明，熱的安定性の解明，「その場観察」技術・電極表面分析技術の開発 等			
その他課題		システムとしての安全性・耐環境性の向上，V2H/V2G，中古利用・二次利用，リサイクル，標準化，残存性能の把握，充電技術 等			

出典：新エネルギー・産業技術総合開発機構（NEDO）「NEDO 二次電池技術開発ロードマップ 2013（Battery RM2013）」

図 8-38　NEDO 二次電池技術開発ロードマップ

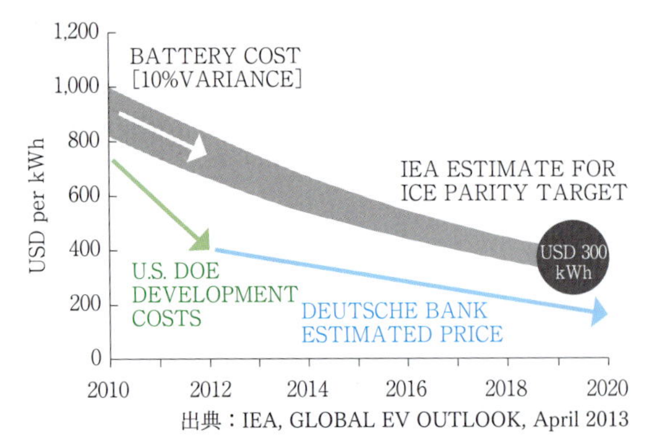

図 8-39　バッテリー価格の将来見通し

kWh となり，BEV 電費 117 Wh/km の場合，走行費は 1.4 円/km となる．ガソリン車では，ガソリン 1 L 当たり 120 円，燃費 20 km/L とした場合，燃料費は約 6 円/km となり，EV の走行に必要な電力費はガソリン車の燃料費より安い．年間 1 万 km 走行の場合，5 年間で 20 万円安くなることがわかる．

8. 4. 2　利便性

(1) 航続距離

BEV の一充電走行距離は，テスラモデル S を除き 200 km 前後(JC08 モード)であり，BEV の普及拡大を妨げる大きな要因となっている．この問題を解決するため，各社は車両の走行エネルギー効率の改善とリチウムイオンバッテリーのエネルギー密度の向上に取り組んでいる．リーフは 2015 年のマイナーモデルチェンジでバッテリー性能を向上し，従来の 228 km から 280 km まで改善した．リチウムイオンバッテリーの性能改善の努力が各社で進められている．2010 年前後に発表された車両のバッテリーはマンガン系の正極のバッテリーが主流であったが，最近ではエネルギー密度の高いニッケル系や三元系の正極を使用したバッテリーが多くなってきている．バッテリーセルのエネルギー密度も 150～200 Wh/kg を越すものが発表されている．

NEDO のロードマップ(図 8-38)では，2020 年頃にエネルギー密度 250 Wh/kg，2030 年頃に 500 Wh/kg を目標としているが，電極材料の改良などにより 2020 年目標の達成の見通しは高い．テスラモーターズは，2017 年から発売を予定しているモデル 3 で一充電走行距離 344 km を達成すると発表した．また GM は，新型 EV「BOLT」の一充電走行距離を 383 km と発表した．ダイムラーと BYD も新型 BEV で 400 km としている．

(2) 充電設備

日本国内の充電設備はここ数年で急速に増加し，BEV や PHEV のユーザーが利用できる登録充電スタンド数は普通充電 13,733 カ所，急速充電 6,956 カ所(2016 年 9 月 20 日現在)までになった．東京近郊の都市では数キロごとに急速充電スタンドが設置されており，充電スタンド探しに苦労することが少なくなった．経済産業省は次世代自動車充電インフラ事業により民間企業等の充電設備の設置をサポートしてきた．高速道路の SA/PA や道の駅，コンビニ，マンション，月極駐車場，従業員駐車場などの充電設備が急速に増加した．

BEV は家庭で充電することができ，ガソリンスタンドに行く必要がない．ガソリン車は，給油時にガソリン蒸気の臭いやセルフサービスのガソリンスタンドでは給油ノズルの取り扱い時に燃料をこぼす心配があるが，BEV ではクリーンな環境でクルマを使用することができる．

国内のガソリンスタンドの数は減少しつつある．1994 年度の約 6 万件をピークに，収益性の悪化から減少を続け，2014 年度には 3.3 万件まで減少した．特に公共交通の不便な過疎地でのガソリンスタンドの減少が深刻となってきている．BEV と充電スタンドの設置により交通手段を確保することができる．充電スタンドの設置費用も電気工事の負担により 183 万円から 1,200 万円と幅があるが，ガソリンスタンドに比べると比較的容易に設置することができる．

充電方法については，今後改善すべき課題も指摘されている．国内の充電設備は増加したものの，BEV の増加に伴い地域によっては充電スタンドでの待ち時間が長いことがあり，また充電ケーブルの接続が煩わしく，より利便性の高い充電設備が求められる．さらに，充電設備の国際的な標準化も大きな課題の一つである．利便性改善のため超急速充電と非接触式充電の開発が進められている．

2013 年から東京都港区のコミュニティバス「ちぃばす」の芝ルート 17 km の運行が開始された．容量 40 kWh のバッテリーを搭載した電動バスを充電するため開発された超急速充電器は，現状の 50 kW 急速充電器の約 3 倍の 160 kW の充電電力により，5～10 分でバッテリー容量の 80% まで充電を可能とする．充電器に容量 66 kWh のリチウムイ

出典：三菱自動車テクニカルレビュー，No. 20(2008)

図 8-40　三菱 i-MiEV

オンバッテリーのモジュールが接続されており，充電時に系統電力とバッテリーモジュールの電力を併用し系統電力の負担を軽くしている．

また，テスラモーターズは 120 kW で充電が可能なスーパーチャージャの設置を開始した．非接触充電については，電磁誘導方式，磁界共鳴方式，電波方式について開発が進められている．電磁誘導方式は，路面に設置されたコイルと車両下面のコイルの交流の電磁誘導作用により電力を供給する方式で，近距離(数 mm～数十 cm)で 100 kW 以上の大電力まで 90%程度の効率で伝送することができる．磁界共鳴方式は 2007 年に米国 MIT の研究グループが発表したもので，共振回路の共鳴現象を利用することにより 2 m の距離で 60 W の電力を送電した．IHI は 3.3 kW 出力で 90%以上の効率のシステムを発表した．

電力供給への影響について述べる．次世代自動車振興センターの調査統計によると，2014 年度末の BEV，PHEV の保有台数はそれぞれ 7.1 万台，4.4 万台となる．2014 年度の年間販売台数 BEV 1.7 万台，PHEV 1.3 万台から，2015 年 12 月末の保有台数は BEV 8.4 万台，PHEV 5.4 万台と推定される．PHEV の EV 走行比率を 50%とすると，電力消費は BEV 11 万台分に相当する．実走行電費 150 Wh/km，年間走行距離 1 万 km とすると，1 台当たり電力消費は 1,500 kWh/年，11 万台で BEV，PHEV の走行により消費される電力は 1.65 億 kWh/年となる．これは日本の年間発電電力量 9,978 億 kWh/年(2013 年)の 0.02%以下となる．

経済産業省の次世代自動車の普及目標の 2030 年新車販売に占める BEV，PHEV の割合 20～30%をもとに，日本の乗用車(軽自動車を含む)保有台数 6,000 万台の 10%が BEV に替わると仮定すると，年間消費電力は 90 億 kWh/年となり，日本の年間発電電力量の 0.9%を占めることになる．BEV の市場への普及拡大の速度を考慮すると，BEV による電力供給への影響は極めて小さいといえる．

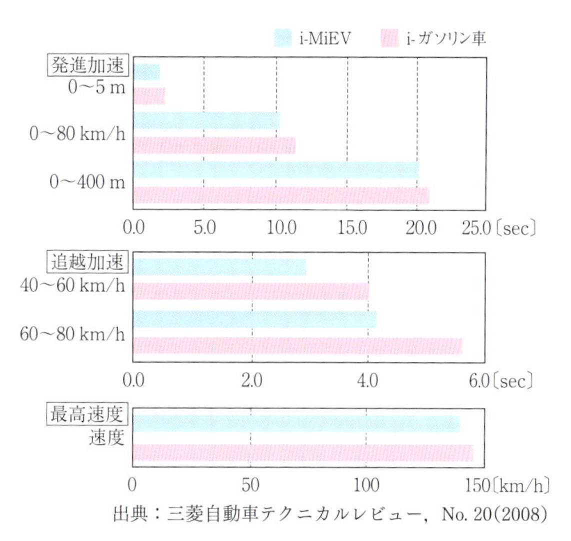

出典：三菱自動車テクニカルレビュー，No. 20(2008)

図 8-41　EV の加速性能

8.4.3　Fun to Drive

BEV は，エネルギー多様化や環境への対応としてばかりでなく，レスポンスの良い加速性能や静かで滑らかな走行性能など，走る楽しさの点からも魅力的である．

三菱自動車の i-MiEV(図 8-40)の加速性能のベースガソリン車との比較を図 8-41 に示す．発進加速，追越加速とも，ベース車両より BEV のほうが優れていることがわかる[8-31]．モーターの最高出力はベース車両のガソリンエンジンと同等で，バッテリー搭載により車両重量が増加しているにもかかわらず加速性能が良いのは，モーターは停止状態から最大トルクを発生し，立ち上がりレスポンスもガソリンエンジンより大幅に優れていることによる．また，トルク特性が車両の要求トルク特性に近く，変速の時間ロスがないことも加速性能の改善に寄与している．

日産のリーフは，モーターの高レスポンス特性を生かす制御技術やハンドル舵角によるモーター駆動トルク制御でハンドリング性能を大幅に改善している[8-32]．減速エネルルギー回生については，高度な協調回生ブレーキを開発した．電磁制御型ブレーキユニット[8-33]により，ブレーキペダルの踏み代から回生可能な減速トルク分を差し引き機械ブレーキの油圧を精密にコントロールしている．BMW の i3 は，CFRP による車両軽量化とアクセルペダルのみで加速減速をコントロールする技術を開発し，ダイレクトで直感的なドライビングフィールを実現した．このワンペダルドライビングは減速時の回生エネルギー量の増大にも効果があり，運転性とエネルギー効率の観点からBEVの特徴を生かす技術として注目されている．

8.5 まとめ

自動車から排出されるCO_2の量を80%以上削減するために，自動車技術の改良や低炭素エネルギーの活用，およびICT，ITS活用による新しい交通システム等，今後取り組むべき技術開発の方向について考察してきた結果について以下にまとめる．

(1) 自動車の改良や低炭素エネルギー利用の推進および低炭素交通システムの普及により，CO_2排出量を現状から80%以上削減することは可能である．ただし，実現のためには各技術の普及促進が不可欠である．

(2) パワートレインの効率向上とハイブリッド化により，CO_2排出量を50%以上削減でき，Well to Wheel CO_2排出量で現状のBEVを上回ることも可能である．

(3) 低炭素エネルギーを活用する上で，電動車(BEV，PHEV)の導入促進が不可欠であり，本格的な普及のためには，電池の性能向上によるコスト低減や一充電走行距離の拡大による利便性の向上が必要である．

(4) 電動化によるCO_2排出量削減効果は，発電時のCO_2排出量原単位により大きく異なる．発電効率の向上や再生可能エネルギーの利用促進による原単位低減が重要である．

(5) 重量車の電動化は小型車に比べると難しく，パワートレインの効率向上だけでなく，総合的な運行効率の向上が必要である．

(6) 水素を燃料とするFCVの普及には時間がかかりそうであるが，水素社会の実現に向け，インフラの整備およびFCVの改良を進める必要がある．

(7) バイオ燃料の利用が大幅に拡大する可能性は現時点では低いが，藻類由来のバイオ燃料製造等の先進的な技術の開発が期待される．

(8) 車両の大幅な重量低減ができる超小型モビリティの導入により，人km当たりのCO_2排出量を公共交通機関並みにすることができる．

(9) 自動車の使い方の改革によるCO_2低減効果は大きい．特にITS，ICTの活用による種々の方策には期待するところが大きく，自動車の改良と併せて推進する必要がある．

参考文献

(8-1) トヨタ環境チャレンジ2050
(8-2) 大聖泰弘：2050年に向けた次世代自動車と動力システム，自動車技術会春季講演会フォーラム資料(2015)
(8-3) D. Takahashi：Combustion development to achieve engine thermal efficiency of 40% for Hybrid Vehicles, SAE Paper 2015-01-1254
(8-4) 森永真一ほか：SKYACTIV-Dエンジンの紹介，マツダ技報，No. 30，p. 9-13(2012)
(8-5) Akio Kawaguchi：Toyota's Innovative Thermal Management Approaches, 24th Aachen Colloquium(2015)
(8-6) 土井淳一ほか：SKYACTIV-DRIVEの開発，マツダ技報，No. 30(2012)
(8-7) NEDO：「車体軽量化に関わる構造技術，構造材料に関する課題と開発指針の検討」成果報告会資料(2015)
(8-8) 国土交通省：道路交通センサス
(8-9) 前田和宏：自動車における空力開発と取り組み動向，日本風工学会誌，Vol. 36，No. 3(2011)
(8-10) ブリヂストングループ環境報告書2015，p. 35
(8-11) 猿渡健一郎：マツダi-stop，マツダ技報，No. 27(2009)
(8-12) IEA：Energy Technology Perspective 2014 および2015(2014，2015)
(8-13) IEA：World Energy Outlook 2014(2014)
(8-14) IPCC：5th Assessment Report Climate Change 2014(AR5)(2014)
(8-15) 電気事業連合会：電気事業における環境行動計画2015(2015)
(8-16) 経済産業省資源エネルギー庁：水素の製造，輸送・貯蔵について(2014)
(8-17) 宇佐美祥，濱田成孝，塩澤方浩，水野誠司：新型FCV用燃料電池スタックの開発，自動車技術会春季学術講演会前刷集，20155165(2015)
(8-18) 日置健太郎，近藤政彰，山下顕，大神敦幸：新型FCV用高圧水素タンクの開発，自動車技術会春季学術講演会前刷集，20155117(2015)
(8-19) 電力中央研究所：電源別のライフサイクルCO_2排出量，電中研ニュース，No. 468(2010)
(8-20) 日産自動車ウェブサイト：ライフサイクル環境評価，http://www.nissan-global.com/JP/ENVIRONMENT/CAR/LCA/(2015)
(8-21) 非化石エネルギー源の利用に関する石油精製業者の判断の基準，経産省(2010年11月)
(8-22) 福田裕章：微細藻による二酸化炭素吸収とバイオ燃料化の研究，自動車技術，Vol. 70，No. 9

(2016)
(8-23) Audi e-fuels targeting carbon-neutral driving with synthetic fuels from renewables, H_2O and CO_2, Green Car Congress 23, September 2016
(8-24) 水嶋教文：超小型モビリティの導入に向けた国内の動向と交通研の取り組み，交通安全環境研究所フォーラム講演概要(2011)
(8-25) 北條英ほか：貨物自動車のエネルギー情報管理に関する研究，経営情報学会誌，Vol. 19，No. 3 (2010. 12)
(8-26) 運輸部門における二酸化炭素排出量，国土交通省ウェブサイト，http://www.mlit.go.jp/sogoseisaku/environment/sosei_environment_tk_000007.html
(8-27) 走行自動車による沿道局所排出ガス汚染のメカニズム解析，自動車技術会論文集，Vol. 35，No. 1 (2004)
(8-28) 富山市コンパクトシティ戦略によるCO_2削減計画，環境モデル都市提案書
(8-29) カーシェアリングによる環境負荷低減効果の検証，交通エコロジー・モビリティ財団(2013)
(8-30) IEA：Global EV Outlook 2013(2013)
(8-31) 細川隆志，谷畑孝二，宮本寛明：次世代電気自動車『i-MiEV』の開発(第二報)，三菱自動車テクニカルレビュー，No. 20，53(2008)
(8-32) 門田英稔：日産リーフの技術，日産技報，No. 69-70，p. 3(2012)
(8-33) 中尾誠治，藤木教彰，松木慎治，伊藤義徳，鈴木吾郎：ブレーキ回生と制動感を両立させる電動型制御ブレーキシステムの開発，日産技報，No. 69-70，p. 56(2012)

第9章

自動車産業としての自動車の将来

2050年を想定すると，人口が約30%減少し，高齢化率が40%を超え高齢者の自動車運転免許返納が進み，かつ，デジタルネイティブ社会となり，人々の価値観がモノの保有から使用へと変化し，国内の自動車需要の縮小が進む．生産年齢人口が約45%減少することによるバスやタクシーそしてトラックといった公共の道路交通のドライバー不足は，現在の仕組みを変えない限り，高齢者を含む交通弱者の移動やモノの移動が困難になる．特に，地方，過疎地での状況は顕著になる．そして，幸せな社会を継続するために，日本の特技である技術を活用し，自らを含め社会を変えてゆくことが必須である．

このようなトレンドの中で，自動車産業と自動車，そしてその利用について既成概念を超えたイノベーションが求められる．

9.1　35年前にはなかった技術・ビジネスが現在の社会と文化を形成

電気，自動車，テレビ，飛行機，コンピューター，インターネット，スマートフォンなどの技術が社会，生活，ビジネスを大きく変えてきている．35年前は，高度経済成長期が終わり，第2次オイルショックが発生し，軽薄短小の象徴であるウォークマンが登場し，世界同時不況が発生した時期である．現在を大きく特徴づけている社会文化・ビジネスは，その後35年間に現れた技術・商品であり，35年前には想像し難いものであった(図9-1)．

9.1.1　自動車・運輸関連技術・ビジネスの例

35年前には，自動車では米国企業ができないといっていた米国のマスキー法を日本の自動車メーカーがクリアし，大量生産に入り1980年以降の日本の自動車産業の発展の契機になった．

具体的には，自動運転車(テスラ，2016)，BYD電動バス(2015)，燃料電池自動車(ミライ，2015)の日本導入，主力車種のアルミ車体(F150，2015)，3Dプリンタ車発売(Swin，2015)，スマートコンストラクション(コマツ，2015)，空飛ぶ自動車(2015)，製造から商品までの全CO_2削減(BMW i3, 2014)，無人ダンプ(コマツ，2012)，電気自動車(リーフ，2010)，自動ブレーキ(アイサイトVer.2, 2010)，電気自動車(i-MiEV，2009)，自動運転車実験(グーグル，2009)，超高速運転トランスラピッド(2004)，ハイブリッド車(プリウス，1997)，無人自動運転(ゆりかもめ，1995)，コミュニティバス(ムーバス，1995)，電動アシスト自転車(1993)，GPSの運行開始(1993)，リチウムイオン二次電池商品化(1991)，東京のワンマン地下鉄(1991)，自動車電話(1988)，日本でのエアバッグ(1987)，CVT(1984)，カーナビ(1981)，宅配便動物戦争(1980頃)，マスキー法対応エンジン(CVCC II, 1980)，などが現れた．

9.1.2　社会に影響のある技術・ビジネスの例

社会を変えてきた技術やビジネスの代表は，スマートフォン，インターネット，ノートパソコン，デジタルカメラをはじめ，材料，医療，ロボット，ドローン，スマート都市などが顕著である．

具体的には，人工知能ロボット(Kibiro，2016)，ヒューマノイドロボット(ペッパー，2015)，ドローン宅配実験(2015)，見守りロボット(BOCCO, 2015)，パワースーツ(2014)，スマートコミュニティ(2010)，ロボットスーツ(HAL，2008)，エネファーム(2009)，有機EL(2008)，ヒト人工多能性幹細胞(2007)，ヒトゲノム計画完了(2003)，日本でブルートゥース普及開始(2003)，ITインフラの普及(ADSL，2000頃)，光ファイバー網整備開始(2000頃)，二足歩行ロボット(アシモ，2000)，アイボ(1999)，カメラ内蔵携帯電話(1999)，スマートフォン(iモード，1999)，インターネット商用化(1994)，青色発光ダイオード実用化(1993)，ニューサンシャイン計画(1993)，ノートパソコン(1989)，デジタルカメラ(1988)，日本のハンディ電話(1987)，MS-DOSのウィンドウズ(1985)，ワープロ普及(1980)，などが現れた．

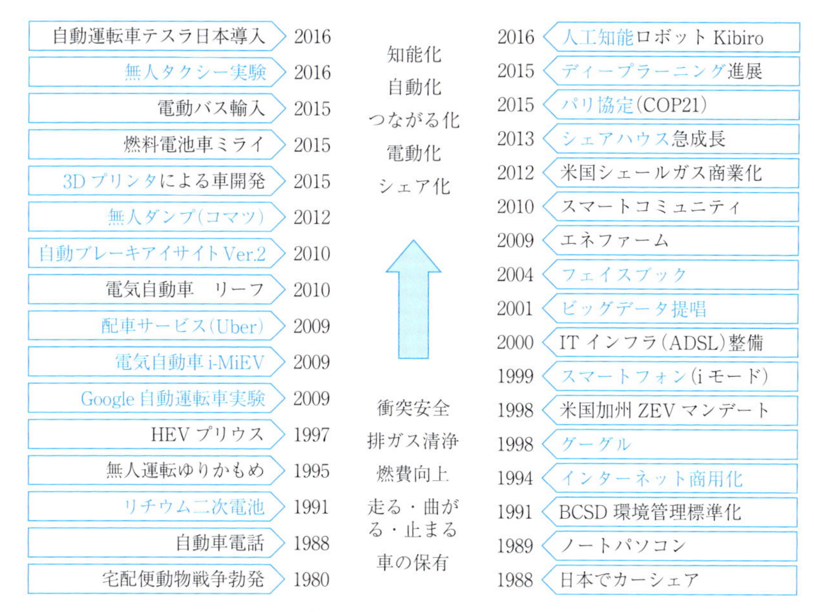

図 9-1　過去 35 年間に出てきた主要技術等

9. 1. 3　ソフト技術・ビジネスの例

ウィンドウズ，グーグルやヤフー誕生，ビッグデータ，配車サービス，シェアリングエコノミー，AI など，現在の社会の基礎と今後の社会インフラの芽が出てきている．

具体的には，グーグルのアルファー碁勝利(2016)，IBM のワトソン診断ががん患者を救う(2016)，ディープラーニング(2015)，パリ協定(COP21)日本のライドシェア(notteco，2015)，生活支援ロボット ISO 13482(2014)，衝突被害軽減ブレーキ装置任意保険割引(2013)，シェアハウス急成長(2013)，Siri(2012)，ワトソン(2011)，配車サービス(Uber，2009)，アップルストア開始(2009)，ユーチューブ(2006)，フェイスブック(2004)，ビッグデータ提唱(2001)，非接触型 IC 乗車カード(Suica，2001)，緊急通報サービス(HELPNET，2000)，PLM(2000)，グーグル(1998)，楽天市場開設(1997)，クラウド(1997)，環境管理 ISO 14000 発行(1996)，ウィンドウズ 95(1996)，アマゾン創業(1995)，ヤフー設立(1994)，BCSD 環境管理の国際標準化要請(1991)，日本でカーシェア(1988)，MS-DOS 上のウィンドウズ(1985)，CATIA V1(1982)，などが現れた．

上記の技術やビジネスが，現在の社会を構成し文化になっている．特に，35 年前には存在していなかった情報通信関連の技術や商品の多くが海外で生まれ新しいビジネスとして登場し，日本でもいち早く取り入れてきた．開発期間が長く，縦割りで自前指向が強い自動車関連の技術と一体化することで，需要拡大の動きが出てきている．

9. 1. 4　35 年後に影響が想定される技術・価値観の例

現在芽が出ている，あるいは現在の常識を超える技術・ビジネスが 35 年先の 2050 年に普及している可能性が高い．ムーアの法則がくずれるような情報通信技術の革新の速さとオープンイノベーションとの連携が進み，新しいビジネスが登場する．

具体的には，次のような研究が進んでいる(図 9-2)．

- 自動車では効率 50％の内燃機関，革新的バッテリー，自律運転車(無人運転車)，自動運転車，生活道路での超小型モビリティ，超電動モーター，空飛ぶ自動車など
- ICT では，バーチャル技術，人工知能(AI)，超小型スーパーコンピューター，2045 年に迎えるといわれる AI の性能が全人類の知性の総和を超えるシンギュラリティ(技術的特異点)，1,000 倍以上高速な AI エンジンと次世代パソコン登場，スパコンの上に頭脳を再現など
- 資源では，海底資源(メタンハイドレート，深海火山からの資源)，宇宙の資源探索・宇宙太陽発電，動植物資源(セルロースナノファイバー，ミドリムシ燃料・サプリメント，藻類燃

・効率50%の内燃機関 ・EV，PHV，FCV ・車内高電圧系 ・革新的バッテリー ・超高速充電 ・非接触充電 ・サスペンション発電回生超電動モーター ・無人車(タクシー，バス，コンボイトラック) ・ロボット ・遠隔操作(遠隔操縦，遠隔バージョンアップ) ・ダイナミックマッピング ・SLAM ・ドローン(物流，警備，検査等) ・空飛ぶ自動車 ・生活道路での超小型モビリティやパーソナル・モビリティ ・HMI(画像，警報音等) ……	・人口減少／生産年齢人口減少／少子高齢化 ・世界レベルでの人口増 ・デジタルネイティブ社会 ・マーケティング3.0 ・負のゼロ化(温室効果ガス，交通事故，人的ミス，3K作業等) ・異業種の開発速度との調和 ・バリアフリー(公共交通機関，人とモノの混載等) ・オンデマンドモビリティ ・地下鉄活用物流 ・配車ソフト ・シェアリング ・通販での自動車販売 ・バーチャルビジネス ・バーチャルリアリティ ・コンパクトシティ ・スマートシティ，ゾーン30 ……	・超小型スパコン，量子コンピューター ・エッジコンピューティング，ポケット・クラウドレット，脳の神経回路プロセッサ ・シンギュラリティ ・サイバセキュリティ ・3Dプリンティング ・HEMS，BEMS ・インダストリー4.0，IoT ・ブロックチェーン ・5G ・海底資源活用 ・宇宙太陽光発電 ・動植物資源(セルロースナノファイバー，ミドリムシ燃料・サプリメント，藻類燃料，クモの糸の活用等) ・自ら再生する材料 ・軍事技術の民間移転 ・CCS(CO_2固定) ……

図9-2　今後35年間に当たり前になっている技術等

料等)など
・生物模倣技術では，昆虫・動物・植物の能力をセンサや制御などに応用
・軍事技術の民間への技術移転は大きな変化を与える．たとえば，インターネットやGPSは米国防総省・国防高等研究計画局(DARPA)の研究プロジェクトから生まれた

さらに，内閣府の革新的研究開発プログラム(ImPACT，2013年6月閣議決定)の成果を期待したい．

McKinsey Global Instituteは最近注目されているテクノロジーを100種類選び出し，その中からさらに，今後の世界を大きく塗り替える可能性を秘めた12のテクノロジーを選び，経済に対する影響度の大きい順にランク付けした(2013年5月)．① インターネットのモバイル化，② 知識労働の自動化，③ モノのインターネット(IoT)，④ クラウドテクノロジー，⑤ 高度なロボット工学，⑥ 自律運転および半自動運転の自動車，⑦ 次世代ゲノム，⑧ エネルギーの備蓄，⑨ 3Dプリンティング，⑩ 先端材料，⑪ 石油とガスの先進的な探索と回収，⑫ 再生可能エネルギー．

9.2　人口・環境・安全等の外部環境や人々の価値観・車意識の変化がビジネスを変える

9.2.1　2050年までに変わる外部環境～課題解決はビジネスになる～(図9-3)

国連の予測によると2050年の世界人口は97億人(2015年73億人)となり，必要なエネルギーや食糧，水などの資源は約2倍になる．そして，都市化と都市の過密化，地域の過疎化，気候変動，偏在する資源・エネルギー確保対策などが各国で進む．

新興国は，人口が増加し(2022年にはインドの人口が中国を抜き世界トップになる)，都市化が進み，経済力が向上し，資源の確保と環境破壊が課題となる．過去の経験でGDPと移動ニーズには正相関があるため，新興国の自動車需要と走行距離は増大し，環境保全要求からくる電動化の動きは，後進性の優位(ガーシェンクロンの理論)を発揮して，かつての先進国の発展ステップをスキップしてより早く進む．

先進国は人口の増加が止まり高齢社会に突入し移動ニーズが多様化する一方，安全技術と環境技術の新興国への移転が促進される．気候変動が顕著となった現在，COP21におけるグローバルな合意をもとに(CO_2排出1位と2位の米中は2016年9月開催のG20で批准)し，パリ協定が2016年11月に発効した．2050年までにエンジンだけで走行する自動車をゼロ化する動きが日，欧，米で出てきてい

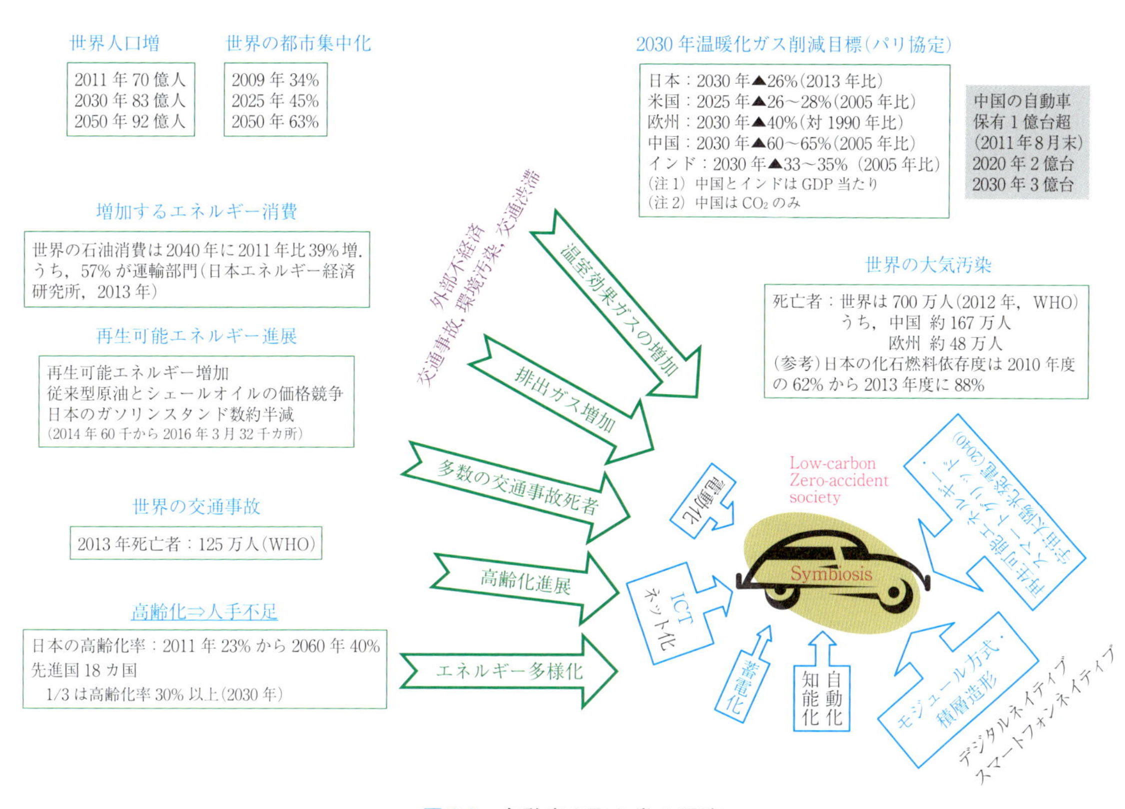

図 9-3　自動車を取り巻く環境

る(たとえば，VW は TRANSFORM 2025+ を，トヨタはトヨタ環境チャレンジ 2050 を掲げ，EV や PHV に注力を開始した)(図 9-4)．

欧州，アジア，中南米の高齢化が急速に進み，世界の 60 歳以上の人口は 2050 年までに 2 倍となる．そして，アジア主要国は 2050 年までに人口ボーナス期を迎える(図 9-5)．

日本は，2015 年の国勢調査で大正 9 年の調査以来初めて人口の減少が確認され，2050 年には人口 9,708 万人となり，2015 年の 24% 減，生産年齢人口は 35% 減となると予測されている．高齢者は 10% 増加し世界でトップをゆく超高齢社会(2050 年には高齢化率が 40%)となり，世帯主が 60 歳以上の高齢者世帯が拡大している．高齢者の消費支出は 2011 年にすでに 100 兆円を超えている．人口減少は，環境保全や交通混雑面にはポジティブな影響が考えられるが，内需の縮小が予想され，生産年齢人口の減少(2050 年までは毎年 50～100 万人の減少)などと合わせ，企業活動はもちろん，社会活動にも大きな影響を与え，革新が求められる．

そして，その対応技術(自動化，ロボット化，AI 化，遠隔操作化)は日本の得意技であり，今後の世界のビジネスモデルになる．オックスフォード大学の研究によると，米国では労働人口の 47% は今後 10～20 年以内に自動化され，日本は 49% が自動化されるという．かつて，自動車工場に自動化設備を導入したときにも作業者の職がなくなるといった同様の論議がなされたが，今や自動化は定着し，さらに拡大しようとしている．人口減少の日本にはうってつけの技術といえる．

環境関連では，PM2.5 など大気汚染が厳しい都市が先進主要国にも現れているが，都市化が進む新興国では排気ガスがさらに深刻になっている．また，厳しくなる燃費規制の強化に合わせるため，テストモードではクリアするが，リアルワールド走行で，大幅な排気ガス規制値オーバーとなる車も現れている．そして，パリ協定発効で CO_2 の自主目標値はますます厳しくなり，ハイブリッド(HEV)，電気自動車(EV)，プラグインハイブリッド(PHEV)への注力が進み，さらに，中国のように大型バスやタクシーなど公共交通機関の EV 化も進められ，燃料電池自動車(FCV)も登場してきている．

主要国は 2008 年のリーマンショック以降の景気回復策とエコカーの普及を融合させ自動車の電動化

●日本……トヨタの脱エンジン宣言(トヨタ環境チャレンジ 2050，2015 年 10 月 14 日)

- 2050 年の走行時 CO_2 排出量(新車平均)を 2010 年比 90%削減
- 次世代自動車は電動化して多様化 (2016 年 EV 開発ベンチャー発足)
- 2050 年，製造段階からの CO_2 排出ゼロ 再生可能エネルギー使用 (参考)BMW の EV 工場は CO_2 排出ゼロ工場

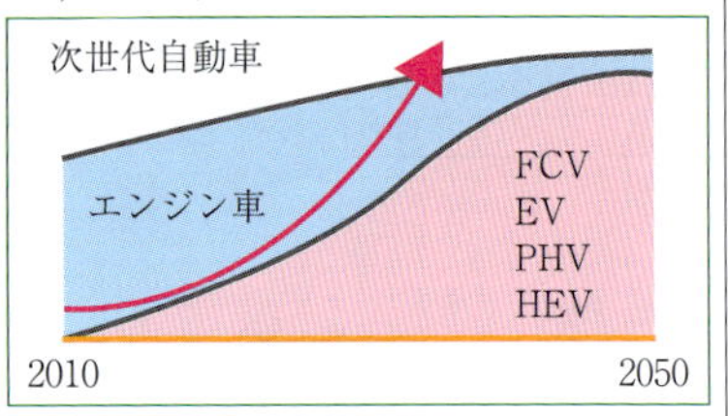

出典：UTMS 協会ホームページより

●米国……カリフォルニア等米 8 州が ZEV プログラム覚書に署名(2013 年 10 月)

(注) 8 州は，カリフォルニア，ロードアイランド，ニューヨーク，コネチカット，メリーランド，マサチューセッツ，オレゴン，バーモント

● EU……ドイツ，オランダ，イギリスなど 12 カ国がエンジン車新車販売停止の動き(2016 年)

(注 1) ドイツ連邦参議院は，2030 年までに内燃エンジンを搭載した新車の販売禁止を求める決議を可決

(注 2) オランダ下院議会は，2025 年から化石燃料車販売禁止法案を可決．2016 年審議を経て内容修正・採用可否を決定

(注 3) 欧州の高級車メーカー(ダイムラー，BMW，アウディ，ボルボ，アストンマーチン，ジャガーランドローバーは EV，PHV 投入計画を発表

図 9-4　2050 年までにエンジン車の新車販売ゼロの動き

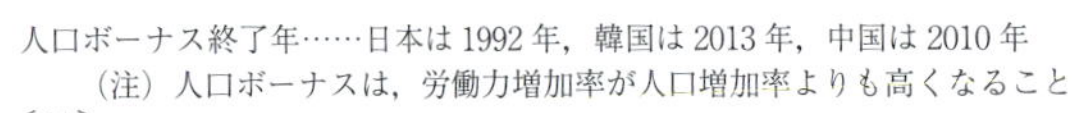
人口ボーナス終了年……日本は 1992 年，韓国は 2013 年，中国は 2010 年
(注) 人口ボーナスは，労働力増加率が人口増加率よりも高くなること

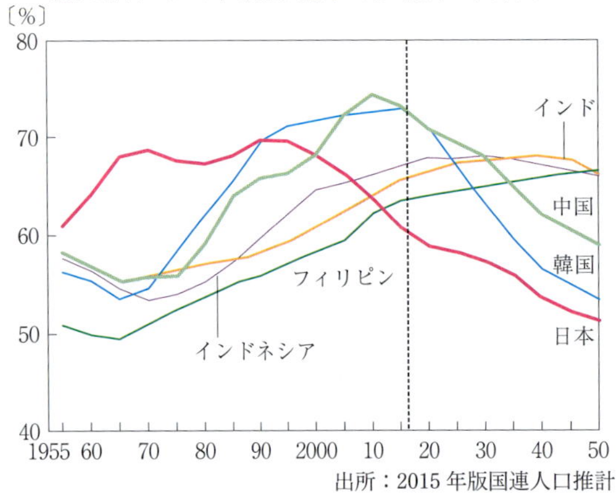

出所：2015 年版国連人口推計

図 9-5　アジア主要国の生産年齢人口比率

が大きく動き出し，EV の普及目標を設定している(図 9-6)．

国際エネルギー機関(IEA)は，輸送部門からの CO_2 排出量は，何も対策をとらなければ，新興国での保有車増加で 2030 年に 20%増，2050 年に 50%増になると予測し，2030 年には EV，PHV，FCV が全世界で 20%のシェアを占め 1 億台に達する必要があると指摘している．

G20 エネルギー大臣会合(2016 年 6 月 30 日)によれば，2020 年までに全世界の自動車燃費を 2014 年比約 30%向上させることが必要とされている．具体的には，EV 乗用車の販売台数を 700 万台/年以上(市場シェアは 16%拡大)が必要としている．

全国のガソリンスタンド数は 1994 年度末の 64,021 カ所をピークにその後は減少し，2015 年度末時点で 32,333 カ所と約半分に減少．ガソリンスタンド過疎地の石油難民の実態をみると，最寄りのガソリンスタンドまで 15 km 以上離れている市町村は 257 カ所になっている．首都圏であっても過疎が発生しやすい地域がある．自宅や職場で充電できる EV のメリットが見直されている．

世界の交通事故死者は 2015 年には 125 万人となり，さいたま市の人口が毎年消えていく状況にある．新興国がその多くを占めるため，先進国の交通事故対策の移転が求められる．一方，日本では，交通事故死者がピークの 16,765 人(1970 年)から 4,117 人(2015 年)へと減少してきているが，下げ止まりになっている．交通事故死者数のうち，歩行者・自転車乗車中の高齢者が 50%超と先進国として特異な状況にある．生活道路での対策が必要となり，先進技術を搭載した車と道路や情報通信の社会インフラと都市計画との連携がより求められている．また，その経験はビジネスモデルになり，グローカルな活動で世界に貢献できる．

9.2.2　2050 年までに変わる価値観～変化は新ビジネス登場の源泉～

2050 年にはデジタル環境にどっぷりつかったデジタルネイティブが社会を担っている(図 9-7)．

若者たちの行動の原点はスマートフォンで，15

2008年のリーマンショック以降の景気回復策とエコカーの普及を融合させ自動車の電動化が大きく動き出し，更に，ディーゼル車の排出ガス問題が生じ，将来の低炭素社会・新しい産業の構築に向けた競争が始まったが，各国の力の入れ方に差が出てきている．

	日本	中国	米国	ドイツ
主要政策	新・国家エネルギー戦略，低炭素社会づくり行動計画，次世代自動車2010，パリ協定，日本再興戦略	863計画，自動車産業発展政策，新エネルギー産業振興計画，第12次5カ年計画，中国製造2025, NEV規制	グリーンニューディール，エネルギー環境計画，カリフォルニア州などのZEV，スマートグリッド	Electromobility国家開発計画，本格普及の閣議決定(2016)，ディーゼル車から電動化に転換
普及施策	電池の開発支援，充電インフラの整備，モデル都市で実証，購入補助金	自動車メーカー育成，技術開発支援，モデル都市で実証，購入補助金	メーカーへの低利融資，電池の開発支援，ベンチャー育成	車両・電池開発支援，モデル都市で実証，標準化推進
バリューチェーン	垂直統合，インテグラルものづくり	水平分業 モジュール	水平分業 モジュール	水平分業 モジュール
充電	(2020年) 普通　200万基 急速　5,000基	(2020年) 普通　480万基 急速　12,000基	(2018年) 約14万基 13企業，8団体協力	(2020年) 75万基
EVの普及	(2020年) 200～250万台	(2020年) 500万台	(カリフォルニア州2025年) 150万台	(2020年)100万台 (2030年)600万台

図 9-6　主要国の電動化の動向

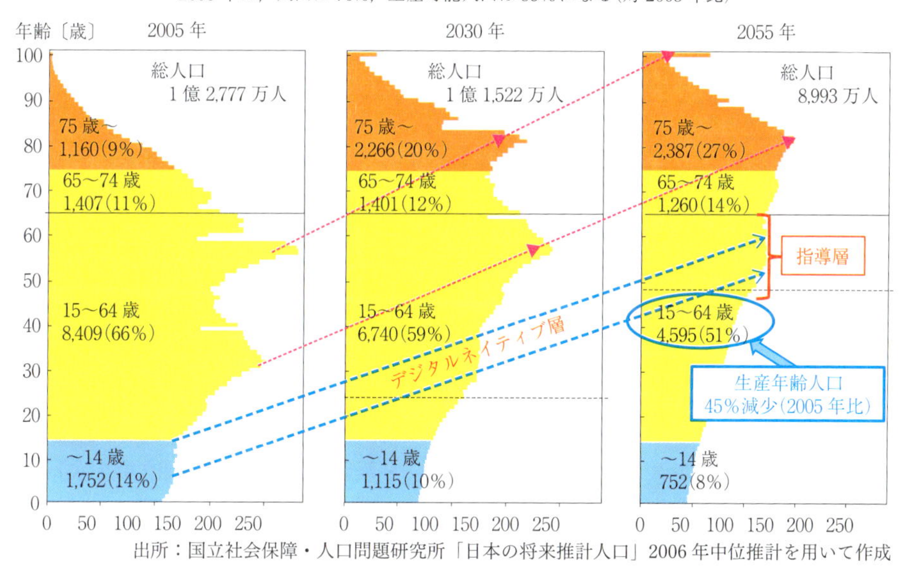

出所：国立社会保障・人口問題研究所「日本の将来推計人口」2006年中位推計を用いて作成

図 9-7　日本の年齢別人口構成の推移

～24歳が1日にスマートフォンを見る回数は平均64回．寝ている時間を除けば，ほぼ10分に1回操作している調査(若年層白書2014)があり，運転に専念するよりスマートフォンを見ていたいとする若者が出現しているという．

日本では，30歳未満の世代の車離れに加え，高齢者の運転免許証返納とともに，すでにクルマの保有意識やドライブについて今までの価値観とは違う人々が増えてきている．現在でも大半の家庭の車は一日の5～10%しか使われておらず，駐車場に置かれている．しかも，普通車でみると維持費(税金，保険，車検，駐車場代)で年間30万円以上かかる．したがって，fun to driveにこだわらないコモディティ化した単なる移動手段として，カーシェアやライドシェアといった持たざる利便性を求める自動車要望の多様化が進み，自動車メーカーも自らこれらに乗り出している．

そして，自動車の優劣は，走る・曲がる・止まる

日本の高齢者ドライバー 〈事故防止機能と運転補助機能を要望〉

事故防止機能
- アクセルとブレーキの踏み間違い事故防止機能(年間約7千件発生)
- 出会い頭事故防止機能(年間約168千件発生)
- 右折時の事故防止機能(年間55千件発生)
- 追突事故防止機能(年間232千件発生)

(注)事故件数は2012年の数字)

運転補助機能
- 知覚機能補助機能
- 体力・筋骨格の補助機能
- 情報処理の補助機能

高齢者にやさしい自動車開発委員会報告書より

米国の消費者が次に買う車にほしい機能 〈アクティブセーフティ機能を希望〉

視覚検知・衝突防止:40%,ナイトビジョン:33%,事故時の被害緩和システム:30%,
カメラ式リアビューミラー:30%

出所:米JDパワー&アソシエイツ調査,2015 U.S. Tech Choice Study,2015年5月22日

イギリスでの,2025年の自動車に望む技術 〈運転から解放してくれる技術を希望〉

- 走行中の前方車両との安全距離の維持技術(66%)
- 自動での事故回避技術(56%)

その他,「自動駐車技術」,「渋滞を予測して自動でルートを変更する技術」など

出所:ボッシュ,被調査者2,000人,2016年7月21日発表

図9-8 運転負荷から解放を希望するドライバー

ばかりでなく,排出ガス清浄化や燃費向上,そしてアクティブセーフティを左右するソフトウェアとつながるICT技術の良し悪しで決まるようになる.特に,増加する高齢者は安全と環境への意識が強い.つまり,単に技術を詰め込むプロダクトアウト型の製品ではなく,デジタルネットワークを生かして隠れた欲求を満たす機能を求める人々が出てきている.たとえば,自動駐車ができると車を隙間なく駐車でき駐車スペースを有効に使え,また,スマートフォンで簡単に無人のEVを呼べるようになれば,駐車場に眠る多くの車はいらなくなる.そこで,AI,IoT,ビッグデータなどを駆使し,ビジネスモデルを変えるデジタルトランスフォーメーションの動きが出てきており,ビジネスチャンスとなっている.

走る,曲がる,止まるの自動車の魅力を必ずしも求めず,運転負荷からの解放を希望するドライバーも出てきている(図9-8).

車を作り車を売るビジネスに加え,シームレスな交通サービスや新しい車利用(計測器として,インターネット端末として,エネルギー供給源として)を満たすビジネスが誕生してきている.また,HMI(Human Machine Interface)がアナログからデジタル化して,映像やジェスチャーなどでコミュニケーションをする運転支援情報が充実する.シームレス(移動のワンストップ化,一億総活躍社会の移動手段,情報手段),シェア(使っただけの支払い,共同配送,人とモノの一体輸送),カスタマイズ(交通機関が人に合わせるデマンド,交通弱者を含め人の復権)のように,ビジネスの最終ターゲット像は車の保有者像から社会の中でのモビリティ利用者像に変わる.

9.2.3 2050年までに変わる社会・産業〜ビジネスの土俵が変わる〜

社会の進展は有史以来,狩猟社会,農耕社会,工業社会(馬に代わり車が,鳥願望から飛行機が,手作りから工作機械さらにロボットが登場),情報社会(コンピューター,インターネットなどの普及),自動化・知能化社会にと転換してきている.そして,工業は産業革命以来,次の変遷を経てきている.

- 蒸気機関による機械化(第1次)
- 電力による大量生産(第2次)
- コンピューターによる生産の自動化・省人化(第3次)
- IoTによる個別大量生産(第4次)

第4次は,GEのIndustrial Internet,欧州のIndustry 4.0のもと,製品,生産,販売,サービス,整備など産業全体に広く大きな波を起こす.IoTについて,日本企業の6割はオペレーションの効率化になると考え,海外企業の7割は技術革新を起こすチャンスと捉えるといわれている.ドイツ,フランスなどはIoTでクラスター内の中小企業を含めたボリュームゾーンの変革を目指し,ライフサイクル統合,サプライチェーン水平統合,生産システ

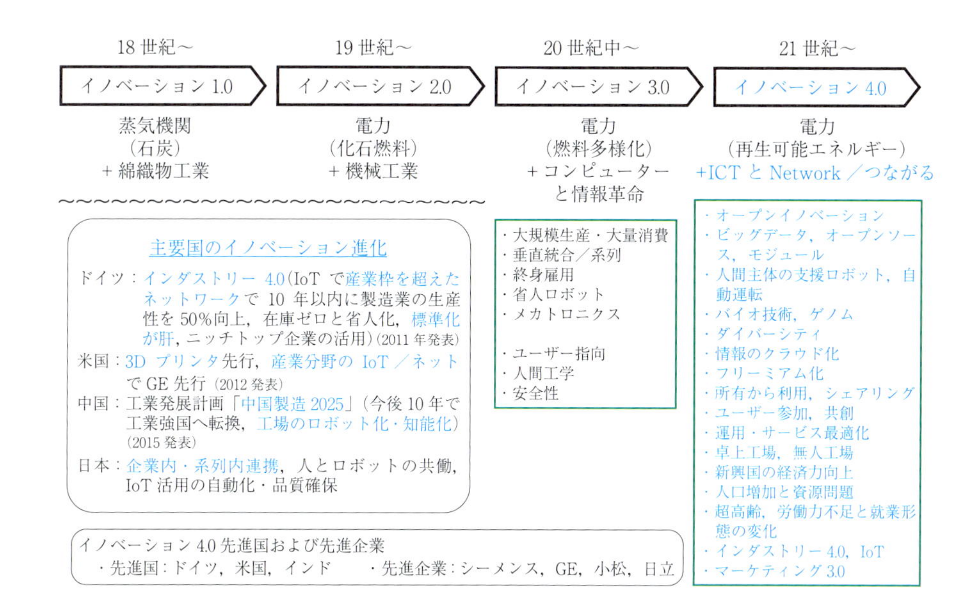

図9-9　イノベーションの推移

ム垂直統合で産業界の革新を狙っている(図9-9).

マーケティングは，製品を販売するための製品主導のマーケティング(マーケティング1.0)，消費者を満足させる消費者志向・差別化のマーケティング(マーケティング2.0)，世界を幸せにする価値主導のマーケティング(マーケティング3.0)へと進化する.

2050年に向けて，超小型スパコンが現れ，AIによる自律生産が普及し，2045年にシンギュラリティを迎える社会(第5次)が予想されている．この進化の過程で開発・標準化・普及の国際競争が盛んとなり，各国は産学官連携の総合力が問われる．情報通信技術，知能化技術が自動車産業に大きな影響を与えるものとみられている.

前述したように，後発国が最新技術を使い先進国がたどったステップをスキップするリープフロッグ(かえる跳び)が進む(固定電話を飛び越し携帯電話，HIV感染者を除外しない生命保険商品，ガス灯をスキップした電球，真空管TVをスキップした液晶テレビなど).

9.3　企業のイノベーションと新ビジネスモデル構築

9.3.1　オープンイノベーション推進とネットビジネス構築～異業種やスタートアップとのシナジー～

EV分野，自動運転分野，IoT分野，ビッグデータ分野，計測器分野，サイバーセキュリティなど広く，従来の業界の枠を超えた異業種のナレッジを活用するオープンイノベーション(カリフォルニア大学チェスブロウ教授が2003年に使用)が始まり，電動化でビジネス業態が拡大している(図9-10).

自前指向の垂直統合とオープン化との併存，オープンイノベーションによる開発時間の短縮・開発資源の有効活用，技術・知恵の相互活用，およびグローバルな異業種との連携が進んでいる.

例として，自動車の生産受託サービス企業が登場している．2008年の金融危機後に工場投資を削減した米自動車メーカーや中国企業のEVなどの生産受託をして事業拡大している米アンドロイド・インダストリーズ(1988年創業)，アップルの生産受託EMS(Electronics Manufacturing Service)，および，EV市場参入の事業部門を新設した台湾の鴻海精密工業が挙げられる.

軍事技術の転用や自由なビジネス風土を背景に育っている米国やイスラエルにあるハイテクのスタートアップ企業を積極的に活用し，新しい技術・システムへの対応が米国や中国で進んでいる．現在でも，モービルアイ，Wix，ウェイズ，シミラー・メディア，バイパー・メディアなどが挙げられる.

クラウドファンディングによる資金調達，クラウドソーシングによる図面作製，ネットでCADデータを送り3Dプリンタで試作するデザイン，調達から物流までの受託生産サービス，生産工程を遠隔地

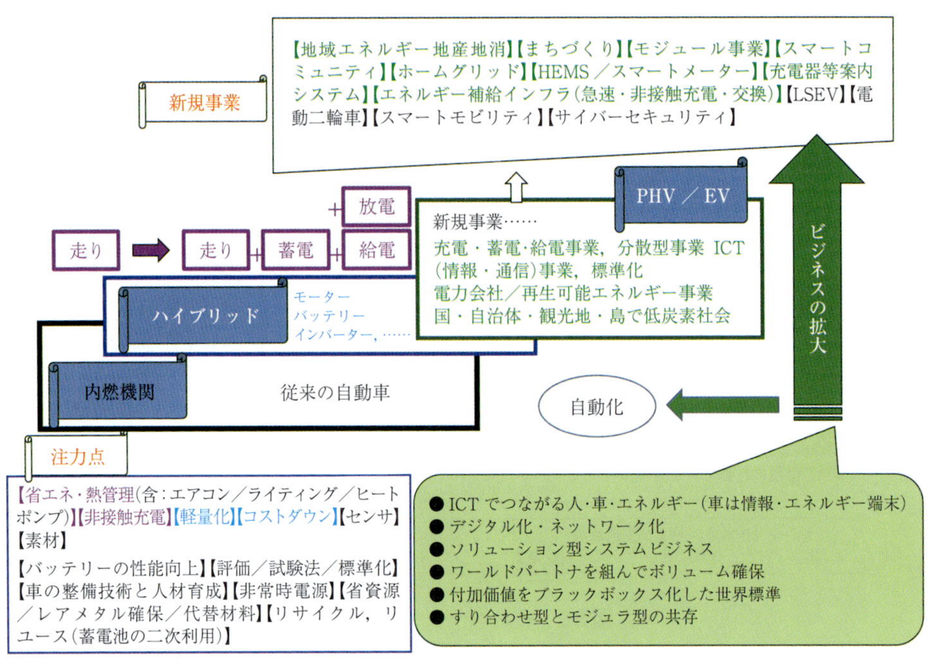

図 9-10　電動化によりビジネス業態が拡大する

からIoTでリアルタイムに監視するEMS(Electronics Manufacturing Service)，フィンテックの多様な決済手段，小売店が不要となるネット販売，などビジネスが変わる．インターネット通販に乗り出したダイムラーとBMW，そしてオリックス自動車の通販サイトのアマゾン活用など，個人向けのリース販売が開始されている．店舗とネットを融合したオムニチャネル戦略が進む．お客さまが店内で楽しめる，来店したくなる，またはスマートフォンやタブレットで仲間に自慢・紹介したくなる商品を扱うなど魅力のある店舗でなければ，ネットに取って代えられる．ネット販売では，自動販売機で中古車を販売する企業(BMWやダイムラー)も現れている．

9.3.2　自動車の社会への負の部分を技術でゼロ化 ～自動化・知能化・遠隔監視ビジネスモデル～

企業の社会的責任の意識が薄くなったのか，企業の不祥事が生じ持続可能性が揺らいでいる企業が出ている．近江商人は，売り手と買い手と世間の三方が良くなければいけないとする「三方よし」の商人道をもつ．日本のビジネスはこのような土壌があり，労働環境改善，安全確保，環境保全，エネルギー節約など，社会性を重視するビジネスモデルが構築される．

(1) 人のミス，3K作業，いやな操作を避ける

3K職場を担うロボットの活用は，人件費削減のみならず，単調で，きつい，汚い，危険という労働環境改善，および品質確保に効果をあげている．また，AIは従業員の作業を監視カメラで観察しリアルタイムで正しい作業を指導し生産効率を向上するなど，今後の労働人口減少対策として活用される．そして，人間の知覚を上回るデータを集め，異常の予兆を見極めるビッグデータ収集・分析・ソリューションを提供するビジネスが，製造や運行管理など，広範囲の分野で進む．

使用者に渡った後の整備や部品交換が品質保証上重要であり，整備担当者による修理・点検には，開発や工場がもっている技術・技能やノウハウ，そして整備のタイミングが必要であるが，熟練整備士の数が減少しつつある．今までは人が技術と技術を結び付けていたが，IoTによりモノとモノ，コトとコトが直接つながり，途中に人間が介在せず時間短縮と人為ミスがなくなる．そこで，ソフトの書き換えで性能・機能をバージョンアップするシステムが普及する．車の無線診断を国内と海外で同時に展開する日産などの自動車メーカーが現れてきている．また，ソリューション企業とサービスを受ける企業がパートナーシップを組み，協働するビジネスモデルが登場する．

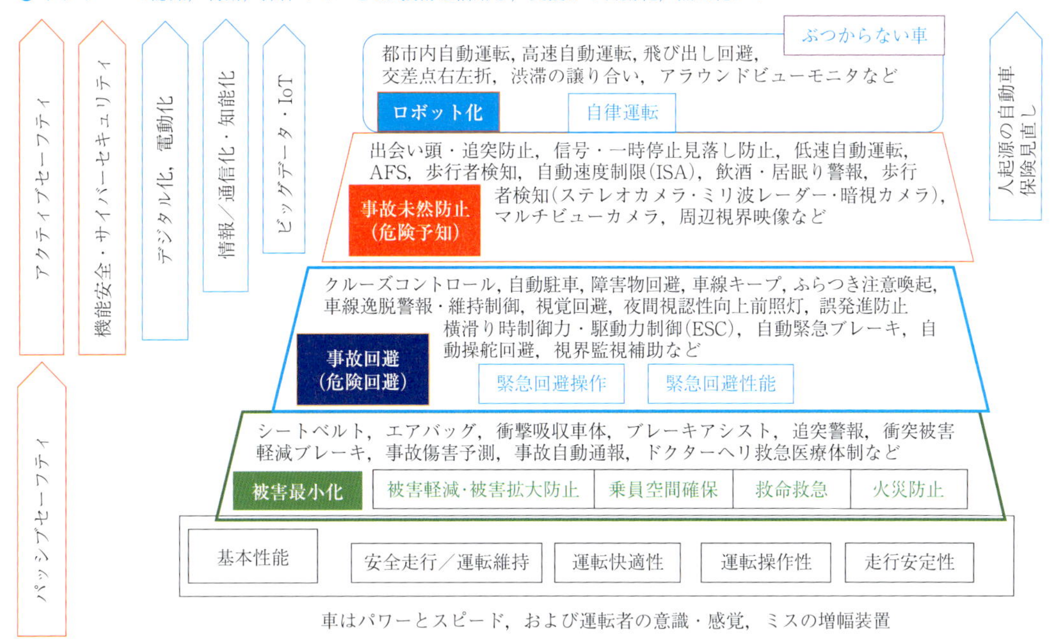

図9-11　車両安全の技術ビジネスの進化〈ロボット化〉

走行では，安全支援技術，快適性技術，ドライバーの生体機能を監視し事故を避ける警報システム，自動緊急ブレーキやアクセルペダルとブレーキペダルのふみ間違い防止装置を装着したぶつからない・ぶつけない技術などが進む．加えて，AIによる運転支援と安全システムの高度化により，人が介在するミスを排除でき，また，増加する運転を苦痛と思う人々向けに自動運転車や自律運転車が普及する．損害保険会社では自動ブレーキ搭載車など安全向上技術への保険料割引ビジネスが発展する．高齢ドライバーの増加に対し，高齢者の移動の自由を確保するためにも，運転がつらい，嫌い，怖い，加害者になりたくないという市場の声に耳を傾け，自動運転車，無人運転車の開発・普及が急務である．それらの普及には時間がかかるので，自動緊急ブレーキやアクセルとブレーキのペダル踏み間違い防止機能の付いたぶつからない車の導入，大量に存在する使用過程車へのレトロフィート対応が必要である．一方，都市や地域でぶつからない・ぶつけない超小型モビリティのビジネスモデル構築が創業につながる．

(2) 交通事故ゼロに向けて(安全・安心ビジネス)

日本政府は，交通事故死亡者数を2018年に2,500人以下へ削減する目標を掲げていた．パッシブセーフティ対策を実施，アクティブセーフティ技術を導入，インフラを整備，交通安全教育は小学校から実施，違反の取締り実施，ドライブレコーダを普及，高齢者の運転免許返納，ドクターヘリや交通事故緊急通報システム採用などで，交通事故死傷者の削減に成果を発揮してきた．しかし，2015年の交通事故死者が4,117人で減少が頭打ちとなり，2000年に延期した2,500人以下の政府目標達成には，事故が起きないように，ぶつからない・ぶつけない技術・社会システムのイノベーションが必要である．自動緊急ブレーキやアクセル・ブレーキのペダル踏み間違い防止装置の装着が進み，JNCAP(自動車アセスメント)にも取り上げられてきたこともあり，2016年には交通事故死者は3,904人に減少した(図9-11)．

交通事故死亡者を年代別に，運転免許証保持者当たりの死亡事故件数をみると，16–19歳と80歳以上がほぼ同じで多く，次いで，20歳代と70歳代，そして，他の年齢層はほぼ同一の死亡事故率を示している．また，交通事故発生件数は16–19歳が圧倒的に多く，次いで20歳代，80歳代が続き，その他の年齢層はほぼ同じとなっている(2015年，警察庁).

日本の交通事故死者の特徴は，生活道路での高齢者の死亡者が多いことである．2015年の年齢層別交通事故死者数は，65歳以上の高齢者が占める割合が54.6%．その高齢者は，歩行中46.7%，自転車乗車中17.2%と両者で64%である．また，歩行者・自転車利用者の自宅からの距離別死者数の割合をみると，自宅から500 m以内で49%と最も多く発生している．

交通事故の96%はヒューマンエラーという．そこで，人の認知・判断・操作によるエラーをなくすための自動化，つながる化，知能化への挑戦が求められる．悲惨な事故防止に，人や障害物があれば車を止める自動ブレーキや，20歳代と高齢者に多いペダルの踏み間違いを防止する技術などの自動運転技術の先取りが進む．死者ゼロに向け，事故発生後の重篤な負傷者を救う先進事故自動通報(AACN)の普及，人のミスに起因する交通事故に対しぶつからない・ぶつけない運転支援技術や自動運転技術のレベルアップを図り，これらをサポートする路車間通信のインフラ整備などに，産学官連携を進め新しいビジネスが拡大する．

技術は，外界認識カメラやレーダー，ダイナミックマップやSLAMとAI，そして操縦制御技術などで自動車産業と他産業とが得意部分を受け持ち連携が進む．そして，判断のためのビッグデータ，周辺環境認識用走行映像データ，レーンキープアシストの全天候型白線認識技術，交差点での事故防止や信号情報のリアルタイム検知技術，自動駐車システム，デッドマン認識システム，3Dマップなどの需要が拡大する．既販車については安全技術の普及促進のため，後付けのアクセルペダルとブレーキの踏み間違い防止装置が登場するなど，スタートアップ企業，Tier 1メーカー，システムサプライヤー，およびIC企業によるレトロフィットビジネスも進む．

マッキンゼーレポート(2015年3月6日)によると，自律運転により米国の事故が90%減少し，修理費と医療費で1,800億ドル節約するばかりでなく，人間の乗り降り空間が不必要となりぎっしりと詰めて駐車可能になるため，2050年までに駐車スペースが現在の75%ほどですむという．さらに，約95%が使われずに停まっている車の有効利用を図るビジネスを予測し，また，自律運転車が完全に導入されれば人々は1日当たり50分間を他のことに振り向けられる可能性があると予測している．

(3) 環境保全・エネルギー節約の強化(環境はビジネスになる)

日本は燃費削減を目標に掲げ積極的な対応をしているが，CO_2削減を目標にしている欧州は，脱石油，再生可能エネルギー活用などエネルギーの多様化に注力している．厳しい燃費規制への対応と，EVやFCVにとって軽量化は必須で，高張力鋼，材料変換としての非鉄金属(アルミニウムやマグネシウム)，樹脂化(CFRP等)，マルチマテリアル，異種材料の接着など，材料産業のビジネス形態に変化が生じる．超高速充電と非接触充電に関する技術基準については，官民連携で国際標準化に取り組んでおり，今後の発展が期待されている．

日本は，次世代自動車戦略2010で六つの戦略を掲げ，次世代車の2020年と2030年の普及目標を設定している．また，2020年オリンピック・パラリンピックを一つのマイルストーンとして，EVやFCVの推進を計画している．9. 2. 1項にあるように，2050年に向けて，トヨタをはじめ，欧州(ドイツ，オランダ，イギリスなど12カ国)，米国の主要州が，エンジン自動車から，EV，PHEV，FCVに重点を置く方針を出している．米国では，2025年までに，カリフォルニア州をはじめ8州で330万台のZEVの走行を約束している．

EV車の一充電走行距離を長くするためのリチウムイオン電池の改善が行われており，すでに400 kmを超えるEV車も市販されている．将来，固体電池などさらなる性能向上に向け開発が進められている．スタンフォード大学とミュンヘン大学の共同研究では，FCV車とEV車が走行に必要なエネルギーとその生産性の計算で，FCV車はEV車の2倍の電気エネルギーが必要としている．つまり，EV車のほうが排出される温室効果ガスを低コストで削減することができるという(Energy誌, Vol. 114, 1 November 2016, p. 360-368)．

中国では，BYD社をはじめ電気バス会社が積極的に市場導入を図り，また電気自動車のタクシーも評価を得るようになってきている．

9. 3. 3 人口減少・少子高齢化社会を活躍社会に変革〜自動化やロボットビジネスを拡大〜

有効求人倍率が示す少子高齢化に起因する労働力不足，長い労働時間，そして3K作業に対する対策現状：トラックドライバー(約80万人)の平均年収はピーク時より約15%減少し，全産業平均より10%以上低い．30歳未満3.4%，40歳以上が78%と高齢化．若者は同じ肉体労働なら建設業に流れている．労働強化で悲惨な事故も発生．(注) タクシー(東京で75歳以上3千人)，バスも高齢化

【都市内】インターネット通販の拡大とトラックドライバーの不足対策の動き

●「ロボネコヤマト」プロジェクトを始動

DeNAとヤマト運輸が異業種連携で自動運転を活用した次世代物流サービス開始

・DeNAは，インターネットサービス分野のノウハウと自動運転技術とで，新道路交通サービス開発や，私有地向け移動サービスの提供を推進

・ヤマト運輸は，ライフスタイルが変化するなど受取りのニーズ多様化対応とドライバーに女性や高齢者の雇用，夜や朝の宅配数増大などドライバー不足対応

実用実験　・実施時期：2017年3月より1年間を予定　・実施場所：国家戦略特区

・主な実用実験の内容：「オンデマンド配送サービス」と「買物代行サービス」

(注)・オンデマンド配送サービスは，顧客が望む時と場所で荷物を受け取れる配送サービス．スマートフォンで荷物の現在地や到着予定時刻の確認も可能．コンビニやオープン型宅配ロッカー等を受け取り場所にするなど利便性拡大を推進．働き夫婦や一人暮らしの対象．

・買物代行サービスは，地域の複数商店の商品をインターネット上で購入し，オンデマンド配送サービスで一括運送ができる．小さな子供をもつ家庭やお年寄りを対象

●国土交通省は物流用ドローンポートの検討を開始(2016年7月)

●東京都の地下鉄，不在対策の駅ロッカーやスーパー等の利用検討開始(2016年)

【都市間】高速道路の共同配送，日帰り中継輸送や自動運転車の隊列走行

・大手小売りとメーカーの中継輸送(例：イオンと花王は双方の中間地で積み荷を交換し運転手の日帰り環境を整え人手を確保し，物流費を3割削減)

・いすゞと日野は，自動運転システムの実用化に向けて路車間・車車間通信システムや自動操舵・隊列走行技術について，両社で共同開発実施を発表(2016年5月27日)

図 9-12　日本のドライバー不足対策例

として，工場での作業，倉庫の在庫確認，販売店での受付，警備，建設現場，農耕などへのロボットの活用が進められている．

典型的な例では，トラックドライバー(約80万人)の平均年収はピーク時より約15%減少し，全産業平均より10%以上低く，30歳未満3.4%，40歳以上が78%と高齢化している(2015年)．若者は同じ肉体労働なら建設業に流れており，人手不足が生じている．このような状況を背景に，労働強化で悲惨な事故も発生している状況にある．バスやタクシードライバーも同様に高齢化と不足が大きな課題になっている．そこで，大型トラック，バス，タクシーの安全運転に向けて，都市構造や道路環境とともに自動化が検討されている．日欧米で，最初の大型トラックにドライバーがおり，続く大型トラックは無人という隊列走行実験，あるいは，ダイムラーや米国のOttoなどが自動運転大型トラックの実証実験を開始している．

4年前の大震災直後に，全国から延べ1万台超のトラックが支援物資を輸送し，被災者の生活は徐々に復旧したが，ドライバーがこのままだと5年後，ドライバーは10万人減少すると試算されている．その状態で同様の災害が起きたら，円滑な物資輸送は困難となる．災害が無くても，5年後には引越しも宅配も困難になる．そこで企業は，都市内では自動運転を活用した次世代物流サービスの実証実験計画など，および高速道路では日帰り中継輸送や隊列走行のトライアルを開始している(図9-12)．

一方，国際物流では企業から物流事業を一括受託するサードパーティロジスティクス貨物の混載輸送が進んでいる．

宅配市場は電子商取引の増加に伴いに高い成長率が期待される．しかし，顧客ニーズに基づく貨物の小口化，配送の多頻度化，経済性，ドライバー不足と高齢化，および留守宅対策と多くの課題がある．ドライバー不足には，誰でもが容易に運転できる車作りが必要である．そして，競合企業の情報をも活用するIoT，ビッグデータ活用，ドローンによる宅配，配送アプリのUberや配送バイクを使った宅配・出前・買い物お助けサービス，ネットと実店舗の物流協業，そして人とモノの共同輸送やスーパーでの送迎バスなどの対策が進む．また，インターシティでの物流では，前述したように，共同配送やドライバーが日帰りできる中継輸送が進む．

一億総活躍社会で高齢者が活躍するために，生活圏で移動を希望する高齢者が自立して移動できる手段の提供が必要になる．これは，寝たきり高齢者を防止し社会負担を少なくする効果がある．1万人の高齢者アンケートで，2人乗りで，高速道路を使わず，低速で買い物荷物が積める程度のモビリティの

高齢者にやさしい自動車開発推進知事連合は，35 道府県の高齢者 1 万人超の声を背景に，「近距離の運転しか行わず，高速道路も使用しない高齢者のための新しい車両として，小回りがきいて運転しやすい 2 人乗り小型車」を提案

高齢者にやさしい自動車開発推進知事連合要望

	軽自動車	提案新規格車(要望)	ミニカー	シニアカー
定員	4 人	2 人	1 人	1 人
衝突安全基準	あり	軽より緩い	なし	なし
最高速度制限	—	時速 60 km 以下	時速 60 km 以下	時速 6 km 以下
高速道路等	走行可能	走行不可	走行不可	(歩道走行)
全長	3.40 m 以下	2.3〜2.8 m	2.50 m 以下	1.20 m 以下
全幅	1.48 m 以下	1.3〜1.4 m	1.30 m 以下	0.70 m 以下
全高	2.00 m 以下	1.5〜1.6 m	2.00 m 以下	1.09 m 以下
原動機	660 cc 以下(注)	電動機(10〜20 kW)，他	20〜50 cc または 250〜600 W	電動機

図 9-13　軽自動車より小型の新規格車の要望

要望が出され，現在，国土交通省が地産地消の実証実験の超小型モビリティのガイドラインを設定している．低速で，特に地方の生活道路での使用で，ぶつからない・ぶつけない技術により安全を確保し，将来，自動運転の高度化・自律運転により，老夫婦がスマートフォンで呼び出すと自宅から近くの病院，集会所，あるいは店まで運んでもらえるようになる．一方では，個人での保有ではなく，シェアリングや無人デマンドコミュニティバスの普及も進む．車やドライバーに何か出来事が起こったとしても，車が車両を安全な場所に停止させるようになる．このためには道路インフラの整備も大きな効果を発揮する(図 9-13)．

9. 3. 4　車利用の自由度増加〜保有から利用への対応ビジネスモデル〜

(1)　カスタマイズ(個客を意識したビジネス)

従来の自動車販売のマス広告と車検による顧客対策が，今後は，IoT により個々の顧客と頻度の高いコミュニケーションに変わる．これにより，ユーザーは車の性能に関する詳細な情報が得られ，車両の状態に関する情報の遠隔管理，遠隔操作によるロックの解除や始動，ランニングコストの削減，サービスの予定と更新が可能になり，使い勝手の向上や整備しやすさにつながる．また，運転状況に関するデータが自動的に保険会社と車所有者に送られ，保険サービスと安全運転との連携が図られる．

自動車の販売店および修理店は直接ドライバーとコミュニケーションをとることが可能になり，車の購入・維持管理方法や，自動車メーカーによる販売方法に変化が生じ，よりカスタマイズした販売促進を行い，顧客のブランドロイヤルティを高め，顧客の囲い込みを促進できる．スタートアップ企業の米 Local Motors のビジネスモデルから将来を俯瞰すると，3D プリンタにより 1 日(10〜12 時間)で車体の造形ができるので，顧客とともにその要望に合わせた少量のカスタムカーを提供することが可能になる．

ドライバーとの新たな接点が増えることで，新車購入後も顧客との接触機会を多く得られるようになり，開発現場へのフィードバックが適切に行われる．バックエンド(品質保証の整備)とフロントエンド(人とのコミュニケーション)のインテグレーションが売りになるなど，自動車メーカーの伝統的なビジネスモデルの大幅な変化が生ずる．

IoT により生産・物流・情報が一体化し，3D プリンタで部品在庫を削減でき，ディーラの形態も変わる．

(2)　パーソナルダイバーシティ(ダイレクトビジネス)

スマートフォン，インターネット，SNS などの発達により，中間に企業や人を介さないで自らがコンタクトできる．たとえば，ライドシェアサービス，個人間での車両売買，個人間で駐車場の直接貸借，引越し希望者とフリードライバーとの交渉，オンデマンド配車サービスなど．一方，顧客が独自のデザインの画像を送るとその製品を瞬時に工場で生産し，即販売するサービスの導入が可能となる．

販売店は購入と車検だけでなく，オーダーメード

自動運転の油圧ショベルを日米欧に導入するコマツ
●2014年10月欧州販売(日本はレンタルで導入)，米国は11月販売. 価格は3,000万円強で従来の5割増し，ショベルの移動やアームは人が操作. ●自動ブルドーザは日米欧で約500台販売．日本では約200カ所で利用.
鉱山用無人ダンプで人手不足，効率向上に対応するコマツ
●ZMPに出資．建機・鉱山機械の遠隔操縦・自動運転・無人化技術の研究開発等で協業(2015年2月12日). ●自動機械，無人ヘリコプタやクラウドなどのIT活用で，建設現場の生産性・安全性向上の新サービスを開始 ●生産設備の稼働データをインターネットから収集・分析．大型ダンプに取り付けたセンサによる稼働状況をGEのデータセンターに送信し，解析結果を，トラックのルートと配置の最適化，路面状況に合う速度やブレーキ制御や燃費向上に活用. ●10台の無人ダンプトラックが運行を開始(2012年開始，2015年までに150台) ●採掘，物流，発電まで鉱山全体の最適運用の実現で，生産コストを10%削減 コマツ単独で燃費5%向上，GEのビッグデータとの組合せで13%程度の改善 ●サービスと製品の一体化の製造業の新しいモデル

図9-14　3K職場（建設・鉱山）で活躍する自動運転車例

の窓口になり，楽しい商品，アミューズメント，食事などの取りそろえでお客様の来店を促すことができる.

(3) シームレスコネクテッドネットワーク(つながるが新ビジネス)

機器間の連携(生産管理，品質管理，メインテナンス管理など)やモビリティ間のシームレスなサービス(交通機関の連結＋One Mile Mobility)を提供するビジネスが進展する.

工場では，無人化がさらに進み，生産ラインの流れ，不良品発生状況，および在庫状況などを遠隔監視し，生産量や生産手順を遠隔操作する.

前述したように．過酷な3K職場の鉱山で使われている超大型ダンプ，あるいはドローンと共同作業する畑で使う農耕機などは，遠隔監視・遠隔操縦のもと今後の先進的無人化の例となる．かつ，メインテナンスや部品の交換時期，摩耗状態のデータを収集して稼働状況を遠隔で監視する．このための操縦や部品交換・整備用のデータ提供サービスやソリューションを提供するビジネスが誕生する(図9-14).

中小企業の人手不や労務費負担軽減のため，IoTで自動車メーカーとつながり発注・生産情報の管理をしたり，工程の異常管理を作業員に伝えたり，さらに人とロボット協働生産が可能になり，ビジネス管理スタイルが変わる.

販売店ではサービスの拡充が可能になる．たとえば，市場にある車からのビッグデータをもとに，販売店が部品の状態を遠隔監視し，可能性ある故障を事前に整備・修理し重大事故を防ぐ．排ガス浄化装置の劣化状況，機械部分の摩耗状況，安全装備品の定期交換時期の把握，および車検と合わせた整備のアドバイスができる.

車両では，車車間通信，路車間通信で安全運転の支援が可能となり，さらにセンサ，レーダー，カメラなどの認識技術の進化により自律運転化が可能になる．そして，従来の安全装備品が変わり(ドアミラーがカメラ映像に変わるなど)，将来は直接視界ではなく間接視界で安全運転がより高められる．HMIでは，周囲の状況や標識さらには車両警報などを伝えるHUDや液晶ディスプレイ，そして音声やジェスチャーで操作が可能になるなど多様化が進む．タイヤはセンサで路面状況(乾燥，湿潤，凍結など)を読み取る.

遠隔操作の例を挙げれば，レンタカー会社は遠隔操作を使って駐車場内の車両の並べ替えをする，カーシェアリング会社はあるエリアに集中した車両を遠隔操作で再配置する，ホテルや劇場などの駐車場サービスに活用する，年老いた両親には運転をさせずに自分か代行者でそのクルマを遠隔操作する.

また，エネルギーの有効利用や災害対策のために，EV，PHEVやFCVによるV2H，V2Bがビジネスレベルで推進されている.

「IEEEインテリジェント自動車シンポジウム」出席者とIEEEメンバー200人以上に調査した結果は次のようなものであった(2014年6月).

① 現在の車からなくなる機能(回答者の大半)

・2030年：バックミラー，ホーン，サイドブレーキ

・2035年：ハンドル，アクセルペダル，ブレー

日本は2011年頃から急激に利用が増加
- ステーション数10,810カ所(前年比14%増)
- 車両19,717台(同20%増)
- 会員数は846,240人(同24%増)

(交通エコロジー・モビリティ財団2016年3月調べ)

●人口に対する会員数でみると，ドイツ，米国を追い越し，スイス，カナダに次ぐ3位

●若者もモノの所有にこだわらないシェアリングエコノミーが進んでいる

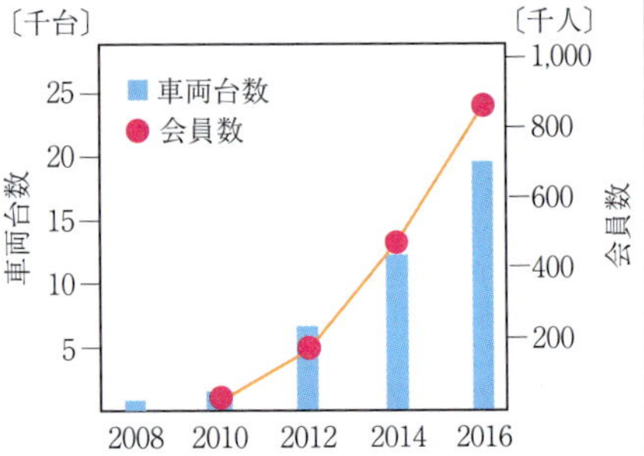

【参考】フランスの例

パリのドラノエ市長公約発表(市内の自動車交通量を2020年までに2001年の40%減，2007年)

●オートリブ(パリ，EV利用)
- 本格導入(自転車Velibの自動車版，2011年12月)
- 運営主体はパリ市と約30 km圏内にある46の自治体の共同計画.
- 登録しEVを24時間，乗り捨て自由なセルフサービスで30分単位の貸し出し
- EVは5ドアの“Bluecar”(ピニンファリーナ社とBolloré社の共同開発)

●通常のカーシェアリング(短距離離移動用でフランスの主要都市で導入済み)
オート・パルタージェ，カーリベルテ，オートトルマン，オートシテ等．ラ・ロシェルはEV 50台／7カ所

●Car2Go(セルフレンタル)
ダイムラー実施のセルフレンタルでリヨンで実施(ドイツ，オランダ，オーストラリア，米国，カナダでも実施)

●コボアチュラージュ，ライドシェアリング(相乗りシステム)
ネットで出発地，到着地と日時を入力し，ベストマッチを探す(欧州で利用).
フランスでは，登録100万人超(2011年5月)，毎月利用者TGV 500本分．欧州全体で200万人以上.

〔千台〕 〔千人〕
車両台数 会員数
■車両台数
●会員数
25 20 15 10 5
1,000 800 600 400 200
2008 2010 2012 2014 2016

日本のカーシェアリングの伸び

出典：交通エコロジー・モビリティ財団ホームページから作成

図9-15 カーシェアリング

キペダル

② 自律走行に必要な技術(回答者の割合)──センサ技術56%，ソフトウェア48%，高度運転支援システム47%，GPS 31%，世界の完全なデジタルマップ完成が2030年までに実現74%

③ 自動走行車の普及可能な地域(回答者の割合)──北米54%，欧州28%，アジア17%，米国50州で自動走行車認可法案可決75%超

④ 自動走行車の普及の妨げとなる六つの障害──法的責任，政治，消費者の受容性，コスト，インフラ，技術的な側面

(4) シェアリング(車の保有から車の使用ビジネス)

自転車のシェアサイクルが欧州を中心に拡大しており，交通機関を所有することから使用することへの価値観が普及している．自動車では，日本を含め主要国でカーシェアリングが増加している(図9-15).

また，人口増加と経済力向上により車保有が拡大する新興国の排気ガスや渋滞への対策にシェアリングが貢献する．中国で先進国並みの保有率になれば，膨大な保有台数になるので，将来の方向としてシェアリングの検討が開始されている.

カーシェアリングやリースなどの場合，慣れない車で前方不注意や操作ミスなどで事故を起こすケースが多いとみられている．また，増える海外からの旅行者の事故率は日本人の3倍以上と業者からの情報がある.

配車サービスや相乗りがスマートフォンを介して行われ，タクシー業界に代わる新しい企業が誕生し，利用者の利便性が増している．Uberのトラビス・カラニックCEOは，米国では渋滞の中で70億時間が無駄．渋滞で1,600億ドルの生産性が失われ，CO_2排出全体の1/5は車から，個人所有の車は96%の時間が使われず，最大30%もの土地空間が使われている，と講演している.

配車サービス・ライドシェアが普及すると，次のような社会が出現するとみられている.
- 現在1世帯当たり2.1台ある米国民の自動車台数が2040年までに1.2台になり，1家に1台という保有慣習がなくなる．今後25年間で米国の自動車販売台数は4割減少する．GMとフォードの生産台数はそれぞれ68%，58%減少(英バークレイズ証券報告書，2015年5月).
- 2035年までに自動運転車が自動車全体の1/4になる(ボストンコンサルティンググループ).

・伝統的なビジネスモデルは壊れつつあり，過去の50年より今後の5年，10年の変化を注視している(GMのメアリー・バーラCEO，2015年10月).
・車の販売台数や消費者の保有台数ではなく，走行距離でビジネスモデルを構築する時代が来る．フォードはそれに挑戦している(フォードのマーク・フィールズCEO，2016年4月).
・タクシー料金の7割は人件費であり，オンライン配車サービスと自動運転が結び付けば7，8割安い乗車料金が可能となる(ローランドベルガー).
・出張でUberを使う人の比率が2015年にタクシーやレンタカーを初めて超えた(米サーティファイ社).

自動運転車が現実のものとなれば，自動車が再定義され，従来の所有して利用するという概念を一変する．車社会の米国では，車での通勤時間は月間19時間であり，21時間のフェイスブックなどの利用時間に匹敵し，グーグルやIT企業にとり収益化の垂涎の的になっているという．車ばかりでなく住居のシェアハウス，個人や企業の駐車場のシェアリングが始まり，価値観に変化が出ている．

9.4 技術によるビジネスの創出と発展

9.4.1 2050年に向けたビジネスの視点～自動化・知能化・情報通信～

これまで垂直統合とインテグレーションの縦割りで自前主義だった大手自動車メーカーが，オープンイノベーションに向けて舵を切り始めた．ユーザー要望からの技術改善に追われているうちに，リアルワールドを深堀して既成概念を超えた新技術・新ビジネスにより活動の土俵が一変する．

技術向上と合わせて次のようなビジネスの動きが現れる．

・自動車の企画から販売までのステップ(市場分析，製品開発，試作・試験，資材や部品の調達，生産・検査，出荷，使用，整備，リユース(中古車)，廃車，リサイクル)での効率化(開発期間の短縮，原価低減，顧客要望に応える仕様の多様化，国際化，サプライチェーンの効率化，車と購入者とのマッチングなど)や工程の異常と解決を作業員に伝えるソリューションビジネスが出現する．
・世界をより良い場所にすることを目標にするコクトーのマーケティング3.0が普及する．こういうものがあると便利といった発想，クリステンセンの破壊的イノベーション，イノベーションのジレンマからの脱出，オープンイノベーション，消費者との協働・共創，により市場創造が進む．
・ゼロ化(車や工場からの排ガス・CO_2ゼロ化，交通事故死者ゼロ化，過疎地の交通弱者ゼロ化，工場のダウンタイムゼロ化，3K労働ゼロ化，在庫ゼロ化，廃棄物ゼロ化など)が進む．
・日本では，一億総活躍社会を目指し，超高齢・少子化社会をスマートに構築できるか，そして大きなマーケットを構成する高齢者の働き・生活・移動をどのようにスマートにできるかという課題解決がビジネスにつながる．少子・高齢者対策などの課題解決がビジネスを作り出し，自動化に知能化と情報通信技術が加わり価値創造ビジネスを拡大する．

豊田章男トヨタ・モビリティ基金理事長は「クルマが誕生以来，10億台以上が世界各地を走っているものの，世界には自由な移動を手にしていない人々が多く存在しており，豊かな地域に住む人々に限られたものであってはならない」と発言している．

9.4.2 将来の都市に対するイノベーション～都市の多様化・モビリティの多様化～

未来のニューヨークをイメージするFuture NYCプロジェクトでは，未来に走る自律運転車は，より安全，よりコンパクト，より効率的．そしていつでも必要なときに車を呼び出せるシステムになる．そして，街中から駐車スペースは減り，ニューヨークにある生活道路の90%は歩行者天国になると予測している．これは，歩行者と自転車の安全性が向上し，夜の時間帯でも宅配を受け取れ，高齢者や身障者が移動しやすく人にやさしくなり，トータルの移動時間を短縮し，緊急車両がスムーズに移動でき，大気汚染防止と緑の多い生活圏という効果を生み出すとしている．

ノルウェーは，公共交通機関を強化し2019年までにおよそ60 kmの自転車専用レーンを設置することで，2019年までに首都オスロ中心部への自家用車乗り入れを全面禁止すると発表している．また，

EV車普及方針のもとで，登録台数は政府計画に対し数年前倒しで5万台を達成した．優遇措置は，免税のほか，優先駐車スペースが用意され，バスレーンも走行可能，そして街中にある水力発電を利用した充電装置も使い放題となっている．その結果，何カ月もの間，ノルウェーの自動車販売台数トップは，テスラまたは日産リーフとなっている．

日本は，国土のグランドデザイン2050を発表し，急速に進む人口減少や巨大災害を視野に，コンパクト＋ネットワークをキーワードとするビジョンと基本戦略を公表した(2016年7月)．

一方，欧州の主要都市では，ゾーン30が一般的になり，その速度抑制の方策としては，ハンプ，カーブや植え込み等のほか，手動設定でのオーバースピード警報，ISA(Intelligent Speed Adaptation，自動速度制限装置)によりアクセルペダルの振動での警報，さらには強制速度制限などが検討されている．従来の歩行者専用エリアに加え，ロンドンやマドリッドでは長年にわたり渋滞税を導入し，パリでは2014年から24時間にわたる大規模な交通規制が行われている．

自動運転バスは，鄭州市(中国)，ローザンヌ(スイス)，トリカラ(ギリシャ)，ヴァーヘニンゲン(オランダ)，ミルトンキーンズ(イギリス)で，また，米国ではワシントンDC(メリーランド州，ネバダ州，マイアミ州も予定)で，日本では千葉県，秋田県，沖縄で実験走行が行われている

都市化の進展には，空質・安全確保，渋滞防止，緑・景観が重視される．日本では，人口減少の都市をコンパクトシティ化し，必要機能を集約し移動距離の少ない快適な生活空間を確保し，超小型モビリティやパーソナルモビリティを活用したオンデマンドでシームレスな移動が提供されるとしている．

コンパクトシティの一つとして，都市の外に大きな駐車場を整備し，外からの訪問者は都市内に車の乗り入れ禁止で，道路は碁盤の目状の道路ではなく，けものみち風にして生活圏を確保するベルギーのルーバン・ラ・ヌーブは参考になる．

9.4.3 グローカル生産・グローカル出稼ぎ〜人口減少・国内需要減少・生産のロボット化〜

日本の人手不足は，自動化あるいはロボットの導入を促し，国際的に評価が低い労働生産性(特にサービス業)を改善する．一方，自動車産業は，人口減少と若者・高齢者の車離れなどで国内市場が縮小するため，拡大する海外市場で技術やノウハウをもって活動する人材の育成が必須となる．自動車産業の海外生産比率は約2/3であり，今後，海外生産比率がさらに拡大する．グローカル生産のためには，核心のノウハウ以外の情報(技術者が初めて見てもわかるような加工手順や品質基準情報など)を設計図に記入し，技術情報を現地の人にわかるように見える化が必要である．グローカルに活動することが求められる社会への対応として，起業や海外で活動できる人材，大学と実業界を行き来する人材が登場する．

現場の人手不足には次のような対応が進められ，今後人手不足が生ずる国への技術移転が進む．

- 開発現場ではデジタル化が進み，基本設計以外はネットワークを使い現地化やアウトソーシングが進む．
- 生産工場については，運営はマネジメントと技術をもった少ない人間で行い，作業はAI・ロボットを活用し自動化・無人化を図り，機械のメインテナンス業務(IoTによる遠隔監視など)を遂行する人々で構成するビジネススタイルが登場する．これにより，労働人口確保のために生涯労働を可能にし，ワークシェアリングで高齢者や女性の活躍の場を確保できる．
- タクシー，ハイヤー，およびバス会社では，生産年齢人口減によるドライバー不足に対し，自動運転により多くの人にその職業を開放し，または，自律運転で無人タクシー，無人カーシェアリング，無人デマンドサービス(コミュニティバス)，無人バス，無人超小型モビリティで需要を満たし，事業を確保する企業が登場する．
- 運送業者はその99%が中小零細企業であり，荷主の厳しいコストカット要請による就業条件の悪化で，若手はもちろん高齢ドライバーでも人手の確保が困難な状況がさらに進む．そこで，運転が容易になる自動運転，高速道路でのコンボイ走行，そしてシームレスなモーダルシフト，共同配送，さらには使用環境により自律運転・遠隔管理機能を標準装備したトラックなどのビジネス開発が進む．
- 建設現場では，熟練者の技を再現し，建設現場の完成図面データとGPSを活用し，高精度な

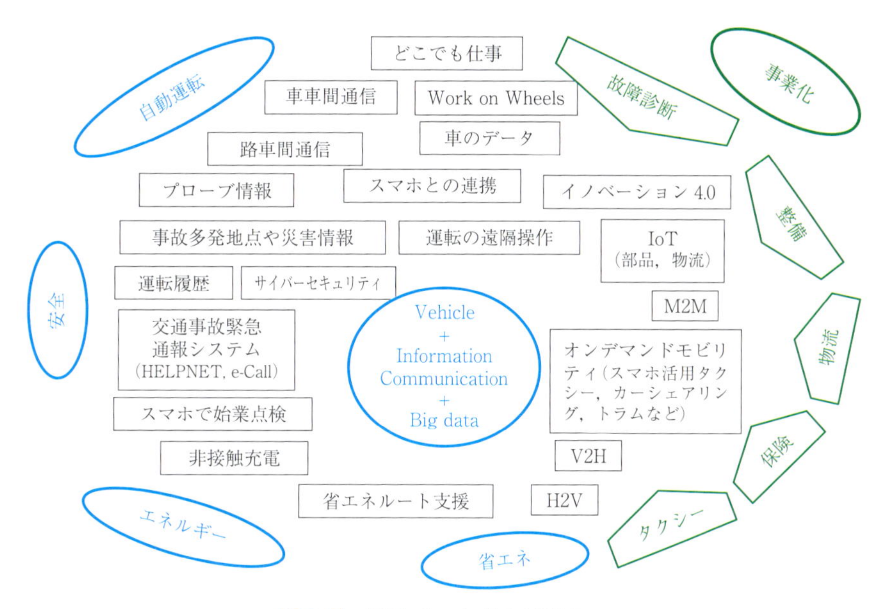

図 9-16　ICT でつながるビジネス

作業を実施する建設ロボットが活躍する．

・自動車メーカーでは，生産性向上，コスト削減，品質確保のため，ロボット化とともに部品から生産，販売，整備，リコールまで，IoT とビッグデータでの管理体制（生産管理，製造管理，品質保証など）が進む．

超高齢社会が進む日本は先駆けて技術・ビジネス開発を行うことにより，その蓄積したノウハウを海外に移転する，あるいは指導するグローカルなビジネスのチャンスが生まれる．

9.4.4　バリューチェーンにおける収益ポイントの変化～自動車メーカーの業態拡大～

高度な技術を詰め込むプロダクトアウトから，従来の技術に固執せず，お客様が価値を感じる技術を活用することでバリューを付加する動きが進む．超高齢社会での高齢者のモビリティや若者のシェアリング指向などの市場のニーズに合わせ，自動化，無人化など先進技術を適用したモビリティ・サービス・ビジネスシステムが拡大される．同時に，電子機器の機能安全の確保やサイバーセキュリティ確保が必要となり，そのためのビジネスが進む．

ICT，ビッグデータ，電動化，自動化，ロボット化，AI，IoT などが進化・発展を迎え，自動車産業への大きなインパクトになっている．そして，日本の企業の強みであるハードと，AI やビッグデータなどのソフトを融合し，自動車が ICT でつながり，さらに究極のモバイル情報端末となる（図 9-16）．

IT 企業であるグーグルのアンドロイド・オート（車載用スマート OS）や無人運転ソフト，そしてドイツの主要自動車会社 3 社によるノキアの地図子会社共同買収による地図情報のクラウド共通基盤づくりでわかるように，情報に関する先進技術では，自動車メーカーの従来のアナログ型垂直統合・自前指向のバリューチェーンを超えたところにバリューが生じている．過去のルールや常識にとらわれず，顧客ニーズに対応し需要を創造して事業化する動きである．

ボッシュは 55 千人の技術者の 1/3 がソフト開発者といい，米 IT 大手に比べて見劣りするので自前主義は捨てオープンイノベーション方式をとっている．独コンチネンタルは 13 千人といわれている．

既存の秩序が揺るぎ，その破壊から新しい社会が誕生するクリステンセンの破壊的イノベーションが起こっている．破壊的イノベーションはかつて同じ業界から生まれると考えられていたが，今や外部から来る．車は四つのタイヤの上にソフトウェアが乗っているという考えが常識になる．そして，デジタル化によるビジネスモデルが進化してきている（図 9-17）．

ビジネスモデルのイノベーションの一つは，自動運転というテクノロジー・プッシュと，カーシェア

T 型フォード誕生後 100 年経ちイノベーションが始まった(手動 ⇒ 自動 ⇒ 自律)
～馬車から自動車，蒸気機関車から電車，固定電話から携帯電話，手作業からロボット作業～
キーワーズ：デジタル化，電動化，自動化，ICT，ビッグデータ，AI，パッケージビジネス

自動車本体はクラウド端末．ネットワークを構築しソフトでビジネス

●走行支援，自動運転，HEMS/CEMS 連携，ソーシャルメディア連携(スマホ連携等)
● ICT 搭載車の世界市場は 3,850 万台，テレマティクスは 990 億円，OS は 2,200 万台で 8,800 億円，スマートフォンナビは会員数 3,000 万件・150 億円(富士経済の 2025 年予測，2012 年)

デジタル化によるビジネスモデルの変化

●デジタル化で機械にはできない制御
エンジン制御，車両制御，画像認識・処理，照明や車内ネットワーク等の制御
●儲けるビジネス
・基本的なアーキテクチャはオープンにして，ソフトと周辺回路で差別化を図る
・モジュラデザインでは，モジュラ間は標準化してオープンにし，モジュラ内はソフトでブラックボックス化
・技術のすり合わせによる高機能と顧客満足レベルの追求のマルチナショナル
・遠隔操作によるバージョンアップ，フラッシュメモリ内臓マイコンで自動車に搭載後のプログラム変更
・標準化は，基本ソフトを保持し，外部インタフェースだけを標準化
(例)・インテル戦略では，PC プラットフォーム完成時を 100 とすると(1995 年)，インテル MPU の平均単価は 80-90%(粗利 50-60%)を確保．単なるモノの DRAM や HDD は 30-40%．
・内部構造まで標準化した携帯電話用カメラ・モジュールや DVD の日本企業のシェアは 20-30%．

オープンイノベーションとナレッジのビジネス化(今のビジネスを古いものにするノウハウ)

図 9-17　自動車ビジネスモデルのイノベーション

リング，ライドシェア，スマートフォンによる配車システムというマーケット・プルで実現する．米国では，配車サービスの Uber は一般のタクシーよりも実車率が 30% 以上高いといわれている．これはシステム的には，モバイル IT による運転者と利用者とのマッチングや使用時間帯からの細かい価格調整がある．新しい車社会は，かつては考えられなかったネットワーク・つながる技術・ビッグデータ・AI が大きな役割を果たし，お客さま志向で，既存の概念・現行のルール・既得権との調整を得て社会イノベーションを実現することが，グローバル競争で求められる．ドイツにおいては，つながる技術を次世代高速通信の第 5 世代(5G)を活用し，自動車メーカーと欧米の半導体・通信機器大手が共同でビジネスを開始している．

ロボットや AI が人の仕事を奪うといわれるが，実際はそれらを開発する人，活用する人が他人の仕事を奪うわけで，新しい社会に対応のできる人材の育成が課題となる．たとえば，社会的課題を解決するために，人とコンピューターと協働する能力，コンピューター，AI を使いこなす能力，それらに代替できない能力，人とのコミュニケーション能力である．ロボットや AI の役割は，人間を単純労働から解放することと，人間の潜在力を引き出すことにある．自動運転車のハッキング防止対策(サイバーセキュリティ対策)，ダイナミックマッピング，天候不順時の機能安全確保，HMI などにビジネスを拡大する企業も出てきている．

パリ協定による各国の CO_2 削減の自主目標達成のため，排出枠取引や 2 国間クレジット制度に基づく取引やカーボンプライシング，ZEV 規制によるクレジット販売，およびエネルギー管理ビジネスが拡大する．非化石燃料や CO_2 回収・貯蔵(CCS)や植林ビジネスも進展する．データ収集解析を行うことにより，運転履歴，運転診断，燃料使用量の見える化サービスを提供し，保険料率に反映する後付け IoT デバイスというビジネスも考えられている．

〈主要各社の業態拡大例〉

・GM は，規模でなく技術，ソフトエンジニアなど自社では育てきれない人材をベンチャーの買収などで確保し，新技術を自社で応用するとし，モバイル端末用アプリを使ったグローバルな配車サービスを手掛けるリフトやサイドカーを買収し，シェアリングビジネスに進出している．
・フォードは，機械が苦手な人でも車を簡単に扱えるようにして車離れを防止するために．たと

米国，Uber……トヨタが提携(2016年5月25日)
2009年から世界68カ国の400以上の都市で展開するサービス
・安い(タクシーの約半額)，便利(アプリで確実に呼び出せる)，安心(ユーザーが運転者を選べる)，マイカーでタクシー
・車のない個人が運転手になるドライバー支援あり．リース料金をUberの稼ぎで信用保証
例：Uber vehicle Solution Program(有利なリース(走行距離無制限，1週間リースや解約自由)やレンタカー条件)．

中国，滴滴出行(Didi Chuxing，中国最大手)
・ウーバーの中国事業買収(2016年8月1日)

米国，Lyft……GM(カーシェアSidecarをもつ)が5億ドル出資
ドライバー支援策「Express Drive Program」
乗客を週65回以上乗せればGM車を無料レンタル．
40回以上：82ドル/週，40回未満は82ドル/週＋20セント/マイル
営業地域：シカゴ，ボストン，ワシントンDCなど

イスラエル，Gett……VWが3億ドル投資(2016年5月24日)
NYやロンドン，モスクワなど世界60以上の都市で展開．
予約可能車両約10万台，法人との包括契約比率が高い．

フランス，BlaBlaCar(長距離移動のライドシェア)
・登録運転者がマイカーで800～1,000 km程度を移動する際，登録したメンバーと乗車シェア．ドイツ，フランスでは合法とみている．
・2006年9月創業．欧州，インド，ブラジル，メキシコ等22カ国，パリ本社，海外15カ所．総従業員数450人．会員2,500万人．
・料金は7.5円/km，燃料・高速代推定支払い．実費で5割増まで可．創業以来赤字経営(会員が将来の資産とみている)．

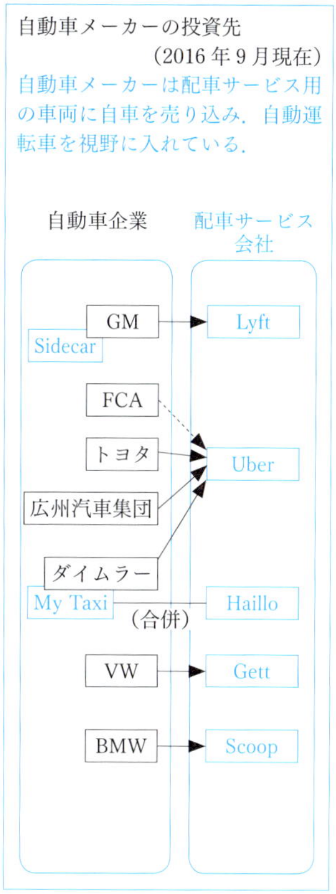

自動車メーカーの投資先
(2016年9月現在)
自動車メーカーは配車サービス用の車両に自車を売り込み，自動運転車を視野に入れている．

図9-18　自動車メーカーと配車サービスの事業展開例

えば，アマゾンが開発した家庭向けの音声認識装置エコーと車とをインターネットで結ぶ技術を進めている．また，ジップカーと提携し学生向けカーシェアリング用車両の最大供給者にもなっており，2011年より自社でも乗り合い仲介サービスを開発している．そして，単にクルマを作って売る自動車メーカーから，移動や輸送に関するあらゆるサービスを提供する自動車モビリティサービス企業へ転換するスマートモビリティプラン戦略を宣言した(マーク・フィールズCEO，2016年2月)．

・ダイムラーは，スマートフォン利用の移動サービスを提供する総合モビリティ企業に拡大する．
・VWは，2025年までの経営戦略の柱は，モビリティサービスの世界首位を目指し，ハンブルク市と，EUのmySMARTlifeプロジェクト(小型モビリティ，コミュニティカー，市内物流システム，カーシェアリングなど)に取り組む．13番目のブランドを，カーシェアやオンデマンド配車など，車をもたない客層向けとしている(マティアス・ミュラー社長，2016年10月)．
・アウディは，スマートフォンだけで車両の貸し出し・返却可能なサービスをする米シルバーカー(テキサス州)に出資した．
・BMWは，シェアリングなど自動車周辺サービスを提供するだけでなく，自動車から収集した情報を活用し，物流やスマートホームなどの事業展開を始めている．中国国内をカバーする地図データをもち，3Dマップ技術も開発しているバイドゥ(配車サービスのUberに出資)と手を組んだ．
・広州汽車集団は，2011年末にUberに出資した．Uberのトラビス・カラニックCEOは，毎年100万人が自動車事故で死亡し，交通渋滞や技術不足のドライバーにより膨大な時間が浪費されている現状を紹介し，自動運転車によって生活の質は向上するだろうし，より良い世界になるとしている．
・トヨタは，シェアリングや配車サービス展開に加え，コネクティッドカンパニーを発足し(2016年4月)，IoT時代の新しい製造業を切り開くため，モビリティサービスのプラット

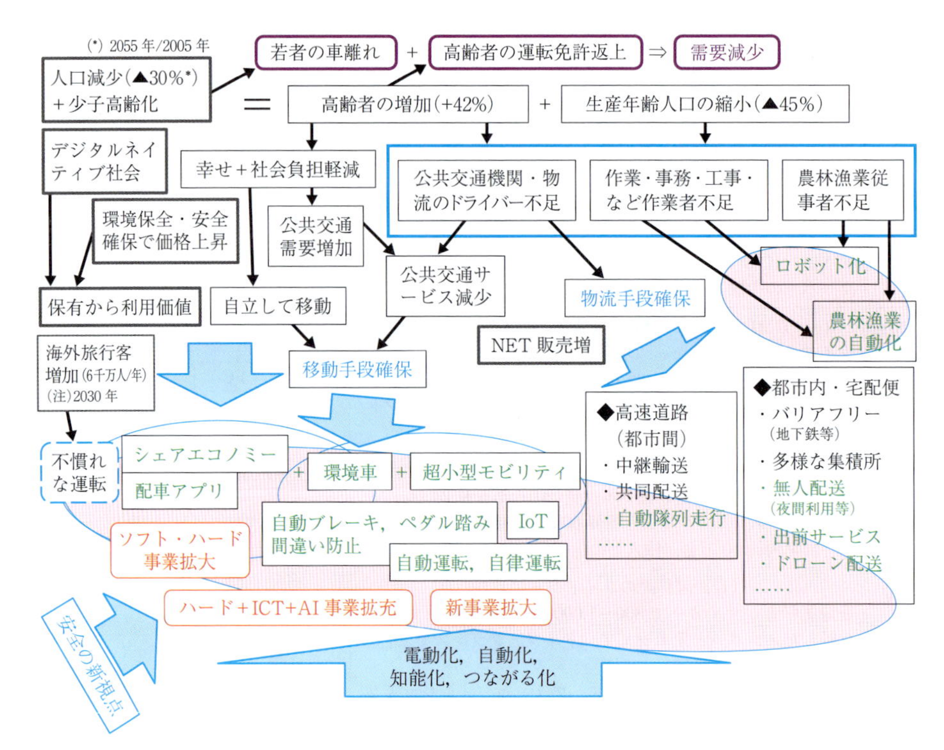

図 9-19　人口減少と少子高齢化，価値観変化等の将来対応策

フォーマーになるとしている．

・アップルの考えは，自動車の利益の大半はソフトウェアとエレクトロニクスから来る．自動車産業の利益幅は小さく通常 10% を割るが，IT 企業は 35〜40% の利益幅をもつ．

自動車メーカーと配車サービスの事業展開は図 9-18 に紹介した．

9. 5　人と技術と市場を育て，ビジネス・産業の拡充〜産学官・異業種・スタートアップ・地域との連携〜

前述のように，2050 年の人口減少と少子高齢化社会は，高齢者の増加と生産年齢人口の減少を来たす．高齢者の増加に公共交通で対応しようとしても，ドライバー不足で需要を賄えない．慣れないレンタカーで，慣れない道路を，慣れないルールで走る海外からの旅行者の事故が多くなっている．一方，人々の価値観が保有より使用に変わってきている．このような多様化する需要に，安全で使いやすい移動手段が必要になる．車の自動化や自律化とシェアリングや配車アプリの相乗効果が普及する．一方，ネットショッピングが増加するがドライバー不足で，前述のとうり，無人運転，高速道路での隊列走行，中継輸送が進む．産業面では，工業，農業，林業，鉱山でも人手不足の中で移動手段の確保が必須である．つまり，電動化が普及する中で親和性が良い，自動化，知能化，つながる化が進み，安全の新視点(機能安全，サイバーセキュリティなど)をもち，車のハードの事業と ICT や AI を活用したソフトの事業が拡充する．

地方都市の過疎化と年金生活者の高齢者の足を考えると，超小型モビリティと，ぶつからない・ぶつけない技術装着の要望が高まる．将来は，無人デマンドサービス(コミュニティバス)，無人タクシー，無人配車システムが利用されるようになる(図 9-19)．

経済産業省は，2030 年に向けて移動弱者のゼロ化，災害時の物資輸送の迅速化を狙い，2020 年にも自動運転を地域限定で解禁の計画をしている．また，自動運転自動車の市場投入時期は，日産，フォード，グーグルが 2020 年，VW，BMW は 2021 年と発表している．

自動運転車・自律運転車の普及のためには，人と機械の違い，機械が人に貢献する機能，また便利過ぎが人に与える悲劇等を考えて，安全開発をしてゆく必要がある．一方では，技術以外に，国をまたが

人と機械の違い

・人は判断作業を器用・柔軟に遂行．しかし，長期間休まず単調作業に注意持続が困難．

> 人間はミスを犯す　(自動車事故では96%がヒューマンエラー)
> 注意の特性(支援が必要)　垣本由紀子実践女子大学教授の見解他
> ○注意は緊張と弛緩の繰り返し　○心理学微眠　○危険予知の欠如
> ○目の向いた方向，選択した対象にしか注意は働かない　○高速道路の逆走
> ○一点に集中すると他には注意が働かない　○瞬時にとらえられる範囲は限られている
> ○あわて者の間違い，ぼんやり者の間違い　○プロでも起きるペダルの踏み間違い

・機械は単調作業を反復作業．

> 機械は人の認知・判断・操作ミスを増幅．運転者が制御可能な範囲が安全に繋がる．
> 機械は誤動作・故障する(対策：フェールセーフ，高冗長度設計，機能安全，サイバーセキュリティ)

機械が人に貢献する支援

> ・ルールの無い非定常状態では，経験豊富なドライバーの柔軟な判断・行動が優先
> ・ルールとタイミングがずれている人 → 車がドライバーに警報を与える
> ・ルール通り適切な行動をとらない人 → 車がドライバーに代わり制御する
> (例)・注意力が途絶えたり散漫での追突事故……車両側で警報＋自動停止して命を救う

人と機械の協働システムにおける課題

緊急時，機械から人に安全にオーバーライドする場合の信頼性確保

自律運転車(模範運転車)と人間が運転する自動車との安全コンセンサス

> ・道路交通法規遵守へのコンセンサス
> (注)歩行者が渡ろうとしている横断歩道で止まる車は7.6%(JAF調査，2016年8月)
> ・事故の多い人，人身事故を起こした人，希望する高齢者に安全運転支援機能(自動ブレーキとペダルふみ間違い防止装置又は自動運転)付限定免許案も出ている

図9-20　交通安全の視点からみた特徴

る道路交通の利便性・国際道路交通の発達・安全促進などのために，統一した古い道路交通に関する国際条約(1949年採択のジュネーブ条約や1968年採択のウィーン条約)を，社会の変化，人々の価値観の変化，技術の進歩に応じて見直す．法規制の整備，国際技術基準の整備，インフラの整備(人間でも認識しづらい道路標識や道路構造の改善，専用レーンの設定など)が必要である．さらに，交通法規に寛容な慣習をもつドライバーの運転と交通法規に従った自律運転車の模範運転との混合交通のあり方(交通法規に寛容な自律運転車を開発すべきか，またそのときの交通違反の責任のあり方，あるいは，ドライバーに交通法規を守る啓発をするのかなど)，自律運転車に合った保険制度(たとえば，ソフトウエアのアップデート失敗，自動運転ソフトの障害，衛星の障害などによるナビシステムの障害，オーバーライド失敗，ハッキングなどの損害)など，自律運転車が社会から受容される仕組みを産学官連携で解決してゆく必要がある(図9-20)．

自動運転の普及のために，米運輸省は自動運転の開発や走行に初の指針をまとめ(2016年9月)，カリフォルニア州ではドライバーがいなくても公道での走行実験や商用での走行を可能にする規制緩和を2017年春に予定，自動運転事故に関しては，東京海上日動火災保険が自動運転中の事故を自動車保険の補償対象に追加(2017年4月より)，また，損害保険料率算出機構が自動ブレーキ搭載車の保険料を9%引き下げる制度導入(2018年1月より)，さらに，事故率の低下などにより金融庁は自賠責保険料を2017年4月契約分より6.9%引き下げるという動きが出てきている．サイバーセキュリティでは自動車メーカーが共同で対応を開始している．

2050年では，都市環境の改善と，CO_2削減(燃費削減)，および交通事故削減の成果をデジタルネイティブ世代が引き継ぎ，大都市はもちろん地方のコンパクトシティにおいて，若者も高齢者もモビリティが確保され，幸せな生活を送れるような社会が期待されている．そのためには，2050年に向けてオープンイノベーションのもとで異分野，異業種のナレッジを融合し，グローバルな産学官連携と頻繁な人材交流で，社会の要請に対し，人手不足を乗り越え，ICTや，シンギュラリティを期待できるAIをはじめ，先進技術・システムを活用し，電動化，自動化，無人化，知能化，ネットワーク化といった技術革新で解決が図られるものと想定される．社会からの要請で車とその利用システムが変わり，自動

事故減少．被害者も加害者も減少(人起源の事故ゼロ化．模範安全運転の自動運転車)
- トラックやバス，タクシーでの長時間労働による注意散漫，居眠り運転事故減少
- 運転に慣れない旅行外国人ドライバー・休日ドライバーや行楽帰りの渋滞での事故減少
- 高齢者など交通弱者の安全なモビリティ確保(持病発症や突然死対応も可能)

人手不足の解消(生産年齢人口減少．労働人口は今後の数十年で1,000万人以上減少)
- 物流量増加のための長距離ドライバーや需要増加の高速バスのドライバーの不足に，高速道路の起点から終点までの自動運転，及び無人運転宅配・タクシー等でドライバーの負荷低減．
- 高齢化と人口減少で農林業の生産性低下を農耕等の自動化・無人化で再生

物流コスト削減，生産性向上
- 途中のドライバー休憩の必要がなく全体のスピードも上げられ所要時間短縮
- 完全にコントロールされ短い車間距離で走行でき渋滞減少で所要時間の短縮と燃費削減
- 夜中の移動も可能で24時間稼働，操作性の課題も解消しトラックの大型化可能
- 物流企業で運転手採用や健康管理，運転技術の訓練や体調チェック，手配不要でコスト削減

時間の浪費削減と人間性確保
- 帰省や行楽での運転手の拘束解放，家族との会話やリラックス促進
- 盆と正月，ゴールデンウィークの渋滞時のイライラ解消で旅行促進で地方活性化

商圏を拡大し施設の活用(過疎地の病院や店屋の維持に代って，客を集約した施設まで運ぶ)
- 観光地外の高速道路上の出入口に病院を設置して，数十km先の高齢者が通院(過疎地の自治体は高齢者を高速道路の出入口までマイクロバスで送迎，その後自動運転車がその病院まで連れてゆく．病院に介護施設やショッピングセンターや図書館を併設でさらに発展
- 遠い工業団地や高校・学校まで移動可能

自動車会社の収益源の変化(ハードからソフト)
- 車販売と整備の形態が変わる(車の用途開発，保有と使用，IoT活用サービス)
- 人起源の事故保険見直し，ビッグデータによるテレマティクス保険普及

図9-21　社会の要請で車が変わる，自律運転とAIは社会を変える

運転車や自律運転車が社会を変えてゆく(図9-21)．

産業界，大学，学会，政府がそれぞれの役割を果たし，社会に対応してゆくことが求められている．

- 産業界は，異業種と連携を図り，自らを社会の変化や顧客の要望に合わせる，あるいは社会に働きかけ顧客を啓発し，そして環境や安全に適応する「三方よし」のビジネスを推進する．特に，環境保全や安全確保のための新しい技術システムの普及には，企業は協調と競争の分野を明確にし，まず連携・協調して産業を興し，その中で競争するような企業の連携が求められる．
- 大学は，予想以上のスピードで進んでいる技術や人々の幸せを呼ぶ社会の動きに合わせた学問体系の再構築，研究の実施，技術・技能習得のためのPBL(Problem-Based Learning)教育システム構築，および将来に通じる人材育成が求められる．特に，将来へのトレンドを捉えて先進技術に取り組み，産業を興すスタートアップへの挑戦が期待される．
- 学会は学術・技術を切磋琢磨し人材を育て，異分野との連携を強め，社会の課題発見と解決に向け提言するとともに啓発してゆく．政府の施策に対し中立の立場での参画や，さらには産学官のコミュニケーションの場の設定が期待されている．新しい技術システムに対して，社会からの受容性を含めた環境・安全アセスメント実施，あるいは国際的な技術標準構築に関する専門家による積極的な活動が求められている．
- 政府は，大きな変化に対してはその変化のトレンドを先取りして，新しい技術やシステムに向け，従来の規制の見直しや国際技術基準の整備をするなど，産学へのイニシアティブ発揮が必要である．新しい技術の未知のリスクに対しては，産学からの専門家と当局が一体となって対応する仕組みが大切である．

ビジネスの視点から2050年の展望をまとめる(図9-22)．

- 2050年の日本は現在(2016年)と比べると，人口減少，高齢化進展，労働力人口減少をもたらす．したがって，需要を確保し，車離れの若者と自動車運転免許証自主返納を奨励される高齢者および交通弱者のモビリティ要望も満たすために，自助、共助、公助の各側面から，車カテゴリとサービスが多様化する(超小型モビリティ，自動運転車，自律運転車，シェアリングエコノミーなど)．一方，人手不足は，公共交

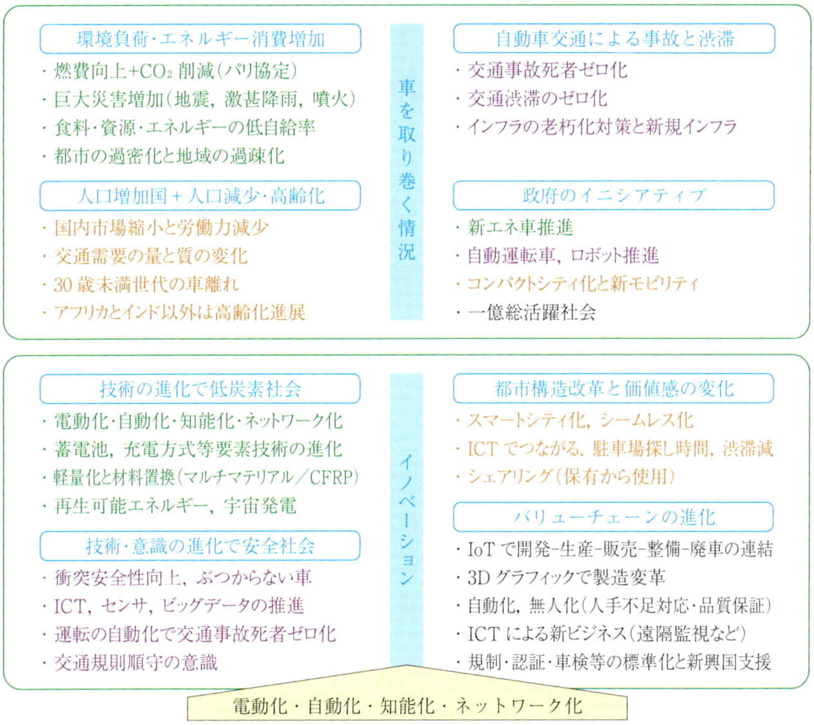

車を取り巻く情況

環境負荷・エネルギー消費増加
・燃費向上+CO_2削減(パリ協定)
・巨大災害増加(地震, 激甚降雨, 噴火)
・食料・資源・エネルギーの低自給率
・都市の過密化と地域の過疎化

人口増加国+人口減少・高齢化
・国内市場縮小と労働力減少
・交通需要の量と質の変化
・30歳未満世代の車離れ
・アフリカとインド以外は高齢化進展

自動車交通による事故と渋滞
・交通事故死者ゼロ化
・交通渋滞のゼロ化
・インフラの老朽化対策と新規インフラ

政府のイニシアティブ
・新エネ車推進
・自動運転車, ロボット推進
・コンパクトシティ化と新モビリティ
・一億総活躍社会

イノベーション

技術の進化で低炭素社会
・電動化・自動化・知能化・ネットワーク化
・蓄電池, 充電方式等要素技術の進化
・軽量化と材料置換(マルチマテリアル/CFRP)
・再生可能エネルギー, 宇宙発電

技術・意識の進化で安全社会
・衝突安全性向上, ぶつからない車
・ICT, センサ, ビッグデータの推進
・運転の自動化で交通事故死者ゼロ化
・交通規則順守の意識

都市構造改革と価値感の変化
・スマートシティ化, シームレス化
・ICTでつながる, 駐車場探し時間, 渋滞減
・シェアリング(保有から使用)

バリューチェーンの進化
・IoTで開発-生産-販売-整備-廃車の連結
・3Dグラフィックで製造変革
・自動化, 無人化(人手不足対応・品質保証)
・ICTによる新ビジネス(遠隔監視など)
・規制・認証・車検等の標準化と新興国支援

電動化・自動化・知能化・ネットワーク化

図 9-22　自動車の置かれた状況

通や物流に自動運転車や自律運転車の導入および業務のシェアリングを促し, 国際的に評価の低い低労働生産性を改善する.

・現在の社会・文化を構成している多くの技術・ビジネスは, 35年以前は未登場のものが多い. 35年後の2050年の社会・文化は, 現在を単に外挿しても説明がつかず, 現在芽が出ているか, あるいは今後登場する技術・ビジネスが担う.

・デジタルネイティブが社会の指導層になる. シェアリングなど保有から使用という価値観の変化やソフトウェアの役割拡大など, 価値・社会・環境・技術の変化は, 現在の作り手にビジネス意識の変化が求められる.

・社会の課題はゼロ化(排ガス・CO_2ゼロ化, 交通事故死者ゼロ化, 交通弱者ゼロ化, 3K労働ゼロ化, 在庫ゼロ化, 廃棄物ゼロ化など)に向かう.

・厳しい排ガス清浄化とパリ協定による気候変動対策を両立させ, 脱石油の次世代自動車(PHV, EV, FCV)の普及が進み, エンジン車の新車販売はなくなり, 給油のサービスステーションが減り, 夜間充電が通常化し, 充電や水素の充填設備が充実する. 合わせてCO_2フリー工場が進む.

・人的ミスが96%の悲惨な交通事故死ゼロ化のために, 自動緊急ブレーキやアクセルペダルとブレーキペダルのふみ間違い防止装置を装着したぶつからない・ぶつけない車に加えて自動化・知能化技術による自動運転車が普及し, さらに自律運転車の導入が進む. これは, 交通渋滞解消にもつながる. そして, 車の材料と構造が変わり, 軽量化が図られ, 燃費向上にも寄与する.

・人とモノとコトがつながるIoTやビッグデータで価値を創造し, 移動通信は5G, 産業はインダストリー4.0が定着する. そして, 個別大量生産(マスカスタマイゼーション)により, 販売, 整備, 保険などバリューチェーンに変革が起きる. レトロフィット事業も登場する.

・マーケティング3.0が進み, 社会を良くする視点から現在の既成概念を打ち破るイノベーションが, また市場にあると便利という発想からのオープンマインドビジネスが発展する.

・技術・ビジネスのキーワードは, 電動化・省エネ(HEV)・脱石油(PHV, EV, FCV), ぶつからない/ぶつけない車・自動化・知能化・自律化・無人化，つながる・IoT・遠隔操作・サイバーセキュリティ，ビッグデータ，シェアリング，3D プリンティング，オープンイノベーション，社会との共生・共創，幸せの追求が挙げられる．

・大都市ではバリアフリーの公共交通が活用され，地方都市は集約した必要機能の周りで生活するコンパクトシティとなる．公共交通機関と目的地間の First/Last One Mile，および生活道路でのちょいのりは超小型モビリティやパーソナルモビリティが活躍する．高齢者には無人デマンドコミュニティバスも有効である．

・環境，安全，渋滞，高齢化など先行する課題解決策を，後進国にパッケージで技術移転するグローカルビジネス，および技術やノウハウをもつ人材のグローカル出稼ぎが進む．

・課題をビジネスチャンスと捉え，既成概念を突破し異業種とスタートアップを加え，グローバルな産学官連携と頻繁な人材交流で，幸せな 2050 年が見えてくる．

第10章
結言

本章は，「第1部　社会・交通システム」の結言と位置づけられるものである．社会・交通システム委員会として，2013年より活動をしてきた成果を各章にまとめてきた．『2050年自動車はこうなる』という題名に対して，的確な解答になっているかは不安があるが，委員会における調査や論議を通じて，概略ながら2050年の状況を捉えることができたと考える．自動車技術会としてこのような活動は画期的なことであった．近年2050年に関する予測が散見されるが，本報告は自動車に関係の深い関係者が調査，論議しまとめたものであり，他の発行物にはない特徴をもつ．社会や交通システムは絶えず変化しているので，日本の自動車技術の優位性を今後も維持発展するためには，2050年を見通して今後も継続してこのような取組みを行う必要がある．

今回の取組みから見えてきた要点について，総括的に下記にまとめる．なお，「2050年はこんな社会」をイメージした各章の具体的内容は冒頭の要旨に集約しているので，そちらも参考にしていただきたい．

(1) 2050年に向けて日本の生き残りのための準備

現在では2030年に向けた予測が多いが，“2030年は現在の延長から予測できる将来”であり，かなり現実的である．しかし，“2050年は誰も経験したことのない将来”であり，今から考えて準備をしなくてはならない．

今回の委員会活動を通じて，残念ながら現在のデータでは，2050年に向けてマイナス傾向のデータが多い．2050年に向けて社会は多くの課題を抱え，日本の将来を予測するデータは下降傾向が続く．このまま何もしなければ日本の将来への不安が解消されず，最悪，日本が生き残ることへの危機感も生まれる．このような状態になることを避けるために，今後の生き残りのための上昇力は何かを考えて，今から備える必要がある．自動車産業をはじめ日本は過去の困難な状況を乗り越えてきた実績がある．多様な社会になるが，今からそれに備える必要がある．これを概念的に図10-1に示す．

2050年は，自動車社会は今のままの姿ではなく大きく変わるであろう，また誰も経験したことのない社会であるので今から変化に備えるべきである，といわれている．2050年は，脱石油の方向，経済の低迷，CO_2の80%削減，あるいはCO_2ゼロ化等，厳しい現実に直面することが予測されており，これらへの対応が必要である．これらの課題克服は自動車単独技術では困難で，社会・交通システムを含めた総合的な取組みが必須との論議が多く出た．このように，環境やエネルギー等さまざまな制約があり，個人の生活習慣改革も含めて，2050年には社会・交通システムを大きく変える必要性が生ずるであろう．しかし，これら多くの課題に対して，今から考えれば十分に対応できる．これからはそのための準備期間であると考えるべきで，個人ができる努力の積み重ねと日本の総力を挙げて，今までの自動車産業が培ってきた歴史を踏まえた生き残りのための努力が必要である．

(2) “自動車村に閉じこもらない”努力

2050年の社会・交通システム委員会活動についての困難さは，企業等の実務者には，社会・交通システムという概念が受け入れられにくいこと，2050年があまりにも遠い将来のため実務感覚に合わないことであった．自動車技術会の性格も“技術を論ずる”ハード思考の土壌が強く，社会の視点からの論議が脆弱である．他方で自動車は国際商品となっており，日本でも公共交通の発達していない地域では，日常生活になくてはならない移動手段となっている．

自動車に携わっている関係者は，自分の業務で忙殺され，自動車を多様な観点から考える時間がなく，業務を中心とした限られた世界観の中にいるため，自動車の将来を考えるようなモチベーションをもちにくい．自動車技術会の今回の取組みは，自動車関係者が“自動車村に閉じこもらない”ように気づき，新たな方向が生まれることが期待されている．

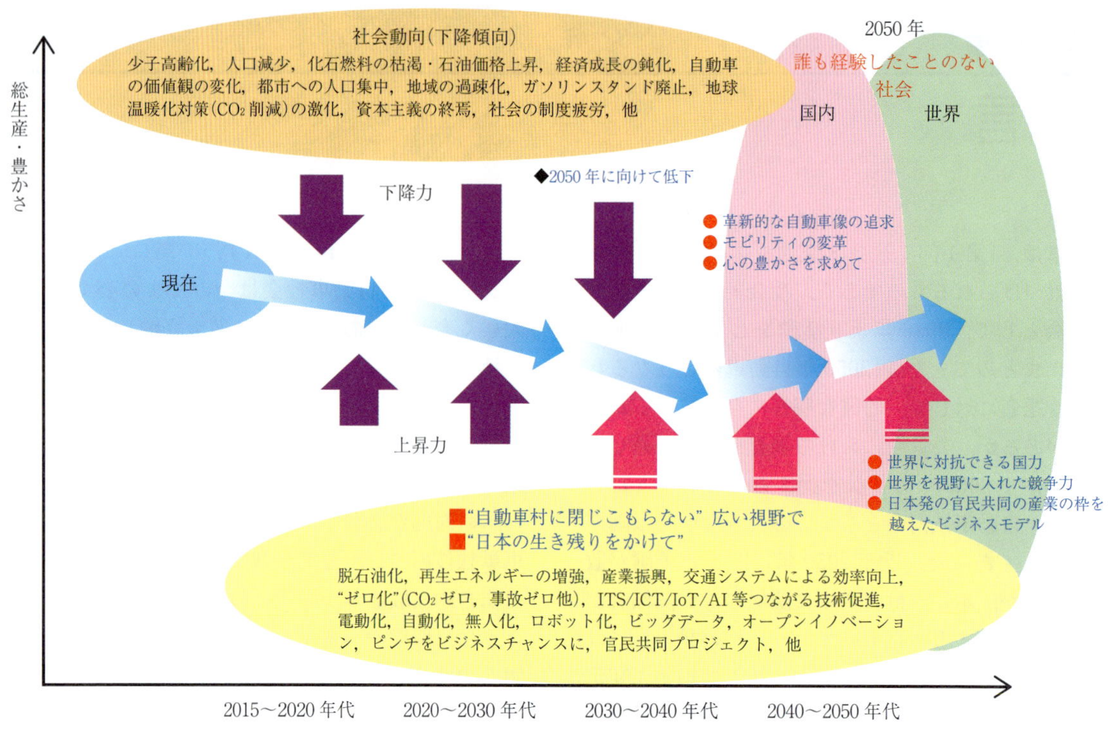

図 10-1　2050年に向けた自動車社会の方向イメージ

(3) 経済，エネルギーの視点から自動車を捉える重要性

自動車は経済の影響を受け，また自動車は物流等経済活動に大きな影響を与える．また，化石燃料に代表されるように，燃料・エネルギー動向が自動車や経済に多大な影響を与えている．今回の活動において，経済，エネルギー，物流と公共交通等，多様な観点から自動車社会を検討したことは大きな特徴である．今後も自動車が経済活動に影響を受け，また深く関わっていることを踏まえ，経済やエネルギー動向に常に関心をもつことが必要である．2050年についての動向では，経済の成長の鈍化が激しく，脱石油も視野に入れ，生活の変革も求められるような状況になることが予測された．先に述べた"日本の生き残り"のために，自動車関係者の努力が重要である．

(4) 自動車技術の多様化への対応

近年では，スマートフォンに代表されるようにICTの発達が著しく，この波は自動車に大きな影響を与えている．自動車は，ICT，IT，IoT，AI，ITS，ビッグデータ等，今までとは違った分野の影響を強く受けて，多様な技術への対応が必要となっている．自動車以外の分野でビジネスが拡大し，自動車がそれに取り込まれるような状況である．近年ではこのようなソフト系技術分野が広がっており，ハード系の多い自動車技術との連携が重要となっている．自動車が外界とつながり移動手段としてモビリティ社会の一翼を担っていることを踏まえて，多様な技術に対応し生活者に貢献するサービスを創出しなくてはならない．

(5) 産学官の連携の強化による産業競争力の強化

自動車技術会の今回の取組みは，従来にはなかった貴重な取組みである．自動車は日本の産業を担ってきた国際商品であるが，国際的には激しい競争となっている．2050年には自動車が現在の状況のままではないと予測されているので，今後日本の生き残りのためにも，自動車産業の競争力を維持しなくてはならない．そのためには，自動車技術会として産学官の連携の強化が重要である．自動車技術会としては，産業界と学界の連携は強いので，今後は官との連携の強化を意識した取組みが必要である．そして，東南アジア等の市場を意識して産学官連携したプロジェクトの展開等の新しい切り口の取組みが期待される．欧米においては，産学官が緊密に連携した研究開発集団を形成し，標準化によりビジネススキームを構築し，東南アジア市場に進出することが顕著である．日本においては，技術の総合化が必要な時代にどのように対応するかが問われている．このような観点から，自動車技術会への期待も大きい．

(6) 東南アジア等海外を視野に入れた幅広い活動

社会・交通システムを検討する過程で，2050年は現状以上に世界を視野に入れた考え方が必要であるという意見が多く出された．2050年に向けて，東南アジア，とりわけ中国，インド，アフリカの伸びが著しいことが予測されている．日本の生き残りのためには，東南アジアやその他の海外を意識し，産学官連携した活動が必要である．自動車技術会としても，日本の生き残りのためにも，現状以上に東南アジアとの連携を意識した具体的活動を次のステップとして想起する必要がある．

(7) 社会・交通システムの機能の継続の必要性

社会・交通システム委員会活動により，2050年という将来を見据えて社会動向，経済，燃料・エネルギー，環境，自動車技術，都市構造，物流・公共交通，ITS・ICT，自動運転，自動車産業全体の将来の方向等，総括的に俯瞰する活動の重要性が再認識された．企業では，生産的志向が強く，2050年は遠すぎるとして，社会全体を俯瞰して自動車社会を検討するモチベーションが薄い．

他方では自動車がなくてはならない自動車社会となっている現状を踏まえて，自動車を社会と一体として将来を考えることが必要である．このような観点から，ハード志向の強い自動車技術会で，今後もこのような社会系の検討が継続されることが強く望まれる．今までの当委員会の活動をベースとして，新しい発想を取り入れた提案型の活動として継続することが期待されている．

(8) 環境対策への社会・交通システムの貢献

環境省は，国内の排出削減・吸収量の確保により，CO_2削減を2030年度に2013年度比－26.0%(2005年度比－25.4%)の水準にすること，さらにIPCC第5次評価報告書で示された，2℃目標達成のための2050年までの長期的な温室効果ガス排出削減に向けた排出経路や，わが国が掲げる「2050年世界半減，先進国全体80%減」との目標に整合的なものとすること等を表明してきた．COP21で採択されたパリ協定や昨年7月に国連に提出した「日本の約束草案」を踏まえて，「地球温暖化対策計画」が平成28年5月31日に閣議決定された．ここで改めて，長期目標として2050年までに80%の温室効果ガスの排出削減を目指すとされている．

社会・交通システム委員会では，2050年を見通したときに，CO_2削減と社会・交通システム，将来自動車用動力システムや自動車技術会としての考え方等についてたびたび激論となった．パリ協定で2℃より低く抑え，1.5℃抑える努力を追求するなど，削減目標の厳しい条件に対して，直接的な影響のある自動車の立場としてどのような方策があるのか，また2050年に向けて80%削減をどのように達成するか等のさまざまな考え方が論議された．

自動車技術単独では限界があるものの，内燃機関の残存比率，HEV，PHEV，EV，FCV等の普及比率が大きく影響し，社会・交通システムとの連携による交通対策も必須となる．特にEVの普及率は影響が大きいであろう．現在，内燃機関の効率向上研究，EV普及のためのバッテリーの研究等さまざまな研究開発が進行中で，現時点では明確な方向性が得られる段階にはない．しかし，今回の検討により，CO_2 80%削減達成の厳しさを再認識し，社会・交通システム等の貢献の重要性，2050年に向けて多様な選択肢が必要であることが再認識された．今後も自動車技術会として日本の強みである研究開発を推進し，2050年に向けて継続的な論議が必要である．

補遺 i

社会・交通システム委員会がたどってきた経緯

今回の社会・交通システム委員会がたどってきた経緯について，概要を以下に示す．

i. 1　社会・交通システム委員会と将来自動車用動力システム委員会設定の経緯

自動車技術会は，時代の流れをとらえて，「次世代自動車・エネルギー委員会」が発展して，「社会・交通システム委員会」，「将来自動車用動力システム委員会」につながった(図 1)．

i. 2　加速する自動車技術の社会とのつながり

2013 年の社会・交通システム分科会のスタート時点の発想には，自動車技術の視点から社会・交通をとらえる，いわば“自動車村”の意識が強く出ていることがわかる(図 2)．論議の過程で自動車は社会との接点が多く，この時点では，2050 年を見通してはいるものの 2030 年を意識した社会像の検討が中心となった．しかし，2050 年を考えたとき自動車社会が今のままの状態で続いているとは考えにくく，“自動車村に閉じこもってはいてはいけない”という発想も取り入れて考えるべきだとの問題提起がなされた．

i. 3　社会・交通システム検討分野

2013 年，社会・交通システム分科会にて検討を始めるにあたり，検討分野を明確にした(図 3)．自動車は多くの分野と接点があり，多くの社会的役割を果たしている．どのようにその状態を理解し，この時点では 2030 年とその後の将来を見通して整理するかが大きな課題であった．検討時間も限られているので，それぞれの分野の専門家の知見を得て，われわれなりに情報を整理し，今回の報告につながる基盤作りを行うことで活動を開始した．

i. 4　自動車を取り巻く社会・交通状況

社会・交通システム分科会の 2013 年度報告とし

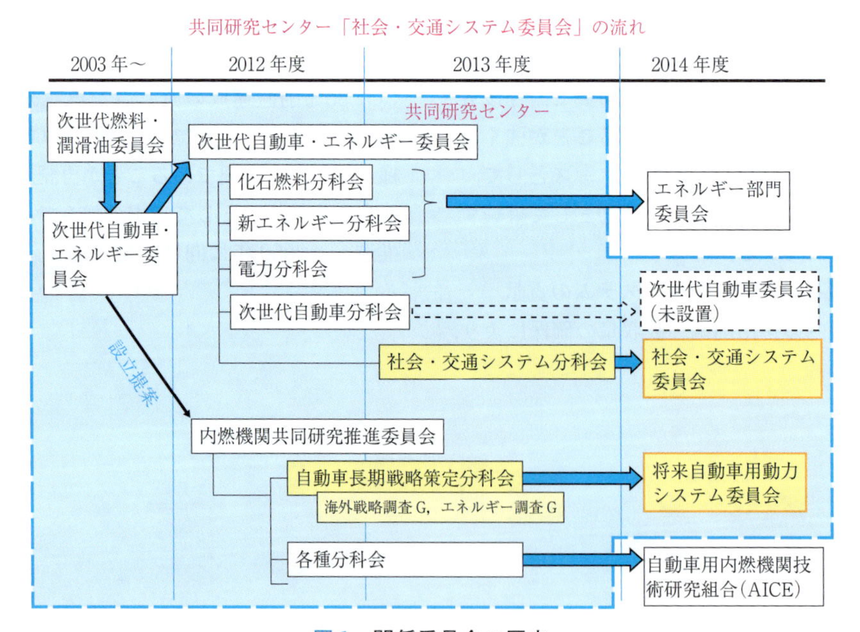

図 1　関係委員会の歴史

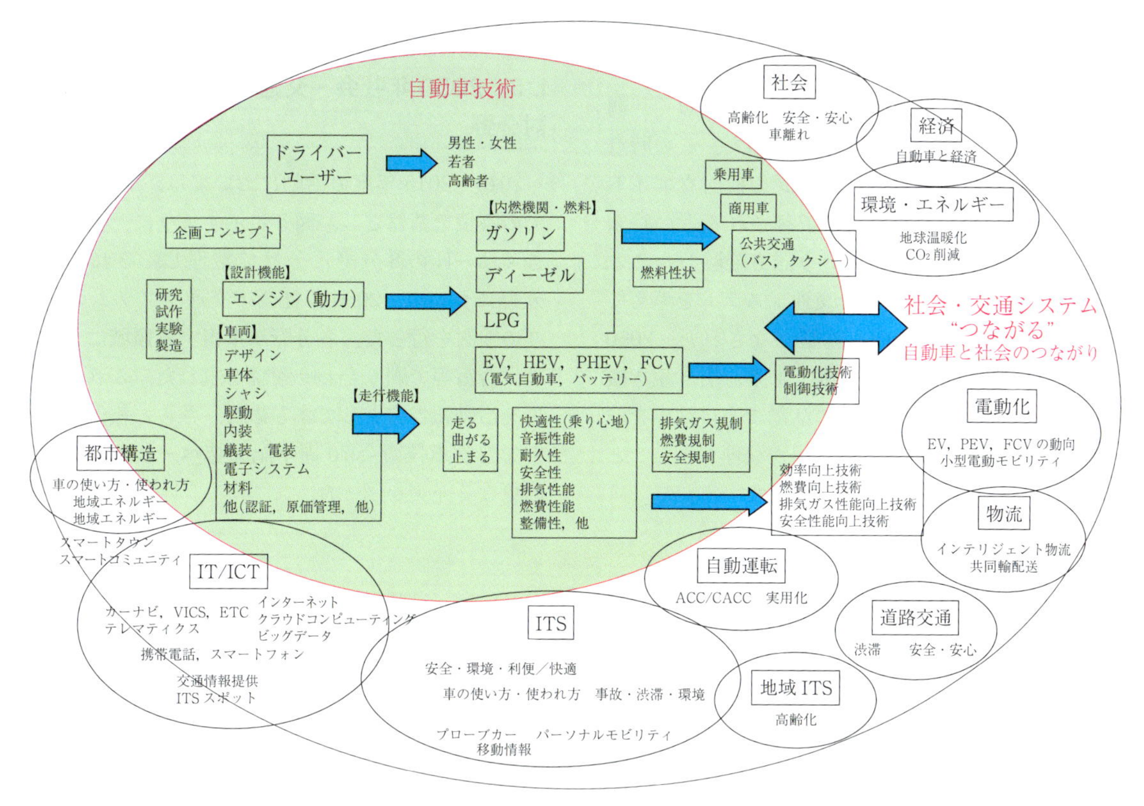

図 2　加速する自動車技術の社会とのつながり(2013 年度検討)

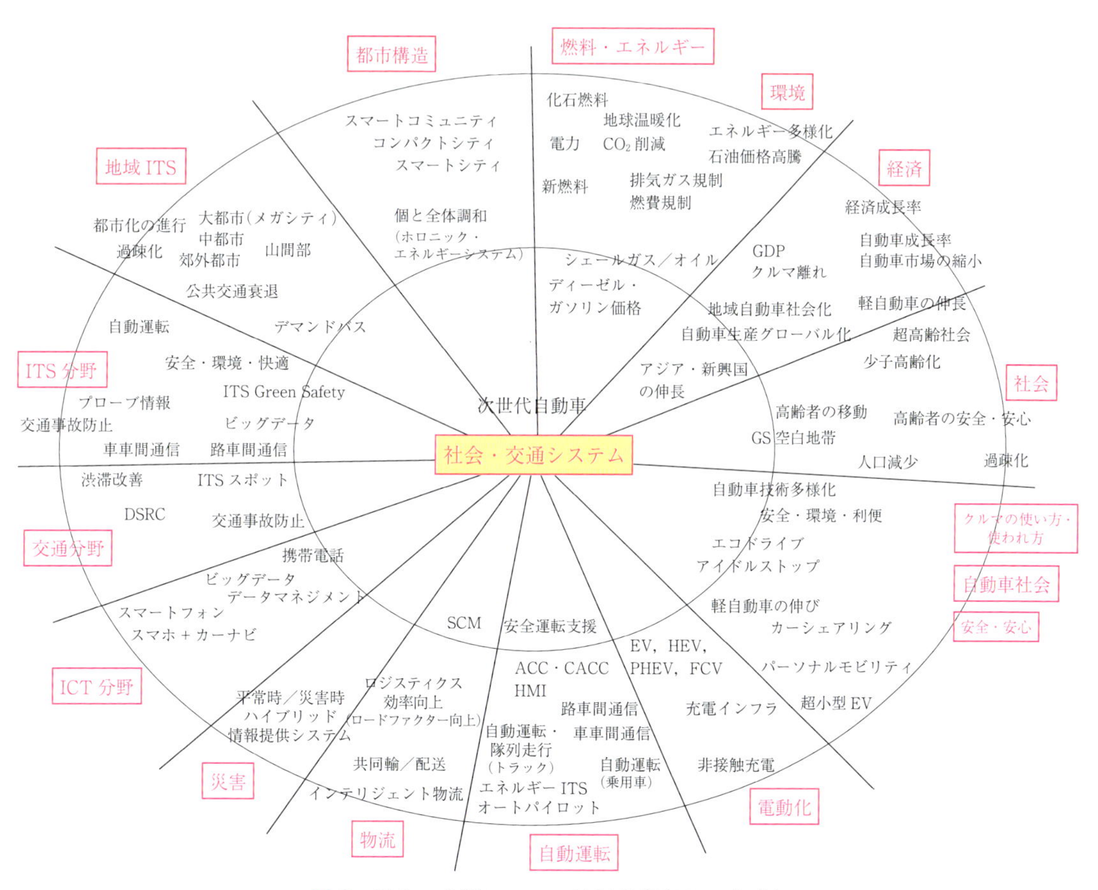

図 3　社会・交通システム検討分野(2013 年度)

て，自動車を取り巻く社会・交通状況について俯瞰的に図示した(図 4)．活動期間が 1 年間と短く，網羅的な結果となったことは否めなかった．この時点では，まだ 2030 年社会のイメージの検討ウエイトが強かった．2030 年は今から予測される近い将来であるが，さらに 2050 年という誰も経験したことのない将来を見通し，社会・交通システムを考えて今から準備すべきだという論議がなされた．2050 年に向けてさらなる検討が必要であり，引き続き検討することとした．これまでの活動で，自動車を取り巻く社会・交通システムの状況が整理できたことは，今後の活動の基盤として役立った．

i. 5　2050 年社会・交通システム委員会の検討分野

2014〜2015 年度の活動においては，2013 年度までの蓄積を基盤とし，図 5 に示すように，視点を大きく A〜H の 8 分野に分けて整理し，それぞれの分野について，2050 年社会・交通システムの深掘りの検討を行った．各分野が重複する領域については，合宿等で刷り合わせ論議を重ねた．これらの結果を活動報告書としてまとめた．さらに報告書の内容を自動車技術会 70 周年記念誌ベースとし，内容の更なる充実を図った．

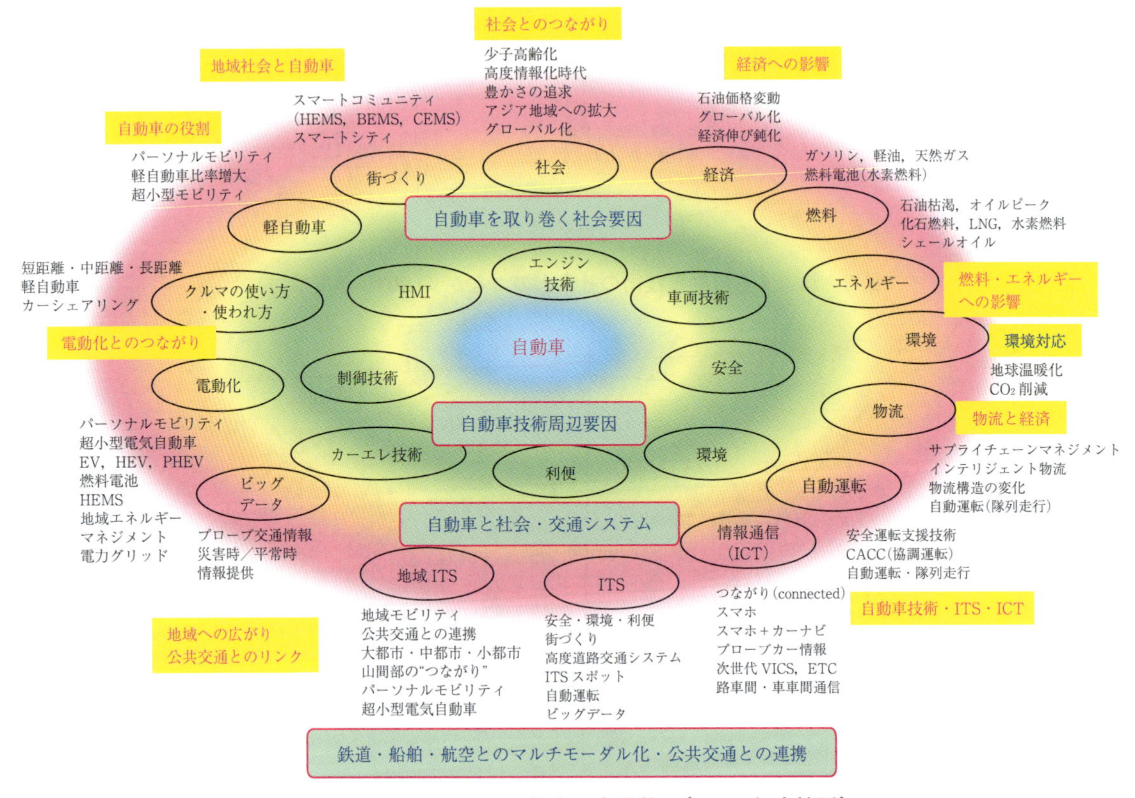

図 4　自動車を取り巻く社会・交通状況(2013 年度検討)

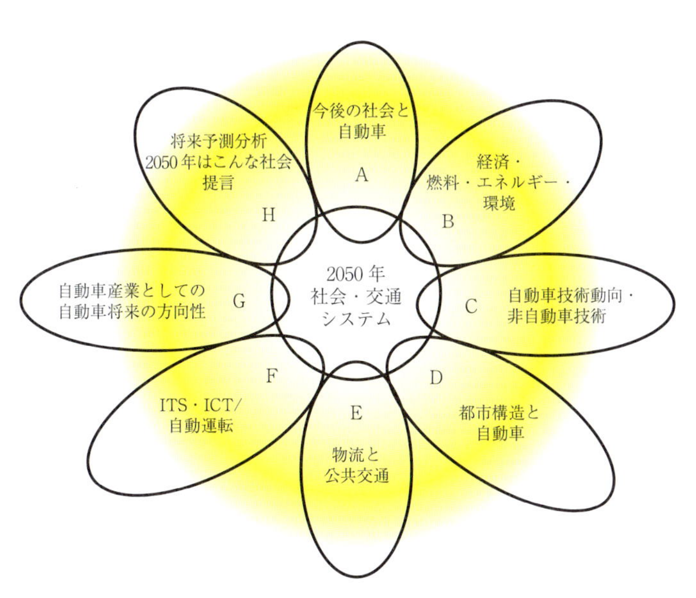

図 5　2050 年社会・交通システム委員会検討分野(2014-2015 年度)

補遺 ii

将来予測分析

2050 年の社会・交通システムのような将来予測を行う場合，現在の状況(現状のニーズや既知の技術)から将来を予測推定するアプローチでは，2050 年のような遠い将来の予測は不可能である．

最近はクラウドコンピューティングの進歩に伴い，ワードマイニング等の手法を用いて，巨大なデータの集積情報を分析するビッグデータ解析に関しても解析の規模，速度の向上が進んでおり，10 万件オーダーの特許文献の相互の技術相関を俯瞰解析するシステムも開発されている(1)．

しかしながら，特許情報は技術内容に関しては詳細に記述がされているが，通常，技術の研究開発完成後，特許が出願され，情報が公開されるまでは一定期間の遅れがある．また，将来技術への提言や，今後の長期開発計画のような情報は得られない．

そのため，最新の技術動向や，今後の社会の変化予測，今後市場に生まれるニーズの検討，さらには今後開発される技術のシーズを探るためには，学術論文の情報が特許情報より有効な場合がある．

本章では，将来の技術予測分析に関して，第 4 章のスマートシティ関連技術を提材にして，学術論文のデータを用いて大量のデータ解析を行い，将来予測分析を行った例を示す(2)(3)．

ii. 1　スマートシティ関連文献の解析手法

スマートシティに関しては，第 4 章で記述したように世界各国各地域でさまざまな取組みが進んでおり，2025 年にスマートシティに関連したビジネスの規模は世界で 400 兆円になるとの予想もあり，関連する分野も交通・物流，エネルギー，住宅，通信，水質，大気質，セキュリティ，行政，教育，金融等，多岐にわたる．

今回のスマートシティの学術論文を用いた技術解析には広範囲な学術論文の収集が必要で，そのため，今回の解析にはエルゼビア社の学術論文検索データベース SCOPUS を利用し，データ解析には VALUENEX 社の文書情報解析ツール DocRadar を用いた．

ii. 1. 1　スマートシティ論文解析母集団

スマートシティに関連する学術文献をタイトル，アブストラクトおよびキーワードに smart と city が 2 ワード以内に近接して出現している文献として検索し，712 件を抽出した．

さらに，それらの文献が参考文献として引用している論文が 3,254 件あり，両者を合わせた 3,966 件の母集団で分析を行った．

この両者の文献の年次推移を図 1 に示す．スマートシティの論文数は 2009 年から急増しているが，この頃からスマートシティという表現が広く使われるようになり，関心が高まったことの影響と考えられる．参考文献の立ち上がりは 1995 年からであり，参考文献の特性上，2010 年以降は急減している．

(本章の引用文献は 2013 年 12 月発行)

ii. 1. 2　クラスター解析概説

今回解析に用いた VALUENEX 社の DocRadar のクラスター解析結果を図 2 に示す．

クラスター解析では，文書情報間の類似性が高いものが近くに位置し，類似性がある文献同士で密集領域を形成し，さらに密集しているクラスターで特に類似性が高いものは一つの大きなクラスターとしてまとめて表示される．

また，この図の座標軸は物理的な意味はなく，座

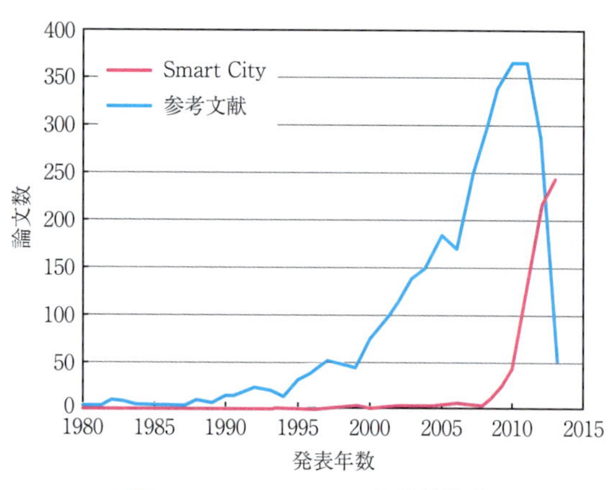

図 1　スマートシティ文献数推移

標の中心が母集団全体の計算上の重心位置となる．

図3に，収集した文献のスマートシティ文献のクラスターと参考文献のクラスターの分布を示す．中心近くにスマートシティの文献が集まり，その外側に参考文献が分布するという構造で，参考文献には複数の技術体系が異なる文献が含まれていることを表している．スマートシティの文献は共通するキーワードを多く含んでいるため，中央に配置されたと考えられる．

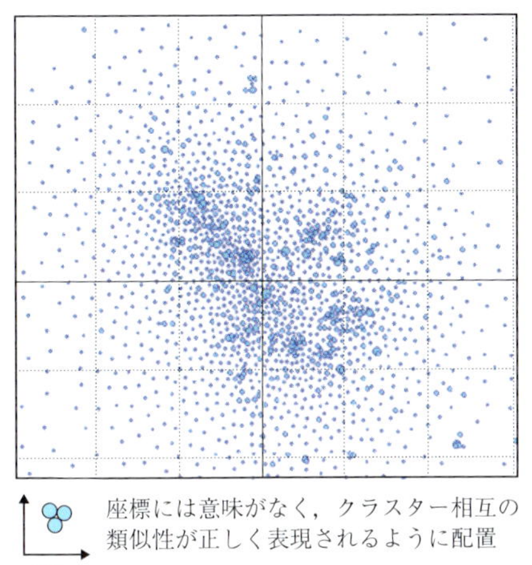

図2　スマートシティに関する論文のクラスター分布

ii. 1. 3　クラスター解析結果

各クラスターの集積に共通する特徴的なキーワードを用いて各クラスターを分類した大枠の集積と，その集積中の細部の技術集積のキーワードの抽出結果を図4に示す．

中心にあるスマートシティ周囲のクラスターの集積は，大別して，

① 都市管理・政策関連

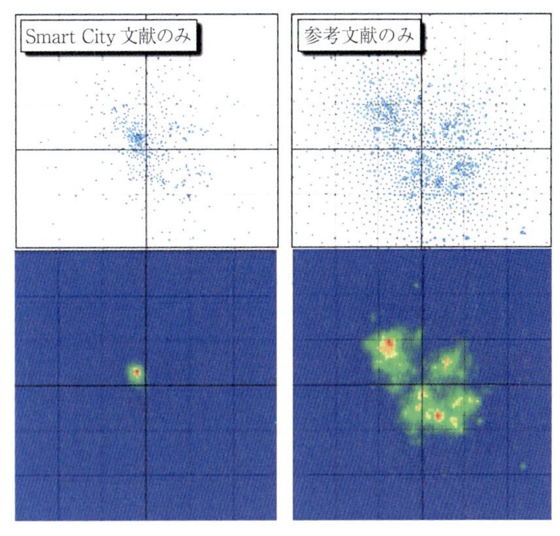

図3　スマートシティ文献と参考文献の分布

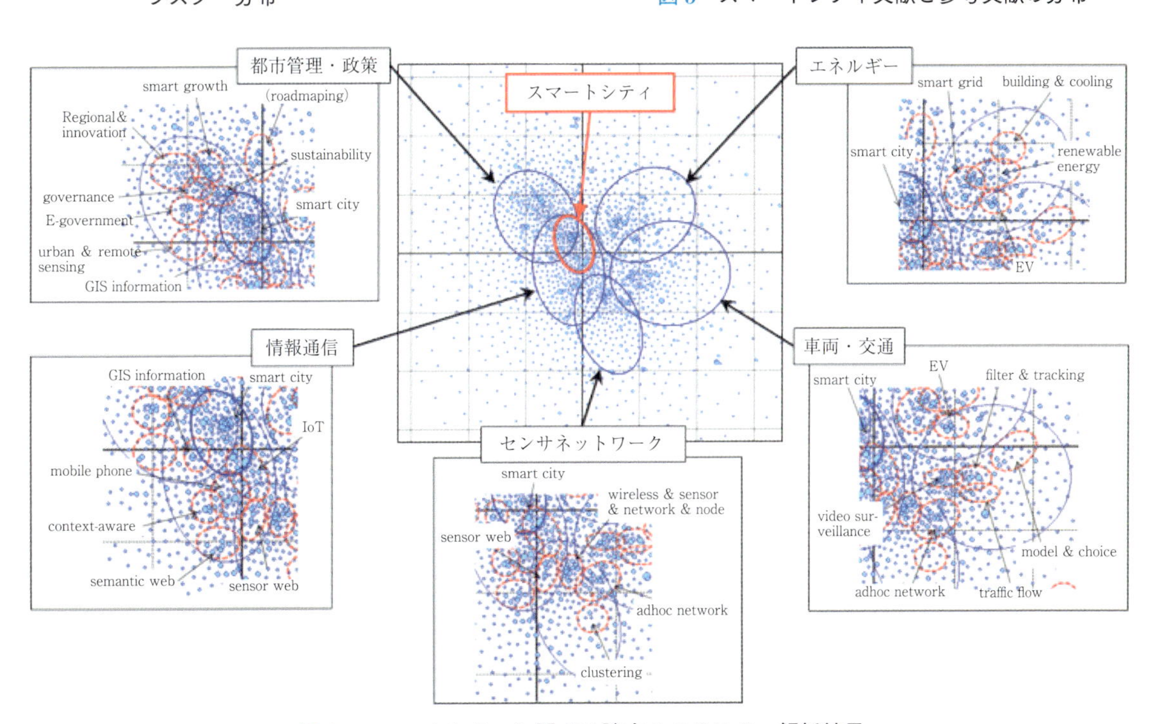

図4　スマートシティに関する論文のクラスター解析結果

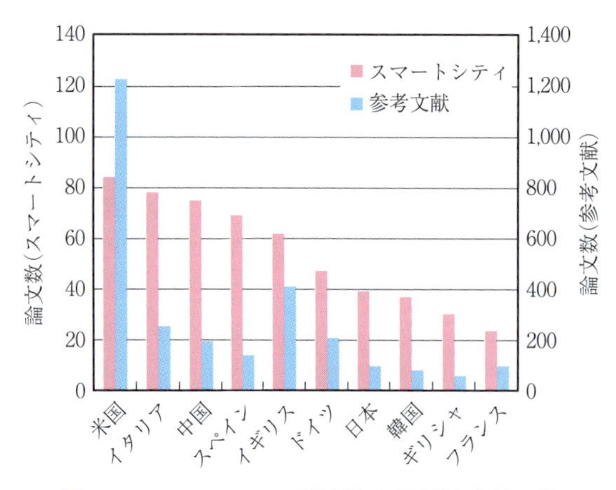

図5　スマートシティ関連論文国別抽出数比較

② エネルギー関連
③ 車両・交通関連
④ センサネットワークに関連したもの
⑤ 情報通信関連

に分類される．情報通信の領域はスマートシティの領域を包含しており，都市管理・政策関連の領域はスマートシティとの重複領域が大きい．

それぞれの分類の特徴的キーワードは，下記等が抽出されている．

① 都市管理・政策関連――都市の成長・プランニング，電子政府，ユビキタスコンピューティング，リモートセンシング，サステナビリティ，GIS 情報，等
② エネルギー関連――スマートグリッド，エネルギー効率，気象情報活用，EV 充電関連ステーション，等
③ 車両・交通関連――トラフィックネットワークシミュレーション，物体検出，車両のインタラクティブなナビゲーション，交通管制，等の研究
④ センサネットワーク関連――センサネットワーキングのルーティングや制御，その応用，自動認識技術(RFID)研究領域，機械間通信(M2M)，等
⑤ 情報通信関連――モノとインターネット通信(IoT)，クラウドコンピューティング，機械がメタデータを利用して意味を理解し，高度な情報検索を行うという次世代のウェブといわれるセマンティックウェブ，人やモノ・環境などの状況の変化に応じて対応することができるものという概念のコンテキストアウェアネス，現実世界の制御対象のさまざまな状態を数値化し，定量的に分析することで知見を引き出す仕組みのサイバーフィジカルシステム，等に関連した研究

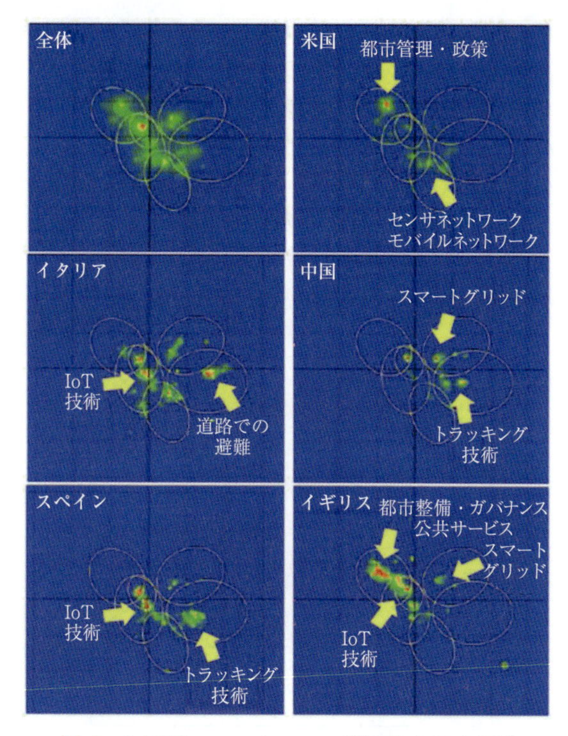

図6　主要国スマートシティ関連集中研究領域

ii. 1. 4　主要国別の注力領域

発表論文の国別件数を図5に示す．横軸の順位はスマートシティ論文数の件数順とした．スマートシティ論文数は米国，イタリア，中国，スペイン，イギリス，ドイツと続き，日本は7位となっている．参考文献に関しても米国は最も多いが，2番目にイギリス，以下イタリア，ドイツ，中国と続く．

スマートシティ論文数の上位5カ国の参考文献も含めた研究領域の分布を図6に示す．

米国は全方位的に論文が発表されているが，その中でも都市管理・政策に論文発表が集中している様子がわかる．その他では，センサネットワークやモバイルネットワークの領域での発表が多い．

イタリアでは車両・交通の領域で道路での避難(Road Evacuation)の論文発表が多い．その他は情報通信領域で IoT 技術の論文も多い．

3位の中国は，エネルギー領域でスマートグリッド，車両・交通領域で車両を含む物体のトラッキングや監視に関しての研究が多い．

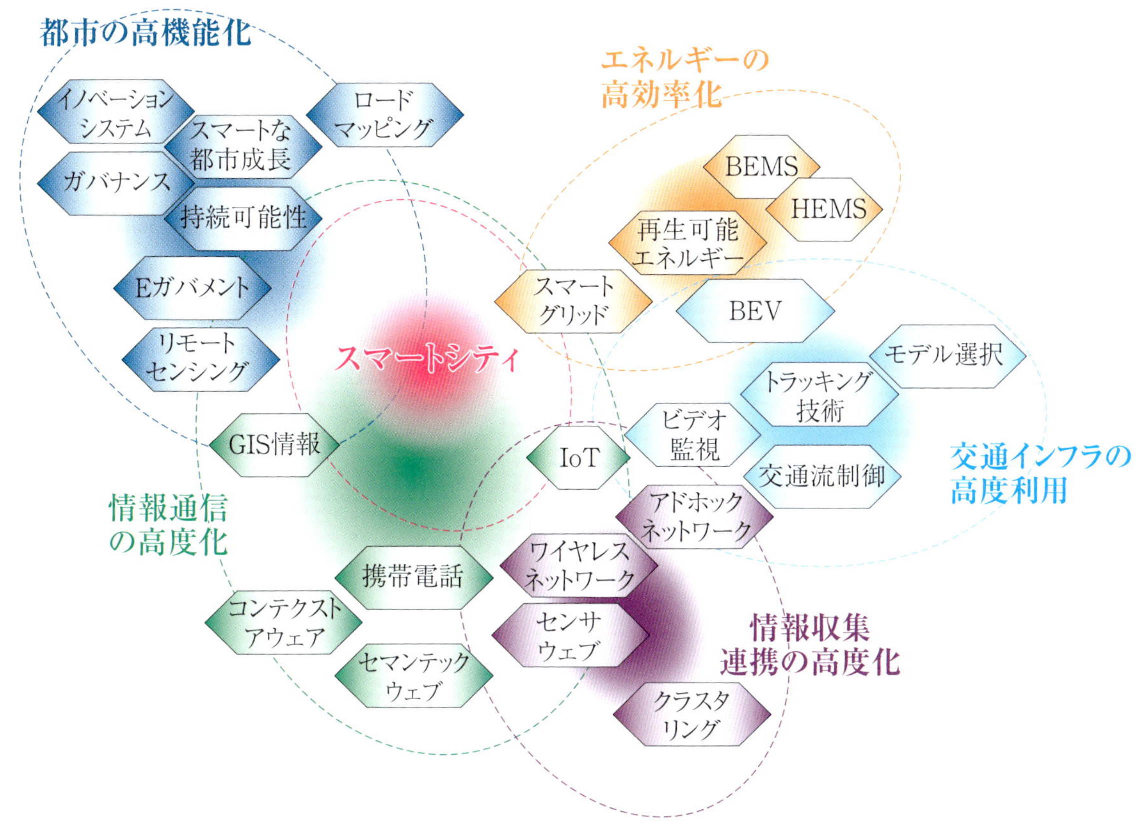

図7　スマートシティ関連要素技術抜粋

スペインに関しては，スマートグリッド，車両・交通，情報通信の領域で研究が多く，情報通信のIoT技術や車両・交通領域でのトラッキング関係で多くの発表がある．

イギリスは，特に都市関連領域での論文が多く，都市整備，ガバナンス，公共サービスに関連した論文が含まれ，その他の領域はスマートグリッド，IoT技術関係の論文発表がある．

ii. 1. 5　スマートシティの要素技術

図7に，ii. 1. 3項で抽出した各キーワードから代表的な要素技術をまとめた(この図はすべての要素技術を網羅したものではない)．

都市の高機能化の領域は，持続可能性といったスマートシティの長期の目的から，スマートシティの機能としての各種イノベーションシステムへの広がりが見受けられる．

情報通信の高度化の領域では，インターネットや携帯端末などのインフラから情報の高度化へと技術が広がっており，隣の情報収集連携の高度化の領域のセンサネットワーク(特に無線)をはじめとする情報収集・連携の高度化や交通システムを含むインフラの高度利用，スマートグリッドや再生可能エネルギーによるエネルギーの高効率化等のインフラと関連する研究が広がっている．

なお，都市の高度化とエネルギーの高効率化の中間にロードマッピングが位置しており，現状では周辺に大きな集積はまだ見当たらないが，今後都市とエネルギー，さらには交通，通信技術に関連したロードマッピングに関連した動きが出てくる可能性がある．

ii. 2　今後の提言

スマートシティを題材に，研究論文とその論文が引用している参考文献を合わせて母集団を形成して俯瞰解析することで，スマートシティに関連する要素技術の広がりを把握した．

今後スマートシティのように非常に広い概念や広範な技術の連携によるパラダイムシフトを起こすよ

うな技術革新に向けて，世界の主要国，地域では生き残りをかけての技術開発研究競争と領域を超えての共創が行われている．

そのときに，日本における従来技術の成功体験に基づく，狭い領域だけでの従来基準に基づく判断や予測だけでは，世界の大きな動きを見逃してしまい，世界の大きな動きには対抗していけない．

特許技術や論文のデータなど，世界中で公開されているビッグデータを解析することで，今まで気が付かなかった変化や新技術を創出できる共創領域のヒント，競合相手の次なる技術革新の可能性領域の把握，さらには，従来にない提携関係による強固な補完関係構築の可能性検討などが可能になる．

参 考 文 献

(1) 特許庁 WEB：特許情報分析事例集について，https://www.jpo.go.jp/shiryou/s_sonota/bunseki syuhou_jirei.htm

(2) スマートシティを事例としたエンドゲームアプローチ，VALUENEX 研究事例紹介

(3) 本多克也：SO-TI Technology Trend Watch，No. 247(2013. 12. 18)

第2部　自動車用動力システム

序章

将来自動車用動力システム委員会の活動経過と今後とるべき方策の提案

自動車は，人の移動や物資の輸送の役割を果たし，われわれの生活を豊かなものにしている．また，わが国において自動車産業は，基幹的な産業の一翼を担い，極めて幅広い分野にわたって新技術を実用化しながら成長を続けている．その反面，自動車は大量の石油を消費し，大気汚染や地球温室効果ガスである CO_2 の主要な排出源とされている．そこで本研究会では，中長期的観点，すなわち2030年から2050年に向けて必要とされる自動車用の動力システム技術について検討することとした．

先進諸国では，今後ほぼ10年以内に乗用車から重量車にわたる最終的な排出ガス規制が実施され，大気汚染問題はおおむね解消されるものと予想される[(1)]．また，中長期的には，省エネルギーと温暖化抑制の両面から，より重要な政策課題として燃費基準の一層の強化が行われ，これに対応した新たな技術開発が厳しく求められることになろう．その一方で，モータリゼーションの進展が著しい新興国では，石油の需要が大幅に拡大しており，大都市では深刻な交通渋滞と大気汚染を招き，それらの対策が急務とされているのが実情である．

わが国では，石油製品の46％に相当する年間約9千万kLが自動車用燃料として使われている[(2)]．図1に示すように，2014年度では，燃料の消費によって，輸送部門で排出される CO_2 は国全体の17.1％を占めている．そのうち自動車からの排出が9割近くに達しているのが現状である[(3)]．わが国は，京都議定書による1990年比で温暖化効果ガスを6％削減する5年間の目標を2012年度に達成している．

その後の取組みとして，2015年12月にパリで開催されたCOP21では「パリ協定」が合意され，産業革命以前の気温から2℃，できれば1.5℃程度の上昇に抑制することが目指された．わが国の2030年度の温暖化対策としては，温暖化効果ガスを2013年度比で26％削減する目標値が提示され，これが2016年5月に閣議決定されている．その達成に向けて，わが国の温室効果ガス排出量の9割を占めるエネルギー起源二酸化炭素の排出量については，2013年度比▲25.0％(2005年度比▲24.0％)の水準(約9億2,700万t-CO_2)であり，各部門における2030年度の排出量の目安は表1の通りである[(4)]．この表より，運輸部門でも30％近い CO_2 排出量の削減が必要とされていることがわかる．

また，全世界で2050年までに温暖化効果ガスを現状から半減するため，先進国は80％低減することを義務とすることがパリ協定で確認されており，同程度の低減が運輸部門にも求められよう．このような長期的な目標達成のためには，自動車の動力システムとそれに用いられる燃料・エネルギーの組合せを大幅に変革する必要があることはいうまでもない．

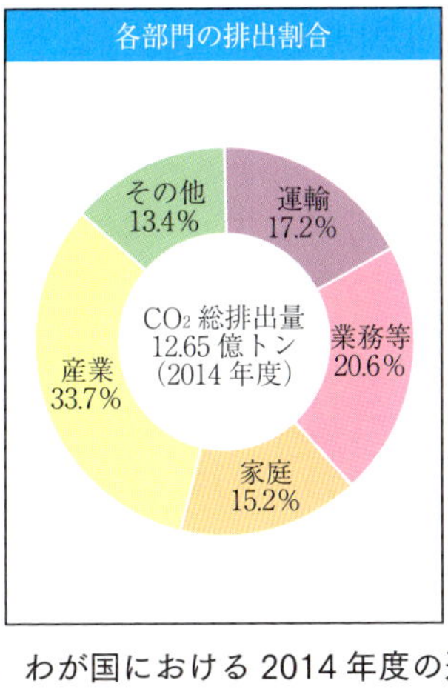

各部門の排出割合

運輸 17.2%
業務等 20.6%
家庭 15.2%
産業 33.7%
その他 13.4%
CO_2 総排出量 12.65億トン（2014年度）

分類	万トン	割合％
自動車	18,657	86.0
自家用乗用車	10,303	47.5
自家用貨物車	3,831	17.7
営業用貨物車	3,795	17.5
バス	405	1.9
タクシー	323	1.5
内航海運	1,075	5.0
航空	1,017	4.7
鉄道	955	4.4
合計	21,700	100.0

図1　わが国における2014年度の運輸部門の CO_2 排出量(国交省2016年)

本委員会では，このような自動車の環境・エネルギーに関わる長期的な課題を見据え，2030年から2050年にわたる動力システムのあり方を探ることを目的として調査活動を行った．本委員会はこれまで自動車技術会で検討してきた関連委員会を引き継いでおり，特に平成24年度から25年度にわたる前委員会(委員長：神本武征，東工大名誉教授)で導かれた結果をもとに，さらに検討した成果を加えて以下にまとめることとした．

参考文献

(1) 今後の自動車排出ガス低減対策のあり方について(中央環境審議会 二～十二次答申)1997～2015

(2) 石油連盟統計資料，http://www.paj.gr.jp/statis/data/data/2015_data.pdf(2015)

(3) 国土交通省資料，2014年度運輸部門における二酸化炭素排出量，http://www.mlit.go.jp/sogoseisaku/environment/sosei_environment_tk_000007.html (2016)

(4) 日本の約束草案，地球温暖化対策推進本部決定，http://www.kantei.go.jp/jp/singi/ondanka/index.html (2015年7月17日)

表1 エネルギー起源二酸化炭素の各部門の排出量の削減目標

〔単位：百万 t-CO_2〕

部門	2013年度(2005年度)	2030年度／2013年度比％(2005年度比％)
産業	429(457)	401／▲6.5(▲12.3)
業務・その他	279(239)	168／▲39.8(▲29.7)
家庭	201(180)	122／▲39.3(▲32.2)
運輸	225(240)	163／▲27.6(▲32.1)
エネルギー転換	101(104)	73／▲27.7(▲29.8)
合計	1,235(1,219)	927／▲24.9(▲24.0)

第1章 内燃機関と石油の相互依存

1.1 石油と内燃機関の関わりの歴史

石油系燃料と内燃機関の組合せの歴史は長い．諸説はあるが，1859年に米国において世界で最初の機械掘りの油井から石油が生産されたといわれている．この頃の油井では，掘り当てれば地中にある石油は地圧により自噴した．流動性が良い高品質の在来型石油の典型的な特徴である．ほぼ同じ頃の1862年に内燃機関の一つであるオットー機関が発明された．火花点火エンジン(ガソリンエンジン)の原型である．当初はオットー機関にはアルコールが燃料として用いられていたが，そのうちに石油から精製されたガソリンが使われるようになった．ガソリンエンジンと石油から作られたガソリンは相性が良く，また当時は安価な石油系燃料が豊富に得られることを背景に，ガソリンエンジンを搭載した自動車が世界中に広まっていくことになった．そして，ほとんど同じことがディーゼルエンジンと石油から精製された軽油に対してもいえる．

自動車用の動力として内燃機関と石油系燃料の組合せが広く用いられるようになるに従い，石油系燃料を使いやすいように内燃機関は改良されてきた．また，内燃機関に適するように燃料性状が改良されてきた．たとえば，ガソリンのオクタン価を向上させる精製技術が開発され，オクタン価向上剤も開発され，これによりガソリンエンジンの圧縮比が高められ，出力や燃費性能が大幅に向上した．燃料中の硫黄やリンなどの不純物の低減がなされて排出ガス浄化触媒の利用が可能となり，大気浄化に大きく貢献した．燃料の揮発性や蒸留性状，炭化水素成分なども内燃機関にとって望ましい範囲に管理されるようになり，一方では，内燃機関の混合気形成の向上のために電子制御の燃料噴射機構が導入されることと相まって内燃機関の諸特性が安定し，信頼性が増した．

また，参考までに記すが，石油から得られた潤滑油(エンジンオイル)の技術向上は内燃機関の耐久信頼性を大幅に向上し，内燃機関が他の動力源を押さえて現在まで生き残っている理由の一つであるといわれている(富塚清『内燃機関の歴史』)．

内燃機関技術と燃料技術は双方を意識しながら，また協力しながら技術開発を100年近く継続してきた．その結果として，現在市場にある内燃機関と石油系燃料はお互いに最適化された状態にあるといってよいであろう．このような状態を維持するために，燃料供給側は市場の燃料性状を望ましい範囲内に維持する管理をし，一方，自動車生産側は，これらの性状の燃料が市場に供給されることを前提に，内燃機関を設計し，運転パラメータを設定している．このような状況の結果として，先進諸国においては大気質を維持・改善するために，排出ガス規制と燃料規格を組み合わせた法規制を運用している．新興国においても，排出ガス規制と燃料規制の組合せは徐々に進められているが，先進国のレベルにまではまだ至っていない．低品質の燃料が市場に流通しているために，内燃機関の先端排出ガス浄化技術を新興国に導入しにくい理由になっているのが現状である．

1.2 内燃機関と石油系燃料の相互依存

1.2.1 排出ガス規制の一環としての燃料性状規格の制約

前節で述べたように，先進国はいうまでもなく，最近は新興国においても，自動車用燃料の国家規格を制定し始めている．自動車のエンジンからの排出ガスは燃料性状により大きく影響を受けるので，政府により排出ガス規制と燃料性状規制を組み合わせて運用されている国が多い．

石油業界は規格に合った石油系燃料を，自らが保有する燃料供給インフラを用いて市場に提供している．石油系燃料の供給インフラは長い時間をかけて石油業界が自ら構築してきたものであり，現在では世界中に燃料供給インフラは存在する．

自動車業界は，その国の国家規格に適合する燃料が石油業界によって市場に提供されることを前提に，その燃料性状に合ったエンジンを設計し，自動車に搭載して市場に提供する．一旦その自動車が市場に提供されれば，少なくともその自動車の市場における寿命(乗用車：10～15年，重量車：20～25年程度)の間は燃料性状を変えることはできない．したがって，石油業界は同じ性状の燃料を市場に提供し続けなければならない．その間に，自動車業界は次から次へとその燃料性状に合った自動車を年々製造して市場に提供する．そして，それらの新しい自動車が市場に存在する限り，従来と同じ性状の石油系燃料が供給されなければならない．

排出ガス規制運用のための燃料規格と，この燃料を前提とした自動車が市場で10年以上使用され続けることが，市場の燃料性状の変更を制約しているのである．したがって，基本的には，エネルギー源自体の抜本的な変革などよほどのことがない限り，市場の内燃機関用燃料の性状を変える機会は発生しないことになる．

1.2.2 ビジネス，入手性，インフラからの制約

自動車業界は市場での入手性の良い燃料(当面は石油系燃料)を前提とした内燃機関車を市場に供給するであろうし，顧客も入手しやすい燃料が使える自動車を購入するであろう．

一方，石油業界は石油系燃料の需要がある限り，そして利用可能な石油資源を確保できている間は(すなわちビジネスが成り立つ限り)，石油業界自身が保有する石油供給インフラを利用して，ビジネスとして石油系液体燃料を製造し市場に提供するであろう．自らのビジネスを犠牲にしてまで石油系以外の燃料をその流通経路に乗せることは，利便性とコスト面でメリットがなく避けるであろう．また，環境問題や石油資源の利用限界から，石油系燃料の先が見えているとすれば，燃料供給インフラの新規設置や改造に大型の投資をすることも避けるであろう．燃料供給インフラの面からも，石油系燃料以外への変更は容易ではないことになる．

以上に述べてきたように，石油系燃料と内燃機関の関係は極めて強固であり，自動車業界と石油業界はお互いに相手の業界に依存する形でビジネスモデルを維持してきた．これらの相互依存は簡単にはなくならない．また，内燃機関と石油系燃料の組合せが容易には変えられないということは，内燃機関には石油系燃料以外の燃料が使われる可能性は極めて小さいことを意味する．ただし，特定の地域(たとえば，排出ガス規制が強化されていない地域，天然ガスやバイオ燃料が石油代替燃料として有用と判断される地域)や，特定の目的で使われる限られた台数の自動車に対して例外的に使われる可能性はあるであろうし，現にそのような地域も散見される．

なお，ここで石油系燃料としては，石油系燃料にバイオ燃料等を添加しても石油系燃料(ガソリンと軽油)の国家規格を満たしているものは，石油系燃料として論じることとする．

1.3 石油と内燃機関の関わりの今後

前節で述べたように，石油系燃料(ここではガソリンと軽油の液体燃料とする)と内燃機関の組合せ技術の進展により，排出ガス浄化問題もほぼ克服され，内燃機関を搭載した自動車が世界中に普及し，石油の消費量も増大してきた．石油系燃料なくしては内燃機関を搭載した自動車が今のようには普及しなかったであろうし，このような自動車なくしては今のように石油は大量に消費されなかったであろう．すなわち，両者は相互依存しながら発展してきたといえる．このように，石油系燃料と内燃機関の組合せは極めて強固であるが，この強固な関係にも将来的には限界がある．以下の二つの場合が限界の時期として想定される．

① 石油資源の制約から，石油企業が石油系燃料を適切な価格で市場に供給できなくなる時期
② 環境規制(たとえば温暖化対策としてのCO_2規制)により，石油系燃料の使用量が制限される(あるいは禁止される)時期

これらについて以下に述べる．

1.3.1 石油の入手性に関わる懸念

自動車用燃料として石油系燃料(ここではガソリンと軽油)の消費が増大するにつれて，世界の石油の生産が増大し，自噴する在来型石油の油田の多くはすでに採掘され，ポンプで汲み上げたり，油井の側方から水圧をかけたりして石油を絞り取るような生産へと移行してきた．さらに石油の消費が増大して，地上での新油田の発見が困難になり，現在では新しい油田は多くが海底に移っている．

この海底油田も当初の浅い近海における海底油田から，最近では深海さらには超深海油田に移ってい

る．すなわち，2,000～3,000 m の海底からさらに 2,000～3,000 m 地中深く採掘している例も多い．その場合，海面に浮いている櫓上の油井の基地から，合計数千 m の採掘作業であり，危険である上に一旦事故が発生すれば石油の漏洩，その結果としての海洋の環境汚染などの問題が発生し，地上油田とは比較にならないリスクを伴う困難な開発となる．当然開発費用も高額となる．2010 年に発生したメキシコ湾における BP 社の石油流出事故はまだ記憶にあるであろう．5,500 m の掘削パイプが途中で折損したため大量の石油が流出し，掘削基地では火災が発生して多くの犠牲者が出た．深刻な海洋汚染も発生した．最近ではこのような深海にしか新油田はないために，このような危険を冒し，多額の開発コストをかけざるを得ない状況になっている．

しかしながら，上述のような深海，超深海油田も今後 10～20 年も生産を続けると生産量が低下してくるであろうと予測されている．そのために，北極海周辺の比較的浅い海洋油田や非在来型石油であるカナダのオイルサンド，ベネズエラのオリノコ重質油など陸上での採掘によるものが今後の石油資源として注目されるに至っている．

このような非在来型石油の資源量は豊富にあるとされているが，流動性が低い(あるいはまったくない)ことや，不純物が多いために，採掘と輸送，精製が高コストになる．あまりに高い石油価格は消費者が受け入れないため，石油企業は資源があっても採算性の悪い石油開発を断念する事例が最近増加している．このため今後の石油供給が一層減少することになる．また，採掘周辺の環境を破壊する懸念から，このような開発に反対する環境団体等の動きも活発になっている．自動車用として最適であった石油系燃料を自動車が使いすぎて，地球にある安価な石油の大半を使い果たし，自動車用としての石油系燃料を今後長期にわたって確保するのが難しくなってきている状況にある．

付言すれば，近年，米国ではシェールオイルが増産され，最近の世界経済の低迷とも相まって世界市場での原油価格が低水準に抑えられている動向が見受けられる．このような現状は，数年から十数年を要する新たな油田開発への投資を抑制する効果を生み，そのことが供給量の減少につながるため，将来の石油需要増に対して原油価格の上昇を招くものと予想される．いずれにしても，われわれはこのような現象を過去の 3 回の石油ショックを通じても経験したところであり，このような需給のバランスによって原油価格の変動が十数年の規模で生じるであろう．残存する原油資源の生産コストは上昇する一方であるので長期的には原油価格は上昇傾向をたどることは間違いなく，このことは世界経済にも大きな影響をもたらすものと推察される．そのような変動にも左右されない省燃費と脱石油に向けた技術が求められているといえよう．

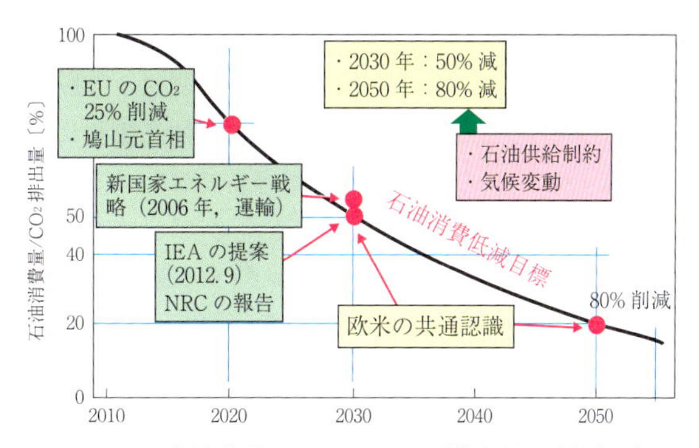

図 1-1　石油消費量あるいは CO_2 排出量の削減目標（2012 年自動車長期戦略策定分科会）

1. 3. 2　石油消費削減目標と経済問題

「今後の石油供給制約，あるいは CO_2 の削減の観点から，石油以外の自動車用燃料を考え直さなければならない時期に来ている」とすでに述べた．

当委員会の前身である「自動車長期戦略策定分科会」の当初の活動目標は，石油(あるいは CO_2)の削減目標を図 1-1 に示すように定めた(2012 年)．当時の種々の情報に基づいて削減目標は 2000 年を基準にして，2030 年に 50%，2050 年に 80% とした．この目標は，先進国が温暖化効果ガスを 2050 年までに 80%低減することを目指すとした 2009 年の G8 サミット以来，確認されている目標とも符合していた．

さらに，IPCC の第 5 次報告書が 2014 年 9 月に発行され，次いで COP21 のパリ協定が 2015 年 12 月に採択された．この協定では先進国は 2050 年には CO_2 排出を 80%削減することが要求されており，自動車長期戦略策定分科会が当初定めた活動目標は適切であったといえる．したがって，ここではこの目標に基づき将来技術の検討を進めていくこととする．

なお，この活動目標は社会・交通システム委員会とも共有しており，本報告書の第 1 部の序章に経緯が詳しく述べられている．

現在は，自動車のほとんどが内燃機関により駆動されており，その燃料はほとんどが石油系燃料に依存している．この石油の入手が容易ではなくなる，あるいは使用の制限を受けるということは，2030〜2050年にかけて，自動車を駆動する動力とそれに用いる燃料(あるいはエネルギー．以下同じ)の組合せに大きな技術的変化が要求されることになる．2050年時点での石油消費80%削減という目標から，石油を消費する動力(内燃機関)を大幅に減らす技術開発が必要になる．すなわち脱石油の方向である．

石油の供給制約が与える影響に関しては，上述の燃料問題だけでなく，見落とされがちな問題として経済に与える影響がある．今までの資本主義経済のもとで産業が発展し経済が拡大してきた原動力は，安価で豊富な石油の供給に支えられてきたといえよう．今後石油開発コストは上昇し，供給量も潤沢ではなくなる可能性が高い．そうであるならば，今までのように経済が右肩上がりに上昇し続けることができなくなるであろう．

したがって，2030〜2050年の技術を議論するにあたっては，まず原動機と燃料の種々の組合せの技術的可能性に注目しなければならない．その上に，これらの将来性を検討するにあたっては，各々の技術に係る検討に加えて，経済の停滞による社会的な制約条件も考慮しなければならないであろう．

1. 3節冒頭の①，②に示した石油系燃料の利用限界が，内燃機関と石油系燃料の組合せ技術が利用できる限界となる．この利用限界時期は一体いつ頃到来するのか，また二つの限界のどちらが早く来るのかを正確に予測するのは容易ではない．しかしながら，世界市場には10億台を超える自動車が存在しており，これらに供給する石油系燃料が急に途絶えることは避けなければならない．とりわけ，貨物自動車の市場寿命は長い場合には20〜25年程度であることを考えると，すでに，内燃機関と石油系燃料の組合せ技術に代わる新しい自動車用動力と燃料(あるいはエネルギー)の導入を考えなければならない時期に至っていると考えるべきであろう．

石油の入手性やCO_2削減の要求から，自動車の石油消費を2030年に50%，2050年に80%削減とする目標を念頭に置くならば，今後の自動車用動力とそれに用いる燃料に関する研究は次のように進めればよいであろう．

(1) まず，現在広く用いられている「内燃機関＋石油系燃料」の組合せにおいて，燃料消費を大幅に減少させる内燃機関に関連する技術の開発．なお，HEV技術はすでに量産が進んでいるので現行技術の範疇であると想定される．

(2) 現在広く用いられている内燃機関を用いて，燃料だけを石油系燃料以外(非石油系燃料，すなわち天然ガスやバイオ燃料)の燃料に変えることの可能性の検討．この組合せ技術は，先進国では検討する必要がほとんどないことはすでに述べた．しかしながら，途上国などではこの技術が必要とされる可能性を否定できないので，一通りの検討を行っておくことも必要と考えられる．

(3) 内燃機関以外の原動機を用いる新しい自動車用原動機とそれに用いる燃料の可能性の検討．

上記のうちで，(1)の課題はすでに現在の研究課題として，研究者も技術者も総力をあげて取り組んでいるので，本稿では今後の長期課題として取り上げる必要はない．(2)と(3)に関して，以下の第3章にて順次検討を進める．

1.4 まとめ

(1) 内燃機関に石油系燃料以外の燃料が将来一般的な燃料として広範囲に使われる可能性は極めて低い．

(2) 長い歴史のある「内燃機関と石油系燃料」の組合せは，石油が受容可能な経済性を維持して供給される限り継続するであろう．

(3) 石油系燃料を利用できる限界の時期は，石油資源の利用限界時期か，CO_2削減の観点から石油の利用が制限される時期かのいずれか早いほうであろう．この時期には，市場から内燃機関のみに依存する自動車がほとんどなくなるような技術開発や政策が必要である．

(4) 安いエネルギーである石油の利用が制限されることによる経済の悪化を見越した技術開発が必要である．

(5) 今後の研究課題

① OECD諸国の将来技術として，内燃機関に代わる動力とそれに用いる燃料(エネルギー)の可能性の検討

② 非OECD諸国への対応策として，内燃機関に非石油系燃料を用いる可能性の一通りの検討

第2章

内燃機関と石油代替燃料

内燃機関車では非石油系燃料が将来使われる可能性は低いと第1章において述べた．自動車排出ガス規制に対応して燃料規格が制定されている国においては，排出ガス特性の悪化や燃料系統への悪影響を防ぐためこの規格とは異なる性状の新燃料を導入しにくいという技術的な制約がある．たとえばわが国では，ガソリンに対してエタノールは3%まで，軽油に対してバイオディーゼルは5%までの混合割合に制限されている．さらに市場にある既販車，ビジネスモデル，供給インフラのような社会的(非技術的)制約もあるため，本格的な普及は困難なのが実情である．一方，レベルの高い排出ガス規制がまだ実施されていない国々や自動車の普及が遅れている国々では，このような制約は弱いため，将来内燃機関に非石油系燃料が利用される可能性が残るものと予想される．

本章では，非石油系燃料の技術的課題と非技術的課題を以下に順を追って解説し，最後に経済からの制約についても述べることとする．

内燃機関に利用される可能性のある非石油系燃料としては，以下のような燃料が考えられる．燃料性状により下記の2種類に分けられる．

① 非石油系であるが，石油系燃料に類似の性状をもつ燃料

この種の燃料は現行内燃機関に大きな設計変更を必要としない．

- 天然ガス
- バイオ燃料(エタノール，バイオディーゼル等)
- 合成液体燃料(GTL，CTL，BTL)

上記のうち，天然ガスを除いて，現行の燃料インフラが利用できる．

② 石油系燃料と性状が大きく異なる燃料

この種の燃料は現行内燃機関の設計変更が必要となる．また新規のインフラが必要となる．

- 水素
- アンモニア

将来石油系燃料(ガソリンや軽油)が利用できなくなった時期に，これらの燃料が石油系燃料の代わりに内燃機関用として将来広く利用できるか否かについて以下に検討する．

ここで，排出ガス規制対応車への利用が燃料規格により容認されている燃料(たとえば，低濃度混合のバイオ添加燃料)は「石油系燃料」とみなす．

2.1 天然ガス

天然ガスは自動車用燃料として地域によってはすでに利用されている．天然ガスが産出する地域では，石油に比べて天然ガスのほうが安価であることと，多くの場合，その地域の天然ガスの利用を促進するための諸政策が以前から実施されていることから，従来のエンジンを改造した乗用車やトラック・バスが市場に普及している．

しかしながら，たとえばわが国では，主に運輸事業者がトラック用の軽油代替のクリーンな燃料として利用している状況にとどまっている．天然ガス車を国内で本格的に普及させるためには，燃料供給インフラを広く設置しなければならない．その費用の一部は国の助成によって賄われているのが実情であり，今後もこのような事業体での利用に限定されるものと予想される．天然ガスも石油と同様に地球上で偏在しており，天然ガスを産出しない他の国々においても同様の課題が生じるであろう．

以上より，天然ガス自動車は将来も安く天然ガスを入手できる地域での限定された利用にとどまるものと予測される．

2.2 バイオ燃料(エタノール，バイオディーゼル)

2.2.1 バイオ燃料の持続可能性

ブラジルでは，1930年代からサトウキビを原料としたエタノール生産が国家主導により行われてきた．米国では1970年代後半から，エネルギー，環境問題そして余剰農産物問題への対応から，トウモロコシを主原料としたバイオエタノールのガソリン

への混合が実施されている．欧州や日本においても，石油代替あるいはCO_2削減のために近年自動車用としてのバイオ燃料の検討が拡大した．バイオ燃料の検討や利用が世界的に拡大する傾向が始まると，バイオ燃料の食料との競合，生態系への悪影響，供給安定性への懸念といった問題が顕在化し，その利用可否を判断するための基準が求められるようになった．

欧州や米国に倣って，日本でも経産省が，「バイオ燃料導入に係る持続可能性基準等に関する検討会」を開催し，2010年3月5日に報告書を公表した．この報告書の要点の一つに「ガソリンのCO_2排出量に比較してLCA(ライフサイクルアセスメント)のCO_2削減水準が50%以上」という項目がある．この基準を満たすのは，当時の世界のバイオ燃料の中でも，ブラジル産の既存農地のサトウキビなどごくわずかしかなかった．国産のバイオ燃料でこの基準を満たすのは，てん菜，建築廃材から製造されたバイオ燃料などであった(参考資料：バイオマス白書2011，バイオマス産業社会ネットワーク)．

以上より，温暖化効果ガス(GHG)削減の持続性という観点からは，バイオ燃料はブラジルのサトウキビから生産されたエタノールなどの例を除けば，今後石油系燃料の代替になる可能性は低いといえる．ブラジルではサトウキビの耕作地の限界などから，国内でのエタノールだけでは不足して，米国から輸入する事態が生じたこともあった．このように，国外へ供給できるほどの生産の余裕がないのが実態である．

2.2.2　エネルギーの利用効率

木質資源を利用したエタノールを内燃機関の燃料として使う場合のエネルギー効率を概算してみる．

木質資源を粉砕し微粒化した後に，糖化・発酵によりエタノール化する過程でエネルギーは50%程度が失われる．通常の自動車の走行条件下では，ガソリンエンジンの熱効率は10〜20%程度である．木質資源としてのセルロースの熱エネルギー利用は，自動車用燃料とした場合は，最終的には10%以下となる(JSAE 2008年夏季大会― GIAダイアログ，「国産バイオ燃料の課題とその解決に向けて」発表資料より)．

一方，木質資源をガス化して発電し，電気自動車に供給すれば，50〜60%程度のエネルギー利用率になるであろう．木質ペレットとして直接熱利用すれば70〜80%の効率になる．バイオマス資源はバイオ燃料化するよりは，直接熱として利用するか，発電に利用するほうが効率が良くなる可能性が高い．

また，『幻想のバイオ燃料』(久保田宏，松田智著，日刊工業新聞社，2009年4月)においては，バイオ燃料の厳密なエネルギー収支とCO_2発生量の計算に基づき，「バイオエタノールで自動車を走らせるべきではない」との結論を出している．

2.2.3　食物系バイオ燃料を巡る欧州の迷走

バイオ燃料の歴史をみれば明らかなように，まずサトウキビやトウモロコシから得られるバイオ燃料が先行した．技術的難易度が低いからである．欧州では，この食物系バイオ燃料を含むバイオ燃料を2020年までに10%混合することを義務づけた．ところが，この義務付けは種々の問題を引き起こし，多くの問題点が指摘された．たとえば，

- 国連報告書(2007. 5)：バイオエネルギーはかえって有害になり得る．
- 国連FAO 2008年食料農業白書：バイオ燃料の効果は政策次第．今の政策は見直しが必要．
- EU内部のバイオ燃料に関する調査結果(2010. 4. 21)：バイオ燃料はかえって有害．
- イギリス政府下のバイオ燃料管理組織(2011. 1. 27)：必要規格を満たしていないものが多い．
- 世界銀行，WTO等の10の国際機関(2011. 6. 9)：バイオ燃料に対する補助金廃止を勧告．
- イギリス科学者グループ(2011. 7. 2)：EUのバイオ燃料の達成目標を批判．
- 世界銀行(2011. 7. 11)：バイオ燃料の導入規定を緩めれば，食料危機を緩和できると提案．

これらの批判を受けて，EUは2013年9月にバイオ燃料が食料価格の高騰と環境汚染につながるとして，農産物から直接作られるバイオ燃料の使用を制限することで合意した．また，当初の目標値10%を上限7%に引き下げた．(参考："European Parliament backs switchover to advanced biofuels", Plenary Session Press release - Environment — 11-09-2013 - 15:03, http://www.europarl.europa.eu/news/en/news-room/20130906IPR18831/European-Parliament-backs-switchover-to-advanced-biofuels)

当初の欧州のバイオ燃料政策に基づき，バイオ燃料の製造を事業者が開始して，ある程度のバイオ燃

料の導入が進んだ．ところが，上記のような問題が発生し，EU もそれを認めざるを得なかったが，事業者の立場に配慮しバイオの導入の廃止は断念して，低い上限値を設定することにとどめた．このように事実上，食物由来のバイオ燃料の利用は否定される結果となった．

2.2.4　第 3 世代のバイオ燃料：藻類由来のバイオ燃料

近年，第 3 世代のバイオ燃料として藻類オイルが注目されている．ニュージーランドのマッセー大学工学部の Chisti 教授によると，面積当たりの燃料生産量で比較した場合，藻類オイルは他のバイオ燃料の 340 倍から 800 倍と報告されている．このようなデータをみて，多くの人が藻類オイルに期待を寄せてきた．

古くは 1940 年代から注目され，現在，藻類オイルの研究を行っている事業体や大学は 300 カ所に上っている．しかしながら，いまだに量産規模の実用化の目途は立っておらず，実験室スケールの結果が量産スケールでは実現できていないのが現状である．米国の National Research Council は，「藻類によるバイオ燃料の商業生産は現在では無理であり，多量のエネルギー，水，肥料が必要である」という見解を 2012 年に発表している（Algae biofuel not sustainable now-US research council, Reuters, http://www.reuters.com/article/us-usa-biofuels-algae-idUSBRE89N1Q820121024）．

このように，これまでの報告をみる限り，藻類由来のバイオ燃料の実用化は 2030 年頃であってもかなり困難と判断される．

以上，種々の情報や研究報告から判断すると，自動車用にバイオ燃料が石油代替として近い将来に広く普及する可能性は極めて低いと判断される．ただし，地域によっては特殊な用途で限られた量で，その地域特有のバイオ燃料が利用されることは十分にあり得る．

2.3　合成液体燃料（GTL，CTL，BTL）

GTL（ガス液化燃料），CTL（石炭液化燃料），BTL（バイオマス液化燃料）は，いずれも 1920 年代に開発された「フィッシャー・トロプシュ法」を基本とする製造方法により合成される液体燃料である．これらの燃料は硫黄などの不純物が少なく，“クリーン”な炭化水素燃料であり，石油系燃料と性状に大きな違いがないので，現行技術の内燃機関にもそのまま，あるいは石油系燃料と混合して使えるという利点がある．

しかしながら，これらの燃料は，いずれも原料からの変換効率が悪いことが欠点とされる．種々の報告から判断すると，変換効率は高々 60％程度である．このために製造コストが高くなり，$30～60/バレルといわれている上，製造過程で多くの CO_2 が発生することになる．アメリカ国立再生可能エネルギー研究所（National Renewable Energy Laboratory：NREL）の研究によれば，燃料サイクル全体としてみた場合，石炭から製造した合成燃料の使用による温室効果ガスの放出は，石油を用いた場合の 2 倍近くになるとされている．生成された燃料は，セタン価が高く軽油の性状に近い．ガソリンに近い性状，すなわちオクタン価の高い燃料に変換する可能性もあるが，変換効率がさらに悪化することになる．また，GTL や CTL は初期投資（設備）に巨大な投資が必要である．特に，経済停滞時には採算性の懸念により開発投資が控えられる．かつては多くの研究用設備が開発中であったり，稼働しているものもあったが，2007 年以降は中断したり撤退する例が増えているのが実情である．

別の問題点として，原材料が十分にはない点が挙げられる．在来型の天然ガスは，石油と同程度か多少多い程度の資源量である．非在来型のガスとして米国のシェールガスへの期待が大きく報道されたことがあるが，一方では環境への懸念から慎重論もあり，米国以外でシェールガスの開発は進展していない．また，米国でもすでに生産量に陰りがみえてきているとする予測もある．したがって，世界が GTL 用の原料としてシェールガスに頼ることは当分の間できないであろう．火力発電に使われている石炭をすべて CTL に回しても（発電量確保のためにこれ自体が不可能であるが），石油系燃料の量には匹敵しないであろう．天然ガスあるいは石炭資源が豊富にある地域では，特殊用途（たとえば軍事用）として部分的に使われる可能性はある．たとえば，米国では軍の飛行機用として利用されている．

BTL は元になる資源量がさらに少ない．しかしながら，廃棄物処理の観点から，特定の地域で少量ではあるが利用される可能性はある．

上記のような種々の欠点があるために，合成燃料が石油系燃料に代わって内燃機関に広く利用される可能性は極めて低いと判断される．

2.4　水素とアンモニア

水素やアンモニアを内燃機関に用いる研究例は古くからある．これらの燃料の場合は，内燃機関に使えるとはいえ，内燃機関の設計変更が必要となり，さらに，まったく新しい燃料であるためにこれらの燃料のための供給インフラ(インフラの問題は詳しく後述する)が新規に必要になるという問題がある．巨大なインフラ投資を誰が負担するかという問題に加えて，「自動車が先か，インフラが先か？」の議論で容易に結論が出ないことをわれわれは経験してきているところである．

最終的には，水素は原子力発電の電力による水の電気分解から得られると考えられるが，原発電力が今後日本で，また世界で十分得られる可能性は不透明である．また，アンモニア製造には水素が必要であり，同じ問題を抱えることになる．製造方法が確立していないものに対しては，インフラ投資は進まないであろう．

天然ガスから水素を製造するプロセスは「再生可能」でない上に変換効率が低い．天然ガスを使うとすれば直接内燃機関に使用するか，発電に利用すべきであろう．

余剰の再生可能電力がある地域で，その電力により水素を生産して，それを内燃機関用燃料とする可能性が想定されるが，限られた地域の限られた用途になるものと考えられる．

以上より，水素，アンモニアが単独で2030年頃から石油系燃料に代わって内燃機関に広く使われる可能性は極めて低いと判断される．

2.5　非技術課題の検討

2.5.1　新しい燃料インフラの制約

自動車用として新しい燃料を導入しようとする場合，必ず燃料供給インフラの設置に関わる問題が発生する．この問題について以下に示す．

(1) 新しい燃料の場合，いずれの燃料にせよ，「自動車が先か，インフラが先か？」の議論が必ず発生する．今までにこれに対して適切な解を得た例はほとんどない．

(2) 最近の自動車産業はグローバル化しており，国内仕様だけではビジネスとして成立しにくい．したがって，使われる新しい「原動機と燃料」の組合せは国際的に通用するものでなければならない．すなわち，長期的には新しい燃料インフラを世界中に設置しなければならないことになる．このためには，技術の先進国と考えてもよいOECD諸国が，その「原動機と燃料の組合せ」が将来の世界標準になるであろうという共通認識をもっていることが必要であろう．日本がこの新しい「原動機と燃料の組合せ」を提案し世界をリードするためには，OECD諸国が納得するような確固たる将来設計を提示できなければならない．日本国内だけで通用する孤立した日本独自の技術では，自動車産業は成り立たないであろう．

(3) 現在，自動車に関わる主要な燃料・エネルギーを供給している業界は，石油，天然ガス，電力業界である．これらの各々の業界が，自らが担当する燃料・エネルギー以外の新しい燃料供給インフラの構築に積極的になるとは考えにくい．また，これらの業界以外の業界が新しい燃料のインフラ構築に参入することも考えにくい．

(4) 今後，世界の経済が長期的にさらに発展する可能性は低く，良くて現状並み，悪くすればいずれかの国が経済破綻をきたし，これが世界経済に大きな悪影響を及ぼす可能性すらある状況といえる．このような状況下で，巨額の負債を抱え，今後の税収も落ち込む可能性の高い先進諸国の政府が，将来性が不明確な新しい燃料の供給インフラに多額の出費を続けることは困難であろう．

(5) 天然ガスのインフラ設置に関して：天然ガスも所詮は石油と同じ有限な資源である．石油より資源量が多いとはいえ，石油に次いでいつかは供給が減少し枯渇する．つまり究極の燃料ではなく，「つなぎ」の燃料であろう．「つなぎ」の燃料のインフラに投資することは，社会的な損失となる．ただし，天然ガスが豊富かつ安価に得られる地域では，その地域に限定して天然ガスが用いられるであろうし，世界の中で現にそのような地域が存在する．日本での利用は限定的になるものと予想される．

(6) 水素インフラの設置に関して：石油の消費やCO_2の削減が目的であるから，水素の場合は再生可能エネルギーによる水素製造法を前提として検討する必要性があり，国のロードマップでは2040年頃の実現を目指している．しかしながら，水素を燃料として普及させるためには，この最終的な製造方法による水素の販売営業が自立できなければならない．供給インフラの設置費用と運営費用を水素コストに上乗せした水素価格が消費者にとって受け入れられる価格でなければならない．現時点での見積りによるインフラに関わる費用と水素製造コストでは，政府の財政的支援なくしてはビジネスの成立が難しく，新興国においてはなおさらであろう．

以上より，まったく新しい燃料の供給インフラを世界中に構築することには，多くの困難が伴うことになる．一方，充電方法と発電に使う一次エネルギーにまだ課題が残ってはいるが，電力はすでに世界中で利用可能なインフラがほぼ整備されているので，電力を電気自動車に使うほうがむしろ経済的であろう．

2. 5. 2　経済の制約

2008年の石油価格急騰とその直後に発生したリーマン危機により世界は経済恐慌ともいえる状態に陥った．その後各種の経済政策が講じられ最悪の状況からは脱したものの，世界全体でみれば，2010～14年頃はまだ回復期にあったといえる．このような世界全体の経済停滞が世界の石油消費量の増加を抑制したことや米国でシェールオイルが無計画に増産されたことなどが重なり，石油の供給過剰感が広がり，2014年に石油価格暴落が発生した．以前はサウジアラビアがOPEC全体の生産調整をリードして油価の安定化の役割を果たしていたが，2014年の価格暴落時には政略的にこの役割を放棄した．このために，市場の石油価格はこの2014年の油価暴落後，不安定な状態が続いているのが現状である．

現在(2016年11月)の1バレル当たりの原油価格は$40～$50程度であり，2011～2014年の市場石油価格$100と比較されて「低油価」という捉え方をされることが多い．しかしながら，世界経済が発展していた2000年頃の$20よりまだ高い水準であり，経済発展にとってはまだ高いレベルであるともいえる．

一方で，原油の生産コストは世界平均では$60～$70程度まで上昇したために，大半の石油企業は現在赤字経営に陥っている．その結果として，石油業界や産油国の多くは新しく原油を開発する資金的余裕がなくなっているため，将来の原油開発計画を縮小したり中断したり，さらには廃業や企業統廃合に追い込まれている場合すらある．特に非在来型原油(オイルサンド，シェールオイルなど)を扱う業界においてこの傾向が顕著である．

今後は生産コストの高い非在来型原油の新規開発は困難になると予測されている．石油業界が高油価を期待しても，高すぎる油価は経済を悪化させるという「見えない天井(上限)」が存在するために，このような状態は今後も継続されるであろう．数年後に原油生産量が低下するとの懸念をIEAが警告するに至っている．2020年頃から世界の原油生産量は減少し始めるとの予測もある．

上記のように今後の石油開発が縮小されるならば，世界の石油生産量は予想されている以上に早く減少し始めることになる．内燃機関に用いる石油系燃料の利用限界時期は，CO_2規制による限界と石油系資源量による限界とのいずれか早いほうになると1. 3節冒頭①，②で述べた．今後の石油代替燃料(エネルギー)や内燃機関に代わる動力の開発のペースは，CO_2制約を優先して考えがちであるが，原油生産動向にも十分な注意を払って進めていかねばならない．

石油価格が高すぎれば経済は停滞する．また，資本主義社会の仕組み自身が経済発展しにくい状態になっており，この二つの要因のために今後は世界経済の停滞状態は長く続くと考えられる(詳細は第1部第2章「エネルギーと経済」参照)．今後の経済が停滞するならば，社会の中間層の賃金も上昇せず，自動車購買力が低下するであろう．購入される自動車も従来とは異なった車種や，価格，性能，維持費が要求されるであろう．それに従って，自動車に対する価値観や利用のあり方も変わるものと予想される．将来の原動機や代替燃料を考えるときには，それらの価格や維持費が現在より高いものでは社会に受け入れられなくなる可能性があることを想定する必要があろう．

今までに述べてきたような技術的課題に加えて，この項で述べた「経済の制約」も自動車用動力や燃料の将来技術を議論する上で重要である．

第3章

新動力と新エネルギー

現在候補に挙がっている内燃機関以外の動力と燃料(あるいはエネルギー)の組合せは,

・FCV(Fuel Cell Vehicle):(電動モーター＋燃料電池)＋水素

・BEV(Battery Electric Vehicle):(電動モーター＋蓄電池)＋外部電気

である.これらの技術の現状と今後の可能性の検討結果を以下に示す.

3.1 燃料電池車(FCV)

世界に先駆けて,トヨタ自動車は燃料電池車(FCV)を2014年12月に発売を開始した.ホンダは2016年3月に発売するに至っている.このような水素を燃料とする新しい自動車が市場に現れ始めているが,今後このような自動車が主流になっていくには,まだ多くの課題を解決していかねばならないであろう.これらの課題について以下に検討する.なお,FCVのエネルギー消費量や,CO_2の排出量に関しては,第1部8.1.2項「低炭素エネルギーの活用」に詳しく述べられている.

3.1.1 水素供給インフラの将来計画と現時点での水素インフラの状況

第2章にて述べたように,新しい自動車用燃料を市場に導入するにあたっては,燃料供給用のインフラが重要な因子である.まず日本における水素インフラの状況を以下に示す.

2014年6月に資源エネルギー庁が公表した資料(図3-1)によれば,2015年に100カ所の水素ステーション(以下,水素ST)を整備して,商用展開に向けた環境整備を行うことになっていた.水素STの自立的展開は2020年の半ば頃から可能になるような計画となっている.

この計画に対して,2015年9月時点では計画中は81カ所で,開所したのは26カ所であり,当初計画からはかなり遅れている.日本国内のガソリンステーションは2015年時点でおおよそ33,000カ所である.これと同等の水素ST数を設置するのには相当な長い道のりが必要になろう.

当初の計画を実現するには,資源エネルギー庁の資料からも明らかなように,

① 適切な水素価格(HEVの燃料代と同等以下になる)

② 自立的商用展開可能なSTコスト(現行コストの半額)

③ 適切な車両価格(同サイズのHEVと争える価格)

が必須である.これらの点について現在の実力からみると,いずれも厳しい課題である.産官の協力体制のもとで,これらの難問が解決されることが期待される.

また,水素の製造方法のカーボンフリー化が実現するのは2040年以降になることが図3-1から読み取れる.したがって,FCV車からのCO_2削減が確実に実現できるのは,すべての計画が順調に進んだとしても2040年以降となる.2050年までに石油消費(あるいはCO_2)削減80%の目標値達成には大きな貢献はできないと解釈される.

第2章で,将来燃料を市場導入する場合のインフラの制約について述べたように,日本国内だけで通用する孤立した独自技術では,自動車産業は成り立たない.FCVが将来の世界標準になるであろうという共通認識を少なくとも先進諸国間で共有し,FCV技術そのものだけではなく水素インフラの拡充についても国際的な連携を進めていく活動をさらに強化することが必要であろう.

3.1.2 現在のFCVの販売価格と将来の価格見通し

今現在発表されているFCV車の販売価格は,

・Toyota MIRAI:723万円(補助金300万円程度)

・Honda FCV CLARITY:756万円(補助金300万円程度)

である.この価格は戦略的価格であり,現実のコストを反映しているとは考えられない.また,長期的

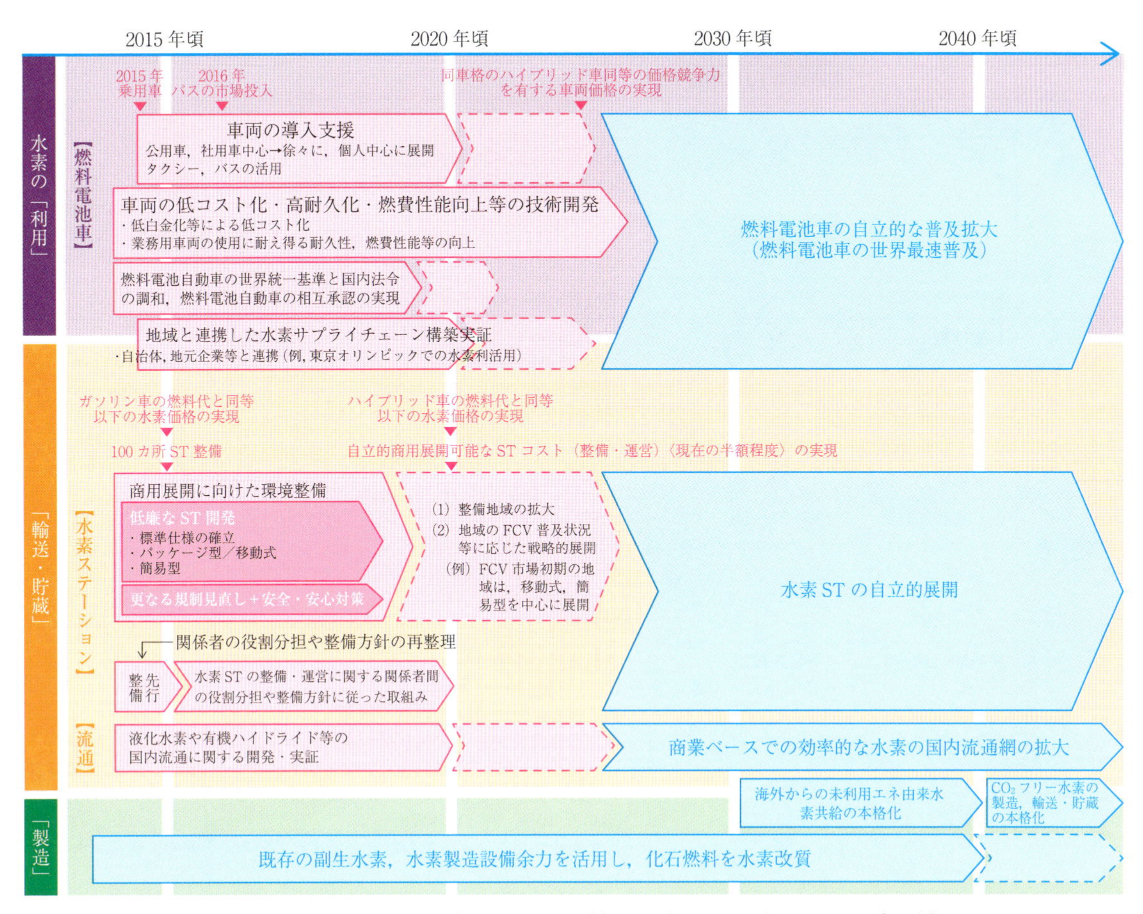

図 3-1　燃料電池車の導入ロードマップ（2014年6月，資源エネルギー庁）

には補助金はなくなると考えるべきであろう．今後のコスト低下を製造者が努力しても，やはり高級車，高価格車であろう．新しい自動車技術が国際市場で普及拡大するためには，顧客の中間層が受け入れる価格帯であることが必要である．

一方，第2章で述べたように，日本も含めて世界の経済は今後も停滞することが予測される．現時点ですでに国内では軽四輪車のシェアが徐々に増えており，このような傾向は今後も続くであろう．将来の社会の状況を想定すると，小型で低価格のFCVの開発に主力を置かねばならないであろう．その際，今後相当のコスト低減が必須であろう．

3.1.3　将来の水素製造方法

資源エネルギー庁の資料「水素の製造，輸送・貯蔵について，平成26年4月14日，燃料電池推進室」によれば，水素の製造方法と製造コストは表3-1のようにまとめられている．この表に示されるようにさまざまな製造方法があり，それぞれ固有の経済性を示す．技術開発の過程で当面は製造コストの安い副生水素の利用が前提となっているが，FCVを導入する本来の目的からは，将来的には再生可能エネルギーを用いたクリーンエネルギーとしての水素が必要とされる．しかしながら，その技術では製造コストがかなり高くなるのが実情である．

また，光触媒により，水分解をして水素を製造する技術が注目を集めているが，いまだ開発段階である．実用化に耐えるプラントでは約10%の光触媒の変換効率が求められているのに対して，現在では1%程度にとどまっており，一層の技術開発が必要である．

3.1.4　FCVに用いられているレアメタル，レアアースの使用量と資源量や価格の見通し

FCVに使用される貴金属類の役割は非常に重要である．技術は日々進歩しており，貴金属の使用量の削減は将来大きく進展することが期待される．削減されなければ，FCVの量産コストが高止まりし，

表 3-1　水素の製造方法

		製造コスト〔円/Nm^3〕	備考
副生水素	苛性ソーダ	20	・各種資料からの引用であり，詳細は不明.
	鉄鋼	24～32	・各種資料から 12～20 円/Nm^3. ・「水素社会における水素供給者のビジネスモデルと石油産業の位置付けに関する調査報告書」(石油産業活性化センター，平成 15 年)では 16.3 円/Nm^3 であるが，最新のエネルギー価格に基づくと 28.1 円/Nm^3 となり，上記の価格に比べ 12 円の上昇.
	石油化学	20	・各種資料からの引用であり，詳細は不明.
目的生産(既存設備)	石油精製	23～37	・各種資料から 10～24 円/Nm^3. ・「水素社会における水素供給者のビジネスモデルと石油産業の位置付けに関する調査報告書」(石油産業活性化センター，平成 15 年)では 11.1 円/Nm^3 であるが，最新のエネルギー価格に基づくと 23.7 円/Nm^3 となり，上記の価格に比べ 13 円の上昇.
	アンモニア	N.A.	
目的生産(新規設備)	化石燃料等改質	31～58 (※)ランニングのみ	・改質器の設備費等は含まない. ・改質効率を 70% と想定. ・都市ガス(工業・商業用)1.7 円/MJ，A 重油 1.4 円/MJ，LPG 2.9 円/MJ，ナフサ 1.8 円/MJ. ・PSA 用電力は 0.33 kWh/Nm^3-H_2. 2012 年の電力平均単価 16.5 円/kWh.
	水電解	84(系統電力) 76～136(風力～太陽光) (※)ランニングのみ	・電解装置の設備費等は含まない. ・電解効率を 70% と想定. ・系統電力は 2012 年の電力平均単価 16.5 円/kWh. ・調達価格算定委員会資料に基づき，風力発電は 30 万円/kW，太陽光は 10 kW 以上を 29 万円/kW，10 kW 未満を 38.5 万円/kW とし，コスト等検証委員会の手法により発電単価を推計すると，各々 14.9 円/kWh，23.6 円/kWh，26.8 円/kWh. ・水素製造は発電サイトでの電解を想定していることから，送電コストは含まない.

(注) 過去の各種調査より抜粋しており，必ずしも同じ前提に従って計算されたものではない．また，電力料金，化石燃料価格等の上昇等に伴い，現在，コストが高くなっているものもあると想定される．

資源エネルギー庁：水素の製造，輸送・貯蔵について，平成 26 年 4 月 14 日

さらに，貴金属の供給量がネックとなって FCV の生産台数が増えていかないことになる．触媒として利用される白金系の貴金属は資源供給面で制約を受ける．白金系金属は鉱石の品位が数 ppm と低く，また現状ではこれらの鉱石の大半は南アフリカとロシアの限られた鉱山で採掘されている．現在の消費量を前提とすれば，可採年数は 100 年以上あるため，深い深度の鉱石を低いコストで採掘する技術が開発されれば，生産量が増大する可能性はある．

しかしながら，採掘に必要なインフラの整備などにかかるコストを考慮すると，当面は年間数百トンの資源供給が上限とみられるという専門家の意見(東京大学岡部教授)がある．FCV 車をガソリン車に代えて世界中に普及させようとすると，さらに貴金属の使用量を削減していかなければならない．

3. 1. 5　FCV の将来性に対するまとめ

(1) 2050 年までに FCV が市場に普及する可能性は，社会／都市づくりのビジョンと施策の継続性に大きく左右される．

(2) 技術的にいえば，供給インフラの整備，水素製造技術の革新(量産性，経済性)，そして FCV 価格と必要な貴金属の供給制約への課題がある．最近の技術の進化，および特定国家のコミットメント内容(供給インフラの拡大，車両インセンティブの提供など)など FCV の将来に向けてプラスに働く動きは散見される．

(3) FCV が将来の世界標準になるという共通認識の形成には一層の努力が必要と判断される．

(4) 総合的にみて，2050 年時点での量産拡大の将来性が明るいと判断するまでには到達していない．

3. 2　電気自動車(BEV)

3. 2. 1　充電技術の現状と将来

BEV 普及のための課題の一つは，走行可能距離

と同時に充電時間である．表 3-2 に国内で販売されている主な BEV の充電性能を示す．いずれも充電時間が 15 分以上かかるので，ガソリン・軽油給油に比べると利便性の点で大きなハンデとなっている．ここでは，充電器の現状と将来を述べるとともに，もう一つの課題である充電器のインフラ整備についてレビューする．

(1) 充電技術

(a) 普通充電器

単相 AC100 V，200 V コンセント，200 V ポール型の 3 種類がある．その性能は，200 V の場合，3 kW の出力の普通充電時間 30 分で約 10 km 程度走行可能となる．装置，設置費用は比較的安価であるが，充電時間が長いので，パーソナルユースやパブリックでは事業所駐車場など目的地充電の用途が中心となる．しかしながら，充電の効率を無視しても，現実的な充電時間としての夜間の 8 時間充電(普通充電)で 160 km の走行可能距離となる．BEV の走行距離の限界は充電量の限界が重要な因子となる．

(b) 急速充電器

3 相 AC200 V，出力が 50 kW と高いので，充電時間 15 分で約 80 km 程度走行可能となる．高速道SA，ガソリンスタンド，道の駅など経路充電や緊急充電に多用される．日本では，3 相 AC200 V で 50 kW 以上を使う場合，高圧電圧(6,600 V)の供給契約が必要である．その場合，変電設備などの初期投資(約 200 万円)や電気主任技術者による維持管理が必要である．これを抑制するために，従来の低圧電圧契約のままで入力電力を 28 kW とし，出力 50 kW に不足する分を付随した蓄電池でカバーする充電器も登場している(図 3-2)．これとは別に，将来，一充電航続距離がより長い BEV が広く普及する場合を考え，急速充電の高出力化も検討されている．

一方，急速充電が普及した場合に，昼間に急速充電が集中すると，電力供給に支障が出るという懸念も指摘されている．しかしながら，急速充電を分散させることでは，緊急対策としての急速充電の目的を果たせなくなる可能性があり，今後の課題であろう．

(c) 非接触充電

導電材接点を接続することなく電力を移送する非接触充電は，ドライバーが車から降りてコネクタを接続する手間を省き，車中で充電操作できることから，省力化という意味ではガソリン給油に勝る．こ

表 3-2 主な量産 EV の走行距離，充電時間など

		LEAF	e-NV200	i-MiEV	MINICAB-MiEV	MINICAB-MiEV TRUCK	FIT EV	デミオ EV
		日産自動車		三菱自動車工業			ホンダ技研工業	マツダ
一充電走行距離(JC08)		280 km	190 km	180 km	150 km	110 km	225 km	200 km
充電時間	200 V 普通充電　フル	11 時間	8 時間	7 時間	7 時間	4.5 時間	約 6 時間	約 8 時間
	100 V 普通充電　フル	—	—	21 時間	21 時間	14 時間	約 23 時間	—
	50 kW 急速充電 80%	30 分	30 分	30 分	35 分	15 分	約 20 分	約 40 分
搭載電池	種類	リチウムイオン電池						
	総電力量〔kWh〕	30	24	16	16	10.5	20	20
モーター	最高出力〔kW〕	80	70	47	30	30	92	75

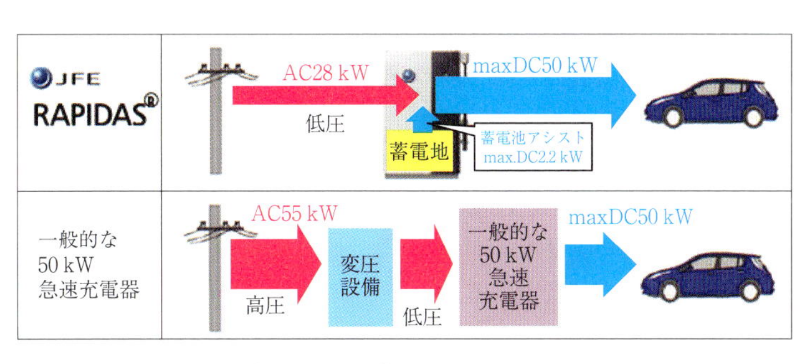

図 3-2 RAPIDAS(蓄電池付き)と一般的な 50 kW 急速充電器[3-1]

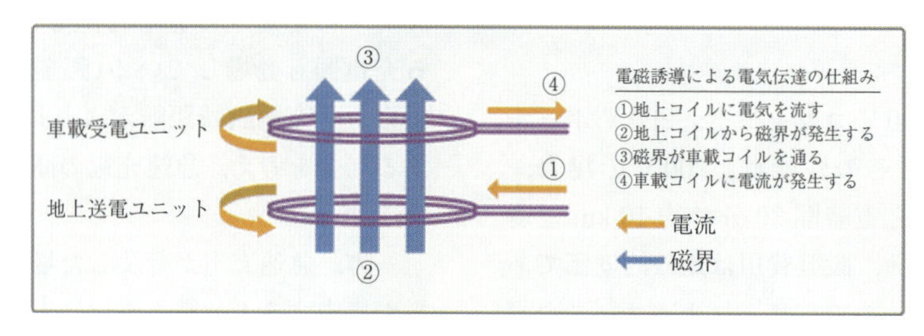

図 3-3　電磁誘導式非接触充電の例(3-2)

のメリットはエネルギー補填時間のデメリットをも凌駕する可能性を秘めている．

たとえば，駐車場に車を止めて数十分の間，読書，スマホ，音楽鑑賞を楽しみながら給電が完了する．このように，車外に出ることと充電ケーブルの取付け・取外しから解放されれば，数十分の充電時間が車中での有意義な時間に変身する．さらに，車が走りながら給電できるようになると，もはや走行可能距離と充電時間の足かせは外れる．したがって，非接触充電の実用化によって，飛躍的に EV の普及速度が上がることが期待される――との謳い文句がある．このような効能は確かにありそうではある．しかしながら，「数十分の車中での時間」を有意義と感じるか否かは人それぞれであろう．

EV 等で使う大容量の非接触充電には，電磁誘導方式と磁界共鳴方式の 2 種類が主に検討されている．電磁誘導方式は，駐車場に設置したコイルに電流を供給し磁界を発生させ，その磁界を車載コイルで電流に変換するという相互電磁誘導技術を利用する．大容量の電力移送も可能だが，移送距離が 15 cm 程度と短い．一方，磁界共鳴方式は，同じ固有振動数の地面側送電コイルと車両側受電コイルで起こる磁界の共鳴現象を利用して，電力を伝送する技術を用いる．送受電装置間の移送距離を 1～2 m とする可能性もあり，位置ズレに強いメリットがある．しかしながら，伝送効率の向上が課題である．

非接触充電で移送距離が短くても，ナビゲーション画面で駐車位置を指定すると自動的に目標位置への駐車が可能となる運転者支援機能を組み合わせたシステムも提案されている．コイル間の位置ズレを解消し，常に最大効率で充電ができるとしている（図 3-3）．

図 3-4　走行中充電専用レーン実証実験（イギリス政府）(3-3)

(d) 走行中非接触充電

磁界共鳴方式の出現は，非接触充電の自由度を高め，走行中充電実用化のブレークスルーと期待されている．近年，国内磁界共鳴方式を使った走行中充電の実験が進められている．また，海外ではイギリス政府が，道路上を走行する EV に無線で充電する新技術の実証実験を 2015 年中に着手するとしている．同プロジェクトに今後 5 年間で 5 億ポンド（約 970 億円）を拠出する（図 3-4）．

(2) 充電インフラ

(a) 充電器設置状況

日本が中心となって推し進める CHAdeMO 規格の急速充電器の設置数は，2015 年 10 月末現在，世界中で 9,000 カ所（日本 5,500，欧州 2,350，北米 1,300）を越えている（図 3-5）．CHAdeMO 設立当時

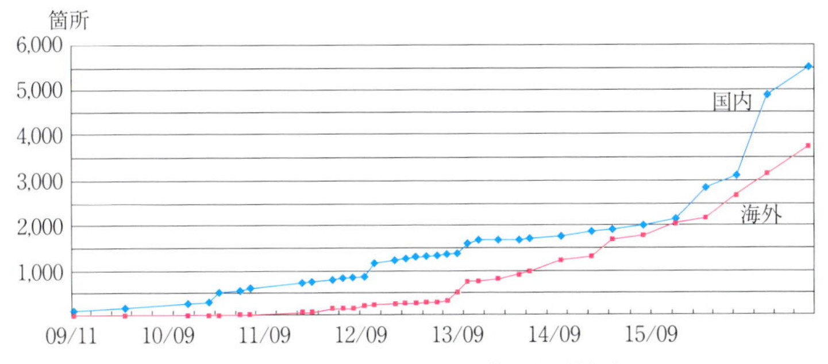

図 3-5　急速充電器設置箇所推移(3-4)

(2010年4月)の200カ所に比べると9,000カ所はかなりの増加にみえるが，CHAdeMOでの見通し(図3-6)の2015年末でEVの保有台数6万台と比べると見劣りがする．また，国内のガソリンスタンド数は淘汰されたとはいえ33,000カ所ある．給油機はその4～6倍と考えられる．少なく見積もって4倍としても，13万基の給油機が存在する．一方，急速充電器は国内で6,000基を切る程度で，EV普及を後押しするには不十分とみられる．

図3-5によれば，国内はここ1年の普及の伸びが急である．これに貢献しているのがコンビニエンスストアである．ファミリーマートでは2014年に急速充電器設置を公表した．2015年8月末現在，680店舗に設置している．コンビニエンスストアを含めた商業施設での設置増加の背景には，充電時間を滞在機会・時間に変換しようとする設置側の狙いによるところもある．

今後のインフラ整備の可能性として，コンビニエンスストアの活用が考えられる．国内の店舗数は5万5千軒．都市部のコンビニエンスストアの駐車場がないので，東京都の7千店舗を除くと，おおむね4万8千軒が急速充電設置可能店舗となる可能性がある．

(b) インフラ普及策

EV・PHEVの充電インフラ普及のため，政府やEV製造業者などが種々施策を講じてきた．政府は，充電インフラ整備促進事業として，2012年度補正予算で1,005億円の補助制度を施行した．充電器設置にかかった費用(充電器本体，工事費)の2/3を補助するという内容である．そして，2014年度補正予算でも，対象に課金装置も加えた補助制度が300億円規模で実行された(申請締切：2015年12月28日)．経済産業省は，この300億円の一部で設置費用を全額補助して，全国1,040カ所あるすべての

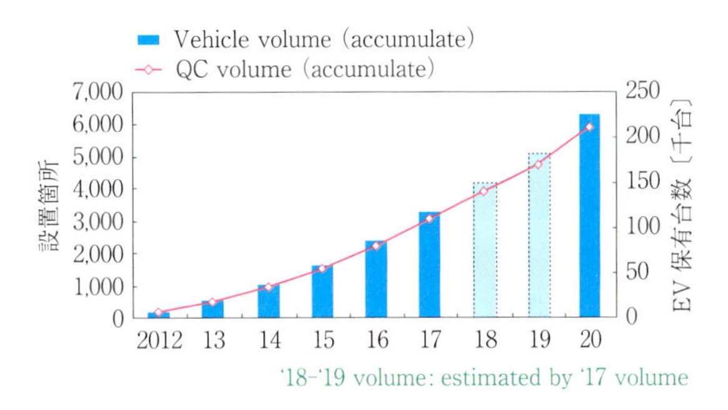

図 3-6　急速充電器とEVの普及見通し

「道の駅」に充電器を設置するとしている．

また，自動車メーカー4社(トヨタ，日産，本田，三菱)が中心となって，2014年5月に合同会社日本充電サービス(NCS)を設立した．NCSは政府系補助控除後の設置費用と維持費用，電気代を全額補助する．同時に設置者はNCSにEVユーザーからの充電サービスにかかる利用料徴収等を委ねる．NCSは，普及促進のためEVユーザー利便向上として，NCSカードひとつで全国の充電ネットワークをカバーすることを目指している．

このように充電インフラ整備には，今後も官民一体となった普及策の継続が必要となる．

(c) 充電時間と走行距離

急速充電器を各家庭で備えるには充電器自身の費用のほかに電力量の制限など多くの困難があるので，普通充電器を用いることになる．国内の一般家庭で使える普通充電器で夜間充電できる電気量は200 V×15 A×8 h×効率0.7～0.8＝17～19 kWhとなり，走行可能距離は170～190 km程度となる．これは蓄電池性能にはかかわらない．一充電で走行できる距離を長くするには燃費(電費)を向上させることが不可欠である．BEVを普及させる上では，この走行距離の限界は重要である．小型軽量化した車両を用いるのが有効であろう．

3.2.2 BEVに用いられているレアメタル・レアアース

BEVの今後の普及に際し，課題の一つとなるのがレアメタル・レアアースの使用である．BEVでは内燃機関による排出ガス放出がないので，従来車両で排出ガス処理に使われる白金族の使用は不要となる．その代わり，モーターと二次電池が必要となる．モーターには主にネオジム(Nd)とジスプロシウム(Dy)のレアアースが，二次電池には主にリチウム(Li)とコバルト(Co)のレアメタルが使用される．

(1) モーターのレアメタル・レアアース

BEVでは，一般的に小型，軽量，高効率が実現可能な永久磁石式同期モーターを使用している．永久磁石にはフェライトに比べて高い磁力のネオジム磁石が使われる．ネオジム磁石は熱的に不安定で，温度上昇に伴って保磁力が急激に低下するという欠点がある．この欠点を補うため，同じレアアースに属するジスプロシウムを添加する．これによりネオジム磁石の高温での保磁力を安定維持できるようになった．BEVのモーターに使用されるネオジム磁石は，車格にもよるが約1～2 kg/台といわれている．そして，磁石の約30%がレアアースでできており，レアアースの15%をジスプロシウムが占める．

(2) 二次電池のレアメタル・レアアース

現在BEVで使われている二次電池のほとんどがリチウムイオン電池である．リチウムイオン電池は，HEVで使われているニッケル水素に比べ小型，軽量かつ電圧が高いため，内燃機関を併用しているHEV以上に電池のエネルギー密度を重視するBEVの主力電池となっている．リチウムイオン電池でレアメタルの使用が著しいのが正極である．正極材としては，コバルト系，三元系(ニッケル・マンガン・コバルト)，マンガン系，ニッケル系，リン酸鉄系の5種類が現在使用されている．

コバルト系は高価なため自動車用にはあまり使われない．三元系は自動車用にも採用されているが，熱安定性が低く使用が限定される．BEV用で主流となっているのが，熱安定性も高く比較的安価で価格が安定しているマンガン系である．ニッケル系は，現用される正極材料では最も熱安定性が低く，使用条件，加工に難があるためコスト高となるが，高効率なため航続距離を伸ばす目的で採用される例もある．リン酸鉄系は国内では実績はないが，熱安定性

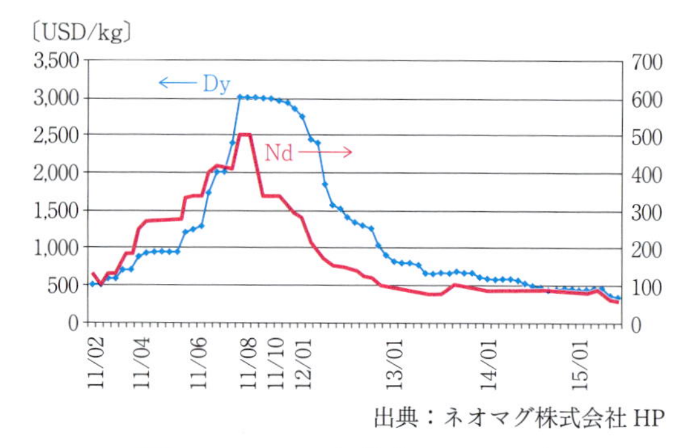

出典：ネオマグ株式会社HP

図3-7 Nd, Dy価格(FOB-China)

が高く，使用時の制約が緩和されることから，中国では以前より実績があり，BEV用の主流になっている．

(3) レアメタル・レアアースの現状と今後

ネオジムは，2010年中国の禁輸措置の際，国内でレアアースという言葉を定着させるきっかけとなった金属である．禁輸措置以来価格は上昇し，2011年夏にはネオジムが$500/kg，ジスプロシウムが$3,000/kgまで高騰したが，その後，需要減退などにより価格低下が続いており，現在はそれぞれ$70/kg，$400/kgで推移している(図3-7)．ネオジムを含むレアアース鉱は米，豪など世界中に分布しており，決して希少とはいえないが，ウラン(U)やトリウム(Th)などの放射性元素が含まれるので，鉱石からネオジムを生産する際には，これらの放射性元素の処理が課題となる．

一方で，ジスプロシウムなどの重希土類元素を多く含む鉱石は，中国龍南のイオン吸着鉱床にのみ偏在している．しかもイオン吸着鉱床は放射性元素を含まないため処理コストがかからず価格競争力が高い．このため，現在，ネオジム，ジスプロシウムの生産は中国に集中している．ジスプロシウムはネオジムの約6分の1しか埋蔵していないとされ，真に希少な元素である．

ここ数年，国内ではジスプロシウムの使用量を減らしたネオジム磁石が開発された[3-5]．また，中国以外からもジスプロシウムを調達している[3-6]．これらの動きが最近の価格低減に貢献している．今後も中国との不安定な外交関係が懸念されるので，脱ジスプロシウム磁石の実用化へ向けて，さらなる研究開発の促進が待たれる．

リチウムは地表に広く分布しており，資源的に希少な元素ではない．現在，リチウムの生産は4万

トン弱だが，その生産には限界がある．世界一の生産地であるチリのアタカマ塩湖では，かん水から炭酸リチウムを精錬している．精錬といっても時間をかけて乾燥しているだけである．このため，鉱石採掘に比べコストが安い．ただ，かん水から炭酸リチウムになるまで約1年の時間がかかる．したがって，リチウムの需要が短期に膨らむと，価格の高騰や供給リスクの可能性がある．

また，正極ではコバルト，ニッケル，マンガンのレアメタルも使われる．むしろこれらの金属のほうがリチウムより使用量が多い．たとえば，三元系ではリチウム7%，コバルト12%，ニッケル31%，マンガン17%の分率である．特にコバルトはリチウム以上に希少金属である．現在，コバルトの生産は約8万トン．コバルトはニッケルの副産物として生産されるため，ニッケル生産の影響を受けやすい．加えて，生産はコンゴ民主共和国が約50%を占め，供給に不安がある．このため，今後，リチウムイオン電池では，高価なコバルトの使用を抑えた三元系やマンガン系への移行が一層進むと思われる．

3.2.3 蓄電池の最新性能と将来見通し

すでに述べたように，現在BEVで使われている二次電池のほとんどがリチウムイオン電池である．現在のリチウムイオン電池性能では，まだ性能は不十分であるとの認識から，種々の研究がなされている．一方では，リチウムイオン電池の原理からみて今後大幅な性能向上は無理であろうという見解もしばしば耳にする．

しかし，BEVが将来どのような使われ方をするのかで要求される蓄電池の性能は異なるはずである．たとえば，① BEVは現在の内燃機関を搭載した乗用車性能とほぼ同等の性能を目指すのか，それとも，② 比較的安価で短距離走行用途の自動車として交通システムとの組合せで利用されるBEVとするかで，必要とされるエネルギー密度，コスト，耐久性の向上の程度が異なる．

NEDO二次電池技術開発ロードマップ2013(第1部第8章，図8-38「NEDO二次電池技術開発ロードマップ」参照)によれば，開発目標をHEV/PHEVとBEVとで分けて示されている．BEVの現行走行距離120～200 kmのおおよそ2倍の250～300 kmを2020年頃達成することを目標としている．また，このロードマップによれば，これ以上の蓄電池は「新しい原理に基づく革新電池」に頼らざるを得ないと示唆されている．目途がつくとしても2030年以降であろう．

一方では，現在のリチウムイオン電池の技術範囲で，電池の地道な性能改善と車両適用技術の進歩によりBEVの走行距離は近年着実に向上しつつある．リチウムイオン電池の構成や製造技術の改善，あるいはセルフマネジメント技術の進歩により，安全性と信頼性を確保しつつ，よりエネルギー密度の高いニッケル系や三元系の電池の実用化が進められている．パッケージング技術の改善による電池システムのエネルギー密度の向上も大きい．2015年には容量30 kWhのリチウムイオン電池を搭載し，走行距離280 km(JC08モード)を実現したBEVの販売が開始された．さらに数社が改良型リチウムイオン電池により走行距離320 km(200マイル)以上のBEVを実現すると発表されている．参考のために，リチウムイオン電池技術の現状を表3-3に示す．

リチウムイオン電池の性能は限界に近いという見解も考慮すると，BEV用のリチウムイオン電池としては，諸性能を現行の2倍にすることには相当な困難が伴うと考えられる．将来のエネルギー消費をできるだけ低く抑えるという基本的姿勢に基づくならば，上記の②のようなBEVを追求すべきであろうし，より現実的であろう．蓄電池は定置用途もあるから，このロードマップにあるような種々のタイプの蓄電池の技術開発は重要であり，今後も継続しなければならない．

3.2.4 BEVの将来性に対するまとめ

(1) 第2章に述べた新燃料に対するインフラの新設置の困難さに比較すれば，電力のインフラはすでに多くの国や地域で充実している．将来の自動車用エネルギーは，インフラの視点からは電力のほうが勝ると判断できる．今後の世界経済は大きく発展する可能性はなさそうであるから，社会的投資が少なくて済むという利点は大きい．

(2) しかし，現在の技術開発の状況からみて，2050年時点では内燃機関に相当するレベルまで電池性能が改良される可能性は小さい．現時点でBEVに用いられている蓄電池はリチウムイオン電池である．この蓄電池の技術はかなり成熟していて，今後大幅な諸性能の向上は期待できないという見解が専門家の間では主流である．長期的には，新コン

表 3-3　リチウムイオン電池技術の現状

・正極は Mn 系から高エネルギー密度が期待できる Ni 系，三元系に移行しつつある．
・負極はカーボン系が主体．東芝は低電圧だが耐久性に優れるチタン酸リチウム．

メーカー		LEJ リチウムエナジージャパン	AESC オートモーティブエナジーサプライ	LG ケム	PEVE プライムアースEV エナジー	三洋電機	東芝	パナソニック	ブルーエナジー
セル	タイプ	角型	ラミネート	ラミネート	角型	角型	角型 SCiB	円筒型 18650	角型
	正極	Mn 系	LMO with LNO	Mn 系	Ni 酸リチウム	三元系 Ni, Co, Mn	Mn 系	Ni 系	三元系 Ni, Co, Mn
	負極	カーボン系	カーボン系	カーボン系	カーボン系	カーボン系	チタン酸リチウム LTO	カーボン系	カーボン系
	電流容量〔Ah〕	50	32.5	15.5	5.0	21.5	20	3.4	20.8
	電圧〔V〕	3.7	3.75	3.7	3.6	3.7	2.4	3.6	3.2
	電力容量〔Wh〕	185.0	121.9	57.3	18.0	79.6	48.0	12.2	66.6
	重量〔g〕	1,700	787	約 450	245	—	500	46	331
	寸法	171×44×115	290×216×6.1	127×178×6.35	110×14×112	—	—	ϕ18×65	112×21×82.6
	体積〔cc〕	850	384	143.5	172.5	—	—	16.5	194
	エネルギー密度〔Wh/kg〕	109	157	127	73	—	100	266	201
	エネルギー密度〔Wh/L〕	219	317	399	104	—	—	730	343
パック	搭載車例（販売開始）	三菱 i-MiEV （2009 年）	日産 リーフ （2010 年）	GM ボルト （2010 年）	トヨタ プリウス PHV （限定 2009 年）	トヨタ プリウス PHV （2012 年）	ホンダ フィット EV （限定 2012 年）	テスラ モデル S （2012 年）	ホンダ アコード PHV （限定 2013 年）
	総電圧〔V〕	330	360	355.2	345.6	207.2	—	—	320
	電力容量〔kWh〕	16.0	24.0	16.5	5.2	4.4	20.0	85.0	6.7
	セル数	88	192	288	288	56	—	—	100
	冷却方式	強制空冷	自然空冷	水冷	強制空冷	強制空冷	強制空冷	水冷	強制空冷
備考		＊ 2007 年 GS ユアサ/三菱商事/三菱自合弁	＊ 2007 年日産/NEC 合弁		＊ 1996 年トヨタ/パナソニック合弁		＊セルスペックは推定値	＊セルスペックは推定値	＊ 2009 年 GS ユアサ/ホンダ合弁

出典：各社ウェブサイト，技術資料をもとに作成

セプトに基づく蓄電池の開発に期待する．充電技術には種々の試みが検討されている最中であり，今後の技術開発に期待するところが多い．

(3) 小規模ではあるが，すでに国内外でBEVは利用され始めている．短距離走行専用(コミュータ)としての可能性は十分にある．現在の内燃機関搭載自動車を基準にとるならば，このBEVの使われ方は現在の電池性能に見合った限定的な使われ方である．今後，蓄電池性能が向上されれば，それに合わせてBEV市場は拡大していくと考えられる．

(4) BEVの不足する性能を補う方法として，BEVに合った交通システムとBEVを併用することにより，BEVの利用を拡大することを考える必要があろう．このためには，都市構造，都市間交通，地方の交通などの総合的交通システムなどの政策を含めた検討が必要であろう．日本の運輸部門だけでなく，広い範囲のエネルギー消費の節減に貢献するであろう．

(5) 以上より，消去法的な検討結果として，将来用自動車用エネルギーとしては電気が残る．すなわち，「電動モーター+蓄電池+電気」の組合せが有力となる．今後の蓄電池性能の大幅向上が困難であろうという見解を考慮すれば，BEV性能に合った交通システムとBEVを併用する方法を検討すべきであろう．技術革新と総合的交通システム構築の諸政策と組み合わせることが必須である．日本全体のエネルギー節減にも貢献できる．

参考文献

(3-1) http://www.jfe-technos.co.jp/ev-battery/index.html

(3-2) http://www.nissan-global.com/JP/TECHNOLOGY/OVERVIEW/wcs.html

(3-3) http://www.cnn.co.jp/business/35069098.html

(3-4) http://www.chademo.com/wp/japan/

(3-5) ジスプロシウムを従来比40%削減した電気自動車用モーターを開発，http://www.nissan-global.com/JP/NEWS/2012/_STORY/121120-02-j.html

(3-6) カザフスタンにおけるレアアース製造合弁会社の工場開所式開催について，http://www.sumitomocorp.co.jp/news/detail/id=25526

第4章
PHEVの役割と研究課題

4.1　PHEV の役割

4.1.1　石油から電気への遷移期における役割

2030 年時点では，自動車業界が製造する自動車の大半は「内燃機関+石油系燃料」の組合せであると予想される．仮に，2040 年に自動車業界が内燃機関の製造を終了したとすると，このときに製造される自動車は，市場における自動車の寿命を 10〜15 年とすると，2050〜2055 年頃まで市場に存在することになる．この時点で石油系燃料が市場で入手できなくて顧客の自動車が動けなくなることは，自動車業界，石油業界共に避けなければならない．

一方では，石油供給能力の制約や CO_2 削減の要求からは，2050 年時点では，自動車用の石油消費量を現在の 20%程度まで減らさねばならない．第 2 部のこれまでの検討結果に基づけば，自動車用原動機の燃料(エネルギー)は石油系燃料から電気エネルギーへ移行させることが望ましいとする考え方がある．この考え方に基づけば，2030〜2050 年頃は，石油系燃料から電気エネルギーへ替わっていく遷移期となる．この遷移期に市場に存在する寿命 10〜15 年の自動車が石油系燃料あるいは電気のいずれかで駆動できるならば，石油系燃料から電気への移行が円滑に進められる．この意味から PHEV はこの遷移期には有効な技術と考えられる．

4.1.2　カリフォルニア州の ZEV 規制対応

ZEV(Zero Emission Vehicle)とは，排出ガスを一切出さない電気自動車や PHEV，燃料電池車を指す．カリフォルニア州の ZEV 規制は，州内で年間一定台数(6 万台)以上自動車を販売する自動車会社は，その販売台数の一定比率を ZEV にしなければならないと定めている．特に 2018 年モデル(2017 年秋発売)からは，これまで認められていたガソリン車やディーゼル車，ハイブリッド車を含む PZEV (Partial ZEV)は排除され，ZEV 販売を 4.5% から 2025 年には 22%の割合を満たすよう規制が強化されている．また，一定比率を電気自動車や燃料電池車のみで満たすことは難しいため，PHEV が TZEV (Transitional ZEV)として上記の割合のうち，2018 年の 2.5%から 2025 年には 6%の割合認められることになった．

そこで，カリフォルニア州において，ある台数以上の自動車を販売しようとする自動車会社は種々の先端技術車を組み合わせて規制を達成しようとしている．この組合せの中に PHEV を入れることを計画している自動車会社は，この規制時期にあわせて PHEV を開発する必要がある．

上記のような背景もあり，最近 PHEV の量産化を発表する会社が増えている(参考：表 4-1，2013 年時点)．

表 4-1 は 2013 年時点での情報である．その後の情報を下記に示す．

- ポルシェ，カイエン PHEV，2014 年 7 月，EV 走行 18〜36 km，価格 1,128 万円から，http://car.watch.impress.co.jp/docs/news/20140728_659790.html
- メルセデス・ベンツの PHEV，「S550」に追加，2014 年 12 月，価格 1,590 万円，http://clicccar.com/2014/12/01/280031/
- BMW プラグインハイブリッド，X5 xDrive40e 2015 年 8 月，SUV，価格 927 万円から，http://clicccar.com/2015/09/08/325638/
- フォルクスワーゲン・ゴルフの PHEV「GTE」，2015 年 8 月，価格 499 万円，EV 走行 53.1 km，http://clicccar.com/2015/09/08/325792/

以上のように，最近になって多くの PHEV が発売されるに至っている．これらの多くは当面のカリフォルニア州の ZEV 規制対応を狙っていると推察される．また，ディーゼル車に重点を置いてきた VW 社では，その不正問題の発覚以降，ディーゼル車から電動化への転換をとり始めている．また同時に，石油から電気へのエネルギー源の移行を念頭において技術開発を進めているものと推察される．

表 4-1　最近量産化された PHEV の例

メーカー	トヨタ自動車	GM 社	Ford Motor 社	ホンダ	三菱自動車
車名	プリウス PHV	Chevrolet Volt	C-MAX Energi	Accord Plug-In	アウトランダー PHEV
価格	305 万円	3 万 9,145 ドル	3 万 2,950 ドル	3 万 9,780 ドル	332 万 4,000 円
方式	シリーズ・パラレル	シリーズ・パラレル	シリーズ・パラレル	シリーズ・パラレル	シリーズ・パラレル
モーター最高出力	60 kW	111 kW	88 kW	124 kW	60 kW，60 kW
モーター最大トルク	207 N•m	370 N•m	240 N•m	307 N•m	137 N•m, 195 N•m
エンジン	1.8 L，4 気筒	1.4 L，4 気筒	2.0 L，4 気筒	2.0 L，4 気筒	2.0 L，4 気筒
最高出力	73 kW	63 kW	104 kW	104 kW	87 kW
最大トルク	142 N•m	—	175 N•m	—	186 N•m
電池電圧	207.2 V	360 V	—	300 V	300 V
容量	4.4 kWh	16.5 kWh	7.6 kWh	6.7 kWh	12 kWh
EV 走行距離	26.4 km(JC08)	61 km(EPA)	33.8 km(EPA)	＞30 km(JC08)	60.2 km(JC08)
EV 最高速度	100 km/h	112 km/h	137 km/h	—	120 km/h
質量	1,400 kg	1,715 kg	1,769 kg	1,723 kg	1,770 kg
EV 燃費(EPA)	95 MPGe (40.4 km/L)	98 MPGe (43.8 km/L)	100 MPGe (42.5 km/L)	115 MPGe (48.9 km/L)	—
HEV 燃費	31.6 km/L(JC08)	37 MPG(15.7 km/L)	43 MPG(18.3 km/L)	46 MPG(19.6 km/L)	18.6 km/L(JC08)

4. 2　PHEV 用動力の研究課題

4. 2. 1　PHEV 技術の動向

PHEV の技術の動向は，図 4-1 のイメージ図に示すように二分化の傾向があると指摘されている．PHEV のベースはシリーズ・パラレル方式が主流となっている．しかし，EV 走行距離を 60 km 以上として BEV に近い使われ方を狙った車両企画と，EV 走行距離を 40 km 以下として PHEV の普及を狙った車両企画への二分化である．車両の使われる交通環境や，環境規制，EV 走行するため必要なバッテリー容量にかかるコストなどにより適するシステムが異なってくる可能性がある．今後の市場動向に注目していくことが必要であろう．

(注) 図 4-1 のイメージ図において，表示はないが，縦軸は EV 距離〔kWh〕，横軸は EV パワー〔kW〕と推定される．

4. 2. 2　PHEV 用動力の研究動向と今後の課題

最近発表された PHEV 用動力に関する研究論文や情報のうち，入手できたものを以下に示す．

シリーズ・パラレル方式の PHEV では現行の量産内燃機関をベースにして，ハイブリッド用に設計変更したものが用いられている場合が多く，際立った新しい技術は見当たらない．一方，レンジエクステンダー専用の新しいコンセプトの動力に関する研究結果が散見されるようになっている．将来の PHEV が BEV の走行距離を延ばす目的で，比較的小出力のエンジンを搭載したレンジエクステンダーの方向に向かうか，現在広く用いられているシリーズ・パラレル方式により，内燃機関の動力を動力性能にも利用する方式が継続されるかが関心をもたれるところである．両方式の選択については，ポストリチウムバッテリーも含めた蓄電池性能の向上とともに，それに見合ったコスト低減の可能性，さらには化石エネルギーからの脱却や CO_2 削減対策の観点を考慮して，社会交通システムからどのような動力性能が要求されるかによって決まると考えられる．

〈最近の PHEV 用動力に関する研究論文や情報の例〉

・清水ほか(マツダ)，「ロータリエンジンを用いたレンジエクステンダーユニットの紹介」，マ

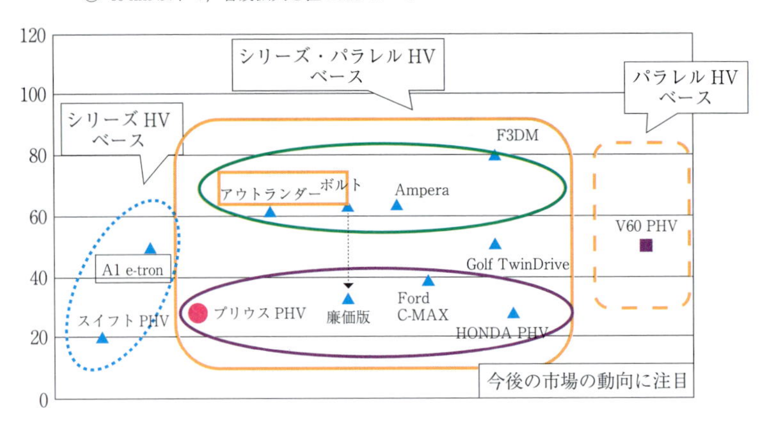

図 4-1　PHEV 車の技術動向

ツダ技法，No. 32(2015)

・「蓄電池プレマシーハイドロジェン RE レンジエクステンダー EV」，Mazda Sustainable Report 2014，http://www2.mazda.com/ja/technology/env/hre/index.html

・Tushar Ahmed, et al.：University of Ulsan, An Investigation about the Effects of Structural Parameters and Intake Temperature on SI/HCCI Mode Transition in a Linear Engine，第 26 回内燃機関シンポジウム，2015 年 12 月

・フリーピストン発電システムの構築，第 3 報，豊田中央研究所，第 26 回内燃機関シンポジウム，2015 年 12 月

・フリーピストン発電システムの構築，第 4 報，豊田中央研究所，第 26 回内燃機関シンポジウム，2015 年 12 月

・Mathieu Picard, Tian Tian：Massachusetts Institute of Technology / Takayuki Nishino, Mazda Motor Corporation, “Modeling of the Rotary Engine Apex Seal Lubrication”, P, F&L International Meeting, 2015 JSAE/SAE, Sept. 1–4, 2015

第5章

結言

本研究会では，2030年を超えて2050年に向けた自動車用動力システムの将来性について検討してきた．その結果をまとめると，以下の通りである．

(1) エンジンと石油代替燃料の組合せの可能性

自動車用エンジンにとっては，石油系燃料は高いエネルギー密度と利便性の面で最も適性のある燃料であり，エンジンの存在価値は将来の石油系燃料の供給可能性に大きく依存しているといえる．それらの将来の賦存・供給量の減少と価格の上昇は避けられず，それを利用する自動車用動力システムにとっても技術的対応が必要となる．

一方，非石油系の燃料としては，バイオ燃料や合成燃料(それぞれ，石炭，天然ガス，バイオマスを原料とするCTL：Coal to Liquid，GTL：Gas to Liquid，BTL：Biomass to Liquid)，水素，アンモニア等が挙げられる．しかしながら，いずれも自動車用内燃機関用の燃料としての利用は，供給量，コスト，温暖化の抑制効果の面で限定的になるものと予想される．また，これらの燃料のうち，WTW (Well to Wheel)によるCO_2排出量が原料を直接燃焼した場合よりもかえって増大する可能性があり，いずれも適正な定量的評価が必要である．

(2) 新しい原動機と非石油燃料(エネルギー)の組合せの可能性

2050年までは，水素燃料電池自動車(FCV)の普及はある程度進むであろうが，水素供給インフラを広範囲に設置することは難しく，全体としての普及は限定的になるものと予想される．その場合，水素の生成には再生可能エネルギーを利用して低炭素化することが必要であり，さらには国際市場での共通のニーズを醸成することも求められよう．

一方，電源の多様性と充電インフラの設置の容易さから，バッテリー電気自動車(BEV)は有力である．その場合，バッテリーのエネルギー密度の向上とコスト低減が不可欠であり，現状のリチウムイオンバッテリーを超える高性能バッテリーの開発・実用化が期待される．しかしながら，バッテリー性能は，2050年頃においても，なおエンジンの性能・コストに匹敵する水準にまで向上することは技術的に困難と予想され，BEVは主に短中距離走行用に使われることになるものと予想される．

なお，BEVの充電は数kW程度の普通充電を基本とすべきであろうが，BEV台数の増加や1台当たりのバッテリー容量の増大は，変動を伴う急速充電の需要の増大を伴うことも想定される．その場合，再生可能エネルギーによる電力の利用も含めて電力の需給を適切にマネージするシステムの実用化と運用が必要となる．

(3) 今後の原動機技術の方向

自動車用エネルギーとして，石油から電気への長期にわたる円滑な分担・移行を進める方策として，両方を使い長距離走行が可能なプラグインハイブリッド車(PHEV)は有力な候補であり，その性能向上は，動力システムの重要な課題となるものと予想される．自動車は15年程度使用されることから，他の動力システムに移行するためには，その間の共存状況に配慮する必要があり，このような観点からもPHEVの普及の可能性があるものと予想される．その際にも，バッテリー性能の向上，コスト低減，充電システムの適正な設置が求められる．

ガソリン車とディーゼル車は，日米欧において2010年代に予定されている最終的な排出ガス規制に適合した上で，中長期的には一層の性能と燃費の向上を目指して発展・進化を続け，さらにはPHEVを含む各種のハイブリッド化への転換もあり，今後少なくとも20数年は主要な地位を保ち続けるものと予想される．これらのエンジン開発にあたっては，国際市場の動向を踏まえて，燃料性状の改善・維持を前提に，燃焼と後処理に関わる要素技術を複合・最適化することが不可欠であろう．

さらに，エンジンシステム技術に加えて，バッテリーやパワーエレクトロニクスを含む電動化，車両の軽量化，低炭素な燃料・エネルギーの利用等を同時に進めるべきである．

また，第1部でも言及したように，今後の進展が予想される高度道路交通システム(ITS)やICTを活用して，移動の利便性の向上や交通流の円滑化，貨物輸送の高効率化，公共交通機関の利用促進，適正なモーダルシフト，さらには自動車に依存した商習慣や地域の特性に対応したモビリティのあり方の見直しを進めるべきであろう．

これらを総合的に推進すれば，自動車交通分野の CO_2 の削減ポテンシャルとして，現状から2030年で30％，2050年で80％程度可能になるものと予想される．それには，産学官の連携体制を構築し，資源の確保や省エネルギー，CO_2 削減に関わる中長期的な展望を共有して研究開発やそれを促す施策を推進する必要がある．

付言すれば，その手始めとして，2014年度から5年にわたって内閣府の所轄による「戦略的イノベーション創造プログラム」の11課題の一つとして，「革新的燃焼技術」が取り組まれ，乗用車用エンジンを対象に正味熱効率50％を目指す研究開発計画がスタートしている．これによって，産学の連携体制が構築され，新技術の創出と人材の育成・交流が進展することが期待されている．

なお本報告では，主に乗用車用の動力システムを対象に検討してきた結果について示した．しかしながら，今後はトラック・バスを含む重量車用動力システムについてもさらに並行して検討を進めることが必要である．これらの車種は物資輸送システムと公共交通機関の役割を担っており，経済・産業活動やわれわれの生活を広範囲に支えており，国内外を問わず今後重要性を増すものと予想される．その動力源は高い熱効率と出力特性を有するディーゼルエンジンが当面主要な座を占めるであろうが，今後の中長期的な省エネルギーと低炭素化の要求に応えて一層の高効率化が求められよう．それには，エンジンシステム自体の一層の高効率化やハイブリッド化を含む電動システムに関わる技術開発に取り組むことが必要不可欠である．

将来の個人の移動手段としての乗用車をはじめ，物資輸送や公共交通を担うトラック・バスの利用のあり方は，第1部で述べた将来の社会交通システムの要請によって支配される側面があることはいうまでもない．その動向については，継続的に情報を交換しながら，社会や経済，環境・資源面からの制約を想定して今後の技術の方向性を見極め，それを踏まえた上で将来の動力システムに関わる研究開発課題を提示していく必要がある．

さらに，モータリゼーションが進展している新興国では，大気汚染の改善対策や温暖化対策の取組みが遅れている状況にある一方，燃料の需要拡大に対応した脱石油の取組みがより重要な課題となりつつある．わが国を含め先進国が開発した先進技術や政策的な手法については，これらの新興国に対して積極的に提供することが大いに期待される．わが国の自動車が排出する CO_2 は世界全体の約1％にも満たず，これをさらに抑制する努力は必要であろうが，このような新興国への支援によってもたらされる地球規模の貢献はそれをはるかに上回るからである．

このような観点から，将来の自動車用動力システムについては，本研究で示した成果をもとに，自動車技術会内において継続的に検討が行われることが期待される．

2050年 自動車はこうなる

定価（本体価格6,800円＋税）

2017年5月20日第1刷発行
2018年4月 1 日第2刷発行

編集発行人　石山　拓二
発　行　所　公益社団法人 自動車技術会
〒102-0076　東京都千代田区五番町10番2号
電話03-3262-8211
印　刷　所　株式会社 精興社